# 역학 연습

고재걸 · 정해두 · 윤지홍 공저

북스힐

# 머 리 말

이 책은 학부 기초 역학의 연습을 위하여 고재걸의 《역학》(북스힐, 2007)의 각 단원의 끝에 있는 연습 문제를 수록하고 그것을 자세히 풀이한 것이다. 역학은 자연현상을 다루는 가장 기초과학인 물리학의 교과과정에서 맨 먼저 나오는 가장 기초 교과목이다. 여기서 물리적인 사고방식의 기틀을 잡게 된다. 이것은 연습 문제를 통하여 가장 쉽게 이루어진다. 문제 해결 또는 문제 풀이의 끊임없는 연습은 교과서에서 기술한 개념이나 접근방법 등을 구체적으로 한 번 더 확인하고 밝히거나, 보강할 뿐만 아니라 여러 가지 물리적 문제에 관한 친숙도를 높이기도 한다. 문제를 스스로 풀어 보는 것은 학업 성취도의 자가진단의 한 방법이기도 하다.

이 책은 역학의 원래목적 달성에 보조적 역할을 할 뿐만 아니라 교과서와는 독립적으로 문제를 통하여 역학을 쉽게 이해하고 그 접근 방법을 습득하도록 하는 데에도 그 목적을 두고 있다.

다음은 다른 연습 문제 풀이집과 다른 점이다.

1. 우선 각 단원의 머리에 교과서 본문의 중요 사항을 요약, 정리하여 놓았다.
2. 풀이는 본문의 설명을 보충할 수 있도록 자세히 했으며 곳곳에 참고 사항도 곁들여 놓았다. 또, 풀이의 방법도 가능한 방법을 제시하여 독자적인 방법 발견에 도움이 되도록 하였다.
3. 어림셈에서 유효숫자 개념에 친숙해 지도록 노력하였다. 수치계산 문제의 경우 유효숫자 자릿수를 맞춘 중간단계의 답에는 밑줄을 쳐 놓았다. 다음 단계에서 사용될 한 자릿수 더 많은 어림값과 구별하기 위해서다.
4. 단위계산에 익숙해지도록 문제의 풀이에 단위를 붙여서 수치계산을 하였다.
5. 풀이에 관계되는 수식이나 그림을 교과서에서 인용하였다. 풀이의 이해를 돕기 위한 그림의 번호는 문제의 번호 다음에 "연습그림"(보기: 문1-17의 연습그림)이라 표기했다.

연습 문제 풀이집의 사용방법에는 일반적인 주의가 있다. 풀이집은 교과서를 대신할 수 없고, 연습 문제 풀이를 풀이집에 전적으로 의존해서는 안 된다. 문제해결이 자력으로 불가능할 때 풀이를 참조하기를 바란다. 학습 성취도의 자가진단도 해 보지 않고 이 책의 풀이에 의존하는 것은 본래 목적에 맞지도 않을 뿐만 아니라 문제해결 능력 함양에도 전혀 도움이 되지 않고 도리어 해가 된다. 양약이라도 잘 못쓰면 독약이 된다는 말과 같다.

이 문제 풀이집이 교과서와 더불어 물리학의 기본 바탕 다지기에 조금이라도 도움이 되었으면 하는 마음 간절하다. 이 책을 펴내는 데 온갖 정성을 다하였으나 오류나 오자, 탈자, 풀이의 미숙 등이 있을 수 있다. 독자들의 지속적인 관심 속에서 지도조언을 바란다. 끝으로 온갖 어려움에도 불구하고 출판하여 주신 조승식 사장님, 편집기획에 정성을 다하여 주신 출판사 직원 여러분께도 감사드린다.

2009년 6월 용두골에서

저자

# 차 례

## 6장 중력과 중심력마당
### – 물리량과 측정값



## 7장 질점계의 운동



## 8장 강체의 운동
### – 회전운동, 각운동량(벡터곱)

## 질점계의 역학 9장

# 0장 들어가는 말
## – 물리량과 측정값

## 중요 사항 정리

### 0.1 물리학의 특성

물리량 물리학은 실험과학이다. 측정이나 관찰에서 수치로 표현된 정량적인 결과를 **물리량**이라 한다.

기본량과 유도량 시간, 길이 및 질량과 같이 다른 물리량을 쓰지 않고도 정의될 수 있고, 뿐만 아니라 이들로서 다른 물리량을 정의할 수 있는 물리량을 **기본량**, 이런 기본량의 적당한 조합으로 정의될 수 있는 물리량을 **유도량**이라 한다.

### 0.2 단위계

단위 물리량은 그 기준량의 정수 배로 표현한다. 이 기준량을 그 물리량의 **단위**라 한다. 단위는 다른 대수적 물리량처럼 다룬다.

기본단위와 유도단위 기본량의 단위를 **기본단위**, 유도량의 단위를 **유도단위**라 한다.

절대단위계 {길이, 질량, 시간}을 물리량의 기본량으로 택하는 단위계를 **절대단위계**라 하고, 기본량의 단위를 [cm], [g], [s]로 택한 것을 **CGS단위계**, [m], [kg], [s]로 택한 것을 **MKS단위계**라 한다.

SI단위계 MKS단위계에 전류의 단위인 **암페어** [A]를 추가한 것을 **MKSA단위계**, 여기에 또, 기본단위로서 온도의 단위인 **켈빈**[K]을, 물질 양의 단위인 **몰**[mol]을, 광도의 단위인 **칸델라**[cd]를 추가한 것을 **SI단위계** 또는 **국제단위계**라 한다. 모든 물리량은 {m, kg, s, A, K, mol, cd}의 일곱 개로 된 SI단위로 나타낼 수 있다.

SI보충단위 SI단위계에서 평면각의 단위는 **라디안**(또는 호도; radian)[rad] 및 입체각의 단위인 **스테라디안**(steradian)[sr]을 **SI보충단위**라고 한다.

FPS단위계 기본량을 {길이, 힘, 시간}으로 하고, 푸트(foot) [ft], 파운드[lb], 초[s]를 기본단위로 택하는 미국의 실용단위계를 **FPS단위계**(풋-파운드 단위계)라 한다.

## 0.3 차원

차원 물리량이 기본량{길이, 질량, 시간}을 어떻게 조합하면 얻어지는지를, 이들 기본량을 각각 대문자{[L], [M], [T]}로 표현한 관계식을 그 물리량의 차원이라 하고, 차원에는 보통 꺾쇠표 괄호[ ]를 친다. 방정식 각항의 차원은 서로 같아야 한다.

## 0.4 측정값의 유효숫자

과학적 표기법 물리량의 측정값을 1과 10 사이의 수치와 10의 거듭제곱의 곱으로 나타내는 표기법

유효숫자 측정값의 믿을 수 있고, 따라서 물리적 의미를 갖고 있다고 볼 수 있는 자리의 숫자

## 0.5 측정값의 어림셈

유효숫자를 택하는 일반적인 규칙

**(가) 더하기, 빼기**

계산 결과 유효숫자의 소수점 아래 자릿수는 소수점 아래 자릿수가 최소인 것과 같게 한다.

**(나) 곱하기, 나누기**

계산 결과 유효숫자의 자릿수는 유효숫자의 자릿수가 최소인 것과 같게 한다.

### 《 측정값 계산에서 유의사항 》

① 유효숫자의 자릿수가 표시되어 있는 경우, 계산 도중의 계산 값은 유효숫자 자릿수 보다 하나 또는 둘 더 많이 택하여 대입하여 계산한 뒤, 최종 계산 결과에서 반올림하여 지시된 자릿수의 답을 얻는다.

② 유효숫자의 자릿수가 표시되어 있지 않으나 문제에서 수치들이 유효숫자를 알아 볼 수 있는 형태로 주어져 있으면,

**더하기, 빼기에서는 소수점 아래 자릿수가 최소인 것,**

**곱하기, 나누기에서는 유효숫자의 자릿수가 최소인 것**

과 같은 자릿수의 해답을 구한다고 생각하면 된다.

③ 유효숫자를 의식하고 있지 않은 문제(예를 들면 자릿수 1인 수치들이 주어진 경우)에서  유효숫자를 알아 볼 수 없는 경우에는 유효숫자를 두 자리나 세 자리로 보고 구하는 것이 무난하다.

# 연습문제

## 0.1 물리학의 특성

### 0-1 기본량과 유도량

아래 물리량을 SI단위계에서 기본량 및 유도량으로 분류하라.

물리량{온도, 전류, 길이, 질량, 시간, 속도, 힘, 가속도, 일, 일률, 에너지}

**답 |** 기본량{길이, 질량, 시간, 온도, 전류}, 유도량{속도, 가속도, 힘, 일, 일률, 에너지}

## 0.2 단위계

### 0-2 단위

MKS단위를 사용하여 표현되는 아래와 같은 물리량의 단위를 말하라. 단, $x$는 거리, $t$는 시간, $v$는 속도, $a$는 가속도를 나타낸다.

(가) $\dfrac{v}{at}$ (나) $\sqrt{\dfrac{x}{a}}$ (다) $\dfrac{1}{2}at^2$

**풀이 |** MKS단위로 $x[\mathrm{m}]$, $v[\mathrm{m/s}]$, $a[\mathrm{m/s^2}]$, $t[\mathrm{s}]$이다. 따라서

(가) $\dfrac{v}{at}$의 단위는 $\left[\dfrac{\mathrm{m/s}}{\mathrm{m/s^2 \cdot s}}\right] = \left[\dfrac{\mathrm{m/s}}{\mathrm{m/s}}\right] = [1]$이므로 없다.

(나) $\sqrt{\dfrac{x}{a}}$의 단위는 $\left[\sqrt{\dfrac{\mathrm{m}}{\mathrm{m/s^2}}}\right] = [\sqrt{\mathrm{s^2}}] = [\mathrm{s}]$이다.

(다) $\dfrac{1}{2}at^2$의 단위는 $[\mathrm{m/s^2 \cdot s^2}] = [\mathrm{m}]$이다.

**답 |** (가) 단위 없음 (나) $[\mathrm{s}]$ (다) $[\mathrm{m}]$

### 0-3 단위환산

아래는 물리량의 단위를 환산하는 문제이다. 반달표 괄호 안에 적당한 숫자를 써넣어라.

$$1\ \mathrm{mi} = 1.609\ \mathrm{km},\ 1\ \mathrm{in} = 2.54\ \mathrm{cm},\ 1\text{자} = 30.30\ \mathrm{cm}$$

(가) 100 km/h = (   ) mi/h (나) 60 cm = ( ) in (다) 30 m = (   )자

**풀이 |** (가) $100\ \mathrm{km/h} = \left(100\dfrac{\mathrm{km}}{\mathrm{h}}\right)\times\left(\dfrac{1\ \mathrm{mi}}{1.609\ \mathrm{km}}\right) = \left(\dfrac{100}{1.609}\dfrac{\mathrm{mi}}{\mathrm{h}}\right) = 62.15\ \mathrm{mi/h}$이다. 여기서 유효숫자 자릿수를 3자리로 택하는 것이 좋으므로 $100\ \mathrm{km/h} = 62.2\ \mathrm{mi/h}$가 된다.

《참고 유효숫자가 2자리이면 $100\ \mathrm{km/h} = 62\ \mathrm{mi/h}$, 유효숫자가 1자리이면
$100\ \mathrm{km/h} = 62.15\ \mathrm{mi/h} = 6 \times 10\ \mathrm{mi/h} = 60\ \mathrm{mi/h}$이다. 》

(나) $60\ \mathrm{cm} = (60\ \mathrm{cm}) \times \left(\dfrac{1\ \mathrm{in}}{2.54\ \mathrm{cm}}\right) = \left(\dfrac{60}{2.54}\right)\mathrm{in} = 23.6\ \mathrm{in}$이다. 유효숫자 자릿수를 2자리로 택하는 것이 좋으므로 $60\ \mathrm{cm} = 24\ \mathrm{in}$이다.

(다) $30\,\mathrm{m} = (30\,\mathrm{m}) \times \left(\dfrac{100\,\mathrm{cm}}{1\,\mathrm{m}}\right) \times \left(\dfrac{1\text{자}}{30.30\,\mathrm{cm}}\right) = (30\ \mathrm{m}) \times \left(\dfrac{100}{30.30}\dfrac{\text{자}}{\mathrm{m}}\right) = \left(\dfrac{3000}{30.30}\right)\text{자} = 99.0\text{자}$ 이다. 유효숫자 자릿수를 2자리로 택하는 것이 좋으므로 $30\ \mathrm{m} = 99$자이다.

**답 |** (가) 62.2 (나) 24 (다) 99

## 0.3 차 원

### 0-4 차원과 단위

거리 $x$, 질량 $m$, 시간 $t$에 대하여 물리량 $F$, $b$가 아래 식으로 주어질 때 $F$, $b$의 (가) 차원 및 (나) MKS단위를 구하라.

$$F = m\frac{d^2x}{dt^2} + b\frac{dx}{dt}$$

**풀이 |** 방정식의 각항의 차원 및 단위는 서로 같아야 한다.

(가) 첫째항의 차원이

$$\left[m\frac{d^2x}{dt^2}\right] = [m]\left[\frac{d^2x}{dt^2}\right] = [\mathrm{M}]\left[\frac{\mathrm{L}}{\mathrm{T}^2}\right] = \left[\frac{\mathrm{ML}}{\mathrm{T}^2}\right] = [\mathrm{MLT}^{-2}] \text{ 이므로}$$

$[F] = [\mathrm{MLT}^{-2}]$ 이고, 둘째항의 차원은

$$\left[b\frac{dx}{dt}\right] = [b]\left[\frac{dx}{dt}\right] = [b]\left[\frac{\mathrm{L}}{\mathrm{T}}\right] \text{ 이므로}$$

$$[b]\left[\frac{\mathrm{L}}{\mathrm{T}}\right] = [\mathrm{MLT}^{-2}] \quad \therefore\ [b] = \frac{[\mathrm{MLT}^{-2}]}{\left[\frac{\mathrm{L}}{\mathrm{T}}\right]} = [\mathrm{MT}^{-1}].$$

(나) MKS단위

$[F] = [\mathrm{MLT}^{-2}] \Rightarrow \mathrm{kg \cdot m \cdot s^{-2}} = \mathrm{kg \cdot m/s^2}$

$[b] = [\mathrm{MT}^{-1}] \Rightarrow \mathrm{kg \cdot s^{-1}} = \mathrm{kg/s}$.

**답 |** (가) $[F] = [\mathrm{MLT}^{-2}]$, $[b] = [\mathrm{MT}^{-1}]$ (나) $\mathrm{kg \cdot m/s^2}$, $\mathrm{kg/s}$

### 0-5 비례상수의 단위

아래 방정식에서 $x$, $t$, $v$는 각각 거리, 시간, 속도를 나타낸다. 상수 $C_1$ 및 $C_2$의 차원 및 SI단위를 구하라.

(가) $x = C_1 + C_2 t$ (나) $x = C_1 t^2$ (다) $v^2 = 2C_1(x - C_2)$ (라) $x = C_1 \cos C_2 t$

(마) $v = C_1 e^{-C_2 t}$

**풀이 |** 방정식의 각항의 차원 및 단위는 서로 같아야 한다.

(가) $[x]=[C_1]=[C_2t]=[\mathrm{L}] \quad \therefore\ [C_1]=[\mathrm{L}] \Rightarrow \mathrm{m}$,

$$[C_2t]=[C_2][t]=[C_2][\mathrm{T}]=[\mathrm{L}] \quad \therefore\ [C_2]=\frac{[\mathrm{L}]}{[\mathrm{T}]}=[\mathrm{LT}^{-1}] \Rightarrow \mathrm{m}\cdot\mathrm{s}^{-1}=\mathrm{m/s}.$$

(나) $[x]=[C_1t^2]=[\mathrm{L}],\quad [C_1t^2]=[C_1][t^2]=[C_1][\mathrm{T}^2]$

$$\therefore\ [C_1]=\frac{[\mathrm{L}]}{[\mathrm{T}^2]}=[\mathrm{LT}^{-2}] \Rightarrow \mathrm{m}\cdot\mathrm{s}^{-2}=\mathrm{m/s}^2.$$

(다) $[v^2]=[2C_1(x-C_2)]=\left(\left[\frac{\mathrm{L}}{\mathrm{T}}\right]\right)^2=[\mathrm{L}^2\mathrm{T}^{-2}] \Rightarrow [2C_1x]=[2C_1C_2]=[\mathrm{L}^2\mathrm{T}^{-2}]$

$$\therefore\ [C_1]=\frac{[\mathrm{L}^2\mathrm{T}^{-2}]}{[x]}=\frac{[\mathrm{L}^2\mathrm{T}^{-2}]}{[\mathrm{L}]}=[\mathrm{L\,T}^{-2}] \Rightarrow \mathrm{m}\cdot\mathrm{s}^{-2}=\mathrm{m/s}^2$$

$$[C_1C_2]=[C_1][C_2]=[\mathrm{L}^2\mathrm{T}^{-2}],\ [C_1]=[\mathrm{L\,T}^{-2}]$$

$$\therefore\ [C_2]=\frac{[\mathrm{L}^2\mathrm{T}^{-2}]}{[C_1]}=\frac{[\mathrm{L}^2\mathrm{T}^{-2}]}{[\mathrm{L\,T}^{-2}]}=[\mathrm{L}] \Rightarrow \mathrm{m}.$$

(라) $[x]=[C_1\cos C_2t]=[\mathrm{L}],\ [C_1\cos C_2t]=[C_1][\cos C_2t],\ [\cos C_2t]=[1],\ [C_2t]=[1]$

$$\therefore\ [C_1]=[\mathrm{L}] \Rightarrow \mathrm{m},$$

$$[C_2]=\frac{[1]}{[\mathrm{T}]}=[\mathrm{T}^{-1}] \Rightarrow \mathrm{s}^{-1} \quad \text{또는 } [C_2t]=[1] \Rightarrow \mathrm{rad}\ \therefore\ C_2=[\mathrm{s}^{-1}] \Rightarrow \mathrm{rad/s}$$

(마) $[v]=[C_1e^{-C_2t}]=[\mathrm{L\,T}^{-1}],\ [C_1e^{-C_2t}]=[C_1][e^{-C_2t}],\ [e^{-C_2t}]=[1],\ [C_2t]=[1]$

$$\therefore\ [C_1]=[\mathrm{L\,T}^{-1}] \Rightarrow \mathrm{m/s},\ [C_2]=[\mathrm{T}^{-1}] \Rightarrow \mathrm{s}^{-1}.$$

**답 |** (가) $[C_1]=[\mathrm{L}]$, m ; $[C_2]=[\mathrm{LT}^{-1}]$, m/s

(나) $[C_1]=[\mathrm{LT}^{-2}]$, $\mathrm{m/s}^2$

(다) $[C_1]=[\mathrm{LT}^{-2}]$ , $\mathrm{m/s}^2$; $[C_2]=[\mathrm{L}]$, m

(라) $[C_1]=[\mathrm{L}]$, m ; $[C_2]=[\mathrm{T}^{-1}]$, $\mathrm{s}^{-1}$ (또는 rad/s)

(마) $[C_1]=[\mathrm{LT}^{-1}]$, m/s ; $[C_2]=[\mathrm{T}^{-1}]$, $\mathrm{s}^{-1}$

## 0.4 측정값의 유효숫자

### 0-6 과학적 표기법

아래 수치에서 십진법으로 표기된 것은 과학적 표기로, 과학적 표기법으로 된 것은 십진법으로 표기하라.

(가) 100,000 (나) 0.0000303 (다) $3.2\times10^{-3}$ (라) $3\times10^3$

**풀이 |** (가) 이 경우는 유효숫자 자릿수가 확실치 않다.

$100{,}000=1\times10^5$ (유효숫자가 1자리인 경우)

$=1.0\times10^5$ (유효숫자가 2자리인 경우)

$= 1.00 \times 10^5$ (유효숫자가 3자리인 경우)

············································

(나) 0.0000303은 유효숫자가 3자리임을 나타낸다.

$\therefore \ 0.0000303 = \dfrac{3.03}{100000} = \dfrac{3.03}{10^5} = 3.03 \times 10^{-5}$

(다) $3.2 \times 10^{-3} = \dfrac{3.2}{10^3} = \dfrac{3.2}{1000} = 0.0032$

(라) $3 \times 10^3 = 3 \times 1000 = 3000$

**답|** (가) (유효숫자가 2자리인 경우) $1.0 \times 10^5$  (나) $3.03 \times 10^{-5}$  (다) 0.0032  (라) 3000

## 0.5 측정값의 어림셈

### 0-7 연산의 결과

다음 연산을 수행한 결과를 과학적 표기법으로 나타내어라.

(가) $(1.14) \times (9.99 \times 10^4)$  (나) $(2.78 \times 10^{-8}\ \text{m}) - (5.31 \times 10^{-9}\ \text{m})$

(다) $\dfrac{12\pi}{4.56 \times 10^{-3}}$ $(\pi = 3.14)$

**풀이|** (가) $(1.14) \times (9.99 \times 10^4) = (1.14 \times 9.99) \times 10^4 = 11.3886 \times 10^4 = 11.4 \times 10^4$ (유효숫자 3자리)

(나) 이 경우에는 10의 거듭 제곱수(지수)가 다르므로, 이를 서로 같게 하든지 아니면 십진법으로 바꾸어야 한다.

$$(2.78 \times 10^{-8}\ \text{m}) - (5.31 \times 10^{-9}\ \text{m}) = (27.8 \times 10^{-9}\ \text{m}) - (5.31 \times 10^{-9}\ \text{m})$$
$$= \{(27.8\ \text{m}) - (5.31\ \text{m})\} \times 10^{-9} = 22.49 \times 10^{-9}\ \text{m}$$
$$= 22.5 \times 10^{-9}\ \text{m}$$ (소수점 아래 최소 자릿수 1자리)

(다) $\dfrac{12\pi}{4.56 \times 10^{-3}} = \dfrac{12 \times 3.14}{4.56 \times 10^{-3}} = 8.263 \times 10^3 = 8.26 \times 10^3$

(유효숫자가 3자리임이 암시되고 있다)

**답|** (가) $1.14 \times 10^5$  (나) $2.25 \times 10^{-8}\ \text{m}$  (다) $8.26 \times 10^3$

### 0-8 중간단계 계산의 어림셈

어느 비오는 날 번개가 치는 동안 총 강우량은 1.40 in나 되었다고 한다. $1\ \text{mi} = 1760\ \text{yd}$, $1\ \text{yd} = 3.00\ \text{ft}$, $1\ \text{ft} = 12.0\ \text{in}$, $1\ \text{in} = 2.54\ \text{cm}$, $1\ \text{kgf} = 2.2046\ \text{lb}$, $1\ \text{mi}^2 = 640\ \text{acre}$이고, 물의 밀도는 $\rho = 1.00\ \text{g/cm}^3$임을 이용하여 아래 물음에 답하라.

(가) 1 acre의 땅에 내린 물의 양은 몇 $\text{ft}^3$인가?

(나) 물의 밀도는 몇 $\text{kg/ft}^3$인가?

(다) 1 acre의 땅에 내린 빗물은 몇 lb인가?

**풀이|** 유효숫자 3자리이다.

(가) 내린 비의 부피 $V$는 $V=Ah$($A$:밑넓이, $h$:높이)로 주어진다.

넓이 $A=1\ \text{acre}=\dfrac{1\text{mi}^2}{640}=\dfrac{1\text{mi}^2}{640}\times\left(\dfrac{1760\ \text{yd}}{1\ \text{mi}}\right)^2\times\left(\dfrac{3.00\ \text{ft}}{1\ \text{yd}}\right)^2=43560\ \text{ft}^2$,

높이 $h=1.40\ \text{in}=1.40\ \text{in}\times\left(\dfrac{1\ \text{ft}}{12.0\ \text{in}}\right)=\dfrac{1.40}{12.0}\ \text{ft}=0.1167\ \text{ft}$

(유효숫자 3자리보다 1자리 더 많다)

$\therefore\ V=Ah=(1\ \text{acre})\times(1.40\ \text{in})=(43560\ \text{ft}^2)\times(0.1167\ \text{ft})=5083\ \text{ft}^3$.

따라서 비의 부피는 $5.08\times10^3\ \text{ft}^3=5080\ \text{ft}^3$이다.

(나) 물의 밀도 $\rho$는

$\rho=(1.00\ \text{g/cm}^3)=\left(1.00\ \dfrac{\text{g}}{\text{cm}^3}\right)\times\left(\dfrac{1\ \text{kg}}{1000\ \text{g}}\right)\times\left(\dfrac{100\ \text{cm}}{1\ \text{m}}\right)^3=1000\ \text{kg/m}^3$이다. 한편,

$1\ \text{ft}=(12.0\ \text{in})\times\left(\dfrac{2.54\ \text{cm}}{1\ \text{in}}\right)=30.48\ \text{cm}=0.3048\ \text{m}$ 이므로 물의 밀도는

$\rho=(1.00\ \text{g/cm}^3)=1000\ \text{kg/m}^3=\left(1000\ \dfrac{\text{kg}}{\text{m}^3}\right)\times\left(\dfrac{0.3048\ \text{m}}{1\ \text{ft}}\right)^3=28.32\ \text{kg/ft}^3$.

따라서 물의 밀도는 $28.3\ \text{kg/ft}^3$이다.

(다) 환산관계식 $1\ \text{kgf}=2.2046\ \text{lb}$에서 1 kgf는 질량이 1 kg인 물체의 무게, 곧 1 kg의 물체가 연직 아래로 누르는 힘을 뜻한다. 따라서 이 관계식은 질량이 1 kg인 물체의 무게가 2.2046 lb라는 뜻이다. 먼저 빗물의 질량을 구하자. 문제에서 측정값의 유효숫자는 3자리임을 암시하고 있다. 따라서 중간 단계에서 계산 값은 적어도 4자리의 수 값을 대입하는 것이 좋다.

빗물의 질량 $m$은 $m=\rho V=(28.32\ \text{kg/ft}^3)\times(5.083\times10^2\ \text{ft}^3)=143.950\times10^2\ \text{kg}$ 이다. 따라서 빗물의 무게는 $w=143.950\times10^3\ \text{kgf}$이다. 이는 $1\ \text{kgf}=2.2046\ \text{lb}$에 의하여

$w=143.950\times10^2\ \text{kgf}=(143.950\times10^2\ \text{kgf})\times\left(\dfrac{2.2046\ \text{lb}}{1\ \text{kgf}}\right)=317.35\times10^2\ \text{lb}$이다.

따라서 1 acre에 내린 빗물은 $3.17\times10^5\ \text{lb}$이다.

**답 |** (가) $V=5.08\times10^3\ \text{ft}^3$ (나) $\rho=28.3\ \text{kg/ft}^3$ (다) $w=3.17\times10^5\ \text{lb}$

# 1장 운동의 기술

1.1 일차원운동

1.2 이차원 및 삼차원 공간운동과 벡터

1.3 상대운동

## 중요 사항 정리

# 1.1 일차원운동

## 1.1.1 평균속력과 순간속력

**(평균속력)**$=\dfrac{(\text{이동한 거리})}{(\text{이동에 걸린 시간})}$　　$\langle \mathbb{V} \rangle = \dfrac{\Delta s}{\Delta t}$

**순간속력**　$\mathbb{V} = \lim_{\Delta t \to 0} \dfrac{\Delta s}{\Delta t}$

**단위** : 미터 매 초[m/s]

## 1.1.2 변위와 속도

위치　위치는 기준점으로부터의 **직선거리**와 **방향**으로 나타낸다.

변위　변위는 이동한 **직선거리**와 그 **이동 방향**으로 나타낸다.

점 A에서 점 B까지 이동한 변위는 기호 $\overrightarrow{AB}$로 나타낸다.

**(평균속도)**$=\dfrac{(\text{변위})}{(\text{변위에 걸린 시간})}$　　$< v > = \dfrac{x - x_0}{t - t_0} = \dfrac{\Delta x}{\Delta t}$

**순간속도**　$v = \lim_{\Delta t \to 0} \dfrac{\Delta x}{\Delta t}$

**단위** : 미터 매 초[m/s]

**(순간속력) = (순간속도의 크기); (평균속력) ≠ (평균속도의 크기)**

### 1.1.3 가속도

$$\textbf{(평균가속도)} = \frac{(\text{속도의 변화})}{(\text{속도 변화에 걸린 시간})}. \quad < a >= \frac{\Delta v}{\Delta t} = \frac{v - v_0}{t - t_0}$$

**순간가속도** $a = \lim_{\Delta t \to 0} \frac{\Delta v}{\Delta t}$

**단위** : 미터 매 초 제곱[m/s$^2$]

#### 변위, 속도, 가속도 그리고 그래프

**(평균속도)**=(위치-시간 그래프에서 그 두 점을 잇는 직선의 기울기)

**(순간속도)**=(위치-시간 그래프의 그 점에서의 접선의 기울기)

**(변위)**=(속도-시간 그래프의 아래 두 시각 사이의 넓이)

**(평균가속도)**=(속도-시간 그래프에서 그 두 점을 잇는 직선의 기울기)

**(순간가속도)**=(속도-시간 그래프의 그 점에서 접선의 기울기)

**(속도의 변화)**=(가속도-시간 그래프 아래 두 시각 사이의 넓이)

$$v(t) = \frac{dx(t)}{dt} \qquad a(t) = \frac{dv(t)}{dt}$$

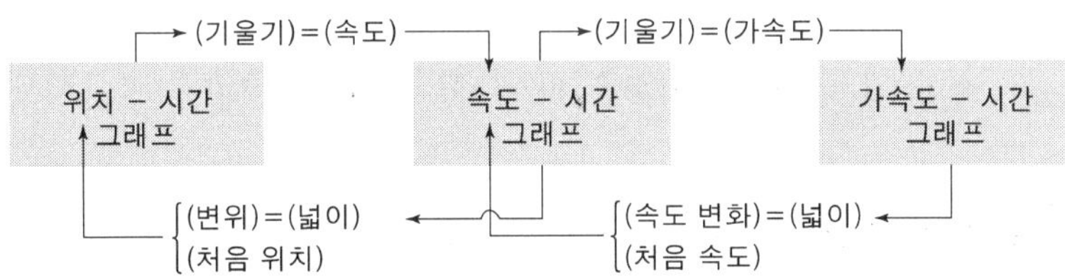


$$x(t) = \int_{t_0}^{t} v(t)\, dt + x(t_0) \qquad v(t) = \int_{t_0}^{t} a(t)\, dt + v(t_0)$$

연습그림 1.1 변위, 속도, 가속도 사이의 관계

### 1.1.4 등가속도 직선운동

**가속도** $a = (\text{일정})$ **평균속도** $< v >= \frac{v_0 + v}{2}$

**속도변화** $\Delta v = a \Delta t$ **변위** $\Delta x = < v > \Delta t = \frac{1}{2}(v_0 + v)\Delta t$

**등가속도 직선운동의 식**

**가속도** $a = $ (일정)

**속도** $v(t) = v_0 + a\,t$ 속도는 시간의 일차함수이다. (1.7)

**위치** $x(t) = x_0 + v_0\,t + \frac{1}{2}a\,t^2$ 위치는 시간의 이차함수이다. (1.9)

**속도, 가속도 그리고 위치**

$v^2 - v_0^2 = 2a(x - x_0)$ 속도의 제곱은 변위의 일차함수이다. (1.10)

### 1.1.5 미분적분학의 방법

$$v(t_0) = \lim_{\Delta t \to 0} \frac{\Delta x}{\Delta t} = \lim_{\Delta t \to 0} \frac{x(t_0 + \Delta t) - x(t_0)}{\Delta t} \equiv \left[\frac{dx(t)}{dt}\right]_{t = t_0}$$

$$a(t_0) = \lim_{\Delta t \to 0} \frac{\Delta v}{\Delta t} = \lim_{\Delta t \to 0} \frac{v(t_0 + \Delta t) - v(t_0)}{\Delta t} \equiv \left[\frac{dv(t)}{dt}\right]_{t = t_0}$$

**속 도** = 위치의 시간에 대한 도함수; **순간속도** = 위치의 시간에 대한 미분계수
**가속도** = 속도의 시간에 대한 도함수; **순간가속도** = 속도의 시간에 대한 미분계수

**변위** $\Delta x = x(t_{\mathrm{f}}) - x(t_{\mathrm{i}}) = \lim_{N \to \infty} \sum_{i=1}^{N} v(\tau_i)\,\Delta t_i \equiv \int_{t_{\mathrm{i}}}^{t_{\mathrm{f}}} v(t)\,dt$

표 1.1 간단한 함수의 도함수 및 적분

| 간단한 함수의 도함수 | 간단한 적분 공식 |
|---|---|
| $\frac{d}{dt}C = 0$ | $\int C\,dt = Ct$ |
| $\frac{d}{dt}t^n = n\,t^{n-1}$ | $\int C\,t^n\,dt = C\frac{t^{n+1}}{n+1}$ |
| $\frac{d}{dt}\sin\omega t = \omega\cos\omega t$ | $\int \cos\omega t\,dt = \frac{1}{\omega}\sin\omega t$ |
| $\frac{d}{dt}\cos\omega t = -\omega\sin\omega t$ | $\int \sin\omega t\,dt = -\frac{1}{\omega}\cos\omega t$ |
| $\frac{d}{dt}e^{bt} = b\,e^{bt}$ | $\int e^{bt}\,dt = \frac{1}{b}\,e^{bt}$ |
| $\frac{d}{dt}\ln t = \frac{1}{t}$ | $\int \frac{dt}{t} = \ln t$ |

## 1.2 이차원 및 삼차원 공간운동과 벡터

### 1.2.1 위치와 좌표

A. **직각좌표** $(x, y)$

B. **평면극좌표** $(\rho, \phi)$ : $\rho=$(지름), $\phi=$(극각)

**평면직각좌표와 평면극좌표**(그림 1.14 참조)

$$x=\rho \cos \phi, \ y=\rho \sin \phi; \ \rho=\sqrt{x^2+y^2}, \ \tan \phi=\frac{y}{x} \tag{1.16}$$

C. **원기둥좌표** $(\rho, \phi, z)$ (그림 1.15a 참조)

D. **구면극좌표** $(r, \theta, \phi)$ : $r=$(지름), $\theta=$(극각), $\phi=$(방위각)

**직각좌표와 구면극좌표**(그림 1.15b 참조)

$$x=r \sin \theta \cos \phi, \ y=r \sin \theta \sin \phi, \ z=r \cos \theta; \tag{1.17}$$

$$r=\sqrt{x^2+y^2+z^2}, \ \tan \theta=\frac{\sqrt{x^2+y^2}}{z}, \ \tan \phi=\frac{y}{x}$$

### 1.2.2 변위와 벡터

**A. 변위**

점 P에서 점 Q로 위치가 변했을 때, 변위는 $\overrightarrow{PQ}$로, 그 크기는 $|\overrightarrow{PQ}|$(또는 $\overline{PQ}$), 그 방향은 화살표로 나타낸다.

**변위의 합성(삼각형법)** 변위 $\overrightarrow{DK}$의 화살표 머리에 변위 $\overrightarrow{KJ}$의 화살표 꼬리를 잇대었을 때, $\overrightarrow{DK}$의 화살표 꼬리에서 $\overrightarrow{KJ}$의 화살표 머리까지 이은 화살표가 합변위 $\overrightarrow{DK}+\overrightarrow{KJ}=\overrightarrow{DJ}$를 나타낸다(그림 1.18 참조).

**B. 벡터**

크기 및 방향이 있으면서 변위처럼 삼각형법으로 합성되는 물리량을 벡터량 또는 벡터라 한다. 보기 : **변위**, **위치**, **속도**, **가속도**.

기호 하나의 문자로 나타낼 때는 A 또는 $\vec{A}$로 표시한다.

크기만으로 충분히 기술되는 물리량은 **스칼라**라 한다.

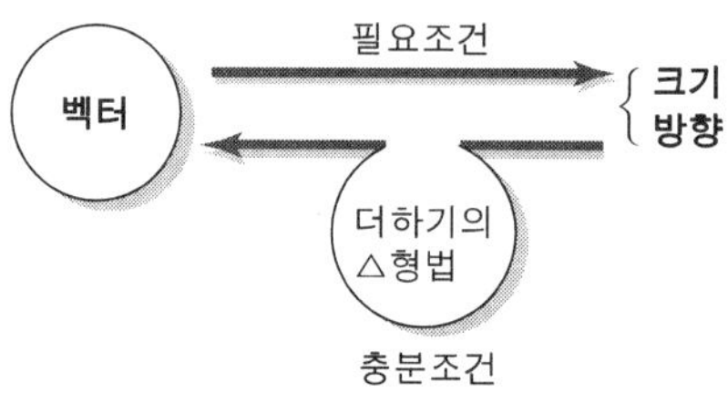


벡터의 필요충분조건

### 1.2.3 벡터대수

#### A. 벡터의 합성

삼각형법 $\vec{A}$의 화살표 머리에 $\vec{B}$의 화살표 꼬리를 잇대었을 때, $\vec{A}$의 화살표 꼬리에서 $\vec{B}$의 화살표 머리까지 이은 화살표가 합벡터 $\vec{A}+\vec{B}=\vec{R}$를 나타낸다(그림 1.22 참조).

평행사변형법 두 벡터 $\vec{A}$, $\vec{B}$의 화살표 꼬리를 서로 맞대었을 때, 이들을 이웃하는 두 변으로 하는 평행사변형에서 그들의 꼬리를 지나는 대각선의 화살표가 합벡터 $\vec{A}+\vec{B}=\vec{R}$를 나타낸다(그림 1.23(a) 참조).

**벡터의 동등성** : $\vec{A}=\vec{B} \rightleftarrows \begin{cases} |A|=|B| \\ \text{같은 방향} \end{cases}$

**분배법칙** : $s(\vec{A}+\vec{B})=s\vec{A}+s\vec{B}$ ($s$ : 스칼라)

**교환법칙** : $\vec{A}+\vec{B}=\vec{B}+\vec{A}$

**결합법칙** : $(\vec{A}+\vec{B})+\vec{C}=\vec{A}+(\vec{B}+\vec{C})$

#### B. 벡터의 분해

한 벡터 $\vec{R}$를 두 벡터 $\vec{A}$, $\vec{B}$의 합벡터 $\vec{A}+\vec{B}$로 나타낼 수 있을 때 벡터 $\vec{R}$를 두 벡터 $\vec{A}$, $\vec{B}$로 '분해했다'고 한다. $\vec{R} \Rightarrow \vec{A}+\vec{B}$

**벡터의 직각 성분**(그림 1.28 참조)

$$\vec{A}=\vec{A}_x+\vec{A}_y \ : \ A_x=A\cos\phi,\ A_y=A\sin\phi;$$

$$A=\sqrt{A_x^2+A_y^2},\ \tan\phi=\frac{A_y}{A_x}\quad(\phi\ :\ \text{극각})$$

### C. 단위벡터

벡터 $\vec{A}$의 방향으로 단위(크기가 1)인 벡터를 그 방향의 단위벡터라 하고, 기호 $\hat{A}$ ("고깔 A")로 나타낸다. $\hat{A}=\dfrac{\vec{A}}{A}$ 또는 $\vec{A}=\hat{A}\,A$

**바탕벡터** 직각좌표축 방향의 단위벡터 $\hat{x},\ \hat{y},\ \hat{z}$ (또는 $\hat{i},\ \hat{j},\ \hat{k}$)

**바 탕** 단위벡터의 집합$\{\hat{x},\ \hat{y},\ \hat{z}\}$ 또는 $\{\hat{i},\ \hat{j},\ \hat{k}\}$

**벡터의 성분 또는 표현** 벡터 $\vec{A}=\hat{i}A_x+\hat{j}A_y+\hat{k}A_z$의 세 개의 순서성이 있는 수 $\{A_x, A_y, A_z\}$를 $\vec{A}$의 (직각)성분 또는 바탕$\{\hat{i},\ \hat{j},\ \hat{k}\}$에서의 표현이라 한다.

$$A_z=A\cos\theta,\ A_x=A_\rho\cos\phi=A\sin\theta\cos\phi,\ A_y=A_\rho\sin\phi=A\sin\theta\sin\phi;$$

$$A=\sqrt{A_\rho^2+A_z^2}=\sqrt{A_x^2+A_y^2+A_z^2};\ \tan\theta=\frac{\sqrt{A_x^2+A_y^2}}{A_z},\ \tan\phi=\frac{A_y}{A_x}$$

$(\theta\ :\ \vec{A}$의 극각, $\phi\ :\ \vec{A}$의 방위각)(그림 1.31 참조)

## 1.2.4 속도벡터 및 가속도벡터

### A. 속도벡터

$$\vec{v}(t_0)=\lim_{\Delta t\to 0}\frac{\Delta\vec{r}}{\Delta t}=\lim_{\Delta t\to 0}\frac{\vec{r}(t_0+\Delta t)-\vec{r}(t_0)}{\Delta t}\equiv\left[\frac{d\vec{r}(t)}{dt}\right]_{t=t_0}$$

크기 : $|\vec{v}|=\left|\lim_{\Delta t\to 0}\dfrac{\Delta\vec{r}}{\Delta t}\right|=\lim_{\Delta t\to 0}\dfrac{\Delta s}{\Delta t}=\mathbb{V}$(속력)

방향 : 시각 $t_0$인 점 P에서 접선 방향

### 직각좌표계에서 표현

**바탕** $\{\hat{i},\ \hat{j}\}$

**위치벡터** $\vec{r}(t) = \hat{i}\,x(t) + \hat{j}\,y(t)$ (1.19)

**속도벡터** $\vec{v}(t) = \hat{i}\,v_x(t) + \hat{j}\,v_y(t)\ :\ v_x(t) = \dfrac{dx(t)}{dt},\ v_y(t) = \dfrac{dy(t)}{dt}$ (1.20)

### 평면극좌표계에서 표현

**평면극좌표계의 바탕**$\{\hat{\rho},\ \hat{\phi}\}$(그림 1.35 참조)

$$\hat{\rho}(t) = \hat{i}\cos\phi(t) + \hat{j}\sin\phi(t) \tag{1.23}$$

$$\hat{\phi}(t) = -\hat{i}\sin\phi(t) + \hat{j}\cos\phi(t) \tag{1.24}$$

$$\frac{d\hat{\rho}}{dt} = \hat{\phi}\,\frac{d\phi(t)}{dt},\quad \frac{d\hat{\phi}}{dt} = -\hat{\rho}\,\frac{d\phi(t)}{dt} \qquad (1.28),\ (1.29)$$

**위치벡터** $\vec{r}(t) = \hat{\rho}(t)\,\rho(t)$ (1.22)

$$\vec{r} = \vec{r}(\rho,\ \phi)\ :\ \rho = \rho(t),\ \phi = \phi(t)$$

$$\frac{\partial\vec{r}(\rho,\ \phi)}{\partial\rho} = \hat{\rho},\quad \frac{1}{\rho}\frac{\partial\vec{r}(\rho,\ \phi)}{\partial\phi} = \hat{\phi}\ \ (ds_\rho = d\rho,\ ds_\phi = \rho\,d\phi) \qquad (1.25),\ (1.26)$$

**속도벡터** $\vec{v}(t) = \dfrac{d\vec{r}}{dt} = \dfrac{d}{dt}\{\hat{\rho}(t)\rho(t)\} = \hat{\rho}(t)\,v_\rho(t) + \hat{\phi}\,v_\phi(t)$ (1.30)

**지름 성분**($\rho$성분) $v_\rho(t) = \dfrac{d\rho(t)}{dt}$, **가로 성분**($\phi$성분) $v_\phi(t) = \rho(t)\,\dfrac{d\phi(t)}{dt}$

### 구면좌표계($r,\ \theta,\ \phi$)에서 표현

**구면좌표계의 바탕**$\{\hat{r},\ \hat{\theta},\ \hat{\phi}\}$(그림 1.39 참조)

$\hat{r}$ : 지름 $r$방향의 단위벡터,

$\hat{\theta}$ : 극각 $\theta$방향($\hat{r}$에 수직이고 $\theta$가 증가하는 방향)의 단위벡터,

$\hat{\phi}$ : 방위각 $\phi$방향($\hat{r}$, $\hat{\theta}$에 수직이고 $\phi$가 증가하는 방향)의 단위벡터

**바탕 $\{\hat{r},\ \hat{\theta},\ \hat{\phi}\}$에서 위치벡터** $\vec{r} = \hat{r}\, r(r,\ \theta,\ \phi)$

$$\hat{r} = \frac{\partial \vec{r}(r,\theta,\phi)}{\partial s_r} = \frac{\partial \vec{r}(r,\theta,\phi)}{\partial r} \quad (ds_r = dr) \qquad (1.37)$$

$$\hat{\theta} = \frac{\partial \vec{r}(r,\theta,\phi)}{\partial s_\theta} = \frac{1}{r}\frac{\partial \vec{r}(r,\theta,\phi)}{\partial \theta} \quad (ds_\theta = r\,d\theta) \qquad (1.40)$$

$$\hat{\phi} = \frac{\partial \vec{r}(r,\theta,\phi)}{\partial s_\phi} = \frac{1}{r\sin\theta}\frac{\partial \vec{r}(r,\theta,\phi)}{\partial \phi} \quad (ds_\phi = r\sin\theta\, d\phi) \qquad (1.41)$$

**바탕 $\{\hat{i},\ \hat{j},\ \hat{k}\}$에서 위치벡터**

$$\vec{r}(r,\ \theta,\ \phi) = r(\hat{i}\sin\theta\cos\phi + \hat{j}\sin\theta\sin\phi + \hat{k}\cos\theta) \qquad (1.36)$$

$$\therefore\quad \hat{r} = \frac{\partial \vec{r}(r,\theta,\phi)}{\partial r} = \hat{i}\sin\theta\cos\phi + \hat{j}\sin\theta\sin\phi + \hat{k}\cos\theta,$$

$$\hat{\theta} = \frac{1}{r}\frac{\partial \vec{r}(r,\theta,\phi)}{\partial \theta} = \hat{i}\cos\theta\cos\phi + \hat{j}\cos\theta\sin\phi - \hat{k}\sin\theta, \qquad (1.42)$$

$$\hat{\phi} = \frac{1}{r\sin\theta}\frac{\partial \vec{r}(r,\theta,\phi)}{\partial \phi} = -\hat{i}\sin\phi + \hat{j}\cos\phi$$

$$\therefore\quad \frac{d\hat{r}}{dt} = \hat{\theta}\frac{d\theta}{dt} + \hat{\phi}\sin\theta\frac{d\phi}{dt},$$

$$\frac{d\hat{\theta}}{dt} = -\hat{r}\frac{d\theta}{dt} + \hat{\phi}\cos\theta\frac{d\phi}{dt},$$

$$\frac{d\hat{\phi}}{dt} = -(\hat{r}\sin\theta + \hat{\theta}\cos\theta)\frac{d\phi}{dt}$$

**속도벡터** $\vec{v} = \frac{d}{dt}\{\hat{r}(t)r(t)\} = \hat{r}\,v_r + \hat{\theta}\,v_\theta + \hat{\phi}\,v_\phi$ : (1.43)

$$v_r = \frac{dr}{dt},\quad v_\theta = r\frac{d\theta}{dt},\quad v_\phi = r\sin\theta\frac{d\phi}{dt}$$

## 원기둥좌표계 $\{\rho,\ \phi,\ z\}$에서 표현

### 직각좌표와 구면극좌표

$$x = r\sin\theta\cos\phi,\quad y = r\sin\theta\sin\phi,\quad z = r\cos\theta \qquad (1.17)$$

**바탕**$\{\hat{\rho},\ \hat{\phi},\ \hat{k}\}$(그림 1.40 참조)

$$\hat{\rho}=\hat{i}\cos\phi+\hat{j}\sin\phi,\quad \hat{\phi}=-\hat{i}\sin\phi+\hat{j}\cos\phi,\quad \hat{k}=\hat{k}$$

**위치벡터**

$$\vec{r}(t)=\hat{\rho}(t)\,\rho(t)+\hat{k}\,z(t)$$

**속도벡터**

$$\vec{v}(t)=\frac{d\vec{r}(t)}{dt}=\frac{d}{dt}\{\hat{\rho}(t)\,\rho(t)+\hat{k}\,z(t)\}=\hat{\rho}\,v_\rho+\hat{\phi}v_\phi+\hat{k}\,v_z$$

$$v_\rho=\frac{d\rho}{dt},\quad v_\phi=\rho\frac{d\phi}{dt},\quad v_z=\frac{dz}{dt}$$

## B. 가속도벡터

$$\vec{a}(t_0)=\lim_{\Delta t\to 0}\frac{\Delta\vec{v}}{\Delta t}\equiv\left[\frac{d\vec{v}(t)}{dt}\right]_{t=t_0},\quad \vec{a}(t_0)=\left[\frac{d^2\vec{r}(t)}{dt^2}\right]_{t=t_0} \tag{1.44}$$

### 가속도벡터의 표현

**직각좌표계**

$$\vec{a}(t)=\frac{d\vec{v}(t)}{dt}=\hat{i}\,a_x(t)+\hat{j}\,a_y(t)\ :\ a_x(t)=\frac{dv_x}{dt}=\frac{d^2x(t)}{dt^2},\quad a_y(t)=\frac{dv_y}{dt}=\frac{d^2y(t)}{dt^2}$$

**평면극좌표계**

$$\vec{a}(t)=\frac{d\vec{v}(t)}{dt}=\frac{d}{dt}\{\hat{\rho}(t)\,v_\rho(t)+\hat{\phi}(t)\,v_\phi(t)\}=\hat{\rho}(t)\,a_\rho(t)+\hat{\phi}(t)\,a_\phi(t)$$

지름 성분($\rho$성분)

$$a_\rho(t)=\frac{dv_\rho(t)}{dt}-\frac{d\phi(t)}{dt}\,v_\phi(t)=\frac{d^2\rho(t)}{dt^2}-\rho(t)\left(\frac{d\phi(t)}{dt}\right)^2$$

가로 성분($\phi$성분)

$$a_\phi(t)=\frac{dv_\phi(t)}{dt}+\frac{d\phi(t)}{dt}\,v_\rho(t)=\rho(t)\frac{d^2\phi(t)}{dt^2}+2\frac{d\rho(t)}{dt}\,\frac{d\phi(t)}{dt}$$

### 가속도의 접선 및 법선 성분

$$\vec{a} = \hat{\tau} a_\tau + \hat{n} a_n \ : \ a_\tau = \frac{dv}{dt}, \ a_n = \frac{v^2}{R} \quad (R : \text{곡률반지름}) \tag{1.45}$$

**속도벡터의 크기 변화 ⇄ 접선가속도; 속도벡터의 방향 변화 ⇄ 법선가속도**

## 참고

**위치, 변위, 속도, 가속도의 각 좌표계에서 표현 모음**

### 직각좌표계$(x, y, z)$

바 탕 $\{\hat{i}, \hat{j}, \hat{k}\}$

위 치 $\vec{r}(t) = \hat{i}\, x(t) + \hat{j}\, y(t) + \hat{k}\, z(t)$

변 위 $\Delta \vec{r}(t) = \hat{i}\, \Delta x(t) + \hat{j}\, \Delta y(t) + \hat{k}\, \Delta z(t)$

속 도 $\vec{v}(t) = \hat{i}\, \frac{dx(t)}{dt} + \hat{j}\, \frac{dy(t)}{dt} + \hat{k}\, \frac{dz(t)}{dt}$

가속도 $\vec{a}(t) = \hat{i}\, \frac{d^2x(t)}{dt^2} + \hat{j}\, \frac{d^2y(t)}{dt^2} + \hat{k}\, \frac{d^2z(t)}{dt^2}$

### 평면극좌표계$(\rho, \phi)$

좌 표 $x = \rho\cos\phi, \ y = \rho\sin\phi; \ \rho = \sqrt{x^2 + y^2}, \ \tan\phi = \frac{y}{x}$ (1.16)

$\vec{r}(t) = \rho(\hat{i}\, \cos\phi + \hat{j}\, \sin\phi)$

바 탕 $\{\hat{\rho}, \hat{\phi}\}$

$$\hat{\rho}(t) = \frac{\partial \vec{r}}{\partial s_\rho} = \frac{\partial \vec{r}}{\partial \rho} = \hat{i}\, \cos\phi(t) + \hat{j}\, \sin\phi(t) \tag{1.23}$$

$$\hat{\phi}(t) = \frac{\partial \vec{r}}{\partial s_\phi} = \frac{1}{\rho}\frac{\partial \vec{r}}{\partial \phi} = -\hat{i}\, \sin\phi(t) + \hat{j}\, \cos\phi(t) \tag{1.24}$$

$$\frac{d\hat{\rho}(t)}{dt} = \hat{\phi}\frac{d\phi(t)}{dt} \tag{1.28}$$

$$\frac{d\hat{\phi}(t)}{dt} = -\hat{\rho}\frac{d\phi(t)}{dt} \tag{1.29}$$

위 치 $\vec{r}(t) = \hat{\rho}(t)\,\rho(t)$ (1.22)

변 위 $\Delta\vec{r}(\rho,\,\phi) \cong \hat{\rho}\,\Delta\rho + \hat{\phi}\,\rho\,\Delta\phi \;= \hat{\rho}\Delta s_\rho + \hat{\phi}\Delta s_\phi$ (1.33)

속 도 $\vec{v}(t) = \hat{\rho}(t)\dfrac{d\rho(t)}{dt} + \hat{\phi}(t)\,\dfrac{d\phi(t)}{dt}\rho(t)$ (1.30)

가속도 $$\vec{a}(t) = \hat{\rho}(t)\left[\frac{d^2\rho(t)}{dt^2} - \rho(t)\left(\frac{d\phi(t)}{dt}\right)^2\right] + \hat{\phi}(t)\left[\rho(t)\frac{d^2\phi(t)}{dt^2} + 2\frac{d\rho(t)}{dt}\,\frac{d\phi(t)}{dt}\right]$$

● **원기둥좌표계**$(\rho,\ \phi,\ z)$

좌 표 $x = \rho\cos\phi,\ y = \rho\sin\phi,\ z = z;\ \rho = \sqrt{x^2+y^2},\ \tan\phi = \dfrac{y}{x}$

$\vec{r}(t) = \rho(\hat{i}\,\cos\phi + \hat{j}\,\sin\phi) + \hat{k}z$

바 탕 $\{\hat{\rho},\ \hat{\phi},\ \hat{k}\}$

$$\hat{\rho}(t) = \frac{\partial\vec{r}}{\partial s_\rho} = \frac{\partial\vec{r}}{\partial\rho} = \hat{i}\,\cos\phi(t) + \hat{j}\,\sin\phi(t) \tag{1.23}$$

$$\hat{\phi}(t) = \frac{\partial\vec{r}}{\partial s_\phi} = \frac{1}{\rho}\frac{\partial\vec{r}}{\partial\phi} = -\hat{i}\,\sin\phi(t) + \hat{j}\,\cos\phi(t) \tag{1.24}$$

$$\hat{k} = \frac{\partial\vec{r}}{\partial s_z} = \frac{\partial\vec{r}}{\partial z} = \hat{k}$$

$$\frac{d\hat{\rho}(t)}{dt} = \hat{\phi}\frac{d\phi(t)}{dt},\quad \frac{d\hat{\phi}(t)}{dt} = -\hat{\rho}\frac{d\phi(t)}{dt},\quad \frac{d\hat{k}}{dt} = 0 \qquad (1.28),\ (1.29)$$

위 치 $\vec{r} = \hat{\rho}\,\rho + \hat{k}\,z$

변 위 $\Delta\vec{r} \cong \hat{\rho}\,\Delta\rho + \hat{\phi}\rho\Delta\phi + \hat{k}\,\Delta z \;= \hat{\rho}\,\Delta s_\rho + \hat{\phi}\,\Delta s_\phi + \hat{k}\,\Delta s_z$

속 도 $\vec{v}(t) = \hat{\rho}\,\dfrac{d\rho}{dt} + \hat{\phi}\,\rho\dfrac{d\phi}{dt} + \hat{k}\,\dfrac{dz}{dt}$

가속도 $\vec{a} = \hat{\rho}\left[\frac{d^2\rho}{dt^2} - \rho\left(\frac{d\phi}{dt}\right)^2\right] + \hat{\phi}\left[\rho\frac{d^2\phi}{dt^2} + 2\left(\frac{d\rho}{dt}\right)\left(\frac{d\phi}{dt}\right)\right] + \hat{k}\,\frac{d^2z}{dt^2}$

### 구면좌표계$(r,\ \theta,\ \phi)$

좌 표 $x = r\sin\theta\cos\phi,\ y = r\sin\theta\sin\phi,\ z = r\cos\theta;$ (1.17)

$$r = \sqrt{x^2+y^2+z^2},\ \tan\theta = \frac{\sqrt{x^2+y^2}}{z},\ \tan\phi = \frac{y}{x}$$

$$\vec{r}(t) = r(\hat{i}\sin\theta\cos\phi + \hat{j}\sin\theta\sin\phi + \hat{k}\cos\theta) \tag{1.36}$$

바 탕 $\{\hat{r},\ \hat{\theta},\ \hat{\phi}\}$

$$\hat{r} = \frac{\partial\vec{r}}{\partial s_r} = \frac{\partial\vec{r}}{\partial r} = \hat{i}\sin\theta\cos\phi + \hat{j}\sin\theta\sin\phi + \hat{k}\cos\theta$$

$$\hat{\theta} = \frac{\partial\vec{r}}{\partial s_\theta} = \frac{1}{r}\frac{\partial\vec{r}}{\partial\theta} = \hat{i}\cos\theta\cos\phi + \hat{j}\cos\theta\sin\phi - \hat{k}\sin\theta \tag{1.42}$$

$$\hat{\phi} = \frac{\partial\vec{r}}{\partial s_\phi} = \frac{1}{r\sin\theta}\frac{\partial\vec{r}}{\partial\phi} = -\hat{i}\sin\phi + \hat{j}\cos\phi$$

$$\frac{d\hat{r}}{dt} = \hat{\theta}\,\frac{d\theta}{dt} + \hat{\phi}\sin\theta\,\frac{d\phi}{dt},\quad \frac{d\hat{\theta}}{dt} = -\hat{\rho}\,\frac{d\theta}{dt} + \hat{\phi}\cos\theta\,\frac{d\phi}{dt},$$

$$\frac{d\hat{\phi}}{dt} = -(\hat{r}\sin\theta + \hat{\theta}\cos\theta)\frac{d\phi}{dt}$$

위 치 $\vec{r} = \hat{r}\,r$

변 위 $\Delta\vec{r} \cong \hat{r}\Delta r + \hat{\theta}\,r\Delta\theta + \hat{\phi}\,r\sin\theta\Delta\phi = \hat{r}\Delta s_r + \hat{\theta}\ \Delta s_\theta + \hat{\phi}\ \Delta s_\phi$

속 도 $\vec{v} = \hat{r}\frac{dr(t)}{dt} + \hat{\theta}\,r(t)\ \frac{d\theta(t)}{dt} + \hat{\phi}\,r(t)\sin\theta(t)\frac{d\phi(t)}{dt}$ (1.43)

가속도 
$$\begin{aligned}\vec{a} = \hat{r}&\left[\frac{d^2r}{dt^2} - r\left(\frac{d\theta}{dt}\right)^2 - r\sin^2\theta\left(\frac{d\phi}{dt}\right)^2\right]\\ +\hat{\theta}&\left[r\,\frac{d^2\theta}{dt^2} + 2\left(\frac{dr}{dt}\right)\left(\frac{d\theta}{dt}\right) - r\sin\theta\cos\theta\left(\frac{d\phi}{dt}\right)^2\right]\\ +\hat{\phi}&\left[r\sin\theta\frac{d^2\phi}{dt^2} + 2\sin\theta\left(\frac{dr}{dt}\right)\left(\frac{d\phi}{dt}\right) + 2r\cos\theta\left(\frac{d\theta}{dt}\right)\left(\frac{d\phi}{dt}\right)\right]\end{aligned}$$

## 1.3 상대운동

### 1.3.1 상대속도

**기준틀과 좌표계** 기차의 객차 안에서의 물체의 운동을 기술할 때, 객차에 설정된 시계 및 미터자로 시(時), 공(空)을 측정한다. 이 경우 객차는 **기준틀**, 객차 안에 설정된 시계 및 미터자는 **좌표계**에 해당한다.

#### A. 직선운동에서 상대속도

**상대위치** $x_{P/O} = x_{P/O'} + x_{O'/O}$ (1.83)

**상대속도** $v_{P/O} = v_{P/O'} + v_{O'/O}$ $(v_{O/O'} = -v_{O'/O})$ (1.84)

$x_{P/O}$, $v_{P/O}$ : O에 대한 P의 상대위치, 상대속도,

$x_{P/O'}$, $v_{P/O'}$ : O′에 대한 P의 상대위치, 상대속도,

$x_{O'/O}$, $v_{O'/O}$ : O에 대한 O′의 상대위치, 상대속도

#### B. 평면운동에서 상대속도

**상대위치벡터** $\vec{r}_{P/O} = \vec{r}_{P/O'} + \vec{r}_{O'/O}$ (1.85)

**상대속도벡터** $\vec{v}_{P/O} = \vec{v}_{P/O'} + \vec{v}_{O'/O}$

자동차, 비행기, 배의 속도는 각각 땅, 공기, 물에 대한 상대속도이다.

### 1.3.2 상대병진운동 – 갈릴레이 변환

#### A. 상대병진운동

**위치벡터** $\vec{r}' = \vec{r} - \vec{R}$, **속도벡터** $\vec{v}' = \vec{v} - \vec{v}_R$,

**가속도벡터** $\vec{a}' = \vec{a} - \vec{a}_R$, **시간** $t' = t$ (1.86), (1.88), (1.90)

$(\vec{r} \equiv \vec{r}_{P/O},\ \vec{r}' \equiv \vec{r}_{P/O'},\ \vec{R} = \vec{r}_{O'/O},\ \vec{v} \equiv \vec{v}_{P/O},\ \vec{v}' \equiv \vec{v}_{P/O'},\ \vec{v}_R = \vec{v}_{O'/O})$

**B. 갈릴레이 변환** $\vec{v}_{\rm R} = (\text{일정})$

**위치벡터** $\vec{r}' = \vec{r} - \vec{v}_{\rm R}\, t$, **속도벡터** $\vec{v}' = \vec{v} - \vec{v}_{\rm R}$,

**가속도벡터** $\vec{a}' = \vec{a}$, **시간** $t' = t$ (1.91)~(1.93)

한 기준틀에 대해서 상대적으로 등속도 병진운동을 하는 다른 기준틀에서 볼 때, 가속도는 변하지 않는다. 곧, **갈릴레이 변환에 대해서 가속도는 불변이다**.

## 연습문제

### 1.1 일차원운동

**1-1 시계 초침 끝의 운동**

초침의 길이가 10.0 cm인 기둥시계가 있다. 이 시계의 초침이 12시를 가리키는 순간부터 10초 동안의 초침 끝의 평균속력 및 평균속도는 각각 얼마인가?

**풀이 |** $\langle \mathbb{V} \rangle = \dfrac{\Delta s}{\Delta t}$ : $\Delta s = (10.0\ \mathrm{cm}) \times (2\pi\ \mathrm{rad}) \times \left(\dfrac{2}{12}\right) = 10.47\ \mathrm{cm}$, $\Delta t = 10.0\ \mathrm{s}$

$\therefore\ \langle \mathbb{V} \rangle = \dfrac{\Delta s}{\Delta t} = 1.047\ \mathrm{cm/s} = \underline{1.05\ \mathrm{cm/s}}$

변위 : $|\Delta \vec{r}| = 10.0\ \mathrm{cm}$ $\therefore < v > = \dfrac{|\Delta \vec{r}|}{\Delta t} = \dfrac{10.0\,\mathrm{cm}}{10\,\mathrm{s}} = 1.00\ \mathrm{cm/s}$

방향 : 4시 방향(문1-1의 연습그림 참조)

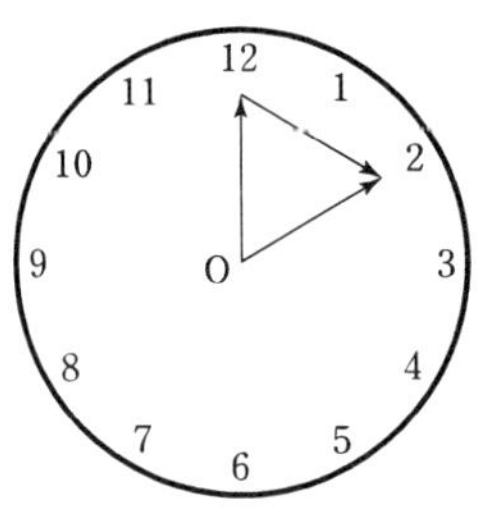


문1-1의 연습그림 : 시계바늘의 변위

**답 |** $\langle \mathbb{V} \rangle = 1.05\ \mathrm{cm/s}$, $< v > = 1.00\ \mathrm{cm/s}$ (4시 방향)

**1-2 평균속도 및 평균속력**

달리기 선수가 2.5 km를 9.0분에 달려갔다가 걸어서 30분 만에 처음 출발점에 돌아왔다.

(가) 처음 9.0분 동안의 평균속도는 얼마인가?

(나) 걸을 때의 평균속도를 구하라.

(다) 달리기 선수의 처음부터 끝까지의 평균속도 및 평균속력을 각각 구하라.

**풀이 |** 평균속도 및 평균속력은 각각 $< v > = \dfrac{x - x_0}{t - t_0} = \dfrac{\Delta x}{\Delta t}$, $\langle \mathbb{V} \rangle = \dfrac{\Delta s}{\Delta t}$로 주어진다.

(가) $< v(0 \sim 9\,\text{min}) > = \dfrac{\Delta x}{\Delta t} = \left(\dfrac{2500\,\text{m}}{9.0\,\text{min}}\right) \times \left(\dfrac{1\,\text{min}}{60\,\text{s}}\right) = 4.63\,\text{m/s} = \underline{4.6\,\text{m/s}}$,

(나) $< v(9 \sim 30\,\text{min}) > = \dfrac{\Delta x}{\Delta t} = \left(\dfrac{-2500\,\text{m}}{30.0\,\text{min}}\right) \times \left(\dfrac{1\,\text{min}}{60\,\text{s}}\right) = -1.39\,\text{m/s} = \underline{-1.4\,\text{m/s}}$,

(다) $< v(0 \sim 39\,\text{min}) > = \dfrac{\Delta x}{\Delta t} = \left(\dfrac{0.0\,\text{m}}{39.0\,\text{min}}\right) \times \left(\dfrac{1\,\text{min}}{60\,\text{s}}\right) = 0.0$,

$\langle \mathbb{V} \rangle (0 \sim 39\,\text{min}) = \dfrac{\Delta s}{\Delta t} = \left(\dfrac{5000\,\text{m}}{39\,\text{min}}\right) \times \left(\dfrac{1\,\text{min}}{60\,\text{s}}\right) = 2.14\,\text{m/s} = \underline{2.1\,\text{m/s}}$.

**답 |** (가) $< v(0 \sim 9\,\text{min}) > = 4.6\,\text{m/s}$ (나) $< v(9 \sim 30\,\text{min}) > = -1.4\,\text{m/s}$

(다) $< v(0 \sim 39\,\text{min}) > = 0$, $\langle \mathbb{V} \rangle (0 \sim 39\,\text{min}) = 2.1\,\text{m/s}$

## 1-3 입자의 위치-시간 그래프

직선을 따라서 8초 동안 운동하고 있던 한 입자의 운동 모양은 아래 그래프(문1-3의 그림)와 같다.

(가) 아래 각 시간 구간의 평균속도를 구하라.

(ㄱ) 0~2초 (ㄴ) 2~4초 (ㄷ) 4~7초 (ㄹ) 0~8초

(나) 이 입자의 속도-시간 그래프를 그려라.

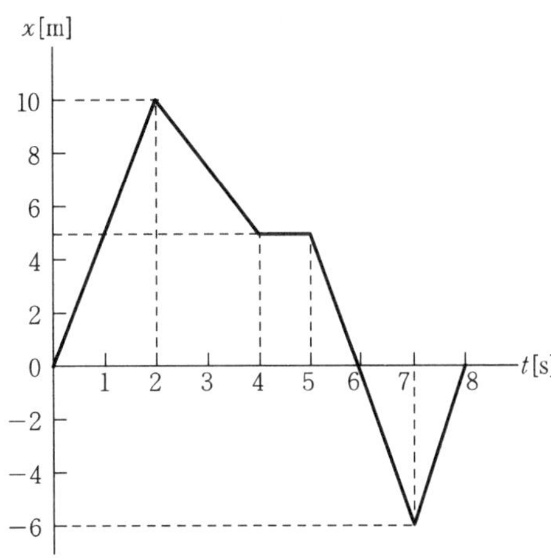


문1-3의 그림 : 위치-시간 그래프

**풀이 |** 평균속도 : $< v > = \dfrac{\Delta x}{\Delta t}$

(가) (ㄱ) $< v(0 \sim 2\,\text{s}) > = \dfrac{\Delta x}{\Delta t} = \dfrac{10\,\text{m}}{2\,\text{s}} = 5.0\,\text{m/s}$

(ㄴ) $< v(2 \sim 4\,\text{s}) > = \dfrac{\Delta x}{\Delta t} = \dfrac{(5\,\text{m}) - (10\,\text{m})}{(4\,\text{s}) - (2\,\text{s})} = -2.5\,\text{m/s}$

(ㄷ) $< v(4 \sim 7\,\text{s}) > = \dfrac{\Delta x}{\Delta t} = \dfrac{(-6\,\text{m}) - (5\,\text{m})}{(7\,\text{s}) - (4\,\text{s})} = -3.7\,\text{m/s}$

(ㄹ) $< v(0 \sim 8\text{s}) > = \dfrac{\Delta x}{\Delta t} = \dfrac{(0\text{m}) - (0\text{m})}{(8\text{s}) - (0\text{s})} = 0.0\text{ m/s}$.

(나) 평균속도 $< v(0 \sim 2\text{s}) > = 5.0\text{ m/s}$, $< v(2 \sim 4\text{s}) > = -2.5\text{ m/s}$, $< v(4 \sim 5\text{s}) > = 0.0$, $< v(5 \sim 7\text{s}) > = -5.5\text{ m/s}$, $< v(7 \sim 8\text{s}) > = 6.0\text{ m/s}$를 그래프종이에 찍으면 아래 문1-3의 연습그림과 같다.

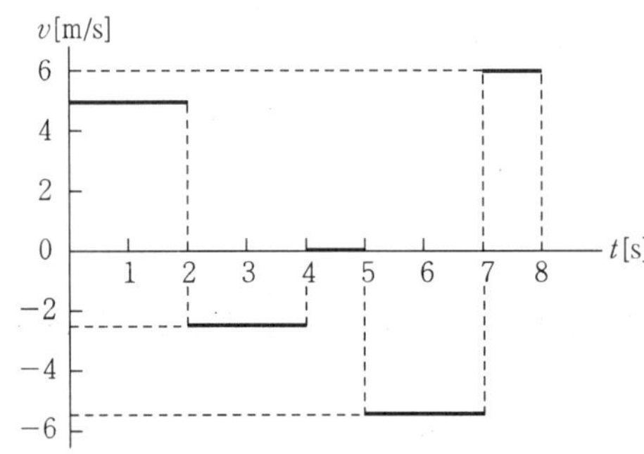


문1-3의 연습그림 : (나) 속도-시간 그래프

**답 |** (가) (ㄱ) $< v(0 \sim 2\text{s}) > = 5.0\text{ m/s}$　　(ㄴ) $< v(2 \sim 4\text{s}) > = -2.5\text{ m/s}$

(ㄷ) $< v(4 \sim 7\text{s}) > = -3.7\text{ m/s}$　　(ㄹ) $< v(0 \sim 8\text{s}) > = 0.0\text{ m/s}$

(나) 문1-3의 연습그림 : (나) 속도-시간 그래프

## 1-4　입자의 위치-시간 그래프와 속도

$x$ 축을 따라서 운동하고 있는 입자의 위치-시간 그래프가 문1-4의 그림과 같다.

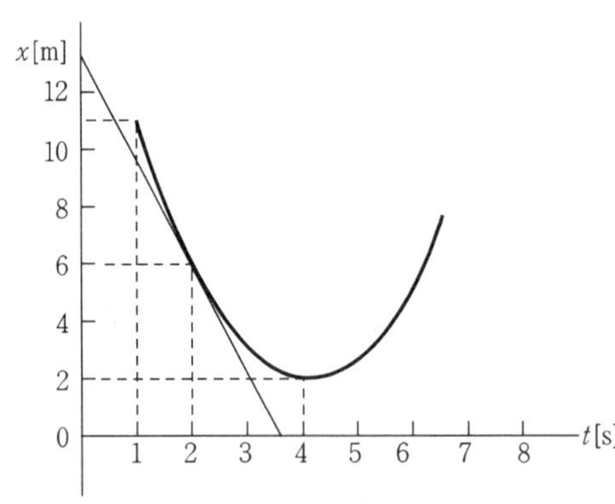


문1-4의 그림 : 위치-시간 그래프

(가) 출발한 지 1.0초와 4.0초 사이의 평균속도는 얼마인가?

(나) 출발한 지 2.0초인 순간의 속도는 얼마인가?

(다) 속도의 방향이 바뀌는 순간은 언제인가?

**풀이 |** (가) 평균속도는 두 점을 잇는 직선의 기울기 또는 $< v >= \dfrac{\Delta x}{\Delta t}$ 로 주어진다.

출발한 지 1.0초 및 4.0초인 순간 지나는 점은 각각 (1 s, 11 m), (4 s, 2 m)임을 그래프에서 읽을 수 있다. 그러므로

$$< v(1.0 \sim 4.0\,\mathrm{s}) > = \frac{\Delta x}{\Delta t} = \frac{(2\,\mathrm{m}) - (11\,\mathrm{m})}{(4\,\mathrm{s}) - (1\,\mathrm{s})} = -3.0\,\mathrm{m/s}.$$

(나) 한 순간의 속도는 그 순간에 지나는 점에서 접선의 기울기와 같다. 2.0초인 순간 지나는 점은 (2 s, 6 m)이고, 이 점에서 접선은 다른 점(3.5 s, 0 m)를 지난다. 그러므로 순간속도는

$$v = \frac{\Delta x}{\Delta t} = \frac{(0\,\mathrm{m}) - (6\,\mathrm{m})}{(3.5\,\mathrm{s}) - (2.0\,\mathrm{s})} = -4.0\,\mathrm{m/s}.$$

(다) 속도의 방향이 바뀌는 것은 접선의 기울기가 바뀌는 순간인 4.0초이다.

**답 |** (가) $< v(1.0 \sim 4.0\,\mathrm{s}) > = -3.0\,\mathrm{m/s}$ (나) $v(2\,\mathrm{s}) = -4.0\,\mathrm{m/s}$ (다) $t = 4.0\,\mathrm{s}$

## 1-5 자동차의 가속도

경주용 자동차가 삼단 기어로 3.70초 만에 속도 48.3 km/h에서 속도 80.5 km/h로 가속하였다.

(가) 이 자동차의 평균가속도는 얼마인가?

(나) 그 다음 1초 동안 같은 가속도로 계속 가속되었다면 자동차의 빠르기는 얼마인가?

**풀이 |** (가) $$< a > = \frac{\Delta v}{\Delta t} = \frac{(80.5\,\mathrm{km/h}) - (48.3\,\mathrm{km/h})}{(3.70\,\mathrm{s}) \times \left(\dfrac{1\,\mathrm{h}}{3600\,\mathrm{s}}\right)} = 31330\,\mathrm{km/h^2} = \underline{3.13 \times 10^4\,\mathrm{km/h^2}}$$

(나) $$v = v_0 + < a > t = (80.5\,\mathrm{km/h}) + (31330\,\mathrm{km/h^2}) \times \left(1\,\mathrm{s} \times \frac{1\,\mathrm{h}}{3600\,\mathrm{s}}\right) = \underline{89.2\,\mathrm{km/h}}.$$

**답 |** (가) $< a > = 3.13 \times 10^4\,\mathrm{km/h^2}$ (나) $v = 89.2\,\mathrm{km/h}$

## 1-6 공의 되튐

공을 벽을 향하여 똑바로 던졌더니 90.0 km/h의 속도로 벽면에 수직으로 충돌하여 79.2 km/h의 속도로 되 튕겨 나왔다. 이 현상을 고속카메라로 찍어보니 공과 벽이 접촉한 시간은 3.5 ms ($1\,\mathrm{ms} = 10^{-3}\,\mathrm{s}$)이었다.

(가) 공이 벽과 접촉하고 있는 시간 동안의 평균가속도는 얼마인가?

(나) 이 시간 동안에 공의 속도가 매 초 시속 몇 km씩 빨라졌는가?

**풀이 |** 공의 입사 방향을 양(+)으로 한다.

(가) $$< a > = \frac{\Delta v}{\Delta t} = \frac{(-79.2\,\mathrm{km/h}) - (90.0\,\mathrm{km/h})}{(3.5 \times 10^{-3}\,\mathrm{s}) \times \left(\dfrac{1\,\mathrm{h}}{3600\,\mathrm{s}}\right)} = -1.740 \times 10^8\,\mathrm{km/h^2}$$

$$= \underline{-1.74 \times 10^8\,\mathrm{km/h^2}}$$

(나) $< a > = \frac{\Delta v}{\Delta t} = \frac{(-79.2\ \mathrm{km/h}) - (90.0\ \mathrm{km/h})}{3.5 \times 10^{-3}\ \mathrm{s}} = -48.34 \times 10^3\ (\mathrm{km/h})/\mathrm{s}$

$= \underline{-48.3 \times 10^3\ (\mathrm{km/h})/\mathrm{s}}$

**답 |** (가) $< a > = 1.74 \times 10^8\ \mathrm{km/h^2}$ (입사 방향과 반대 방향)

(나) 매 초 $4.83 \times 10^4\ \mathrm{km/h}$씩 입사 방향과 반대 방향으로 빨라진다.

### 1-7 입자의 등가속도 직선운동

일정한 가속도 $3.0\ \mathrm{m/s^2}$로 직선운동을 하는 입자가 있다. 시각 4.0초일 때 위치가 $100\ \mathrm{m}$이고, 6.0초일 때 속도가 $15\ \mathrm{m/s}$이었다.

(가) 처음 속도 및 위치를 구하라.

(나) 시각이 4.0초일 때 속도는 얼마인가?

(다) 시각이 6.0초일 때 위치를 구하라.

**풀이 |** 유효숫자 자릿수는 2자리이다.

(가) 입자는 등가속도 직선운동을 한다. 등가속도 직선운동의 식(1.7)~(1.10)에서

속도 : $v(t) = v_0 + at$ : $a = 3.0\ \mathrm{m/s^2}$, $t = 6.0\ \mathrm{s}$일 때 $v = 15\ \mathrm{m/s}$

$\therefore\ 15\ \mathrm{m/s} = v_0 + (3.0\ \mathrm{m/s^2}) \times (6.0\ \mathrm{s})$

$\therefore\ v_0 = -3.00\ \mathrm{m/s} = \underline{-3.0\ \mathrm{m/s}}$.

위치 : $x(t) = x_0 + v_0 t + \frac{1}{2}at^2$ : $v_0 = -3.00\ \mathrm{m/s}$, $a = 3.0\ \mathrm{m/s^2}$, $t = 4.0\ \mathrm{s}$일 때,

$x = 100\ \mathrm{m}$

$\therefore\ 100\ \mathrm{m} = x_0 + (-3.00\ \mathrm{m/s}) \times (4.0\ \mathrm{s}) + \frac{1}{2} \times (3.0\ \mathrm{m/s^2}) \times (4.0\ \mathrm{s})^2$

$\therefore\ x_0 = 88.0\ \mathrm{m} = \underline{88\ \mathrm{m}}$.

(나) 속도 : $v(t) = v_0 + at$ : $v_0 = -3.00\ \mathrm{m/s}$, $a = 3.0\ \mathrm{m/s^2}$, $t = 4.0\ \mathrm{s}$

$\therefore\ v(4.0\ \mathrm{s}) = (-3.00\ \mathrm{m/s}) + (3.0\ \mathrm{m/s^2}) \times (4.0\ \mathrm{s}) = 9.00\ \mathrm{m/s} = \underline{9.0\ \mathrm{m/s}}$.

(다) 위치 : $x(t) = x_0 + v_0 t + \frac{1}{2}a t^2$ : $x_0 = 88.0\ \mathrm{m}$, $v_0 = -3.00\ \mathrm{m/s}$, $a = 3.0\ \mathrm{m/s^2}$, $t = 6.0\ \mathrm{s}$

$\therefore\ x(6.0\ \mathrm{s}) = 88.0\ \mathrm{m/s} + (-3.00\ \mathrm{m/s}) \times (6.0\ \mathrm{s}) + \frac{1}{2} \times (3.0\ \mathrm{m/s^2}) \times (6.0\ \mathrm{s})^2$

$= 124\ \mathrm{m} = \underline{1.2 \times 10^2\ \mathrm{m} = 120\ \mathrm{m}}$

**답 |** (가) $v_0 = -3.0\ \mathrm{m/s}$, $x_0 = 88\ \mathrm{m}$ (나) $v(4.0\ \mathrm{s}) = 9.0\ \mathrm{m/s}$ (다) $x(6.0\ \mathrm{s}) = 120\ \mathrm{m}$

### 1-8 그래프로부터 입자의 운동 읽기

입자가 정지상태에서 출발하여 아래 문1-8의 그림과 같이 가속되었다.

(가) 시각 10초 및 20초에서 속도를 각각 구하라.

(나) 속도-시간 그래프를 그리고, 처음 20초 동안 이동한 거리를 구하라.

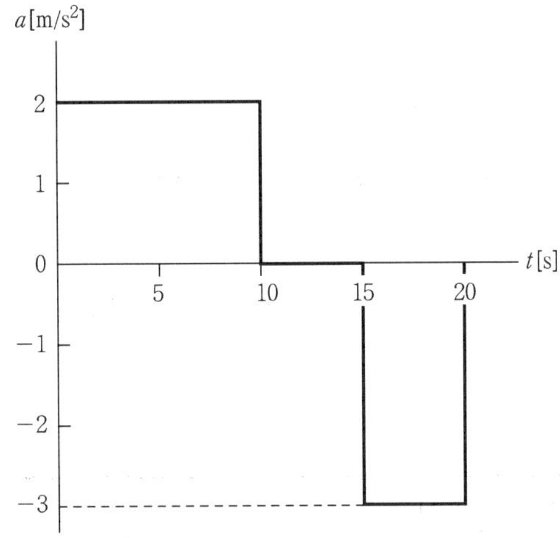


문1-8의 그림 : 가속도-시간 그래프

**풀이 |** (가) 처음 10초 동안의 속도변화 $\Delta v = v_f - v_i = a\Delta t$ : $\Delta t = 10.0\ \mathrm{s}$, $a = 2\ \mathrm{m/s^2}$

(그래프로부터) $\therefore\ \Delta v = (2\ \mathrm{m/s^2}) \times (10\ \mathrm{s}) = 20\ \mathrm{m/s}$.

속도 $v(10\mathrm{s}) - v(0) + \Delta v$ : $v(0) = 0$, $\Delta v = 20\ \mathrm{m/s}$ $\therefore\ v(10\mathrm{s}) = 20\ \mathrm{m/s}$.

10~15초 사이에는 가속도가 0이므로 15초인 순간에서 속도도 $v(15\ \mathrm{s}) = v(10\ \mathrm{s}) = 20\ \mathrm{m/s}$이다. 따라서 20초인 순간의 속도를 계산할 때 15~20초 사이의 속도변화만 고려해 주면 된다.

15~20초 사이의 속도변화 $\Delta v = v_f - v_i = a\Delta t$ : $\Delta t = 5\ \mathrm{s}$, $a = -3\ \mathrm{m/s^2}$

$\therefore\ \Delta v = -15\ \mathrm{m/s}$.

$\therefore\ v(20\ \mathrm{s}) = v(15\ \mathrm{s}) + \Delta v = 20\ \mathrm{m/s} - 15\ \mathrm{m/s} = 5\ \mathrm{m/s}$.

(나) 속도-시간 그래프는 아래 문1-8의 연습그림과 같다.

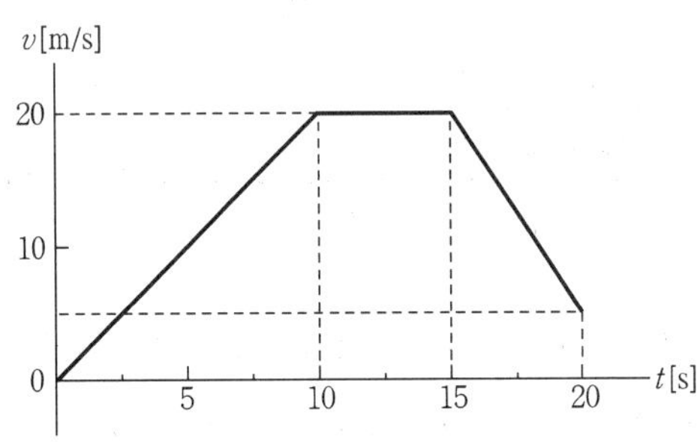


문1-8의 연습그림 : (나) 속도-시간 그래프

이동거리는 그래프 아래 넓이와 같으므로

$$\Delta x = \Delta x(0 \sim 10\,\text{s}) + \Delta x(10 \sim 15\,\text{s}) + \Delta x(15 \sim 20\,\text{s}) = 100\,\text{m} + 100\,\text{m} + 62.5\,\text{m}$$
$$= 262.5\,\text{m} = \underline{263\,\text{m}}$$

이다.

**답 |** (가) $v(10\text{s}) = 20\,\text{m/s}$, $v(20\text{s}) = 5.0\,\text{m/s}$　　(나) $\Delta x = 263\,\text{m}$

## 1-9 속도 구하기

직선상을 운동하고 있는 입자의 위치를 출발한 지 2.00초 되는 순간부터 측정한 결과가 아래 표와 같다.

문1-9의 표

| 시간[s] | 2.00 | 2.01 | 2.05 | 2.10 | 2.50 | 3.00 | 4.00 |
|---|---|---|---|---|---|---|---|
| 위치[m] | 20.0 | 20.2 | 21.0 | 22.1 | 31.3 | 45.0 | 80.0 |

(가) 출발한 지 2.00초부터 1.00초 간격마다 입자의 평균속도를 구하라.

(나) 2.00초인 순간과 표의 다른 각 순간 사이의 평균속도를 구하여, 2.00초인 순간의 속도를 추정하라.

**풀이 |** (가) 평균속도는 $< v >= \dfrac{\Delta x}{\Delta t}$ 로 주어진다.

1초 간격 마다 평균속도 : 2.00~3.00초, 3.00~4.00초 사이의 평균속도는 아래 표(문1-9의 연습 표(가))로부터 각각 $< v(2 \sim 3\,\text{s}) >= 25.0\,\text{m/s}$, $< v(3 \sim 4\,\text{s}) >= 35.0\,\text{m/s}$ 임을 알 수 있다.

문1-9의 연습 표(가)

| 시간[s] | 2.00 | 3.00 | 4.00 |
|---|---|---|---|
| 위치[m] | 20.0 | 45.0 | 80.0 |
| 변위[m]* | | 25.0 | 35.0 |
| 평균속도[m/s]* | | 25.0 | 35.0 |

(*) 1초 간격마다의 변위 및 평균속도

(나) 2.00초인 순간과 다른 시각 사이의 평균속도는 아래 표(문1-9의 연습 표(나))로부터

$$< v(2 \sim 2.01\,\text{s}) >= 20.0\,\text{m/s},\ < v(2 \sim 2.05\,\text{s}) >= 20.0\,\text{m/s},$$
$$< v(2 \sim 2.10\,\text{s}) >= 21.0\,\text{m/s},\ < v(2 \sim 2.50\,\text{s}) >= 22.6\,\text{m/s},$$
$$< v(2 \sim 3.00\,\text{s}) >= 25.0\,\text{m/s},\ < v(2 \sim 4.00\,\text{s}) >= 30.0\,\text{m/s}$$

이다. 이 결과는

시간간격이 2초 → 1초 → 0.5초 → 0.1초 → 0.05초 → 0.01초
로 작아짐에 따라
평균속도가 30.0 m/s → 25.0 m/s → 22.6 m/s → 21.0 m/s → 20.0 m/s → 20.0 m/s
로 점점 작아져서 20.0 m/s에 무한히 가까워짐을 나타낸다. 따라서 2초인 순간의 속도는 $v(2.00\text{ s}) = 20.0\text{ m/s}$이라 추정할 수 있다(문1-9의 연습 표(나) 참조).

문1-9의 연습 표(나)

| 시간[s] | 2.00 | 2.01 | 2.05 | 2.10 | 2.50 | 3.00 | 4.00 |
|---|---|---|---|---|---|---|---|
| 위치[m] | 20.0 | 20.2 | 21.0 | 22.1 | 31.3 | 45.0 | 80.0 |
| 변위[m]* | | 0.20 | 1.0 | 2.1 | 11.3 | 25.0 | 60.0 |
| 평균속도[m/s]* | | 20.0 | 20.0 | 21.0 | 22.6 | 25.0 | 30.0 |

(*) 2초인 순간과 다른 각 시각 사이의 변위 및 평균속도

**답 |** (가) $< v(2 \sim 3\text{s}) >= 25.0\text{ m/s}$, $< v(3 \sim 4\text{ s}) >= 35.0\text{ m/s}$ (나) $v(2.00\text{s}) = 20.0\text{ m/s}$

## 1-10 위치함수와 순간속도

한 입자의 위치가 시간에 따라서 $x(t) = (1\text{ m/s}^2)t^2 - (5\text{ m/s})t + (1\text{ m})$와 같이 변한다고 한다.
(가) 시간 간격 $3\text{ s} \le t \le 4\text{ s}$ 사이의 변위 및 평균속도를 구하라.
(나) 시간 간격 $t_0 \le t \le t_0 + \Delta t$ 사이의 변위를 구하라.
(다) 극한개념($\Delta t \to 0$)을 이용하여 시각 $t = t_0$에서의 순간속도를 구하라.

**풀이 |** 시간 간격 $t_1 \sim t_2$ 사이의 변위 및 평균속도는 각각

$$\Delta x(t_1 \sim t_2) = x(t_2) - x(t_1),\ < v(t_1 \sim t_2) >= \frac{\Delta x}{\Delta t} = \frac{x(t_2) - x(t_1)}{t_2 - t_1}$$

로 주어진다.

(가) 변위 : 
$$\begin{aligned}\Delta x(3 \sim 4\text{s}) &= x(4\text{s}) - x(3\text{s}) \\ &= \left[(1\text{ m/s}^2) \times (4\text{ s})^2 - (5\text{ m/s}) \times (4\text{ s}) + (1\text{ m})\right] \\ &\quad - \left[(1\text{ m/s}^2) \times (3\text{ s})^2 - (5\text{ m/s}) \times (3\text{ s}) + (1\text{ m})\right] \\ &= 2\text{ m}\end{aligned}$$

평균속도 : $< v(3 \sim 4\text{s}) >= \dfrac{\Delta x}{\Delta t} = \dfrac{2\text{ m}}{1\text{ s}} = 2\text{ m/s}$.

(나) 변위 : 
$$\begin{aligned}\Delta x(t_0 \sim t_0 + \Delta t) &= x(t_0 + \Delta t_0) - x(t_0) \\ &= \left[(1\text{ m/s}^2) \times (t_0 + \Delta t)^2 - (5\text{ m/s}) \times (t_0 + \Delta t) + (1\text{ m})\right] \\ &\quad - \left[(1\text{ m/s}^2) \times t_0^2 - (5\text{ m/s}) \times t_0 + (1\text{ m})\right] \\ &= (1\text{ m/s}^2) \times \left\{(t_0 + \Delta t)^2 - t_0^2\right\} - (5\text{ m/s}) \times \left\{(t_0 + \Delta t) - t_0\right\}\end{aligned}$$

$$= \left\{(1\ \mathrm{m/s^2})(2t_0 + \Delta t) - (5\ \mathrm{m/s})\right\}\Delta t.$$

여기서 인수분해공식(부록 D.3-4 참조) $x^2 - y^2 = (x+y)(x-y)$를 이용하였다.

(다) 순간속도 : $v(t_0) = \lim_{\Delta t \to 0} \dfrac{x(t_0 + \Delta t) - x(t_0)}{\Delta t} = \lim_{\Delta t \to 0} \dfrac{\left\{(1\ \mathrm{m/s^2}) \times (2t_0 + \Delta t) - (5\ \mathrm{m/s})\right\}\Delta t}{\Delta t}$

$$= \lim_{\Delta t \to 0}\left\{(1\ \mathrm{m/s^2}) \times (2t_0 + \Delta t) - (5\ \mathrm{m/s})\right\} = (1\ \mathrm{m/s^2})2t_0 - (5\ \mathrm{m/s}).$$

**답|** (가) $\Delta x(3 \sim 4\ \mathrm{s}) = 2\ \mathrm{m}$, $< v(3 \sim 4\ \mathrm{s}) > = 2\ \mathrm{m/s}$

(나) $\Delta x(t_0 \sim t_0 + \Delta t) = \left\{(1\ \mathrm{m/s^2})(2t_0 + \Delta t) - (5\ \mathrm{m/s})\right\}\Delta t$

(다) $v(t_0) = (2\ \mathrm{m/s^2})\,t_0 - (5\ \mathrm{m/s})$.

## 1-11 컴퓨터제어 소형차의 위치함수

컴퓨터로 제어하는 소형 자동차의 위치는 시각 $t$〔s〕의 위치함수 $x(t) = (2.17\ \mathrm{m}) + (4.80\ \mathrm{m/s^2})t^2 - (0.100\ \mathrm{m/s^6})\,t^6$로 주어진다.

(가) 소형자동차의 속도함수를 구하라.

(나) 속도가 0인 순간의 시각 $t_0$을 구하라.

(다) 시각 $t_0$에서 위치 및 가속도를 각각 구하라.

**풀이|** (가) $v(t) = \lim_{\Delta t \to 0} \dfrac{\Delta x(t)}{\Delta t}$ 에서

$$\begin{aligned}\Delta x(t) &= x(t+\Delta t) - x(t) \\ &= \left\{(2.17\ \mathrm{m}) + (4.80\ \mathrm{m/s^2})(t+\Delta t)^2 - (0.100\ \mathrm{m/s^6})(t+\Delta t)^6\right\} \\ &\quad - \left\{(2.17\ \mathrm{m}) + (4.80\ \mathrm{m/s^2})\,t^2 - (0.100\ \mathrm{m/s^6})\,t^6\right\} \\ &= (4.80\,\mathrm{m/s^2})\left\{(t+\Delta t)^2 - t^2\right\} - (0.100\,\mathrm{m/s^6})\left\{(t+\Delta t)^6 - t^6\right\}\end{aligned}$$

이다. 여기서

$$(t+\Delta t)^2 = t^2 + 2t\Delta t + \Delta t^2 \text{ 또는 } (t+\Delta t)^2 - t^2 = (2t+\Delta t)\Delta t,$$

$$(t+\Delta t)^6 = t^6 + 6t^5\Delta t + 15t^4\Delta t^2 + 20t^3\Delta t^3 + 15t^2\Delta t^4 + 6t\Delta t^5 + \Delta t^6$$

이므로

$$\begin{aligned}\Delta x(t) &= (4.80\ \mathrm{m/s^2})\{(2t+\Delta t)\Delta t\} \\ &\quad - (0.100\ \mathrm{m/s^6})\left\{(6t^5 + 15t^4\Delta t + 20t^3\Delta t^2 + 15t^2\Delta t^3 + 6t\Delta t^4 + \Delta t^5)\Delta t\right\}\end{aligned}$$

이다. 따라서

$$\begin{aligned}v(t) &= \lim_{\Delta t \to 0}\frac{\Delta x(t)}{\Delta t} \\ &= \lim_{\Delta t \to 0}\left\{\begin{aligned}&(4.80\ \mathrm{m/s^2})(2t+\Delta t) \\ &- (0.100\ \mathrm{m/s^6})(6t^5 + 15t^4\Delta t + 20t^3\Delta t^2 + 15t^2\Delta t^3 + 6t\Delta t^4 + \Delta t^5)\end{aligned}\right\} \\ &= (4.80\ \mathrm{m/s^2})(2t) - (0.100\ \mathrm{m/s^6})(6t^5) = (9.60\ \mathrm{m/s^2})t - (0.600\ \mathrm{m/s^6})\,t^5\ (*)\end{aligned}$$

이다.

(*) 별해

미분법 $\frac{d}{dt}t^n = nt^{n-1}$에 의하여

$$v(t) = \frac{dx(t)}{dt} = \frac{d}{dt}\{(2.17\text{ m}) + (4.80\text{ m/s}^2)t^2 - (0.100\text{ m/s}^6)t^6\}$$
$$= (4.80\text{ m/s}^2)(2t) - (0.100\text{ m/s}^6)(6t^5)$$
$$= (9.60\text{ m/s}^2)t - (0.600\text{ m/s}^6)t^5$$

(나) 속도가 0인 순간의 시각 $t_0$은 $v(t_0)=0$이어야 한다. 따라서

$$(9.60\text{ m/s}^2)t_0 - (0.600\text{ m/s}^6)t_0^5 = 0 \text{ 또는 } \{(9.60\text{ m/s}^2) - (0.60\text{ m/s}^6)t_0^4\}t_0 = 0$$

$\therefore\ t_0 = 0$ 또는 $t_0 = 2.00\text{ s}$.

(다) 시각 $t_0 = 0$, $2.00\text{s}$에서 위치는 각각

$$x(0) = 2.17\text{ m},$$
$$x(2\text{s}) = (2.17\text{ m}) + (4.80\text{ m/s}^2)(2\text{ s})^2 - (0.100\text{ m/s}^6)(2\text{ s})^6 = 14.97\text{m} = \underline{15.0\text{m}}$$

이다. 가속도함수는

$$a(t) = \frac{dv(t)}{dt} = (9.60\text{ m/s}^2) - (3.00\text{ m/s}^6)t^4$$

이므로, 시각 $t_0 = 0$, $2.00\text{s}$에서 가속도는 각각

$$a(0) = \frac{dv(t)}{dt} = 9.60\text{ m/s}^2,$$
$$a(2\text{s}) = \frac{dv(t)}{dt} = (9.60\text{ m/s}^2) - (3.00\text{ m/s}^6)(2\text{s})^4 = -38.4\text{m/s}^2$$

이다.

**답|** (가) $v(t) = (9.60\text{ m/s}^2)t - (0.600\text{ m/s}^6)t^5$ (나) $t_0 = 0$, $t_0 = 2.00\text{ s}$
(다) $x(0) = 2.17\text{ m}$, $a(0) = 9.60\text{ m/s}^2$; $x(2\text{s}) = 15.0\text{ m}$, $a(2\text{ s}) = -38.4\text{ m/s}^2$

### 1-12 입자의 변위

입자의 속도가 $v = 7t^2 - 5$로 주어진다. 여기서 $t$는 〔s〕로, 속도 $v$는 〔m/s〕로 기술된다.
(가) 시각 1초와 2초 사이에 입자가 이동한 변위를 구하라.
(나) 입자의 위치함수를 구하라. 입자는 처음($t=0$)에 원점에 있었다.

**풀이|** (가) 두 시각 $t_\text{i}$, $t_\text{f}$ 사이의 변위는 $\Delta x(t_\text{f} - t_\text{i}) = x(t_\text{f}) - x(t_\text{i}) = \int_{t_\text{i}}^{t_\text{f}} v\,dt$로 주어진다. 적분 계산은 적분공식 $\int t^n\,dt = \frac{1}{n+1}t^{n+1}$(부록 D.17-2(b) 참조)를 사용한다.

변위 : $\Delta x = x(2) - x(1) = \int_1^2 (7t^2 - 5)\, dt = \left[\frac{7}{3}t^3 - 5t\right]_1^2 = \left(\frac{56}{3} - 10\right) - \left(\frac{7}{3} - 5\right)$

$= \frac{34}{3} = \underline{11.3\,[\mathrm{m}]}$.

(나) 위치 : $x(t) = \int v(t)\, dt = \int (7t^2 - 5)\, dt = \frac{7}{3}t^3 - 5t + C_x$

인데, $C_x$는 적분상수로 초기 조건, 곧 $t=0$일 때 $x$값 $x(0)$에 의하여 결정된다. 지금 $x(0)=0$이므로 $x(0) = C_x = 0$이 된다.

따라서 위치함수는 $x(t) = \frac{7}{3}t^3 - 5t$(*) 이다.

**(*) 별해**

다른 방법으로, $\frac{dx(t)}{dt} = v(t)$ 또는 $dx(t) = v(t)\,dt$의 양변을 $t=0$에서 $t=t$까지 적분한 것

$\int_0^t dx(t) = \int_0^t v(t)\,dt$의 왼쪽은 $\int_0^t dx(t) = x(t) - x(0)$이 되고,

오른쪽은 $\int_0^t v(t)\,dt = \int_0^t (7t^2 - 5)\,dt = \left[\frac{7}{3}t^3 - 5t\right]_0^t = \frac{7}{3}t^3 - 5t$

이다. 그래서 $x(t) - x(0) = \frac{7}{3}t^3 - 5t$인데, 초기 조건 $x(0) = 0$을 적용하면 $x(t) = \frac{7}{3}t^3 - 5t$를 얻는다.

**답 |** (가) $\Delta x = 11.3\,\mathrm{m}$ (나) $x(t) = \frac{7}{3}t^3 - 5t$

## 1-13 오토바이의 운동

어떤 오토바이의 가속도가 $a(t) = At - Bt^2$으로 주어진다. 여기서 $A$ 및 $B$는 상수로, 각각 $A = 1.50\,\mathrm{m/s^3}$, $B = 0.120\,\mathrm{m/s^4}$이다. 오토바이는 처음에 정지상태에서 출발하였으며, 출발점을 좌표의 원점으로 한다.

(가) 속도 및 위치함수를 각각 구하라.

(나) 가능한 최대속도는 얼마인가?

**풀이 |** 속도 및 위치함수는 각각 $v(t) = \int a(t)\,dt + C_v$, $x(t) = \int v(t)\,dt + C_x$로 주어지는 데, 초기 조건은 $v(0) = 0$, $x(0) = 0$이다.

유효숫자 자릿수는 3자리를 암시하고 있다($\because A = 1.50\,\mathrm{m/s^3}$, $B = 0.120\,\mathrm{m/s^4}$).

(가) 속도 : $v(t) = \int a(t)\,dt = \int (1.50t - 0.120t^2)\,dt = 0.750t^2 - 0.0400t^3 + C_v$

초기 조건 $v(0) = 0$(처음에 정지상태) $\Rightarrow v(0) = C_v = 0$

$\therefore\ v(t) = (0.750\,\mathrm{m/s^3})\,t^2 - (0.0400\,\mathrm{m/s^4})\,t^3$.

위치함수 : $x(t)=\int v(t)\,dt=\int (0.750t^2-0.0400t^3)\,dt=0.250t^3-0.0100t^4+C_x$

초기 조건 $x(0)=0$(출발점을 자리표의 원점) $\Rightarrow x(0)=C_x=0$

$\therefore\ x(t)=(0.250\ \mathrm{m/s^3})\,t^3-(0.0100\ \mathrm{m/s^4})\,t^4.$

(나) 시각 $t_0$에서 속도 $v(t_0)$가 최대이기 위한 필요충분조건은 $\left.\dfrac{dv}{dt}\right|_{t=t_0}=0$이고 동시에

$\left.\dfrac{d^2v}{dt^2}\right|_{t=t_0}<0$이다. 곧

$$v(t_0)=(\text{최대속도}) \rightleftarrows \left\{\left.\frac{dv}{dt}\right|_{t=t_0}=0\right\}\ \&\ \left\{\left.\frac{d^2v}{dt^2}\right|_{t=t_0}<0\right\}.$$

가능한 최대속도의 시각은 $\left.\dfrac{dv}{dt}\right|_{t=t_0}=0$에 의하여

$$\begin{aligned}\left.\frac{dv(t)}{dt}\right|_{t=t_0}&=\left[\frac{d}{dt}\{(0.750\ \mathrm{m/s^3})\,t^2-(0.0400\ \mathrm{m/s^4})\,t^3\}\right]_{t=t_0}\\&=\left[(1.50\ \mathrm{m/s^3})\,t-(0.120\ \mathrm{m/s^4})\,t^2\right]_{t=t_0}\\&=\left\{(1.50\ \mathrm{m/s^3})-(0.120\ \mathrm{m/s^4})\,t_0\right\}t_0=0\end{aligned}$$

$\therefore\ t_0=0$ 또는 $t_0=12.5$

이다. 이 두 시각에서

$$\begin{aligned}\left.\frac{d^2v(t)}{dt^2}\right|_{t=0}&=\left.\frac{d}{dt}\left(\frac{dv(t)}{dt}\right)\right|_{t=0}=\left[\frac{d}{dt}\{(1.50\ \mathrm{m/s^3})\,t-(0.120\ \mathrm{m/s^4})\,t^2\}\right]_{t=0}\\&=\left[(1.50\ \mathrm{m/s^3})-(0.240\ \mathrm{m/s^4})\,t\right]_{t=0}=(1.50\ \mathrm{m/s^3})>0\end{aligned}$$

$$\begin{aligned}\left.\frac{d^2v(t)}{dt^2}\right|_{t=12.5\ \mathrm{s}}&=\left[(1.50\ \mathrm{m/s^3})-(0.240\ \mathrm{m/s^4})t\right]_{t=12.5\ \mathrm{s}}\\&=\left[(1.50\ \mathrm{m/s^3})-(0.240\ \mathrm{m/s^4})\times(12.5\ \mathrm{s})\right]\\&=-1.625\ \mathrm{m/s^3}<0\end{aligned}$$

이므로, 속도는 시각 $t_0=12.5\,\mathrm{s}$에서 최대이다. 따라서

$$\begin{aligned}v_{\max}=v(12.5\ \mathrm{s})&=\left[(0.750\ \mathrm{m/s^3})t^2-(0.0400\ \mathrm{m/s^4})t^3\right]_{t=12.5\ \mathrm{s}}\\&=(0.750\ \mathrm{m/s^3})\times(12.5\ \mathrm{s})^2-(0.0400\ \mathrm{m/s^4})\times(12.5\ \mathrm{s})^3\\&=39.06\ \mathrm{m/s}=\underline{39.1\ \mathrm{m/s}}\end{aligned}$$

이다.

**답|** (가) $v(t)=(0.750\ \mathrm{m/s^3})\,t^2-(0.0400\ \mathrm{m/s^4})\,t^3$, $x(t)=(0.250\ \mathrm{m/s^3})\,t^3-(0.0100\ \mathrm{m/s^4})\,t^4$

(나) $v_{\max}=v(12.5\ \mathrm{s})=39.1\ \mathrm{m/s}$

## 1.2 이차원 및 삼차원 공간운동과 벡터

### 1-14 위치와 좌표

경주용 자동차가 남쪽으로 20.0 m/s의 속도로 3.00분간 달린 후 서쪽으로 방향을 바꾸어 25.0 m/s의 속도로 2.00분간 달리고, 마지막으로 북서쪽으로 30.0 m/s의 속도로 1.00분간 달렸다. 출발점을 원점으로, 동쪽을 양(+)의 $x$축으로 하여 경주용 자동차의 출발한 지 6.00분 후의 위치를 (가) 직각좌표 (나) 평면극좌표로 각각 표현하라.

**풀이 |** 출발점을 O, 처음 3분 후 도달점을 A, 그 다음 2분 후 도달점을 B, 그 다음 1분 후 도달점을 C라 하면,

$$\text{이동거리 } \overline{OA} = (20.0\ \mathrm{m/s}) \times (3.00\ \mathrm{min}) \times \left(\frac{60\ \mathrm{s}}{1\ \mathrm{min}}\right) = 3600\ \mathrm{m} = 3.600\ \mathrm{km}\ (\text{남쪽}),$$

$$\overline{AB} = (25.0\ \mathrm{m/s}) \times (2.00\ \mathrm{min}) \times \left(\frac{60\ \mathrm{s}}{1\ \mathrm{min}}\right) = 3000\ \mathrm{m} = 3.000\ \mathrm{km}\ (\text{서쪽}),$$

$$\overline{BC} = (30.0\ \mathrm{m/s}) \times (1.00\ \mathrm{min}) \times \left(\frac{60\ \mathrm{s}}{1\ \mathrm{min}}\right) = 1800\ \mathrm{m} = 1.800\ \mathrm{km}\ (\text{북서쪽})$$

이다. 이 결과를 북쪽을 $y$축으로 하여 $xy$좌표평면에 나타내면, 자동차의 이동모양은 문1-14의 연습그림과 같다.

(가) 직각좌표는 $(x, y)$로 표현된다. 그림에서 알 수 있는 바와 같이 점 A 및 점 B의 좌표는 각각 A(0, −3.600 km), B(−3.00 km, −3.600 km)이다. 한편 선분 $\overline{BC} = 1.80\ \mathrm{km}$의 $x$ 및 $y$ 방향의 길이는 모두 $1.80/\sqrt{2} = 1.273\ \mathrm{km}$이다. 따라서 6분 후의 위치인 점의 C의 좌표는

$$C(-3.00\mathrm{km} - 1.273\mathrm{km},\ -3.60\mathrm{km} + 1.273\mathrm{km}) = C(-4.273\ \mathrm{km},\ -2.327\ \mathrm{km})$$
$$= \underline{C(-4.27\ \mathrm{km},\ -2.33\ \mathrm{km})}.$$

이다.

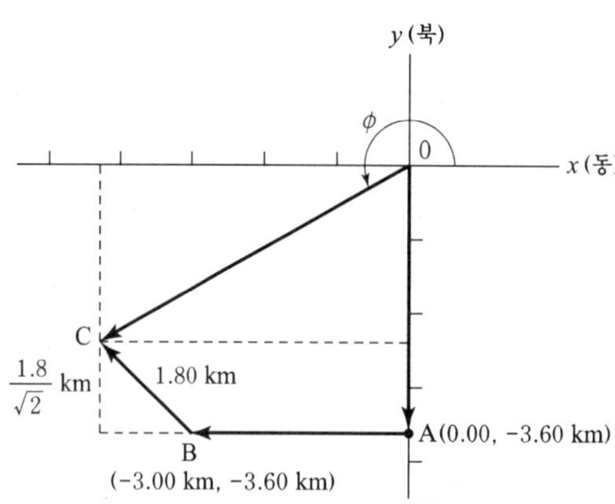


문1-14의 연습그림 : 자동차의 이동

(나) 평면극좌표는 $(\rho,\ \phi)$로 표현된다. 지름은 $\rho=\sqrt{x^2+y^2}$, $x$축(기준선)과 이루는 각(극각)은 $\phi=\tan^{-1}\left(\frac{y}{x}\right)$로 주어진다. 점 C의

$$\text{지름 } \rho\text{는 } \rho=\sqrt{x^2+y^2}=\sqrt{(-4.273\ \text{km})^2+(-2.327\ \text{km})^2}=4.866\ \text{km}=\underline{4.87\ \text{km}},$$

$$\text{극각 } \phi\text{는 } \phi=\tan^{-1}\left(\frac{y}{x}\right)=\tan^{-1}\left(\frac{-2.327}{-4.273}\right)=28.57^\circ=\underline{28.6^\circ}$$

인데, 점 C가 제3사분면에 있으므로 평면극좌표의 극각은 선분 $\overline{\text{OC}}$가 양(+)의 $x$축과 이루는 각이다. 곧, $\phi=\pi+28.57^\circ=208.57^\circ=\underline{209^\circ}$이다(부록 D.14-3 참조).

**답 |** (가) $(x,\ y)=(-4.27\ \text{km},-2.33\ \text{km})$ (나) $(\rho,\ \phi)=(4.87\ \text{km},\ 209^\circ)$

### 1-15 직각좌표와 구면좌표

소년들이 연날리기 대회를 하고 있다. 가장 높은 연은 동쪽으로 20.0 m 가서, 북쪽으로 10.0 m 간 지점에서 똑바로 연직상방으로 30.0 m의 높이에 떠 있었다. 이 연의 위치를 (가) 직각좌표 (나) 구면좌표 (다) 원기둥좌표로 각각 나타내어라.

**풀이 |** 소년의 위치를 원점 O, 연이 있는 점을 P라 하고, 북쪽을 $y$축으로 한다.

(가) 직각좌표계에서 연의 위치는 $x=20.0$ m (동쪽), $y=10.0$ m (북쪽), $z=30.0$ m (위로)이므로 연의 위치를 나타내는 직각좌표 $\text{P}(x,\ y,\ z)$는

$$\text{P}(x,\ y,\ z)=(20.0\ \text{m},\ 10.0\ \text{m},\ 30.0\ \text{m})$$

이다.

(나) 구면좌표 $\text{P}(r,\ \theta,\ \phi)$ :

$$\text{지름 } \overline{\text{OP}}\text{는 } r=\sqrt{x^2+y^2+z^2}=\sqrt{(20.0\ \text{m})^2+(10.0\ \text{m})^2+(30.0\ \text{m})^2}=37.42\ \text{m}=\underline{37.4\ \text{m}},$$

$$\text{극각은 } \theta=\cos^{-1}\left(\frac{z}{r}\right)=\cos^{-1}\left(\frac{30.0}{37.42}\right)=36.71^\circ=\underline{36.7^\circ},$$

$$\text{방위각은 } \phi=\tan^{-1}\left(\frac{y}{x}\right)=\tan^{-1}\left(\frac{10.0}{20.0}\right)=26.57^\circ=\underline{26.6^\circ}$$

이다. 곧, $\text{P}(r,\ \theta,\ \phi)=(37.4\ \text{m},\ 36.7^\circ,\ 26.6^\circ)$이다.

(다) 원기둥좌표 $\text{P}(\rho,\ \phi,\ \text{z})$ : $\rho=\sqrt{x^2+y^2}=\sqrt{(20.0\text{m})^2+(10.0\text{m})^2}=22.36\ \text{m}=\underline{22.4\ \text{m}}$,

$$\phi=\tan^{-1}\left(\frac{y}{x}\right)=\tan^{-1}\left(\frac{10.0}{20.0}\right)=26.57^\circ=\underline{26.6^\circ},$$

$$z=30.0\ \text{m}.$$

$$\therefore\ \text{P}(\rho,\ \phi,\ z)=(22.4\ \text{m},\ 26.6^\circ,\ 30.0\ \text{m})$$

**답 |** (가) $(x,\ y,\ z)=(20.0\ \text{m},\ 10.0\ \text{m},\ 30.0\ \text{m})$ (나) $(r,\ \theta,\ \phi)=(37.4\ \text{m},\ 36.7^\circ,\ 26.6^\circ)$
(다) $(\rho,\ \phi,\ z)=(22.4\ \text{m},\ 26.6^\circ,\ 30.0\ \text{m})$

## 1-16 변위의 표현

문1-14에서 경주용 자동차의 운동에 대한 아래 물음에 답하라.

(가) 처음 3분간 및 그 다음 2분간의 변위를 각각 적당한 방법으로 표현하라.

(나) 6분 동안의 평균속도 및 평균속력을 구하라.

**풀이 |** 문1-14의 연습그림을 참조하라.

(가) 변위의 직각좌표의 표현 : $\Delta\vec{r}=(\Delta x,\ \Delta y)$

- 처음 3분 동안변위 $\overrightarrow{\mathrm{OA}}=(\Delta x_1,\ \Delta y_1)$ : $\Delta x_1=0.00$,

$$\Delta y_1=y_{\mathrm{f}}-y_{\mathrm{i}}=-3.60\ \mathrm{km}-0=-3.60\ \mathrm{km}$$

$$\therefore\ \overrightarrow{\mathrm{OA}}=(0.00,\ -3.60\ \mathrm{km}).$$

- 다음 2분 동안변위 $\overrightarrow{\mathrm{AB}}=(\Delta x_2,\ \Delta y_2)$ : $\Delta x_2=x_{\mathrm{f}}-x_{\mathrm{i}}=-3.00\,\mathrm{km}-0=-3.00\ \mathrm{km}$,

$$\Delta y_2=y_{\mathrm{f}}-y_{\mathrm{i}}=(-3.60\ \mathrm{km})-(-3.60\ \mathrm{km})=0.00$$

$$\therefore\ \overrightarrow{\mathrm{AB}}=(-3.00\ \mathrm{km},\ 0.00).$$

변위의 벡터의 표현 : $\Delta\vec{r}=\hat{i}\,\Delta x+\hat{j}\,\Delta y$

- 처음 3분 동안 변위벡터는 $\Delta x_1=0.00$, $\Delta y_1=-3.60\ \mathrm{km}$

$$\therefore\ \overrightarrow{\mathrm{OA}}=\Delta\vec{r}_1=-\hat{j}(3.60\ \mathrm{km}).$$

- 다음 2분 동안 변위벡터는 $\Delta x_2=-3.00\ \mathrm{km}$, $\Delta y_2=0.00$

$$\therefore\ \overrightarrow{\mathrm{AB}}=\Delta\vec{r}_2=-\hat{i}(3.00\ \mathrm{km}).$$

변위의 평면극좌표의 표현$(\rho,\ \phi)$ : 지름 $\rho=\Delta r=\sqrt{\Delta x^2+\Delta y^2}$, 극각 $\phi=\tan^{-1}\left(\dfrac{\Delta y}{\Delta x}\right)$.

- 처음 3분 동안 변위벡터의 지름은 $\Delta r_1=\sqrt{\Delta x_1^2+\Delta y_1^2}=3.60\ \mathrm{km}$,

극각은 $\phi_1=\tan^{-1}\left(\dfrac{\Delta y_1}{\Delta x_1}\right)=\tan^{-1}\left(\dfrac{-3.60\ \mathrm{km}}{0.00}\right)=270^\circ$,

$$\therefore\ \overrightarrow{\mathrm{OA}}=(3.60\ \mathrm{km},\ 270^\circ).$$

- 다음 2분 동안 변위벡터의 지름은 $\Delta r_2=\sqrt{\Delta x_2^2+\Delta y_2^2}=3.00\ \mathrm{km}$,

극각은 $\phi_2=\tan^{-1}\left(\dfrac{\Delta y_2}{\Delta x_2}\right)=\tan^{-1}\left(\dfrac{0.00}{-3.00\,\mathrm{km}}\right)=180^\circ$

$$\therefore\ \overrightarrow{\mathrm{AB}}=(-3.00\ \mathrm{km},\ 180^\circ).$$

(나) 6분 동안 변위의 표현 :

- 직각좌표 표현 $\overrightarrow{\mathrm{OC}}=\Delta\vec{r}=(\Delta x,\ \Delta y)$ : $\Delta x=\Delta x_1+\Delta x_2+\Delta x_3=-3.00\ \mathrm{km}-1.273\ \mathrm{km}$

$$=-4.273\ \mathrm{km}=\underline{-4.27\ \mathrm{km}},$$

$$\Delta y=\Delta y_1+\Delta y_2+\Delta y_3=-3.60\ \mathrm{km}+1.273\ \mathrm{km}$$

$$=-2.327\ \mathrm{km}=\underline{-2.33\ \mathrm{km}}.$$

$$\therefore\ \overrightarrow{\mathrm{OC}}=(-4.27\ \mathrm{km},\ -2.33\ \mathrm{km}).$$

- 벡터 표현 $\overrightarrow{OC} = \Delta\vec{r} = \hat{i}\Delta x + \hat{j}\Delta y = -\hat{i}(4.273\text{ km}) - \hat{j}(2.327\text{ km})$

$= \underline{-\hat{i}(4.27\text{ km}) - \hat{j}(2.33\text{ km})}$.

6분 동안의 평균속도

- 직각좌표 $<\vec{v}> = \dfrac{\Delta\vec{r}}{\Delta t} = \left(\dfrac{\Delta x}{\Delta t},\ \dfrac{\Delta y}{\Delta t}\right) = \left(-\dfrac{4.273\text{ km}}{360\text{ s}},\ -\dfrac{2.327\text{ km}}{360\text{ s}}\right)$

$= (-11.87\text{ m/s},\ -6.464\text{ m/s}) = \underline{(-11.9\text{ m/s},\ -6.46\text{ m/s})}$,

- 벡터 $<\vec{v}> = \dfrac{\Delta\vec{r}}{\Delta t} = \hat{i}\dfrac{\Delta x}{\Delta t} + \hat{j}\dfrac{\Delta y}{\Delta t} = -\hat{i}\left(\dfrac{4.273\text{ km}}{360\text{ s}}\right) - \hat{j}\left(\dfrac{2.327\text{ km}}{360\text{ s}}\right)$

$= -\hat{i}(11.87\text{ m/s}) - \hat{j}(6.464\text{ m/s}) = \underline{-\hat{i}(11.9\text{ m/s}) - \hat{j}(6.46\text{ m/s})}$.

- 평면극좌표 $< v > = \sqrt{(-11.87\text{ m/s})^2 + (-6.464\text{ m/s})^2} = 13.52\text{ m/s} = \underline{13.5\text{ m/s}}$.

$\phi = \tan^{-1}\left(\dfrac{-11.87\text{ m/s}}{-6.464\text{ m/s}}\right) = 61.429^\circ$ 또는 $\phi = 180^\circ + 61.429^\circ = 241.4^\circ$

(부록 D.14-3 참조)

이 벡터는 제3분면에 있으므로 $\phi = 241.4^\circ = \underline{241^\circ}$이다.

$\therefore\ < v > = (13.5\text{ m/s},\ 241^\circ)$

6분 동안 평균속력은 $\langle \mathbb{V} \rangle = \dfrac{\Delta s}{\Delta t}$에서

$\Delta s = \overline{OA} + \overline{AB} + \overline{BC} = 3.60\text{ km} + 3.00\text{ km} + 1.80\text{ km} = 8.40\text{ km} = 8400\text{ m}$,

$\Delta t = 360\text{ s}$

$\therefore\ \langle \mathbb{V} \rangle = \dfrac{\Delta s}{\Delta t} = \dfrac{8400\text{ m}}{360\text{ s}} = 23.33\text{ m/s} = \underline{23.3\text{ m/s}}$.

**답|** (가) 직각좌표 $\overrightarrow{OA} = (0.00,\ -3.60\text{ km})$, $\overrightarrow{AB} = (-3.00\text{ km},\ 0.00)$

벡터 $\overrightarrow{OA} = \Delta\vec{r}_1 = -\hat{j}(3.60\text{ km})$, $\overrightarrow{AB} = \Delta\vec{r}_2 = -\hat{i}(3.00\text{ km})$,

평면극좌표 $(\rho,\ \phi)$ : $\overrightarrow{OA} = \Delta\vec{r}_1 = (3.60\text{ km},\ 270^\circ)$, $\overrightarrow{AB} = \Delta\vec{r}_2 = (3.00\text{ km},\ 180^\circ)$

(나) 직각좌표 $<\vec{v}> = (-11.9\text{ m/s},\ -6.46\text{ m/s})$,

벡터 $<\vec{v}> = -\hat{i}(11.9\text{ m/s}) - \hat{j}(6.46\text{ m/s})$, 평면극좌표 $<\vec{v}> = (13.5\text{ m/s},\ 241^\circ)$,

$\langle \mathbb{V} \rangle = \dfrac{\Delta s}{\Delta t} = 23.3\text{ m/s}$

### 1-17 벡터 더하기 및 빼기

두 변위벡터 $\vec{A}$, $\vec{B}$가 있다. 이들의 {크기, 방향}은 각각 $\vec{A}$={300 m, 동쪽에서 30° 북쪽}, $\vec{B}$={300 m, 북쪽}이다. 그림으로 다음을 구하라.

(가) $\vec{A} + \vec{B}$ (나) $\vec{A} - \vec{B}$ (다) $2\vec{A} + \vec{B}$

**풀이|** 아래 문1-17의 연습그림은 각 벡터를 모눈종이에 줄 늘임을 하여 그린 다음, 삼각형법 또는 평행사변형법을 이용하여 벡터 더하기를 한 결과를 나타낸다. 동쪽을 $+x$축으로 하였다.

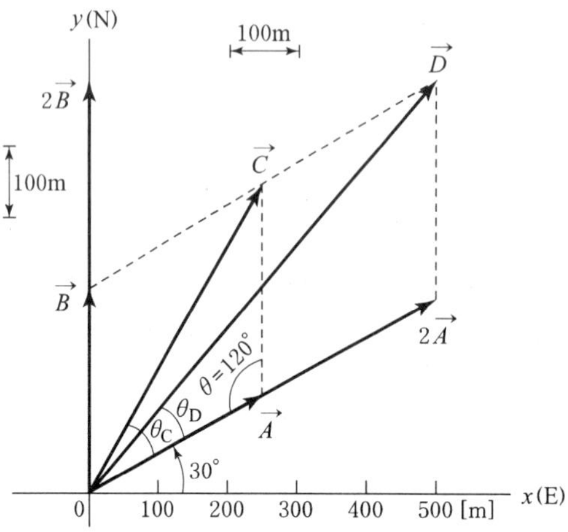


문1-17의 연습그림 : 벡터 더하기

(가) 문1-17의 연습그림에서 $\vec{A}+\vec{B}=\vec{C}=(\rho_C,\ \phi_C)$ : △OAC에 코사인 제2법칙(부록 D.13 참조)을 적용하면 $\rho_C$는

$$\begin{aligned}\rho_C &= |\vec{C}| = |\vec{A}+\vec{B}| = \sqrt{A^2+B^2-2AB\cos\theta} \\ &= \sqrt{(300\ \mathrm{m})^2+(300\ \mathrm{m})^2-2\times(300\ \mathrm{m})^2\cos 120^\circ} = 519.6\ \mathrm{m} \\ &= \underline{520\ \mathrm{m}}\end{aligned}$$

이고, 각 $\phi_C$는 그림에서 $\phi_C = 30^\circ + \theta_C$인데 $\theta_C$는 사인법칙(부록 D.12 참조)에 의하여

$$\frac{C}{\sin\theta} = \frac{B}{\sin\theta_C} \Rightarrow \frac{519.6}{\sin 120^\circ} = \frac{300}{\sin\theta_C}$$

$$\therefore\ \sin\theta_C = \frac{300\times(\sin 120^\circ)}{519.6} = 0.5000 \qquad \therefore\ \theta_C = 30^\circ$$

이다. 따라서 $\phi_C = 60^\circ$이다. 곧, $\vec{C}=\vec{A}+\vec{B}$는 $x$축과 $\phi_C = 60^\circ$를 이루는 방향으로 크기 $\rho_C = 520\ \mathrm{m}$인 벡터이다. 또는

$$\vec{A}+\vec{B}=\vec{C}=\hat{i}x_C+\hat{j}y_C\ :\ x_C = \rho_C\cos\phi_C = (519.6\ \mathrm{m})\cos 60^\circ = 259.8\ \mathrm{m} = \underline{260\ \mathrm{m}}$$

$$y_C = \rho_C\sin\phi_C = (519.6\ \mathrm{m})\sin 60^\circ = 450.0\ \mathrm{m} = \underline{450\ \mathrm{m}}$$

$$\therefore\ \vec{A}+\vec{B}=\vec{C}=\hat{i}(260\ \mathrm{m})+\hat{j}(450\ \mathrm{m}).$$

(나) 문1-17의 연습그림에서 $\vec{A}-\vec{B}\equiv\overrightarrow{\mathrm{BA}}=(\rho_{BA},\ \phi_{BA})$ : △OBA는 정삼각형이다. 따라서

$$\rho_{BA} = |\vec{A}-\vec{B}| \equiv |\overrightarrow{\mathrm{BA}}| = 300\ \mathrm{m},\ \phi_{BA} = -30^\circ$$

이다. 곧, $\vec{A}-\vec{B}\equiv\overrightarrow{\mathrm{BA}}$는 $x$축 아래 30° 방향으로 크기 $|\overrightarrow{\mathrm{BA}}| = 300\ \mathrm{m}$의 벡터이다. 또는

$$\vec{A}-\vec{B}\equiv \overrightarrow{\mathrm{BA}}=\hat{i}x_{\mathrm{BA}}+\hat{j}y_{\mathrm{BA}} \;:\; x_{\mathrm{BA}}=\rho_{\mathrm{BA}}\cos\phi_{\mathrm{BA}}=(300\text{ m})\cos(-30^\circ)$$
$$=259.8\text{ m}=\underline{260\text{ m}}$$
$$y_{\mathrm{BA}}=\rho_{\mathrm{BA}}\sin\phi_{\mathrm{BA}}=(300\text{ m})\sin(-30^\circ)$$
$$=\underline{-150\text{ m}}$$
$$\therefore\; \vec{A}-\vec{B}=\hat{i}(260\text{ m})-\hat{j}(150\text{ m}).$$

(다) $2\vec{A}+\vec{B}\equiv\vec{D}=(\rho_{\mathrm{D}},\ \phi_{\mathrm{D}})$ : 코사인 제2법칙에 의하여

$$\rho_{\mathrm{D}}=|\vec{D}|=|2\vec{A}+\vec{B}|=\sqrt{4A^2+B^2-4AB\cos\theta}$$
$$=\sqrt{4(300\text{ m})^2+(300\text{ m})^2-4\times(300\text{ m})^2\cos120^\circ}=793.7\text{ m}=\underline{794\text{ m}}.$$

사인법칙에 의하여

$$\frac{793.7}{\sin120^\circ}=\frac{300}{\sin\theta_{\mathrm{D}}}\quad \therefore \sin\theta_{\mathrm{D}}=\frac{300\times\sin120^\circ}{793.7}=0.3273\quad \therefore\; \theta_{\mathrm{D}}=19.10^\circ=\underline{19.1^\circ}$$

이다. 따라서 $\phi_{\mathrm{D}}=30^\circ+\theta_{\mathrm{D}}=49.1^\circ$이다. 곧, $2\vec{A}+\vec{B}\equiv\vec{D}$는 $x$축과 $49.1^\circ$를 이루는 방향으로 크기 794 m의 벡터이다. 또는

$$2\vec{A}+\vec{B}\equiv\vec{D}=\hat{i}x_{\mathrm{D}}+\hat{j}y_{\mathrm{D}} \;:\; x_{\mathrm{D}}=(793.7\text{ m})\cos49.1^\circ=519.7\text{ m}=\underline{520\text{ m}}$$
$$y_{\mathrm{D}}=(793.7\text{ m})\sin49.1^\circ=599.9\text{ m}=\underline{600\text{ m}}$$
$$\therefore\; 2\vec{A}+\vec{B}=\vec{D}=\hat{i}(520\text{ m})+\hat{j}(600\text{ m}).$$

위의 결과는 문1-17의 연습그림에서 실제로 재어서 얻을 수 있다. 확인하라.

**답 |** (가) (520 m, $60.0^\circ$) (동쪽에서 $60^\circ$ 북쪽으로 520 m) 또는 $\vec{A}+\vec{B}=\hat{i}(260\text{ m})+\hat{j}(450\text{ m})$

(나) (300 m, $-30^\circ$) (동쪽에서 $30^\circ$ 남쪽으로 300 m) 또는 $\vec{A}-\vec{B}=\hat{i}(260\text{ m})-\hat{j}(150\text{ m})$

(다) (794 m, $49.1^\circ$) (동쪽에서 $49.1^\circ$ 남쪽으로 794 m) 또는 $2\vec{A}+\vec{B}=\hat{i}(520\text{ m})+\hat{j}(600\text{ m})$.

## 1-18 성분벡터

$xy$평면에 있는 벡터 $\vec{A}$가 $x$축과 각 $\phi$를 이루고 있다. 아래와 같은 $\vec{A}$의 직각 성분을 구하라.

(가) $A=10\text{ m},\ \phi=30^\circ$ (나) $A=5.0\text{ km},\ \phi=90^\circ$ (다) $A=15\text{ km/s},\ \phi=150^\circ$

**풀이 |** (가) $A_x=A\cos\phi=(10\text{ m})\cos30^\circ=(10\text{ m})\times\dfrac{\sqrt{3}}{2}=8.66\text{ m}=\underline{8.7\text{ m}}$,

$A_y=A\sin\phi=(10\text{ m})\sin30^\circ=(10\text{ m})\times\dfrac{1}{2}=5.00\text{ m}=\underline{5.0\text{ m}}$.

(나) $A_x=(5.0\text{ km})\cos90^\circ=0$, $A_y=(5.0\text{ km})\sin90^\circ=(5.0\text{ km})\times1=\underline{5.0\text{ km}}$.

(다) $A_x=(15\text{ km/s})\cos150^\circ=(15\text{ km/s})\times(-\cos30^\circ)=7.5\sqrt{3}\text{ km/s}=\underline{-13\text{ km/s}}$,

$A_y=(15\text{ km/s})\sin150^\circ=(15\text{ km/s})\sin30^\circ=\underline{7.5\text{ km/s}}$.

**답 |** (가) $A_x=8.7\text{ m},\ A_y=5.0\text{ m}$ (나) $A_x=0,\ A_y=5.0\text{ km}$

(다) $A_x=-13\text{ km/s},\ A_y=7.5\text{ km/s}$

### 1-19 벡터의 방향

아래 벡터의 크기 및 방향을 구하라.

$$\vec{A}=5.00\hat{i}+3.00\hat{j},\ \vec{B}=10.0\hat{i}-7.00\hat{j},\ \vec{C}=-2.00\hat{i}-3.00\hat{j}+4.00\hat{k}$$

**풀이 |** $xy$ 평면에 있는 벡터는 평면극좌표$(\rho,\ \phi)$로 표현하면 지름 $\rho$가 그 크기, 극각 $\phi$가 그 방향을 나타내고, $xyz$ 공간에 있는 벡터는 구면좌표$(r,\ \theta,\ \phi)$로 표현하면 지름 $r$가 그 크기, 극각 $\theta$ 및 방위각 $\phi$, 곧 $(\theta,\ \phi)$가 그 방향을 나타낸다.

$$\vec{A}=5.00\hat{i}+3.00\hat{j}\ :\ A=\sqrt{A_x^2+A_y^2}=\sqrt{5.00^2+3.00^2}=5.831=\underline{5.83},$$

$$\phi_A=\tan^{-1}\left(\frac{A_y}{A_x}\right)=\tan^{-1}\left(\frac{3.00}{5.00}\right)=30.96^\circ=\underline{31.0^\circ};$$

$$\vec{B}=10.0\hat{i}-7.00\hat{j}\ :\ B=\sqrt{10.0^2+(-7.00)^2}=12.21=\underline{12.2},$$

$$\phi_B=\tan^{-1}\left(\frac{-7.00}{10.0}\right)=-34.99^\circ=\underline{-35.0^\circ}\ \text{또는}\ \underline{325^\circ}$$

$$\vec{C}=-2.00\hat{i}-3.00\hat{j}+4.00\hat{k}\ :\ C=\sqrt{(-2.00)^2+(-3.00)^2+4.00^2}=5.385=\underline{5.39},$$

$$\theta_C=\cos^{-1}\left(\frac{C_z}{C}\right)=\cos^{-1}\left(\frac{4.00}{5.385}\right)=42.03^\circ=\underline{42.0^\circ},$$

$$\phi_C=\tan^{-1}\left(\frac{C_y}{C_x}\right)=\tan^{-1}\left(\frac{-3.00}{-2.00}\right)=56.31^\circ$$

인데 제3사분면이므로 $\phi_C=180+56.31=236.31^\circ=236^\circ$이다(부록 D.14-3 참조).

**답 |** $(\rho,\ \phi)$ : $A=5.83$, $\phi_A=31.0^\circ$; $B=12.2$, $\phi_B=-35.0^\circ$ 또는 $325^\circ$;
$(r,\ \theta,\ \phi)$ : $C=5.39$, $\theta_C=42.0^\circ$, $\phi_C=236^\circ$

### 1-20 평면운동

$xy$ 평면에서 일정한 가속도로 운동하고 있는 입자의 위치벡터가

$$\vec{r}(t)=\hat{i}\ (30t)+\hat{j}\ (40\,t-5.0\,t^2)$$

로 주어진다. 단위는 MKS단위이다. 다음을 구하라.

(가) 속도벡터함수 (나) 가속도벡터함수

**풀이 |** (가) 속도벡터함수 $\vec{v}(t)=\dfrac{d\vec{r}(t)}{dt}=\hat{i}\ (30\,\text{m/s})+\hat{j}\ ((40\,\text{m/s})-(10\,\text{m/s}^2)\,t)$

(나) $\vec{a}(t)=\dfrac{d\vec{v}(t)}{dt}=-\hat{j}\ (10\,\text{m/s}^2)$

**답 |** (가) $\vec{v}(t)=\hat{i}\ (30\,\text{m/s})+\hat{j}\ ((40\,\text{m/s})-(10\,\text{m/s}^2)\,t)$ (나) $\vec{a}(t)=-\hat{j}\ (10\,\text{m/s}^2)$

### 1-21 입자의 가속도

$xy$ 평면에서 일정한 가속도로 운동하고 있는 입자의 시각 $t=0$ 및 $t=3.00\,\text{s}$에서 속도가 각각

아래와 같다.

$$\vec{v}(0) = \hat{i}\,(3.00\text{ m/s}) - \hat{j}\,(2.00\text{ m/s}),\ \ \vec{v}(3\text{ s}) = \hat{i}\,(9.00\text{ m/s}) + \hat{j}\,(7.00\text{ m/s})$$

(가) 입자의 가속도벡터를 구하라.

(나) 처음에 입자가 좌표의 원점에 있었다. 입자의 위치벡터함수를 구하라.

**풀이 |** 입자는 등가속도운동을 하고 있으므로, 가속도는 처음 3초 동안의 평균가속도와 같다.

(가) 가속도벡터 : $\vec{a} = \dfrac{\Delta\vec{v}}{\Delta t} = \dfrac{\vec{v}(3\text{ s}) - \vec{v}(0)}{3.00\text{s}}$

$$= \frac{\hat{i}\{(9.00\text{ m/s}) - (3.00\text{ m/s})\} + \hat{j}\{(7.00\text{ m/s}) - (-2.00\text{ m/s})\}}{3.00\text{ s}}$$

$$= \hat{i}(2.00\text{m/s}^2) + \hat{j}(3.00\text{ m/s}^2).$$

(나) 위치벡터 : $\vec{r}(t) = \vec{r}(0) + \vec{v}(0)\,t + \dfrac{1}{2}\vec{a}\,t^2$ : $\vec{r}(0) = 0$, $\vec{v}(0) = \hat{i}(3.00\text{ m/s}) - \hat{j}(2.00\text{ m/s})$

$$\vec{a} = \hat{i}\,(2.00\text{ m/s}^2) + \hat{j}\,(3.00\text{ m/s}^2)$$

$$\therefore\ \vec{r}(t) = 0 + \{\hat{i}\,(3.00\text{ m/s}) - \hat{j}\,(2.00\text{ m/s})\}\,t + \frac{1}{2}\times\{\hat{i}\,(2.00\text{ m/s}^2) + \hat{j}\,(3.00\text{ m/s}^2)\}\,t^2$$

$$= \hat{i}\,\{(3.00\text{ m/s})\,t + (1.00\text{ m/s}^2)\,t^2\} + \hat{j}\,\{(-2.00\text{ m/s})\,t + (1.50\text{ m/s}^2)\,t^2\}$$

**답 |** (가) $\vec{a} = \hat{i}\,(2.00\text{ m/s}^2) + \hat{j}\,(3.00\text{ m/s}^2)$

(나) $\vec{r} = \hat{i}\{(3.00\text{ m/s})t + (1.00\text{ m/s}^2)t^2\} + \hat{j}\{(-2.00\text{ m/s})t + (1.50\text{ m/s}^2)\,t^2\}$

### 1-22 커브를 도는 열차의 가속도

열차가 커브길을 도는 데 속도를 90.0 km/h에서 15.0초만에 50.0 km/h로 일정한 비율로 감속하였다. 커브길은 반지름 150 m의 원궤도이다. 열차의 속도가 50.0 km/h가 되는 순간의 가속도를 구하라.

**풀이 |** 커브길을 돌 때 속도벡터는 접선 방향이다. 따라서 접선 방향의 속도의 크기를 줄여야 하므로 그 가속도는 접선가속도라야 한다. 일정한 비율로 감속하므로 그 가속도의 크기는 15초 동안의 평균가속도의 크기와 같다. 따라서 접선가속도는

접선가속도 : $a_\tau \equiv \dfrac{\Delta v}{\Delta t} = \dfrac{(50.0\text{ km/h}) - (90.0\text{ km/h})}{15.0\text{ s}} \times \left(\dfrac{1000\text{ m}}{1\text{ km}}\right) \times \left(\dfrac{1\text{ h}}{3600\text{ s}}\right)$

$$= -0.7407\text{ m/s}^2 = \underline{-0.741\text{ m/s}^2}.$$

한편, 커브길을 달리므로 법선가속도도 있다. 그 법선가속도는

법선가속도 : $a_n = \dfrac{v^2}{R} = \dfrac{\left((50.0\text{ km/h}) \times \left(\dfrac{1000\text{ m}}{1\text{ km}}\right) \times \left(\dfrac{1\text{ h}}{3600\text{s}}\right)\right)^2}{150\text{ m}} = 1.286\text{ m/s}^2$

$$= \underline{1.29\text{ m/s}^2}.$$

$$\therefore\ \vec{a} = -\hat{\tau}(0.741\text{m/s}^2) + \hat{n}(1.29\text{m/s}^2).$$

또, 가속도의 크기 : $a=\sqrt{a_\tau^2+a_n^2}=\sqrt{(-0.7407\ \mathrm{m/s^2})^2+(1.286\ \mathrm{m/s^2})^2}=1.484\ \mathrm{m/s^2}$
$=\underline{1.48\ \mathrm{m/s^2}}$,

가속도벡터의 방향 : $\phi=\cos^{-1}\left(\frac{a_\tau}{a}\right)=\cos^{-1}\left(\frac{-0.7407\ \mathrm{m/s^2}}{1.484\ \mathrm{m/s^2}}\right)=-60.06^\circ$

곧, 가속도벡터는 속도벡터 방향에서 안쪽으로 $180^\circ-60.06^\circ=119.94^\circ=\underline{120^\circ}$ 방향으로 $1.48\ \mathrm{m/s^2}$이다.

**답 |** $\vec{a}=-\hat{\tau}(0.741\,\mathrm{m/s^2})+\hat{n}(1.29\,\mathrm{m/s^2})$

## 1-23 바탕벡터의 도함수

평면극좌표계의 바탕벡터 $\hat{\phi}$의 시간에 대한 도함수는 $\frac{d\hat{\phi}}{dt}=-\hat{\rho}\frac{d\phi}{dt}$임을 보여라.

**풀이 |** 평면극좌표계의 바탕벡터는 $\hat{\rho}(t)=\hat{i}\cos\phi(t)+\hat{j}\sin\phi(t)$, $\hat{\phi}(t)=-\hat{i}\sin\phi(t)+\hat{j}\cos\phi(t)$이다(식(1.23), 식(1.24) 참조).

함수의 함수 미분 : $\frac{d}{dt}\{\sin\phi(t)\}=\frac{d}{d\phi}(\sin\phi)\frac{d\phi}{dt}=\cos\phi\frac{d\phi}{dt}$,

$$\frac{d}{dt}\{\cos\phi(t)\}=\frac{d}{d\phi}(\cos\phi)\frac{d\phi}{dt}=-\sin\phi\frac{d\phi}{dt}$$

을 이용하면(부록 D.16-5 참조)

$$\frac{d}{dt}\hat{\phi}(t)=\frac{d}{dt}\{-\hat{i}\sin\phi(t)+\hat{j}\cos\phi(t)\}=-\{\hat{i}\cos\phi(t)+\hat{j}\sin\phi(t)\}\frac{d\phi}{dt}=-\hat{\rho}\frac{d\phi}{dt}$$

〈〈**참고** 크기가 일정하고 방향만 시간에 따라 변하는 벡터의 시간에 대한 도함수는 원래 벡터에 수직인 방향이다. 〉〉

## 1-24 원기둥좌표계에서 가속도

원기둥좌표계의 바탕$\{\hat{\rho},\ \hat{\phi},\ \hat{k}\}$에서 가속도는

$$\vec{a}=\hat{\rho}\left[\frac{d^2\rho}{dt^2}-\rho\left(\frac{d\phi}{dt}\right)^2\right]+\hat{\phi}\left[\rho\frac{d^2\phi}{dt^2}+2\left(\frac{d\rho}{dt}\right)\left(\frac{d\phi}{dt}\right)\right]+\hat{k}\frac{d^2z}{dt^2}$$

로 표현됨을 보여라.

**풀이 |** 원기둥좌표와 직각좌표 사이에는 $x=\rho\cos\phi$, $y=\rho\sin\phi$의 관계가 있으므로 위치벡터는

$$\vec{r}(t)=\rho(\hat{i}\cos\phi+\hat{j}\sin\phi)+\hat{k}z$$

로 주어진다. 따라서 바탕벡터는

$$\hat{\rho}(t)=\frac{\partial\vec{r}}{\partial s_\rho}=\frac{\partial\vec{r}}{\partial\rho}=\hat{i}\cos\phi(t)+\hat{j}\sin\phi(t),$$

$$\hat{\phi}(t)=\frac{\partial\vec{r}}{\partial s_\phi}=\frac{1}{\rho}\frac{\partial\vec{r}}{\partial\phi}=-\hat{i}\sin\phi(t)+\hat{j}\cos\phi(t)$$

로 주어진다. 한편 위치벡터는

$$\vec{r}(t)=\hat{\rho}\rho+\hat{k}z$$

로 주어지므로 속도벡터는

$$\vec{v}(t)=\frac{d\vec{r}(t)}{dt}=\frac{d}{dt}\{\hat{\rho}(t)\rho(t)+\hat{k}z(t)\}=\hat{\rho}(t)\frac{d\rho(t)}{dt}+\frac{d\hat{\rho}(t)}{dt}\rho(t)+\hat{k}\frac{dz(t)}{dt}$$
$$=\hat{\rho}(t)\frac{d\rho(t)}{dt}+\hat{\phi}\frac{d\phi(t)}{dt}\rho(t)+\hat{k}\frac{dz(t)}{dt}$$

이다. 함수의 함수 미분법(부록 D.16-4 참조)을 이용하면 가속도벡터는

$$\vec{a}=\frac{d\vec{v}(t)}{dt}=\frac{d}{dt}\left\{\hat{\rho}(t)\frac{d\rho(t)}{dt}+\hat{\phi}(t)\frac{d\phi(t)}{dt}\rho(t)+\hat{k}\frac{dz}{dt}\right\}$$
$$=\hat{\rho}(t)\frac{d^2\rho(t)}{dt^2}+\hat{\phi}\left(\frac{d^2\phi(t)}{dt^2}\rho(t)+\frac{d\phi(t)}{dt}\frac{d\rho(t)}{dt}\right)+\hat{k}\frac{d^2z}{dt^2}+\frac{d\hat{\rho}(t)}{dt}\frac{d\rho(t)}{dt}+\frac{d\hat{\phi}}{dt}\frac{d\phi(t)}{dt}\rho(t)$$

여기서 식(1.28) $\frac{d\hat{\rho}}{dt}=\hat{\phi}\frac{d\phi}{dt}$, 식(1.29) $\frac{d\hat{\phi}}{dt}=-\hat{\rho}\frac{d\phi}{dt}$을 이용하면

$$\therefore\ \vec{a}=\hat{\rho}\left[\frac{d^2\rho}{dt^2}-\rho\left(\frac{d\phi}{dt}\right)^2\right]+\hat{\phi}\left[\rho\frac{d^2\phi}{dt^2}+2\left(\frac{d\rho}{dt}\right)\left(\frac{d\phi}{dt}\right)\right]+\hat{k}\frac{d^2z}{dt^2}\quad \text{〔QED〕}$$

### 1-25 구면좌표계에서 가속도

구면좌표계의 바탕$\{\hat{r},\ \hat{\theta},\ \hat{\phi}\}$에서 가속도는

$$\vec{a}=\hat{r}\left[\frac{d^2r}{dt^2}-r\left(\frac{d\theta}{dt}\right)^2-r\sin^2\theta\left(\frac{d\phi}{dt}\right)^2\right]$$
$$+\hat{\theta}\left[r\frac{d^2\theta}{dt^2}+2\left(\frac{dr}{dt}\right)\left(\frac{d\theta}{dt}\right)-r\sin\theta\cos\theta\left(\frac{d\phi}{dt}\right)^2\right]$$
$$+\hat{\phi}\left[r\sin\theta\frac{d^2\phi}{dt^2}+2\sin\theta\left(\frac{dr}{dt}\right)\left(\frac{d\phi}{dt}\right)+2r\cos\theta\left(\frac{d\theta}{dt}\right)\left(\frac{d\phi}{dt}\right)\right]$$

로 표현됨을 보여라.

**풀이 |** 구면좌표와 직각좌표 사이에는 식(1.17)과 같은 관계가 있으므로 위치벡터는 식(1.36), 따라서 바탕벡터는 식(1.42)으로 주어진다. 한편, 구면좌표계에서 속도벡터는 식(1.43)

$$\vec{v}=\hat{r}\frac{dr(t)}{dt}+\hat{\theta}\,r(t)\frac{d\theta(t)}{dt}+\hat{\phi}\,r(t)\sin\theta(t)\frac{d\phi(t)}{dt}\ :$$

$$\hat{r}=\hat{i}\sin\theta\cos\phi+\hat{j}\sin\theta\sin\phi+\hat{k}\cos\theta,$$

$$\hat{\theta}=\hat{i}\cos\theta\cos\phi+\hat{j}\cos\theta\sin\phi-\hat{k}\sin\theta,$$

$$\hat{\phi}=-\hat{i}\sin\phi+\hat{j}\cos\phi$$

으로 주어진다. 함수의 함수 미분법(부록 D.16-4 참조)을 이용하면 가속도벡터는

$$\vec{a}=\frac{d\vec{v}}{dt}=\frac{d}{dt}\left\{\hat{r}\frac{dr(t)}{dt}+\hat{\theta}\,r(t)\frac{d\theta(t)}{dt}+\hat{\phi}\,r(t)\,\sin\theta(t)\frac{d\phi(t)}{dt}\right\}$$

$$=\hat{r}\frac{d^2r(t)}{dt^2}+\hat{\theta}\left(\frac{dr(t)}{dt}\frac{d\theta(t)}{dt}+r(t)\frac{d^2\theta(t)}{dt^2}\right)$$

$$+\hat{\phi}\left(r(t)\sin\theta(t)\frac{d^2\phi(t)}{dt^2}+r(t)\cos\theta(t)\frac{d\theta(t)}{dt}\frac{d\phi(t)}{dt}+\sin\theta(t)\frac{dr(t)}{dt}\frac{d\phi(t)}{dt}\right)$$

$$+\frac{d\hat{r}}{dt}\frac{dr(t)}{dt}+\frac{d\hat{\theta}}{dt}r(t)\frac{d\theta(t)}{dt}+\frac{d\hat{\phi}}{dt}r(t)\sin\theta(t)\frac{d\phi(t)}{dt}.$$

여기서 $\frac{d\hat{r}(t)}{dt}=\frac{d}{dt}\{\hat{i}\sin\theta\cos\phi+\hat{j}\sin\theta\sin\phi+\hat{k}\cos\theta\}$

$$=\hat{i}\left(\cos\theta\cos\phi\frac{d\theta}{dt}-\sin\theta\sin\phi\frac{d\phi}{dt}\right)+\hat{j}\left(\cos\theta\sin\phi\frac{d\theta}{dt}+\sin\theta\cos\phi\frac{d\phi}{dt}\right)-\hat{k}\sin\theta\frac{d\theta}{dt}$$

$$=\hat{\theta}\frac{d\theta}{dt}+\hat{\phi}\sin\theta\frac{d\phi}{dt}$$

같은 방법으로, $\frac{d\hat{\theta}}{dt}=-\hat{r}\frac{d\theta}{dt}+\hat{\phi}\cos\theta\frac{d\phi}{dt}$, $\frac{d\hat{\phi}}{dt}=-(\hat{r}\sin\theta+\hat{\theta}\cos\theta)\frac{d\phi}{dt}$

을 얻는다. 이들을 이용하면

$$\therefore\ \vec{a}=\hat{r}\left[\frac{d^2r}{dt^2}-r\left(\frac{d\theta}{dt}\right)^2-r\sin^2\theta\left(\frac{d\phi}{dt}\right)^2\right]$$

$$+\hat{\theta}\left[r\frac{d^2\theta}{dt^2}+2\left(\frac{dr}{dt}\right)\left(\frac{d\theta}{dt}\right)-r\sin\theta\cos\theta\left(\frac{d\phi}{dt}\right)^2\right]$$

$$+\hat{\phi}\left[r\sin\theta\frac{d^2\phi}{dt^2}+2\sin\theta\left(\frac{dr}{dt}\right)\left(\frac{d\phi}{dt}\right)+2r\cos\theta\left(\frac{d\theta}{dt}\right)\left(\frac{d\phi}{dt}\right)\right].$$ 〔QED〕

### 1-26 수영 선수의 운동

처음에 수영 선수가 위치벡터가 $\vec{r}_{\rm i}=\hat{i}\,(10.0\ {\rm m})-\hat{j}\,(4.00\ {\rm m})$인 지점을 지나는 순간, 수영 선수의 속도벡터가 $\vec{v}_{\rm i}=\hat{i}\,(4.00\ {\rm m/s})+\hat{j}\,(1.00\ {\rm m/s})$이었다. 이 수영 선수가 일정한 가속도로 같은 수평면 내에서 20.0 초 동안 계속 수영한 후의 속도벡터가 $\vec{v}_{\rm f}=\hat{i}\,(20.0\ {\rm m/s})-\hat{j}\,(5.00\ {\rm m/s})$이였다.

(가) 수영 선수의 가속도는 얼마인가?

(나) 같은 가속도로 수영하여 처음 시각에서 25.0초 지난 뒤 수영 선수의 위치 및 속도를 구하라.

**풀이 |** 수영 선수는 등가속도 운동을 한다. 따라서 가속도는 20.0초 동안의 평균가속도와 같다.

(가) 가속도 $\vec{a}=\frac{\vec{v}_{\rm f}-\vec{v}_{\rm i}}{\Delta t}=\frac{\{\hat{i}(20.0\ {\rm m/s})-\hat{j}(5.00\ {\rm m/s})\}-\{\hat{i}(4.00\ {\rm m/s})+\hat{j}(1.00\ {\rm m/s})\}}{20.0\ {\rm s}}$

$$=\hat{i}(0.800\ {\rm m/s^2})-\hat{j}(0.300\ {\rm m/s^2})$$

(나) 위치벡터 $\vec{r}(t)=\vec{r}_0+\vec{v}_0 t+\frac{1}{2}\vec{a}t^2=\vec{r}_{\rm i}+\vec{v}_{\rm i}t+\frac{1}{2}\vec{a}t^2$

$$=\{\hat{i}(10.0\ \mathrm{m})-\hat{j}(4.00\ \mathrm{m})\}+\{\hat{i}(4.00\ \mathrm{m/s})+\hat{j}(1.00\ \mathrm{m/s})\}t$$
$$+\frac{1}{2}\{\hat{i}(0.800\ \mathrm{m/s^2})-\hat{j}(0.300\ \mathrm{m/s^2})\}t^2$$
$$=\hat{i}\{(10.0\ \mathrm{m})+(4.00\ \mathrm{m/s})t+(0.400\ \mathrm{m/s^2})\,t^2\}$$
$$-\hat{j}\{(4.00\ \mathrm{m})-(1.00\ \mathrm{m/s})\,t+(0.150\ \mathrm{m/s^2})\,t^2\}$$

$$\therefore\ \vec{r}(25\ \mathrm{s})=\hat{i}\{(10.0\ \mathrm{m})+(4.00\ \mathrm{m/s})\times(25.0\ \mathrm{s})+(0.400\ \mathrm{m/s^2})\times(25.0\ \mathrm{s})^2\}$$
$$-\hat{j}\{(4.00\ \mathrm{m})-(1.00\ \mathrm{m/s})\times(25.0\ \mathrm{s})+(0.150\ \mathrm{m/s^2})\times(25.0\ \mathrm{s})^2\}$$
$$=\hat{i}(360\ \mathrm{m})-\hat{j}(72.8\ \mathrm{m})$$

속도 $\vec{v}(t)=\vec{v}_0+\vec{a}\,t=\vec{v}_{\rm i}+\vec{a}\,t$

$$=\{\hat{i}(4.00\ \mathrm{m/s})+\hat{j}(1.00\ \mathrm{m/s})\}+\{\hat{i}(0.800\ \mathrm{m/s^2})-\hat{j}(0.300\ \mathrm{m/s^2})\}t$$
$$=\hat{i}\{(4.00\ \mathrm{m/s})+(0.800\ \mathrm{m/s^2})\,t\}+\hat{j}\{(1.00\ \mathrm{m/s})-(0.300\ \mathrm{m/s^2})\,t\}$$

$$\therefore\ \vec{v}(25\ \mathrm{s})=\hat{i}\{(4.00\ \mathrm{m/s})+(0.800\ \mathrm{m/s^2})\times(25.0\ \mathrm{s})\}$$
$$+\hat{j}\{(1.00\ \mathrm{m/s})-(0.300\ \mathrm{m/s^2})\times(25.0\ \mathrm{s})\}$$
$$=\hat{i}(24.0\ \mathrm{m/s})-\hat{j}(6.50\ \mathrm{m/s})$$

**답 |** (가) $\vec{a}=\hat{i}\,(0.800\ \mathrm{m/s^2})-\hat{j}\,(0.300\ \mathrm{m/s^2})$

(나) $\vec{r}(25\ \mathrm{s})=\hat{i}\,(360\ \mathrm{m})-\hat{j}\,(72.8\ \mathrm{m})$, $\vec{v}(25\ \mathrm{s})=\hat{i}\,(24.0\,\mathrm{m/s})-\hat{j}\,(6.50\,\mathrm{m/s})$

### 1-27 연직상방으로 던진 공

처음 속도 $20.0\ \mathrm{m/s}$로 똑바로 위로 던져 올린 공이 높이 올라갔다가 다시 땅에 똑바로 떨어졌다. 공기의 마찰은 무시한다.

(가) 공이 공중이 떠 있는 시간은 얼마인가?

(나) 가장 높이 올라간 연직 높이는 얼마인가?

(다) 공이 지상 $15.0\ \mathrm{m}$에 이른 시각을 구하라.

**풀이 |** 연직 방향의 등가속도 직선운동이다. 연직상방을 $y$축으로 한다.

가속도 $a=-g$의 등가속도 직선운동의 식은 처음 위치(땅)를 $y_0=0$이라 하면

$$y(t)=v_{0y}\,t-\frac{1}{2}g\,t^2,\ \ v_y(t)=v_{0y}-g\,t,\ \ v_y^2-v_{0y}^2=-2gy$$

(가) 가장 높이 올라가는 데 걸린 시간을 $t_{\rm h}$라 하면 공중에 떠 있는 시간은 $\Delta t=2t_{\rm h}$이다. 그 점(꼭짓점)에서 속도는 0이다($v(t_{\rm h})=0$). 그러므로 위의 둘째 식으로부터

$$v_y(t_{\rm h})=v_{0y}-g\,t_{\rm h}=0\qquad\therefore\ t_{\rm h}=\frac{v_{0y}}{g}.$$

따라서 공중에 떠 있는 시간은

$$\Delta t=2t_{\rm h}=\frac{2v_{0y}}{g}=\frac{2\times(20.0\ \mathrm{m/s})}{9.81\ \mathrm{m/s^2}}=4.077\ \mathrm{s}=\underline{4.08\ \mathrm{s}}$$

이다. 또는 공중에 떠 있는 시간은 출발 시각과 다시 되돌아온 시각 사이의 시간이다. 이들 시각은 $y=y_0$일 때 시각이므로 그 시각을 $t_0'$이라 하면 첫째 식에서

$$y(t_0')=v_{0y}t_0'-\frac{1}{2}g\,t_0'^2=0 \quad \therefore t_0'=0 \text{ 또는 } t_0'=\frac{2v_{0y}}{g}$$

이다. 따라서 $t_0'=0$은 처음 출발할 때의 시각 $t_0$이다. 따라서 공중에 떠 있는 시간은

$$\Delta t=t_0'-t_0=\frac{2v_{0y}}{g}$$

이다.

(나) 꼭짓점에서 속도가 $0(v(t_h)=0)$이므로 위의 셋째 식으로부터 그 높이 $h$는

$$h=\frac{v_{0y}^2}{2g}=\frac{(20.0\ \mathrm{m/s})^2}{2\times(9.81\ \mathrm{m/s^2})}=20.4\ \mathrm{m}$$

이다.

(다) 지상 15.0 m에 이른 시각을 $t'$이라하면 $y(t')=15.0\ \mathrm{m}$이다. 위의 첫째 식에서

$$y(t')=v_{0y}t'-\frac{1}{2}g\,t'^2 \ :\ y(t')=15.0\,\mathrm{m},\ v_{0y}=20.0\ \mathrm{m/s}$$

$$\therefore\ 20.0\,t'-4.905\,t'^2=15.0 \text{ 또는 } 4.905\,t'^2-20.0\,t+15.0=0$$

를 얻는다. 근의 공식(부록 D.2-1 참조)에 의하여

$$t'=\frac{10.0\pm\sqrt{10.0^2-4.905\times15.0}}{4.905}=\frac{10.0\pm5.141}{4.905}=3.09 \text{ 또는 } 0.991$$

이다. $t'=0.991$은 처음 올라갈 때, $t'=3.09$는 내려올 때 지상 15.0 m를 지나는 시각이다.

**답 |** (가) $\Delta t=2t_h=4.08\ \mathrm{s}$ (나) $h=20.4\ \mathrm{m}$

(다) $t'=0.991\,\mathrm{s}$ (올라갈 때), $t'=3.09\,\mathrm{s}$ (내려올 때)

## 1-28 포사체의 운동

지상 $H=40.0\,\mathrm{m}$의 높이에서 수평 방향에서 위로 $\theta_0=30^\circ$ 방향으로 속도 $v_0[\mathrm{m/s}]$로 발사된 포사체가 처음 속도의 1.2배의 빠르기로 땅에 떨어졌다.

(가) 발사지점을 원점, 수평 방향을 $x$축, 연직상방을 $y$축으로 하여 임의 시각 $t$에서 포사체 위치벡터의 직각 성분을 $v_0$, $H$로 나타내어라.

(나) 땅에 닿는 시각 $\tau$ 및 그 순간의 속도의 크기를 $v_0$, $H$로 나타내어라.

(다) 포사체의 처음 속도 $v_0$는 얼마인가?

**풀이 |** 포사체의 운동을 수평($x$) 성분 및 수직($y$) 성분으로 분해하여 다루는 것이 편리하다.

처음 속도 $v_{0x}=v_0\cos\theta_0$, $v_{0y}=v_0\sin\theta_0$,

속도 $v_x(t)=v_{0x}=v_0\cos\theta_0$, $v_y(t)=v_{0y}-gt=v_0\sin\theta_0-gt$

위치 $x(t)=v_{0x}t=v_0t\cos\theta_0$, $y(t)=v_{0y}t-\frac{1}{2}gt^2=v_0t\sin\theta_0-\frac{1}{2}gt^2$

(가) 위치벡터 $\vec{r}(t) = \hat{i}x(t) + \hat{j}y(t)$의 성분 :

$$x(t) = v_{0x}t = v_0(\cos 30^\circ)t = \frac{\sqrt{3}}{2}v_0 t,$$

$$y(t) = v_{0y}t - \frac{1}{2}gt^2 = v_0(\sin 30^\circ)t - \frac{1}{2}gt^2 = \frac{1}{2}v_0 t - \frac{1}{2}gt^2.$$

(나) 땅은 원점인 발사지점 보다 $H = 40.0\,\mathrm{m}$ 아래이므로 $y(\tau) = -H$이다.

착지시각 $y(t) = v_{0y}t - \frac{1}{2}gt^2$: $y(\tau) = -H \quad \therefore -H = \frac{v_0}{2}\tau - \frac{1}{2}g\tau^2$

또는 $g\tau^2 - v_0\tau - 2H = 0$

$$\therefore \tau = \frac{v_0 \pm \sqrt{v_0^2 + 8gH}}{2g} = \frac{v_0}{2g}\left(1 \pm \sqrt{1 + \frac{8gH}{v_0^2}}\right).$$

여기서 복부호(±)중 음(-)의 부호는 버려야 한다(**예제 1.29** 참조).

착지 속도 : (가)의 결과로부터

$$v_x(t) = \frac{dx(t)}{dt} = v_{0x} = \frac{\sqrt{3}}{2}v_0, \quad v_y(t) = \frac{dy(t)}{dt} = v_{0y} - gt = \frac{v_0}{2} - gt$$

이므로

$$v_x(\tau) = v_{0x} = \frac{\sqrt{3}}{2}v_0, \quad v_y(\tau) = v_{0y} - g\tau = \frac{v_0}{2} - g\tau.$$

$$\therefore v(\tau) = \sqrt{v_x^2(\tau) + v_y^2(\tau)} = \sqrt{\left(\frac{\sqrt{3}}{2}v_0\right)^2 + \left(\frac{v_0}{2} - g\tau\right)^2}$$

$$= \sqrt{\left(\frac{\sqrt{3}}{2}v_0\right)^2 + \left(\frac{v_0}{2} - \frac{v_0}{2}\left(1 + \sqrt{1 + \frac{8gH}{v_0^2}}\right)\right)^2} = \sqrt{v_0^2 + 2gH}.$$

(다) $v(\tau) = 1.2v_0 \quad \therefore \sqrt{v_0^2 + 2gH} = 1.2v_0$ 또는 $0.440v_0^2 = 2gH$

$$\therefore v_0 = \sqrt{\frac{2gH}{0.440}} = \sqrt{\frac{2 \times (9.81\,\mathrm{m/s^2}) \times (40.0\,\mathrm{m})}{0.440}} = 42.23\,\mathrm{m/s} = \underline{42.2\,\mathrm{m/s}}.$$

**답 |** (가) $x = \frac{\sqrt{3}}{2}v_0 t$, $y = \frac{1}{2}v_0 t - \frac{1}{2}gt^2$ (나) $\tau = \frac{v_0}{2g}\left(1 + \sqrt{1 + \frac{8gH}{v_0^2}}\right)$, $v(\tau) = \sqrt{v_0^2 + 2gH}$

(다) $v_0 = 42.2\,\mathrm{m/s}$

**1-29 계단 위에서의 포사체**

어떤 계단의 난간 위에서 수평 방향으로 $3.00\,\mathrm{m/s}$의 속도로 계단 아래쪽으로 작은 공을 던졌다. 각 계단의 높이는 $0.180\,\mathrm{m}$, 너비는 $0.300\,\mathrm{m}$이다. 공은 몇 번째 계단에 떨어질까?

**풀이 |** 출발점(첫째 계단의 난간)을 원점, 수평 방향을 $x$축, 연직상방을 $y$축으로 하면 공이 떨어지는 점의 좌표$(x, y)$는

$$x(\tau) = (3.00\,\mathrm{m/s})\,\tau \equiv R, \quad y(\tau) = -\frac{1}{2} \times (9.81\,\mathrm{m/s^2})\,\tau^2 \equiv H \quad (\tau : \text{계단에 닿는 시각})$$

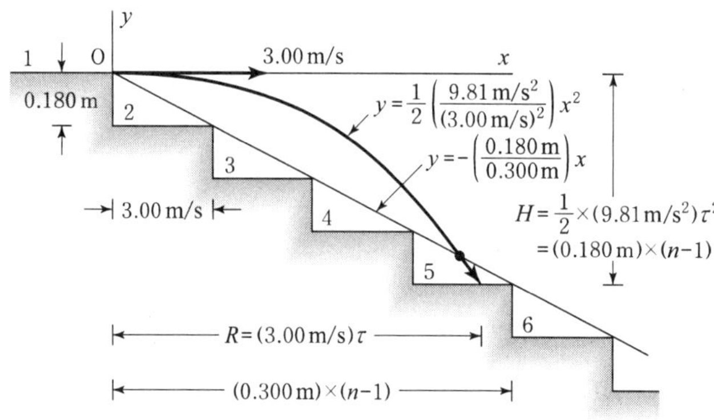


문1-29의 연습그림 d

이다. 공이 $n$번째 계단에 떨어졌다면

$$R \le (0.300\,\mathrm{m})\times(n-1),\quad H=-(0.180\,\mathrm{m})\times(n-1)$$

이므로

$$(3.00\,\mathrm{m/s})\,\tau \le (0.300\,\mathrm{m})\times(n-1),\quad \frac{1}{2}\times(9.81\,\mathrm{m/s^2})\,\tau^2 = (0.180\,\mathrm{m})\times(n-1).$$

이 두 식에서 $\tau$를 소거하면,

$$\left(\frac{9.81\,\mathrm{m/s^2}}{2}\right)\{(0.100\,\mathrm{s})\times(n-1)\}^2 \ge (0.180\,\mathrm{m})\times(n-1).$$

$$\therefore\ \left(\frac{9.81\,\mathrm{m/s^2}}{2}\right)\{(0.100\,\mathrm{s})^2\times(n-1)\}\ge 0.180\,\mathrm{m}\ :\ (n-1)\neq 0$$

$$\therefore\ n \ge 4.67$$

곧, 5번째 계단에 떨어진다.

**별해**

공의 궤도곡선의 방정식은

$$x=(3.00\,\mathrm{m/s})\,t,\ y=-\left(\frac{9.81\,\mathrm{m/s^2}}{2}\right)t^2\qquad \therefore\ y=-\left(\frac{9.81\,\mathrm{m/s^2}}{2\times(3.00\,\mathrm{m/s})^2}\right)x^2$$

이고, 계단의 난간을 잇는 직선의 방정식은

$$y=-\left(\frac{0.180\,\mathrm{m}}{0.300\,\mathrm{m}}\right)x$$

이다. 이 두 식에서 공이 떨어진 점의 $x$ 좌표는

$$-\left(\frac{9.81\,\mathrm{m/s^2}}{2\times(3.00\,\mathrm{m/s})^2}\right)x^2=-\left(\frac{0.180\,\mathrm{m}}{0.300\,\mathrm{m}}\right)x\ \text{ 또는 }\ 0.545x=0.600\ \ (x\neq 0)$$

$$\therefore\ x = 1.101\ \text{m} \equiv R.$$

따라서 $(0.300\ \text{m}) \times 3 < (R = 1.101\ \text{m}) < (0.300\ \text{m}) \times 4$이므로 공은 5번째 계단에 떨어진다.

**답 |** 5번째 계단

### 1-30 자동차 타이어의 회전

반지름이 $0.500\ \text{m}$인 자동차 타이어가 매 분 200회의 일정한 비율로 회전하고 있다. 타이어의 홈에 박힌 찰흙 덩어리의 선속도 및 가속도를 구하라.

**풀이 |** 자동차 타이어는 주기 $T = \left(\dfrac{1\ \text{min}}{200\ \text{rev}}\right) \times \left(\dfrac{60\ \text{s}}{1\ \text{min}}\right) = 0.300\ \text{s}$ (*)의 등속원운동을 하고 있다. 그

선속도는 $v = \dfrac{2\pi R}{T} = \dfrac{2 \times 3.14 \times (0.500\ \text{m})}{0.300\ \text{s}} = 10.47\ \text{m/s} = \underline{10.5\ \text{m/s}}$.

등속원운동의 가속도는 구심가속도와 같으므로

$$a = a_n = \frac{v^2}{R} = \frac{(10.47\ \text{m/s})^2}{0.500\ \text{m}} = 219.2\ \text{m/s}^2 = \underline{219\ \text{m/s}^2}.$$

**답 |** $v = 10.5\ \text{m/s}$, $a = a_n = 219\ \text{m/s}^2$

《 (*) 주기는 한 바퀴회전(1 rev)하는 데 걸리는 시간이므로 단위는 〔s/rev〕이다. 그러나 회전수의 차원이 없으므로 〔s〕로 표기한다. 》

### 1-31 곡선운동을 하는 입자의 가속도

한 입자가 어떤 순간에 반지름 $2.50\ \text{m}$의 원궤도를 따라서 시계 반대 방향으로 운동하고 있다. 가속도의 크기 $a$ 및 그 방향과 운동 방향(속도벡터) 사이각 $\theta$가 각각

(ㄱ) $a = 15.0\ \text{m/s}^2$, $\theta = 60^\circ$ (ㄴ) $a = 25.0\ \text{m/s}^2$, $\theta = 135^\circ$ (ㄷ) $a = 10.0\ \text{m/s}^2$, $\theta = 90^\circ$

와 같을 때, 입자의 (가) 접선가속도 (나) 속도의 크기를 각각 구하라.

**풀이 |** (가) 접선가속도는 $a_\tau = a\cos\theta$로 주어진다.

(ㄱ) $a_\tau = a\cos\theta = (15.0\ \text{m/s}^2) \times (\cos 60^\circ) = 7.50\ \text{m/s}^2$

(ㄴ) $a_\tau = a\cos\theta = (25.0\ \text{m/s}^2) \times (\cos 135^\circ) = -17.68\ \text{m/s}^2 = \underline{-17.7\ \text{m/s}^2}$

(운동과 반대 방향)

(ㄷ) $a_\tau = a\cos\theta = (10.0\ \text{m/s}^2) \times (\cos 90^\circ) = 0$.

(나) 법선가속도의 크기가 $a_n = \dfrac{v^2}{R}$로 주어지므로 속도의 크기는

$$v = \sqrt{a_n R}\ :\ a_n = a\sin\theta \qquad \therefore\ v = \sqrt{aR\sin\theta}$$

로 주어진다.

(ㄱ) $v = \sqrt{aR\sin\theta} = \sqrt{(15.0\ \text{m/s}^2) \times (2.50\ \text{m}) \times (\sin 60^\circ)} = 5.699\ \text{m/s} = \underline{5.70\ \text{m/s}}$,

(ㄴ) $v=\sqrt{aR\sin\theta}=\sqrt{(25.0\ \text{m/s}^2)\times(2.50\ \text{m})\times(\sin 135^\circ)}=6.648\ \text{m/s}=\underline{6.65\ \text{m/s}}$,

(ㄷ) $v=\sqrt{aR\sin\theta}=\sqrt{(10.0\ \text{m/s}^2)\times(2.50\ \text{m})\times(\sin 90^\circ)}=\underline{5.00\ \text{m/s}}$.

**답 |** (가) (ㄱ) $a_\tau=7.50\,\text{m/s}^2$ (ㄴ) $a_\tau=-17.7\,\text{m/s}^2$ (ㄷ) $a_\tau=0$

(나) (ㄱ) $v=5.70\,\text{m/s}$ (ㄴ) $v=6.65\,\text{m/s}$ (ㄷ) $v=5.00\,\text{m/s}$

### 1-32 자전거 바퀴의 등각가속도운동

자전거 바퀴 둘레에 있는 한 점 P는 자전거 바퀴가 회전함에 따라 회전축에 대해서 원운동을 한다. 자전거 바퀴가 정지상태에서 일정한 비율로 빨라져서 회전하기 시작한지 3.00초만에 각속도가 12.0 rad/s에 이르렀다.

(가) 점 P의 각가속도는 얼마인가?

(나) 그 동안 점 P의 각변위는 몇 rad인가?

**풀이 |** 자전거 바퀴가 일정한 비율로 빨라져서 회전하므로 자전거 바퀴는 등각가속도 회전운동을 한다.

(가) 각가속도 $\alpha=\dfrac{\Delta\omega}{\Delta t}=\dfrac{12.0\ \text{rad/s}}{3.00\ \text{s}}=\underline{4.00\ \text{rad/s}^2}$.

(나) 각변위 $\Delta\phi=\phi-\phi_0=\omega_0 t+\dfrac{1}{2}\alpha t^2=0+\dfrac{1}{2}\times(4.00\ \text{rad/s}^2)\times(3.00\ \text{s})^2=\underline{18.0\ \text{rad}}$.

**답 |** (가) $\alpha=4.00\ \text{rad/s}^2$ (나) $\Delta\phi=18.0\,\text{rad}$

## 1.3 상대운동

### 1-33 비행기의 상대운동

비행기가 정북으로 날아가려고 한다. 비행기의 속력은 바람이 없을 때 200 km/h이다. 지금 바람이 서쪽에서 동쪽으로 90.0 km/h의 속력으로 불고 있다.

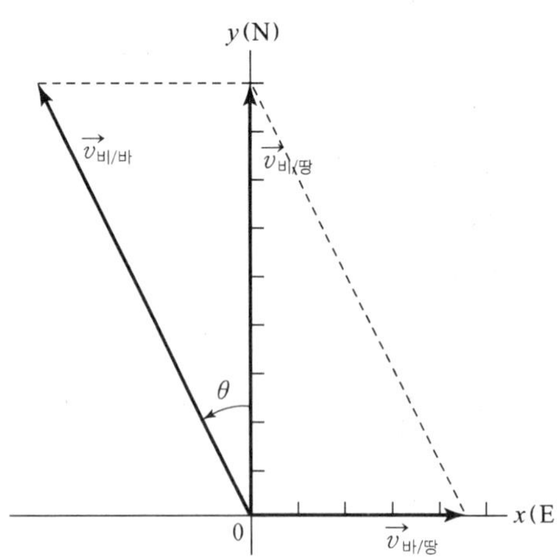


문1-33의 연습그림 : 비행기의 상대속도

(가) 비행기의 기수를 어느 방향으로 향해야 하는가?

(나) 이때, 비행기는 땅에 대하여 얼마의 빠르기로 날아가는가?

**풀이 |** (가) 바람의 속도벡터는 땅에 대한 상대속도 $\vec{v}_{바/땅}=(90.0\text{ km/h},\ 동쪽)$, 정북으로 날아가는 비행기의 속도벡터는 $\vec{v}_{비/땅}=(v_{비/땅},\ 북쪽)$이다. 비행기의 속도는 공기에 대한 상대속도 $\vec{v}_{비/바}$로, 이들 사이의 관계는 $\vec{v}_{비/바}+\vec{v}_{바/땅}=\vec{v}_{비/땅}$이고, 문1-33의 연습그림과 같다. 처음 기수의 방향($\vec{v}_{비/바}$의 방향)을 북쪽(N)에서 서쪽(W)으로 각 $\theta$의 방향이라면

$$\vec{v}_{비/바}=(200\text{ km/h},\ \text{N}(\theta)\text{ W})\ :\ \sin\theta=\frac{v_{바/땅}}{v_{비/바}},\quad v_{바/땅}=90.0\text{ km/h},$$

$$v_{비/바}=200\text{ km/h}$$

$$\therefore\ \theta=\sin^{-1}\left(\frac{90.0\text{ km/h}}{200\text{ km/h}}\right)=26.74^\circ=\underline{26.7^\circ}.$$

곧, 기수를 북쪽에서 26.7° 서쪽으로 향해야 한다.

(나) 비행기의 속도벡터는 $\vec{v}_{비/땅}=(v_{비/땅},\ 북쪽)$이므로 문1-33의 연습그림에서 보는 바와 같이 그 크기는

$$v_{비/땅}=\sqrt{v_{비/바}^2-v_{바/땅}^2}=\sqrt{(200\text{ km/h})^2-(90.0\text{ km/h})^2}=178.6\text{ km/h}=\underline{179\text{ km/h}}$$

이다.

**답 |** (가) 북쪽에서 $\theta=26.7^\circ$ 서쪽 방향(N 26.7° W)　(나) $v_{비/땅}=179\text{ km/h}$

## 1-34 두 자동차의 상대운동

자동차 A가 동쪽으로 일정한 속도 20.0 m/s로 달리고 있다. 자동차 A가 동서남북으로 도로가 만나는 교차로를 지나는 순간 다른 자동차 B가 교차로 북쪽 40.0 m 지점에서 출발하여 일정한 가속도 2.00 m/s²으로 남쪽을 향하여 달려오고 있다. 자동차 A가 교차로를 통과한 지 6.00초 되는 순간, 자동차 B의 자동차 A에 대한 상대위치, 상대속도, 상대가속도를 각각 구하라.

**풀이 |** 자동차의 속도는 땅에 대한 상대속도이다. 교차로를 원점, 동쪽을 $+x$축, 북쪽을 $+y$축으로 한다. 자동차 A가 교차로를 지나는 순간을 $t=0$라 하면 자동차 B의 자동차 A에 대한 상대위치벡터는

$$\vec{r}_{B/A}(t)=\vec{r}_B(t)-\vec{r}_A(t)\ :\ \vec{r}_B(t)=\hat{j}\left[(40.0\text{ m})-\frac{1}{2}\times(2.00\text{ m/s}^2)\,t^2\right],$$

$$\vec{r}_A(t)=\hat{i}\,[(20.0\text{ m/s})\,t]$$

$$\therefore\ \vec{r}_{B/A}(t)=\hat{j}\left[(40.0\text{ m})-\frac{1}{2}\times(2.00\text{ m/s}^2)\,t^2\right]-\hat{i}\,(20.0\text{ m/s})\,t$$

$$\therefore\ \vec{r}_{B/A}(6\text{ s})=\hat{j}\left[(40.0\text{ m})-\frac{1}{2}\times(2.00\text{ m/s}^2)\times(6.00\text{ s})^2\right]-\hat{i}\,(20.0\text{ m/s})\times(6.00\text{ s})$$

$$=-\hat{i}\,(120.0\text{ m})+\hat{j}\,(4.00\text{ m})$$

또는 평면극좌표 $\vec{r}_{B/A}(6\text{ s}) = (\rho,\ \phi)$로 표현하면

$$\rho = \sqrt{(-120.0\text{ m})^2 + (4.00\text{ m})^2} = 120.1\text{ m},$$
$$\phi = \tan^{-1}\left(\frac{4.00\text{ m}}{-120.0\text{ m}}\right) = -1.909^\circ\ (\text{제2사분면})$$
$$\text{또는 } 180^\circ + (-1.909^\circ) = 178.1^\circ\ (\text{부록 D.14-3 참조})$$

이므로, A가 볼 때 B는 동쪽에서 178° 서쪽(또는 북쪽에서 88.1° 서쪽; N 88.1° W) 방향으로 120 m 거리에 있다.

**상대속도는**

$$\vec{v}_{B/A}(t) = \frac{d\vec{r}_{B/A}(t)}{dt} = \frac{d}{dt}\left\{\hat{j}\left[(40.0\text{m}) - \frac{1}{2}\times(2.00\text{m/s}^2)\ t^2\right] - \hat{i}\ (20.0\text{ m/s})\ t\right\}$$
$$= -\hat{j}\ (2.00\text{m/s}^2)\ t - \hat{i}\ (20.0\text{ m/s})$$
$$\therefore \vec{v}_{B/A}(6\text{ s}) = -\hat{i}\ (20.0\text{m/s}) - \hat{j}\ (12.0\text{m/s})$$

또는 평면극좌표로 표현하면

$$v_{B/A}(6\text{ s}) = \sqrt{(-20.0\text{m/s})^2 + (-12.0\text{m/s})^2} = 23.32\text{ m/s},$$
$$\phi = \tan^{-1}\left(\frac{-12.0\text{ m/s}}{-20.0\text{ m/s}}\right) = 30.96^\circ\ (\text{제3사분면})$$
$$\text{또는 } 180^\circ + 30.96^\circ = 210.96^\circ\ (\text{부록 D.14-3 참조})$$

이므로, A가 볼 때 B는 서쪽에서 31.0° 남쪽(또는 남쪽에서 59.0° 서쪽; S 59.0° W) 방향으로 속도 23.3 m/s로 달린다.

**상대가속도는**

$$\vec{a}_{B/A} = \frac{d\vec{v}_{B/A}(t)}{dt} = \frac{d}{dt}\left\{-\hat{j}\ (2.00\text{m/s}^2)\ t - \hat{i}\ (20.0\text{ m/s})\right\} = -\hat{j}\ (2.00\text{m/s}^2)$$

이다. 곧, A가 볼 때 B의 가속도는 남쪽으로 $2.00\text{ m/s}^2$이다.

**답 |** $\vec{r}_{B/A}(6\text{ s}) = \hat{i}\ (-120\text{m}) + \hat{j}\ (4.00\text{m})$ 또는 $\vec{r}_{B/A}(6\text{ s}) = (120\text{ m, N } 88.1^\circ\text{ W})$,
$\vec{v}_{B/A}(6\text{ s}) = -\hat{i}\ (20.0\text{m/s}) - \hat{j}\ (12.0\text{m/s})$ 또는 $\vec{v}_{B/A}(6\text{ s}) = (23.3\text{ m/s, S } 59.0^\circ\text{ W})$,
$\vec{a}_{B/A}(6\text{ s}) = -\hat{j}\ (2.00\text{m/s}^2)$ 또는 $\vec{a}_{B/A}(6\text{ s}) = (2.00\text{ m/s}^2,\ \text{남쪽})$

## 1-35 강물에서 두 수영 선수의 운동

강둑을 따라서 일정한 속도 $v_{\text{물/땅}} = 0.500\text{m/s}$로 흐르는 강물에서 한별이와 은별이가 수영 시합을 했다. 한별이는 강물을 따라서 강폭과 같은 거리 $L = 100\text{m}$를 갔다가 처음 출발점으로 돌아오고, 은별이는 건너편 강 언덕까지 갔다가 출발점에 되돌아오기로 하였다. 따라서 은별이는 강 언덕에서 볼 때 언덕에 수직으로 수영하여야 한다. 두 사람의 수영 빠르기는 다같이 $v_{\text{한/물}} = v_{\text{은/물}} = 1.20\text{ m/s}$이다. 누가 이길까?

**풀이 |** 한별이가 강물을 따라서 내려갈 때 한별이의 속도는 $v_{한/땅}(\downarrow) = v_{한/물} + v_{물/땅}$이고, 강물을 거슬러 올라올 때 속도는 $v_{한/땅}(\uparrow) = v_{한/물} - v_{물/땅}$이다. 따라서 왕복하는 데 걸린 시간은

$$\Delta t_{한} = \frac{L}{v_{한/물} + v_{물/땅}} + \frac{L}{v_{한/물} - v_{물/땅}} = \frac{2L}{v_{한/물}}\left(\frac{1}{1-\left(\frac{v_{물/땅}}{v_{한/물}}\right)^2}\right)$$

$$= \frac{2\times(100\text{ m})}{1.20\text{ m/s}}\left(\frac{1}{1-\left(\frac{0.50\text{ m/s}}{1.20\text{ m/s}}\right)^2}\right) = 201.7\text{ s}$$

이다.

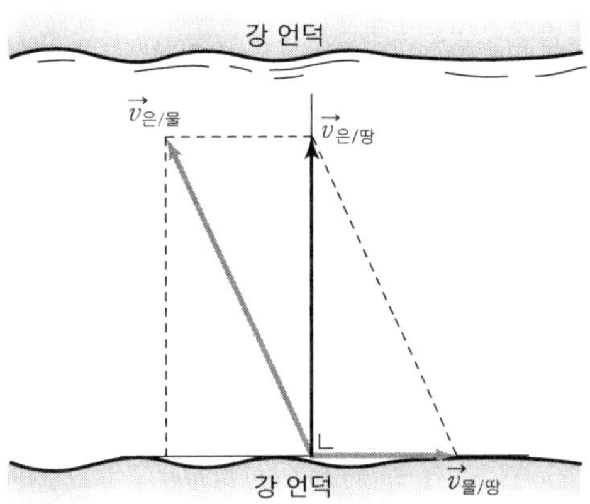


문1-35의 연습그림 : 은별이의 상대속도

은별이는 강 언덕에 수직으로 건너가야 하므로 은별이의 땅에 대한 속도를 $\vec{v}_{은/땅}$라 하면 $\vec{v}_{은/땅} = \vec{v}_{은/물} + \vec{v}_{물/땅}$이다. 은별이의 운동은 문1-35의 연습그림과 같다. 따라서 은별이가 강 언덕에 수직으로 똑바로 헤엄쳐 건너는 속도벡터의 크기는 $v_{은/땅} = \sqrt{v_{은/물}^2 - v_{물/땅}^2}$ 이므로 은별이가 왕복하는 데 걸리는 시간은

$$\Delta t_{은} = \frac{2L}{\sqrt{v_{은/물}^2 - v_{물/땅}^2}} = \frac{2L}{v_{은/물}}\left(\frac{1}{\sqrt{1-\left(\frac{v_{물/땅}^2}{v_{은/물}^2}\right)^2}}\right)$$

$$= \frac{2\times(100\text{ m})}{1.20\text{ m/s}}\left(\frac{1}{\sqrt{1-\left(\frac{0.50\text{ m/s}}{1.20\text{ m/s}}\right)^2}}\right) = 183.3\text{ s}$$

이다. $\Delta t_{한} = 202\text{ s}$, $\Delta t_{은} = 183\text{s}$ 이므로 은별이가 이긴다.

**답 |** 은별이

## 1-36 기준틀

일정한 속도 $10.0\,\mathrm{m/s}$로 수평인 직선 레일 위를 달리는 수레 위에서 한 학생이 레일을 따라서 공중으로 공을 던졌는데, 그 학생에게는 처음 속도가 수평 방향에서 위로 $60^\circ$의 방향으로 보였으며, 그 궤도면은 레일을 포함하는 연직면이었다. 한편 땅 위에서 수레 옆 가까이에 서 있는 다른 학생에게는 공이 연직 위로 던져진 것처럼 보였다. 공은 얼마나 높이 올라갔을까?

**풀이 |** 땅을 기준틀 S, 수레를 기준틀 S′이라 하면 $v_\mathrm{R} = 10.0\,\mathrm{m/s}$, 처음 속도벡터는 $\vec{v}_0{}' = \vec{v}_0 - \vec{v}_\mathrm{R}$로 주어진다. 수레의 운동 방향을 $x$축, 연직상방을 $y$축이라 하면

처음 속도벡터 $\vec{v}_0{}' = \vec{v}_0 - \vec{v}_\mathrm{R}$의 $x$, $y$성분은

$$x\text{성분 : } v_{0x}{}' = v_{0x} - v_\mathrm{R} \ : \ v_{0x} = 0 \qquad \therefore\ v_{0x}{}' = -v_\mathrm{R}$$

$$y\text{성분 : } v_{0y}{}' = v_{0y}$$

이다. 따라서 학생은 공을 수레의 진행과 반대 수평 방향에서 $60^\circ$ 위(운동 방향과 $120^\circ$)로 던졌음을 알 수 있다(문1.36의 연습그림 참조).

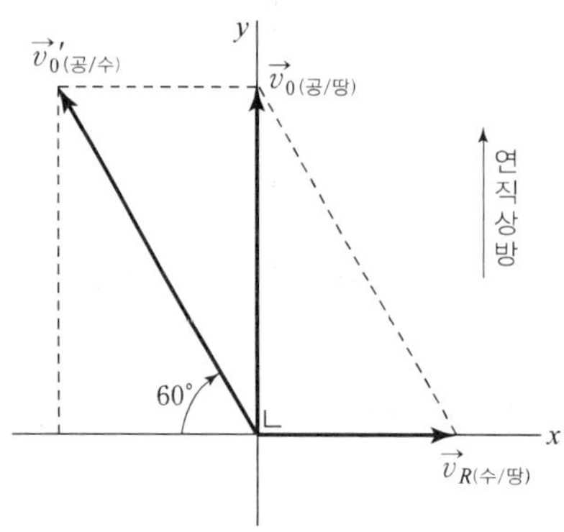


문1-36의 연습그림 : 공의 상대속도

한편, 연직 방향의 성분은

$$\frac{v_{0y}{}'}{v_{0x}{}'} = \tan 60^\circ \Rightarrow v_{0y}{}' = v_{0x}{}' \tan 60^\circ \quad \therefore\ v_{0y} = v_\mathrm{R} \tan 60^\circ = 10.0\sqrt{3}\ \mathrm{m/s}$$

이다. 가속도가 $a_y = a_y{}' = g$이므로, 공이 올라간 높이는

$$h = \frac{v_{0y}^2}{2g} = \frac{(10.0\sqrt{3}\ \mathrm{m/s})^2}{2\times(9.81\ \mathrm{m/s^2})} = 15.29\ \mathrm{m} = \underline{15.3\ \mathrm{m}}$$

이다.

**답 |** $h = 15.3\,\mathrm{m}$

# 2장 힘과 운동

## – 뉴턴의 운동법칙

## 중요 사항 정리

## 2.1 힘과 상호작용

힘의 정의 물체의 운동상태 변화나 모양의 변화가 일어났을 때 물체에 "**힘이 작용했다**"고 한다. 따라서 힘은 물체와 다른 물체 또는 물체와 그 주위 환경과의 **상호작용**을 정량적으로 기술하는 물리량이다.

힘의 단위 1[kgf](킬로그램힘) 1 kg의 물체가 연직 아래로 누르는 힘

### 2.1.1 힘의 법칙

물체의 질량, 변위, 속도 등과 물체가 영향을 받고 있는 주위 환경의 성질을 나타내는 매개 변수들의 함수로 힘을 나타낸 것

탄성력/복원력 용수철과 같이 물체가 변형되었다가 원래 모양으로 되돌아 갈 때 다른 물체에 작용하는 힘

**탄성력** : $F=-kx$ (훅의 법칙) (2.1)

훅의 법칙 용수철에 달린 물체에 작용하는 힘의 법칙

### 2.1.2 힘의 성질

A. **힘의 벡터적 성질** : 힘은 벡터이다.

힘의 세 요소 크기, 방향, 작용점(또는 작용선)

힘의 평형 한 질점에 크기와 작용선이 같은 두 힘이 서로 반대쪽으로 작용하면 질점은 **평형상태**에 있게 되고, 두 힘은 **평형**을 이룬다.

**세 힘** $\vec{F}_A$, $\vec{F}_B$, $\vec{F}_C$**의 평형조건** : $\vec{F}_A+\vec{F}_B+\vec{F}_C=0$ (2.3)

$$\text{성분별 평형조건 : } F_{A;i} + F_{B;i} + F_{C;i} = 0 \ \ (i = \{x,\ y,\ z\}) \tag{2.4}$$

$\{\vec{F}_A,\ \vec{F}_B,\ \vec{F}_C\}$ : 평형 ⇄ (닫힌 삼각형)

**B. 작용 · 반작용(상호작용)의 법칙** : $\vec{F}_{AB} = -\vec{F}_{BA}$

(기호 $\vec{F}_A$ : A에 작용하는 힘, $\vec{F}_{AB}$ : B가 A에 작용하는 힘)

두 물체가 상호작용할 때 힘의 크기 및 작용선이 같고, 작용점이 다른, 방향이 서로 반대인 힘이 존재한다.

자연에 존재하는 힘은 반드시 작용 · 반작용의 법칙을 만족하는 **한 쌍**으로 나타나며, 힘의 원천이 되는 것(**힘샘**)이 존재한다.

### 2.1.3 여러 가지 힘

**A. 인장력/장력**

팽팽한 실을 따라서 실의 각 부분에서 팽팽하게 당겨주는 힘벡터를 **인장력** $\vec{T}$, 그 크기를 그 부분에서 **장력** $T$라 한다.

**B. 마찰력**

마찰력 $\vec{f}$ : 두 물체의 접촉면을 따라서 물체의 운동을 방해하는 힘

수직항력 $\vec{N}$/항력 $\vec{R}$ : 접촉면에 수직으로 작용하는 힘을 **수직항력** $\vec{N}$, 이 힘과 마찰력의 합력을 **항력** $\vec{R}$라 한다.

정지마찰력 $f_s$: 정지해 있던 물체가 움직이려는 것을 방해하는 마찰력. 정지마찰력은 외력에 따라서 변한다. 따라서 **최대정지마찰력** $f_{s;max}$이 있다.

운동마찰력 $f_k$ : 운동하고 있는 물체의 운동을 방해하는 마찰력

굴림마찰력 $f_r$ : 굴러가는 물체의 굴림을 방해하는 방향으로 작용하는 마찰력

마찰각 $\theta_C$ : 비탈면 위에 얹혀 있는 물체가 미끄러지기 시작하는 비탈각

**정지마찰력** $f_s$ : $f_s \le \mu_s N$ ($\mu_s$:정지마찰 계수)

**최대정지마찰력** $f_{s;max}$ : $f_{s;max} = \mu_s N$

**운동마찰력** $f_k$ : $f_k = \mu_k N$ ($\mu_k$ : 운동마찰계수)

**마찰계수** : (운동마찰계수) < (정지마찰계수) $\mu_k < \mu_s$

**굴림마찰력** $f_r$ : $f_r = \mu_r N$ ($\mu_r$: 굴림마찰계수)

**마찰각** $\theta_C$ : $\mu_s = \dfrac{f_{s;max}}{N} = \tan\theta_C$

### 2.1.4 접촉힘 및 마당힘

접촉힘 마찰력, 탄성력, 실의 장력

마당힘 (먼거리작용의 힘) 중력, 전기력, 자기력, 전자기력

힘마당 힘이 미치는 공간; 중력마당(중력장), 전기마당(전기장), 자기마당(자기장), 전자기마당(전자기장)

**▶ 자연에 있는 기본적인 4개의 상호작용 및 이를 기술하는 힘**

1〉 물체들 사이의 중력적 상호작용 ⇒ 중력, 또는 만유인력

2〉 전하들 사이의 전자기적 상호작용 ⇒ 전자기력

3〉 넘원자 입자들 사이의 강한 상호작용 ⇒ 강력(핵력)

4〉 특정한 방사성 붕괴의 약한 상호작용 ⇒ 약력(약한 핵력)

**중 력** $F_{중력} \propto \dfrac{mM}{r^2}$ 또는 $F_{중력} = -G\dfrac{mM}{r^2}$ ($G$ : 중력의 결합상수)

**전기력** $F_{전기} \propto \dfrac{qQ}{r^2}$ 또는 $F_{전기} = k_e\dfrac{qQ}{r^2}$ ($k_e$ : 전자기력의 결합상수)

## 2.2 뉴턴의 운동법칙

외력(바깥힘)/내력(속힘)(*) 역학계가 바깥으로부터 받는 힘을 **외력**(바깥힘), 역학계를 구성하고 있는 구성입자들 사이에 작용하는 힘을 **내력**(속힘)이라 한다.

(*) 한 질점에 작용하는 힘은 외력, 내력이 구별되지 않는다.

동역학 운동상태의 변화와 외력 사이의 관계를 다루는 역학

정역학 정적평형 문제를 다루는 역학

역학 물체의 운동을 다루는 운동학과 동역학, 정역학을 통틀어서 **역학**이라 한다.

### 2.2.1 관성의 법칙과 관성기준틀

관성 운동상태를 계속 유지하려는 물체의 성질

관성의 법칙 외부로부터 작용하는 힘이 없으면, 물체는 처음 운동상태를 계속 유지한다.

$$\vec{F}_{\text{알짜}} \equiv \Sigma \vec{F} = 0 \quad \Rightarrow \{\Delta \vec{v} = 0 \text{ 또는 } \vec{a} = 0\}$$

관성기준틀/비관성기준틀 관성의 법칙이 성립하는 기준틀을 **관성기준틀**, 그렇지 않은 기준틀을 **비관성기준틀**이라 한다.

**힘=상호작용을 기술하는 물리량**
**질량=관성의 척도 : 관성을 정량적으로 기술하는 물리량**

### 2.2.2 운동의 법칙 - 힘, 질량 그리고 가속도

질량 **관성의 정량적 척도**. 질량은 물체의 고유한 속성으로 물체의 주위환경이나 측정방법(힘의 종류, 힘의 세기나 방향 등)에는 아무 관계가 없다.

운동의 법칙(가속도-힘의 법칙, 뉴턴의 운동 제2법칙) 물체에 알짜힘이 작용하면 물체에 그 알짜힘과 같은 방향의 가속도가 생긴다. 그 가속도의 크기는 알짜힘에 비례하고 물체의 질량에는 반비례한다.

뉴턴의 운동방정식 $m\vec{a} = \vec{F}$ 또는 $m\dfrac{d^2\vec{r}}{dt^2} = \vec{F}$ (2.8) 또는 (2.9)

힘의 단위 : **SI단위** $1\,[\text{kg}\cdot\text{m/s}^2] = 1\,[\text{N}]$,

**CGS단위** $1\,[\text{g}\cdot\text{cm/s}^2] = 1\,[\text{dyn}] \qquad \therefore 1\ \text{N} = 10^5\ \text{dyn}$

운동량 $m\vec{v}=\vec{p}$ [kg · m/s] (2.11)

운동량 정리 $\dfrac{d\vec{p}}{dt}=\vec{F}$ (2.12)

질량과 무게 (중력)=(무게) $w=m$[kgf], $w=mg$ [N]

$\therefore 1$ [kgf]$=g$ [N] $=9.81$ N

고립계(또는 외떨어진 계) 외부와 상호작용이 없는, 외력을 받지 않는 물리계

자유입자 외부와 상호작용이 없는, 외부로부터 힘을 받지 않는 입자

갈릴레이 불변성(또는 뉴턴의 상대성 원리) 뉴턴의 운동방정식은 갈릴레이 변환에 대해서 불변이다.

## 2.3 운동방정식과 힘의 법칙

### 2.3.1 정역학적 문제

병진평형 $\begin{Bmatrix} \text{질점의} \\ \text{평형} \end{Bmatrix} \Rightarrow \begin{Bmatrix} \sum \vec{F}=0 \\ \text{또는} \\ \sum F_x=0,\ \sum F_y=0,\ \sum F_z=0 \end{Bmatrix}$ (2.14)

### 2.3.2 동역학적 문제 – 운동방정식과 힘의 법칙

운동방정식 $m\dfrac{d\vec{v}}{dt}=\vec{F}(\vec{r},\ \vec{v},\ t)$ (2.16)

힘의 법칙 (가) $\vec{F}=\vec{F}_0$(일정) (나) $\vec{F}=\vec{F}(t)$ (다) $\vec{F}=\vec{F}(\vec{v})$ (라) $\vec{F}=\vec{F}(\vec{r})$

**운동방정식을 세워서 문제를 푸는 과정**

**1〉 물리계의 스케치 2〉 화살표 그림 3〉 좌표축 설정**

**4〉 운동방정식 5〉 방정식의 풀이 6〉 풀이의 검정**

**(가)** $\vec{F}=\vec{F}_0$**(일정)**

**운동방정식** $m\dfrac{d\vec{v}}{dt}=\vec{F}_0$ : $d\vec{v}=\dfrac{\vec{F}_0}{m}dt$(변수분리형) (2.18)

**속도** $\vec{v}=\int\vec{a}(t)dt=\int\dfrac{\vec{F}_0}{m}dt=\dfrac{\vec{F}_0}{m}t+C_v$

$\therefore\ \vec{v}(t)=\left(\dfrac{\vec{F}_0}{m}\right)t+\vec{v}_0\quad(\vec{v}(0)=\vec{v}_0)$ (2.20)

**위치** $\vec{r}(t)=\int\vec{v}(t)\,dt=\dfrac{\vec{F}_0}{m}\int t\,dt+\vec{v}_0\int dt=\left(\dfrac{\vec{F}_0}{m}\right)\dfrac{t^2}{2}+\vec{v}_0t+C_x$

$\therefore\ \vec{r}(t)=\dfrac{1}{2}\left(\dfrac{\vec{F}_0}{m}\right)t^2+\vec{v}_0t+\vec{r}_0\quad(\vec{r}(0)=\vec{r}_0)$ (2.21)

**(나)** $\vec{F}=\vec{F}(t)$

**운동방정식** $m\dfrac{d\vec{v}}{dt}=\vec{F}(t)$ : $d\vec{v}=\dfrac{\vec{F}(t)}{m}dt$(변수분리형) (2.31)

**속도** $\vec{v}=\int\vec{a}(t)\,dt=\int\dfrac{\vec{F}(t)}{m}dt=\dfrac{1}{m}\int\vec{F}(t)dt$ (2.32)

**위치** $\vec{r}=\int\vec{v}(t)dt$ (2.33)

**(다)** $\vec{F}=\vec{F}(\vec{v})$ **(보기 : 유체저항)**

**운동방정식** $m\dfrac{d\vec{v}}{dt}=\vec{F}(\vec{v})$ (2.35)

(일차원) $m\dfrac{dv}{dt}=F(v)$ : $dt=m\dfrac{dv}{F(v)}$(변수분리형)

$t=m\int\dfrac{dv}{F(v)}$

$\therefore\ t=g(v)\ \Rightarrow\ v=f(t)$ 또는 $v=v(t)$

**위치** $x=\int v(t)dt$

(ex) 공기 저항 $f = -bv$

**운동방정식** $m\frac{dv}{dt} = -mKv \ (b \equiv mK)$ : $\frac{dv}{v} = -K\,dt$ (변수분리형) (2.36)

**속도** $v = v_0 e^{-Kt} \quad (v(0) = v_0)$ (2.37)

**위치** $x(t) = \frac{v_0}{K}(1 - e^{-Kt}) \quad (x(0) = 0)$ (2.39)

시간상수 크기가 처음의 $\frac{1}{e}$배($e = 2.7182818\cdots$)되는 시각 $\tau = \frac{1}{K}$ (2.40)

**(라)** $F = F(x)$ **(일차원)**

**운동방정식** $m\frac{dv}{dt} = F(x)$ : $\frac{dv}{dt} = \frac{dv}{dx}\frac{dx}{dt} = \frac{dv}{dx}v$

$\therefore \ mv\frac{dv}{dx} = F(x)$ 또는 $mv\,dv = F(x)\,dx$ (변수분리형) (2.47)

$$\Rightarrow \int_{v_0}^{v} mv\,dv = \int_{x_0}^{x} F(x)\,dx \quad (v(x_0) = v_0,\ v(x) = v)$$

$$\therefore \ \frac{1}{2}mv^2 - \frac{1}{2}mv_0^2 = \int_{x_0}^{x} F(x)\,dx$$

## 2.4 비관성기준틀 - 병진운동 및 원운동

관성기준틀 관성의 법칙이 성립하는 기준틀

비관성기준틀 관성기준틀에 대해서 가속도 운동을 하는 기준틀, 관성의 법칙이 성립하지 않는 기준틀

### 2.4.1 병진가속도운동과 관성력

관성력 한 관성기준틀에 대해서 가속도 $\vec{a}_R$로 운동하는 비관성기준틀에서 뉴턴의 운동법칙이 성립하도록 가상해 준 **가상의 힘** $\vec{\mathcal{F}} = -m\vec{a}_R$ (관성력은 그 힘의 원천인 힘샘이 없다).

비관성기준틀에서 운동방정식 $m\vec{a}' = \vec{F} + \vec{\mathcal{F}}$ : $\vec{\mathcal{F}} = -m\vec{a}_{\mathrm{R}}$ **(관성력)** (2.54)

($\vec{a}' = \vec{a} - \vec{a}_{\mathrm{R}}$ : 가속도 $\vec{a}_{\mathrm{R}}$로 운동하는 비관성기준틀에서 본 가속도)

### 2.4.2 원운동의 구심력과 원심력

**가속도** $\vec{a} = \hat{\tau}\, a_\tau + \hat{n}\, a_n$ : $a_\tau = \dfrac{dv}{dt} = \alpha R$, $a_n = \dfrac{v^2}{R} = \omega^2 R$

**운동방정식의 접선 성분** $m\dfrac{dv}{dt} = m\,\alpha\, R = F_\tau$ (2.60)

**운동방정식의 법선 성분** $\dfrac{mv^2}{R} = m\,\omega^2 R = F_n$ (2.61)

**원심력** 원운동을 하는 비관성기준틀에 정지해 있는 물체에 나타나는 관성력

**코리올리 힘** 원운동을 하는 비관성기준틀에서 물체가 운동하는 경우 나타나는 관성력

**크기** 기준틀의 각속도, 물체의 기준틀에 대한 상대속도 및 물체 질량의 곱에 비례($\mathcal{F}_{\mathrm{cor}} \propto m\,\omega\, v$)

**방향** 물체의 기준틀에 대한 상대속도 및 회전축에 수직인 방향, 곧 회전축의 방향을 머리 위로 하고 물체가 날아가는 방향을 바라보고 수평으로 들어 올린 오른팔이 가리키는 방향(“**오른팔 규칙**”).

**등속원운동** : 구심가속도, 구심력(법선력)만 작용한다.

**(등속원운동)** $\rightleftarrows$ $\begin{cases} (\text{힘의 크기}) = (\text{일정}) \\ (\text{힘의 방향}) \perp (\text{속도벡터의 방향}) \end{cases}$

**원심력(관성력)** $\mathcal{F} = -m\omega^2 r = -\dfrac{mv^2}{r}$

등속원운동의 방정식

**관성기준틀** $m\,a = F$ : $a = \dfrac{v^2}{r} = \omega^2 r$ **(구심가속도)**

**비관성기준틀** $m\vec{a}' = \vec{F} + \vec{\mathcal{F}}$ : $\mathcal{F} = -m\omega^2 r = -\dfrac{mv^2}{r}$ **(원심력)**

## 연습문제

### 2.1 힘과 상호작용

**2-1 용수철의 탄성력**

힘상수가 10.2 kgf/m 인 용수철을 연직으로 매어 달고 그 아래 끝을 손으로 연직 아래로 당겨서 0.500 m 늘어나게 하였다. 용수철이 손에 작용하는 힘은 얼마인가?

**풀이 |** 손이 용수철을 당기는 힘 $F_{용손}$와 이것의 반작용인 용수철이 손을 당기는 힘 $F_{손용}$가 서로 비기고 있다. 이들은 크기가 같고 방향이 반대이다. 연직상방을 양(+)으로 택하면, $x = -0.500\ \mathrm{m}$, $F_{손용}$은 용수철의 탄성력이므로

$$F_{손용} = -kx = -(10.2\ \mathrm{kgf/m}) \times (-0.500\ \mathrm{m}) = \underline{5.10\ \mathrm{kgf}}$$

**답 |** $F_{손용} = 5.10\ \mathrm{kgf}$

**2-2 실이 당기는 힘**

아래 문2-2의 그림(가)-(다)와 같이 가볍고 늘어나지 않는 실에 추가 달려 있을 때 실에 작용하는 장력은 각각 얼마인가?

(가) 책상 위에 고정된 물체에 실을 매어서 책상 가장자리에 고정되어 있는 가볍고 자유로이 회전할 수 있는 고정도르래에 걸쳐서 그 실 끝에 10.0 kg의 추를 달아 놓았다.

(나) 가볍고, 자유로이 회전할 수 있는 고정도르래에 실을 걸쳐서 그 양단에 5.00 kg의 추를 하나씩 연직으로 매어 달아 놓았다.

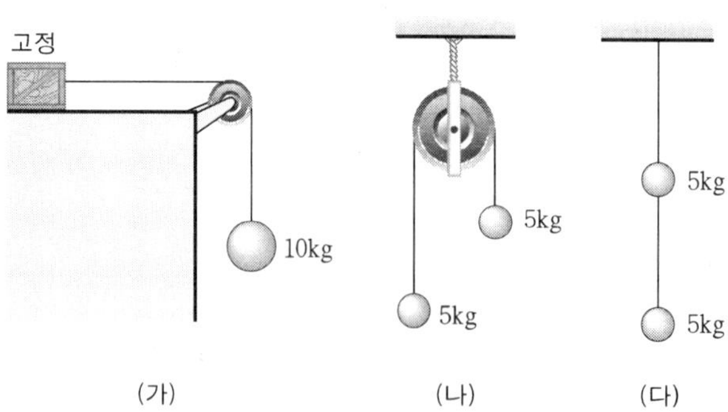


문2-2의 그림 : 두 물체를 연결하는 실의 장력

(다) 질량 5.00 kg의 추를 실로 천장에 매어 달고, 같은 질량의 다른 추를 실로 그 추에 연직으로 매어 달았다.

**풀이 |** 추가 평형상태에 있으므로 추에 작용하는 힘이 서로 비긴다. 실이 가볍고 늘어나지 않으므로 실의 한쪽 끝에 작용하는 중력이나 힘이 그대로 다른쪽 끝까지 전달된다. 또한, 가볍고, 마찰이 없어 자유로이 회전하는 도르래에 걸쳐 있는 실의 양단에 걸리는 실의 장력은 서로 같다.

(가) 추가 평형상태에 있으므로, 추에 아래로 작용하는 중력과 실이 위로 추를 당기는 장력이 서로 비긴다. 자유로이 회전할 수 있는 가벼운 도르래 둘레에 걸쳐 있는 실의 양단에 작용하는 장력은 어느 점에서나 서로 같다. 따라서 실의 장력은 $T = w = 10.0\ \mathrm{kgf}$ 이다.

(나) 추가 평형상태에 있으므로 추가 달린 실의 장력은 추의 무게 또는 중력과 같다. 또, 자유로이 회전할 수 있는 가벼운 도르래에 걸쳐 있는 실의 양단에 작용하는 장력은 서로 같다. 따라서 추가 달린 실의 양단에서 장력은 다 같이 $T = 5.00\ \mathrm{kgf}$ 이다.

(다) 추들이 모두 평형상태에 있으므로, 각 부분의 실의 장력은 추에 아래로 작용하는 힘과 같다. 곧, 아랫부분 실의 장력은 추의 무게 5.00 kgf 이다. 윗부분의 실의 장력은 추의 무게 5.00 kgf 과 아랫부분의 실이 당기는 장력 5.00 kgf 의 합인 10.0 kgf 이다.

**답 |** (가) 10.0 kgf (나) 5.00 kgf (다) 위쪽의 실 10.0 kgf, 아래쪽 실 5.00 kgf

## 2-3 화살표 그림

9 kg짜리 상자 A가 수평인 책상 위에 놓여 있는 12 kg짜리 상자 B 위에 얹혀 있다. 각 물체에 작용하는 힘을 찾아내고, 그들의 작용·반작용의 쌍을 찾아라. 그리고 화살표 그림을 그려라.

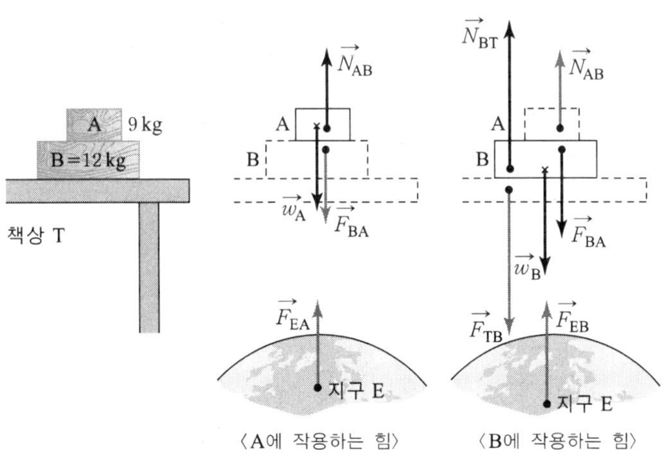


문2-3의 연습그림 : 물체에 작용하는 화살표 그림

**풀이 |** 물체 A에 작용하는 힘 $\vec{w}_A$ : A의 무게(반작용 $\vec{w}_A' = \vec{F}_{EA}$)

$\vec{N}_{AB}$ : B가 A에 작용하는 수직항력(반작용 $\vec{N}_{AB}' = \vec{F}_{BA}$)

물체 B에 작용하는 힘 $\vec{w}_B$ : B의 무게(반작용 $\vec{w}_B{}' = \vec{F}_{EA}$)

$\vec{N}_{BT}$ : 책상 T가 B에 작용하는 수직항력(반작용 $\vec{N}_{BT}{}' = \vec{F}_{TB}$)

$\vec{F}_{BA}$ : A가 B에 작용하는 힘(반작용 $\vec{F}_{BA}{}' = \vec{N}_{AB}$)

지구에 작용하는 힘 $\vec{F}_{EA}$ : A가 지구 E에 작용하는 힘

$\vec{F}_{EB}$ : B가 지구 E에 작용하는 힘

책상에 작용하는 힘 $\vec{F}_{TB}$ : B가 책상 T에 작용하는 힘

**답|** A에 작용하는 힘 : 중력 $\vec{w}_A$, 수직항력 $\vec{N}_{AB}$,

B에 작용하는 힘 : 중력 $\vec{w}_B$, 수직항력 $\vec{N}_{BT}$, $\vec{F}_{BA}$($\vec{N}_{AB}$의 반작용)

작용 · 반작용의 쌍 : ($\vec{w}_A$, $\vec{F}_{EA}$), ($\vec{N}_{AB}$, $\vec{F}_{BA}$), ($\vec{w}_B$, $\vec{F}_{EB}$), ($\vec{N}_{BT}$, $\vec{F}_{TB}$)

## 2-4 용수철 저울의 눈금

문2-4의 그림은 매우 가벼운 용수철 저울에 10 kg짜리 물체를 달아 놓은 것이다. 각각의 경우 용수철 저울의 눈금을 읽어라. 실은 늘어나지 않고, 질량을 무시할 수 있다. 비탈면은 매우 매끄럽다. 또, 도르래는 자유로이 회전할 수 있고, 매우 가볍다.

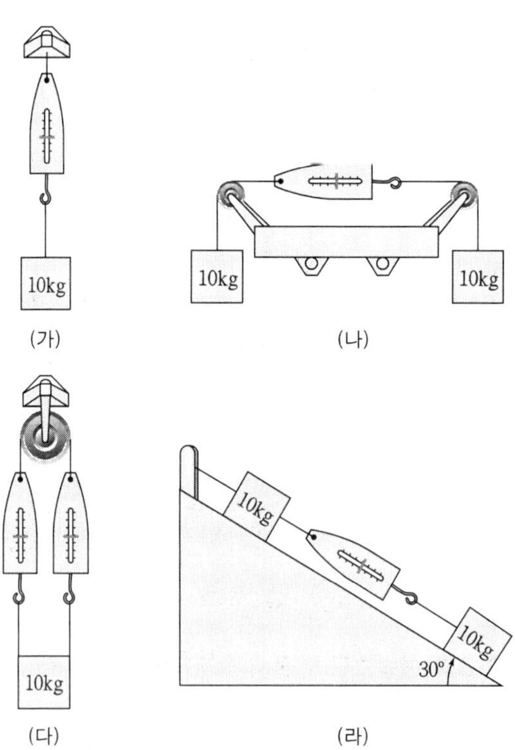


문2-4의 그림 : 용수철 저울에 달린 물체

**풀이 |** (가) 힘의 화살표그림은 **예제 2.6**의 그림(c)를 연직으로 세워 놓은 것과 같다. 이 그림에서 보는바와 같이 물체에 작용하는 중력 $w$와 용수철의 탄성력( $T_A = T_B = T$)이 서로 비긴다. 따라서 용수철저울의 눈금은 물체에 작용하는 중력 또는 무게와 같다. 그러므로 용수철 저울의 눈금은 무게 10 kgf 이다.

(나) 힘의 화살표 그림은 **예제 2.6**의 그림(d)와 같다. 이 그림에서 보는 바와 같이 용수철의 탄성력( $T_A = T_B = T$)은 물체의 무게와 같다. 따라서 용수철 저울의 눈금은 10 kgf 이다.

(다) 자유로이 회전할 수 있는 가벼운 도르래에 걸쳐 있는 가벼운 늘어나지 않는 실의 양단에 걸리는 힘은 서로 같다. 따라서 용수철에 걸리는 힘이 같으므로 한쪽 용수철의 탄성력은 무게의 반이다. 곧, 용수철 저울의 눈금은 5.0 kgf 이다.

(라) 비탈의 위쪽에 있는 물체는 고정된 것과 같다. 따라서 용수철의 탄성력과 아래쪽에 있는 물체의 중력의 비탈에 나란한 성분 힘이 서로 비긴다.

따라서 용수철 저울의 눈금은 $w\sin\theta = (10\,\text{kgf}) \times (\sin 30^\circ) = 5.0\,\text{kgf}$ 이다.

**답 |** (가) 10 kgf (나) 10 kgf (다) 5.0 kgf (라) 5.0 kgf

## 2-5 탄성력 및 수직항력

천장에 매달려 있는 힘상수가 61.2 kgf/m 인 용수철의 다른 끝에 12.0 kg의 상자를 달아 놓았더니 용수철이 10.0 cm 늘어난 상태로 상자는 수평면 위에 그대로 있다.

(가) 용수철이 상자에 작용하는 힘은 얼마인가?

(나) 수평면이 상자에 작용하는 수직항력은 얼마인가?

**풀이 |** 상자에 작용하는 힘은 상자의 무게 $\vec{w}$, 용수철이 작용하는 힘 $\vec{F}$, 수평면으로부터 받는 수직항력 $\vec{N}$이다. 이들은 평형상태에 있으므로 $\vec{w}+\vec{F}+\vec{N}=0$이다. 연직상향을 양(+)으로 택한다.

(가) 용수철이 작용하는 힘

$$F = -kx = -(61.2\,\text{kgf/m}) \times (-0.10\,\text{m}) = 6.12\,\text{kgf}.$$

(나) 상자에 작용하는 수직항력은

$$\vec{w}+\vec{F}+\vec{N}=0 \qquad \therefore\ N = -w - F = -(-12.0\,\text{kgf}) - (6.12\,\text{kgf}) = 5.88\,\text{kgf} = \underline{5.9\,\text{kgf}}$$

이다(소수점 아래 최소 자릿수 1자리; 소단원 0.5 측정값의 어림셈(가) 참조).

**답 |** (가) $F = 6.12\,\text{kgf}$ (나) $N = 5.9\,\text{kgf}$

## 2-6 물동이 들기

어머니와 어린 딸이 4.00 kg의 물동이를 들고 있다. 어머니가 딸 보다 키가 커서 물동이를 든 팔이 연직선과 30.0°를 이루고 딸의 팔은 연직선과 60.0°를 이루고 있다. 어머니와 딸이 물동이에 작용한 힘의 크기는 각각 얼마인가?

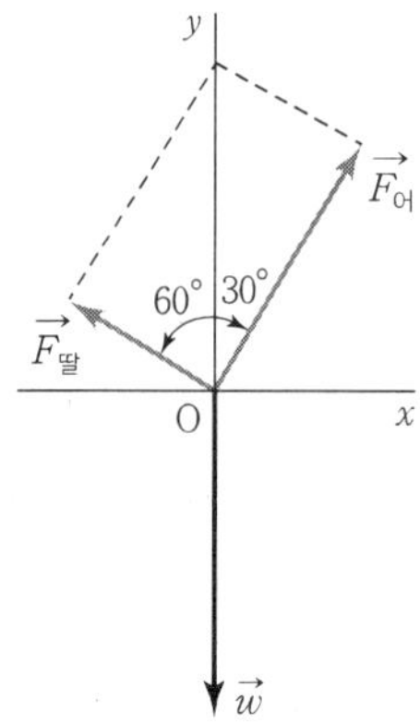


문2-6의 연습그림 : 힘의 화살표 그림

**풀이 |** 물동이에 작용하는 힘은 어머니가 작용하는 힘 $\vec{F}_{어}$, 딸이 작용하는 힘 $\vec{F}_{딸}$, 물동이에 작용하는 중력 $\vec{w}$인데, 이들 힘의 $x$ 및 $y$성분은 각각

$$w_x = 0,\ w_y = w;\ (F_{어})_x = F_{어}\sin 30^\circ,\ (F_{어})_y = F_{어}\cos 30^\circ;$$
$$(F_{딸})_x = -F_{딸}\sin 60^\circ,\ (F_{딸})_y = F_{딸}\cos 60^\circ$$

이다. 이들 힘은 서로 비긴다. 곧

$$\vec{F}_{어} + \vec{F}_{딸} + \vec{w} = 0$$

이므로

$$x\text{성분} : (F_{어})_x + (F_{딸})_x + w_x = 0 \text{ 또는 } F_{어}\sin 30^\circ - F_{딸}\sin 60^\circ = 0$$
$$y\text{성분} : (F_{어})_y + (F_{딸})_y + w_y = 0 \text{ 또는 } F_{어}\cos 30^\circ + F_{딸}\cos 60^\circ + w = 0$$

를 만족한다. $w = -4.00\ \text{kgf}$임을 고려하여

$$\frac{F_{어}}{2} - \frac{\sqrt{3}F_{딸}}{2} = 0,\ \frac{\sqrt{3}F_{어}}{2} + \frac{F_{딸}}{2} - 4.00\ \text{kgf} = 0$$
$$\text{또는}\ \ F_{어} - \sqrt{3}F_{딸} = 0,\ \sqrt{3}F_{어} + F_{딸} - 8.00\ \text{kgf} = 0$$

를 연립하여 풀면 $F_{어} = 2\sqrt{3}\ \text{kgf} = 3.46\ \text{kgf}$, $F_{딸} = 2.00\ \text{kgf}$이다.

**답 |** $F_{어} = 2\sqrt{3}\ \text{kgf} = 3.46\ \text{kgf}$, $F_{딸} = 2.00\ \text{kgf}$

### 2-7 정지마찰계수

수평면 위에 있는 2.0 kg의 목침에 실을 달아서 수평 방향에서 위로 30°를 이루는 방향으로 실을 당긴다. 실의 장력을 점점 증가하여 실의 장력이 0.50 kgf이 되는 순간 목침이 움직이기 시작하였다.

(가) 목침에 작용하는 수직항력은 얼마인가?

(나) 목침과 수평면 사이의 정지마찰계수는 얼마인가?

**풀이 |** 목침에 작용하는 힘은 무게 $\vec{w}$, 실이 당기는 힘 $\vec{F}$, 수평면이 목침을 위로 떠받고 있는 수직항력 $\vec{N}$ 그리고 정지마찰력 $\vec{f}_s$ 인데, 움직이기 시작하는 순간에는 최대정지마찰력 $\vec{f}_{s;max}$ 이고, 실이 당기는 힘이 $F = 0.50$ kgf이 되어, 이 힘들 $\{\vec{w}, \vec{N}, \vec{F}, \vec{f}_{s;max}\}$은 서로 비긴다. 곧,

$$\vec{w} + \vec{N} + \vec{F} + \vec{f}_{s;max} = 0$$

인데, 연직상향을 $y$축으로 하고, 이들을 성분별로 표현하면,

$$w_x = 0,\ w_y = w = -2.0\ \text{kgf};\ F_x = F\cos 30^\circ,\ F_y = F\sin 30^\circ,\ F = 0.50\ \text{kgf};\ N_x = 0,\ N_y = N;$$
$$(f_{s;max})_x = f_{s;max} = \mu_s N,\ (f_{s;max})_y = 0$$

이므로

$$x\text{성분}:\ F\cos 30^\circ - f_{s;max} = 0:\ f_{s;max} = \mu_s N \quad \therefore\ \frac{\sqrt{3}}{2} \times (0.50\ \text{kgf}) - \mu_s N = 0$$

$$y\text{성분}:\ w + N + F\sin 30^\circ = 0 \quad \therefore\ -(2.0\ \text{kgf}) + N + \frac{(0.50\ \text{kgf})}{2} = 0.$$

(가) 둘째 식에서

$$N = (2.0\ \text{kgf}) - (0.25\ \text{kgf}) = 1.75\ \text{kgf} = \underline{1.8\ \text{kgf}}$$

가 된다.

(나) 첫째 식에 $N = 1.75$ kgf을 대입하여 정리하면

$$\frac{\sqrt{3}}{2} \times (0.50\ \text{kgf}) - \mu_s \times (1.75\ \text{kgf}) = 0 \quad \therefore\ \mu_s = 0.247 = \underline{0.25}$$

이다.

**답 |** (가) $N = 1.8$ kgf (나) $\mu_s = 0.25$

## 2.2 뉴턴의 운동법칙

### 2-8 입자의 질량

처음에 속도 25.0 m/s 의 속도로 운동하던 입자에 15.0 N의 힘이 작용하여 62.5 m 이동한 거리에서 정지했다. 입자의 질량은 얼마였을까?

**풀이 |** 입자에 일정한 힘이 작용하였으므로 입자는 가속도 $a = \frac{F}{m}$의 등가속도운동을 한다. 따라서 변위, 속도 그리고 가속도 사이의 관계식 $v^2 - v_0^2 = 2ax$에 의하여 $v^2 - v_0^2 = \frac{2Fx}{m}$.

$$\therefore\ m = \frac{2xF}{v^2 - v_0^2}\ :\ v = 0,\ v_0 = 25.0\ \text{m/s},\ F = 15.0\ \text{N},\ x = 62.5\ \text{m}$$

$$\therefore\ m = \frac{2xF}{v^2 - v_0^2} = \frac{2 \times (62.5\ \text{m}) \times (15.0\ \text{N})}{0 - (25.0\ \text{m/s})^2} = \underline{3.00\ \text{kg}}$$

이다.

**답 |** $m = 3.00$ kg

### 2-9 물체의 질량

한 물체에 어떤 힘을 작용하였더니 $3.00\,\mathrm{m/s^2}$의 가속도가 생겼다.

(가) 다른 물체에 같은 힘을 작용하였더니 $9.00\,\mathrm{m/s^2}$의 가속도가 생겼다. 두 물체의 질량의 비는 얼마인가?

(나) 두 물체를 한데 묶은 것에 같은 힘을 작용하면 가속도는 얼마인가?

**풀이|** (가) 힘 $F_0$가 질량 $m_0$의 물체에 작용하여 가속도 $a$가 생기고 질량 $m$의 다른 물체에 작용하면 가속도 $a$가 생긴다면 운동방정식은 각각

$$m_0 a_0 = F_0,\ m a = F_0. \quad \therefore \frac{m}{m_0} = \frac{a_0}{a} = \frac{3.00\,\mathrm{m/s}}{9.00\,\mathrm{m/s}} = \frac{1}{3}$$

가 된다. 곧, 질량의 비는 $m : m_0 = 1 : 3$이다.

(나) 두 물체를 한 데 묶은 것의 질량은 $m + m_0 = \dfrac{m_0}{3} + m_0 = \dfrac{4}{3}m_0$이므로 힘 $F_0$가 작용하면 가속도는

$$a = \frac{F_0}{m + m_0} = \frac{F_0}{\frac{4}{3}m_0} = \frac{3}{4}\frac{F_0}{m_0} = \frac{3a_0}{4} = \frac{3 \times (3.00\,\mathrm{m/s^2})}{4} = \underline{2.25\,\mathrm{m/s^2}}$$

이다.

**답|** (가) $m : m_0 = 1 : 3$ (나) $a = 2.25\,\mathrm{m/s^2}$

### 2-10 큰 배를 끄는 예인선의 힘

일정한 힘 $F_1$으로 큰 배를 예인하는 한 예인선에 의하여 큰 배가 10.0초 동안에 속도가 $4.00\,\mathrm{km/h}$ 만큼 증가하였다. 여기에 하나 더 추가된 다른 예인선이 같은 방향으로 일정한 힘 $F_2$로 예인하였더니 배의 속도가 10.0초 동안에 $16.0\,\mathrm{km/h}$ 증가하였다. 두 힘의 세기의 비를 구하라.

**풀이|** 큰 배의 질량을 $m$이라 하면 힘 $F_1$으로 예인할 때 생기는 가속도 $a_1$은 $m a_1 = F_1$를 만족하고, 다른 예인선이 힘 $F_2$로 추가로 더 예인할 때 생기는 가속도 $a_2$는 $m a_{12} = F_1 + F_2$를 만족한다. 따라서

$$\frac{F_1 + F_2}{F_1} = \frac{a_{12}}{a_1} \quad \therefore \frac{F_2}{F_1} = \frac{a_{12}}{a_1} - 1$$

이다. 여기서

$$a_1 = \frac{4.00\,\mathrm{km/h}}{10.0\,\mathrm{s}},\ a_{12} = \frac{16.0\,\mathrm{km/h}}{10.0\,\mathrm{s}} \quad \therefore \frac{a_{12}}{a_1} = \frac{16.0}{4.00} = 4 \quad \therefore \frac{F_2}{F_1} = 3$$

이므로 $F_2 = 3F_1$이다. 곧, $F_1 : F_2 = 1 : 3$이다.

**답|** $F_1 : F_2 = 1 : 3$

### 2-11 통나무를 당기는 힘

땅바닥에 있는 $75.0\,\mathrm{kg}$의 통나무를 수평 방향으로 $250\,\mathrm{N}$의 일정한 힘으로 당기니 일정한 속도로 움직였다.

(가) 바닥이 운동을 방해하는 힘은 얼마인가?

(나) 통나무에 $2.00\,\mathrm{m/s^2}$의 가속도를 주려면 얼마의 힘으로 당겨야 하는가?

**풀이 |** (가) 통나무의 질량을 $m$, 가속도를 $\vec{a}$라 하면 통나무의 운동방정식은 $m\vec{a}=\Sigma\vec{F}$이다. 통나무에 작용하는 힘은 당기는 힘 $\vec{F}$, 수직항력 $\vec{N}$, 그리고 무게 $\vec{w}$인데, 연직 성분뿐인 수직항력과 무게는 서로 비긴다. 따라서 알짜힘은 수평 방향으로 당기는 힘 $F=250\,\mathrm{N}$뿐이므로 수평 방향의 운동만 생각하면 된다. 그런데 등속도운동을 하므로 $\vec{a}=0$이다. 따라서 수평 방향의 합력이 0이라야 하므로 당기는 힘 $F=250\,\mathrm{N}$를 상쇄하는 힘이 존재해야 한다. 그 운동을 방해하는 힘 $\vec{f}$는 당기는 힘 $\vec{F}$과 반대 방향으로 작용하는 크기 $f=250\,\mathrm{N}$의 힘이다.

(나) 당겨야하는 힘을 $F$, 운동을 방해하는 힘을 $f$라 하면 통나무의 수평 방향의 운동방정식은

$$ma=F-f \;:\; m=75.0\,\mathrm{kg},\; a=2.00\,\mathrm{m/s^2},\; f=250\,\mathrm{N}$$

이다. 그러므로

$$F=f+ma^2=250\,\mathrm{N}+(75.0\,\mathrm{kg})\times(2.00\,\mathrm{m/s^2})=\underline{400\,\mathrm{N}}$$

이다.

**답 |** (가) $f=250\,\mathrm{N}$ (나) $F=400\,\mathrm{N}$

## 2-12 질량과 무게

달에서 중력가속도는 지구의 $\frac{1}{6}$정도이다. 몸무게가 600 N인 우주비행사가 달 표면에 착륙했다. 달에서 측정했을 때, 몸무게 및 질량은 각각 얼마인가?

**풀이 |** 달에서 무게는 지구상에서 무게와 다르나, 질량은 서로 같다. 우주비행사의 질량은

$$m=\frac{w}{g}=\frac{600\,\mathrm{N}}{9.81\,\mathrm{m/s^2}}=61.16\,\mathrm{kg}=\underline{61.2\,\mathrm{kg}}$$

이고, 달에서 중력가속도는 $g_{달}=\frac{g}{6}$이므로 달에서 몸무게는

$$w_{달}=m\,g_{달}=\left(\frac{600\,\mathrm{N}}{9.81\,\mathrm{m/s^2}}\right)\times\left(\frac{9.81\,\mathrm{m/s^2}}{6}\right)=\underline{100\,\mathrm{N}}$$

이다.

**답 |** $w_{달}=100\,\mathrm{N}$, $m=61.2\,\mathrm{kg}$

## 2-13 FPS단위계

물리량의 기본량으로 {길이, 힘, 시간}을 택하고 그 단위의 기본단위로 푸트(foot)[ft], 파운드(pound)[lb], 초[s]를 사용하는 단위계를 **FPS단위계**(foot-pound system)라 한다. 이 단위계에서 질량의 단위를 **슬러그**[slug]라 한다. 1 kg의 물체를 저울로 달면 2.205 lb이다.

(가) 1 lb는 중력단위계에서 얼마인가?

(나) FPS단위계에서 중력가속도 $g$는 얼마인가? 1 m는 3.281 ft이다.

(다) 1 kg은 몇 slug인가?

**풀이 |** (가) $1\ \text{kgf} = 2.205\ \text{lb} = 2.205 \times (1\ \text{lb})$ $\quad \therefore\ 1\ \text{lb} = \dfrac{1\ \text{kgf}}{2.205} = 0.4535\ \text{kgf} = \underline{0.454\ \text{kgf}}$

(나) $g = 9.81\ \text{m/s}^2 = (9.81\ \text{m/s}^2) \times \left(\dfrac{3.281\ \text{ft}}{1\ \text{m}}\right) = 9.81 \times 3.281\ \text{ft/s}^2 = 32.19\ \text{ft/s}^2 = \underline{32.2\ \text{ft/s}^2}$

(다) $m = \dfrac{w\ [\text{lb}]}{g\ [\text{ft/s}^2]} = \dfrac{w}{g}\ [\text{slug}]$

$$\therefore\ 1\ \text{kg} = \left(\frac{1\ \text{kgf}}{9.81\ \text{m/s}^2}\right) = \frac{2.205\ \text{lb}}{32.19\ \text{ft/s}^2} = 0.06850\ \text{slug} = \underline{0.0685\ \text{slug}}$$

**답 |** (가) $1\ \text{lb} = 0.454\ \text{kgf}$ (나) $g = 32.2\ \text{ft/s}^2$ (다) $1\ \text{kg} = 0.0685\ \text{slug}$

## 2.3 운동방정식과 힘의 법칙

### 2-14 물건 달아놓기

질량 2.00 kg의 물체를 똑같은 길이의 두 가닥의 실로 천장에 매달아 놓았는데, 각 실 가닥이 수평인 천장과 같은 각 $\theta$를 이루고 있다.

(가) 실의 장력 $T$, 물체의 무게 $w = mg$ 사이의 관계식을 세워라.

(나) 실의 장력이 최소가 되는 각 $\theta$ 및 장력은 얼마인가?

**풀이 |** 천장과 두 가닥의 실은 이등변 삼각형을 이룬다. 힘의 화살표 그림은 문2-14의 연습그림과 같다. 수평 방향을 $x$축, 연직상방을 $y$축으로 한 성분별 운동방정식은, 물체가 평형상태에 있으므로,

$$ma_x = \sum T_x = 0,\ ma_y = \sum T_y - mg = 0$$

이다.

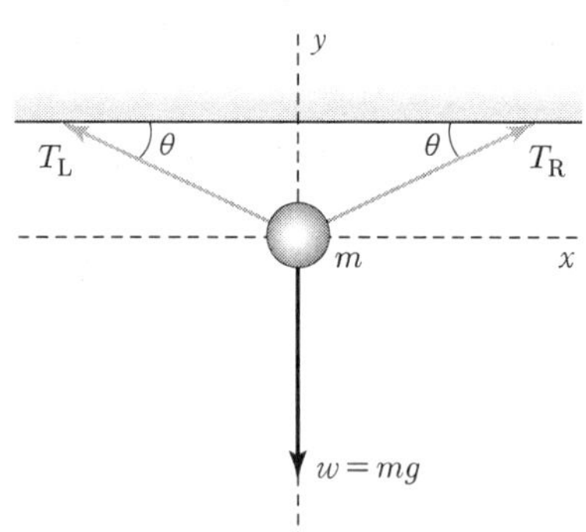


문2-14의 연습그림 : 힘의 화살표 그림

(가) 성분별로 분해하면

$$x\text{성분} : T_R \cos\theta - T_L \cos\theta = 0 \Rightarrow T_R = T_L \equiv T$$
$$y\text{성분} : T_R \sin\theta + T_L \sin\theta - mg = 0 \Rightarrow (T_R + T_L) \sin\theta = mg$$

$$\therefore\ 2T\sin\theta = mg$$

를 얻는다.

(나) 위식에서 오른쪽이 일정하므로, $\theta = 90^\circ$일 때 $\sin\theta$가 최대가 되고, 따라서 $T$가 최소가 된다. 그 값은 $T_{\min} = \dfrac{mg}{2} = \dfrac{(2.00\ \mathrm{kg})\times(9.81\ \mathrm{m/s^2})}{2} = \underline{9.81\ \mathrm{N}}$이다.

**답 |** (가) $2T\sin\theta = mg$ (나) $\theta = 90^\circ$일 때, $T_{\min} = 9.81\ \mathrm{N}$

### 2-15 비탈면 위에 있는 목침

질량 $15.0\ \mathrm{kg}$의 목침을 비탈각이 $27.0^\circ$인 매끄러운 비탈면 위에 얹어 놓고 미끄러져 내려오지 않게 실이 비탈면에 나란하게 실로 매어 놓았다.

(가) 실의 장력 및 비탈면으로부터 목침이 받는 수직항력은 각각 얼마인가?

(나) 만일 실을 끊어주면 목침은 비탈면을 미끄러져 내려온다. 가속도운동을 하는가? 그렇다면 가속도는 얼마인가?

**풀이 |** 목침에 작용하는 힘은 실의 장력 $\vec{T}$, 수직항력 $\vec{N}$ 그리고 중력 $\vec{w} = m\vec{g}$이다. 비탈면 아랫방향을 $x$축, 비탈면에 수직상향을 $y$축이라 하면 운동방정식은

$$m a_x = -T + m g \sin\theta,\quad m a_y = N - m g \cos\theta$$

이다.

(가) $a_x = 0$, $a_y = 0$이므로, $T = m g \sin\theta$, $N = m g \cos\theta$이다. 여기에 $m = 15.0\ \mathrm{kg}$, $\theta = 27.0^\circ$를 대입하면 $T = 66.80\ \mathrm{N} = \underline{66.8\ \mathrm{N}}$, $N = 131.1\ \mathrm{N} = \underline{131\ \mathrm{N}}$을 얻는다.

(나) $T = 0$이므로 $x$축 방향의 운동방정식은

$$m a_x = m g \sin\theta$$

$$\therefore\ a_x = g\sin\theta = (9.81\ \mathrm{m/s^2})\times(\sin 27.0^\circ) = 4.454\ \mathrm{m/s^2} = \underline{4.45\ \mathrm{m/s^2}}$$

이다. 곧, 가속도 $a_x = 4.45\ \mathrm{m/s^2}$의 등가속도운동을 한다.

**답 |** (가) $T = 66.8\ \mathrm{N}$, $N = m g \cos\theta = 131\ \mathrm{N}$ (나) $a_x = 4.45\ \mathrm{m/s^2}$

### 2-16 실에 연직으로 매달린 추

$5.00\ \mathrm{kg}$의 추에 실을 달아서 연직상방으로 당기고 있다. 실의 장력이 아래와 같은 경우, 추의 가속도를 구하라.

(가) $5.00\ \mathrm{N}$ (나) $10.0\ \mathrm{N}$ (다) $100\ \mathrm{N}$

**풀이 |** 추에 작용하는 힘은 장력 $\vec{T}$ 및 중력 $\vec{w} = m\vec{g}$이다. 연직상향을 양(+)으로 하면 추의 운동방정식은 $m a = T - m g$이다. 여기서 $m = 5.00\ \mathrm{kg}$, $g = 9.81\ \mathrm{m/s^2}$이다.

(가) 방정식에 $T = 5.00\ \mathrm{N}$을 대입하면 $a = \dfrac{T}{m} - g = \dfrac{5.00\ \mathrm{N}}{5.00\ \mathrm{kg}} - 9.81\ \mathrm{m/s^2} = \underline{-8.81\ \mathrm{m/s^2}}$.

(나) $T = 10.0\ \mathrm{N}$ : $a = \dfrac{T}{m} - g = \dfrac{10.0\ \mathrm{N}}{5.00\ \mathrm{kg}} - 9.81\ \mathrm{m/s^2} = \underline{-7.81\ \mathrm{m/s^2}}$.

(다) $T = 100\text{ N}$ : $a = \dfrac{T}{m} - g = \dfrac{100\text{ N}}{5.00\text{ kg}} - 9.81\text{ m/s}^2 = 10.19\text{ m/s}^2 = \underline{10.2\text{ m/s}^2}$.

**답 |** (가) $a = -8.81\text{ m/s}^2$ (나) $a = -7.81\text{ m/s}^2$ (다) $a = 10.2\text{ m/s}^2$

## 2-17 밧줄 타고 탈출하기

5층 빌딩에서 창문을 통하여 밧줄을 타고 탈출하려고 한다. 창문의 높이는 15.0 m 인데, 밧줄의 길이는 24.0 m 이고 밧줄이 견딜 수 있는 최대 장력이 360 N이다. 사람의 몸무게는 600 N이고, 땅에 닿는 순간의 속도가 8.00 m/s 를 넘으면 상해를 입는다고 한다.

(가) 이 사람은 밧줄을 타고 내려 갈 때 최소 가속도는 얼마인가?

(나) 이 사람이 밧줄을 타고는 안전하게 탈출할 수 없다. 왜 그런가?

(다) 주어진 밧줄을 이용하여 안전하게 땅에 내릴 수 있는 작전을 세워보라.

**풀이 |** 사람에 작용하는 힘들은 밧줄을 잡고 있는 손과 밧줄 사이의 마찰력 $f$ 그리고 중력 $w = mg$이다. 마찰력은 연직상방으로 작용한다. 이 마찰력의 반작용은 밧줄에 걸리는 장력으로 나타난다. 따라서 마찰력이 커지면 장력도 커진다. 그러나 $T_{\text{max}} = 360\text{ N}$을 넘지 못한다. 곧, $f \le T_{\text{max}} = 360\text{ N}$. 연직상방을 양(+)으로 택하면, 사람의 연직 방향의 운동방정식은

$$ma = f + mg = f - m|g| \quad \therefore\ ma \ge T_{\text{max}} - m|g| \quad (g < 0)$$

이다. 여기서 사람이 밧줄을 놓으면 $f = 0$이 되므로 사람은 중력가속도 $a = g = -9.81\text{ m/s}^2$으로 낙하하나, 밧줄을 타고 내려가면 내려가는 속도를 줄일 수 있다. 밧줄을 손으로 미끄러지지 않게 꽉 잡으면 그 순간 $a = 0$가 되어 $f = m|g|$가 된다. 곧, 밧줄에 걸리는 장력은 중력 $w = m|g| = 600\text{ N}$과 같아지게 되어, 밧줄이 견딜 수 없어 떨어질 것이다.

(가) 손과 밧줄 사이의 마찰력이 밧줄이 견딜 수 있는 최대 장력 $T_{\text{max}} = 360\text{ N}$과 같을 정도로 미끄러져 내려올 때 가속도가 최소이다. 그 최소 가속도 $a_{\text{min}}$은

$$ma_{\text{min}} = T_{\text{max}} - m|g|$$

$$\therefore\ a_{\text{min}} = \left(\frac{T_{\text{max}}}{m|g|} - 1\right)|g| = \left(\frac{360\text{ N}}{600\text{ N}} - 1\right)|g| = -0.4 \times (9.81\text{ m/s}^2)$$

$$= -3.924\text{ m/s}^2 = \underline{-3.92\text{ m/s}^2}.$$

이다. 곧, 최소 가속도는 아래로 $3.92\text{ m/s}^2$이다.

(나) 이 문제는 등가속도 직선운동 문제이므로, 땅에 닿는 순간의 속도 및 처음 속도를 각각 $v$ 및 $v_0$, 낙하변위를 $x$, 가속도를 $a$라 하면 이들 사이에는 $v^2 = v_0^2 + 2a(x - x_0)$의 관계식이 성립한다. 여기서 $v_0 = 0$이고, 밧줄을 놓으면 자유낙하하므로 $a = g = -9.81\text{ m/s}^2$이고, 밧줄을 타고 내려올 때에는 $a = a_{\text{min}} = -3.924\text{ m/s}^2$이다. 따라서 땅에 닿는 순간의 빠르기는 $x_0 = 0$이므로

$$v^2 \ge 2a_{\text{min}}x$$

$$\therefore v_{min} = \sqrt{2a_{min}\,x} = \sqrt{2\times(-3.924\ \mathrm{m/s^2})\times(-15.0\ \mathrm{m})}$$
$$= 10.85\ \mathrm{m/s} > 8.00\ \mathrm{m/s}$$

이므로 안전하지 않다.

(다) 밧줄을 두 겹으로 하면 720 N까지 견딜 수 있으므로 몸무게를 견딜 수 있어 안전하다. 그러나 이 경우, 밧줄의 길이가 12.0 m 밖에 되지 않아 지상 연직 높이 3.00 m 지점에서부터 자유낙하 하는 방법 밖에 없다. 그런데 다행히도 이 경우 땅에 닿는 순간의 빠르기는

$$v^2 = v_0^2 + 2a(x - x_0)$$
$$\therefore\ v = \sqrt{2g(x-x_0)} = \sqrt{2\times(-9.81\ \mathrm{m/s^2})\times(-3.00\ \mathrm{m})}$$
$$= 7.672\ \mathrm{m/s} < 8.00\ \mathrm{m/s}$$

이므로, 이 방법은 안전하다.

**답|** (가) $a_{min} = -3.92\ \mathrm{m/s^2}$

(나) 땅에 닿는 최소속도 $v_{min} = 10.8\ \mathrm{m/s}$가 안전속도 $8.00\ \mathrm{m/s}$보다 크기 때문이다.

(다) 밧줄을 두 겹으로 하여 12.0 m 내려와서 밧줄을 놓고 자유낙하한다.

## 2-18 움직이는 비탈면에서 물체의 운동

질량 $M$의 직각삼각기둥이 직각을 낀 한 변을 밑변으로 하여 매끄러운 수평인 책상 위에 있다. 그 매끄러운 빗면에 질량 $m$의 목침을 얹어 놓았다. 이 역학계를 정지상태에서 가만히 놓았더니 움직이기 시작하였다. 빗면의 비탈각을 $\theta$라 한다.

(가) 삼각기둥의 가속도를 $\vec{A}$, 목침이 빗면으로부터 받는 수직항력을 $\vec{N}$이라 하고, 삼각기둥 및 목침의 운동방정식 그리고 삼각기둥에 대한 목침의 상대운동방정식을 수평 및 연직성분별로 각각 세워라.

(나) 이들 운동방정식으로부터 수직항력 $N$ 및 삼각기둥의 가속도 $A$를 각각 구하라.

(다) 목침의 삼각기둥 및 책상에 대한 상대가속도의 수평 및 연직 성분을 각각 구하라.

(라) 삼각기둥의 질량 $M$이 매우 큰 경우 위의 결과를 어림한 것을 확인하라.

(마) 만일, 수평 방향으로 힘 $\vec{F}$가 삼각기둥에 작용하였으나 목침이 같은 위치에 머물러 있었다면 힘 $\vec{F}$의 크기는 얼마이어야 하는가?

**풀이|** 수평 방향을 $x$축, 연직상향을 $y$축으로 택한다. 삼각기둥이 책상 면으로부터 받는 수직항력을 $\vec{N}_M$, 수직항력 $\vec{N}$의 반작용을 $\vec{N}'$이라 한다.

(가) 운동방정식 : 목침(m) 및 삼각기둥(M)에 작용하는 힘 $\vec{F}_m$ 및 $\vec{F}_M$은 각각

$$\vec{F}_m = m\vec{g} + \vec{N} = \hat{i}(N\sin\theta) + \hat{j}(-mg + N\cos\theta), \qquad (1)$$

$$\vec{F}_M = M\vec{g} + \vec{N}' + \vec{N}_M = \hat{i}(-N\sin\theta) + \hat{j}(N_M - Mg - N\cos\theta) \qquad (2)$$

이다(2-18의 연습그림 참조).

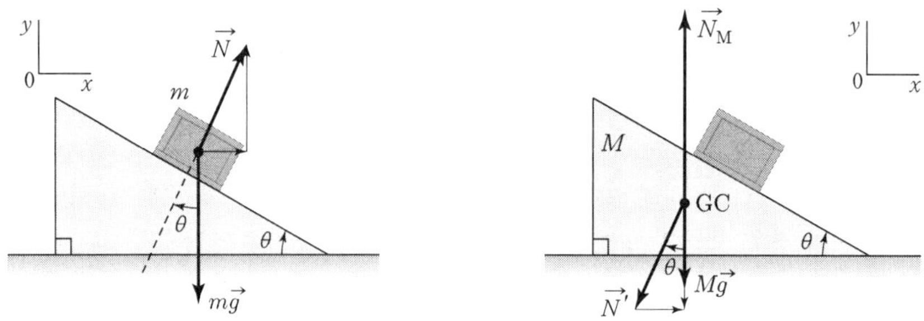


(a) 목침에 작용하는 힘 (b) 비탈에 작용하는 힘

문2-18의 연습그림 : 힘의 화살표 그림

**삼각기둥**의 (책상에 대한) 운동방정식은

$$M\vec{A}=\hat{i}(-N\sin\theta)+\hat{j}(N_M-Mg-N\cos\theta)\ :\ \vec{A}=\hat{i}\,A$$

이다. 이것은 성분별로 아래와 같이 쓸 수 있다.

$$x\text{성분}\ :\ MA=-N\sin\theta,\ y\text{성분}\ :\ 0=N_M-Mg-N\cos\theta. \tag{3}$$

**목침**의 (책상에 대한) 가속도를 $\vec{a}$라 하면 운동방정식은

$$m\,\vec{a}=\hat{i}(N\sin\theta)+\hat{j}(-m\,g+N\cos\theta)\ :\ \vec{a}=\hat{i}\,a_x+\hat{j}\,a_y$$

이고, 이를 성분별로 고쳐 쓰면

$$m\,a_x=N\sin\theta,\quad m\,a_y=N\cos\theta-mg \tag{4}$$

이다.

목침의 삼각기둥에 대한 상대가속도벡터를 $\vec{a}'$이라 하면

$$\vec{a}'=\vec{a}-\vec{A};\ \vec{A}=\hat{i}A$$

이고, 그 운동방정식은

$$m\vec{a}'=m\vec{a}-m\vec{A}=\vec{F}_m-m\vec{A}=\hat{i}(N\sin\theta)+\hat{j}(-m\,g+N\cos\theta)-\hat{i}mA$$

또는 성분별로

$$m\,a_x'=N\sin\theta-m\,A,\ m\,a_y'=N\cos\theta-m\,g \tag{5}$$

를 얻는다. 나아가서 식(3)을 고려하면 목침의 삼각기둥에 대한 상대운동방정식

$$m\,a_x'=\left(1+\frac{m}{M}\right)N\sin\theta,\ m\,a_y'=N\cos\theta-mg. \tag{6}$$

을 얻는다.

(나) 수직항력 $N$ 및 삼각기둥의 가속도 $A$ : 목침의 삼각기둥에 대한 상대가속도벡터 $\vec{a}'$은 빗면에 나란하므로 그 성분 $a_x'$, $a_y'$ 사이에는 $\frac{a_y'}{a_x'}=-\tan\theta$의 관계가 있다. 이를 이용하여 식(6)에서 $a_x'$, $a_y'$를 소거하면

$$-\tan\theta=\frac{N\cos\theta-mg}{\left(1+\frac{m}{M}\right)N\sin\theta} \qquad \therefore\ N=\left(\frac{\cos\theta}{1+\frac{m}{M}\sin^2\theta}\right)mg \tag{7}$$

를 얻는다. 이를 식(3)의 첫째 식에 대입하여 정리하면

$$A=-\frac{N}{M}\sin\theta=-\left(\frac{\frac{m}{M}\sin\theta\cos\theta}{1+\frac{m}{M}\sin^2\theta}\right)g \tag{8}$$

를 얻는다.

(다) **삼각기둥에 대한 목침의 상대가속도** : 식(6)에 식(7)을 대입하면

$$a_x'=\left(1+\frac{m}{M}\right)\frac{N}{m}\sin\theta=\left(\frac{\left(1+\frac{m}{M}\right)\sin\theta\cos\theta}{1+\frac{m}{M}\sin^2\theta}\right)g,$$

$$a_y'=\frac{N}{m}\cos\theta-g=\left(\frac{\cos^2\theta}{1+\frac{m}{M}\sin^2\theta}-1\right)g=-\left(\frac{\left(1+\frac{m}{M}\right)\sin^2\theta}{1+\frac{m}{M}\sin^2\theta}\right)g \tag{9}$$

를 얻는다.

**책상에 대한 목침의 상대가속도**는 식(4)에 식(7)을 대입하면

$$a_x=\left(\frac{\sin\theta\cos\theta}{1+\frac{m}{M}\sin^2\theta}\right)g,\quad a_y=-\left(\frac{\left(1+\frac{m}{M}\right)\sin^2\theta}{1+\frac{m}{M}\sin^2\theta}\right)g \tag{10}$$

를 얻는다.

(라) $M\gg m$이면

식(8) $\Rightarrow A=-\left(\frac{\frac{m}{M}\sin\theta\cos\theta}{1+\frac{m}{M}\sin^2\theta}\right)g\cong -g\left(\frac{m}{M}\sin\theta\cos\theta\right)\approx 0$

식(7) $\Rightarrow N=\left(\frac{\cos\theta}{1+\frac{m}{M}\sin^2\theta}\right)mg\cong mg\cos\theta$

식(9) $\Rightarrow a_x'=\left(\frac{\left(1+\frac{m}{M}\right)\sin\theta\cos\theta}{1+\frac{m}{M}\sin^2\theta}\right)g\cong g\sin\theta\cos\theta,$

$$a_y{}' = -\left(\frac{\left(1+\frac{m}{M}\right)\sin^2\theta}{1+\frac{m}{M}\sin^2\theta}\right)g \cong -g\sin^2\theta$$

식(10) $\Rightarrow a_x = \left(\dfrac{\sin\theta\cos\theta}{1+\frac{m}{M}\sin^2\theta}\right)g \cong g\sin\theta\cos\theta$, $a_y = -\left(\dfrac{\left(1+\frac{m}{M}\right)\sin^2\theta}{1+\frac{m}{M}\sin^2\theta}\right)g \cong -g\sin^2\theta$

이다. 특히 $a_x = a_x{}'$, $a_y = a_y{}'$이며 $a = \sqrt{a_x^2 + a_y^2} \cong g\sin\theta$로, 삼각기둥이 고정된 경우의 결과이다.

(마) $\vec{F} = \hat{i}F$가 삼각기둥에 작용했을 때, 삼각기둥의 운동방정식은 $y$성분은 식(3)의 경우와 같으나 $x$성분은

$$MA = -N\sin\theta + F \tag{11}$$

로 된다.

이 경우, 목침의 삼각기둥에 대한 상대운동방정식(5)(*)에서 $a_x{}' = 0$, $a_y{}' = 0$이므로

$$N\sin\theta - mA = 0,\ N\cos\theta - mg = 0$$

이 된다. 이 두 방정식을 연립하여 구한

$$N = \frac{mg}{\cos\theta},\quad A = g\tan\theta$$

를 식(11)에 대입하면 $F = (M+m)g\tan\theta$를 얻는다.

**답 |** (가) $MA = -N\sin\theta$; $ma_x = N\sin\theta$, $ma_y = N\cos\theta - mg$;

$ma_x{}' = \left(1+\dfrac{m}{M}\right)N\sin\theta$, $ma_y{}' = N\cos\theta - mg$

(나) $N = \left(\dfrac{M\cos\theta}{M+m\sin^2\theta}\right)mg$, $A = -\left(\dfrac{m\sin\theta\cos\theta}{M+m\sin^2\theta}\right)g$

(다) $a_x{}' = \left(\dfrac{(M+m)\sin\theta\cos\theta}{M+m\sin^2\theta}\right)g$, $a_y{}' = -\left(\dfrac{(M+m)\sin^2\theta}{M+m\sin^2\theta}\right)g$;

$a_x = \left(\dfrac{M\sin\theta\cos\theta}{M+m\sin^2\theta}\right)g$, $a_y = -\left(\dfrac{(M+m)\sin^2\theta}{M+m\sin^2\theta}\right)g$

(라) $N \cong mg\cos\theta$, $A \cong 0$;  $a_x{}' \cong a_x \cong g\sin\theta\cos\theta$, $a_y{}' \cong a_y \cong -g\sin^2\theta$

또는 $a = \sqrt{a_x^2 + a_y^2} \cong g\sin\theta$ : 이들은 삼각기둥이 고정된 경우의 결과이다.

(마) $F = (m+M)g\tan\theta$

---

(*) 식(5)와 식(6)은 다르다. 식(6)은 $F=0$인 경우의 운동방정식(3)이 이미 고려된 것이고, 식(5)는 $F\neq 0$인 경우의 운동방정식(11)을 고려해 줄 수 있는 일반적인 식이다. 따라서 이 문제에서는 식(6)을 사용할 수 없다.

**2-19 접촉해 있는 목침 세 개**

질량이 각각 $m_A = 2.00\ \mathrm{kg}$, $m_B = 3.00\ \mathrm{kg}$, $m_C = 4.00\ \mathrm{kg}$인 목침 A, B, C가 매끄러운 수평면 위에 차례로 서로 접촉해 있다. 수평 방향의 힘 $F = 18.0\ \mathrm{N}$이 목침 A에 B쪽으로 작용하였다.

(가) 목침의 가속도를 구하라.

(나) 각 목침에 작용하는 힘을 구하라.

(다) 목침들 사이의 접촉힘을 구하라.

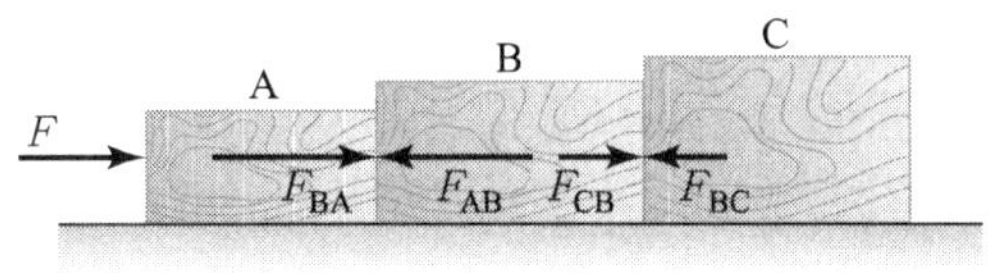


문2-19의 연습그림 : 접촉해 있는 세 목침

**풀이 |** 목침들에 작용하는 힘들의 화살표 그림은 문2-19의 연습그림과 같다.

목침들 사이에 작용하는 힘을 $F_{BA}$(A가 B에 작용하는 힘), $F_{AB}$(B가 A에 작용하는 힘), $F_{CB}$(B가 C에 작용하는 힘), $F_{BC}$(C가 B에 작용하는 힘)라 하면, 이들 사이에는

$$F_{AB} = -F_{BA},\quad F_{BC} = -F_{CB} \tag{1}$$

의 작용·반작용의 관계가 있다. 각 목침에 작용하는 힘 $F_A$, $F_B$, $F_C$는, 힘 $F$의 방향을 양(+)으로 하면, 각각

$$F_A = F + F_{AB} = F - |F_{AB}| \quad (F > 0), \tag{2}$$

$$F_B = F_{BA} + F_{BC} = F_{BA} - |F_{BC}|, \tag{3}$$

$$F_C = F_{CB} \tag{4}$$

이다.

(가) 각 목침의 가속도는 모두 같아서 $a$라 하면, 각 목침의 운동방정식은 각각

$$m_A a = F + F_{AB},\quad m_B a = F_{BA} + F_{BC},\quad m_C a = F_{CB} \tag{5}$$

이다. 이들을 변변끼리 더하기하면, 가속도는

$$(m_A + m_B + m_C)\, a = F$$

$$\therefore\ a = \frac{F}{m_A + m_B + m_C} = \frac{18.0\ \mathrm{N}}{(2.00\ \mathrm{kg}) + (3.00\ \mathrm{kg}) + (4.00\ \mathrm{kg})} = \underline{2.00\ \mathrm{m/s^2}}$$

이다.

(나) 각 목침에 작용하는 힘은, 각 운동방정식에 의하여

$$F_A = m_A a = (2.00\ \mathrm{kg}) \times (2.00\ \mathrm{m/s^2}) = \underline{4.00\ \mathrm{N}},$$

$$F_B = m_B\, a = (3.00\ \text{kg}) \times (2.00\ \text{m/s}^2) = \underline{6.00\ \text{N}},$$

$$F_C = m_C\, a = (4.00\ \text{kg}) \times (2.00\ \text{m/s}^2) = \underline{8.00\ \text{N}}$$

이다.

(다) 목침들 사이의 접촉힘은 상호작용하는 힘들이다. 그들은 $F_{AB}(=-F_{BA})$, $F_{BC}(=-F_{CB})$이다. 이들의 크기는 차례로 식(2), 식(4) 및 (나)의 결과에 의하여 각각

$$|F_{AB}| = F - F_A = 18.0\ \text{N} - 4.00\ \text{N} = \underline{14.0\ \text{N}},\quad F_{CB} = F_C = \underline{8.00\ \text{N}}$$

이다.

**답|** (가) $a = 2.00\ \text{m/s}^2$ (나) $F_A = 4.00\ \text{N}$, $F_B = 6.00\ \text{N}$, $F_C = 8.00\ \text{N}$

(다) $|F_{AB}| = |F_{BA}| = 14.0\ \text{N}$, $|F_{BC}| = |F_{CB}| = 8.00\ \text{N}$

## 2-20 실로 연결된 세 물체

아래 문2-20의 그림과 같이 질량 $m_B = 3.00\ \text{kg}$의 목침 B를 매끄러운 수평면에 올려놓고 양쪽에 각각 가볍고 늘어나지 않는 실로 연결하여 가벼운 고정도르래에 각각 걸치고 각 가닥의 실 끝에 질량이 각각 $m_A = 1.50\ \text{kg}$, $m_C = 2.50\ \text{kg}$인 목침 A, C를 연직으로 달아 놓았다. 고정도르래는 자유로이 회전할 수 있다. 처음에 연직으로 매달려 있는 목침 A, C를 잡고 있다가 정지상태에서 가만히 놓았다.

(가) 각 목침의 가속도를 구하라.

(나) 각 실 가닥의 장력을 구하라.

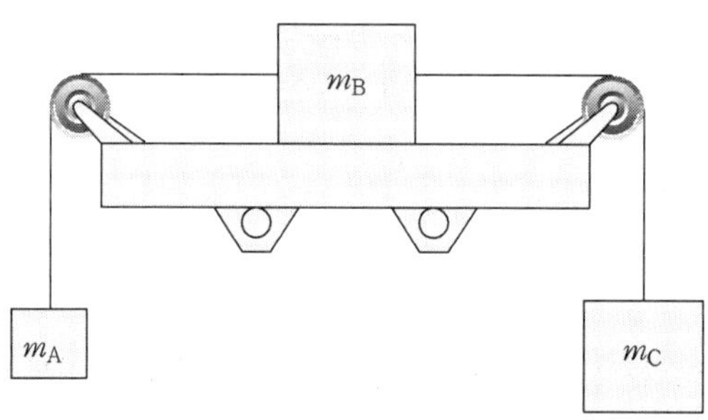


문2-20의 그림 : 실로 연결된 세 물체

**풀이|** (가) 세 목침의 가속도는 모두 같아서 $a$라 하고, 자유로이 회전할 수 있는 가벼운 도르래에 걸쳐진 양쪽실의 장력은 서로 같으므로 목침이 달린 실의 장력을 각각 $T_A$, $T_C$라 하면, 각 목침의 운동방정식은 각각

$$\text{A}: m_A a = T_A - m_A g,\ \text{B}: m_B a = T_C - T_A,\ \text{C}: m_C a = m_C g - T_C$$

이다. 이들을 변변끼리 더하기하여 정리하면 가속도는

$$(m_A + m_B + m_C)\, a = (m_C - m_A)\, g$$

$$\therefore \ a = \frac{m_C - m_A}{m_A + m_B + m_C} g = \frac{(2.50 \text{ kg}) - (1.50 \text{ kg})}{(1.50 \text{ kg}) + (3.00 \text{ kg}) + (2.50 \text{ kg})} \times (9.81 \text{ m/s}^2)$$
$$= 1.401 \text{ m/s}^2 = \underline{1.40 \text{ m/s}^2}$$

이다.

(나) A 및 C의 운동방정식으로부터

$$T_A = m_A(a+g) = (1.50 \text{ kg}) \times \{(1.401 \text{ m/s}^2) + (9.81 \text{ m/s}^2)\} = 16.82 \text{ N} = \underline{16.8 \text{ N}},$$
$$T_C = m_C(g-a) = (2.50 \text{ kg}) \times \{(9.81 \text{ m/s}^2) - (1.401 \text{ m/s}^2)\} = 21.02 \text{ N} = \underline{21.0 \text{ N}}$$

를 얻는다.

**답 |** (가) $a = 1.40 \text{ m/s}^2$ (나) $T_A = 16.8 \text{ N}$, $T_C = 21.0 \text{ N}$

## 2-21 무거운 끈으로 연결된 물체

질량이 다같이 100 kg인 두 개의 목침이 길이 12.5 cm, 질량 1.00 kg의 늘어나지 않는 균질의 끈으로 연결되어 매끄러운 수평면 위에 놓여 있다. 그 중 한 목침을 같은 길이, 같은 균질의 끈으로 매어 끈의 끝을 수평으로 힘 $F$로 당겼더니 $1.60 \text{ m/s}^2$의 가속도가 생겼다.

(가) 힘 $F$는 얼마인가?

(나) 끈과 목침이 접촉하는 각 점에서 끈의 장력을 구하라.

(다) 당기는 끈의 접촉점 C에서 $x$[m] 떨어진 점에서 끈의 장력 $T(x)$를 구하라.

**풀이 |** 당기는 힘 $F$의 방향을 양(+)으로 한다.

(가) 목침 및 끈의 질량을 각각 $M$, $m$이라 하면 운동방정식 $(2M+2m)a = F$에 의하여, 힘 $F$는

$$F = 2(M+m)a = 2\{(100 \text{ kg}) + (1.00 \text{ kg})\} \times (1.60 \text{ m/s}^2) = 323.2 \text{ N} = \underline{323 \text{ N}}$$

이다.

(나) 끈과 목침의 접촉점을 차례로 A, B, C라 하고, 접촉점 C에 끈을 달아서 힘 $F$로 당긴다고 한다. 끈이 늘어나지 않으므로 목침 및 끈의 가속도는 서로 같아서, $a$라 하면 그들의 운동 방정식은 각각

| | |
|---|---|
| 목침 A | $Ma = T_A$, |
| 두 점 A, B 사이 끈 | $ma = T_B - T_A$, |
| 목침 B | $Ma = T_C - T_B$, |
| 점 C에 달린 끈 | $ma = F - T_C$ |

이다. 각 접촉점에서 끈의 장력은

첫째 식으로부터 $T_A = Ma = (100 \text{ kg}) \times (1.60 \text{ m/s}^2) = \underline{160 \text{ N}}$,

둘째 식으로부터 $T_B = T_A + ma = (160 \text{ N}) + (1.00 \text{ kg}) \times (1.60 \text{ m/s}^2)$
$= 161.6 \text{ N} = \underline{162 \text{ N}}$,

셋째 식으로부터 $T_C = T_B + Ma = (161.6\text{ N}) + (100\text{ kg}) \times (1.60\text{ m/s}^2)$

$$= 321.6\text{ N} = \underline{322\text{ N}}.$$

이다.

(다) 점 C에서 $x$[m] 떨어진 점에서 장력 : 이 점까지 끈의 질량을 $m(x)$, 이 점에서 장력을 $T(x)$라 하면, 그 부분 끈의 운동방정식은

$$m(x)a = T(x) - T_C$$

이다. 이로부터

$$T(x) = T_C + m(x)a = (321.6\text{ N}) + \left(\frac{1.00\text{ kg}}{12.5 \times 10^{-2}\text{m}}\right) x \times (1.60\text{ m/s}^2)$$

$$= 322 + 12.8\,x\ [\text{N}]$$

를 얻는다. 여기서 $m(x) = \mu x$ ($\mu$=끈의 선밀도)를 이용하였다.

**답 |** (가) $F = 323\text{ N}$ (나) $T_A = 160\text{ N}$, $T_B = 162\text{N}$, $T_C = 322\text{N}$ (다) $T(x) = 322 + 12.8\,x$ [N]

### 2-22 아트우드 기계에 달린 물체에 얹은 조약돌

그림 2.26과 같은 아트우드 기계의 가벼운 물체 위에 질량 $\mu$의 작은 조약돌을 얹어 놓으면 물체의 가속도는 어떻게 변하는가? 또, 조약돌이 물체를 누르는 힘은 조약돌 무게의 몇 배인가?

**풀이 |** $m_A < m_B$이고, 조약돌이 받는 수직항력을 $N$, 자유로이 회전할 수 있는 가벼운 고정도르래에 걸쳐 놓은 실의 양쪽의 장력은 서로 같으므로 그 장력을 $T'$이라 하면, 각 물체의 운동방정식은

$$m_A a = T' - m_A g - N,\ m_B a = m_B g - T',\ \mu a = N - \mu g$$

로 주어진다. 이 세 방정식을 변변끼리 더하기하면

$$(m_A + m_B + \mu)\,a = (m_B - (m_A + \mu))\,g \qquad \therefore\ a = \frac{m_B - (m_A + \mu)}{m_B + (m_A + \mu)}\,g \ \ (m_A < m_B)$$

를 얻는다. 곧, **예제 2.15**의 결과에 $m_A \to (m_A + \mu)$로 둔 경우와 같이 운동한다.

셋째 운동방정식으로부터

$$N = \mu(g + a) = \mu g\left(1 + \frac{m_B - (m_A + \mu)}{m_A + m_B + \mu}\right) = \mu g\left(\frac{2m_B}{m_B + (m_A + \mu)}\right)$$

를 얻는다. 이 힘은 조약돌이 물체를 누르는 힘과 같다. 서로 작용·반작용의 관계에 있기 때문이다.

**답 |** $m_A \to (m_A + \mu)$인 경우와 같다. 힘은 $\dfrac{2m_B}{m_A + m_B + \mu}$배

### 2-23 벽 페인트 칠 승강기

벽에 페인트칠을 하는 기술자가 문2-23의 그림과 같은 가벼운 고정도르래와 움직도르래에 늘어나지 않는 가벼운 밧줄로 연결한 승강기를 타고 밧줄을 스스로 당겨서 위로 올라가고 있다. 도

르래는 자유로이 회전한다. 상승 가속도를 $a$, 페인트 기술자 및 기술자가 타고 있는 승강기(판자를 포함한 전체)의 질량을 각각 $M$, $m$이라 한다.

(가) 고정도르래, 움직도르래, 승강기 및 기술자에 작용하는 힘의 화살표 그림을 그리고, 그들의 운동방정식을 세워라.

(나) 밧줄의 장력 $T$ 및 승강기 바닥의 수직항력 $N$, 고정도르래를 지탱하는 힘 $S$ 등을 구하라.

**풀이 |** 각 도르래가 자유로이 회전할 수 있고, 질량을 무시할 수 있으면 여기에 걸쳐 있는 가벼운 밧줄의 양단의 장력이 서로 같다. 이를 고려한 화살표 그림은 문2-23의 연습그림과 같다. 페인트 기술자가 밧줄을 손으로 당기는 힘을 $T$라 하면 도르래에 걸쳐 있는 밧줄의 양단의 장력이 $T$이다. 움직도르래와 승강기를 연결하는 밧줄의 장력을 $T'$, 기술자가 승강기 바닥으로부터 받는 수직항력을 $N$이라 한다. 이 수직항력의 반작용으로 그 바닥도 같은 크기의 힘 $N'$을 아래로 받는다.

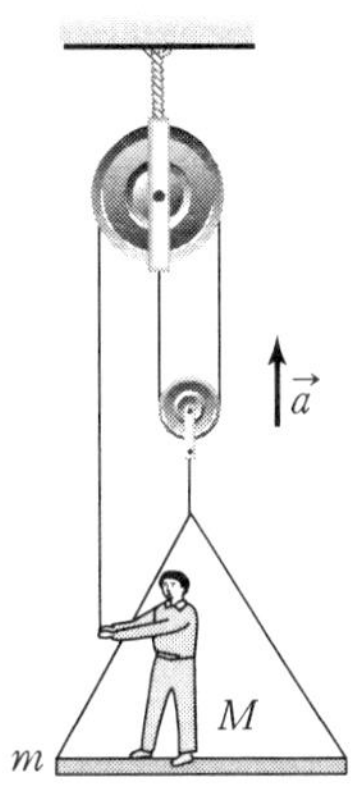


문2-23의 그림 : 벽 페인트 승강기

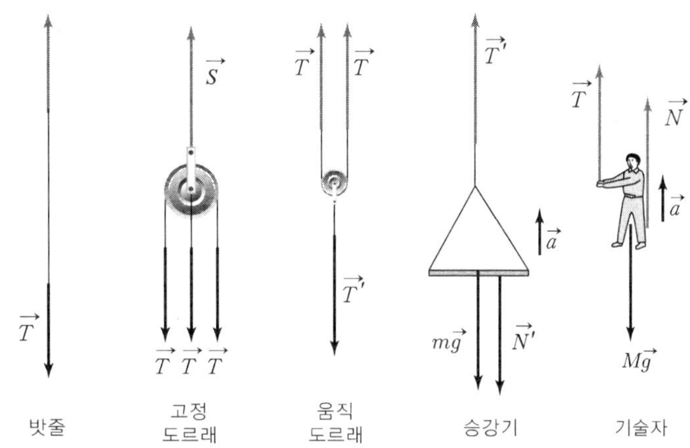


문2-23의 연습그림 : 각 부분에 작용하는 힘의 화살표 그림

(가) 밧줄이 늘어나지 않으므로 이들의 가속도는 모두 같아서 $a$라 하면, 운동방정식은 각각

고정도르래 : $m_{고}a = S - 3T \approx 0$ $(\because\ m_{고} \approx 0)$,

움직도르래 : $m_{움}a = 2T - T' \approx 0$ $(\because\ m_{움} \approx 0)$,

승 강 기 : $ma = T' - mg - N'$ $(N' = N)$

기 술 자 : $Ma = T + N - Mg$

이다. 여기서 고정도르래 및 움직도르래의 질량을 각각 $m_{고}$, $m_{움}$라하고, 고정도르래가 위로 받는 힘을 $S$라 했다.

(나) 위의 첫째 및 둘째 식으로부터 $S = 3T$, $T' = 2T$이므로 승강기 및 기술자의 운동방정식은 다시

승 강 기 : $ma = 2T - mg - N$,  기 술 자 : $Ma = T + N - Mg$

가 되어 이들을 연립하여 풀면 밧줄의 장력 및 기술자가 받는 수직항력은 각각

$$T = \frac{1}{3}(M+m)(a+g), \quad N = \frac{1}{3}(2M-m)(a+g)$$

이다. 고정도르래를 지탱하는 힘 $S$는

$$S = 3T = (M+m)(a+g)$$

이다.

**답|** (가) 고정도르래 : $m_{고}a = S - 3T \approx 0$, 움직도르래 : $m_{움}a = 2T - T' \approx 0$,
승 강 기 : $ma = T' - mg - N'$, 기 술 자 : $Ma = T + N - Mg$

(나) $T = \frac{1}{3}(M+m)(a+g)$, $N = \frac{1}{3}(2M-m)(a+g)$, $S = (M+m)(a+g)$

### 2-24 연직 방향 가속도운동하는 아트우드 기계

아트우드 장치의 도르래가 연직상방으로 가속도 $a_0$로 운동한다(문2-24의 그림 참조).

(가) 두 물체를 연결해 놓은 실의 장력을 구하라.

(나) 각 물체의 가속도를 구하라.

(다) 아래 특별한 경우, 위의 결과를 확인하라.

(ㄱ) $a_0 = 0$ (ㄴ) $m_1 = m_2 \equiv m$ (ㄷ) $a_0 = -g$

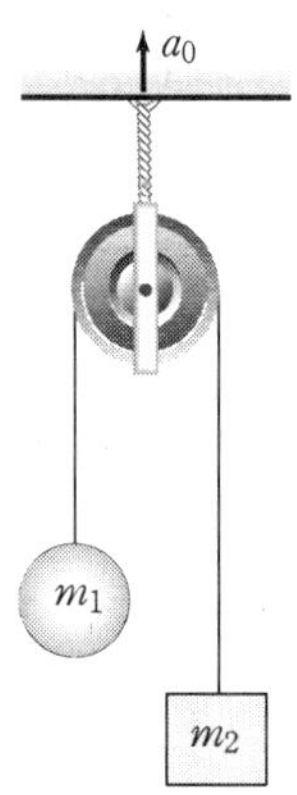


문2-24의 그림 : 가속도운동을 하는 아트우드 기계

**풀이|** (가) 이 문제는 연직상방으로 가속도 $a_0$로 운동하는 상자(비관성기준틀) 안에서 가속도 $a$로 운동하는 경우와 같다. 따라서 땅에 대한 가속도는 $a + a_0$이므로 운동방정식은

$$m(a+a_0) = T - mg \text{ 또는 } ma = T - m(g+a_0)$$

이다. 따라서 연직상방의 일정한 가속도는 실의 장력에서 중력가속도 $g$를 $g+a_0$로 증가시키는 효과를 준다(**예제 2.11** 참조). 따라서 **예제 2.15**($a_0 = 0$인 경우)의 결과에서, 실

의 장력은 $T(0)=\left(\dfrac{2m_1}{m_1+m_2}\right)m_2 g$ 인데, $a_0 \neq 0$ 인 경우 실의 장력은, 여기에 $g$를 $g+a_0$로 대입한 것,

$$T=\left(\frac{2m_1}{m_1+m_2}\right)m_2(g+a_0)$$

가 된다.

(나) 각 물체의 가속도를 $a_1$, $a_2$라 하고, 연직상방을 양(+)으로 택하면, 운동방정식은

$$m_1 a_1 = T - m_1 g,\ m_2 a_2 = T - m_2 g$$

인데 여기에 (가)의 결과 식을 대입하여 정리하면

$$a_1 = \frac{T}{m_1} - g = \frac{2m_2}{m_1+m_2}(g+a_0) - g = \frac{(m_2-m_1)g + 2m_2 a_0}{m_1+m_2},$$

$$a_2 = \frac{T}{m_2} - g = \frac{2m_1}{m_1+m_2}(g+a_0) - g = \frac{(m_1-m_2)g + 2m_1 a_0}{m_1+m_2}$$

를 얻는다.

(다) 특별한 경우

(ㄱ) $a_0=0$ : $T=\left(\dfrac{2m_1}{m_1+m_2}\right)m_2 g$, $a_1 = \dfrac{m_2-m_1}{m_1+m_2} g = -a_2$

(ㄴ) $m_1 = m_2 \equiv m$ : $T = m(g+a_0)$, $a_1 = a_0 = a_2$

(ㄷ) $a_0 = -g$ : $T=0$, $a_1 = -g = a_2$

**답 |** (가) $T=\dfrac{2m_1 m_2}{m_1+m_2}(g+a_0)$

(나) $a_1 = \dfrac{m_2-m_1}{m_1+m_2}g + \dfrac{2m_2}{m_1+m_2}a_0$, $a_2 = \dfrac{m_1-m_2}{m_1+m_2}g + \dfrac{2m_1}{m_1+m_2}a_0$

(다) (ㄱ) $T=\left(\dfrac{2m_1}{m_1+m_2}\right)m_2 g$, $a_1 = \dfrac{m_2-m_1}{m_1+m_2} g = -a_2$

(ㄴ) $T=m(g+a_0)$, $a_1 = a_2 = a_0$

(ㄷ) $T=0$, $a_1 = -g = a_2$ .

## 2-25 도르래를 이용한 두 물체의 운동

천장에 고정된 가볍고, 자유로이 회전하는 고정도르래 및 질량 $m$의 물체 A가 달린 가볍고, 자유로이 회전할 수 있는 움직도르래가 있다. 늘어나지 않는 가벼운 실 끝에 같은 질량의 물체 B를 달고, 실을 고정도르래에 걸친 다음 움직도르래에 걸어서 다른 끝을 천장의 점 C에 달아매었다(문2-25의 그림 참조). 두 물체를 잡고 있다가 가만히 놓았다.

(가) 두 물체의 가속도를 구하라.

(나) 점 C에서 실의 장력을 구하라.

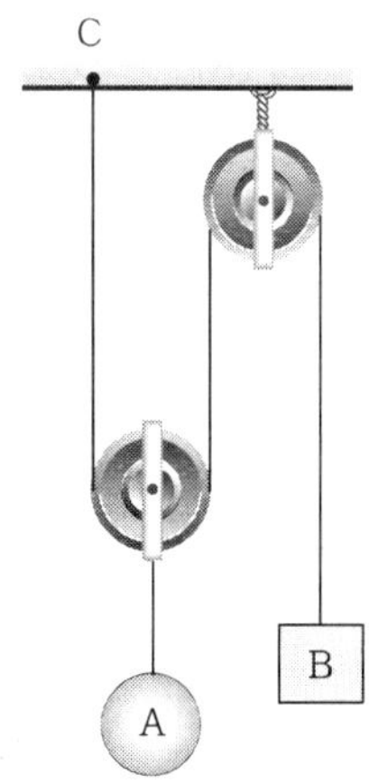


문2-25의 그림 : 고정도르래 및 움직도르래를 조합한 두 물체의 운동

**풀이 |** 가볍고, 마찰 없이 자유로이 회전할 수 있는 도르래에 걸쳐 있는 양쪽 실의 장력은 서로 같다. 점 C에서 장력 $T_C$와 물체 B를 매달고 있는 실의 장력 $T_B$는 서로 같고($T_B = T_C$), 물체 A를 매어 달고 있는 실의 장력 $T_A$는 이들의 두 배와 같다 :

$$T_A = 2T_B = 2T_C. \tag{1}$$

또, B가 움직이는 거리는 A의 2배이다. 그래서 그들의 가속도 $a_A$, $a_B$는

$$2a_A = a_B \tag{2}$$

를 만족한다. 식(1)은 움직도르래의 운동방정식

$$m_{도} a_A = 2T_B - T_A - m_{도} g$$

에서 $m_{도} = 0$임을 고려하면 바로 얻어지기도 한다.

(가) 두 물체 A, B의 운동방정식은 각각

$$m\,a_A = T_A - m\,g, \ m\,a_B = m\,g - T_B \tag{3}$$

이다. 여기에 식(1) 및 식(2)를 고려하면

$$m\,a_A = 2T_C - m\,g, \ 2m\,a_A = m\,g - T_C \tag{4}$$

가 된다. 이 두 식에서 $T_C$를 소거하면 $a_A = \dfrac{g}{5}$를 얻고, 식(2)에 의하여 $a_B = \dfrac{2g}{5}$를 얻는다.

(나) 위의 결과를 식(4)의 어느 식에든지 대입하면

$$T_C = m\,g - 2m\,a_A = mg - \frac{2}{5}m\,g = \frac{3}{5}m\,g$$

이다.

**답 |** (가) $a_A = \dfrac{g}{5}$, $a_B = \dfrac{2g}{5}$ (나) $T_C = \dfrac{3}{5}m\,g$

## 2-26 원숭이의 상자 들어올리기

땅에 있는 15.0 kg의 상자에 매어놓은, 가볍고 늘어나지 않는 밧줄을 수평으로 뻗어 있는 나뭇가지에 걸친 후 그 밧줄을 타고 10.0 kg의 원숭이가 올라가고 있다. 나뭇가지와 밧줄 사이의 마찰은 무시한다.

(가) 상자가 땅에서 떨어져 올라가려면 원숭이의 가속도는 적어도 얼마이어야 하는가?

(나) 원숭이가 밧줄을 타고 올라가다가 밧줄을 잡고 정지했다. 원숭이는 어떤 운동을 하며, 그 때 밧줄의 장력은 얼마인가?

**풀이 |** (가) 상자가 달려 올라가려면 상자(질량 $M$)에 달린 밧줄의 장력이 $T \geq Mg$라야 한다. 연직상향을 양(+)으로 하고, 원숭이(질량 $m$)가 밧줄을 타고 올라가는 가속도를 $a_{원}$라 하면 그 운동방정식은 $ma_{원} = T - mg$이다. 따라서

$$ma_{원} \geq Mg - mg \qquad \therefore\ a_{원} \geq \left(\frac{M}{m} - 1\right)g = 0.5g = 4.905\ \mathrm{m/s^2} = \underline{4.91\ \mathrm{m/s^2}}.$$

(나) 원숭이가 정지하면, 이 물리계는 원숭이와 상자를 달아 놓은 아트우드 장치와 같아진다. 상자의 무게에 의하여 상자는 아래로, 원숭이는 위로 가속된다. 그 가속도를 $a$라 하면 두 운동방정식은

$$ma = T - mg, \quad Ma = Mg - T$$

이므로,

$$a = \frac{M-m}{M+m}g = \left(\frac{5\ \mathrm{kg}}{25\ \mathrm{kg}}\right) \times (9.81\ \mathrm{m/s^2}) = 1.962\ \mathrm{m/s^2} = \underline{1.96\ \mathrm{m/s^2}}$$

$$T = \left(\frac{M-m}{M+m} + 1\right)mg = \left(\frac{2M}{M+m}\right)mg = \left(\frac{30\ \mathrm{kg}}{25\ \mathrm{kg}}\right) \times (98.1\ \mathrm{N}) = 117.72\ \mathrm{N} = \underline{118\ \mathrm{N}}$$

**답 |** (가) $a_{원} = 4.91\,\mathrm{m/s^2}$

(나) 원숭이가 무거운 상자의 무게에 의하여 달려 올라간다. 그 가속도는 $a = 1.96\ \mathrm{m/s^2}$이고, 장력은 $T = 118\,\mathrm{N}$이다.

## 2-27 마찰을 통하여 상호작용하는 두 물체

매끄러운 수평인 책상 위에 질량 $M = 100\ \mathrm{kg}$의 직사각형 나무판자 A가 놓여 있고, 그 위에 질량 $m = 20.0\ \mathrm{kg}$의 직사각형 목침 B가 놓여 있다. 나무판자 A에 수평 방향으로 어떤 힘 $F$가 작용하니 판자 A의 가속도가 $a_{\mathrm{A}} = 6.00\,\mathrm{m/s^2}$인데, 목침 B는 판자 A 위에서 미끄러지는데 그 가속도는 $a_{\mathrm{B}} = 4.00\,\mathrm{m/s^2}$이다.

(가) 목침 B의 판자 A에 대한 상대가속도는 얼마인가?

(나) 두 물체 사이에 작용하는 마찰력은 얼마인가?

(다) 판자 A에 작용하는 알짜힘을 구하고, 판자 A에 작용한 힘 $F$를 구하라.

(라) 목침 B가 미끄러져 판자 A로부터 떨어진 뒤 판자 A의 가속도를 구하라. 처음과 같은 힘이 작용한다고 한다.

(마) 만일 판자 A 대신에 목침 B를 수평 방향의 일정한 힘 $F = 106\ \mathrm{N}$으로 당기니 목침 B가

$3.00\ \mathrm{m/s^2}$의 가속도로 미끄러졌다. 이 경우 두 물체 사이의 운동마찰계수 $\mu_k$ 및 판자 A의 가속도를 구하라. 목침 B가 판자 위에 남아 있다고 한다.

**풀이 |** 힘 $F$의 방향을 양(+)으로 한다.

(가) 목침 B의 판자 A에 대한 상대가속도는

$$a_{B/A} = a_B - a_A = 4.00\ \mathrm{m/s^2} - 6.00\ \mathrm{m/s^2} = \underline{-2.00\ \mathrm{m/s^2}}$$

이다.

(나) 마찰력은? 물체 B에 작용하는 힘은 중력 $m\vec{g}$, 판자 A로부터 받는 수직항력 $\vec{N}$, 그리고 두 물체 사이에 작용하는 운동마찰력 $\vec{f}_k$이다. $m\vec{g}$와 $\vec{N}$은 서로 비기고, $\vec{f}_k$만이 물체 B의 수평 방향의 운동에 영향을 미친다. 따라서 물체 B의 운동방정식은

$$m a_B = f_k \qquad \therefore\ f_k = m a_B = (20.0\ \mathrm{kg}) \times (4.00\ \mathrm{m/s^2}) = \underline{80.0\ \mathrm{N}}$$

이다.

(다) 판자 A에 작용하는 알짜 힘은? 판자 A에 작용하는 힘은 힘 $\vec{F}$ 외에 무게 $M\vec{g}$, 물체 B에 작용하는 수직항력 $\vec{N}$의 반작용 $\vec{N}' = -\vec{N}$, 책상으로부터 받는 수직항력 $\vec{N}_A$, 그리고 두 물체 사이의 운동마찰력 $\vec{f}_k'$(목침 B에 작용하는 운동마찰력 $\vec{f}_k$의 반작용)인데, 연직 방향의 힘들 $\{M\vec{g},\ \vec{N}',\ \vec{N}_A\}$은 서로 비기고, 알짜힘은 $\sum F = F - |f_k|$이다. 판자 A의 운동방정식에 의하여

$$\sum F = F - |f_k| = Ma_A = (100\ \mathrm{kg}) \times (6.00\ \mathrm{m/s^2}) = \underline{600\ \mathrm{N}}.$$

힘 $F$는

$$F = \sum F + |f_k| = 600\ \mathrm{N} + 80.0\ \mathrm{N} = \underline{680\ \mathrm{N}}$$

이다.

(라) 목침 B가 미끄러져 판자 A로부터 떨어진 뒤 판자 A의 가속도를 $a_A'$이라 하면, 이 경우 알짜힘이 $F$이므로 운동방정식 $Ma_A' = F$에 의하여

$$a_A' = \frac{F}{M} = \frac{680\ \mathrm{N}}{100\ \mathrm{kg}} = \underline{6.80\ \mathrm{m/s^2}}$$

이다.

(마) 목침 B를 수평 방향의 일정한 힘 $F = 106\ \mathrm{N}$으로 당기니 목침 B가 $3.00\ \mathrm{m/s^2}$의 가속도로 미끄러졌다. 이 경우 두 물체 사이의 운동마찰계수 $\mu_k$ 및 판자 A의 가속도는? 목침 B가 판자 위에 남아 있다고 한다.

두 물체 사이의 운동마찰력을 $\vec{f}_k$라 하면 목침 B에 작용하는 알짜힘이 $\sum F_B = F - |f_k|$이므로 운동방정식은 $m a_B = F - |f_k|$이다. 여기서 $|f_k| = \mu_k m g$이므로

$$m a_B = F - \mu_k m g$$

$$\therefore\ \mu_k = \frac{F - m a_B}{m g} = \frac{(106\ \mathrm{N}) - (20.0\ \mathrm{kg}) \times (3.00\ \mathrm{m/s^2})}{(20.0\ \mathrm{kg}) \times (9.81\ \mathrm{m/s^2})} = 0.2344 = \underline{0.234}$$

이다.

판자 A에 작용하는 힘은 목침 B에 작용하는 운동마찰력 $\vec{f}_k$의 반작용뿐이다. 따라서 그 운동방정식이 $Ma_A = |f_k|$이므로

$$a_A = \frac{|f_k|}{M} = \frac{F - m\,a_B}{M} = \frac{(106\,\text{N}) - (20.0\,\text{kg}) \times (3.00\,\text{m/s}^2)}{100\,\text{kg}} = 0.460\,\text{m/s}^2$$

이다.

**답 |** (가) $a_{B/A} = -2.00\,\text{m/s}^2$ (나) $f_k = 80.0\,\text{N}$ (다) $\sum F = 600\,\text{N}$, $F = 680\,\text{N}$

(라) $a_A{}' = 6.80\,\text{m/s}^2$ (마) $\mu_k = 0.234$, $a_A = 0.460\,\text{m/s}^2$

## 2-28 힘의 법칙이 시간만의 함수인 경우

처음 원점에 정지해 있던 질량 $m$의 입자에 아래와 같은 힘이 작용했다. 입자의 속도 및 위치를 구하라.

(가) $F(t) = kt^2$ (나) $F = F_0 + bt$ (다) $F = F_0 e^{\alpha t}$ ($k$, $F_0$, $b$, $\alpha$ : 양의 상수)

**풀이 |** 뉴턴의 운동방정식은 $m\frac{dv}{dt} = F(t)$로, 초기 조건은 $v(0) = 0$, $x(0) = 0$이다.

(가) $F(t) = kt^2$ : 운동방정식 $m\frac{dv}{dt} = kt^2 \Rightarrow dv = \frac{k}{m}t^2 dt$(변수분리)

속도 $v = \frac{k}{m}\int t^2 dt \quad \therefore v = \frac{k}{m}\frac{t^3}{3} + C_v$

초기 조건 $v(0) = 0 \Rightarrow v(0) = \frac{k}{3m} \times 0 + C_v = 0 \quad \therefore C_v = 0 \quad \therefore v = \frac{k}{3m}t^3$ .

또, $\frac{dx}{dt} = v$ : $v = \frac{k}{3m}t^3 \;\therefore \frac{dx}{dt} = \frac{k}{3m}t^3 \Rightarrow dx = \frac{k}{3m}t^3\,dt$ (변수분리)

위치 $x = \frac{k}{3m}\int t^3 dt \quad \therefore x = \frac{k}{12m}t^4 + C_x$

초기 조건 $x(0) = 0 \Rightarrow x(0) = \frac{k}{12m} \times 0 + C_x = 0 \quad \therefore C_x = 0 \quad \therefore x = \frac{k}{12m}t^4$.

(나) $F = F_0 + bt$ : 운동방정식 $m\frac{dv}{dt} = F_0 + bt \Rightarrow dv = \frac{F_0 + bt}{m}dt = \frac{F_0}{m}dt + \frac{b}{m}t\,dt$(변수분리)

속도 $v = \frac{F_0}{m}\int dt + \frac{b}{m}\int t\,dt \quad \therefore v = \frac{F_0}{m}t + \frac{b}{m}\frac{t^2}{2} + C_v$

초기 조건 $v(0) = 0 \Rightarrow v(0) = \frac{F_0}{m} \times 0 + \frac{b}{2m} \times 0 + C_v = 0$

$$\therefore C_v = 0 \quad \therefore v = \frac{F_0}{m}t + \frac{b}{2m}t^2.$$

또, $\frac{dx}{dt} = v$ : $v = \frac{F_0}{m}t + \frac{b}{2m}t^2$

$\therefore \frac{dx}{dt} = \frac{F_0}{m}t + \frac{b}{2m}t^2 \Rightarrow dx = \frac{F_0}{m}t\,dt + \frac{b}{2m}t^2\,dt$(변수분리)

위치 $x=\frac{F_0}{m}\int t\,dt+\frac{b}{2m}\int t^2dt \quad \therefore\ x=\frac{F_0}{2m}t^2+\frac{b}{6m}t^3+C_x$

초기 조건 $x(0)=0 \Rightarrow x(0)=\frac{F_0}{2m}\times 0+\frac{b}{6m}\times 0+C_x=0$

$$\therefore\ C_x=0 \quad \therefore\ x=\frac{F_0}{2m}t^2+\frac{b}{6m}t^3.$$

(다) $F=F_0e^{\alpha t}$ : 운동방정식 $m\frac{dv}{dt}=F_0e^{\alpha t} \Rightarrow dv=\frac{F_0}{m}e^{\alpha t}dt$(변수분리)

속도 $v=\frac{F_0}{m}\int e^{\alpha t}dt \quad \therefore\ v=\frac{F_0}{m}\frac{e^{\alpha t}}{\alpha}+C_v$

초기 조건 $v(0)=0 \Rightarrow v(0)=\frac{F_0}{m\alpha}e^{\alpha\times 0}+C_v=0$

$$\therefore\ C_v=-\frac{F_0}{m\alpha} \quad \therefore\ v=\frac{F_0}{m\alpha}(e^{\alpha t}-1)$$

또, $\frac{dx}{dt}=v$ : $v=\frac{F_0}{m\alpha}(e^{\alpha t}-1)$

$\therefore\ \frac{dx}{dt}=\frac{F_0}{m\alpha}(e^{\alpha t}-1) \Rightarrow dx=\frac{F_0}{m\alpha}(e^{\alpha t}-1)dt$(변수분리)

위치 $x=\frac{F_0}{m\alpha}\left(\int e^{\alpha t}dt-\int dt\right) \quad \therefore\ x=\frac{F_0}{m\alpha^2}e^{\alpha t}-\frac{F_0}{m\alpha}t+C_x$

초기 조건 $x(0)=0 \Rightarrow x(0)=\frac{F_0}{m\alpha^2}e^{\alpha\times 0}-\frac{F_0}{m\alpha}\times 0+C_x=0$

$$\therefore\ C_x=-\frac{F_0}{m\alpha^2}$$

$$\therefore\ x=\frac{F_0}{m\alpha^2}(e^{\alpha t}-1)-\frac{F_0}{m\alpha}t=\frac{F_0}{m\alpha^2}(e^{\alpha t}-\alpha t-1).$$

**답|** (가) $v=\frac{k}{3m}t^3$, $x=\frac{k}{12m}t^4$ (나) $v=\frac{F_0}{m}t+\frac{b}{2m}t^2$, $x=\frac{F_0}{2m}t^2+\frac{b}{6m}t^3$

(다) $v=\frac{F_0}{m\alpha}(e^{\alpha t}-1)$, $x=\frac{F_0}{m\alpha^2}(e^{\alpha t}-\alpha t-1)$

### 2-29 먼지 알갱이의 대기 중 운동

대기 중의 먼지 알갱이가 새벽녘 대기가 조용할 때 지구 표면에 내려앉는 종속도가 $0.300\ \mathrm{mm/s}$이다. 먼지 알갱이의 질량은 $10^{-10}\ \mathrm{g}$ 정도이다.

(가) 먼지 알갱이가 종속도로 하강할 때 받는 저항력은 얼마인가?

(나) 저항력은 $f=-mKv$로 주어진다. 상수 $K$를 구하라.

**풀이|** (가) 먼지의 운동방정식 $ma=mg-|f|$ ($f$: 공기의 저항력)에서, 종속도에 달했을 때 가속도는 0이므로 저항력 $f$는

$$|f| = mg \cong (10^{-13}\,\text{kg}) \times (9.81\,\text{m/s}^2) = \underline{9.81 \times 10^{-13}\,\text{N}}$$

이다.

(나) 저항력의 크기라 $|f(v)| = mKv$이므로 운동방정식은

$$ma = mg - |f(v)| \text{ 또는 } ma = mg - mKv$$

인데, $v = v_t$일 때 $a = 0$이므로,

$$mKv_t = mg \qquad \therefore\ K = \frac{g}{v_t} = \frac{9.81\,\text{m/s}^2}{0.300 \times 10^{-3}\,\text{m/s}} = \underline{3.27 \times 10^4\,\text{s}^{-1}}$$

이다.

**답 |** (가) $|f| \cong 9.81 \times 10^{-13}\,\text{N}$ (나) $K = 3.27 \times 10^4\,\text{s}^{-1}$

### 2-30 비탈길을 내려가는 자동차의 종단속도

800 kg의 자동차가 기울기 6.00°의 긴 비탈길을 내려가고 있다. 자동차에 걸리는 저항력은 $f = 100\,\text{N} + (1.20\,\text{N}\cdot\text{s}^2/\text{m}^2)v^2$으로 주어진다고 한다. 자동차가 비탈길을 내려가는 종단속도는 얼마인가?

**풀이 |** 자동차의 질량을 $m$, 비탈 각을 $\theta$라 하면 자동차의 운동방정식은

$$ma = mg\sin\theta - f \ :\ f = F_0 + mKv^2 \ (F_0 = 100\,\text{N},\ mK = 1.20\,\text{N}\cdot\text{s}^2/\text{m}^2)$$

$$\therefore\ ma = mg\sin\theta - (F_0 + mKv^2)$$

인데, 종단속도($v = v_t$)에 이르렀을 때 가속도는 0이므로 종단속도 $v_t$는

$$0 = mg\sin\theta - (F_0 + mKv_t^2)$$

$$\therefore\ v_t = \sqrt{\frac{mg\sin\theta - F_0}{mK}} = \sqrt{\frac{(800\,\text{kg}) \times (9.81\,\text{m/s}^2) \times (\sin 6.00^\circ) - 100\,\text{N}}{1.20\,\text{N}\cdot\text{s}^2/\text{m}^2}}$$

$$= 24.5\,\text{m/s}$$

이다.

**답 |** $v_t = 24.5\,\text{m/s}$

### 2-31 위치만의 함수인 힘의 법칙

처음에 원점에 정지해 있는 질량이 $m$인 입자의 힘의 법칙이 아래와 같은 경우 입자의 속도를 위치 $x$로 나타내어라.

(가) $F = kx^2$ (나) $F = kx + F_0$ (다) $F = F_0 e^{-kx}$ (라) $F = F_0 \cos kx$ ($k$, $F_0$ : 양의 상수)

**풀이 |** 초기 조건 $x(0) = 0$, $v(0) = 0$.

운동방정식 $m\dfrac{dv}{dt} = F(x)$에서 $v$가 $x$의 함수이고, 또 $x$는 $t$의 함수, 곧 $v(x(t))$이면

$$\frac{dv(x(t))}{dt} = \frac{dv(x)}{dx}\frac{dx(t)}{dt} = \frac{dv(x)}{dx}v$$

라 쓸 수 있다. 따라서 운동방정식은 $t$대신에 $x$를 독립변수로 사용하여

$$m\frac{dv}{dt}=F(x) \Rightarrow mv\frac{dv}{dx}=F(x)$$

로 바꿀 수 있다.

(가) $F=kx^2$ : 운동방정식 $mv\frac{dv}{dx}=kx^2 \Rightarrow v\,dv=\frac{k}{m}x^2\,dx$ (변수분리)

$$\therefore \int v\,dv=\frac{k}{m}\int x^2\,dx \quad \therefore \frac{1}{2}v^2=\frac{k}{3m}x^3+C$$

초기 조건 : $x(0)=0$, $v(0)=0 \Rightarrow \frac{1}{2}v(0)^2=\frac{k}{3m}x(0)^3+C$

$$\therefore 0=\frac{k}{3m}\times 0+C \quad \therefore C=0 \quad \therefore \frac{1}{2}v^2=\frac{k}{3m}x^3 \text{ 또는 } \frac{1}{2}mv^2=\frac{1}{3}kx^3$$

를 얻는다. 따라서 속도는 위치에 따라 $v=\pm\sqrt{\frac{2k}{3m}x^3}$ 와 같이 변한다.

(나) $F=kx+F_0$ : 운동방정식 $mv\frac{dv}{dx}=kx+F_0 \Rightarrow v\,dv=\frac{k}{m}x\,dx+\frac{F_0}{m}dx$ (변수분리)

$$\therefore \int v\,dv=\frac{k}{m}\int x\,dx+\frac{F_0}{m}\int dx \quad \therefore \frac{1}{2}v^2=\frac{k}{2m}x^2+\frac{F_0}{m}x+C$$

초기 조건 : $x(0)=0$, $v(0)=0 \Rightarrow \frac{1}{2}v(0)^2=\frac{k}{2m}x(0)^2+\frac{F_0}{m}x(0)+C$

$$\text{또는 } 0=\frac{k}{2m}\times 0+\frac{F_0}{m}\times 0+C \quad \therefore C=0$$

$$\therefore \frac{1}{2}v^2=\frac{k}{2m}x^2+\frac{F_0}{m}x \text{ 또는 } \frac{1}{2}mv^2=\frac{1}{2}kx^2+F_0x$$

를 얻는다.

따라서 자동차의 속도는 위치에 따라 $v=\pm\sqrt{\frac{2}{m}\left(\frac{1}{2}kx^2+F_0x\right)}$ 와 같이 변한다.

(다) $F=F_0e^{-kx}$ : 운동방정식 $mv\frac{dv}{dx}=F_0e^{-kx} \Rightarrow v\,dv=\frac{F_0}{m}e^{-kx}dx$ (변수분리)

$$\therefore \int v\,dv=\frac{F_0}{m}\int e^{-kx}dx \quad \therefore \frac{1}{2}v^2=-\frac{F_0}{mk}e^{-kx}+C$$

초기 조건 : $x(0)=0$, $v(0)=0 \Rightarrow \frac{1}{2}v(0)^2=-\frac{F_0}{mk}e^{-k\times 0}+C \quad \therefore C=\frac{F_0}{mk}$

$$\therefore \frac{1}{2}v^2=\frac{F_0}{mk}\left(1-e^{-kx}\right) \text{ 또는 } \frac{1}{2}mv^2=\frac{F_0}{k}\left(1-e^{-kx}\right)$$

이다. 따라서 자동차의 속도는 $v=\pm\sqrt{\frac{2F_0}{mk}\left(1-e^{-kx}\right)}$ 이다.

(라) $F=F_0\cos kx$ : 운동방정식 $mv\frac{dv}{dx}=F_0\cos kx \Rightarrow v\,dv=\frac{F_0}{m}\cos kx\,dx$ (변수분리)

$$\therefore \int v\,dv=\frac{F_0}{m}\int \cos kx\,dx \quad \therefore \frac{1}{2}v^2=\frac{F_0}{mk}\sin kx+C$$

초기 조건 : $x(0)=0$, $v(0)=0 \Rightarrow \frac{1}{2}v(0)^2=\frac{F_0}{mk}\sin 0+C \quad \therefore\ C=0$

$$\therefore\ \frac{1}{2}v^2=\frac{F_0}{mk}\sin kx \text{ 또는 } \frac{1}{2}mv^2=\frac{F_0}{k}\sin kx$$

이다. 따라서 자동차의 속도는 $v=\pm\sqrt{\frac{2F_0}{mk}\sin kx}$ 이다.

**답|** (가) $v=\pm\sqrt{\frac{2k}{3m}x^3}$ (나) $v=\pm\sqrt{\frac{2}{m}\left(\frac{1}{2}kx^2+F_0x\right)}$

(다) $v=\pm\sqrt{\frac{2F_0}{mk}(1-e^{-kx})}$ (라) $v=\pm\sqrt{\frac{2F_0}{mk}\sin kx}$

## 2.4 비관성기준틀 - 병진운동 및 원운동

### 2-32 수레 위에 있는 목침

레일 위를 달리는 짐수레의 수평인 매끄러운 바닥 위에 질량 5.00 kg의 목침이 놓여 있다. 짐수레에 고정된 가벼운 용수철 저울을 이 목침에 달아 놓았다. 용수철 저울이 수평이 되게 하였다. 짐수레가 움직이는 동안 용수철 저울은 계속 18.0 N을 가리키고 있었다.

(가) 짐수레가 정지하였더니 용수철 저울은 눈금 0을 가리켰다. 짐수레의 가속도를 구하라.

(나) 짐수레가 일정한 속도로 움직인다면 용수철 저울의 눈금은 계속 얼마를 가리키는가?

(다) 땅 위에 있는 사람 A 및 짐수레에 타고 있는 사람 B가 볼 때, 목침에 어떤 힘이 작용한다고 볼 수 있는가?

**풀이|** (가) 목침은 짐수레와 같은 가속도운동을 하는데, 이것은 목침에 작용하는 힘 $F=18.0$ N때문에 생긴 가속도이므로 운동법칙에 의하여

$$a=\frac{F}{m}=\frac{18.0\text{ N}}{5.00\text{ kg}}=\underline{3.60\text{ m/s}^2}$$

이다.

(나) 등속도운동이면 가속도가 없으므로 힘도 작용하지 않는다. 그러므로 $F=0$이다.

(다) **땅위에 있는 사람 A** : 목침이 수레와 함께 가속도운동을 한다. 그것은 힘 $F=18.0$ N의 작용 때문이다.

**짐수레 위의 사람 B** : 힘 $F=18.0$ N이 작용하고 있음에 불구하고 목침이 정지해 있는 것으로 보인다. 그러므로 힘 $F=18.0$ N 외에 이와 같은 크기의 힘이 반대 방향으로 목침에 작용한다고 생각하게 된다.

**답|** (가) $a=3.60\text{ m/s}^2$

(나) $F=0$

(다) A : 용수철 저울에 나타나는 힘 $F=18.0$ N뿐이다.

B : 용수철 저울에 나타나는 힘 $F=18.0$ N 외에 같은 크기, 반대 방향의 힘이 작용한다.

## 2-33 짐수레 위에 있는 나무상자

레일 위를 달리는 짐수레 위의 앞쪽 끝에 작은 나무상자가 있다. 수평인 짐수레 바닥과 상자 사이의 운동마찰계수가 $\mu_k$이고, 짐수레의 길이는 $L$이다. 짐수레가 처음에 정지해 있다가 일정한 가속도 $a_0$로 움직이기 시작하자 상자는 $a_0$와 반대 방향으로 미끄러지기 시작하여 수레의 끝에 도달하였다.

(가) 상자의 짐수레에 대한 상대가속도 $a_{b/c}$를 구하라.

(나) 짐수레의 끝에 도달하는 순간의 짐수레에 대한 상자의 상대속도 $v_{b/c}$ 및 걸리는 시간을 구하라.

(다) 또한 이 순간, 상자의 레일에 대한 상대속도는 얼마인가?

**풀이 |** 수평 방향의 운동만 생각하여도 좋다. 짐수레의 운동 방향을 양(+)으로 한다.

(가) 상대가속도 $a_{b/c}$는?

상자(b) 및 짐수레(c)의 가속도를 각각 $a_b$ , $a_c$라 하면, $a_c = a_0$이고, 상자에 작용하는 힘은 운동마찰력뿐이므로, 그 운동방정식은

$$m a_b = f_k \ : \ f_k = \mu_k m g \qquad \therefore \ a_b = \mu_k g$$

이다. 따라서 상자의 짐수레에 대한 상대가속도

$$a_{b/c} = a_b - a_c = \mu_k g - a_0 (*)$$

를 얻는다.

**(*) 별해**

상자의 짐수레에 대한 상대가속도 $a_{b/c}$는 가속도 $a_0$로 운동하는 짐수레(비관성계)에서 본 운동이므로 관성력 $\mathscr{I} = -ma_0$를 고려해 주어야 한다. 따라서 그 운동방정식은

$$ma_{b/c} = f_k + \mathscr{I} \ : \ f_k = \mu_k m g, \ \mathscr{I} = -ma_0 \qquad \therefore \ a_{b/c} = \mu_k g - a_0$$

이다.

(나) 짐수레의 끝에 도달하는 순간의 $v_{b/c}(-L)$는?

상자의 운동은 짐수레 위에서 가속도 $a_{b/c}$의 등가속도 직선운동이다. 따라서 짐수레의 끝에 도달하는 순간의 속도 $|v_{b/c}|$는, 속도 및 가속도, 변위 사이의 관계식 $v^2 - v_0^2 = 2ax$에 의하여

$$v_{b/c}^2(-L) - 0 = 2a_{b/c} \cdot (-L) \ : \ a_{b/c} = \mu_k g - a_0$$

$$\therefore \ |v_{b/c}(-L)| = \sqrt{2(a_0 - \mu_k g)L} \qquad \therefore \ v_{b/c}(-L) = -\sqrt{2(a_0 - \mu_k g)L}$$

이다. 여기서 처음 출발점을 원점, 가속도 $a_0$의 방향을 양(+)으로 하였다.

또, 상자가 짐수레의 끝점까지 미끄러져가는 데 걸리는 시간 $t$는, 등가속도운동의 변위와

시간 사이의 관계식 $x=\frac{1}{2}at^2$에 의하여,

$$-L=\frac{1}{2}a_{b/c}t^2(-L)\ :\ a_{b/c}=\mu_k g-a_0 \qquad \therefore\ t(-L)=\sqrt{\frac{2(-L)}{a_{b/c}}}=\sqrt{\frac{2L}{a_0-\mu_k g}}$$

이다.

(다) 이 순간 상자의 레일에 대한 상대속도 $v_b(-L)$는?

상자 및 짐수레의 레일(땅)에 대한 속도를 각각 $v_b$, $v_c$라 하면, 상자의 짐수레에 대한 상대속도는 $v_{b/c}=v_b-v_c$이므로

$$v_b(-L)=v_c(-L)+v_{b/c}(-L)\ :\ v_{b/c}(-L)=-\sqrt{2(a_0-\mu_k g)L}$$

이다.

짐수레가 레일에 대해서 가속도 $a_0$의 등가속도 직선운동을 하므로 시간 $t(-L)$ 후의 속도 $v_c(-L)$는,

$$v_c(-L)=0+a_0\,t(-L)=a_0\sqrt{\frac{2L}{a_0-\mu_k g}}$$

로 주어진다.

$$\therefore\ v_b(-L)=v_c(-L)+v_{b/c}(-L)=a_0\sqrt{\frac{2L}{a_0-\mu_k g}}-\sqrt{2(a_0-\mu_k g)L}$$

$$=\frac{2L\mu_k g}{\sqrt{2L(a_0-\mu_k g)}}$$

가 된다.

**답 |** (가) $a_{b/c}=-(a_0-\mu_k g)$ (나) 뒤쪽으로 $|v_{b/c}(-L)|=\sqrt{2L(a_0-\mu_k g)}$, $t(-L)=\sqrt{\frac{2L}{a_0-\mu_k g}}$

(다) $v_b(-L)=\frac{2L\mu_k g}{\sqrt{2L(a_0-\mu_k g)}}$

### 2-34 승강기 속에서 몸무게

승강기 속에 있는 체중계 위에 여학생이 올라 서 있다. 출발하는 순간부터 체중계의 눈금은 계속 591 N을 가리키다가, 정지하는 순간 체중계의 눈금은 391 N이었다. 출발할 때와 정지할 때의 가속도의 크기는 서로 같았다. 여학생의 질량 및 승강기의 가속도 크기는 각각 얼마인가?

**풀이 |** 여학생에 작용하는 실제 힘은 중력 $\vec{w}=m\vec{g}$, 체중계로부터 받는 수직항력 $\vec{N}$이다. 문제를 관성계 및 비관성계에서 각각 풀 수 있다.

**〈관성계〉** 승강기 안의 체중계 위에 있는 여학생의 운동방정식은

$$m\vec{a}=\vec{N}+m\vec{g}$$

이므로 체중계의 눈금은

$$|\vec{N}|=|m\vec{a}-m\vec{g}|$$

로 주어진다. 여기서 $\vec{g}$는 항상 연직하방이다. 정지할 때 체중계의 눈금이 591 N에서 391 N으로 감소했으므로 $\vec{a}$의 방향이 $\vec{g}$와 같음을 말해 준다. 따라서 승강기는 위로 올라가다가 정지한 것이다.

벡터 $\vec{g}$, $\vec{a}$, $\vec{N}$의 크기를 각각 $g$, $a$, $N$라 하고, 가속도 $a$의 방향을 양(+)을 택하면 운동방정식은

$$\text{출발할 때(상향을 양(+))} : ma = N_{\uparrow} - mg,$$
$$\text{정지할 때(하향을 양(+))} : ma = mg - N_{\downarrow}$$

와 같이 된다. $N_{\uparrow}$, $N_{\downarrow}$는 각각 출발할 때($\vec{a}$가 상향일 때), 정지할 때($\vec{a}$가 하향일 때)의 수직항력(체중계의 눈금)이다. 출발할 때와 정지할 때 가속도의 크기가 서로 같으므로 각 순간의 가속도를 $a$라 두었다. 두 방정식에서 $N_{\uparrow} = 591\text{ N}$, $N_{\downarrow} = 391\text{ N}$이므로, 미지수는$\{m, a\}$이다.

(여학생의 질량) 두 방정식을 변변끼리 빼기하면

$$m = \frac{N_{\uparrow} + N_{\downarrow}}{2g} = \frac{(591\text{ N}) + (391\text{ N})}{2\times(9.81\text{ m/s}^2)} = 50.05\text{ kg} = \underline{50.1\text{ kg}}$$

를 얻는다.

(승강기 가속도) 두 방정식의 양변을 변변끼리 더하기한 후, 위의 결과를 운동방정식에 대입하면

$$a = \frac{N_{\uparrow} - N_{\downarrow}}{2m} = \frac{(591\text{ N}) - (391\text{ N})}{2\times(50.05\text{ kg})} = 1.998\text{ m/s}^2 = \underline{2.00\text{ m/s}^2}$$

를 얻는다.

**〈비관성계〉** 비관성계에서는 관성력 $\vec{\mathcal{F}} = -m\vec{a}$를 고려해 주어야 한다. 곧, 승강기에 대한 여학생의 상대가속도를 $\vec{a}'$이라 하면 여학생의 운동방정식은

$$m\vec{a}' = \vec{N} + m\vec{g} + \vec{\mathcal{F}}$$

으로 주어지는 데, 여학생이 승강기 안에 정지해 있으므로 $\vec{a}' = 0$이고 또, $\vec{\mathcal{F}} = -m\vec{a}$를 고려하면 위의 방정식은 바로 관성계에서 본 방정식과 같아진다. 그 다음 과정들은 관성계에서와 꼭 같다. 그래서 같은 결과를 얻는다.

**답 |** (가) $m = 50.1\text{ kg}$ (나) $a = 2.00\text{ m/s}^2$

## 2-35 원과 정다각형

한 입자가 반지름 4.00 cm의 원궤도를 8.00초 만에 한 바퀴씩 돌고 있다. 이 입자의 운동 모양을 아래와 같이 작도하여라.

① 적당히 눈금을 잡아서(눈금잡기 또는 축척 : scaling) 입자의 궤도를 그린다.

② 1초마다 입자의 위치를 표시한다.

③ 각 간격마다 변위벡터를 그린다.

이 그림에서 이 변위벡터들은 바로 각 간격마다 평균속도벡터의 방향을 나타낸다. 이 작도에서 두 개의 연이은 1초 간격에 평균속도벡터의 변화 $\Delta v$를 구하라. 이러한 방법으로 구한 $\frac{\Delta \vec{v}}{\Delta t}$를

공식 $a=\dfrac{v^2}{r}$ 로부터 구한 값과 비교하여 보아라.

**풀이 |** 1초 간격마다 변위벡터를 그리면 반지름 4 cm 의 원에 내접하는 정8각형이 된다(문2-35의 연습그림 (a) 참조). 1초마다 변위는 그 시간 동안의 평균속도이다.

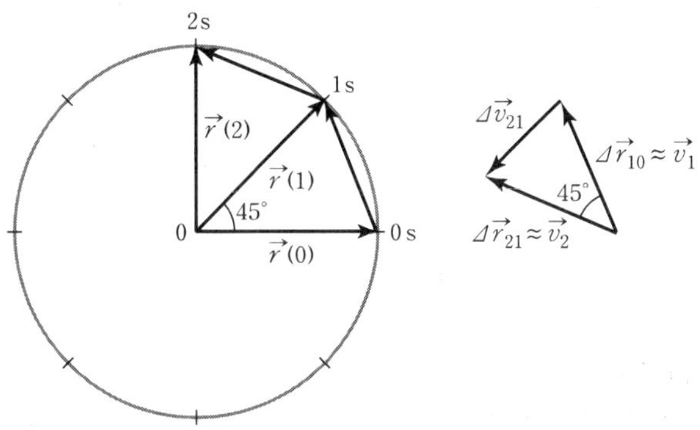


(a) (b)

문2-35의 연습그림 : 정다각형과 원

$t=0\,\text{s}$ 와 $t=1\,\text{s}$ 사이의 변위벡터 $\varDelta\vec{r}_{10}=\vec{r}(1)-\vec{r}(0)$,

$t=1\,\text{s}$ 와 $t=2\,\text{s}$ 사이의 변위벡터 $\varDelta\vec{r}_{21}=\vec{r}(2)-\vec{r}(1)$

. . . . . . . . . .

등은 그 구간의 평균속도벡터 $\vec{v}_1$, $\vec{v}_2$ ⋯이다. 이들의 크기는 모두 같다. 곧

$$|\vec{v}_1|=|\vec{v}_2|=\cdots\equiv v.\ \text{또,}\ |\varDelta\vec{r}_{10}|=|\varDelta\vec{r}_{21}|=\cdots\equiv\varDelta r$$

이다. 따라서 처음 1초 동안의 속도벡터의 변화는

$$\varDelta\vec{v}_{21}=\vec{v}_2-\vec{v}_1=\varDelta\vec{r}_{21}-\varDelta\vec{r}_{10}\equiv\varDelta\vec{v}$$

이고, 중심을 향한다. 다른 1초 동안의 속도벡터의 변화도 꼭 같은 모양이다. 정8각형이기 때문이다. 이 $\varDelta\vec{v}$는 $\vec{v}_1, \vec{v}_2$를 인접한 두 변으로 하는 삼각형의 제3변이다(문2-35의 연습그림 (b) 참조). 그런데 $|\vec{v}_1|=|\vec{v}_2|=v$이므로 그 삼각형은 그 사이 각이 45°인 이등변삼각형이므로

$$|\varDelta\vec{v}|=2v\sin\left(\frac{45^\circ}{2}\right)$$

이다. 여기서 $v=|\varDelta\vec{r}_{01}|=\varDelta r$이다. $\varDelta r$는 반지름($r=4\ \text{cm}$)을 두 변으로 하고, 그 사이 각이 45° 인 이등변삼각형의 제3변이므로

$$\varDelta r=2r\sin\left(\frac{45^\circ}{2}\right)$$

이다. 따라서

$$\Delta r = 3.061\,\text{cm} \qquad \therefore\ v = 3.061\ \text{cm/s}$$

이고, 이 결과를 이용하면

$$|\Delta \vec{v}| = 2.343\ \text{cm/s} \qquad \therefore\ a \cong \frac{|\Delta \vec{v}|}{\Delta t} = 2.343\ \text{cm/s}^2$$

이다. 한편,

$$v = \frac{2\pi r}{T} = \frac{2\times 3.14\times(4.00\ \text{cm})}{8.00\ \text{s}} = 3.14\ \text{cm/s} \qquad \therefore\ a = \frac{v^2}{r} = \frac{(3.14\ \text{cm/s})^2}{4.00\ \text{cm}} = 2.4649\ \text{cm/s}^2$$

**답 |** $a \cong \dfrac{|\Delta \vec{v}|}{\Delta t} = 2.34\ \text{cm/s}^2$, $a = \dfrac{v^2}{r} = 2.46\,\text{cm/s}^2$

### 2-36 마찰력에 의한 원운동

반지름 $0.120\ \text{m}$의 수평인 회전원판의 가장자리에 질량 $20.0\ \text{g}$의 나무토막이 있고, 그 위에 $3.10\ \text{g}$의 동전이 얹혀 있다. 나무토막과 회전원판, 나무토막과 동전 사이의 정지마찰계수는 각각 0.750, 0.520이다. 나무토막, 동전 어느 하나도 미끄러지지 않도록 회전원판이 회전할 수 있는 최대 회전수는 1분에 몇 회전인가?

**풀이 |** 원운동을 하는 나무토막 또는 동전의 운동방정식은 $m\omega^2 R = F$인데, 힘 $F$가 정지마찰력이다. 특히 최대 정지마찰력일 때 각속도가 최대가 된다. 곧, $F = f_{\text{s;max}} = \mu_s m g\,(\mu_s = 0.520)$일 때

$$m\omega_{\max}^2 R = \mu_s m g \qquad \therefore\ \omega_{\max} = \sqrt{\frac{\mu_s g}{R}} = \sqrt{\frac{0.520\times(9.81\ \text{m/s}^2)}{0.120\ \text{m}}} = 6.520\ \text{rad/s}$$

을 얻는다. 따라서 최대 각속도(rpm)는

$$\omega_{\max} = (6.520\ \text{rad/s})\times\left(\frac{1\ \text{rev}}{2\pi\ \text{rad}}\right)\times\left(\frac{60\ \text{s}}{1\ \text{min}}\right) = 62.29\ \text{rev/min}.$$

곧, 나무토막, 동전 어느 하나도 미끄러지지 않는 최대 회전수는 1분에 62.2회전이다.

**답 |** $\omega_{\max} = 62.2\,\text{rev/min}$

### 2-37 노면의 비탈 및 마찰력에 의한 원운동

곡률 반지름 $150\ \text{m}$의 커브길의 노면이 $10^\circ$ 기울어져있다. 이 커브길을 $800\ \text{kg}$의 자동차가 $85.0\ \text{km/h}$의 속도로 미끄러짐 없이 무사히 통과했다.

(가) 길바닥이 자동차 타이어에 작용하는 수직항력을 구하라.

(나) 길바닥이 타이어에 작용하는 마찰력을 구하라.

**풀이 |** 자동차에 작용하는 힘은 중력 $m\vec{g}$, 노면으로부터 받는 수직항력 $\vec{N}$, 그리고 타이어와 노면 사이의 정지마찰력 $\vec{f}_s$(미끄러지지 않기 때문)이므로 운동방정식은

$$m\vec{a} = \vec{N} + \vec{f}_s + m\vec{g} \tag{1}$$

이다. 수평 방향의 안쪽을 $r$축, 연직상방을 $y$축으로 하여 운동방정식을 성분별로 분해하면

$$\text{수평 방향(지름 성분)}\ ma_r = N\sin\theta + f_s\cos\theta \tag{2}$$

$$\text{연직 방향(연직 성분)}\ ma_y = N\cos\theta - f_s\sin\theta - mg \tag{3}$$

가 된다. 여기서 $a_r$는 법선가속도 또는 구심가속도이고, $a_y$는 0이다. 곧

$$a_r = a_n = \frac{v^2}{R},\ a_y = 0. \tag{4}$$

(가) 수직항력 $N$은? 식(4)를 고려하면서 두 운동방정식(2), (3)에서 $f_s$를 소거하면

$$N = \frac{mv^2}{R}\sin\theta + mg\cos\theta$$

를 얻는다. 여기에 $m = 800\ \text{kg}$, $R = 150\ \text{m}$, $v = 85.0\ \text{km/h} = 23.61\ \text{m/s}$, $\theta = 10°$를 대입하여 정리하면 $N = 8245\ \text{N} = \underline{8.25\times10^3\ \text{N}}$이다.

(나) 마찰력 $f_s$는? 식(4)를 고려하면서 운동방정식(2), (3)에서 $N$을 소거하면

$$f_s = \frac{mv^2}{R}\cos\theta - mg\sin\theta$$

를 얻는다. 여기에 수 값을 대입하여 정리하면 $f_s = 1565\ \text{N} = \underline{1.57\times10^3\ \text{N}}$을 얻는다.

**답 |** (가) $N = 8.25\ \text{kN}$ (나) $f_s = 1.57\ \text{kN}$

**2-38 회전원판 위에 있는 물그릇**

일정한 주기 7.25초로 수평면 내에서 회전하는 회전판의 중심으로부터 12.0 cm 거리에 물그릇을 얹어 놓았더니 수면이 기울어졌다. 그 기울어진 각을 구하라.

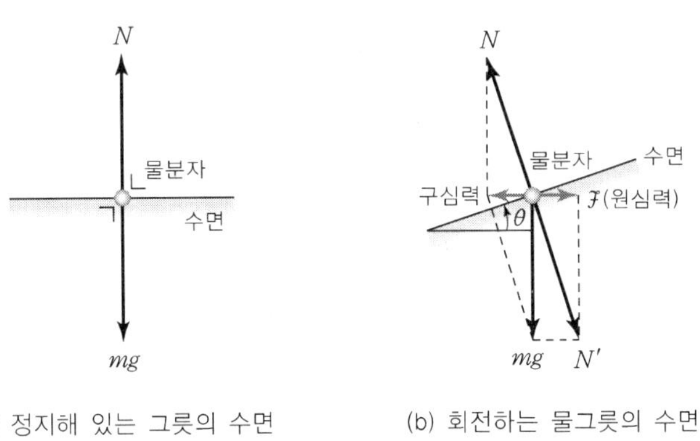


문2-38의 연습그림 : 수면 위의 물분자가 받는 힘

**풀이 |** 정지유체의 자유표면은 외력에 수직이다. 회전하는 물그릇(기준틀)에서 볼 때, 수면이 기울어진 채 정지해 있다(문2-38의 연습그림 참조). 이 물그릇에서 볼 때, 수면에 있는 작은 물방울(질량 $m$의 질점)에 작용하는 힘은 중력 $mg$와 관성력인 원심력이다. 따라서 수면은 이 두 힘의 합력에 수직이다. 수면이 기울어진 각(수면과 수평 방향 사이각)을 $\theta$라 하면, 합력과 중력이 이루는 각이 $\theta$이므로

$$\tan\theta = \frac{|\mathscr{F}|}{mg}$$

인데, 관성력인 원심력 $\mathscr{F}$의 크기는 $|\mathscr{F}| = \frac{mv^2}{R}$이므로

$$\tan\theta = \frac{v^2}{gR}(*) \ : \ v = \frac{2\pi R}{T} \quad \therefore \tan\theta = \left(\frac{4\pi^2}{g}\right)\frac{R}{T^2}$$

이다.

**(*) 별해**

회전판(비관성계)에 있는 관측자가 볼 때 수면에 떠 있는 작은 질점(질량 $m$)의 운동방정식은

$$m\vec{a}' = \vec{N} + m\vec{g} + \vec{\mathscr{F}}$$

으로 주어진다. 여기서 $\vec{a}' = 0$이고, $\vec{\mathscr{F}}$은 원운동하는 비관성계에 나타나는 원심력으로

$$|\mathscr{F}| = \frac{mv^2}{R} \ : \ v = \frac{2\pi R}{T}$$

이다. 또, $\vec{N}$은 수면으로부터 질점이 받는 수직항력이다. 수면이 수평 방향에서 기울어진 각을 $\theta$라 하면, 운동방정식의 지름 성분($r$ 성분 또는 수평 성분) 및 연직 성분($y$ 성분)은

$$N_r = N\sin\theta, \ N_y = N\cos\theta; \ \mathscr{F}_r = \frac{mv^2}{R}, \ \mathscr{F}_y = 0$$

($R$ : 회전중심으로부터 물방울까지 거리)

이므로,

지름 성분 $0 = N_r + m g_r + \mathscr{F}_r = N\sin\theta - \frac{mv^2}{R}$ (중심 방향을 양(+))

연직 성분 $0 = N_y + m g_y + \mathscr{F}_y = N\cos\theta - mg$

를 얻는다. 여기서 $N$을 소거하면

$$\tan\theta = \frac{v^2}{gR} \ : \ v = \frac{2\pi R}{T}$$

의 관계식을 얻는다.

여기에 $T=7.25\ \mathrm{s}$, $R=12.0\ \mathrm{cm}$를 대입하면

$$\tan\theta=\frac{v^2}{gR}\equiv\left(\frac{4\pi^2}{g}\right)\frac{R}{T^2}=0.009178 \qquad \therefore\ \theta=0.5258^\circ=\underline{0.526^\circ}$$

이다.

**답 |** $\theta=0.526^\circ$

### 2-39 원뿔흔들이

길이 70.0 cm의 늘어나지 않는 가벼운 실 끝에 질량 0.750 kg의 돌을 달아서 원뿔흔들이를 만들었다. 돌은 수평면 내에서 원궤도를 그린다.

(가) 실이 연직 방향과 30°를 이루고 있다. 돌에 작용하는 구심력 및 실의 장력을 각각 구하라.

(나) 또, 돌의 속도를 구하라.

(다) 만일 돌이 3초에 4바퀴를 회전한다면 실이 연직 방향과 이루는 각은 얼마일까?

**풀이 |** 돌의 운동방정식은 실의 장력을 $\vec{T}$라 하면

$$m\vec{a}=\vec{T}+m\vec{g} \tag{1}$$

인데, 이를 지름 성분($r$ 성분 : 수평 성분) 및 연직 성분($y$ 성분)으로 분해하면 $T_r=T\sin\theta$, $T_y=T\cos\theta$이므로

$$\text{지름 성분 } ma_r=T\sin\theta;\ \text{연직 성분 } ma_y=T\cos\theta-mg \tag{2}$$

가 된다.

(가) 운동방정식의 연직 성분에서 $a_y=0$이므로 장력은

$$T=\frac{mg}{\cos\theta} \tag{3}$$

$$\therefore\ \text{지름 성분 } ma_r=mg\tan\theta \tag{4}$$

를 얻는다. 따라서 구심력은

$$F_C=mg\tan\theta \tag{5}$$

이다. 식(3) 및 식(5)에 $m=0.750\ \mathrm{kg}$, $\theta=30^\circ$를 대입하면

$$T=8.496\ \mathrm{N}=\underline{8.50\ \mathrm{N}},\ F_C=4.248\ \mathrm{N}=\underline{4.25\ \mathrm{N}}$$

을 얻는다.

(나) 돌의 속도 $v$는? 지름 방향의 운동방정식(4)에서 $a_r=\dfrac{v^2}{R}$이므로,

$$\frac{mv^2}{R}=mg\tan\theta \qquad \therefore\ v=\sqrt{gR\tan\theta}\ :\ R=\ell\sin\theta \tag{6}$$

로 주어진다. 여기에 $m=0.750\ \mathrm{kg}$, $R=(0.700\ \mathrm{m})\times\sin30^\circ=0.350\ \mathrm{m}$, $\theta=30^\circ$를 대입하여 정리하면 $v=1.408\ \mathrm{m/s}=\underline{1.41\ \mathrm{m/s}}$이다.

(다) 돌이 3초에 4바퀴를 회전할 때, 각 $\theta$는? 돌의 속도 $v$는? 주기를 $\tau$라 하면,

$$v = \frac{2\pi R}{\tau} \; : \; R = \ell \sin\theta \qquad \therefore \; v = \frac{2\,\pi\,\ell\sin\theta}{\tau}$$

로 주어진다. 식(6)을 이용하여 $v$를 소거하면

$$\left(\frac{2\pi\,\ell\sin\theta}{\tau}\right)^2 = g\ell\sin\theta\tan\theta \qquad \therefore \; \cos\theta = \frac{g\tau^2}{4\pi^2\ell}$$

를 얻는다. 여기에 $\tau = \frac{3}{4}\,\mathrm{s}$, $\ell = 0.700\,\mathrm{m}$를 대입하면

$$\therefore \cos\theta = \frac{(9.81\,\mathrm{m/s^2}) \times \left(\frac{3}{4}\mathrm{s}\right)^2}{4 \times 3.14^2 \times (0.700\,\mathrm{m})} = 0.1999 \qquad \therefore \; \theta = 78.47^\circ = \underline{78.5^\circ}$$

이다.

**답 |** (가) $F_C = 4.25\,\mathrm{N}$, $T = 8.50\,\mathrm{N}$ (나) $v = 1.41\,\mathrm{m/s}$ (다) $\theta = 78.5^\circ$

### 2-40 원통 속에서 장난감 자동차의 운동

무선으로 원격 조정되는 질량 1.60 kg의 장난감 자동차가 수평면 위에 누워 있는 반지름 5.00 m의 원통 안쪽 면을 따라서 일정한 속도 12.0 m/s로 원궤도 운동을 한다. 원궤도면은 원통의 축에 수직인 연직면 내에 있다. 원궤도의 꼭짓점 P 및 맨 아래 바닥 점 B에서 장난감 자동차가 받는 수직항력을 구하라.

**Tip** 운동방정식

$$\text{점 P} : m a_{\mathrm{P};n} = N_{\mathrm{P}} + mg; \; a_{n;\mathrm{P}} = \frac{v^2}{R} \qquad \therefore \; N_{\mathrm{P}} = \frac{mv^2}{R} - mg$$

$$\text{점 B} : m a_{\mathrm{B};n} = N_{\mathrm{B}} - mg; \; a_{n;\mathrm{B}} = \frac{v^2}{R} \qquad \therefore \; N_{\mathrm{B}} = \frac{mv^2}{R} + mg$$

**풀이 |** $m = 1.60\,\mathrm{kg}$, $R = 5.00\,\mathrm{m}$, $v = 12.0\,\mathrm{m/s}$

장난감 자동차가 받는 힘은 중력 $m\vec{g}$ 및 원통 안쪽 면으로부터 받는 수직항력 $\vec{N}$이므로 운동방정식은

$$m\vec{a} = \vec{N} + m\vec{g}$$

인데, 법선(또는 지름) 성분 및 접선 성분으로 분해할 수 있다. 접선 성분에서는 수직항력이 나타나지 않는다. 따라서 법선 성분만 생각해도 좋다. 법선 성분은 각각

$$\text{점 P} : m a_{\mathrm{P};n} = N_{\mathrm{P}} + mg; \; a_{\mathrm{P};n} = \frac{v_{\mathrm{P}}^2}{R} \qquad \therefore \; N_{\mathrm{P}} = \frac{mv_{\mathrm{P}}^2}{R} - mg$$

$$\text{점 B} : m a_{\mathrm{B};n} = N_{\mathrm{B}} - mg; \; a_{\mathrm{B};n} = \frac{v_{\mathrm{B}}^2}{R} \qquad \therefore \; N_{\mathrm{B}} = \frac{mv_{\mathrm{B}}^2}{R} + mg$$

로 주어진다. 점 P 및 점 B에서 속도의 크기가 같다. 곧, $v_P = v_B = 12.0\ \mathrm{m/s}$이다. 이외에 수값 $m = 1.60\ \mathrm{kg}$, $R = 5.00\ \mathrm{m}$을 대입하면 $N_P = 30.384\ \mathrm{N} = \underline{30.4\ \mathrm{N}}$, $N_B = 61.8\ \mathrm{N}$을 얻는다.

**답 |** $N_P = 30.4\ \mathrm{N}$, $N_B = 61.8\ \mathrm{N}$

## 2-41 코리올리 효과

땅에 꽂아놓은 '⊤' 모양의 받침못('티(tee)'라 한다) 위에 골프공을 얹어 놓고 골프채로 쳐서, 남쪽으로 $R_x = 293\ \mathrm{m}$ 거리에 있는 작은 구멍에 넣으려고 한다. 공을 매우 정확하게 쳤는데, 지구의 자전 때문에 공이 한 번에 구멍에 들어가지 않았다. 지구의 자전이 없었다면 공을 한 번에 구멍에 넣을 수 있었다. 공이 처음에 수평면으로부터 위로 $\theta = 48.0^\circ$ 방향으로 날아갔다. 받침못의 위치는 북위 $\phi_\top = 36.0000^\circ$이고, 지구의 반지름은 $R_E = 6.378 \times 10^6\ \mathrm{m}$라 한다. 골프공의 공기 저항을 무시한다.

(가) 공이 어느 쪽으로 빗겨나갔는가?

(나) 구멍의 위도 $\phi_h$는 얼마인가?

(다) 공의 처음 속도 $v_0$ 및 공이 공중에 떠 있는 시간 $t_R$를 구하라.

(라) 공이 날아가고 있는 동안 지구의 자전으로 인하여 받침못 및 구멍도 회전한다. 그들 선속도의 차이를 구하라.

(마) 골프공이 구멍을 빗겨나가는 거리는 얼마나 되는가?

**풀이 |** $R_x = 293\ \mathrm{m}$, $\theta = 48.0^\circ$, $\phi_\top = 36.0000^\circ$, $R_E = 6.378 \times 10^6\ \mathrm{m}$

자전하는 지구상에서 운동하는 물체에는 관성력인 코리올리 힘이 나타난다. 그 힘의 크기는 지구자전 각속도와 공 속도의 크기의 곱에 비례하고, 방향은 '오른팔 규칙'을 따른다.

(가) 북반구에 있으므로 자전축이 머리 위로 향하고 공이 남쪽으로 날아가므로 날아가는 공을 향하고, 수평으로 뻗친 오른팔의 방향인 서쪽으로 **코리올리** 힘이 작용한다. 따라서 똑바로 쳤더라도 공은 구멍의 서쪽으로 빗겨나간다.

(나) 구멍의 위도 $\phi_h$는? 지구를 반지름 $R_E = 6.378 \times 10^6\ \mathrm{m}$의 공 모양이라 하면 위도의 차이는 $\Delta\phi = \dfrac{\Delta s}{R_E}$ [rad]인데, $\Delta s \cong R_x$이므로

$$\Delta\phi = \frac{R_x}{R_E} = \left(\frac{293\ \mathrm{m}}{6.378 \times 10^6\ \mathrm{m}}\right) \times \left(\frac{180^\circ}{3.14\ \mathrm{rad}}\right) = 0.002633455^\circ$$

이다. 따라서 구멍의 위도는

$$\phi_h = 36.0000^\circ(\mathrm{N}) - 0.002633^\circ(\mathrm{N}) = 35.997367^\circ(\mathrm{N}) = \underline{35.9974^\circ(\mathrm{N})}$$

이다.

(다) 처음 속도 $v_0$ 및 체공 시간 $t_R$는? 처음 속도 $v_0$의 수평 및 연직 성분은 각각 $v_{0x} = v_0 \cos\theta$, $v_{0y} = v_0 \sin\theta$이고, 공이 공중에 떠 있는 시간은 $t_R = \dfrac{2v_{0y}}{g}$이다. 따라서 수평도달 거리는

$$R_x = v_{0x} t_R = (v_0 \cos\theta) \times \left(\frac{2v_{0y}}{g}\right) = \frac{2v_0^2 \sin\theta \cos\theta}{g}$$

$$\therefore\ v_0 = \sqrt{\frac{g R_x}{2\sin\theta\cos\theta}}\quad :\ R_x = 293\ \mathrm{m},\ \theta = 48.0^\circ$$

$$\therefore\ v_0 = 53.760\ \mathrm{m/s} = 53.8\ \mathrm{m/s}\,.$$

또 비행시간 $t_R$는

$$t_R = \frac{2v_{0y}}{g}\quad :\ v_{0y} = v_0 \sin\theta\ \ (v_0 = 53.760\ \mathrm{m/s},\ \theta = 48.0000^\circ)$$

$$\therefore\ t_R = \frac{2v_{0y}}{g} = 8.1450\ \mathrm{s} = \underline{8.15\ \mathrm{s}}$$

이다.

(라) 받침못 및 구멍의 선속도의 차이 $\Delta v$는? 지구 표면의 한 점의 선속도 $v$는 $v = \omega r$로 주어지는데, $\omega$는 지구의 자전각속도로 $\omega = \dfrac{2\pi}{\tau}$이며, $r$는 회전축으로부터 회전반지름으로 $r = R_E \cos\phi$이다. 따라서 위도가 $\phi$인 지점의 선속도는

$$v = \omega r = \frac{2\pi R_E}{\tau}\cos\phi$$

$$\therefore\ \Delta v = v_h - v_T = \frac{2\pi R_E}{\tau}(\cos\phi_h - \cos\phi_T)$$

$$:\ \tau = (24\ \mathrm{h}) \times \left(\frac{3600\ \mathrm{s}}{1\ \mathrm{h}}\right) = 86400\ \mathrm{s},\ R_E = 6.378 \times 10^6\ \mathrm{m},$$

$$\phi_T = 36.0000^\circ(\mathrm{N}),\ \phi_h = 35.997367^\circ\ (\mathrm{N})$$

$$\therefore\ \Delta v = \left(\frac{2 \times 3.14 \times (6.378 \times 10^6\ \mathrm{m})}{(24\ \mathrm{h}) \times \left(\frac{3600\ \mathrm{s}}{1\ \mathrm{h}}\right)}\right) \times (\cos 35.997367^\circ - \cos 36.0000^\circ)$$

$$= 0.012522\ \mathrm{m/s} = \underline{0.0125\ \mathrm{m/s}}\,.$$

이다.

(마) 구멍이 받침못 보다 $\Delta v = 0.012522\ \mathrm{m/s}$만큼 더 빨리 회전하므로, 골프공이 공중에 떠 있는 동안($t_R = 8.145\ \mathrm{s}$) 구멍이 바침못 보다

$$\Delta s = (\Delta v)\, t_R = (0.012522\ \mathrm{m/s}) \times (8.145\ \mathrm{s}) = 0.101991\ \mathrm{m} = \underline{0.102\ \mathrm{m}}$$

더 동쪽으로 이동하므로 골프공은 이만큼 구멍으로부터 서쪽으로 벗어나게 된다.

**답|** (가) 구멍의 서쪽으로 빗겨나간다. (나) $\phi_h = 35.9974^\circ$ (북위)

(다) $v_0 = 53.8\ \mathrm{m/s}$, $t_R = 8.15\ \mathrm{s}$ (라) $\Delta v = 0.0125\ \mathrm{m/s}$ (마) $\Delta s = 0.102\ \mathrm{m}$ (서쪽으로)

# 3장 일과 에너지

## 중요 사항 정리

### 3.1 일과 운동에너지 - 일차원운동

일 힘이 물체에 작용하여 그 작용점이 변위되었을 때 변위 방향의 성분힘과 변위의 곱을 일(work)이라 한다.

#### 3.1.1 일정한 힘에 의한 일

**일** : $W = F\Delta x$ ($F$ : 일정) (3.1)

**일의 단위** : **SI단위** $1\,[\mathrm{N \cdot m}] = 1\,[\mathrm{J}]$,

**CGS단위** $1\,[\mathrm{dyn \cdot cm}] = 1\,[\mathrm{erg}]$ $\quad \therefore\ 1\,\mathrm{J} = 10^7\,\mathrm{erg}$

힘과 변위의 방향이 다른 경우 $W = F_x\,\Delta x = F\Delta x \cos\theta$

일과 운동에너지

**운동에너지** : 운동하고 있는 물체가 정지할 때까지 할 수 있는 일의 양

$$(\text{운동에너지}) = \frac{1}{2} \times (\text{질량}) \times (\text{속도})^2 \quad K(x) = \frac{1}{2} m\, v^2(x) \qquad (3.6)$$

**일-에너지 정리** $W_{\text{알짜}} = F_x\,\Delta x = \frac{1}{2}mv_{\mathrm{f}}^2 - \frac{1}{2}mv_{\mathrm{i}}^2$ (3.5)

**일 ⇒ 운동에너지 변화 ⇒ 일**

#### 3.1.2 위치에 따라 변하는 힘에 의한 일 - 적분의 방법

**힘** $F = F_x(x)$**에 의한 일** $W = \int_{x_{\mathrm{i}}}^{x_{\mathrm{f}}} F_x(x)\,dx$ (3.12)

**일-에너지 정리** $W = K_{\mathrm{f}} - K_{\mathrm{i}} = \Delta K$ (3.13)

### 3.1.3 일률

일률 : 단위시간에 하는 일

**평균일률** $P = \dfrac{\Delta W}{\Delta t}$ (3.14)

**순간일률** $P = \lim_{\Delta t \to 0} \dfrac{\Delta W}{\Delta t} = \dfrac{dW}{dt}$

**일률의 단위** : **SI단위** 1 [J/s] = 1 [W] (와트; Watt)

**마력[hp]** 1 마력 [hp] ≡ 550 ft · lb/s = 746 W

(미국, 영국; horse power)

1 마력 [hp 또는 PS] ≡ 75 kgf · m/s = 735.5 W

(독일; Pferde Stärke)

일률과 운동 $P = F_x v$ (3.16)

## 3.2 위치에너지와 역학적 에너지 보존

일-에너지 정리는 물체가 변형되지 않는 경우에 상호작용 문제를 다루는 데 매우 유용하나, 상호작용할 때 물체에 변형이 일어나는 경우에는 **위치에너지(퍼텐셜에너지)**라는 개념에 바탕을 둔 에너지 보존의 방법이 더 유용하다.

### 3.2.1 위치에너지와 일

위치에너지(퍼텐셜에너지) 물체의 위치나 물리계의 배위가 변할 때 일을 할 수 있는 에너지. 위치에너지의 변화는 이 에너지를 저장하는 상호작용을 거슬러서 외력이 해준 일과 같다.

위치에너지는 상호작용을 하는 물체들로 된 물리계에만 존재한다. 곧, 상호작용이 없으면 위치에너지도 없다.

탄성위치에너지 탄성력에 의한 상호작용에서의 위치에너지

중력위치에너지 중력에 의한 상호작용에서의 위치에너지

**중력위치에너지**

$$U(y) = mgy \text{ (기준점 } y = 0)$$

$$W_g = U_i - U_f = -(U_f - U_i) = -\Delta U$$

$$\text{(중력이 한 일)} = \text{(중력위치에너지의 감소)} \tag{3.18}$$

**탄성위치에너지**

$$U(x) = \frac{1}{2}kx^2 \quad \text{(기준점 } x = 0)$$

$$W_s = U_i - U_f = -(U_f - U_i) = -\Delta U$$

$$\text{(탄성력이 한 일)} = \text{(탄성위치에너지의 감소)} \tag{3.20}$$

**위치에너지와 일**

$$W = -(U_f - U_i) = -\Delta U \ : \text{(일)} = \text{(위치에너지의 감소)} \tag{3.21}$$

### 3.2.2 역학적 에너지의 보존

**역학적 에너지 보존** $K + U = E$(일정)

**에너지방정식** $\frac{1}{2}mv^2 + U(x) = E$ (일정) (3.23)

보존력 역학적 에너지가 보존되는 힘

보존력이 물체에 한 일은 이동경로에는 관계없고, 처음위치 및 나중위치에 의해서만 결정된다. **보존력의 경우에만 위치에너지를 정의할 수 있다.**

역학적 에너지 보존법칙 보존력만이 작용하는 물리계의 역학적 에너지($K + U \equiv E$)는 보존된다.

**운동의 법칙 : 운동방정식 ⇒ 일-에너지 정리**
**⇓(보존력)**
**역학적 에너지 보존법칙**

비보존력

$$W_{\text{보존}} = -(U_{\text{f}} - U_{\text{i}}) = -\Delta U$$ : (보존력이 한 일)=(위치에너지의 감소) (3.32)

$$W_{\text{비보존}} = \Delta K + \Delta U = \Delta E \neq 0 \tag{3.33}$$

비보존력이 물체에 한 일은 그 물리계의 역학적 에너지의 변화와 같다.

힘과 위치에너지

$$dU(x) = -F_x(x)\,dx \tag{3.37}$$

$$\Rightarrow \begin{cases} F_x(x) = -\dfrac{dU(x)}{dx} & (3.38) \\ U(x) = -\displaystyle\int_{x_0=\text{기준점}}^{x} F_x(x)\,dx & (3.39) \end{cases}$$

### 3.2.3 위치에너지와 운동모양

에너지 방정식 $\frac{1}{2}mv^2 + U(x) = E$ (일정) (3.23)

속도 $v = \pm\sqrt{\frac{2}{m}(E - U(x))}$ (3.24)

왕복운동, 진동, 되돌이점(회귀점)

**퍼텐셜우물** 입자가 두 되돌이점 사이에서만 왕복운동을 할 때 두 되돌이점 사이를 퍼텐셜우물이라 하고, 되돌이점 넘어 들어갈 수 없는 영역을 **퍼텐셜장벽**이라 한다. 입자는 퍼텐셜장벽에 갇혀 있는 셈이다.

**평형점** 위치에너지 함수가 최소 또는 극소인 점(안정한 평형점) 및 최대 또는 극대인 점(불안정한 평형점)

**결합에너지/해리에너지** 안정한 평형상태에 있는 이원자분자의 최소 위치에너지를 그 분자의 결합에너지 또는 해리에너지라 한다.

## 3.3 보존력 마당과 에너지 보존법칙 - 이차원 및 삼차원운동

### 3.3.1 곡선운동에서 일과 에너지

곡선운동에서 일(선적분) $W = \lim_{N\to\infty} \sum_{i=0}^{N} F_\tau (s_i') \Delta s_i = \int_{s_i ; C}^{s_f} F_\tau (s)\, ds$ (3.47)

곡선운동에서 일-에너지 정리

$$W = \int_{s_i ;\, C}^{s_f} F_\tau (s)\, ds = K_f - K_i \equiv \Delta K \quad (3.50)$$

### 3.3.2 벡터의 스칼라곱

스칼라곱

$$\vec{A} \cdot \vec{B} \equiv A\, B \cos\phi_{AB} = A\, B_A = B\, A_B \quad (B_A = B\cos\phi_{AB},\ A_B = A\cos\phi_{AB}) \quad (3.56)$$

교환법칙 $\vec{A} \cdot \vec{B} = \vec{B} \cdot \vec{A}$

분배법칙 $(\vec{A} + \vec{B}) \cdot \vec{C} = \vec{A} \cdot \vec{C} + \vec{B} \cdot \vec{C}$ (3.57)

$$\vec{A} \cdot \vec{B} = 0 \rightleftarrows \vec{A} \perp \vec{B} \quad (\vec{A} \neq 0 \ \&\ \vec{B} \neq 0) \quad (3.58)$$

$$\vec{A} \cdot \vec{B} = A_x B_x + A_y B_y + A_z B_z \quad (3.61)$$

$$\hat{i} \cdot \vec{A} = A_x,\ \hat{j} \cdot \vec{A} = A_y,\ \hat{k} \cdot \vec{A} = A_z$$

$$\vec{A} = \hat{i}\,(\hat{i} \cdot \vec{A}) + \hat{j}\,(\hat{j} \cdot \vec{A}) + \hat{k}\,(\hat{k} \cdot \vec{A})$$

$$\frac{d}{dt}(\vec{A} \cdot \vec{B}) = \frac{d\vec{A}}{dt} \cdot \vec{B} + \vec{A} \cdot \frac{d\vec{B}}{dt} \quad (3.62)$$

스칼라곱으로서 일

$$dW = F_\tau (s)\, ds = F(s) \cos\phi\, ds = \vec{F}(s) \cdot d\vec{s} \quad (3.63)$$

$$W = \int_{s_i ; C}^{s_f} F_\tau (s)\, ds = \int_{s_i ; C}^{s_f} F(s) \cos\phi\, ds = \int_{s_i ; C}^{s_f} \vec{F}(s) \cdot d\vec{s} \quad (3.64)$$

일률 $P = \frac{dW}{dt} = \vec{F} \cdot \frac{d\vec{s}}{dt} = \vec{F} \cdot \vec{v}$ ($\vec{F}$ : 일정)

### 3.3.3 공간운동에서 위치에너지와 보존력

일(선적분) $W_{AB}=\int_{\vec{r}_A\,;\,C}^{\vec{r}_B} \vec{F}\cdot d\vec{r}$ (3.66)

에너지 적분 $W_{AB}=\int_{\vec{r}_A\,;\,C}^{\vec{r}_B} \vec{F}\cdot d\vec{r}=\int_A^B m\frac{d\vec{v}}{dt}\cdot\vec{v}\,dt=m\int_A^B \vec{v}\cdot d\vec{v}$

$$=\frac{1}{2}m\,v_B^2-\frac{1}{2}m\,v_A^2\quad(v^2=\vec{v}\cdot\vec{v}=\sum_i v_i^2\ :\ i=\{x,\ y,\ z\})\qquad(3.70)$$

**일정한 힘에 의한 일**

$$W_{AB}=\vec{F}\cdot\vec{r}_B-\vec{F}\cdot\vec{r}_A=\vec{F}\cdot(\vec{r}_B-\vec{r}_A)\quad(\vec{F}\ :\ \text{일정})\qquad(3.72)$$

일정한 힘 $\vec{F}$가 한 일은 경로에는 관계없고, 오직 처음 위치와 나중 위치의 상대적 위치벡터 $\vec{r}_{B/A}=\vec{r}_B-\vec{r}_A$ 또는 처음 위치 $\vec{r}_A$와 나중 위치 $\vec{r}_B$에 의해서만 결정된다.

이런 힘을 **보존력**이라 한다.

**보존력과 위치에너지**

$\{\vec{F}=(\text{보존력})\}$

$$\rightleftarrows\ \exists\,U(\vec{r})\ :\ \left\{W_{AB}=\int_{\vec{r}_A}^{\vec{r}_B}\vec{F}\cdot d\vec{r}=-\left[U(\vec{r}_B)-U(\vec{r}_A)\right]\right\}\qquad(3.73)$$

또는 $\{\vec{F}=(\text{보존력})\}$

$$\rightleftarrows\ \left\{\oint_C\vec{F}\cdot d\vec{r}=0\right\}\quad(\textbf{순환적분}\ \oint_C\vec{F}\cdot d\vec{r})\qquad(3.74)$$

**역학적 에너지 보존**

보존력만이 작용하는 경우 $E=\frac{1}{2}m\,v^2+U(\vec{r})=(\text{일정})$ (3.80)

### 보존력이기 위한 필요충분조건

**일차원운동** : $\{(\text{힘})=(\text{보존력})\}\rightleftarrows\{(\text{힘})=(\text{위치만의 함수})\}\ :\ \vec{F}=\vec{F}(x)$

이, 삼차원운동 :

① {(힘)=(보존력)} ⇄ {힘이 한 일이 이동경로에는 관계없고, 처음 및 나중 위치에만 의존한다.}

② $\{\vec{F}=$ (보존력)$\}$ ⇄ $\exists\, U(\vec{r}):\left\{\int_{\vec{r}_A}^{\vec{r}_B}\vec{F}\cdot d\vec{r}=-\left[U(\vec{r}_B)-U(\vec{r}_A)\right]\right\}$

또는 $\{dU(\vec{r})=-\vec{F}\cdot d\vec{r}\}$ (3.73)

③ $\{\vec{F}=$(보존력)$\}$ ⇄ $\left\{\oint_C\vec{F}\cdot d\vec{r}=0\right\}$. (3.74)

④ $\{\vec{F}=$(보존력)$\}$ ⇄ $\{\nabla\times\vec{F}=0\}$

## 힘마당과 위치에너지함수

**위치에너지함수** $U(\vec{r})=-\int_{\vec{r}_0=\text{기준점}}^{\vec{r}}\vec{F}\cdot d\vec{r}$ (3.87)

$$dU(\vec{r})=-\vec{F}\cdot d\vec{r}=-F_\tau\,ds=-F_s\,ds\quad(F_\tau=F_s)\tag{3.88}$$

**힘과 위치에너지** $F_s=-\dfrac{dU}{ds}$ (3.89)

$$F_x=-\frac{\partial U}{\partial x},\ F_y=-\frac{\partial U}{\partial y},\ F_z=-\frac{\partial U}{\partial z}\tag{3.91}$$

$$\vec{F}=-\left(\hat{i}\frac{\partial U}{\partial x}+\hat{j}\frac{\partial U}{\partial y}+\hat{k}\frac{\partial U}{\partial z}\right)\equiv-\nabla U\tag{3.92}$$

(보존력)=(위치에너지함수 그래프의 음의 기울기)

**기울기 연산자** $\nabla=\hat{i}\dfrac{\partial}{\partial x}+\hat{j}\dfrac{\partial}{\partial y}+\hat{k}\dfrac{\partial}{\partial z}$

# 연습문제

## 3.1 일과 운동에너지 - 일차원운동

### 3-1 책상 위의 책에 한 일

수평인 책상 위에 있는 책을 수평 방향으로 $F = 2.40\text{ N}$의 힘으로 밀어서 책을 $1.50\text{ m}$ 이동시켰다. 책상과 책 사이에는 $0.600\text{ N}$의 마찰력이 작용한다.

(가) 밀어준 힘이 책에 한 일은 얼마인가?

(나) 마찰력이 책에 한 일은 얼마인가?

(다) 책에 이루어진 알짜일은 몇 J인가?

**풀이 |** 책이 수평 방향으로 움직였으므로 연직 방향으로 작용한 힘들은 서로 비긴 셈이다. 따라서 수평 방향으로 작용한 힘만 생각해도 좋다. 밀어준 힘, 변위, 마찰력 등은 각각 $F = 2.40\text{ N}$, $\Delta x = 1.50\text{ m}$, $f = 0.600\text{ N}$이다.

(가) 밀어준 힘이 한 일 $W_F = F\Delta x = (2.40\text{ N}) \times (1.50\text{ m}) = 3.60\text{ J}$

(나) 마찰력이 한 일 $W_f = -f\Delta x = -(0.600\text{ N}) \times (1.50\text{ m}) = -0.900\text{ J}$

(다) 알짜일 $W_{알짜} = W_F + W_f = 3.60\text{ J} - 0.900\text{ J} = 2.70\text{ J}$

**답 |** (가) $W_F = 3.60\text{ J}$ (나) $W_f = -0.900\text{ J}$ (다) $W_{알짜} = 2.70\text{ J}$

### 3-2 낚싯줄이 한 일

낚시꾼이 $25.0\text{ N}$의 힘으로 저항하는 물고기를 잡으려고 낚시줄 감개로 낚싯줄을 $12.0\text{ m}$ 감아서 끌어당겼다. 이 경우, 물고기를 일정한 속력으로 잡아 당겼다면, 낚싯줄의 장력이 한 일은 얼마인가?

**풀이 |** 물고기에 작용하는 힘 : 낚시 줄의 장력 $T$, 저항력 $f$

물고기의 운동방정식 $ma = T - f = 0$ : $a = 0$($\because$ $v =$ 일정) $\therefore$ $T = f$

장력이 한 일 $W = T\Delta x = f\Delta x = (25.0\text{ N}) \times (12.0\text{ m}) = 300\text{ J}$

**답 |** $W = 300\text{ J}$

### 3-3 총알의 운동에너지

$15.0\text{ g}$의 총알이 $1.20\text{ km/s}$로 날아가고 있다.

(가) 총알의 운동에너지는 몇 J인가?

(나) 만일 총알의 속도가 반으로 되면 운동에너지는 얼마이고, 속도가 배가 되면 운동에너지는 얼마일까?

**풀이 |** (가) 운동에너지 $K=\frac{1}{2}mv^2=\frac{1}{2}\times(15.0\times10^{-3}\text{ kg})\times(1.20\times10^3\text{ m/s})^2=\underline{10.8\times10^3\text{ J}}$.

(나) $K_{1/2}=\frac{1}{2}m\left(\frac{v}{2}\right)^2=\frac{1}{4}\left(\frac{1}{2}mv^2\right)=\frac{1}{4}K=\underline{2.70\times10^3\text{ J}}$,

$K_2=\frac{1}{2}m(2v)^2=4\left(\frac{1}{2}mv^2\right)=4K=\underline{43.2\times10^3\text{ J}}$

**답 |** (가) $K=10.8\text{ kJ}$ (나) $K_{1/2}=2.70\text{ kJ}$, $K_2=43.2\text{ kJ}$

## 3-4 운동에너지 구하기

아래와 같은 경우, 물체 또는 사람의 운동에너지를 구하라.

(가) 45.0 m/s로 날아가는 질량 0.145 kg의 야구공,

(나) 1마일에 9.00분 걸리는 걸음으로 조깅하는 질량 60.0 kg의 사람.

**풀이 |** (가) 야구공 $K_{공}=\frac{1}{2}m_{공}v_{공}^2=\frac{1}{2}\times(0.145\text{ kg})\times(45.0\text{ m/s})^2=\underline{147\text{ J}}$

(나) 사람 $K_{사람}=\frac{1}{2}m_{사람}v_{사람}^2=\frac{1}{2}\times(60.0\text{ kg})\times\left(\frac{(1\text{ mi})\times(1.61\times10^3\text{ m/mi})}{(9.00\text{ min})\times(60\text{ s/min})}\right)^2$

$=267\text{ J}$. ($1\text{ mi}=1.61\text{ km}$)

**답 |** (가) $K_{공}=147\text{ J}$ (나) $K_{사람}=267\text{ J}$

## 3-5 상자 들어올리기

땅바닥에 있는 질량 6.00 kg의 상자를 80.0 N의 힘으로 연직상방으로 3.00 m 높이까지 들어올렸다.

(가) 80.0 N의 힘 및 중력이 한 일은 각각 얼마인가?

(나) 물체의 나중 운동에너지는 얼마인가?

**풀이 |** (가) 연직상방의 힘이 한 일 $W_F=F\Delta x=(80.0\text{ N})\times(3.00\text{ m})=240.0\text{ J}=\underline{240\text{ J}}$.

중력이 한 일 $W_g=-mg\Delta x=-(6.00\text{ kg})\times(9.81\text{ m/s}^2)\times(3.00\text{ m})=-176.6\text{ J}=\underline{-177\text{ J}}$.

(나) 일-에너지 정리 $W_{알짜}=\Delta K=K_f-K_i$에 의하여 나중 운동에너지 $K_f$는

$$K_f=W_{알짜}+K_i=\{(240.0\text{ J})-(176.6\text{ J})\}+0=\underline{63.4\text{ J}}$$

**답 |** (가) $W_F=240\text{ J}$, $W_g=-177\text{ J}$ (나) $K_f=63.4\text{ J}$

## 3-6 자동차의 정지거리

자동차는 타이어와 노면 사이의 일정한 마찰력에 의하여 정지한다. 그 마찰력은 자동차의 속도에 관계없이 일정하다. 자동차의 처음 속도를 2배로 하면 정지거리는 몇 배로 되는가?

**풀이 |** 일-에너지 정리 $W=K_f-K_i$ : $W=-f\Delta x$, $K_f=0$, $K_i=\frac{1}{2}m\,v_i^2$ $\therefore\ f\Delta x=\frac{1}{2}m\,v_i^2$

$$\therefore\ \Delta x\propto v_i^2\ :\ v_i'=2v_i\quad\therefore\ \Delta x'=4\Delta x\quad\therefore\ 4\text{배}$$

**별해**

마찰력이 일정하므로 감속되는 비율, 곧 가속도 $a(a<0)$도 일정하다. 등가속도 직선운동식에서 속도, 가속도, 변위 사이의 관계식(1.10) 또는 식(1.6) $2a\Delta x = v^2 - v_0^2$에서

$$a = -|a| = (\text{일정}),\ v = v_\text{f} = 0,\ v_0 = v_\text{i}$$

이므로

$$\Delta x = -\frac{v_\text{i}^2}{-2|a|} = \frac{v_\text{i}^2}{2|a|} \qquad \therefore\ \Delta x \propto v_\text{i}^2$$

이므로 처음 속도를 2배로 하면 정지거리는 4배로 된다.

**답 |** 4배

## 3-7 축구공

처음에 2.00 m/s의 속도로 움직이고 있는 질량 0.420 kg의 축구공을 공과 같은 방향으로 40.0 N의 일정한 힘으로 발로 찼다. 속도가 6.00 m/s의 속도가 되려면 발과 공이 접촉한 거리는 얼마인가?

**풀이 |** 일-에너지 정리 $W = K_\text{f} - K_\text{i} = \frac{1}{2}mv_\text{f}^2 - \frac{1}{2}mv_\text{i}^2$ : $W = F\Delta x$ ($\Delta x$ : 접촉한 거리)

$$\therefore\ \Delta x = \frac{W}{F} = \frac{1}{F}\left(\frac{1}{2}mv_\text{f}^2 - \frac{1}{2}mv_\text{i}^2\right)$$

: $m = 0.420\ \text{kg},\ v_\text{f} = 6.00\ \text{m/s},\ v_\text{i} = 2.00\ \text{m/s},\ F = 40.0\ \text{N}$

$$\therefore\ \Delta x = \frac{6.72\ \text{J}}{40.0\ \text{N}} = 0.168\ \text{m}$$

**답 |** $\Delta x = 16.8\ \text{cm}$

## 3-8 위치에 따라 변하는 힘

질량 4.00 kg의 입자가 문3-8의 그림과 같이 위치에 따라 변하는 힘을 받는다.

(가) 입자가 $x=0$에서 $x=3.00\ \text{m}$ 및 $x=3.00\ \text{m}$에서 $x=6.00\ \text{m}$까지 움직이는 동안 힘이 한 일을 각각 구하라.

(나) 입자가 $x=3.00\ \text{m}$ 및 $x=6.00\ \text{m}$에 있을 때 운동에너지를 각각 구하라. 입자가 처음에 $x=0$에서 정지해 있었다고 한다.

(다) 만일, 처음에 점 $x=0$를 2.00 m/s의 속도로 지나고 있었다고 한다면, 점 $x=6.00\ \text{m}$를 지나는 순간 입자의 속도는 얼마일까?

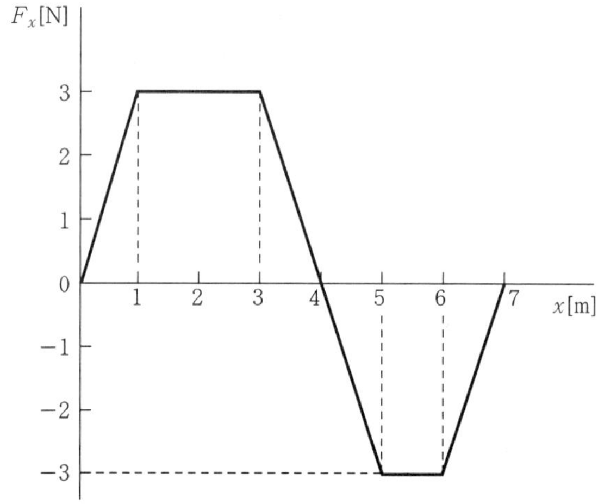


문3-8의 그림 : $F_x - x$의 그래프

**풀이 |** (가) (일)=(그래프 아래 넓이) :

$x = 0$에서 $x = 3.00\ \mathrm{m}$ 사이 일 $W(0 \sim 3\ \mathrm{m}) = 1.50 + 6.00 = 7.50[\mathrm{J}]$,
$x = 3.00\ \mathrm{m}$에서 $x = 6.00\ \mathrm{m}$ 사이 일 $W(3 \sim 6\ \mathrm{m}) = 1.50 - 1.50 - 3.00 = -3.00[\mathrm{J}]$

(나) $x = 3.00\ \mathrm{m}$에서 운동에너지 $K(3\ \mathrm{m})$는? 일-에너지 정리 $W = K_\mathrm{f} - K_\mathrm{i}$에 의하여

$$K_\mathrm{f} = W + K_\mathrm{i} \ :\ K_\mathrm{f} = K(3\ \mathrm{m}),\ K_\mathrm{i} = 0,\ W = W(0 \sim 3\ \mathrm{m}) = 7.50\ \mathrm{J}$$

$$\therefore\ K(3\ \mathrm{m}) = W(0 \sim 3\ \mathrm{m}) = 7.50\ \mathrm{J}.$$

$x = 6.00\ \mathrm{m}$에서 운동에너지는? 일-에너지 정리에 의하여

$$K_\mathrm{f} = W + K_\mathrm{i} \ :\ K_\mathrm{f} = K(6\ \mathrm{m}),\ K_\mathrm{i} = K(3\ \mathrm{m}) = 7.50\ \mathrm{J},\ W = W(3 \sim 6\ \mathrm{m}) = -3.00\ \mathrm{J}$$

$$\therefore K(6\ \mathrm{m}) = W(3 \sim 6\ \mathrm{m}) + K(3\ \mathrm{m}) = -3.00\ \mathrm{J} + 7.50\ \mathrm{J} = 4.50\ \mathrm{J}$$

(다) $v(0) = 2.00\ \mathrm{m/s}$일 때 $x = 6.00\ \mathrm{m}$에서 속도 $v(6\ \mathrm{m})$는? 일-에너지 정리에 의하여

$$K_\mathrm{f} = W + K_\mathrm{i} \ :\ K_\mathrm{f} = \frac{1}{2}mv_\mathrm{f}^2,\ K_\mathrm{i} = \frac{1}{2}mv_\mathrm{i}^2$$

$$\therefore\ \frac{1}{2}mv_\mathrm{f}^2 = W + \frac{1}{2}mv_\mathrm{i}^2 \Rightarrow v_\mathrm{f} = \sqrt{\frac{2W}{m} + v_\mathrm{i}^2} \ :\ v_\mathrm{f} = v(6\ \mathrm{m}),$$

$$W = W(0 \sim 3\ \mathrm{m}) + W(3 \sim 6\ \mathrm{m}) = 7.50\ \mathrm{J} - 3.00\ \mathrm{J} = 4.50\ \mathrm{J},$$

$$v_\mathrm{i} = v(0) = 2.00\ \mathrm{m/s},\ m = 4.00\ \mathrm{kg}$$

$$\therefore\ v(6\ \mathrm{m}) = \sqrt{\frac{2 \times (4.50\ \mathrm{J})}{4.00\ \mathrm{kg}} + (2.00\ \mathrm{m/s})^2} = 2.50\ \mathrm{m/s}$$

**답 |** (가) $W(0 \sim 3\ \mathrm{m}) = 7.50\ \mathrm{J}$, $W(3 \sim 6\ \mathrm{m}) = -3.00\ \mathrm{J}$
(나) $K(3\ \mathrm{m}) = 7.50\ \mathrm{J}$, $K(6\ \mathrm{m}) = 4.50\ \mathrm{J}$ (다) $v(6\ \mathrm{m}) = 2.50\ \mathrm{m/s}$

### 3-9 일을 적분으로 구하기

입자에 작용하는 힘이 위치에 따라 $F_x = Cx^3$ ($C$ : 상수)와 같이 변하는 경우 입자가 $x = 1.50\text{ m}$에서 $x = 3.00\text{ m}$까지 이동하는 동안 힘이 한 일은 얼마인가?

**풀이 |** $F_x = Cx^3 \quad \therefore\ C = \dfrac{F_x}{x^3} \quad \therefore\ [C] = \text{N/m}^3$

힘 $F(x)$가 한 일 $W = \displaystyle\int_{x_i}^{x_f} F(x)\,dx$ : $F(x) = F_x = Cx^3$, $x_i = 1.50\text{ m}$, $x_f = 3.00\text{ m}$

$$\therefore\ W = \int_{1.50\text{m}}^{3.00\text{m}} Cx^3\,dx = \frac{C}{4}\left[x^4\right]_{1.50\text{m}}^{3.00\text{m}} = \left(\frac{C}{4}[\text{N/m}^3]\right)\times\{(3.00\text{ m})^4 - (1.50\text{ m})^4\}$$
$$= 18.98C\,[\text{J}] = \underline{19.0C\,[\text{J}]}.$$

**답 |** $W = 19.0C\,[\text{J}]$

### 3-10 용수철에 한 일

훅의 법칙을 만족하는 가벼운 용수철에 $4.00\text{ kg}$의 물체를 달아서 연직으로 하였더니 용수철이 $2.50\text{ cm}$ 늘어났다.

(가) $4\text{ kg}$짜리 물체를 떼어내고, 대신 $1.50\text{ kg}$의 추를 달면 용수철은 얼마나 늘어나는가?

(나) 이 용수철을 자연 길이로부터 $4.00\text{ cm}$ 늘어나게 하려면 외부 작용하는 힘은 얼마의 일을 하여야 하는가?

**풀이 |** 연직상방을 양(+)으로 한다.

용수철의 힘상수는 $F = -kx \quad \therefore\ k = -\dfrac{F}{x} = -\dfrac{(4.00\text{ kg})\times(9.81\text{ m/s}^2)}{(-0.0250\text{ m})} = 1.5696\times10^3\text{ N/m}$

(가) 용수철에 작용하는 힘의 법칙 $F = -kx$ : $F = (1.50\text{ kg})\times(9.81\text{ m/s}^2)$,
$k = 1.5696\times10^3\text{ N/m}$

$$\therefore\ x = -\frac{F}{k} = -\frac{(1.50\text{ kg})\times(9.81\text{ m/s}^2)}{(1.5696\times10^3\text{ N/m})} = -9.375\times10^{-3}\text{ m} = \underline{-9.38\times10^{-3}\text{ m}}.$$

(나) 용수철의 탄성력이 하는 일 $W = \dfrac{1}{2}kx^2$ : $k = 1.5696\times10^3\text{ N/m}$, $x = 0.0400\text{ m}$

$$\therefore\ W = 1.26\text{ J}$$

**답 |** (가) $x = 0.938\text{ cm}$ 아래로 (나) $W = 1.26\text{ J}$

### 3-11 총알에 한 일

총열이 $0.600\text{ m}$인 총으로부터 질량 $100\text{ g}$의 총알이 발사되었다. 화약이 폭발할 때 생긴 기체의 팽창으로 인하여 총알이 받는 힘은 $F = 15000 + 10000x - 25000x^2$으로 기술된다. 총알의 출발점을 원점으로 하고, 단위는 MKS단위이다.

(가) 총알이 총열을 지나는 동안 팽창한 기체로부터 받은 일은 얼마인가?

(나) 총열이 $1.00\text{ m}$라면 팽창한 기체가 총알에 한 일은 얼마일까? (가)의 결과와 비교하여 보아라.

**풀이 |** $F = 15000\ \mathrm{N} + (10000\ \mathrm{N/m})x - (25000\ \mathrm{N/m^2})x^2$

(가) 총알이 길이 0.600 m의 총열을 지나오는 동안 힘 $F$에 의하여 받은 일

$$W = \int_{x_i}^{x_f} F\,dx = \int_0^{0.600\ \mathrm{m}} \left[15000\ \mathrm{N} + (10000\ \mathrm{N/m})x - (25000\ \mathrm{N/m^2})x^2\right] dx$$

$$= \left[(15000\ \mathrm{N})x + \left(\frac{10000}{2}\ \mathrm{N/m}\right)x^2 - \left(\frac{25000}{3}\ \mathrm{N/m^2}\right)x^3\right]_0^{0.600\ \mathrm{m}}$$

$$= 9000\ \mathrm{J}$$

(나) 총알이 길이 1.00 m의 총열을 지나오는 동안 힘 $F$에 의하여 받은 일

$$W = \int_{x_i}^{x_f} F\,dx = \left[(15000\ \mathrm{N})x + \left(\frac{10000}{2}\ \mathrm{N/m}\right)x^2 - \left(\frac{25000}{3}\ \mathrm{N/m^2}\right)x^3\right]_0^{1.00\ \mathrm{m}}$$

$$= 11.7 \times 10^3\ \mathrm{J}.$$

**답 |** (가) $W = 9.00\ \mathrm{kJ}$ (나) $11.7\ \mathrm{kJ}$, $\dfrac{\Delta W}{W} = 29.6\%$ 증가.

### 3-12 원기둥면을 따라 움직이는 입자에 한 일

반지름 $R$의 반원기둥을 평면에 엎어놓고, 그 축에 수직으로 매끄러운 원기둥면을 따라서 질량 $m$의 작은 입자를 등속도로 접선 방향으로 밀어 올린다. 입자의 각위치를 평면으로부터 잰 각 $\theta$로 나타낸다.

(가) 이때 입자를 밀어 올리는 힘을 구하라.

(나) 입자를 평면으로부터 반원기둥의 꼭짓점까지 밀어 올리는 데 한 일은 얼마인가?

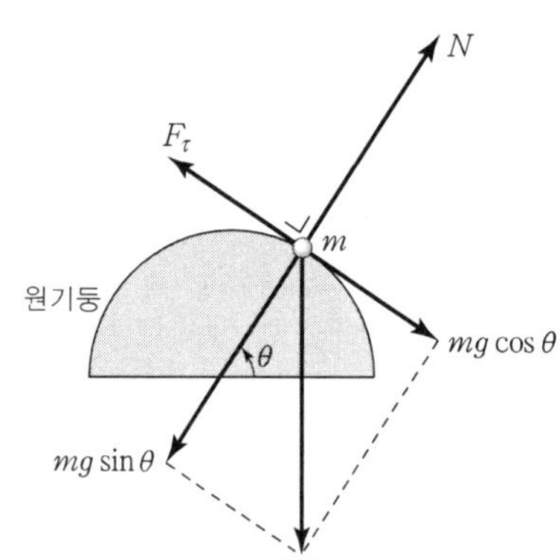


문3-12의 연습그림 : 반원기둥면을 따라 움직이는 입자에 작용하는 힘

**풀이 |** (가) 접선 방향의 운동방정식 $ma_\tau = F_\tau - mg\cos\theta$ 에서 등속도로 밀어 올리므로 $a_\tau = 0$ 이다. 따라서 밀어 올리는 힘은 $F_\tau = mg\cos\theta$ 이다.

**별해**

문3-12의 연습그림은 평면에 엎어놓은 반원기둥의 축에 수직인 단면으로 입자에 작용하는 힘을 나타낸 것이다. 그림에서 보는 바와 같이 입자에 작용하는 힘은 중력 $\vec{w}=m\vec{g}$, 수직항력 $\vec{N}$, 그리고 밀어 올리는 힘 $\vec{F}$이다. 따라서 운동방정식은

$$m\vec{a}=m\vec{g}+\vec{N}+\vec{F}$$

이다. 이를 기둥면에 접선 성분($\tau$ 성분) 및 지름 성분($r$ 성분)으로 분해하면

$mg_\tau=-mg\cos\theta$, $mg_r=-mg\sin\theta$; $N_\tau=0$, $N_r=N$; $F_\tau=F_\tau$, $F_r=0$이므로

$$\text{지름 성분}\quad ma_r=-mg\sin\theta+N$$

$$\text{접선 성분}\quad ma_\tau=-mg\cos\theta+F_\tau$$

이다. 여기서 입자가 등속도로 변위되므로 $a_r=0$, $a_\tau=0$이다. 따라서 $N=mg\sin\theta$이고, 밀어 올리는 힘은 $F_\tau=mg\cos\theta$이다.

(나) 원기둥면을 따라서 $ds$만큼 변위될 때 밀어 올리는 힘이 한 일은 $dW=F_\tau ds=F_\tau R\,d\theta$이므로 꼭짓점까지 밀어 올리는 데 한 일은

$$W=\int_{s_i}^{s_f}F_\tau ds=\int_{\theta_i}^{\theta_f}F_\tau R\,d\theta\ :\ \theta_i=0,\ \theta_f=\frac{\pi}{2},\ F_\tau=mg\cos\theta$$

$$\therefore\ W=R\int_0^{\frac{\pi}{2}}mg\cos\theta\,d\theta=mgR[\sin\theta]_0^{\frac{\pi}{2}}=mgR(*).$$

⟨⟨ (*) 중력만이 작용하므로 보존력마당이다. 따라서 일은 경로에 관계없으므로 중력에 거슬러 한 일은 바닥에서 반지름 높이만큼 들어 올린 일 $W=mgR$와 같다. ⟩⟩

**답 |** (가) $F_\tau=mg\cos\theta$ (나) $W=mgR$

### 3-13 운동마찰력이 하는 일

수평면 위에 있는 힘상수가 500 N/m인 용수철의 자유단에 질량 2.00 kg의 목침을 달아서 수평면 위에 놓았다. 목침을 평형점으로부터 5.00 cm 당겨서 가만히 놓아주었다. 목침과 수평면 사이의 운동마찰계수 $\mu_k$가 아래 (가), (나)와 같은 경우, 목침이 평형점을 지나는 순간의 속도를 구하라.

(가) $\mu_k=0$ (나) $\mu_k=0.350$

**풀이 |** 일-에너지 정리 $\sum W=K_f-K_i$ : $K_f=\frac{1}{2}mv^2$, $K_i=0$

$$\therefore\ \frac{1}{2}mv^2=\sum W\ :\ \sum W=W_s+W_f\ (W_s\ :\ \text{용수철이 한 일},\ W_f\ :\ \text{마찰력이 한 일})$$

$$\therefore \; v=\sqrt{\frac{2}{m}(W_s+W_f)} \;:\; W_s=\frac{1}{2}kx^2 \;(x=A),\; W_f=-f_k\,\Delta x=-\mu_k\, mg\Delta x \;(\Delta x=A)$$

$$\therefore \; v=\sqrt{\frac{k}{m}A^2-2\mu_k gA} \;:\; k=500\text{ N/m},\; m=2.00\text{ kg},\; A=5.00\text{ cm}$$

(가) $\mu_k=0 \Rightarrow v(0)=\sqrt{\frac{k}{m}}A=\sqrt{\frac{500\text{ N/s}}{2.00\text{ kg}}}\times(5.00\times10^{-2}\text{ m})=79.06\times10^{-2}\text{m/s}$

$=\underline{79.1\times10^{-2}\text{m/s}}$.

(나) $\mu_k=0.350$

$$\Rightarrow v(0)=\sqrt{\frac{kA^2}{m}-2\mu_k gA}$$

$$=\sqrt{\frac{(500\text{ N/m})\times(5.00\times10^{-2}\text{ m})^2}{2.00\text{ kg}}-2\times0.350\times(9.81\text{ m/s}^2)\times(5.00\times10^{-2}\text{ m})}$$

$=0.5307\text{ m/s}=\underline{0.531\text{ m/s}}$.

**답 |** (가) $v(0)=0.791\text{ m/s}$ (나) $v(0)=0.531\text{ m/s}$

### 3-14 승강기의 일률

2,150 kg의 짐을 실은 승강기가 일정한 속도로 15.0초 만에 28.0 m 올라가는 데, 줄에 마찰력이 1,534 N으로 일정하게 작용한다면 필요한 일률은 얼마인가?

**풀이 |** 일률은 $P=\frac{W}{\Delta t}$ : $W=F\Delta x$로 주어지는데, 여기서 힘 $F$는 운동방정식에 의하여,

$$ma=F-mg-f \;:\; a=0\,(\text{등속도}) \quad \therefore \; F=mg+f$$

$$\therefore \; P=\frac{(mg+f)\Delta x}{\Delta t}=\frac{[(2150\text{ kg})\times(9.81\text{ m/s}^2)+(1534\text{ N})]\times(28.0\text{ m})}{15.0\text{ s}}=42234\text{ W}$$

$=\underline{42.2\times10^3\text{ W}}$.

**답 |** $P=42.2\text{ kW}$

### 3-15 승강기에 한 일률

650 kg의 승강기가 정지했다가 위로 출발하였다. 출발한 지 3.00초 만에 일정한 비율로 가속되어 주행속도 1.75 m/s의 일정한 속도에 이르렀다.

(가) 이 시간 동안에 전동기가 공급한 평균일률은 얼마인가?

(나) 이 결과를 승강기가 주행속도의 일정한 속도로 움직일 때의 공급된 일률과 비교하라.

**풀이 |** (가) 평균일률은 $\langle P\rangle=T\langle v\rangle$로 주어지는 데 여기서 평균속도 $< v >$는 엘리베이터가 일정한 비율로 가속되므로

$$< v >=\frac{v_i+v_f}{2}=\frac{0+1.75\text{ m/s}}{2}=0.875\text{ m/s}$$

이다. 장력 $T$는

운동방정식 $ma=T-mg$

$$\therefore \ T = ma + mg = (650 \text{ kg}) \times \left( \frac{1.75 \text{ m/s}}{3.00 \text{ s}} + 9.81 \text{ m/s}^2 \right) = 6756 \text{ N}$$

이므로

$$< P >= T < v >= (6756 \text{ N}) \times (0.875 \text{ m/s}) = 5912 \text{ W} = \underline{5.91 \times 10^3 \text{ W}}$$

이다.

(나) 일률 $P = Tv$에서 $v = 1.75 \text{ m/s}$이고, 장력은

운동방정식 $ma = T - mg \ : \ a = 0$

$$\therefore \ T = mg = (650 \text{ kg}) \times (9.81 \text{ m/s}^2) = 6377 \text{ N}$$

이므로

$$P = Tv = (6377 \text{ N}) \times (1.75 \text{ m/s}) = 11160 \text{ W} = \underline{11.2 \text{ kW}}$$

이다.

**답 |** (가) $< P >= 5.91 \text{ kW}$ (나) $P = 11.2 \text{ kW}$

### 3-16 순간 일 및 일률

처음($t = 0$)에 정지해 있는 질량 $m$의 입자에 일정한 힘 $F$가 작용하였다.

(가) 임의의 시각 $t$에서 힘 $F$가 한 일 $W(t)$를 구하고, 그 순간의 일률은 $P(t) = \frac{F^2}{m} t$로 주어짐을 보여라.

(나) 30.0 N의 힘이 정지해 있던 질량 5.00 kg의 입자에 작용했을 때 $t = 3.00 \text{ s}$인 순간의 일률은 얼마인가?

**풀이 |** 일정한 힘이 작용하므로 입자는 등가속도운동을 한다.

(가) 힘 $F$가 한 일은 $W(t) = Fx(t)$로 주어지는데, 변위 $x(t)$는 입자가 정지상태에서 힘을 받아서 등가속도운동을 하므로

$$x = \frac{1}{2} a t^2 = \frac{1}{2} \left( \frac{F}{m} \right) t^2 \qquad \therefore \ W(t) = F \left( \frac{F}{2m} \right) t^2 = \left( \frac{F^2}{2m} \right) t^2$$

이다. 일률은

$$P(t) = \frac{dW(t)}{dt} = \frac{d}{dt} \left( \frac{F^2}{2m} \right) t^2 = \left( \frac{F^2}{m} \right) t \quad \text{〔QED〕}$$

(나) $P(3 \text{ s}) = \dfrac{(30.0 \text{ N})^2}{5.00 \text{ kg}} \times (3.00 \text{ s}) = 540 \text{ W}.$

**답 |** (가) $W(t) = \left( \frac{F^2}{2m} \right) t^2$ (나) $P = 540 \text{ W}$

### 3-17 일률 함수

8.00 kg의 물체에 $x$축 방향으로 5.00 N의 힘이 작용하였다.

(가) 물체가 처음($t=0$)에 원점($x=0$)에서 정지상태에서 출발하였다. 속도를 시간의 함수로 나타내어라.

(나) 일률을 시간의 함수로 나타내고, 시각 $t=3.00\ \text{s}$에서 일률을 구하라.

**풀이 |** 물체의 가속도는 $a=\dfrac{F}{m}=\dfrac{5.00\ \text{N}}{8.00\ \text{kg}}=0.625\ \text{m/s}^2$이다.

(가) 속도 $v(t)=v_0+at$ : $v_0=0$, $a=0.625\ \text{m/s}^2$ $\quad\therefore\ v(t)=(0.625\ \text{m/s}^2)\,t$

(나) 일률 $P(t)=Fv(t)=(5.00\ \text{N})\times(0.625\ \text{m/s}^2)\,t=(3.125\ \text{N}\cdot\text{m/s}^2)\,t=(3.125\ \text{J/s}^2)\,t$

$=\underline{(3.13\ \text{J/s}^2)\,t}$.

$P(3\ \text{s})=(3.125\ \text{J/s}^2)\times(3.00\ \text{s})=9.375\ \text{W}=\underline{9.38\ \text{W}}$.

**답 |** (가) $v(t)=(0.625\ \text{m/s}^2)\,t$ (나) $P(t)=(3.13\ \text{J/s}^2)\,t$, $P(3\ \text{s})=9.38\ \text{W}$

## 3.2 위치에너지와 역학적 에너지 보존

### 3-18 용수철의 길이 늘이기

힘상수가 $10.0\times10^3\ \text{N/m}$인 용수철이 있는데, 그 위치에너지가 (가) 50 J, (나) 100 J이 되도록 하자면 얼마나 늘어나게 해야 하는가?

**풀이 |** 탄성력에 의한 위치에너지 $U=\dfrac{1}{2}kx^2 \quad \therefore\ x=\sqrt{\dfrac{2U}{k}}$

(가) $U=50\ \text{J}$, $k=10.0\times10^3\ \text{N/m} \quad \therefore\ x=\sqrt{\dfrac{2\times(50\ \text{J})}{10.0\times10^3\ \text{N/m}}}=0.100\ \text{m}$

(나) $U=100\ \text{J}$, $k=10.0\times10^3\ \text{N/m} \quad \therefore\ x=\sqrt{\dfrac{2\times(100\ \text{J})}{10.0\times10^3\ \text{N/m}}}=0.1414\ \text{m}=0.141\ \text{m}$

**답 |** (가) $x=10.0\ \text{cm}$ (나) $x=14.1\ \text{cm}$

### 3-19 폭포수의 일률

높이가 128 m인 어떤 폭포에서 떨어지는 물의 양이 평균적으로 매 초 $1.40\times10^6\ \text{kg}$이라 한다. 이 폭포수의 위치에너지의 반이 전기에너지로 전환될 수 있다고 한다. 이 폭포에 의한 수력발전 일률은 얼마나 되는가?

**풀이 |** $P(t)=\dfrac{dW(t)}{dt}$ : $W(t)=m(t)gh$

$\therefore\ P(t)=\dfrac{dm(t)}{dt}gh$ : $h=128\ \text{m}$, $\dfrac{dm(t)}{dt}=1.40\times10^6\ \text{kg/s}$

$\therefore\ P(\text{폭포})=(1.40\times10^6\ \text{kg/s})\times(9.81\ \text{m/s}^2)\times(128\ \text{m})=1758.0\times10^6\ \text{W}$

$\therefore\ P(\text{발전})=(1758.0\times10^6\ \text{W})\times0.5=879\times10^6\ \text{W}$

**답 |** $P=879\ \text{MW}$

### 3-20 용수철에 연결된 비탈 위에 있는 목침

비탈각이 $\theta$인 비탈면 위에 있는 목침에 가볍고 늘어나지 않는 실을 달아서 비탈 꼭대기에 있는 가볍고 자유로이 회전할 수 있는 고정도르래에 걸쳐서 연직 아래 끝에 용수철을 달아서 용수철을 당기고 있다. 용수철을 점점 세게 당겨서 목침이 움직이려는 순간 용수철의 탄성위치에너지를 구하라. 용수철의 힘상수는 $k$, 목침(질량 $m$)과 비탈면 사이의 정지마찰계수는 $\mu_s$이다.

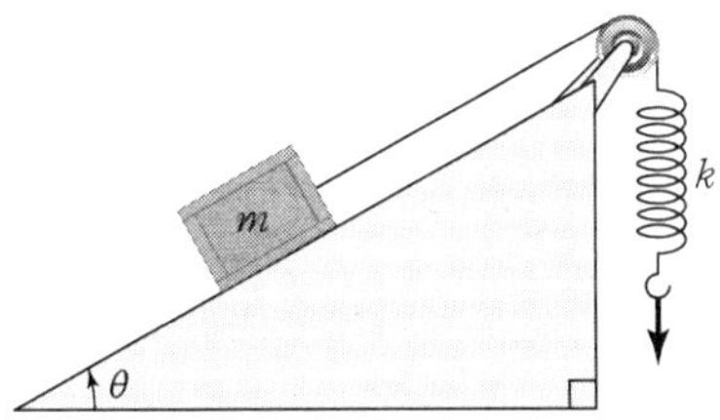


문3-20의 연습그림 : 비탈면 위에 있는 목침

**풀이 |** 목침에 작용하는 힘은 중력 $\vec{w}=m\vec{g}$, 수직항력 $\vec{N}$, 실의 장력 $\vec{T}$, 정지마찰력 $\vec{f}_s$이다. 여기서 실의 장력은 자유로이 회전할 수 있는 가벼운 도르래 걸쳐있는 실의 양쪽에 걸리는 장력이 서로 같으므로 용수철의 탄성력 $F_s$와 같다.

목침이 움직이려는 순간, 용수철의 늘어난 길이를 $x_0$라면 $T=F_s=kx_0$이고, 정지마찰력은 최대 정지마찰력이 된다. 따라서 이 순간의 평형조건은

$$\vec{w}+\vec{N}+\vec{T}+\vec{f}_{s;\max}=0$$

이다. 이 조건을 비탈에 수직한 성분과 나란한 성분으로 분해하면

수직한 성분 $-mg\cos\theta+N=0 \quad (\because\ w_{\perp}=mg\cos\theta)$

나란한 성분 $kx_0-mg\sin\theta-\mu_s mg\cos\theta=0$

$(\because\ w_{\parallel}=mg\sin\theta,\ f_{s;\max}=\mu_s mg\cos\theta,\ T=kx_0)$

이다.

$$\therefore\ x_0=\frac{mg}{k}(\sin\theta+\mu_s\cos\theta).$$

따라서 움직이려는 순간 위치에너지는 $U=\dfrac{1}{2}kx_0^2=\dfrac{(mg)^2}{2k}(\sin\theta+\mu_s\cos\theta)^2$이다.

**답 |** $U=\dfrac{(mg)^2}{2k}(\sin\theta+\mu_s\cos\theta)^2$

### 3-21 역제곱법칙의 힘

한 자연 현상의 상호작용을 나타내는 위치에너지함수가 $U(x)=\dfrac{K}{x}$ $(K>0)$로 주어진다고 한다. $K$는 양(+)의 상수이다.

(가) 힘 $F_x$를 구하라. 이 힘은 원점을 향하는가 또는 멀어지는 방향인가?

(나) 이 위치에너지는 $x$가 증가함에 따라 증가하는가 또는 감소하는가?

(다) 만일 $K$가 음의 상수이면 (가) 및 (나)의 답은 어떻게 될까?

**풀이 |** 힘과 위치에너지 사이에는 $F_x = -\frac{\partial U}{\partial x}$의 관계가 있다.

(가) 힘 $F_x = -\frac{dU}{dx} = -\frac{d}{dx}\left(\frac{K}{x}\right) = \frac{K}{x^2}$. $F_x > 0$이므로 원점으로부터 멀어지는 방향이다.

(나) 감소한다.

(다) $K < 0$이면 $F_x = -\frac{|K|}{x^2}$ : 원점을 향한다.

$U(x) = -\frac{|K|}{x}$ : $x$가 증가함에 따라 증가한다.

**답 |** (가) $F_x(x) = \frac{K}{x^2}$ $(K > 0)$, 멀어지는 방향 (나) 감소한다.

(다) (가) 원점을 향하고, (나) 증가한다.

## 3-22 위치에너지함수

$F_x = 6.00\ \text{N}$의 일정한 크기의 힘이 있다. 이 힘의 위치에너지함수를 아래 각 경우에 대해서 구하라.

(가) 기준점이 $x_0$인 경우

(나) 기준점이 $x = 4.00\ \text{m}$인 경우

(다) $x = 6.00\ \text{m}$에서 위치에너지가 $14.0\ \text{J}$인 경우

**풀이 |** 위치에너지와 힘 사이에는 $dU(x) = -F_x(x)\,dx$의 관계가 있다.

$$\therefore\ U(x) = -\int F_x(x)\,dx = -\int (6.00\ \text{N})dx = -(6.00\ \text{N})\,x + C$$

기준점에서 위치에너지 $U(x = \text{기준점}) = 0$이다.

(가) 기준점이 $x_0$인 경우 $U(x_0) = 0 \Rightarrow U(x_0) = -(6.00\ \text{N})\,x_0 + C = 0$

$\therefore\ C = (6.00\ \text{N})\,x_0 \quad \therefore\ U(x) = -(6.00\ \text{N})\,(x - x_0)$

(나) 기준점이 $x = 4.00\ \text{m}$인 경우

$U(x = 4\ \text{m}) = 0 \Rightarrow U(x = 4\ \text{m}) = -(6.00\ \text{N}) \times (4.00\ \text{m}) + C = 0$

$\therefore\ C = 24.0\ \text{J} \quad \therefore\ U(x) = -(6.00\ \text{N})\,x + 24.0\ \text{J}$ 또는 $U(x) = -(6.00\ \text{N})\,[x - (4.00\ \text{m})]$.

(다) $x = 6.00\ \text{m}$에서 위치에너지가 $14.0\ \text{J}$인 경우

$U(x = 6\ \text{m}) = 14.0\ \text{J} \Rightarrow U(x = 6\ \text{m}) = -(6.00\ \text{N}) \times (6.00\ \text{m}) + C = 14.0\ \text{J} \quad \therefore\ C = 50.0\ \text{J}$

$\therefore\ U(x) = -(6.00\ \text{N})\,x + 50.0\ \text{J}$ 또는 $U(x) = -(6.00\ \text{N})\,[x - (6.00\ \text{m})] + 14.0\ \text{J}$

**답 |** (가) $U(x) = -(6.00\ \text{N})(x - x_0)$

(나) $U(x) = -(6.00\ \text{N})\,[x - (4.00\ \text{m})]$

(다) $U(x) = -(6.00\ \text{N})\,[x - (6.00\ \text{m})] + 14.0\ \text{J}$

### 3-23 위치에너지함수와 힘

상호작용을 하고 있는 물체의 위치에너지함수가

$$U(x) = (3.00\,\mathrm{J/m^2})x^2 - (2.00\,\mathrm{J/m^4})x^4$$

이다.

(가) 이 물체에 작용하는 힘을 구하라.

(나) 이 물체가 평형상태에 놓여 있는 위치를 구하라.

(다) 이들 평형점의 안정성을 판단하라.

**풀이 |** (가) $F_x = -\dfrac{dU}{dx} = -\dfrac{d}{dx}\left[(3.00\,\mathrm{J/m^2})\,x^2 - (2.00\,\mathrm{J/m^4})\,x^4\right] = -\left[(6.00\,\mathrm{J/m^2})\,x - (8.00\,\mathrm{J/m^4})\,x^3\right]$

(나) $x = x_0$ : 평형점 $\rightleftarrows F_x(x_0) = 0 \Rightarrow F_x(x_0) = -\left[(6.00\,\mathrm{J/m^2})\,x_0 - (8.00\,\mathrm{J/m^4})\,x_0^3\right] = 0$

$\therefore\ \left[(6.00\,\mathrm{J/m^2}) - (8.00\,\mathrm{J/m^4})\,x_0^2\right]x_0 = 0$

$\therefore\ x_0 = 0$ 또는 $x_0 = \pm\sqrt{\dfrac{6.00\,\mathrm{J/m^2}}{8.00\,\mathrm{J/m^4}}} = \pm\dfrac{\sqrt{3}}{2}\ \mathrm{m} = \underline{\pm 0.866\ \mathrm{m}}$.

(다) 안정한 평형점 판단방법 :

$$\left.\frac{d^2U}{dx^2}\right|_{x=x_0} > 0 \rightleftarrows x = x_0\ (\text{극소점}) : \text{안정한 평형점},$$

$$\left.\frac{d^2U}{dx^2}\right|_{x=x_0} < 0 \rightleftarrows x = x_0\ (\text{극대점}) : \text{불안정한 평형점}$$

이다. 따라서

$$\frac{d^2U}{dx^2} = (6.00\,\mathrm{J/m^2}) - (24.00\,\mathrm{J/m^4})\,x^2 \quad \therefore\ \left.\frac{d^2U}{dx^2}\right|_{x=x_0=0} = (6.00\,\mathrm{J/m^2}) > 0$$

$\therefore\ x_0 = 0$(극소점) : 안정한 평형점

$$\left.\frac{d^2U}{dx^2}\right|_{x=x_0=\pm\frac{\sqrt{3}}{2}} = (6.00\,\mathrm{J/m^2}) - (24.0\,\mathrm{J/m^4}) \times \left(\pm\frac{\sqrt{3}}{2}\right)^2 = -12.0\,\mathrm{J} < 0$$

$\therefore\ x_0 = \pm\dfrac{\sqrt{3}}{2} = \pm 0.866\ \mathrm{m}$ (극대점) : 불안정한 평형점

**답 |** (가) $F_x(x) = -(6.00\,\mathrm{J/m^2})x + (8.00\,\mathrm{J/m^4})x^3$ (나) $x_0 = 0$, $x_0 = \pm 0.866\ \mathrm{m}$

(다) $x_0 = 0$ : 안정한 평형점, $x_0 = \pm 0.866\ \mathrm{m}$ : 불안정한 평형점

### 3-24 용수철 총

매끄러운 수평면 위에 놓여 있는 용수철을 물체로 밀어서 압축하여 가만히 놓으면 용수철은 물체를 밀어낸다. 이 경우, 질량이 4배인 물체를 처음 속도의 3배로 튕겨나가게 하려면 용수철을 압축한 길이는 처음의 몇 배로 해야 하는가?

**풀이 |** 일-에너지 정리 $W = K_f - K_i$ : $W = \frac{1}{2}k x^2$, $K_f = \frac{1}{2}m v^2$, $K_i = 0$ $\quad \therefore \ \frac{1}{2}kx^2 = \frac{1}{2}m v^2$.

$$\therefore \ x = \sqrt{\frac{m v^2}{k}} \ : \ m \to 4m, \ v \to 3v \qquad \therefore \ x' = \sqrt{\frac{(4m)(3v)^2}{k}} = \sqrt{36\frac{mv}{k}} = 6x$$

**답 |** 6배

### 3-25 아트우드 기계

가볍고 늘어나지 않는 가는 실의 양단에 3.00 kg, 2.00 kg의 물체를 달아서 가볍고 자유로이 회전하는 고정도르래에 걸어 놓고, 2 kg짜리 물체에는 실로 추를 달아놓았다. 2 kg짜리 물체가 3 kg짜리 물체보다 1.00 m 아래에 정지해 있는데 가위로 추가 달린 실을 살짝 잘라냈다. 각 물체가 같은 높이를 지나는 순간 속도를 구하라.

**풀이 |** 물체에 작용하는 바깥힘은 중력뿐이다. 따라서 역학적 에너지가 보존된다. 위치에너지의 기준점을 처음 제일 낮은 점으로 한다. 곧, 2 kg짜리의 처음 위치($h_2 = 0$)를 기준으로 한다.
역학적 에너지 보존 $K_f + U_f = K_i + U_i$에서

처음 운동에너지 $K_i = 0$

처음 위치에너지 $U_i = m_1 g h_1 + m_2 g h_2$ : $m_1 = 3.00\ \text{kg}$, $m_2 = 2.00\ \text{kg}$, $h_1 = 1.00\ \text{m}$, $h_2 = 0$

$$\therefore \ U_i = (3.00\ \text{kg}) \times (9.81\ \text{m/s}^2) \times (1.00\ \text{m}) = 29.43\ \text{J}$$

나중 운동에너지 $K_f = \frac{1}{2}m_1 v_1^2 + \frac{1}{2}m_2 v_2^2$ : $v_1 = v_2 \equiv v$ (실이 가볍고 늘어나지 않기 때문에).

$$\therefore \ K_f = (2.50\ \text{kg})\, v^2$$

나중 위치에너지 $U_f = m_1 g h_1 + m_2 g h_2$ : $m_1 = 3.00\ \text{kg}$, $m_2 = 2.00\ \text{kg}$, $h_1 = h_2 = 0.500\ \text{m}$

$$\therefore \ U_f = 24.53\ \text{J}$$

$$\therefore \ K_f + U_f = K_i + U_i \ \Rightarrow \ (2.50\ \text{kg})\, v^2 + 24.53\ \text{J} = 29.43\ \text{J}$$

$$\therefore \ v = \pm\sqrt{\frac{(29.43\ \text{J}) - (24.53\ \text{J})}{2.50\ \text{kg}}} = \pm\, 1.400\ \text{m/s} = \underline{\pm\, 1.40\ \text{m/s}}\,.$$

여기서 복부호(±)는 두 물체의 속도 방향을 각각 나타낸다.

**답 |** $v = 1.40\ \text{m/s}$

### 3-26 용수철 위에 떨어진 목침

2.40 kg의 목침이 자유낙하 하여 연직으로 놓여 있는 용수철 위에 떨어졌다. 목침이 용수철 위에서 순간적으로 정지했을 때 압축된 길이가 25.0 cm이었다. 처음에 목침의 용수철로부터 연직 높이는 5.00 m이었다.

(가) 용수철의 힘상수를 구하라.

(나) 용수철이 15.0 cm 압축된 순간 목침의 속도를 구하라.

**풀이 |** 목침에 작용하는 힘은 중력 및 탄성력뿐이므로 역학적 에너지가 보존된다.

압축된 길이 $x_0 = 0.250\text{ m}$, 용수철로부터 연직높이 $H = 5.00\text{ m}$. 처음 위치를 위치에너지의 기준점으로 한다.

(가) 힘상수 $k$는? 에너지 보존법칙 $K_i + U_i = K_f + U_f$에서

처음상태 $K_i = 0$, $U_i = 0$

나중상태 $K_f = 0$, $U_f = mgh + \frac{1}{2}kx_0^2 = -mg(H + x_0) + \frac{1}{2}kx_0^2$ ($\because$ $h = -(H + x_0)$).

$$\therefore\ K_i + U_i = K_f + U_f \Rightarrow -mg(H + x_0) + \frac{1}{2}kx_0^2 = 0$$

$$\therefore\ k = \frac{2mg(H + x_0)}{x_0^2}\ :\ x_0 = 0.250\text{ m},\ H = 5.00\text{ m},\ m = 2.40\text{ kg}$$

$$\therefore\ k = 3.955 \times 10^3\text{ N/m} = \underline{3.96 \times 10^3\text{ N/m}}.$$

(나) 목침의 속도 $v$는? 에너지 보존법칙 $K_i + U_i = K_f + U_f$에서

처음상태 $K_i = 0$, $U_i = 0$

나중상태 $K_f = \frac{1}{2}mv^2$, $U_f = mgh + \frac{1}{2}kx^2 = -mg(H + x) + \frac{1}{2}kx^2$

$$\therefore\ K_i + U_i = K_f + U_f \Rightarrow \frac{1}{2}mv^2 + \frac{1}{2}kx^2 - mg(H + x) = 0$$

$$\therefore\ v = \pm\sqrt{2g(H + x) - \frac{k}{m}x^2}\ :\ x = 0.150\text{ m},\ H = 5.00\text{ m},$$

$$m = 2.40\text{ kg},\ k = 3.955 \times 10^3\text{ N/m}$$

$$\therefore\ v = \pm 8.00\text{ m/s}$$

이다. 여기서 복부호(±)는 압축될 때 및 최대로 압축되었다가 다시 튕겨 올라올 때의 속도를 나타낸다.

**답 |** (가) $k = 3960\text{ N/m}$ (나) $v = 8.00\text{ m/s}$

### 3-27 연직면 내에서 원운동 하는 추

실 끝에 달린 질량 $m$의 추가 연직면 내에서 일정한 역학적 에너지로 완전 원운동을 하고 있다. 추가 맨 아래 점 및 맨 꼭대기 점을 지나는 순간 추에 작용하는 실의 장력의 차를 구하라. 공기의 마찰을 무시한다.

**풀이 |** 연직면 내에서 원운동하는 실에 달린 추에 작용하는 힘은 맨 아래 점 B에서는 연직상방으로 작용하는 실의 장력 $T_B$, 연직 아래로 작용하는 중력 $mg$이고, 맨 꼭대기 점 P에서는 실의 장력 $T_P$ 및 중력 $mg$가 모두 연직 아래로 작용한다.

운동방정식은

$$\text{점 B}\ :\ \frac{mv_B^2}{R} = T_B - mg,\ \text{점 P}\ :\ \frac{mv_P^2}{R} = T_P + mg$$

이다. 역학적 에너지 보존 $K_B + U_B = K_P + U_P$에서

$$K_B = \frac{1}{2}mv_B^2,\ \ U_B = 0;\ \ K_P = \frac{1}{2}mv_P^2,\ \ U_P = 2mgR \qquad \therefore\ \frac{1}{2}mv_B^2 = \frac{1}{2}mv_P^2 + 2mgR$$

$$\therefore v_B^2 - v_P^2 = 4gR. \tag{1}$$

한편, 운동방정식으로부터

$$\frac{m}{R}\left(v_B^2 - v_P^2\right) = T_B - T_P - 2mg. \tag{2}$$

여기에 식(1)을 고려하면

$$\therefore\ T_B - T_P = \frac{m}{R}(4gR) + 2mg = 6mg.$$

**답|** $\Delta T = T_B - T_P = 6mg$

### 3-28 흘흔들이의 충격에 의한 운동

질량 2.00 kg의 추와 길이 3.00 m의 실로 된 홑흔들이가 있다. 연직선상에 정지해 있는 추를 수평 방향으로 충격을 주어 4.50 m/s의 속도가 생기게 하여 진동시켰다.

(가) 연직선으로부터 추의 각변위가 30°일 때, 추의 속도, 위치에너지 및 실의 장력은 각각 얼마인가?

(나) 연직선으로부터 추의 최대 각변위는 얼마인가?

**풀이|** 위치에너지의 기준점을 맨 아래 점($\theta = 0$)으로 한다. 초기 조건 $v(0) = 4.50\ \mathrm{m/s}$이다.

(가) 위치에너지 : $U(\theta) = mgh = mgL(1 - \cos\theta)$ : $m = 2.00\ \mathrm{kg}$, $L = 3.00\ \mathrm{m}$, $\theta = 30°$

$$\therefore\ U(30°) = 7.886\ \mathrm{J} = \underline{7.89\ \mathrm{J}}$$

역학적 에너지 보존 $\frac{1}{2}mv(\theta)^2 + U(\theta) = \frac{1}{2}mv(0)^2 + U(0)$ : $U(0) = 0$, $v(0) = 4.50\ \mathrm{m/s}$

$$\therefore\ \frac{1}{2}mv(\theta)^2 + U(\theta) = \frac{1}{2}mv(0)^2 \Rightarrow v(\theta) = \pm\sqrt{v(0)^2 - \frac{2}{m}U(\theta)}$$

$$:\ v(0) = 4.50\ \mathrm{m/s},\ m = 2.00\ \mathrm{kg},\ U(30°) = 7.886\ \mathrm{J}$$

$$\therefore\ v(30°) = \pm 3.516\ \mathrm{m/s} = \underline{\pm 3.52\ \mathrm{m/s}}.$$

실의 장력 : 추의 지름 방향의 운동방정식 $\frac{mv^2}{L} = T - mg\cos\theta$

$$\therefore\ T(\theta) = \frac{mv(\theta)^2}{L} + mg\cos\theta\ :\ \theta = 30°,\ m = 2.00\ \mathrm{kg},\ L = 3.00\ \mathrm{m},$$

$$v(30°) = \pm 3.516\ \mathrm{m/s}$$

$$\therefore\ T(30°) = 25.23\ \mathrm{N} = \underline{25.2\ \mathrm{N}}.$$

(나) 최대 각변위 $\theta = \theta_{max}$에서 추는 정지한다. 곧, $v(\theta_{max}) = 0$.

역학적 에너지 보존 : $\frac{1}{2}mv(\theta)^2 + U(\theta) = \frac{1}{2}mv(0)^2$ : $v(\theta_{max}) = 0$

$$\Rightarrow U(\theta_{max}) = \frac{1}{2}mv(0)^2\ :\ U(\theta_{max}) = mgL(1 - \cos\theta_{max})$$

$$\therefore \ mgL(1-\cos\theta_{max}) = \frac{1}{2}mv(0)^2$$

$$\therefore \ \cos\theta_{max} = 1 - \frac{v(0)^2}{2gL} \ : \ v(0) = 4.50 \text{ m/s}, \ L = 3.00 \text{ m}$$

$$\therefore \ \cos\theta_{max} = 0.65596 \quad \therefore \ \theta_{max} = 49.01^\circ = 49.0^\circ.$$

**답 |** (가) $v(30^\circ) = 3.52 \text{ m/s}$, $U(30^\circ) = 7.89 \text{ J}$, $T(30^\circ) = 25.2 \text{ N}$ (나) $\theta_{max} = 49.0^\circ$

### 3-29 위치에너지함수의 그래프와 운동 모양

$x$축을 따라 운동하고 있는 입자가 $x$축을 따라서 작용하는 보존력을 받고 있다. 그 힘의 위치에너지함수의 그래프는 아래 문3-29의 그림과 같다. 입자를 점 A에 가만히 놓았다.

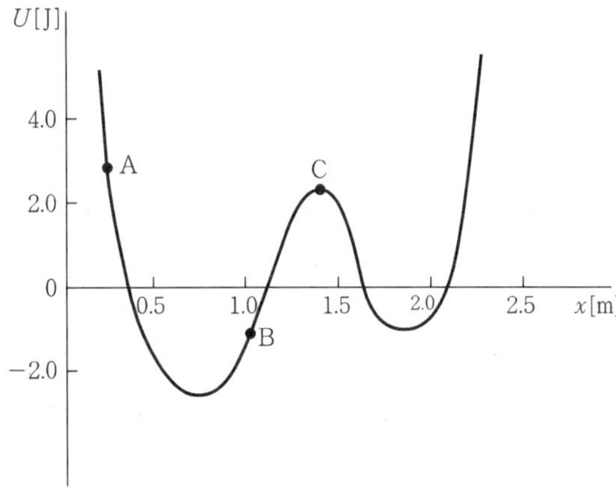


문3-29의 그림 : 위치에너지함수 그래프

(가) 점 A에서 입자가 받는 힘의 방향은? 또 점 B에서 힘의 방향은?
(나) 입자의 운동에너지가 최대인 점은 어디인가?
(다) 점 C에서 입자가 받는 힘은 얼마인가?
(라) 입자가 도달할 수 있는 가장 먼 점은 어디인가?
(마) 안정한 평형점은 어느 점인가?

**풀이 |** (가) $F_x = -\dfrac{\partial U}{\partial x} > 0$ @ A $\quad \therefore \ +x$방향, $F_x = -\dfrac{\partial U}{\partial x} < 0$ @ B $\quad \therefore \ -x$ 방향

(나) $E = K + U \quad \therefore \ K = E - U$

$\therefore$ 위치에너지가 최소인 점 $x \approx 0.75\text{ m}$에서 운동에너지가 최대이다.

(다) 기울기 $\dfrac{\partial U}{\partial x} = 0$ @ C $\quad \therefore \ F_x = -\dfrac{\partial U}{\partial x} = 0$ @점 C

(라) 역학적 에너지 보존법칙에 의하여 $E = K + U = (\text{일정})$이므로, 역학적 에너지가 $E$가 되는 점이라야 한다. 가장 먼 점은 정지한 점이므로 운동에너지는 없고, 위치에너지만 있

다. 그점에서 위치에너지가 출발점 A와 같아야 하므로 그림에서 점 A와 같은 높이의 점 $x \approx 2.2\,\mathrm{m}$ 인 점이다.

(마) 안정한 평형점은

$$\frac{\partial U}{\partial x} = 0 \text{이고,} \quad \frac{\partial^2 U}{\partial x^2} > 0$$

을 만족하는 점이다. 이것은 위치에너지함수 $U(x)$의 그래프에서 아래로 볼록한 점(극소점) $x \approx 0.75\,\mathrm{m}$, $x \approx 1.9\,\mathrm{m}$ 인 점이다.

**답 |** (가) $+x$축 방향, $-x$축 방향 (나) $x \approx 0.75\,\mathrm{m}$ (다) $F_x = 0$ (라) $x \approx 2.2\,\mathrm{m}$
(마) $x \approx 0.75\,\mathrm{m}$, $x \approx 1.9\,\mathrm{m}$

## 3-30 CO분자의 위치에너지함수

CO분자의 위치에너지함수는

$$U(r) = \frac{A}{r^{12}} - \frac{B}{r^6} \tag{1}$$

의 꼴이라 한다. $r$는 두 원자 사이의 거리이고, $A$ 및 $B$는 양의 상수이다. 단위는 MKS단위이다.

(가) 두 원자 사이에 작용하는 힘 $F(r)$를 구하라.

(나) 안정한 평형점을 구하고, 이 분자의 해리에너지를 구하라.

(다) CO분자의 경우, 두 원자 사이의 거리가 $1.13 \times 10^{-10}\,\mathrm{m}$ 일 때 이분자는 가장 안정하고, 이 때 해리에너지가 $1.54 \times 10^{-18}\,\mathrm{J}$이라 한다. 상수 $A$, $B$를 구하라.

**풀이 |** (가) $F(r) = -\dfrac{dU(r)}{dr} = \dfrac{12A}{r^{13}} - \dfrac{6B}{r^7}$

(나) 평형점 $r = r_0$ : $0 = \left.\dfrac{\partial U(r)}{\partial r}\right|_{r=r_0} = -\dfrac{12A}{r_0^{13}} + \dfrac{6B}{r_0^7} = \left(-\dfrac{12A}{r_0^6} + 6B\right)\dfrac{1}{r_0^7}$ $\quad\therefore\ r_0 = \sqrt[6]{\dfrac{2A}{B}}$

$$\left.\frac{d^2U(r)}{dr^2}\right|_{r=r_0} = \frac{12 \times 13A}{r_0^{14}} - \frac{6 \times 7B}{r_0^8} = (12 \times 13A) \times \left(\frac{B}{2A}\right)^{\frac{14}{6}} - (6 \times 7B) \times \left(\frac{B}{2A}\right)^{\frac{8}{6}}$$

$$= \left(\frac{B}{2A}\right)^{\frac{8}{6}} \times (36B) > 0$$

이다. 따라서 $r_0 = \sqrt[6]{\dfrac{2A}{B}}$ 는 안정한 평형점(극소점)이다. 이 점에서 위치에너지는

$$U(r_0) = \frac{A}{r_0^{12}} - \frac{B}{r_0^6} = A\left(\frac{B}{2A}\right)^2 - B\left(\frac{B}{2A}\right) = -\frac{B^2}{4A}$$

이다. 따라서 두 원자를 분리시키는 최소에너지(이를 **해리에너지**라 한다) $E_{\text{해리}}$는

$$E_{\text{해리}} = |U(r_0)| = \frac{B^2}{4A}$$

이다.

(다) $r_0=\sqrt[6]{\dfrac{2A}{B}}=1.13\times10^{-10}\mathrm{m}$ $\quad\therefore\ \dfrac{2A}{B}=1.13^6\times10^{-60}\mathrm{m}^6 \Rightarrow B=\dfrac{2A}{1.13^6\times10^{-60}\mathrm{m}^6}$

해리에너지=최소 위치에너지

$$|U(r_0)|=\frac{B^2}{4A}=1.54\times10^{-18}\mathrm{J} \Rightarrow B^2=4A\times(1.54\times10^{-18}\mathrm{J})$$

$$\therefore\ A=(1.54\times10^{-18}\mathrm{J})\times(1.13^6\times10^{-60}\mathrm{m}^6)^2=6.675\times10^{-138}\mathrm{J}\cdot\mathrm{m}^{12}$$
$$=\underline{6.68\times10^{-138}\mathrm{J}\cdot\mathrm{m}^{12}}.$$

$$B=\frac{2\times6.675\times10^{-138}\mathrm{J}\cdot\mathrm{m}^{12}}{1.13^6\times10^{-60}\mathrm{m}^6}=6.412\times10^{-78}\mathrm{J}\cdot\mathrm{m}^6=\underline{6.41\times10^{-78}\mathrm{J}\cdot\mathrm{m}^6}.$$

**답 |** (가) $F(r)=\dfrac{6}{r^7}\left(\dfrac{2A}{r^6}-B\right)$ (나) $r_0=\sqrt[6]{\dfrac{2A}{B}}$, $U(r_0)=-\dfrac{B^2}{4A}$

(다) $A=6.68\times10^{-138}\mathrm{J}\cdot\mathrm{m}^{12}$, $B=6.41\times10^{-78}\mathrm{J}\cdot\mathrm{m}^6$

## 3.3 보존력마당과 에너지 보존법칙 - 이차원 및 삼차원운동

### 3-31 스칼라곱

두 벡터 $\vec{A}=3\hat{i}-6\hat{j}$, $\vec{B}=-4\hat{i}+2\hat{j}$에 대한 다음을 구하라.

(가) 스칼라곱 $\vec{A}\cdot\vec{B}$ (나) 두 벡터 사이각 $\theta_{AB}$ (다) 각 벡터의 $x$축과 이루는 각 $\phi$

(라) $\vec{A}$ 방향의 단위벡터 $\hat{A}$ (마) $\vec{B}$의 $\vec{A}$ 방향의 성분 $B_A$

**풀이 |** (가) $\vec{A}\cdot\vec{B}=A_xB_x+A_yB_y=-12-12=-24$

(나) $\cos\theta_{AB}=\dfrac{\vec{A}\cdot\vec{B}}{AB}=\dfrac{-24}{(\sqrt{45})\times(\sqrt{20})}=-0.800$ $\quad\therefore\ \theta_{AB}=180^\circ-36.87^\circ=143.13^\circ=\underline{143^\circ}$

(다) $\vec{A}$가 $x$축과 이루는 각 $\phi_A$ : $\tan\phi_A=\dfrac{A_y}{A_x}=-2$ $\quad\therefore\ \phi_A=-63.43^\circ$.

$\vec{A}$가 제4분면에 있으므로 $\phi_A=-63.4^\circ$이다.

$\vec{B}$가 $x$축과 이루는 각 $\phi_B$ : $\tan\phi_B=\dfrac{B_y}{B_x}=-\dfrac{1}{2}$

$$\therefore\ \phi_B=-26.57^\circ \text{ 또는 } \phi_B=180^\circ-26.57^\circ=153.43^\circ.$$

$\vec{B}$가 제2분면에 있으므로 $\phi_B=153^\circ$이다.

(라) $\vec{A}$ 방향의 단위벡터 $\hat{A}$,

$$\hat{A}=\frac{\vec{A}}{A}=\frac{3\hat{i}-6\hat{j}}{\sqrt{45}}=\frac{\hat{i}-2\hat{j}}{\sqrt{5}}=\frac{\sqrt{5}}{5}(\hat{i}-2\hat{j}).$$

(마) $\vec{B}$의 $\vec{A}$ 방향의 성분 $B_A$

$$B_A = \hat{A} \cdot \vec{B} = \sqrt{5}(0.2\hat{i} - 0.4\hat{j}) \cdot (-4\hat{i} + 2\hat{j}) = \sqrt{5}(-0.8 - 0.8) = -\frac{8\sqrt{5}}{5}$$

**답|** (가) $\vec{A} \cdot \vec{B} = -24$　(나) $\theta_{AB} = 143^\circ$　(다) $\phi_A = -63.4^\circ$, $\phi_B = 153^\circ$

(라) $\hat{A} = \frac{\sqrt{5}}{5}(\hat{i} - 2\hat{j})$　(마) $B_A = -\frac{8\sqrt{5}}{5}$

## 3-32 코사인 제2법칙

세 벡터 $\vec{A}$, $\vec{B}$, $\vec{C}$ 사이에 $\vec{C} = \vec{A} - \vec{B}$의 관계가 있다. 이들 세 벡터는 삼각형을 이룬다. 이들 벡터 관계식으로부터 코사인 제2법칙 $C^2 = A^2 + B^2 - 2AB\cos\theta_{AB}$를 유도하라.

**풀이|** $\vec{C} \cdot \vec{C} = (\vec{A} - \vec{B}) \cdot (\vec{A} - \vec{B}) = \vec{A} \cdot \vec{A} + \vec{B} \cdot \vec{B} - 2\vec{A} \cdot \vec{B}$

여기서 $\vec{C} \cdot \vec{C} = C^2$, $\vec{A} \cdot \vec{A} = A^2$, $\vec{B} \cdot \vec{B} = B^2$, $\vec{A} \cdot \vec{B} = AB\cos\theta_{AB}$

$\therefore\ C^2 = (\vec{A} - \vec{B})^2 = A^2 + B^2 - 2AB\cos\theta_{AB}$ 〔QED〕

## 3-33 등속원운동에서 위치벡터, 속도벡터 및 가속도벡터

등속원운동을 하는 입자의 위치벡터의 크기 및 속도벡터의 크기가 일정하다.

(가) 이를 이용하여 위치벡터 $\vec{r}$, 속도벡터 $\vec{v}$, 가속도벡터 $\vec{a}$ 들의 방향 관계를 말하라.

(나) 가속도의 지름 성분과 속도 및 위치벡터의 크기 사이의 관계를 구하라.

**풀이|** 두 벡터 $\vec{A}$, $\vec{B}$에 대해서

$$\frac{d}{dt}(\vec{A} \cdot \vec{B}) = \frac{d\vec{A}}{dt} \cdot \vec{B} + \vec{A} \cdot \frac{d\vec{B}}{dt},\quad \vec{A} \perp \vec{B} \rightleftarrows \vec{A} \cdot \vec{B} = 0$$

이다.

(가) 위의 공식에 의하여, 등속원운동에서 $\vec{r} \cdot \vec{r} = r^2$(일정), $\vec{v} \cdot \vec{v} = v^2$(일정)이므로,

$$\vec{r} \cdot \vec{r} = r^2(\text{일정}) \Rightarrow 0 = \frac{d}{dt}(\vec{r} \cdot \vec{r}) = 2\vec{r} \cdot \frac{d\vec{r}}{dt} = 2\vec{r} \cdot \vec{v}\ \left(\because \frac{d\vec{r}}{dt} = \vec{v}\right) \quad \therefore\ \vec{r} \perp \vec{v}$$

$$\vec{v} \cdot \vec{v} = v^2(\text{일정}) \Rightarrow 0 = \frac{d}{dt}(\vec{v} \cdot \vec{v}) = 2\vec{v} \cdot \frac{d\vec{v}}{dt} = 2\vec{v} \cdot \vec{a}\ \left(\because \frac{d\vec{v}}{dt} = \vec{a}\right) \quad \therefore\ \vec{a} \perp \vec{v}$$

$$\vec{r} \cdot \vec{v} = 0 \Rightarrow 0 = \frac{d}{dt}(\vec{r} \cdot \vec{v}) = \vec{v} \cdot \vec{v} + \vec{r} \cdot \vec{a} \quad \therefore\ \vec{r} \cdot \vec{a} = -\vec{v} \cdot \vec{v} = -v^2 < 0 \quad \therefore\ \vec{r} \upharpoonleft\downharpoonright \vec{a}$$

(나) $\vec{r} \cdot \vec{v} = 0 \Rightarrow 0 = \frac{d}{dt}(\vec{r} \cdot \vec{v}) = \vec{v} \cdot \vec{v} + \vec{r} \cdot \vec{a} \Rightarrow r\,\hat{r} \cdot \vec{a} = -v^2 \quad \therefore\ a_r = \hat{r} \cdot \vec{a} = -\frac{v^2}{r}$

**답|** (가) $\vec{r} \perp \vec{v}$, $\vec{v} \perp \vec{a}$, $\vec{r} \upharpoonleft\downharpoonright \vec{a}$　(나) $a_r = \hat{r} \cdot \vec{a} = -\frac{v^2}{r}$

## 3-34 스칼라곱으로서 일

힘 $\vec{F} = \hat{x}(4x) + \hat{y}(3y)$ [N]이 입자에 작용하여 입자는 $x$축 방향으로 원점에서 $x = 5.00$ m까지 이동하였다. 힘이 입자에 한 일을 구하라.

**풀이 |** $\vec{F}=\hat{x}(4x)+\hat{y}(3y)$[N]의 힘이 작용하여 입자가 $x$축 방향으로 이동하였으므로 $d\vec{r}=\hat{x}dx$이다. 이 경우 $x_i=0$에서 $x_f=5.00$ m까지 이동할 때 한 일은

$$W=\int_{x_i}^{x_f}\vec{F}\cdot d\vec{r}=\int_{x_i=0}^{x_f=5.00}\left[\hat{x}(4x)+\hat{y}(3y)\right]\cdot\hat{x}dx=\int_0^{5.00}4x\,dx=\left[2x^2\right]_0^{5.00}=50.0[\mathrm{J}].$$

**답 |** $W=50.0$ J

### 3-35 스칼라곱으로서 일률

속도 $\vec{v}$로 운동하는 입자에 힘 $\vec{F}$가 작용하고 있다. $\{\vec{F},\ \vec{v}\}$가 아래와 같은 경우, 힘 $\vec{F}$의 일률을 구하라.

(가) $\vec{F}=\hat{i}\ (4.0\mathrm{N})+\hat{j}\ (3.0\ \mathrm{N})$, $\vec{v}=\hat{i}\ (6.0\ \mathrm{m/s})$,

(나) $\vec{F}=\hat{i}\ (6.0\mathrm{N})-\hat{j}\ (5.0\ \mathrm{N})$, $\vec{v}=\hat{i}\ (-5.0\ \mathrm{m/s})+\hat{j}\ (4.0\ \mathrm{m/s})$

(다) $\vec{F}=\hat{i}\ (3.0\mathrm{N})+\hat{j}\ (6.0\ \mathrm{N})$, $\vec{v}=\hat{i}\ (2.0\ \mathrm{m/s})+\hat{j}\ (3.0\ \mathrm{m/s})$

**풀이 |** 일률은 $P=\vec{F}\cdot\vec{v}$로 주어진다.

(가) $P=\vec{F}\cdot\vec{v}=\left[\hat{i}\ (4.0\mathrm{N})+\hat{j}\ (3.0\ \mathrm{N})\right]\cdot\left[\hat{i}\ (6.0\ \mathrm{m/s}))\right]=24\ \mathrm{W}$

(나) $P=\left[\hat{i}\ (6.0\mathrm{N})-\hat{j}\ (5.0\ \mathrm{N})\right]\cdot\left[\hat{i}\ (-5.0\ \mathrm{m/s})+\hat{j}\ (4.0\ \mathrm{m/s})\right]=-30.0\ \mathrm{W}-20.0\ \mathrm{W}$
$=-50\ \mathrm{W}$

(다) $P=\left[\hat{i}\ (3.0\mathrm{N})+\hat{j}\ (6.0\ \mathrm{N})\right]\cdot\left[\hat{i}\ (2.0\ \mathrm{m/s})+\hat{j}\ (3.0\ \mathrm{m/s})\right]=6.00\ \mathrm{W}+18.0\ \mathrm{W}$
$=24\ \mathrm{W}$

**답 |** (가) $P=24$ W (나) $P=-50$ W (다) $P=24$ W

### 3-36 이차원공간에서 일-에너지 정리

속도 $\vec{v}=\hat{i}\ (6.00\ \mathrm{m/s})-\hat{j}\ (2.00\ \mathrm{m/s})$로 운동하고 있는 질량 3.00 kg의 입자가 있다.

(가) 입자의 운동에너지를 구하라.

(나) 입자의 속도가 변하여 $\vec{v}=\hat{i}\ (8.00\ \mathrm{m/s})+\hat{j}\ (4.00\ \mathrm{m/s})$로 되었다. 입자에 한 일을 구하라.

**풀이 |** (가) 운동에너지

$$K=\frac{1}{2}m\,\vec{v}\cdot\vec{v}$$
$$=\frac{1}{2}\times(3.00\ \mathrm{kg})\times[\hat{i}\ (6.00\ \mathrm{m/s})-\hat{j}\ (2.00\ \mathrm{m/s})]\cdot[\hat{i}\ (6.00\ \mathrm{m/s})-\hat{j}\ (2.00\ \mathrm{m/s})]$$
$$=(1.50\ \mathrm{kg})\times[(6.00\ \mathrm{m/s})^2+(-2.00\ \mathrm{m/s})^2]=60.0\ \mathrm{J}$$

(나) 일-에너지 정리 $W=K_f-K_i$에서 $K_i=60.0$ J이고,

$$K_f=\frac{1}{2}m\,\vec{v}_f\cdot\vec{v}_f$$
$$=\frac{1}{2}\times(3.00\ \mathrm{kg})\times[\hat{i}\ (8.00\ \mathrm{m/s})+\hat{j}\ (4.00\ \mathrm{m/s})]\cdot[\hat{i}\ (8.00\ \mathrm{m/s})+\hat{j}\ (4.00\ \mathrm{m/s})]$$
$$=(1.50\ \mathrm{kg})\times[(8.00\ \mathrm{m/s})^2+(4.00\ \mathrm{m/s})^2]=120.0\ \mathrm{J}$$

$\therefore \ W = K_f - K_i = 120.0\ \text{J} - 60.0\ \text{J} = \underline{60.0\ \text{J}}$

**답 |** (가) $K_i = 60.0\ \text{J}$ (나) $W = 60.0\ \text{J}$

## 3-37 보존력과 비보존력

평면에서 운동하고 있는 입자에

$$\vec{F} = \hat{i}\ (2.00\ \text{N/m})y + \hat{j}\ (1.00\ \text{N/m}^2)x^2$$

의 힘이 작용하여 원점 O(0, 0)로부터 점 C(5.00 m, 5.00 m)로 이동시킨다.

(가) 이동경로가 아래와 같은 경우, 입자에 한 일을 각각 구하라.

(a) 꺾임선 : O(0, 0) → A(5, 0) → C(5, 5)

(b) 꺾임선 : O(0, 0) → B(0, 5) → C(5, 5)

(c) 직 선 : O(0, 0) → C(5, 5)

(나) 그 힘은 보존력인가?

**풀이 |** 일 $W = \int_{(0,\ 0);C}^{(5.00\ \text{m},\ 5.00\ \text{m})} \vec{F} \cdot d\vec{r}$

$$= \int_{(0,\ 0);C}^{(5.00\ \text{m},\ 5.00\ \text{m})} \left[\hat{i}\ (2.00\ \text{N/m})y + \hat{j}\ (1.00\ \text{N/m}^2)x^2\right] \cdot \left[\hat{i}\,dx + \hat{j}\,dy\right]$$

$$= \int_{(0,\ 0);C}^{(5.00\ \text{m},\ 5.00\ \text{m})} \{(2.00\ \text{N/m})y\ dx + (1.00\ \text{N/m}^2)x^2\ dy\}$$

(가) (a) 꺾임선 : O(0, 0) → A(5, 0) → C(5, 5)

$$W_a = \int_{(0,\ 0)}^{(5.00\ \text{m},\ 0)} \{(2.00\ \text{N/m})y\ dx + (1.00\ \text{N/m}^2)\ x^2\ dy\}$$

$$+ \int_{(5.00\ \text{m},\ 0)}^{(5.00\ \text{m},\ 5.00\ \text{m})} \{(2.00\ \text{N/m})y\ dx + (1.00\ \text{N/m}^2)\ x^2\ dy\}$$

$$= 0 + 0 + 0 + \int_{(5.00\ \text{m},\ 0)}^{(5.00\ \text{m},\ 5.00\ \text{m})} (1.00\ \text{N/m}^2)x^2\ dy$$

$$= \left[(1.00\ \text{N/m}^2)x^2\ y\right]_{(5.00\ \text{m},\ 0)}^{(5.00\ \text{m},\ 5.00\ \text{m})}$$

$$= (1.00\ \text{N/m}^2) \times (5.00\ \text{m})^2 \times (5.00\ \text{m}) = \underline{125\ \text{J}}$$

(b) 꺾임선 : O(0, 0) → B(0, 5) → C(5, 5)

$$W_b = \int_{(0,\ 0)}^{(0,\ 5.00\ \text{m})} \{(2.00\ \text{N/m})y\ dx + (1.00\ \text{N/m}^2)\ x^2\ dy\}$$

$$+ \int_{(0,\ 5.00\ \text{m})}^{(5.00\ \text{m},\ 5.00\ \text{m})} \{(2.00\ \text{N/m})y\ dx + (1.00\ \text{N/m}^2)\ x^2\ dy\}$$

$$= 0 + 0 + \int_{(0,\ 5.00\ \text{m})}^{(5.00\ \text{m},\ 5.00\ \text{m})} (2.00\ \text{N/m})y\ dx + 0$$

$$= \left[(2.00\ \text{N/m})\ x\ y\right]_{(0,\ 5.00\ \text{m})}^{(5.00\ \text{m},\ 5.00\ \text{m})}$$

$$= \left[(2.00\ \text{N/m}) \times (5.00\ \text{m}) \times (5.00\ \text{m})\right] = \underline{50.0\ \text{J}}$$

(c) 직선 : O(0, 0) → C(5, 5) ; $y=x$

$$W_c = \int_{(0,\ 0);y=x}^{(5.00\ \mathrm{m},\ 5.00\ \mathrm{m})} \{(2.00\ \mathrm{N/m})y\ dx + (1.00\ \mathrm{N/m^2})x^2\ dy\}$$

$$= \int_0^{5.00\ \mathrm{m}} \{(2.00\ \mathrm{N/m})\ x\ dx + (1.00\ \mathrm{N/m^2})\ x^2\ dx\}$$

$$= \left[(2.00\ \mathrm{N/m})\ \frac{x^2}{2} + (1.00\ \mathrm{N/m^2})\ \frac{x^3}{3}\right]_0^{5.00\ \mathrm{m}}$$

$$= (2.00\ \mathrm{N/m}) \times \frac{(5.00\ \mathrm{m})^2}{2} + (1.00\ \mathrm{N/m^2}) \times \frac{(5.00\ \mathrm{m})^3}{3}$$

$$= \frac{200}{3}\ \mathrm{J} = \underline{66.7\ \mathrm{J}}$$

(나) $W_a \neq W_b \neq W_c$ ∴ 경로에 따라 한 일이 다르다. 그러므로 보존력이 아니다.

**답 |** (가) (a) 125 J (b) 50.0 J (c) 66.7 J (나) 보존력이 아니다.

### 3-38 실의 길이가 변하는 홀흔들이

길이 $L$의 실과 추로 된 홑흔들이에 처음에 연직선으로부터 각 $\theta_0$의 각변위를 주어 연직면 내에서 진동하게 하였다. 고정점의 똑바로 연직 아래 거리 $x$인 점에 설치된 나무못에 실이 걸려 흔들이의 길이가 실제로 짧아지게 된다.

(가) 추의 처음 출발점의 연직 높이가 나무못 보다 낮으면 나무못에 걸린 후에도 같은 연직 높이까지 올라 갈 수 있음을 보이고, 실이 나무못에 걸린 뒤 연직선으로부터 추의 각변위 $\phi$를 구하라.

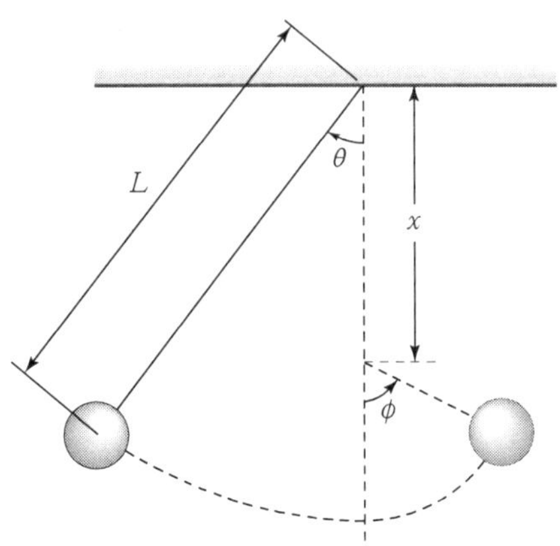


문3-38의 연습그림 : 길이가 변하는 홑흔들이

(나) 처음 각변위 $\theta_0 = 90^\circ$에서 흔들이를 가만히 놓았을 때, 실이 나무못에 걸려 나무못을 중심으로 연직면 내에서 추가 완전 원궤도를 그리는 $x$의 최솟값을 구하라.

**풀이 |** (가) i〉 흩흔들이에 작용하는 실의 장력은 추의 운동 방향에 수직이므로 일을 하지 못한다.

ii〉 나무못이 움직이지 않으므로 추에 일을 하지 않는다. 따라서 일-에너지 정리에 의하여 흩흔들이 운동 중에, 추의 운동에너지가 변하지 않는다.

iii〉 추에 작용하는 힘은 실의 장력 외에는 보존력(중력)뿐이다.

그러므로 역학적 에너지가 보존된다. 곧, $K_i + U_i = K_f + U_f$이다.

최고점에서 정지하므로

$$K_i = K_f = 0 \quad \therefore\ U_i = U_f$$

위치에너지의 기준점은 제일 낮은 점으로 한다. 처음 추의 높이를 $h_0$이라 하면, 최고점에서 역학적 에너지 보존에 의하여

$$mgh_0 = mgh \quad \therefore\ h_0 = h \ \text{〔QED〕}$$

지금 각 $\phi$를 연직선으로부터 각 $\theta_0$와 반대 방향으로 잰 각이라 하자.

$$U_i = U_f \Rightarrow L(1-\cos\theta_0) = (L-x)(1-\cos\phi)$$

$$\therefore\ \cos\phi = \frac{(L-x) - L(1-\cos\theta_0)}{L-x} = \frac{L\cos\theta_0 - x}{L-x} \quad \therefore\ \phi = \cos^{-1}\left(\frac{L\cos\theta_0 - x}{L-x}\right).$$

(나) 원궤도의 꼭짓점에서

운동방정식 $\dfrac{mv^2}{L-x} = mg + T$ : $T=0$일 때 $v = v_{\min}$ $\quad \therefore\ \dfrac{mv_{\min}^2}{L-x} = mg$

에너지 보존 $K_i + U_i = K_p + U_p$ :

$$K_i = 0,\ U_i = mgh_0 = mgL(1-\cos\theta_0)|_{\theta_0 = 90^\circ} = mgL;$$

꼭지점에서 $K_P = \dfrac{1}{2}m v_{\min}^2$, $U_P = 2m\,g(L-x)$

$$\therefore\ mgL = \frac{1}{2}mv_{\min}^2 + 2mg(L-x)$$

이 식에서 위의 운동방정식을 이용하여 $v_{\min}$을 소거하면

$$5mg(L-x) = 2mgL \quad \therefore\ x = L - \frac{2}{5}L = 0.6L.$$

**답 |** (가) $\phi = \cos^{-1}\left(\dfrac{L\cos\theta_0 - x}{L-x}\right)$ (나) $x = 0.6L$

## 3-39 위치에너지와 힘

$xy$ 평면에서 운동하고 있는 물체가 위치에너지함수

$$U(x,\ y) = k(x^2 + y^2) + k'xy$$

로 기술되는 보존력을 받고 있다. 여기에 서 $k$와 $k'$은 양(+)의 상수이다. 단위벡터 $\hat{i}$, $\hat{j}$를 사용하여 힘을 구하라.

**풀이 |** $F_x = -\dfrac{\partial U}{\partial x} = -\dfrac{\partial}{\partial x}\{k(x^2+y^2)+k'xy\} = -(2kx+k'y)$,

$F_y = -\dfrac{\partial U}{\partial y} = -\dfrac{\partial}{\partial y}\{k(x^2+y^2)+k'xy\} = -(2ky+k'x)$

**답 |** $\vec{F} = -\hat{i}\,(2kx+k'y) - \hat{j}\,(2ky+k'x)$

# 4장 운동량과 충돌

## 중요 사항 정리

### 4.1 운동량과 충격량

#### 운동량

(운동량)=(질량)×(속도) $\vec{p} = m\vec{v}$ (2.11)

SI단위 : 킬로그램 · 미터 매 초[kg · m/s]

**운동량 정리** $\dfrac{d\vec{p}}{dt} = \vec{F}$ (뉴턴의 운동방정식) (4.2)

#### 충격량

(충격량)=(힘)×(시간)

**(A)힘이 일정한 경우** : $\vec{J} = \vec{F}\Delta t$ SI단위 : [N · s] (4.5)

**(B)힘이 변하는 경우** : $\vec{J} = \int_{t_i}^{t_f} \vec{F}\,dt$, $\vec{J} = \langle \vec{F} \rangle \Delta t$ (4.7), (4.8)

**일 vs 충격량**

일은 힘의 공간적인 축적 효과($W = \vec{F}(s) \cdot \Delta\vec{s}$)를 나타내는 스칼라양인 반면, 충격량은 힘의 시간적 축적효과($\vec{J} = \vec{F}\Delta t$)를 나타내는 벡터양이다.

#### 충격량과 운동량

**충격량-운동량 정리** : $d\vec{p} = \vec{F}\,dt$ 또는 $\Delta\vec{p} = \vec{p}_f - \vec{p}_i = \int_{t_i}^{t_f} \vec{F}\,dt$

(4.10) 또는 (4.11)

(운동량의 변화)=(충격량)

## 4.2 뉴턴의 운동법칙과 운동량의 보존

### 4.2.1 홑입자 및 두입자계의 운동량 보존

**운동량 정리** : $\dfrac{d\vec{p}}{dt} = \vec{F}$ (4.2)

**홑입자의 경우** : $\sum \vec{F} = 0 \rightleftarrows \vec{p} = m\vec{v} = (\text{일정})$

**두입자의 경우** : $\sum \vec{F}^{(e)} = 0 \leftrightarrows \vec{p}_{\mathrm{A}} + \vec{p}_{\mathrm{B}} = (\text{일정})$ (4.16)

**내력(또는 속힘)** 물리계를 구성하고 있는 입자들 사이에 서로 작용하는 힘

**외력(또는 바깥힘)** 물리계의 바깥으로부터 받는 힘

**고립계(또는 외떨어진 계)** 외력을 받지 않는 물리계, 곧 물리계 주위의 다른 것과 상호작용을 하지 않는 물리계

$$(\text{고립계}) \leftrightarrows \sum \vec{F}^{(e)} = 0 \leftrightarrows \sum \vec{p} = (\text{일정})$$

**운동량 보존법칙** 고립된 물리계, 곧 알짜 외력이 0인 물리계의 총 운동량은 항상 일정하게 보존된다.

> **운동의 법칙 : 운동방정식 $\Rightarrow$ 충격량 – 운동량 정리**
> $\Downarrow$ $(\sum \vec{F}^{(e)} = 0)$
> **운동량 보존법칙**

### 4.2.2 운동량과 운동에너지

$$K = \frac{p^2}{2m} \quad (4.20)$$

운동상태의 변화와 그 원인(표 4.2-1 참조)

(공간적 입장) **일-에너지 정리**(스칼라) $\frac{1}{2}mv_{\mathrm{f}}^2 - \frac{1}{2}mv_{\mathrm{i}}^2 = F_x\,\Delta x$ (4.18)

(시간적 입장) **충격량-운동량 정리**(벡터) $mv_{\mathrm{f}} - mv_{\mathrm{i}} = F_x\,\Delta t$ (4.19)

일 $W = F_x \Delta x$ : $F_x \Delta t = J$ 충격량

상호작용할 때 운동량이 서로 교환된다.

### 4.2.3 운동량 보존법칙과 힘마당

힘마당을 도입하면 운동량 보존법칙이 항상 성립하게 할 수 있다.

힘마당 힘이 미치는 공간 ⇒ 운동량이 전파되어 가는 공간

### 4.2.4 갈릴레이 불변성과 운동량의 보존

**갈릴레이 변환** $\vec{u}_i{}' = \vec{u}_i - \vec{v}_{\rm R}$ ; $\vec{v}_i{}' = \vec{v}_i - \vec{v}_{\rm R}$ $(i = {\rm A}, {\rm B})$ (4.23)

에 대한 {$K + Q = T$의 불변성} ⇒ (운동량의 보존)

## 4.3 충돌 문제

충돌 또는 산란 : A + B → A + B

(**반응**) A + B → C + D, (**융합**) A + B → C, (**붕괴**) A → B + C

기호약속 $u$, $v$ : 충돌 전, 후의 속도

$p$, $q$ : 충돌 전, 후의 운동량

$K$, $T$ : 충돌 전, 후의 운동에너지

### 4.3.1 일차원충돌

일차원충돌 두 물체의 직선상에서만 충돌(A + B → A + B의 꼴).

**운동량의 보존**(충격량 어림) : $m_{\rm A} u_{\rm A} + m_{\rm B} u_{\rm B} = m_{\rm A} v_{\rm A} + m_{\rm B} v_{\rm B}$ (4.26)

**충돌의 분류** $Q \equiv T - K$

$Q = 0$ : 탄성충돌

$$Q \neq 0 \ : \ \text{비탄성충돌} \begin{cases} Q < 0 : \text{흡열적} \\ Q > 0 : \text{발열적} \end{cases}$$

**완전비탄성충돌** $A + B \rightarrow C(AB)$ : $v_A = v_B \equiv v_{AB}$

**운동량 보존**

$$m_A u_A + m_B u_B = (m_A + m_B) v_{AB} \qquad \therefore \ v_{AB} = \frac{m_A u_A + m_B u_B}{m_A + m_B} \tag{4.29}$$

**탄성충돌** $(Q = 0 : K = T)$

**운동량의 보존** $m_A u_A + m_B u_B = m_A v_A + m_B v_B$ (4.26)

**운동에너지 보존** $\frac{1}{2} m_A u_A{}^2 + \frac{1}{2} m_B u_B{}^2 = \frac{1}{2} m_A v_A{}^2 + \frac{1}{2} m_B v_B{}^2$ (4.31)

$$\therefore \ v_A = \frac{m_A - m_B}{m_A + m_B} u_A + \frac{2m_B}{m_A + m_B} u_B, \ v_B = \frac{2m_A}{m_A + m_B} u_A + \frac{m_B - m_A}{m_A + m_B} u_B$$

① 과녁물체 B가 정지해 있는 경우 :

$$\{u_B = 0\} \Rightarrow \left\{ v_A = \frac{m_A - m_B}{m_A + m_B} u_A, \ v_B = \frac{2m_A}{m_A + m_B} u_A \right\} \tag{4.33}$$

② 과녁물체 B가 정지해 있고 질량이 서로 같은 경우 :

$$\{u_B = 0, \ m_A = m_B\} \Rightarrow \{v_A = 0, \ v_B = u_A\}$$

③ 정지해 있는 과녁물체 B의 질량이 매우 큰 경우 :

$$\{m_A \ll m_B\} \Rightarrow \left\{ v_A \cong -u_A, \ v_B \cong \frac{2m_A}{m_B} u_A \rightarrow 0 \right\} \tag{4.34}$$

④ 정지해 있는 과녁물체 B의 질량이 매우 작은 경우 :

$$\{m_A \gg m_B\} \Rightarrow \{v_A \cong u_A, \ v_B \cong 2u_A\} \tag{4.35}$$

### 4.3.2 반발계수

**반발계수**

$$-\frac{v_A - v_B}{u_A - u_B} = -\frac{v_{A/B}}{u_{A/B}} \equiv e \text{ (뉴턴의 규칙)} \tag{4.38}$$

탄성충돌 $e=1$, 비탄성충돌 $0<e<1$, 완전비탄성충돌 $e=0$

**운동량 보존** $m_A v_A + m_B v_B = m_A u_A \quad (u_B = 0)$

**반발계수** $v_A - v_B = -e u_A$

$$\therefore v_A = \frac{m_A - e m_B}{m_A + m_B} u_A, \quad v_B = \frac{(1+e) m_A}{m_A + m_B} u_A$$

**반발계수와 운동에너지의 변화**$(u_B = 0)$

$$K = \frac{1}{2} m_A u_A^2, \quad T = \frac{1}{2} m_A u_A^2 \left( \frac{(m_A - e m_B)^2 + (1+e)^2 m_A m_B}{(m_A + m_B)^2} \right)$$

$$\therefore Q = \frac{1}{2} \mu u_A^2 (e^2 - 1) \ : \ \mu = \frac{m_A m_B}{m_A + m_B} \text{ (환산질량)} \qquad (4.39) : (4.40)$$

### 4.3.3 이차원충돌

**이차원충돌** 평면상에서 두 물체의 충돌

정면충돌 일차원충돌과 같이 한 직선상에서만 일어나는 충돌

비낌충돌 평면상에서 정면충돌이 아니고 비껴 충돌하는 것. 따라서 한 직선상에서 일어나지 않는 충돌

**완전비탄성충돌**

**운동량보존법칙** : $m_A \vec{u}_A + m_B \vec{u}_B = (m_A + m_B) \vec{v}_{AB}$

$$\therefore \vec{v}_{AB} = \frac{m_A \vec{u}_A + m_B \vec{u}_B}{m_A + m_B}$$

### 비낌충돌

**운동량 보존** : $m_A \vec{u}_A = m_A \vec{v}_A + m_B \vec{v}_B \quad (\vec{u}_B = 0)$ (4.43)

$x$ 성분 : $m_A\, u_A = m_A\, v_{A;x} + m_B\, v_{B;x}$ (4.44)

$y$ 성분 : $0 = m_A\, v_{A;y} + m_B\, v_{B;y}$ (4.45)

**에너지보존** : $\frac{1}{2}m_A u_A^2 + Q = \frac{1}{2}m_A v_A^2 + \frac{1}{2}m_B v_B^2$ (4.47)

## 4.3.4 평면과의 충돌

### 평면과의 정면충돌

공과 마룻바닥 사이의 반발계수 $e = -\frac{v_{A/B}}{u_{A/B}} = -\frac{v}{u} = \sqrt{\frac{h}{h_0}}$ (4.54)

### 평면과의 비낌충돌

#### A. 매끄러운 평면과의 충돌

평면에 나란한 성분 $v_\parallel = u_\parallel$ (4.55)

평면에 수직한 성분 $e = -\frac{v_\perp}{u_\perp}$ 또는 $v_\perp = -e\, u_\perp$ (4.56)

**탄성충돌** : $v_\parallel = u_\parallel,\ v_\perp = -u_\perp \quad (e = 1)$

**비탄성충돌** : $v_\parallel = u_\parallel,\ v_\perp = -e\, u_\perp \quad (e \neq 1)$

매끄러운 평면과의 충돌에서 충격량은 항상 법선 방향이다.
매끄러운 평면과의 탄성충돌에서 입사각과 반사각은 서로 같다.

#### B. 거친평면과의 충돌

$v_\parallel < u_\parallel,\ e = -\frac{v_\perp}{u_\perp}$ 또는 $v_\perp = -e\, u_\perp$

**탄성충돌** : $v_\parallel < u_\parallel,\ v_\perp = -u_\perp \quad (e = 1)$

**비탄성충돌** : $v_{\parallel} < u_{\parallel}$, $v_{\perp} = -e\,u_{\perp}$ $(e \neq 1)$

### 두 공의 비낌충돌에서 반발계수

**반발계수** : $$e = -\frac{v_{A/B\,;\,\perp}}{u_{A/B\,;\,\perp}} = -\frac{v_{A;\,\perp} - v_{B;\,\perp}}{u_{A;\,\perp} - u_{B;\,\perp}}$$

# 연습문제

## 4.1 운동량과 충격량

### 4-1 자유낙하하는 벽돌

질량 0.300 kg의 벽돌이 8.00 m 높이에서 정지상태에서 자유낙하하였다.

(가) 벽돌이 땅바닥으로부터 받은 충격량은 얼마인가?

(나) 벽돌이 땅바닥에 닿아서 정지할 때까지 1.30 ms 이었다면 땅바닥으로부터 받은 평균힘은 얼마인가?

**풀이 |** (가) 벽돌의 운동 방향(연직하방)을 양(+)으로 택한다.

충격량-운동량 정리 $J = \Delta p$ : $\Delta p = m v_{\mathrm{f}} - m v_{\mathrm{i}}$ 에서

바닥에 닿는 순간(처음 상태) : $v_{\mathrm{i}} = \sqrt{2gh}$ , 나중(닿은 후 정지) 상태 : $v_{\mathrm{f}} = 0$

$$\therefore \ \Delta p = -m v_{\mathrm{i}} = -m\sqrt{2gh}$$

$$\therefore \ \text{충격량 } J = \Delta p = -m\sqrt{2gh} \ : \ m = 0.300\ \mathrm{kg},\ h = 8.00\ \mathrm{m}$$

$$\therefore \ J = \Delta p = -3.759\ \mathrm{N \cdot s}$$

곧, 벽돌은 땅바닥으로부터 3.76 N · s의 충격량을 받는다.

(나) 평균힘 $\langle F \rangle = \dfrac{J}{\Delta t}$ : $J = -3.759\ \mathrm{N \cdot s}$, $\Delta t = 1.30\ \mathrm{ms}$

$$\therefore \langle F \rangle = \frac{J}{\Delta t} = -2.892 \times 10^{3}\ \mathrm{N} = -294.7\ \mathrm{kgf}$$

곧, 벽돌이 땅바닥으로부터 2890 N(295 kgf)의 평균힘을 받는다.

**답 |** (가) $J = 3.76\mathrm{N \cdot s}$ (나) $< F > = 2890\mathrm{N} = 295\ \mathrm{kgf}$

### 4-2 골프 스윙의 힘

정지해 있는 질량 0.0450 kg의 골프공을 골프채로 쳤더니 25.0 m/s의 속력으로 날아갔다. 만일 골프채와 공의 접촉시간이 2.00 ms라면 공에 가해진 평균힘은 얼마인가?

**풀이 |** 충격량-운동량 정리 $\Delta p = < F > \Delta t$ : $\Delta p = m v_{\mathrm{f}} - m v_{\mathrm{i}}$

$$\therefore \ < F > = \frac{m v_{\mathrm{f}} - m v_{\mathrm{i}}}{\Delta t} \ : \ m = 0.0450\ \mathrm{kg},\ v_{\mathrm{i}} = 0,\ v_{\mathrm{f}} = 25.0\ \mathrm{m/s},\ \Delta t = 2.00\ \mathrm{ms}$$

$$\therefore \ < F > = 0.563 \times 10^{3}\ \mathrm{N} = 0.0573 \times 10^{3}\ \mathrm{kgf}.$$

**답 |** $< F > = 563\mathrm{N} = 57.3\ \mathrm{kgf}$

## 4-3 태권도 선수의 벽돌 격파

태권도 선수가 주먹으로 벽돌을 격파한다. 주먹의 질량은 $0.700\ \mathrm{kg}$, 격파 순간의 속도는 $5.00\ \mathrm{m/s}$인데, 접촉한 뒤 $6.00\ \mathrm{mm}$ 지점까지 들어가서 주먹은 정지하게 되고, 벽돌은 격파된다.

(가) 벽돌이 주먹에 주는 충격량은 얼마인가?

(나) 벽돌이 깨질 때까지 주먹과 벽돌이 접촉한 시간은 얼마인가?

(다) 그 동안 벽돌이 주먹에 작용한 평균힘을 구하라.

**풀이 |** 주먹의 운동 방향을 양(+)을 택한다.

(가) $J = \Delta p = m v_\mathrm{f} - m v_\mathrm{i}$ : $m = 0.700\ \mathrm{kg}$, $v_\mathrm{f} = 0$, $v_\mathrm{i} = 5.00\ \mathrm{m/s}$ $\quad \therefore\ J = -3.500\ \mathrm{N \cdot s}$

곧, 주먹은 벽돌로부터 $3.50\ \mathrm{N \cdot s}$의 충격량을 받는다.

(나) 접촉시간은 $\Delta t = \dfrac{\Delta x}{\langle v \rangle}$로 주어지는데, 평균속도 $\langle v \rangle$는, 격파할 때 주먹의 운동은 짧은 거리에 순간적으로 일어나므로 등가속도로 어림할 수 있으므로,

$$<v> = \frac{v_\mathrm{i} + v_\mathrm{f}}{2} \qquad \therefore\ \Delta t = \frac{2\Delta x}{v_\mathrm{i} + v_\mathrm{f}} \ :\ \Delta x = 6.00 \times 10^{-3}\ \mathrm{m},\ v_\mathrm{i} = 5.00\ \mathrm{m/s},\ v_\mathrm{f} = 0$$

$$\therefore\ \Delta t = 2.40 \times 10^{-3}\ \mathrm{s} = 2.40\ \mathrm{ms}$$

(다) 평균힘 $<F> = \dfrac{J}{\Delta t}$ : $J = -3.500\ \mathrm{N \cdot s}$, $\Delta t = 2.40 \times 10^{-3}\ \mathrm{s}$

$$\therefore\ <F> = -1.458 \times 10^3\ \mathrm{N} = -148.6\ \mathrm{kgf}$$

곧, 주먹은 벽돌로부터 $1460\ \mathrm{N}$($149\ \mathrm{kgf}$)의 평균힘을 받는다.

**답 |** (가) $J = 3.50\ \mathrm{N \cdot s}$ (나) $\Delta t = 2.40 \times 10^{-3}\mathrm{s}$ (다) $<F> = 1460\ \mathrm{N} = 149\ \mathrm{kgf}$

## 4-4 야구공의 충격량

야구공을 방망이로 칠 때, 야구공과 방망이 사이에 작용한 힘이 문4-4의 그림과 같이 어림되었다. 이 그래프로부터 다음을 구하라.

(가) 공이 받은 충격량 (나) 공이 받은 평균힘

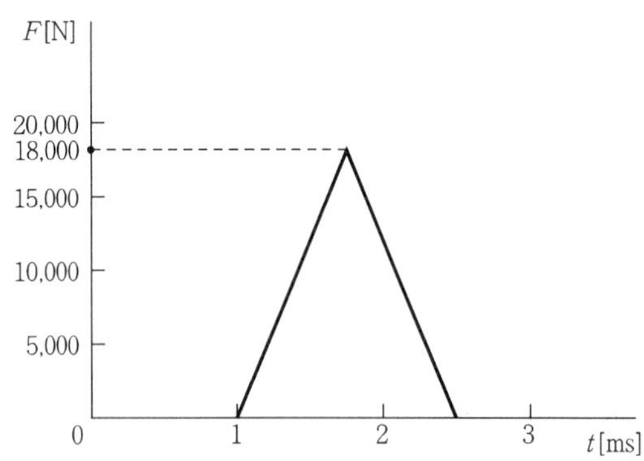


문4-4의 그림 : 힘-시간 그래프

**풀이 |** (가) (공이 받은 충격량)=(그래프 아래 넓이) :

$$J=\frac{1}{2}\times(18000\text{ N})\times(1.5\times10^{-3}\text{ s})=13.5\text{ N}\cdot\text{s}$$

(나) 공이 받은 평균 힘 $<F>=\frac{J}{\Delta t}$ : $J=13.5\text{ N}\cdot\text{s}$, $\Delta t=1.5\times10^{-3}\text{ s}$ $\therefore$ $<F>=9000\text{ N}$

**답 |** (가) $J=13.5\text{N}\cdot\text{s}$ (나) $<F>=9000\text{N}$

### 4-5 운동량과 운동에너지

뉴욕의 하이든 천문관(Hayden Planetarium)에 질량 30.8 ton의 운석이 전시되어 있다. 이 운석이 땅에 닿는 순간의 운동에너지가 617 MJ이었다고 하자.

(가) 운석의 운동에너지가 처음의 반이 될 때까지 약 3.00초 걸리는데, 이때까지 운석이 받은 충격량을 구하라.

(나) 또한 이 시간 동안 운석이 받은 평균힘을 얼마인가?

**풀이 |** 운석의 운동 방향을 양(+)으로 택한다.

운동에너지와 운동량 사이에는 $K=\frac{p^2}{2m}$ 또는 $p=\sqrt{2mK}$의 관계가 있다.

(가) 충격량-운동량 정리 $J=\Delta p=p_f-p_i$에서

$p_i=\sqrt{2mK_i}$, $p_f=\sqrt{2mK_f}$ : $K_f=\frac{1}{2}K_i$이므로

$$J=\Delta p=p_f-p_i=\sqrt{2m\left(\frac{K_i}{2}\right)}-\sqrt{2mK_i}=-\sqrt{2mK_i}\times\left(1-\frac{1}{\sqrt{2}}\right)$$

$$: m=30.8\times10^3\text{ kg},\ K_i=617\times10^6\text{ J}$$

$$\therefore\ J=-\sqrt{2\times(30.8\times10^3\text{ kg})\times(617\times10^6\text{ J})}\times\left(1-\frac{1}{\sqrt{2}}\right)=-1.806\times10^6\text{ N}\cdot\text{s}$$

이다. 운석은 $1.81\times10^6\text{ N}\cdot\text{s}$의 충격량을 받는다.

(나) 평균힘은 $<F>=\frac{J}{\Delta t}=\frac{-1.806\times10^6\text{ N}\cdot\text{s}}{3.00\text{ s}}=-0.602\times10^6\text{ N}$

운석은 $0.602\times10^6$ N의 평균힘을 받는다.

**답 |** (가) $J=1.81\times10^6\text{ N}\cdot\text{s}$ (나) $<F>=0.602\times10^6\text{ N}$

## 4.2 뉴턴의 운동법칙과 운동량의 보존

### 4-6 농구공 던지기

질량이 70.0 kg인 한별이가 매끄러운 얼음판 위에 서 있는 데, 다른 한 친구가 0.400 kg의 농구공을 수평 방향으로 10.0 m/s의 속도로 던졌다.

(가) 한별이가 그 공을 잡았다면 그 후, 공과 한별이의 속도는 얼마인가?

(나) 만일 공이 가슴에 맞고, 8.00 m/s 의 속도로 수평 방향으로 튕겨 나갔다면, 충돌 후 한별이의 속도는 얼마인가?

**풀이 |** 처음 축구공의 운동 방향을 양(+)으로 한다.

(가) 운동량 보존 : $m_{공}u_{공}=(m_{한}+m_{공})v_{한공}$ ($v_{한공}$ : 공을 잡은 한별이의 속도)

$$\therefore\ v_{한공}=\frac{m_{공}}{m_{한}+m_{공}}u_{공}\ :\ m_{공}=0.400\ \mathrm{kg},\ m_{한}=70.0\ \mathrm{kg},\ u_{공}=10.0\ \mathrm{m/s}$$

$$\therefore\ v_{한공}=0.05682\ \mathrm{m/s}=\underline{0.0568\ \mathrm{m/s}}\ .$$

(나) 운동량 보존 : $m_{공}u_{공}=m_{한}v_{한}+m_{공}v_{공}$

$$\therefore\ v_{한}=\frac{m_{공}}{m_{한}}(u_{공}-v_{공})\ :\ m_{공}=0.400\ \mathrm{kg},\ m_{한}=70.0\ \mathrm{kg},$$

$$u_{공}=10.0\ \mathrm{m/s},\ v_{공}=-8.00\ \mathrm{m/s}$$

$$\therefore\ v_{한}=0.10286\ \mathrm{m/s}=\underline{0.103\ \mathrm{m/s}}\ .$$

**답 |** (가) $v_{한공}=0.0568\,\mathrm{m/s}$ (나) $v_{한}=0.103\,\mathrm{m/s}$

### 4-7 두 원판의 충돌

얼음판 위에서 아무 마찰 없이 움직이는 얇은 원판 A, B가 있다. 이들의 질량은 각각 0.250 kg, 0.350 kg이다. 정지해 있는 B에 A가 왼쪽에서 달려와서 충돌하였다. 충돌 후 A는 왼쪽으로 0.120 m/s 의 속도로, B는 오른쪽으로 0.650 m/s 의 속도로 각각 튕겨나갔다.

(가) 충돌 전 A의 속도를 구하라.

(나) 충돌로 인한 이 물리계의 총 에너지의 변화를 구하라.

**풀이 |** A의 처음 운동 방향을 양(+)으로 한다.

$m_A=0.250\ \mathrm{kg},\ m_B=0.350\ \mathrm{kg},\ v_A=-0.120\ \mathrm{m/s},\ v_B=0.650\ \mathrm{m/s}$

(가) 충돌 전 A의 속도를 $u_A$라 하면 운동량 보존식 $m_Au_A=m_Av_A+m_Bv_B$에 의하여

$$u_A=v_A+\frac{m_B}{m_A}v_B\ :\ m_A=0.250\ \mathrm{kg},\ m_B=0.350\ \mathrm{kg},$$

$$v_A=-0.120\ \mathrm{m/s},\ v_B=0.650\ \mathrm{m/s}$$

$$\therefore\ u_A=0.790\ \mathrm{m/s}\ .$$

(나) 물리계의 총 에너지의 변화는?

$$\Delta K=T-K=\left(\frac{1}{2}m_Av_A^2+\frac{1}{2}m_Bv_B^2\right)-\left(\frac{1}{2}m_Au_A^2\right)\ :\ m_A=0.250\ \mathrm{kg},\ m_B=0.350\ \mathrm{kg},$$

$$v_A=-0.120\ \mathrm{m/s},\ v_B=0.650\ \mathrm{m/s},\ u_A=0.790\ \mathrm{m/s}$$

$$\therefore\ \Delta K=T-K=-0.00228\ \mathrm{J}\ .$$

**답 |** (가) $u_A=0.790\,\mathrm{m/s}$ (나) $\Delta K=0.00228\,\mathrm{J}$(감소)

### 4-8 화물자동차의 속도

질량 24,000 kg의 빈 화물자동차가 매끄러운 수평인 트랙을 따라 관성주행하고 있는데, 갑자기 소나기가 쏟아져 뚜껑이 없는 짐실이에 빗물이 가득 찼다. 비는 똑바로 아래로 내렸고, 화물자동차의 처음 관성주행속도는 4.00 m/s 이었다. 짐실이에 빗물이 3,000 kg인 순간의 자동차의 속도는 얼마인가?

**풀이|** 운동량 보존 $Mu = (M+m)v \quad \therefore\ v = \frac{M}{M+m}u$ :

화물자동차의 질량 $M = 24000\ \mathrm{kg}$, 빗물의 질량 $m = 3000\ \mathrm{kg}$, 관성주행속도 $u = 4.00\ \mathrm{m/s}$

$$\therefore\ v = \frac{M}{M+m}u = \frac{24000\ \mathrm{kg}}{(24000\ \mathrm{kg}) + (3000\ \mathrm{kg})} \times (4.00\ \mathrm{m/s}) = 3.56\ \mathrm{m/s}\,.$$

**답|** $v = 3.56\ \mathrm{m/s}$

### 4-9 총의 총알 발사화약

총알을 발사할 때 화약이 연소하여 생긴 기체가 총구를 통해 나온다. 이 기체의 팽창이 라이플총의 되튕김에 일조를 한다. 라이플총의 질량은 2.80 kg이고, 되튕기는 속도는 땅에 대해서 1.85 m/s 이다. 발사된 총알의 질량은 7.20 g이고, 총알의 총구에 대한 발사속도가 601 m/s 이었다. 땅에 있는 사람이 볼 때, 그 기체의 운동량은 얼마인가?

**풀이|** 총알의 운동 방향을 양(+)의 방향으로 한다.

$$m_{총} = 2.80\ \mathrm{kg},\ m_{알} = 7.20\times 10^{-3}\ \mathrm{kg},\ v_{총/땅} = -1.85\ \mathrm{m/s},\ v_{알/총} = 601\ \mathrm{m/s}$$

운동량 보존 $m_{총}v_{총/땅} + m_{알}v_{알/땅} + p_{기체/땅} = 0$ : $v_{알/땅} = v_{알/총} + v_{총/땅}$

$$\therefore\ p_{기체/땅} = -m_{총}v_{총/땅} - m_{알}(v_{알/총} + v_{총/땅}) \ :\ v_{총/땅} = -1.85\ \mathrm{m/s},\ v_{알/총} = 601\ \mathrm{m/s},$$
$$m_{총} = 2.80\ \mathrm{kg},\ m_{알} = 7.20\times 10^{-3}\ \mathrm{kg}$$

$$\therefore\ p_{기체/땅} = -(2.80\ \mathrm{kg})\times(-1.85\ \mathrm{m/s}) - (7.20\times 10^{-3}\ \mathrm{kg})\times(601\ \mathrm{m/s} - 1.85\ \mathrm{m/s})$$
$$= 0.866\ \mathrm{kg\cdot m/s}$$

**답|** $p_{기체} = 0.866\ \mathrm{kg\cdot m/s}$

### 4-10 하키 퍽의 충돌

매끄러운 얼음판 위에 정지해 있는 하키 퍽 B에 질량이 같은 다른 하키 퍽 A가 40.0 m/s로 달려와서 충돌하였다. 충돌 후 퍽 A는 입사 방향과 30.0°의 방향으로 꺾여 나가고, 퍽 B는 퍽 A의 입사 방향에 대해서 A와 반대쪽 45.0°의 방향으로 튕겨나갔다.

(가) 충돌 후 두 퍽의 속도를 구하라.

(나) 충돌로 인하여 에너지는 감소하는가? 또는 증가하는가? 그 에너지변화는 처음의 몇 %인가?

**풀이|** 퍽 A의 입사 방향을 $x$축(각의 기준선)으로 한다. $u_A = 40.0\ \mathrm{m/s}$, $\theta_A = 30.0°$, $\theta_B = -45.0°$

(가) 충돌 후 속도 $v_A$, $v_B$는?

운동량의 보존 : $x$축 방향 $m u_A = m v_{A;x} + m v_{B;x}$, $y$축 방향 $0 = m v_{A;y} + m v_{B;y}$

$$u_A = 40.0 \text{ m/s}, \ u_B = 0, \ \theta_A = 30.0^\circ, \ \theta_B = -45.0^\circ$$

$$\therefore \ x\text{축 방향} : \ 40.0 \text{ m/s} = v_A \cos 30^\circ + v_B \cos(-45^\circ),$$
$$y\text{축 방향} : \ 0 = v_A \sin 30^\circ + v_B \sin(-45^\circ)$$

$$\therefore \ x\text{축 방향} : \ 40.0 \text{ m/s} = \frac{\sqrt{3}}{2} v_A + \frac{1}{\sqrt{2}} v_B, \ y\text{축 방향} : \ \frac{v_A}{2} = \frac{v_B}{\sqrt{2}}$$

이 두 방정식을 연립하여 풀면

$$\therefore \ v_A = 29.28 \text{ m/s} = \underline{29.3 \text{ m/s}}, \ v_B = 20.71 \text{ m/s} = \underline{20.7 \text{ m/s}}.$$

(나) 에너지 변화 $\Delta K$는?

$$\Delta K = T - K = \frac{1}{2} m v_A^2 + \frac{1}{2} m v_B^2 - \frac{1}{2} m u_A^2 \ : \ u_A = 40.0 \text{ m/s}, \ v_A = 29.28 \text{ m/s}, \ v_B = 20.71 \text{ m/s}$$

$$\therefore \ T = \frac{1}{2} m v_A^2 + \frac{1}{2} m v_B^2 = \frac{1}{2} m \{(29.28 \text{ m/s})^2 + (20.71 \text{ m/s})^2\} = 643.1 m \text{ [J]},$$

$$K = \frac{1}{2} m u_A^2 = \frac{m}{2} \times (40.0 \text{ m/s})^2 = 800.0 m \text{ [J]}$$

$$\therefore \ \Delta K = T - K = -156.9 m \text{ [J]}$$

$$\therefore \ \frac{|\Delta K|}{K} = \frac{156.9 m \text{ [J]}}{800 m \text{ [J]}} = 0.1961 = \underline{19.6\%}.$$

**답 |** (가) $v_A = 29.3 \text{ m/s}$, $v_B = 20.7 \text{ m/s}$ (나) $\frac{|\Delta K|}{K} = 19.6\%$ (감소)

## 4.3 충돌 문제

### 4-11 완전비탄성충돌

같은 질량의 두 물체가 아래와 같은 운동상태 (ㄱ), (ㄴ)에서 완전비탄성충돌을 한다.

(가) 운동에너지의 손실이 더 큰 것은 어느 경우인가?

(나) 어느 경우에 운동에너지의 손실비율이 더 큰가?

(ㄱ) 두 물체가 각각 $\frac{v_0}{2}$의 속도로 접근하여 충돌한다.

(ㄴ) 한 물체는 정지해 있고, 다른 물체가 속도 $v_0$로 달려와서 충돌한다.

**풀이 |** 완전비탄성충돌이므로 운동량 보존 $m u_A + m u_B = 2m v_{AB}$에 의하여 충돌 후 속도는

$v_{AB} = \frac{u_A + u_B}{2}$ 이다. 운동에너지의 변화는

$$\Delta K = T - K \ :\ K = \frac{1}{2}m u_A^2 + \frac{1}{2}m u_B^2,\ T = \frac{1}{2}(2m)v_{AB}^2\ \left(v_{AB} = \frac{u_A + u_B}{2}\right)$$

(가) 운동에너지의 손실

(ㄱ) $\left\{u_A = \frac{v_0}{2},\ u_B = -\frac{v_0}{2}\right\} \Rightarrow K = \frac{1}{2}m\left\{2\left(\frac{v_0}{2}\right)^2\right\} = \frac{1}{4}mv_0^2,\ T = 0\ (\because\ v_{AB} = 0)$

$$\therefore\ \Delta K_ㄱ = T - K = -\frac{1}{4}mv_0^2.$$

(ㄴ) $\{u_A = v_0,\ u_B = 0\} \Rightarrow K = \frac{1}{2}mv_0^2,\ T = \frac{1}{2}(2m)\left(\frac{v_0}{2}\right)^2 = \frac{1}{4}m v_0^2$

$$\therefore\ \Delta K_ㄴ = T - K = \frac{1}{4}mv_0^2 - \frac{1}{2}mv_0^2 = -\frac{1}{4}mv_0^2.$$

(나) (ㄱ) $\left|\frac{\Delta K}{K}\right|_ㄱ = 100\%$, (ㄴ) $\left|\frac{\Delta K}{K}\right|_ㄴ = 50\%$

**답|** (가) 같다 (나) (ㄱ)

## 4-12 총알의 속도

16 g짜리 총알이 발사되어 1.5 kg의 탄동흔들이 나무토막에 박혔다. 나무토막이 흔들려서 최고 높이에 이르렀을 때 줄이 연직선과 60°를 이루었다. 줄의 길이는 2.3 m이다.

(가) 총알의 발사 속도를 구하라.

(나) 총알이 박힌 탄동흔들이의 추(나무토막)가 연직면 내에서 원을 그리도록 하자면 총알의 속도는 적어도 얼마이어야 하는가?

(다) 만일 발사된 총알이 나무토막에 박히지 않고 통과하여 처음 속도의 반으로 날아갔다면 총알의 처음 속도는 얼마였을까?

**풀이|** $m = 16\text{ g},\ M = 1.5\text{ kg},\ L = 2.3\text{ m},\ \theta = 60^\circ$

(가) (총알이 박힌 경우)총알의 발사 속도 $u$는? 총알이 박힐 때,

**운동량 보존** $p_i = p_f\ :\ \{p_i = mu,\ p_f = (M+m)v\} \Rightarrow mu = (M+m)v$

$$\therefore\ u = \left(1 + \frac{M}{m}\right)v. \tag{1}$$

**역학적 에너지 보존** $K_i + U_i = K_f + U_f$ : 총알의 운동에너지 $K_i = \frac{1}{2}(M+m)v^2,\ K_f = 0.$

총알의 위치에너지 $U_i = 0,\ U_f = (M+m)gh$ (기준점 : 흔들이의 맨 아래 점)

$$\therefore\ \frac{1}{2}(M+m)\,v^2 = (M+m)gh \Rightarrow v = \sqrt{2gh} \tag{2}$$

식(1)에 식(2)를 대입하면,

$$u = \left(1 + \frac{M}{m}\right)\sqrt{2gh}\ :\ h = L(1 - \cos\theta)\ (\theta = 60^\circ,\ L = 2.3\text{ m}).$$

$$M = 1.5\text{ kg},\ m = 0.016\text{ kg}$$

$$\therefore\ u = 450.1\ \text{m/s} = \underline{4.5 \times 10^2\ \text{m/s} = 450\ \text{m/s}}.$$

(나) 탄동흔들이의 나무토막이 총알이 박힌 채 연직면 내에서 원운동할 때 $u$는? 꼭짓점 P에서

**운동방정식** $\dfrac{(m+M)v^2}{L} = (m+M)g + T$ ($L$ : 반지름, $T$ : 실의 장력)

따라서 꼭짓점에서 떨어지지 않고 원운동을 계속할 최소 속도 $v_{\min}$는 $T=0$인 경우이다. 곧

$$\frac{(m+M)v_{\min}^2}{L} = (m+M)g$$

를 만족한다. 꼭짓점 P에서

**역학적 에너지** $E_P = K_P + U_P$ : $K_P = \dfrac{1}{2}(m+M)v_{\min}^2$, $U_P = (m+M)g(2L)$

$$\therefore\ E_P = \frac{1}{2}(m+M)v_{\min}^2 + (m+M)g(2L) = \frac{5}{2}(m+M)gL.$$

맨 아래 점 B에서

**역학적 에너지** $E_B = K_B + U_B$: $U_B = 0$, $K_B = \dfrac{1}{2}(m+M)v_B^2$ $\quad\therefore\ E_B = \dfrac{1}{2}(m+M)v_B^2$.

여기서 $v_B$는 점 B에서 총알이 박힌 후 속도이다. 이때 총알의 입사속도를 $u_{\min}$라 하면 운동량 보존법칙에 의하여

$$mu_{\min} = (M+m)v_B \qquad \therefore\ E_B = \frac{1}{2}(m+M)v_B^2 = \frac{(m\,u_{\min})^2}{2(m+M)}.$$

역학적 에너지 보존법칙($E_P = E_B$)에 의하여

$$\frac{5}{2}(m+M)gL = \frac{(mu_{\min})^2}{2(m+M)} \qquad \therefore\ u_{\min} = \left(1 + \frac{M}{m}\right)\sqrt{5gL}.$$

를 얻는다. 이것은 탄동 흔들이의 추가 연직면 내에서 원운동을 하기 위한 총알의 최소속도이다. 여기에 $M = 1.5$ kg, $m = 0.016$ kg, $L = 2.3$ m를 대입하면

$$u_{\min} = 1006.4\ \text{m/s} = 1.0064 \times 10^3\ \text{m/s} = \underline{1.0 \times 10^3\ \text{m/s}}$$

이다.

(다) (총알이 통과한 경우) 총알의 발사 속도 $u$는?

운동량 보존 $mu = m\left(\dfrac{u}{2}\right) + MV$ ($V$ : 목침의 충돌 후 속도),

역학적 에너지 보존 $\dfrac{1}{2}MV^2 = Mgh$ : $h = \dfrac{L}{2}$ $\quad\therefore\ V = \sqrt{gL}$

$$\therefore\ u = \frac{2M}{m}\sqrt{gL}\ :\ M = 1.5\ \text{kg},\ m = 0.016\ \text{kg},\ L = 2.3\ \text{m}$$

$$\therefore\ u = 8.9 \times 10^2\ \text{m/s} = 890\ \text{m/s}$$

**답|** (가) $u = 450\ \text{m/s}$ (나) $u_{\min} = 1000\ \text{m/s}$ (다) $u = 890\ \text{m/s}$

### 4-13 널판자 위를 걷는 여학생

얼음판 위에 놓여 있는 질량 150 kg의 널판자 위에 질량 45.0 kg의 여학생이 서 있다가 널판자에 대해서 1.50 m/s의 일정한 속도로 걷기 시작하였다. 널판자와 얼음판 사이의 마찰은 무시한다. 여학생 및 널판자의 얼음판에 대한 속도는 각각 얼마인가?

**풀이 |** 여학생의 운동 방향을 양(+)을 택한다. 얼음판에 대한 속도는 땅에 대한 속도를 뜻한다.

$$m_{판} = 150\ \mathrm{kg},\ m_{학} = 45.0\ \mathrm{kg},\ v_{학/판} = 1.50\ \mathrm{m/s}$$

운동량 보존 : $m_{학} v_{학} + m_{판} v_{판} = 0$ : $v_{학/판} = v_{학} - v_{판}$ $\quad\therefore\ m_{학}(v_{학/판} + v_{판}) + m_{판} v_{판} = 0$

$$\therefore\ v_{판} = -\frac{m_{학}\, v_{학/판}}{m_{학} + m_{판}}\ :\ m_{판} = 150\ \mathrm{kg},\ m_{학} = 45.0\ \mathrm{kg},\ v_{학/판} = 1.50\ \mathrm{m/s}$$

$$\therefore\ v_{판} = -0.3462\ \mathrm{m/s} = \underline{-0.346\ \mathrm{m/s}}.$$

$$v_{학} = v_{판} + v_{학/판} = (-0.3462\ \mathrm{m/s}) + (1.50\ \mathrm{m/s}) = 1.154\ \mathrm{m/s} = \underline{1.15\ \mathrm{m/s}}.$$

**답 |** $v_{학} = 1.15\ \mathrm{m/s}$, $v_{판} = 0.346\ \mathrm{m/s}$ (여학생과 반대 방향)

### 4-14 철도 화물차의 충돌

질량이 $2.50\times10^4$ kg인 철도 화물차 한 대가 속도 4.00 m/s로 철로 위를 달리다가, 같은 방향으로 2.00 m/s의 속도로 달리고 있는 같은 화물차 3대가 한데 결합된 화물차와 충돌하여 결합되었다.

(가) 4대가 한데 결합된 화물차의 속도를 구하라.

(나) 충돌로 인한 역학적 에너지의 변화를 구하라.

(다) 역으로, 4대의 화물차가 결합된 채 $u_{4대}$의 속도로 달리다가 맨 앞의 화물차를 떼어 내어 세게 앞으로 밀어서 4.00 m/s의 속도가 되게 하였더니, 나머지는 계속 2.00 m/s의 속도로 운동하였다 한다. 이 경우 처음 속도 $u_{4대}$를 구하라. 이때 이 물리계에 해준 일은 얼마인가?

(라) (다)의 과정은 그 앞의 과정과 어떤 관계가 있다고 생각되는가?

**풀이 |** (가) $v_{4대}$는? 운동량 보존 $mu_{1대} + 3m\,u_{3대} = 4m\,v_{4대}$ : $u_{1대} = 4.00\ \mathrm{m/s}$, $u_{3대} = 2.00\ \mathrm{m/s}$

$$\therefore\ v_{4대} = 2.50\ \mathrm{m/s}$$

(나) 역학적 에너지의 변화 $\Delta E = T - K$에서

처음 운동에너지 $K = \frac{1}{2}mu_{1대}^2 + \frac{1}{2}(3m)\,u_{3대}^2$ : $m = 2.50\times10^4\ \mathrm{kg}$, $u_{1대} = 4.00\ \mathrm{m/s}$,

$$u_{3대} = 2.00\ \mathrm{m/s} \qquad \therefore\ K = 35.00\times10^4\ \mathrm{J}$$

나중 운동에너지 $T = \frac{1}{2}(4m)\,v_{4대}^2$ : $m = 2.50\times10^4\ \mathrm{kg}$, $v_{4대} = 2.50\ \mathrm{m/s}$

$$\therefore\ T = 31.25\times10^4\ \mathrm{J}$$

$$\therefore\ \Delta E = T - K = 31.25\times10^4\ \mathrm{J} - 35.00\times10^4\ \mathrm{J} = -3.75\times10^4\ \mathrm{J}\ (\text{감소})$$

(다) $u_{4대}$는? 운동량 보존 $4mu_{4대}=3m\,v_{3대}+m\,v_{1대}$ : $v_{1대}=4.00\text{ m/s}$, $v_{3대}=2.00\text{ m/s}$

$$\therefore\ u_{4대}=\frac{3v_{3대}+v_{1대}}{4}=2.50\text{ m/s}$$

물리계에 한 일은? 일-에너지 정리 $W=\Delta K=T-K$에서

$$K=\frac{1}{2}(4m)\,u_{4대}^2=31.25\times10^4\text{ J},\quad T=\frac{1}{2}mv_{1대}^2+\frac{1}{2}(3m)\,v_{3대}^2=35.00\times10^4\text{ J}$$

$$\therefore\ W=\Delta K=T-K=3.75\times10^4\text{ J}$$

(라) (다)의 과정은 처음 과정의 시간적인 역 과정으로, 처음 현상을 영화로 찍은 것을 역으로 돌릴 때의 현상과 같다. 시간이 순방향이 아닌 역방향, 곧 미래에서 현재, 과거로 진행되는 과정이다. 이런 과정을 **시간반전**(time reversal)이라 한다.

**답 |** (가) $v_{4대}=2.50\text{ m/s}$ (나) $\Delta E=3.75\times10^4\text{ J}$(감소)

(다) $u_{4대}=2.50\text{ m/s}$, $W=3.75\times10^4\text{ J}$

(라) (다)의 과정은 그 앞의 과정의 시간의 흐름을 역으로 되돌린 것(**시간반전** time reversal)이다.

## 4-15 베릴륨의 붕괴

베릴륨 동위원소($^4$Be)가 불안정하여 두 개의 알파(헬륨핵$^2$He)입자로 붕괴한다. 이때 $1.5\times10^{-14}$ J의 에너지가 발생한다. 알파입자의 질량은 $m_\alpha=m_{\text{He}}=6.68\times10^{-27}\text{ kg}$이다. **베릴륨** 동위원소가 정지상태에서 붕괴했다면 알파입자의 속도는 얼마일까?

**풀이 |** 운동량 보존 $m_{\text{Be}}\,u_{\text{Be}}=m_{\text{A}}v_{\text{A}}+m_{\text{B}}v_{\text{B}}$ : $u_{\text{Be}}=0$, $m_{\text{A}}=m_{\text{B}}=m_\alpha$ $\quad\therefore\ v_{\text{A}}=-v_{\text{B}}\equiv v_\alpha$

에너지의 보존 $\frac{1}{2}m_{\text{Be}}\,u_{\text{Be}}^2+Q=\frac{1}{2}m_{\text{A}}{v_{\text{A}}}^2+\frac{1}{2}m_{\text{B}}{v_{\text{B}}}^2$ : $u_{\text{Be}}=0$, $m_{\text{A}}=m_{\text{B}}=m_\alpha$, $v_{\text{A}}=-v_{\text{B}}\equiv v_\alpha$

$$\therefore\ 2\times\frac{1}{2}m_\alpha v_\alpha^2=Q\ :\ m_\alpha\equiv m_{\text{He}}=6.68\times10^{-27}\text{ kg},\ Q=1.5\times10^{-14}\text{ J}$$

$$\therefore\ v_\alpha=\sqrt{\frac{Q}{m_\alpha}}=\sqrt{\frac{1.5\times10^{-14}\text{ J}}{6.68\times10^{-27}\text{ kg}}}=1.499\times10^6\text{ m/s}=\underline{1.5\times10^6\text{ m/s}}$$

**답 |** $v_\alpha=1.5\times10^6\text{ m/s}$

## 4-16 발사된 포탄의 폭발

3.00 kg의 포탄이 120 m/s의 속도로 수평에서 30.0° 위쪽으로 발사되었다. 궤도의 꼭짓점에서 폭발하여 1.00 kg 및 2.00 kg의 두 조각으로 갈라졌다. 2 kg짜리 조각은 폭발한 지 3.60초만에 똑바로 아래로 땅에 떨어졌다.

(가) 폭발하는 순간 포탄의 속도 및 폭발 위치를 구하라.

(나) 폭발하는 순간 2 kg짜리 및 1 kg짜리 파편의 속도를 각각 구하라.

(다) 1 kg짜리 파편이 땅에 떨어지는 데 걸리는 시간을 구하여, 발사점으로부터 떨어진 거리를 구하라.

(라) 폭발 직전 및 직후의 운동에너지를 구하고, 폭발로 인한 에너지변화를 구하라.

**풀이 |** $M = m_1 + m_2 = 3.00\ \mathrm{kg}$, $v_0 = 120\ \mathrm{m/s}$, $\theta = 30.0^\circ$, $m_1 = 1.00\ \mathrm{kg}$, $m_2 = 2.00\ \mathrm{kg}$

포탄은 포물선운동을 한다. 발사 지점을 원점, 수평 방향을 $x$축, 연직상방을 $y$축으로 한다.

처음 속도는 $v_{0x} = v_0 \cos\theta = 60\sqrt{3}\ \mathrm{m/s} = 103.9\ \mathrm{m/s}$, $v_{0y} = v_0 \sin\theta = 60.00\ \mathrm{m/s}$

$$\therefore\ \vec{v}_0 = \hat{i}(60\sqrt{3}\ \mathrm{m/s}) + \hat{j}(60.00\ \mathrm{m/s}).$$

(가) 폭발 순간(꼭짓점에서) 포탄의 속도 $\vec{v}_\mathrm{h} = (v_{\mathrm{h};x},\ v_{\mathrm{h};y})$ 및 폭발위치 $\vec{r}_\mathrm{h} = (x_\mathrm{h},\ y_\mathrm{h})$는 각각

$$v_{\mathrm{h};x} = v_{0x} = v_0 \cos\theta = 60\sqrt{3}\ \mathrm{m/s} = 103.9\ \mathrm{m/s},\ v_{\mathrm{h};y} = 0$$

$$\therefore\ \vec{v}_\mathrm{h} = (104\ \mathrm{m/s}, 0)$$

$$x_\mathrm{h} = v_{0x} t_\mathrm{h} = (v_{0x}) \times \left(\frac{v_{0y}}{g}\right)\ :\ v_{0x} = 60\sqrt{3}\ \mathrm{m/s},\ v_{0y} = 60.00\ \mathrm{m/s}$$

$$\therefore\ x_\mathrm{h} = 3600\sqrt{3}\ \mathrm{m} = 635.6\ \mathrm{m}$$

$$y_\mathrm{h} = h = \frac{v_{0y}^2}{2g}\ :\ v_{0y} = 60.00\ \mathrm{m/s} \qquad \therefore\ y_\mathrm{h} = 183.5\ \mathrm{m}$$

$$\therefore\ \vec{r}_\mathrm{h} = (636\ \mathrm{m},\ 184\ \mathrm{m})$$

(나) 폭발 순간, 파편의 속도 $v_2$, $v_1$는?

2 kg짜리 파편의 속도 $\vec{v}_2 = (v_{2x}, v_{2y})$ : 2 kg짜리 파편은 연직하방으로 처음 속도 $v_{2y}$의 자유낙하운동을 하므로,

$$y = y_\mathrm{h} + v_{2y} t - \frac{1}{2} g t^2\ :\ y = 0,\ y_\mathrm{h} = 183.5\ \mathrm{m},\ t = 3.60\,\mathrm{s}$$

$$\therefore\ v_{2y} = -33.31\ \mathrm{m/s},\ v_{2x} = 0$$

$$\therefore\ \vec{v}_2 = (0, -33.3\ \mathrm{m/s})$$

1 kg짜리 파편의 속도 $\vec{v}_1 = (v_{1x},\ v_{1y})$ : 운동량 보존법칙(폭발 전 운동량)=(폭발 후 운동량)에 의하여

(폭발 직전 운동량)=(포탄의 운동량) : $\vec{p}_\mathrm{h} = M\vec{v}_\mathrm{h} = (Mv_{\mathrm{h};x},\ Mv_{\mathrm{h};y})$,

(폭발 직후 운동량)=(두 파편의 운동량의 합) :

$$\vec{q}_\mathrm{h} = \vec{q}_1 + \vec{q}_2 = m_1 \vec{v}_1 + m_2 \vec{v}_2 = (m_1 v_{1x} + m_2 v_{2x},\quad m_1 v_{1y} + m_2 v_{2y})$$

$x$ 성분 $Mv_{\mathrm{h};x} = m_1 v_{1x} + m_2 v_{2x}$ : $M = 3.00\ \mathrm{kg}$, $v_{\mathrm{h};x} = 60\sqrt{3}\ \mathrm{m/s}$, $v_{2x} = 0$

$$\therefore\ v_{1x} = \frac{Mv_{\mathrm{h};x}}{m_1} = \frac{(3.00\ \mathrm{kg}) \times (103.9\ \mathrm{m/s})}{1.00\ \mathrm{kg}} = 311.7\ \mathrm{m/s}.$$

$y$ 성분 $Mv_{\mathrm{h};y} = m_1 v_{1y} + m_2 v_{2y}$ : $M = 3.00\ \mathrm{kg}$, $v_{\mathrm{h};y} = 0$, $v_{2y} = -33.31\ \mathrm{m/s}$

$$\therefore\ v_{1y} = -\frac{m_2 v_{2y}}{m_1} = -2v_{2y} = 66.62\ \mathrm{m/s}.$$

$$\therefore \ \vec{v}_1 = (v_{1x}, v_{1y}) = (312\ \mathrm{m/s},\ 66.6\ \mathrm{m/s})$$

또는 극좌표로 표현하면

$$v_1 = \sqrt{v_{1x}^2 + v_{1y}^2} = \sqrt{(311.7\ \mathrm{m/s})^2 + (66.62\ \mathrm{m/s})^2} = 318.7\ \mathrm{m/s},$$

$$\phi = \tan^{-1}\left(\frac{v_{1y}}{v_{1x}}\right) = \tan^{-1}\left(\frac{66.62\ \mathrm{m/s}}{311.7\ \mathrm{m/s}}\right) = 12.06^\circ$$

이므로 $\vec{v}_1 = (v_1,\ \phi) = (319\ \mathrm{m/s},\ 12.1^\circ)$이다.

(다) 1 kg짜리 파편이 땅에 떨어지는 데 걸리는 시간 $t_{01}$은? 1 kg짜리 파편은 꼭짓점에서 수평 방향 속도 $v_{1x} = 311.7\ \mathrm{m/s}$, 연직 방향 속도 $v_{1y} = 66.62\ \mathrm{m/s}$로 던져진 포물체의 운동이다. 따라서 연직 방향만 고려하면 된다.

위치벡터의 연직 성분 $y = y_{\mathrm{h}} + v_{1y}\, t_{01} - \frac{1}{2} g t_{01}^2$ : $y = 0$, $y_{\mathrm{h}} = 183.5\ \mathrm{m}$, $v_{1y} = 66.62\ \mathrm{m/s}$

$$\therefore \ 0 = 183.5 + 66.62\, t_{01} - 4.905\, t_{01}^2 \qquad \therefore \ t_{01} = 15.930\ \mathrm{s} = \underline{15.9\ \mathrm{s}}$$

1 kg짜리 파편이 발사점으로부터 떨어진 거리 $x_1$은?

위치벡터의 수평 성분 $x_1 = x_{\mathrm{h}} + v_{1x}\, t_{01}$ : $x_{\mathrm{h}} = 635.6\ \mathrm{m}$, $v_{1x} = 311.7\ \mathrm{m/s}$, $t_{01} = 15.930\ \mathrm{s}$

$$\therefore \ x_1 = 5600.981\ \mathrm{m} = 5.600981 \times 10^3\ \mathrm{m} = \underline{5.60 \times 10^3\ \mathrm{m/s} = 5600\ \mathrm{m}}.$$

(라) 폭발 직전 및 직후의 운동에너지 $K$, $T$ 및 폭발로 인한 에너지변화 $\varDelta E$는?

$$K = \frac{1}{2} M v_{\mathrm{h}}^2 \ : \ M = 3.00\ \mathrm{kg},\ v_{\mathrm{h}} = v_{0x} = 60\sqrt{3}\ \mathrm{m/s} \qquad \therefore \ K = \frac{1}{2} M v_{\mathrm{h}}^2 = 16200\ \mathrm{J}$$

$$T = \frac{1}{2} m_1 v_1^2 + \frac{1}{2} m_2 v_2^2 \ : \ v_2 = v_{2:y} = -33.31\ \mathrm{m/s},\ v_1 = \sqrt{v_{1x}^2 + v_{1y}^2} = 318.7\ \mathrm{m/s}$$

$$\therefore \ T = 51907\ \mathrm{J} = \underline{51.9 \times 10^3\ \mathrm{J} = 51900\ \mathrm{J}}$$

한편 폭발 전, 후 꼭짓점에서 위치에너지는 변화가 없으므로 에너지변화 $\varDelta E$는

$$\varDelta E = T - K = 51907 - 16200 = 35707\ \mathrm{J} = \underline{35.7 \times 10^3\ \mathrm{J} = 35700\ \mathrm{J}}\,(\text{증가})$$

이다.

**답 |** (가) $\vec{v}_{\mathrm{h}} = (104\ \mathrm{m/s}, 0)$, $\vec{r}_{\mathrm{h}} = (636\ \mathrm{m}, 184\ \mathrm{m})$

(나) $\vec{v}_{2\mathrm{kg}} = (0,\ -33.3\ \mathrm{m/s})$, $\vec{v}_{1\mathrm{kg}} = (312\ \mathrm{m/s},\ 66.6\ \mathrm{m/s})$

(다) $t_{1\mathrm{kg}} = 15.9\ \mathrm{s}$, $x_{1\mathrm{kg}} = 5.60 \times 10^3\ \mathrm{m} = 5600\ \mathrm{m}$

(라) $K = 16.2 \times 10^3\ \mathrm{J}$, $T = 51.9 \times 10^3\ \mathrm{J}$, $\varDelta E = 35.7 \times 10^3\ \mathrm{J}$ (증가)

### 4-17 자동차의 추돌

2,000 kg짜리 자동차가 오른쪽으로 10.0 m/s의 속도로 달리는 같은 무게의 자동차를 30.0 m/s로 달려가서 추돌하였다.

(가) 추돌 후 두 자동차는 하나로 붙어버렸다. 충돌 직후 그들의 속도는 얼마인가?

(나) 충돌로 잃은 에너지는 처음의 몇 %인가?

**풀이 |** (가) 완전비탄성충돌 후 속도 $v_{AB}$는?

운동량 보존 $m_A u_A + m_B u_B = (m_A + m_B) v_{AB}$ : $m_A = m_B \equiv m = 2000\ \text{kg}$,

$u_A = 30.0\ \text{m/s}$, $u_B = 10.0\ \text{m/s}$

$$\therefore\ v_{AB} = \frac{m_A u_A + m_B u_B}{m_A + m_B} = 20.0\ \text{m/s}.$$

(나) 충돌로 잃은 에너지의 비율 $\frac{|\Delta K|}{K}$?

$\Delta K = T - K$ : $K = \frac{1}{2} m_A u_A^2 + \frac{1}{2} m_B u_B^2$ : $m_A = m_B \equiv m = 2000\ \text{kg}$, $u_A = 30.0\ \text{m/s}$,

$u_B = 10.0\ \text{m/s}$ $\quad \therefore\ K = 1.00 \times 10^6\ \text{J}$

$T = \frac{1}{2}(m_A + m_B) v_{AB}^2$ : $m_A = m_B \equiv m = 2000\ \text{kg}$, $v_{AB} = 20.0\ \text{m/s}$ $\quad \therefore\ T = 0.800 \times 10^6\ \text{J}$

$$\therefore\ \Delta K = T - K = -0.20 \times 10^6\ \text{J} \quad \therefore\ \frac{|\Delta K|}{K} = 20\%$$

**답 |** (가) $v_{AB} = 20.0\,\text{m/s}$ (나) $\frac{|\Delta K|}{K} = 20\%$

### 4-18 두 물체의 정면충돌

속도 4.00 m/s로 운동하는 질량 5.00 kg의 물체가 3.00 m/s의 속도로 마주 오는 질량 10.0 kg의 물체와 정면충돌하였더니, 10 kg짜리 물체는 충돌 후 즉시 정지했다.

(가) 5 kg짜리 물체의 충돌 후 속도는 얼마인가?

(나) 이 충돌은 탄성충돌인가?

**풀이 |** 5 kg짜리 물체의 처음 운동 방향을 양(+)으로 한다.

(가) 5 kg짜리 물체 A의 충돌 후 속도 $v_A$는?

운동량 보존 $m_A u_A + m_B u_B = m_A v_A + m_B v_B$ : $u_A = 4.00\ \text{m/s}$, $m_A = 5.00\ \text{kg}$,

$u_B = -3.00\text{m/s}$, $m_B = 10.0\ \text{kg}$, $v_B = 0$

$$\therefore\ v_A = \frac{m_A u_A + m_B u_B}{m_A} = -2.00\ \text{m/s}.$$

(나) $e = -\frac{v_{A/B}}{u_{A/B}} = -\frac{v_A - v_B}{u_A - u_B}$ : $u_A = 4.00\ \text{m/s}$, $u_B = -3.00\text{m/s}$, $v_A = -2.00\ \text{m/s}$, $v_B = 0$

$$\therefore\ e = \frac{2}{7} \neq 1\ \therefore \text{비탄성충돌이다.}$$

**답 |** (가) $v_A = 2.00\ \text{m/s}$ (처음과 반대 방향) (나) 비탄성충돌

### 4-19 두 구슬의 탄성충돌

질량 3.00 kg의 유리구슬이 4.00 m/s 의 속도로 달려와서 정지해 있는 2.00 kg의 사기구슬에 탄성 정면충돌하였다.

(가) 충돌 후 두 구슬의 속도를 구하라.

(나) 충돌 전, 후의 운동에너지를 구하여 그들 사이의 관계를 확인하라.

**풀이 |** 유리구슬의 처음 운동 방향을 양(+)으로 한다.

$$m_{유}=3.00\text{ kg},\ u_{유}=4.00\text{ m/s},\ m_{사}=2.00\text{ kg},\ u_{사}=0$$

(가) 충돌 후 두 구슬의 속도 $v_{유}$, $v_{사}$는?

운동량 보존 $m_{유}u_{유}=m_{유}v_{유}+m_{사}v_{사} \Rightarrow (3.00\text{ kg})v_{유}+(2.00\text{ kg})v_{사}=12.00\text{ kg}\cdot\text{m/s}$

반발계수(탄성충돌) $e=-\dfrac{v_{유}-v_{사}}{u_{유}}=1 \Rightarrow v_{유}-v_{사}=-4.00\text{ m/s}$

위의 두 식을 연립하여 풀면, $v_{유}=0.800\text{ m/s}$, $v_{사}=4.80\text{ m/s}$를 얻는다.

(나) 충돌 전, 후의 운동에너지 $K$, $T$는?

$$K=\frac{1}{2}m_{유}u_{유}^2 \ :\ m_{유}=3.00\text{ kg},\ u_{유}=4.00\text{ m/s} \qquad \therefore\ K=24.0\text{ J}$$

$$T=\frac{1}{2}m_{유}v_{유}^2+\frac{1}{2}m_{사}v_{사}^2 \ :\ m_{유}=3.00\text{ kg},\ v_{유}=0.800\text{ m/s},\ m_{사}=2.00\text{ kg},$$

$$v_{사}=4.80\text{ m/s} \qquad \therefore\ T=24.0\text{ J} \qquad \therefore\ K=T$$

**답 |** (가) $v_{유}=0.800\text{ m/s}$, $v_{사}=4.80\text{ m/s}$ (나) $K=T=24.0\text{ J}$

### 4-20 두 물체의 반발계수

질량 2.00 kg의 물체가 6.00 m/s 의 속도로 달려와서 정지해 있는 질량 4.00 kg의 물체에 충돌하였다. 충돌 후 2 kg짜리 물체는 뒤로 1.00 m/s 의 속도로 움직였다.

(가) 충돌 후 4 kg짜리 물체의 속도를 구하라.

(나) 충돌로 인한 에너지 손실을 구하라.

(다) 이 두 물체의 반발계수는 얼마인가?

**풀이 |** 2 kg짜리 물체의 처음 운동 방향을 양(+)으로 한다.

(가) 충돌 후 4 kg짜리 물체의 속도 $v_4$는?

운동량 보존 $m_2u_2+m_4u_4=m_2v_2+m_4v_4 \ :\ m_2=2.00\text{ kg},\ u_2=6.00\text{ m/s},$

$$m_4=4.00\text{ kg},\ u_4=0,\ v_2=-1.00\text{ m/s}$$

$$\therefore\ v_4=\frac{m_2u_2-m_2v_2}{m_4}=3.50\text{ m/s}.$$

(나) 충돌로 인한 에너지 손실 $\Delta K=T-K$는?

$$K=\frac{1}{2}m_2u_2^2 \ :\ m_2=2.00\text{ kg},\ u_2=6.00\text{ m/s} \qquad \therefore\ K=36.0\text{ J}$$

$$T=\frac{1}{2}m_2v_2^2+\frac{1}{2}m_4v_4^2 \ : \ m_2=2.00\ \text{kg},\ v_2=-1.00\ \text{m/s},\ m_4=4.00\ \text{kg},$$

$$v_4=3.50\ \text{m/s} \qquad \therefore\ T=25.5\ \text{J}$$

$$\therefore\ \Delta K=T-K=-10.5\ \text{J}(\text{손실})$$

(다) 두 물체의 반발계수 $e=-\dfrac{v_{2/4}}{u_{2/4}}$는?

$$e=-\frac{v_{2/4}}{u_{2/4}}=-\frac{v_2-v_4}{u_2-u_4} \ : \ v_2=-1.00\ \text{m/s},\ v_4=3.50\ \text{m/s},\ u_2=6.00\ \text{m/s},$$

$$u_4=0 \qquad \therefore\ e=0.750.$$

**답 |** (가) $v_{4\text{kg}}=3.50\ \text{m/s}$ (나) $|\Delta K|=10.5\ \text{J}$ (다) $e=0.750$

## 4-21 연직상방으로 나무토막을 관통한 총알

연직상방으로 발사된 질량 $m$의 총알이 얇은 종이로 가까스로 유지되어 있는 질량 $M$의 나무토막을 관통하여, 총알은 최고 연직 높이 $h$, 나무토막은 $H$까지 올라갔다가 내려왔다.

(가) 총알이 관통하는 순간, 총알 및 나무토막의 속도를 각각 구하라.

(나) 총알이 나무토막에 닿기 직전의 속도를 구하라.

(다) 이 물리계의 충돌 전, 후의 역학적 에너지를 구하라.

(라) 나무토막에서 소모된 에너지를 구하라.

**풀이 |** (가) 관통하는 순간, 총알 및 나무토막의 속도 $v_{\text{총알}}$, $v_{\text{나무}}$는? 중력마당에서 연직상방으로 던져 올린 물체의 운동이다. 이 물체의 속도, 변위 및 속도와 변위 사이의 관계식 : $v=v_0-gt$, $y=y_0+v_0t-\frac{1}{2}gt^2$, $v^2-v_0^2=-2gy$

최고점(꼭짓점)에서 $v=0$이므로 식 $v^2-v_0^2=-2gy$에서

총알의 경우 $v_0\equiv v_{\text{총알}}$, $v=0$, $y=h$ $\quad\therefore\ v_{\text{총알}}=\sqrt{2gh}$

나무토막의 경우 $v_0=v_{\text{나무}}$, $y=H$ $\quad\therefore\ v_{\text{나무}}=\sqrt{2gH}$

(나) 총알이 나무토막에 닿기 직전의 속도 $u_{\text{총알}}$는?

운동량 보존 : $mu_{\text{총알}}=mv_{\text{총알}}+Mv_{\text{나무}}$

$$\therefore\ u_{\text{총알}}=v_{\text{총알}}+\frac{M}{m}v_{\text{나무}}=\sqrt{2gh}+\frac{M}{m}\sqrt{2gH}=\sqrt{2gh}\left(1+\frac{M}{m}\sqrt{\frac{H}{h}}\right).$$

(다) 충돌 전, 후의 역학적 에너지 $E$, $\varepsilon$는?

중력위치에너지의 기준점을 충돌점으로 하면 역학적 에너지가 운동에너지와 같아진다. 곧, $E=K$, $\varepsilon=T$.

$$E=K=\frac{1}{2}mu_{\text{총알}}^2=mgh\left(1+\frac{M}{m}\sqrt{\frac{H}{h}}\right)^2,\ \varepsilon=T=\frac{1}{2}mv_{\text{총알}}^2+\frac{1}{2}Mv_{\text{나무}}^2=mgh+MgH.$$

(라) 소모된 에너지 $\Delta E = T - K$는?

$$\Delta E = T - K = (mgh + MgH) - mgh\left(1 + \frac{M}{m}\sqrt{\frac{H}{h}}\right)^2 = -MgH\left(\frac{M}{m} + 2\sqrt{\frac{h}{H}} - 1\right)$$

**답 |** (가) $v_{총알} = \sqrt{2gh}$, $v_{나무} = \sqrt{2gH}$ (나) $u_{총알} = \sqrt{2gh}\left(1 + \frac{M}{m}\sqrt{\frac{H}{h}}\right)$

(다) $E = mgh\left(1 + \frac{M}{m}\sqrt{\frac{H}{h}}\right)^2$, $\varepsilon = mgh + MgH$ (라) $\Delta E = -MgH\left(\frac{M}{m} + 2\sqrt{\frac{h}{H}} - 1\right)$

### 4-22 교차로에서 자동차 충돌

똑같은 두 자동차가 제한 속도 $v_{제한} = 50.0\ \mathrm{km/h}$인 교차로에서 충돌하여 한 덩어리가 되었다. 한 자동차는 동쪽으로 $13.0\ \mathrm{m/s}$의 속도로 달리고 있었고, 다른 자동차는 북쪽으로 달리고 있었다. 충돌 후, 두 자동차의 나란한 바퀴자국은 동쪽에서 북쪽으로 $55.0^\circ$의 각을 이루는 방향으로 있었다.

(가) 교차로에서 속도위반한 차량은 어느 것인가?

(나) 충돌 직후 두 자동차의 속도는 얼마인가?

**풀이 |** 동쪽을 $x$축, 북쪽을 $y$축으로 한다.

$$v_{제한} = 50.0\ \mathrm{km/h},\ u_A = 13.0\ \mathrm{m/s} = 46.8\ \mathrm{km/h}\,(동쪽),\ \theta = 55.0^\circ$$

(가) 충돌 전 자동차의 속도 $u_A$, $u_B$는? 운동량 보존에 의하여 충돌 후 두 자동차의 속도를 $v_{AB}$라 하면

$$x축:\ m u_A = 2m\, v_{AB}\cos\theta;\ y축:\ m u_B = 2m\, v_{AB}\sin\theta$$

$$\therefore\ u_B = u_A \tan\theta\ :\ u_A = 13.0\ \mathrm{m/s} = 46.8\ \mathrm{km/h},\ \theta = 55.0^\circ$$

$$\therefore\ u_B = 18.57\ \mathrm{m/s} = 66.84\ \mathrm{km/h} > v_{제한}.$$

∴ 북쪽으로 달리던 자동차가 속도위반이다.

(나) 충돌 직후 두 자동차의 속도 $v_{AB}$는? 위의 첫째 식으로부터

$$v_{AB} = \frac{u_A}{2\cos\theta}\ :\ u_A = 13.0\ \mathrm{m/s} = 46.8\ \mathrm{km/h},\ \theta = 55.0^\circ$$

$$\therefore\ v_{AB} = 11.3\ \mathrm{m/s}$$

**답 |** (가) 북쪽으로 가던 차 (나) $v_{AB} = 11.3\ \mathrm{m/s}$

### 4-23 당구공의 탄성충돌

흰 당구공이 $5.00\ \mathrm{m/s}$의 속도로 달려와서 정지해 있는 검은 당구공에 탄성충돌하였다. 충돌 후 검은 공은 흰 공의 입사 방향과 $30^\circ$ 방향으로 튕겨나갔다. 두 당구공은 질량이 같다. 충돌 후 두 공의 속도를 구하라.

**풀이 |** 흰 공의 처음 운동 방향을 $x$축으로 한다. $u_{흰}=5.00\,\text{m/s}$, $u_{검}=0$, $\theta_{검}=-30^{\circ}$, $m_{흰}=m_{검}=m$ 이고, 탄성충돌이므로 $|\theta_{흰}|+|\theta_{검}|=90^{\circ}$ (**예제 4.12** 참조 ; 또는 운동량 보존 $\Rightarrow \vec{u}_{흰}=\vec{v}_{흰}+\vec{v}_{검}$; 운동에너지 보존(탄성충돌) $\Rightarrow u_{흰}^2=v_{흰}^2+v_{검}^2$. 그러므로 벡터$\{\vec{u}_{흰}, \vec{v}_{흰}, \vec{v}_{검}\}$는 두 벡터$\{\vec{v}_{흰}, \vec{v}_{검}\}$을 직각을 낀 두변으로 하는 직각삼각형을 이룬다).

따라서 흰 공의 처음 운동 방향을 $x$축으로 하고, 이를 각의 기준선으로 하여 $\theta_{검}=-30^{\circ}$이면 $\theta_{흰}=60^{\circ}$이다.

$$u_{흰}=5.00\,\text{m/s},\ u_{검}=0,\ \theta_{검}=-30^{\circ},\ \theta_{흰}=60^{\circ}$$

$$\therefore\ v_{흰}=u_{흰}\cos\theta_{흰}=2.500\,\text{m/s},\ v_{검}=u_{흰}\cos\theta_{검}=\frac{5\sqrt{3}}{2}\text{m/s}=4.330\,\text{m/s}$$

$$\therefore\ \vec{v}_{흰}=(v_{흰},\theta_{흰})=(2.50\,\text{m/s},\ 60^{\circ})=\hat{i}(1.25\,\text{m/s})+\hat{j}(2.17\,\text{m/s}),$$
$$\vec{v}_{검}=(v_{검},\theta_{검})=(4.33\,\text{m/s},\ -30^{\circ})=\hat{i}(3.75\,\text{m/s})-\hat{j}(2.17\,\text{m/s})$$

**답 |** $\vec{v}_{흰}=(2.50\,\text{m/s},\ 60^{\circ})=\hat{i}(1.25\,\text{m/s})+\hat{j}(2.17\,\text{m/s})$,
$\vec{v}_{검}=(4.33\,\text{m/s},\ -30^{\circ})=\hat{i}(3.75\,\text{m/s})-\hat{j}(2.17\,\text{m/s})$

### 4-24 두 양성자의 충돌

한 양성자가 속도 $\vec{v}_0$로 달려와서 정지해 있는 다른 양성자와 탄성충돌하였다. 충돌 후 두 양성자의 운동에너지가 서로 같았다. 두 양성자의 충돌 후 속도를 구하라.

**풀이 |** 충돌 후 두 양성자의 속도를 각각 $\vec{v}_1$, $\vec{v}_2$라 하면

운동량 보존 : $m\vec{v}_0=m\vec{v}_1+m\vec{v}_2 \Rightarrow \vec{v}_0=\vec{v}_1+\vec{v}_2$

운동에너지 보존 : $\frac{1}{2}mv_0^2=\frac{1}{2}mv_1^2+\frac{1}{2}mv_2^2$ ($\because$ 탄성충돌) $\Rightarrow v_0^2=v_1^2+v_2^2$

이다. 따라서 두 벡터 $\vec{v}_1$, $\vec{v}_2$를 두 변으로 하는 직각삼각형의 빗변이 벡터 $\vec{v}_0$이다.
또 충돌 후 두 운동에너지가 같으므로 $|\vec{v}_1|=|\vec{v}_2|\equiv v$, 따라서

운동에너지 보존 : $\frac{1}{2}mv_0^2=mv^2 \Rightarrow v=\frac{1}{\sqrt{2}}v_0$

이다. 곧, 충돌 후 양성자의 속도벡터의 크기는 $|\vec{v}_1|=|\vec{v}_2|\equiv v=\frac{v_0}{\sqrt{2}}$이고, 방향은 $\vec{v}_0$의 방향에서 양쪽으로 $45^{\circ}$이다.

**답 |** 크기 $\frac{v_0}{\sqrt{2}}$, 방향은 $\vec{v}_0$의 방향에서 $\pm 45^{\circ}$

### 4-25 크기가 다른 두 구슬의 충돌

크기가 다른 두 구슬이 비낌충돌을 했다. 정지해 있는 큰 구슬에 작은 구슬이 속도 $u_1=3v_0$로 달려와서 충돌하여 운동 방향과 $\theta_1(\theta_1=\tan^{-1}2)$의 각을 이루는 방향으로 속도 $v_1=\sqrt{5}v_0$로

빗겨 나갔다. 작은 구슬의 질량은 $m$, 큰 구슬은 $2m$이다.

(가) 충돌 후 큰 구슬의 속도를 구하라.

(나) 이 충돌은 탄성적인가?

**풀이 |** $\theta_1 = \tan^{-1} 2 \quad \therefore \ \tan\theta_1 = 2 \Rightarrow \left\{\cos\theta_1 = \frac{1}{\sqrt{5}},\ \sin\theta_1 = \frac{2}{\sqrt{5}}\right\}$

처음 운동 방향을 $x$축으로 한다.

운동량 보존법칙에 의하여

$$x\text{축} : 3v_0 = \sqrt{5}\,v_0\cos\theta_1 + 2v_2\cos\theta_2 \Rightarrow 3v_0 = \sqrt{5}\,v_0 \times \frac{1}{\sqrt{5}} + 2v_2\cos\theta_2 \quad \therefore\ v_0 = v_2\cos\theta_2$$

$$y\text{축} : 0 = \sqrt{5}\,v_0\sin\theta_1 - 2v_2\sin\theta_2 \Rightarrow 0 = \sqrt{5}\,v_0 \times \frac{2}{\sqrt{5}} - 2v_2\sin\theta_2 \quad \therefore\ v_0 = v_2\sin\theta_2$$

(가) 위의 두 식을 연립하면 $v_2 = \sqrt{2}\,v_0$, $\theta_2 = 45^\circ$를 얻는다.

(나) 운동에너지

$$\text{충돌 전} : K = \frac{1}{2}mu_1^2 = \frac{9}{2}mv_0^2$$

$$\text{충돌 후} : T = \frac{1}{2}mv_1^2 + \frac{1}{2}(2m)v_2^2 = \frac{5}{2}mv_0^2 + 2mv_0^2 = \frac{9}{2}mv_0^2$$

$\therefore\ K = T$ 그러므로 탄성충돌이다.

**답 |** (가) $v_2 = \sqrt{2}\,v_0$, $\theta_2 = 45^\circ$ (나) 탄성충돌

### 4-26 두 입자의 비낌충돌

질량이 각각 $3m$, $m$인 두 입자가 서로 마주보고 $v_0$의 같은 속도로 달려와서 비낌탄성충돌하였다. 질량 $3m$의 입자는 동쪽으로 입사하였는데 질량 $m$의 입자는 충돌 후 남쪽으로 향하였다. 충돌 후 두 입자의 속도를 구하라.

**풀이 |** 탄성충돌이므로 운동량 및 운동에너지가 보존된다. 질량 $3m$ 입자의 입사 방향(동쪽)을 $x$축으로 한다. 질량 $3m$, $m$ 입자의 충돌 전, 후의 속도를 각각 $\{u_3,\ v_3\}$, $\{u_1,\ v_1\}$이라 하면, $\vec{u}_3 = \hat{i}v_0$, $\vec{u}_1 = -\hat{i}v_0$, $\vec{v}_1 = -\hat{j}v_1$이고, 충돌 후 질량 $3m$ 입자의 속도를 $\vec{v}_3 = \hat{i}v_{3;x} + \hat{j}v_{3;y}$라 하자. 그러면

**운동량 보존** : $3m\vec{u}_3 + m\vec{u}_1 = 3m\vec{v}_3 + m\vec{v}_1$

$$\Rightarrow \hat{i}(3mv_0 - mv_0) = \hat{i}(3mv_{3;x}) + \hat{j}(3mv_{3;y} - mv_1)$$

$$\therefore\ x\text{축} : 3mv_{3;x} = 2mv_0;\ y\text{축} : 3mv_{3;y} - mv_1 = 0 \quad \therefore\ v_{3;x} = \frac{2}{3}v_0,\ v_{3;y} = \frac{1}{3}v_1.$$

**운동에너지 보존**(탄성충돌) : $\frac{1}{2}(3m)v_0^2 + \frac{1}{2}mv_0^2 = \frac{1}{2}(3m)v_3^2 + \frac{1}{2}mv_1^2$

$$\therefore\ 2mv_0^2 = 1.5m\,(v_{3;x}^2 + v_{3;y}^2) + 0.5mv_1^2 = 1.5m\left(\frac{4}{9}v_0^2 + \frac{1}{9}v_1^2\right) + 0.5mv_1^2$$

$$\therefore\ v_1 = \sqrt{2}\,v_0,\quad v_{3;y} = \frac{\sqrt{2}}{3}v_0$$

$$\therefore\ \vec{v}_3 = \hat{i}v_{3;x} + \hat{j}v_{3;y} = \hat{i}\left(\frac{2}{3}v_0\right) + \hat{j}\left(\frac{\sqrt{2}}{3}v_0\right),\quad \vec{v}_1 = -\hat{j}\left(\sqrt{2}\,v_0\right)$$

또는 $v_3 = \sqrt{v_{3;x}^2 + v_{3;y}^2} = \sqrt{\left(\frac{2}{3}v_0\right)^2 + \left(\frac{\sqrt{2}}{3}v_0\right)^2} = \sqrt{\frac{2}{3}}\,v_0$

$$\therefore\ \tan\phi_3 = \frac{v_{3;y}}{v_{3;x}} = \frac{1}{\sqrt{2}} \qquad \therefore\ \phi_3 = \tan^{-1}\left(\frac{1}{\sqrt{2}}\right) = 35.26^\circ$$

$$v_1 = \left(\sqrt{2}\,v_0\right),\ \tan\phi_1 = -\infty \qquad \therefore\ \phi_1 = -90^\circ$$

$$\therefore\ \vec{v}_3 = (v_3,\ \phi_3) = \left(\sqrt{\frac{2}{3}}\,v_0,\ 35.3^\circ\right),\ \vec{v}_1 = \left(\sqrt{2}\,v_{0,}\ -90^\circ\right)$$

**답 |** $v_{3m} = \sqrt{\frac{2}{3}}\,v_0$ (동쪽에서 35.3° 북쪽), $v_{1m} = \sqrt{2}\,v_0$ (남쪽)

### 4-27 라켓볼의 공

라켓볼 경기에서 사용하는 공은, 경기규칙에 의하면, 실온에서 254 cm의 높이에서 마룻바닥에 떨어뜨렸을 때 173 ~ 183 cm의 높이로 튕겨 오르는 것이라야 한다. 공과 마룻바닥 사이에 허용되는 반발계수의 영역을 구하라.

**풀이 |** 반발계수는 $e = -\frac{v}{u} = \sqrt{\frac{h}{h_0}}$ (식(4.54) 참조)로 주어진다.

$$h_0 = 254\ \text{cm},\ h = 173 \sim 183\ \text{cm}$$

$$\therefore\ e = -\frac{v}{u} = \sqrt{\frac{h}{h_0}} = 0.825 \sim 0.849$$

**답 |** $e = 0.825 \sim 0.849$

### 4-28 반발계수와 에너지 감소

공이 바닥에 떨어져 처음 높이의 80%까지 튕겨 오른다.

(가) 반발계수는 얼마인가?

(나) 한 번 튕겨 오를 때마다 잃는 에너지는 처음의 몇 %인가?

**Tip** (가), (나) $Q = \frac{1}{2}mu_A^2(e^2 - 1)$, 또는 $\Delta K = T - K = Q$

**풀이 |** (가) 반발계수는 $e = -\frac{v}{u} = \sqrt{\frac{h}{h_0}}$ (식(4.54) 참조) : $\frac{h}{h_0} = 0.80$

$$\therefore\ e = -\frac{v}{u} = \sqrt{\frac{h}{h_0}} = \sqrt{0.80} = \underline{0.894}.$$

(나) 에너지 손실율 $\left|\frac{\Delta K}{K}\right|$은? $K = \frac{1}{2}mu^2,\ T = \frac{1}{2}mv^2 = \frac{1}{2}mu^2e^2$

$$\therefore \quad \Delta K = T - K = \frac{1}{2}mu^2(e^2 - 1) < 0\,(\text{감소})$$

$$\therefore \quad \left|\frac{\Delta K}{K}\right| = |e^2 - 1| = |0.80 - 1| = 0.20 = 20\%$$

**답 |** (가) $e = 0.894$ (나) $\left|\frac{\Delta K}{K}\right| = 20\%$

### 4-29 유리구슬과 쇠구슬의 탄성충돌

가벼운 유리구슬과 매우 무거운 쇠구슬이 서로 같은 속도 $v_0$으로 마주보고 달려와서 탄성정면 충돌하였다.

(가) 충돌 전 유리구슬의 쇠구슬에 대한 상대속도를 구하라.

(나) 충돌 후 유리구슬의 속도를 구하라.

**풀이 |** 쇠구슬의 처음 운동 방향을 양(+)으로 한다. $u_{쇠} = v_0$, $u_{유} = -v_0$

(가) 충돌 전 유리구슬의 쇠구슬에 대한 상대속도 $u_{유/쇠}$는?

$$u_{유/쇠} = u_{유} - u_{쇠} = -v_0 - v_0 = -2v_0$$

(나) 충돌 후 유리구슬의 속도 $v_{유}$는? 반발계수(탄성충돌) $e = -\dfrac{v_{유/쇠}}{u_{유/쇠}} = 1 \Rightarrow v_{유/쇠} = -u_{유/쇠}$

$$\therefore \quad v_{유/쇠} = v_{유} - v_{쇠} = 2v_0 \qquad \therefore \quad v_{유} = v_{쇠} + 2v_0 \ : \ m_{쇠} \gg m_{유리} \Rightarrow v_{쇠} \cong u_{쇠} = v_0$$

$$\therefore \quad v_{유} \cong v_0 + 2v_0 \cong 3v_0$$

**답 |** (가) $u_{유/쇠} = -2v_0$ (나) $v_{유} \cong 3v_0$

### 4-30 구슬의 매끄러운 평면과 비낌충돌

질량 $m$의 구슬이 매끄러운 평면과 $45^\circ$를 이루는 방향으로 속도 $v_0$로 입사하여 평면과 $30^\circ$를 이루는 방향으로 튕겨 나왔다.

(가) 튕겨 나온 후 구슬의 속도를 구하라.

(나) 구슬과 평면 사이의 반발계수를 구하라.

(다) 이 충돌로 구슬이 받은 충격량을 구하라.

**풀이 |** 입사각 $\theta_i = 45^\circ$, 반사각 $\theta_r = 90^\circ - 30^\circ = 60^\circ$

(가) 튕겨 나온 구슬의 속도 $v$는? 평면이 매끄러우면 운동량의 접선(또는 평면에 나란한) 성분 보존이 보존된다.

$$\therefore \quad mu_{\parallel} = mv_{\parallel} \ : \ u_{\parallel} = v_0 \sin 45^\circ = \frac{v_0}{\sqrt{2}}, \ v_{\parallel} = v \sin 60^\circ = \frac{\sqrt{3}}{2}v \qquad \therefore \quad v = \sqrt{\frac{2}{3}}\,v_0$$

$$\therefore \quad \vec{v} = \left(\sqrt{\frac{2}{3}}\,v_0,\ 30^\circ\right)$$

(나) 구슬과 평면 사이의 반발계수 $e$는? 식(4.56)에 의하여

$$e = -\frac{v_\perp}{u_\perp} \;:\; v_\perp = v\cos 60^\circ = \frac{v}{2} = \frac{1}{2}\sqrt{\frac{2}{3}}\,v_0 = \frac{v_0}{\sqrt{6}}\,,\;\; u_\perp = v_0\cos 45^\circ = -\frac{v_0}{\sqrt{2}}$$

$$\therefore\;\; e = \frac{1}{\sqrt{3}}$$

(다) 충돌로 구슬이 받은 충격량 $J$는? 평면이 매끄러우므로 평면에 나란한 접선 성분은 없다.

$$\therefore\;\; J = F\Delta t = \Delta p = m v_\perp - m u_\perp = m\left(\frac{v_0}{\sqrt{6}} + \frac{v_0}{\sqrt{2}}\right) = \left(\frac{1+\sqrt{3}}{\sqrt{6}}\right) m v_0$$

**답 |** (가) $\vec{v} = \left(\frac{\sqrt{6}}{3}v_0,\ 30^\circ\right)$ (나) $e = \frac{1}{\sqrt{3}}$ (다) $J = \left(\frac{3\sqrt{2}+\sqrt{6}}{6}\right) m v_0$

### 4-31 강철의 반발계수

강철과 강철 사이의 반발계수는 강철 구슬이 정지상태에서 자유낙하하여 땅에 고정된 무거운 수평면인 강철판에 충돌하여 튕겨 오르는 연직 높이를 측정하여 구할 수 있다. 3.00 m의 연직 높이에서 자유낙하한 강철 구슬이 충돌 후 2.50 m까지 튕겨 올라갔다. 반발계수를 구하라.

**풀이 |** 식(4.54)에 의하여 반발계수는

$$e = \sqrt{\frac{h}{h_0}} = \sqrt{\frac{2.50\ \text{m}}{3.00\ \text{m}}} = 0.9129$$

이다. 그러므로 강철과 강철 사이의 반발계수는 0.913이다.

**답 |** $e = 0.913$

# 5장 조화진동

## 중요 사항 정리

### 5.1 단조화진동

주기운동　일정한 시간 간격으로 같은 운동을 되풀이하는 왕복운동

진동(떨기)　평형점 주위의 왕복운동

단조화진동　변위가 시간에 따라 사인함수나 코사인함수 모양으로 변하는 왕복운동 (진동 중에 가장 간단한 진동)

파동　한 점에서의 진동이 공간으로 퍼져나가는 것

#### 5.1.1 단조화진동과 원운동

단조화진동(또는 단진동)　등속원운동을 하는 물체의 그 원궤도의 지름 위에 내린 그림자의 운동과 같은 운동

단조화진동자　단조화진동을 하는 질점

**단조화진동**

변　위 : $x = A\sin(\omega t + \delta)$ (5.5)

속　도 : $v = \omega A\cos(\omega t + \delta) = \omega A\sin\left(\omega t + \delta + \frac{\pi}{2}\right)$ (5.6)

가속도 : $a = -\omega^2 A\sin(\omega t + \delta) = \omega^2 A\sin(\omega t + \delta + \pi)$ (5.7)

**진폭** $A$[m], **위상** $\theta = \omega t$[rad], **위상상수**(또는 **초기 위상**) $\delta$[rad],

**각진동수** $\omega$[rad/s], **주기** $T = \frac{2\pi}{\omega}$, **진동수** $f = \frac{\omega}{2\pi}$[Hz]

「 $\because$ 주기 $T \rightleftarrows x(t) = x(t+T)$, $A\sin(\omega t + \delta) = A\sin(\omega(t+T) + \delta)$

$\therefore\ \omega T = 2\pi \quad \therefore\ T = \frac{2\pi}{\omega}$ 」

단조화진동 ⇆ (A) (변위) 변위가 시간의 조화함수(**사인** 또는 **코사인함수**)로 표현된다.

$$x(t) = A\sin(\omega t + \delta) \text{ 또는 } x(t) = A\cos(\omega t + \delta) \tag{5.5}$$

(B) (가속도) 가속도는 변위에 비례하고, 변위와 반대 방향이다.

$$a = -\omega^2 x \tag{5.4}$$

(C) (힘의 법칙) 힘의 크기는 평형점으로부터 변위에 비례하고, 그 방향은 변위와 반대이다.

$$F = -kx \tag{5.8}$$

(D) (단조화진동의 기초운동방정식)

$$m\frac{d^2x}{dt^2} = -kx \text{ 또는 } \frac{d^2x}{dt^2} + \omega^2 x = 0 \tag{5.12}$$

$$\textbf{각진동수 } \omega = \sqrt{\frac{k}{m}}, \textbf{ 주기 } T = 2\pi\sqrt{\frac{m}{k}} \tag{5.10}$$

의 평형점($x = 0$) 주위의 단조화진동을 한다.

### 5.1.2 단조화진동자의 에너지

위치에너지 : $U = \frac{1}{2}kx^2$ (기준점 $x = 0$) (5.13)

역학적 에너지 : $E = K + U = \frac{1}{2}mv^2 + \frac{1}{2}kx^2$

$$E = \frac{1}{2}kA^2 = \frac{1}{2}m\omega^2 A^2 (\text{일정}) \tag{5.14}$$

단조화진동을 하는 역학계의 역학적 에너지는 진폭의 제곱 및 각진동수의 제곱에 비례한다.

**평균값**

$$< f(t) > = \frac{1}{T}\int_0^T f(t)\,dt; \; < \cos^2\omega t > = < \sin^2\omega t > = \frac{1}{2},$$
$$< \sin\omega t \cos\omega t > = 0 \tag{5.18}$$

### 5.1.3 여러 가지 단조화진동의 보기

**수평 용수철흔들이**

힘의 법칙 $F = -kx$ ($x$ : 평형점($x=0$)으로부터 변위)

$$\therefore \text{ 각진동수 } \omega = \sqrt{\frac{k}{m}}, \text{ 주기 } T = 2\pi\sqrt{\frac{m}{k}}$$

의 평형점($x=0$) 주위의 단조화진동

**연직 용수철흔들이**

평형점 $x = x_0$ : $kx_0 = mg$ (5.21)

힘의 법칙 $F = -kx$ ($x$ : 평형점($x = x_0$)으로부터 변위)

$$\therefore \text{ 각진동수 } \omega = \sqrt{\frac{k}{m}}, \text{ 주기 } T = \frac{2\pi}{\omega} = 2\pi\sqrt{\frac{m}{k}}$$

의 평형점($x = x_0$) 주위의 단조화진동

**홑흔들이**(또는 **단진자**) : 실 끝에 달린 추의 흔들이

평형점 연직선상의 제일 낮은 점 ($\theta = 0$)

힘의 법칙 $F = -mg\sin\theta$ 〈운동방정식〉

$$\begin{cases} \text{각변위 } \theta\,(\sin\theta \cong \theta) : & F \cong -mg\,\theta\,; & m\dfrac{d^2\theta}{dt^2} = -\dfrac{mg}{L}\theta & \Rightarrow k = \dfrac{mg}{L} \\ \text{호의 길이 } s\,(s = L\theta) : & F \cong -\dfrac{mg}{L}s\,; & m\dfrac{d^2 s}{dt^2} = -\dfrac{mg}{L}s & \Rightarrow k = \dfrac{mg}{L} \\ \text{수평거리 } x\,(x = L\sin\theta) : & F = -\dfrac{mg}{L}x\,; & m\dfrac{d^2 x}{dt^2} = -\dfrac{mg}{L}x & \Rightarrow k = \dfrac{mg}{L} \end{cases}$$

∴ 홑흔들이의 운동은, 각변위 $\theta$가 매우 작으면($\sin\theta \simeq \theta$), 평형점 $\theta = 0$ 주위로

$$\text{각진동수 } \omega = \sqrt{\frac{g}{L}}, \text{ 주기 } T = 2\pi\sqrt{\frac{L}{g}} \tag{5.32}$$

의 단조화진동이다.

### 5.1.4 단조화진동의 운동방정식

**단조화진동의 운동방정식(이계 선형미분방정식)**

$$m\frac{d^2x}{dt^2}+kx=0 \quad \text{또는} \quad \frac{d^2x}{dt^2}+\omega^2 x=0 \quad \left(\omega^2=\frac{k}{m}\right) \tag{5.33}$$

**풀이** : $x(t)=C\sin\omega t+D\cos\omega t$

$$x(t)=A\sin(\omega t+\delta) \tag{5.37}$$

$$x(t)=C_1 e^{i\omega t}+C_2 e^{-i\omega t}$$

## 참고

미분방정식 $\frac{d^2x}{dt^2}+\omega^2 x=0$의 보조방정식

$$D^2+\omega^2=0 \quad \left(\frac{d}{dt}\equiv D,\ \frac{d^2}{dt^2}\equiv D^2\right)$$

의 근을 $\{r_1, r_2\}(r_1\neq r_2)$라 하면 $x=c_1 e^{r_1 t}+c_2 e^{r_2 t}$는 일반풀이이다.

### 5.1.5 일차원 단조화진동의 중첩

**두 변위**(두 단조화진동) $x_1=A_1\sin\omega_1 t,\ x_2=A_2\sin(\omega_2 t+\delta)$

**합변위**(두 단조화진동의 중첩) $x=x_1+x_2=A_1\sin\omega_1 t+A_2\sin(\omega_2 t+\delta)$ (5.51)

**① 두 각진동수가 서로 같은 경우($\omega_1=\omega_2\equiv\omega$)**

합변위 $x=x_1+x_2=A_1\sin\omega t+A_2\sin(\omega t+\delta)$

$$=A\sin(\omega t+\phi) \tag{5.55}$$

$$A=\sqrt{A_1^2+A_2^2+2A_1A_2\cos\delta},\quad \phi=\tan^{-1}\left(\frac{A_2\sin\delta}{A_1+A_2\cos\delta}\right) \qquad (5.56),\ (5.57)$$

진폭 $A=\sqrt{A_1^2+A_2^2+2A_1A_2\cos\delta}=\sqrt{A_1^2+A_2^2+(-1)^n 2A_1A_2}$ for $\delta=n\pi$

$$=\begin{cases} A_1+A_2;\ n=(\text{짝수}) : \text{보강간섭} \\ |A_1-A_2|;\ n=(\text{홀수}) : \text{상쇄간섭} \end{cases}$$

If $A_1=A_2$,

$$A=\sqrt{2A_1^2+2A_1^2\cos\delta}=A_1\sqrt{2(1+\cos\delta)}=2A_1\cos\frac{\delta}{2},$$

$$\phi=\tan^{-1}\left(\frac{\sin\delta}{1+\cos\delta}\right)=\tan^{-1}\left(\frac{2\sin\frac{\delta}{2}\cos\frac{\delta}{2}}{2\cos^2\frac{\delta}{2}}\right)=\frac{\delta}{2}$$

$$\therefore\ x=\left(2A_1\cos\frac{\delta}{2}\right)\sin\left(\omega t+\frac{\delta}{2}\right)$$

진폭 $A=2A_1\cos\frac{\delta}{2}=\begin{cases} 2A_1;\ \delta=0(\text{산과산, 골과골}) : \text{보강간섭} \\ 0;\ \delta=\pi(\text{산과골}) : \text{상쇄간섭} \end{cases}$

② **각진동수가 서로 다른 경우**($\omega_1<\omega_2$ : $\omega_2\equiv\omega_1+\Delta\omega$)

**합변위** $x=x_1+x_2=A_1\sin\omega_1 t+A_2\sin\{\omega_1 t+(\Delta\omega t+\delta)\}$

$$=A(t)\sin\{\omega_1 t+\phi(t)\} \tag{5.62}$$

$$A(t)=\sqrt{A_1^2+A_2^2+2A_1A_2\cos(\Delta\omega t+\delta)} \tag{5.63}$$

$$\phi(t)=\tan^{-1}\left\{\frac{A_2\sin(\Delta\omega t+\delta)}{A_1+A_2\cos(\Delta\omega t+\delta)}\right\} \tag{5.64}$$

**진폭의 변조** $A=\sqrt{A_1^2+A_2^2+(-1)^n 2A_1A_2}=\begin{cases} A_1+A_2;\ n=(\text{짝수}) \\ |A_1-A_2|;\ n=(\text{홀수}) \end{cases}$ (5.65)

(위상차 $\delta(t)\equiv\Delta\omega t+\delta=n\pi$; $n=0, 1, 2, \cdots$)

If $A_1=A_2$,

$$A(t)=A_1\sqrt{2\{1+\cos(\Delta\omega t+\delta)\}}=2A_1\cos\frac{(\Delta\omega t+\delta)}{2},$$

$$\phi(t) = \tan^{-1}\left\{\frac{\sin(\Delta\omega t+\delta)}{1+\cos(\Delta\omega t+\delta)}\right\}$$

$$= \tan^{-1}\left\{\frac{2\sin\frac{(\Delta\omega t+\delta)}{2}\cos\frac{(\Delta\omega t+\delta)}{2}}{2\cos^2\frac{(\Delta\omega t+\delta)}{2}}\right\} = \frac{(\Delta\omega t+\delta)}{2}$$

$$\therefore\ x = \left\{2A_1\cos\frac{(\Delta\omega t+\delta)}{2}\right\}\sin\left\{\omega_1 t+\frac{(\Delta\omega t+\delta)}{2}\right\}$$

진폭의 각진동수 $\frac{\Delta\omega}{2} = \frac{|\omega_1-\omega_2|}{2}$; 진폭의 진동수 $\frac{|f_1-f_2|}{2}$

$$\therefore\ f_{\text{맥놀이}} = |f_1-f_2|$$

### 5.1.6 이차원 단조화진동

$$x(t) = A_x\cos\omega_x t,\ y(t) = A_y\cos(\omega_y t+\delta)\ ;\ \omega_x = \sqrt{\frac{k_x}{m}},\ \omega_y = \sqrt{\frac{k_y}{m}} \tag{5.70}$$

**등방성 조화진동** $\omega_x = \omega_y \equiv \omega$

$$x = A_x\sin\omega t,\ y = A_y\sin(\omega t+\delta)\ :\ \omega = \sqrt{\frac{k}{m}} \tag{5.71}$$

① $\delta = 0$ : $x = A_x\sin\omega t,\ y = A_y\sin\omega t$

$$\Rightarrow\ y = \frac{A_y}{A_x}x\ \ (-A_x \le x \le A_x,\ -A_y \le y \le A_y) \qquad (5.72),\ (5.73)$$

의 직선상에서 $r(t) = \sqrt{x^2+y^2} = \sqrt{A_x^2+A_y^2}\ \sin\omega t$의 일차원 **단조화진동**을 한다.

② $\delta = \pi$ : $x = A_x\sin\omega t,\ y = A_y\sin(\omega t+\pi)$ 또는 $x = A_x\sin\omega t,\ y = -A_y\sin\omega t$

$$\Rightarrow\ y = -\frac{A_y}{A_x}x$$

의 직선상에서 $r(t) = \sqrt{x^2+y^2} = \sqrt{A_x^2+A_y^2}\ \sin\omega t$의 일차원 **단조화진동**을 한다.

③ $\delta = \pm\frac{\pi}{2}$ : $x = A_x\sin\omega t,\ y = \pm A_y\cos\omega t$

$$\Rightarrow\ \left(\frac{x}{A_x}\right)^2+\left(\frac{y}{A_y}\right)^2 = 1\ :\ \textbf{타원궤도운동} \qquad (5.74)(5.75)$$

④ $\delta = \pm\dfrac{3\pi}{2}$ : $x = A_x \sin\omega t$, $y = \mp A_y \cos\omega t$ $\Rightarrow$ $\left(\dfrac{x}{A_x}\right)^2 + \left(\dfrac{y}{A_y}\right)^2 = 1$ : **타원궤도**

**비등방성 조화진동** $\omega_x \neq \omega_y$

① $\dfrac{\omega_x}{\omega_y} = \dfrac{n_x}{n_y}$ ($n_x$, $n_y$ : 공약수가 없는 정수)인 경우

**주기** $n_x\left(\dfrac{2\pi}{\omega_x}\right) = n_y\left(\dfrac{2\pi}{\omega_y}\right) \equiv T$, **영역** $-A_x \le x \le A_x$; $-A_y \le y \le A_y$ (5.76)

안에서 주기운동(**리사주곡선**)

② $\dfrac{\omega_x}{\omega_y}$가 무리수인 경우 : 비주기 운동

## 5.2 감쇠진동

감쇠진동 감쇠력이 작용하여 진폭이 점점 감쇠하는 진동

감쇠운동 감쇠력이 작용하여 진동하지 않고, 변위가 단조감쇠하는 운동

**힘의 법칙** : $\sum F = -kx - bv = -kx - b\dfrac{dx}{dt}$ (5.79)

**감쇠력** $f = -bv$ ($b$ : 감쇠상수)

**진동자의 운동방정식(이계 선형미분방정식)**

$$m\frac{d^2x}{dt^2} + b\frac{dx}{dt} + kx = 0 \text{ 또는 } \frac{d^2x}{dt^2} + 2\beta\frac{dx}{dt} + \omega_0^2 x = 0 \ \left(\beta = \frac{b}{2m} : \text{감쇠인자}\right)$$

(5.80) 또는 (5.81)

**진동계의 자연(또는 고유)각진동수** $\omega_0 = \sqrt{\dfrac{k}{m}}$

**감쇠진동의 에너지**

**에너지 감쇠율** $\dfrac{dE}{dt} = fv = -bv^2$ (5.84)

**❶ (작은 감쇠 ⇒ 감쇠진동)**

감쇠효과가 비교적 작은 경우($\beta^2 < \omega_0^2$),

$$E = 2 < K > = 2\left\langle \frac{1}{2}mv^2 \right\rangle = m < v^2 > \ ; \ < v^2 > \cong v^2$$

$$\Rightarrow \ \frac{dE}{dt} = -\frac{b}{m}E = -2\beta E \qquad (5.85)$$

$$\therefore \ E = E_0\, e^{-2\beta t} \qquad (5.87)$$

**감쇠진동계의 시간상수** : $\tau = \dfrac{1}{2\beta}$

**진폭** : $A(t) = A_0\, e^{-\beta t} \quad (\because \ E \propto |A(t)|^2)$ (5.88)

**변위** : $x(t) = A_0\, e^{-\beta t} \sin(\omega_{\mathrm{d}} t + \delta)$ (5.89)

**감쇠진동의 각진동수** $\omega_{\mathrm{d}} = \sqrt{\omega_0^2 - \beta^2}$,

**감쇠진동의 주기** $T_{\mathrm{d}} = \dfrac{2\pi}{\omega_{\mathrm{d}}} = \dfrac{2\pi}{\sqrt{\omega_0^2 - \beta^2}}$

**$Q$ 인자 : 감쇠현상의 척도**

$$Q = 2\pi \times \frac{(\text{진동계에 저장된 평균 에너지})}{(\text{한 주기 동안에 소모된 평균 에너지})}$$

$$= 2\pi\left(\frac{E}{|\Delta E|_{\text{주기}}}\right) = 2\pi\left(\frac{E}{\left|\dfrac{dE}{dt}\right| T_{\mathrm{d}}}\right) \qquad (5.91)$$

$$= 2\pi\left(\frac{1}{2\beta T_{\mathrm{d}}}\right) = 2\pi\left(\frac{\tau}{T_{\mathrm{d}}}\right) = \frac{\omega_{\mathrm{d}}}{2\beta} = \omega_{\mathrm{d}}\tau \qquad (5.92),\ (5.93)$$

**❷ (임계감쇠 ⇒ 임계감쇠운동)**

감쇠효과가 비교적 커져서 $\omega_0 = \beta$인 경우, 물체는 진동하지 않고 변위가 급격히 단조감쇠한다.

**❸ (지나친 감쇠 ⇒ 지나친 감쇠운동** 또는 **과감쇠운동)**

감쇠효과가 지나치게 커져서 $\omega_0 < \beta$인 경우, 물체는 진동하지 않고 변위가 단조로이 감쇠한다.

**질량에 의한 감쇠현상의 분류**

$$\alpha = \sqrt{\beta^2 - \omega_0^2} = \frac{1}{2m}\sqrt{4k(m_C - m)} \quad (b^2 \equiv 4m_C k)$$

라 하면, 진동계는

① $m > m_C$이면, $(\omega_0 > \beta)$ 작은 감쇠진동,

② $m = m_C$이면, $(\omega_0 = \beta)$ 임계감쇠운동,

③ $m < m_C$이면, $(\omega_0 < \beta)$ 지나친 감쇠운동

을 한다.

**감쇠효과와 우리 생활**

자동차의 **충격흡수기**(shock absorber) 및 **전류계**, **전압계** 등 각종계기의 바늘의 운동 : 임계 또는 지나친 감쇠현상 이용

**참고**

**이계 선형(운동)미분방정식**

$$\frac{d^2x}{dt^2} + 2\beta\frac{dx}{dt} + \omega_0^2 x = 0 \quad \left(\beta = \frac{b}{2m},\ \omega_0^2 = \frac{k}{m}\right) \tag{5.81}$$

보조방정식 $D^2 + 2\beta D + \omega_0^2 = 0$

$$\text{근 } r_1 = -\beta + \sqrt{\beta^2 - \omega_0^2},\ r_2 = -\beta - \sqrt{\beta^2 - \omega_0^2} \tag{5.95}$$

**일반풀이** $x = c_1 e^{r_1 t} + c_2 e^{r_2 t} \quad (r_1 \neq r_2)$

$$x = (c_1 + c_2 t) e^{r_1 t} \quad (r_1 = r_2)$$

**❶ (작은 감쇠)** $\omega_0 > \beta$ **: 감쇠진동**

**근** $r_1 = -\beta + \mathrm{i}\sqrt{\omega_0^2 - \beta^2}$, $r_2 = -\beta - \mathrm{i}\sqrt{\omega_0^2 - \beta^2}$

**일반풀이** $x = e^{-\beta t}\left(c_1 e^{\mathrm{i}\omega_d t} + c_2 e^{-\mathrm{i}\omega_d t}\right) \quad \left(\omega_d = \sqrt{\omega_0^2 - \beta^2}\right)$ (5.96)

$$x = e^{-\beta t}(A \sin \omega_d t + B \cos \omega_d t) \tag{5.98}$$

$$x = C e^{-\beta t} \sin(\omega_d t + \delta) \tag{5.99}$$

**진폭** $A = C e^{-\beta t}$

**초기 조건** $\{x(0) = A_0 \ ; \ v(0) = 0\} \Rightarrow$

**적분상수** $\left\{c_1 = \dfrac{A_0}{2}\left(1 - \mathrm{i}\dfrac{\beta}{\omega_d}\right),\ c_2 = \dfrac{A_0}{2}\left(1 + \mathrm{i}\dfrac{\beta}{\omega_d}\right)\right\}$, $\left\{A = \dfrac{\beta}{\omega_d} A_0,\ B = A_0\right\}$,

$$\left\{C = \frac{\omega_0}{\omega_d} A_0, \quad \delta = \tan^{-1}\frac{\omega_d}{\beta}\right\},$$

진폭 및 에너지의 감쇠율

**진폭감쇠율** : $\left|\dfrac{x(t_1 + T_d)}{x(t_1)}\right| = e^{-\beta T_d}$ (5.106)

**에너지감쇠율(소모율)** : $P = \left|\left\langle \dfrac{dE}{dt} \right\rangle\right| = m \beta \omega_0^2 C^2 e^{-2\beta t}$

$$P = \left|\left\langle \frac{dE}{dt} \right\rangle\right| = \frac{< E >}{\tau}$$

**에너지** : $< E > = \dfrac{1}{2} m \omega_0^2 C^2 e^{-2\beta t}$ (5.111)

$$Q = \omega_d \tau = \frac{\omega_d}{2\beta}$$

**❷ (임계감쇠)** $\omega_0 = \beta$ **: 임계감쇠운동 ⇒ 보조방정식의 근** $r_1 = r_2 = -\beta$**인 경우**

**일차 독립의 풀이** $\{e^{-\beta t},\ t e^{-\beta t}\}$

**풀이** $x = (c_1 t + c_2)\, e^{-\beta t}$ (5.116)

❸ **(지나친 감쇠)** $\omega_0 < \beta$ **: 지나친 감쇠운동(과감쇠운동)** $\Rightarrow$ **보조방정식의 근**

$r_1 = -\beta + \alpha,\ r_2 = -\beta - \alpha \ \ (\alpha = \sqrt{\beta^2 - \omega_0^2})$

**일반풀이** $x = e^{-\beta t}\left(c_1 e^{\alpha t} + c_2 e^{-\alpha t}\right)$

## 5.3 강제진동

**소모성 힘** 마찰력과 같이 역학적 에너지를 감소시키는 힘

**강제진동** 소모성 힘이 작용하는 진동역학계에 외부에서 역학적 에너지가 공급되는 진동

**구동력** 강제진동을 하도록 진동역학계에 외부에서 작용하는 힘

**조화력** 시간에 따라 조화함수 모양으로 변하는 힘

**구동각진동수** 구동력의 각진동수

**공명(또는 공진)** 구동력의 특정한 각진동수에서 진동계에 공급되는 에너지가 최대로 흡수되는 현상

**공명각진동수** 진동계에 공명(또는 공진)현상이 일어나는 구동력의 특정한 각진동수

### 운동미분방정식

$$m\frac{d^2x}{dt^2} + b\frac{dx}{dt} + kx = F_{\mathrm{ext}}(t)$$

여기서 $F_{\mathrm{ext}}(t) = 0$이면 **재차 선형미분방정식**, $F_{\mathrm{ext}}(t) \neq 0$이면 **비제차 선형미분방정식**

구동력 $F_{\mathrm{ext}}(t) = F_0 \sin\omega t$ (조화힘)이면

$$m\frac{d^2x}{dt^2} + b\frac{dx}{dt} + kx = F_0 \sin\omega t \quad \text{또는} \tag{5.121}$$

$$\frac{d^2x}{dt^2}+2\beta\frac{dx}{dt}+\omega_0^2 x = a_0 \sin\omega t \quad \left(2\beta = \frac{b}{m},\ \omega_0^2 = \frac{k}{m},\ a_0 = \frac{F_0}{m}\right) \tag{5.122}$$

**특수풀이** 또는 **정상상태 풀이** : $x_P = A\sin(\omega t + \phi)$ (5.123)

$$A = \frac{a_0}{\sqrt{(\omega_0^2-\omega^2)^2+(2\beta\omega)^2}},\quad \phi = \tan^{-1}\left(-\frac{2\beta\omega}{\omega_0^2-\omega^2}\right) \tag{5.126}$$

**보충함수** 또는 **과도해(과도항)** ($F_{ext}(t) = 0$일 때 풀이)

$$x_C = e^{-\beta t}(A\sin\omega_d t + B\cos\omega_d t)\ \text{또는}\ x_C = Ce^{-\beta t}\sin(\omega_d t + \delta)$$

**일반풀이** $x(t) = x_P(t) + x_C(t)$

구동력($F_{ext}(t) = F_0\sin\omega t$)과 반응(특수풀이 $x_P = A\sin(\omega t + \phi)$) 사이의 위상차 $\phi$ :

$\phi > 0$이면 $x_P$가 $F_{ext}$보다 위상이 $\phi$만큼 앞서고,

$\phi < 0$이면 $x_P$가 $F_{ext}$보다 위상이 $\phi$만큼 뒤진다.

## 공명

**진폭공명각진동수** $\omega_R = \sqrt{\omega_0^2 - 2\beta^2} = \omega_0\sqrt{1-\frac{2\beta^2}{\omega_0^2}}$

$$A_{max} = \frac{F_0/m}{2\beta\sqrt{\omega_0^2-\beta^2}} \quad @\omega = \omega_R$$

**공명파탄** : $\beta \to 0$이면, $\omega_R \to \omega_0$이 되고, $A_{max} \to \infty$가 되는 현상

## 에너지 흡수율

**진동계의 에너지 흡수율** : $P = F_{ext}\,v$,

$$\begin{aligned}\langle P\rangle &= \omega A F_0\left(-\frac{1}{2}\sin\phi\right) = m\beta\omega^2 A^2 \\ &= \frac{F_0^2}{4m\beta}\left(\frac{(2\beta\omega)^2}{(\omega_0^2-\omega^2)^2+(2\beta\omega)^2}\right)\end{aligned} \tag{5.129}$$

**에너지 공명각진동수** $\omega_E = \omega_0$, $\langle P\rangle_{max} = \dfrac{F_0^2}{4m\beta}$

**반치폭**

**에너지 공명곡선** 구동각진동수 $\omega$에 따른 에너지 흡수율 $<P>$의 변화모양 곡선

**반치폭** 에너지 흡수율이 최댓값 $<P>_{max}$의 반이 되는 공명곡선의 폭

에너지 공명각진동수 $\omega = \omega_0$부근에서 공명(또는 에너지 흡수)이 어느 정도로 날카롭게 잘 일어나는 지를 나타내는 척도

$$\Gamma = |\omega_1 - \omega_2| = 2\beta, \quad Q = \frac{\omega_0}{2\beta} = \frac{\omega_0}{\Gamma} \quad (\omega_0 \gg \beta) \qquad (5.131),\ (5.132)$$

## 5.4 비조화진동

**힘의 법칙**

$$F = -kx + \epsilon(x) \ : \ \epsilon(x) \neq (x\text{의 일차함수}) \quad (\text{ex})\ F = -kx + \epsilon_3 x^3 \qquad (5.134)$$

**위치에너지함수**($x = 0$ : 기준점)

$$U = \frac{1}{2}kx^2 - \frac{1}{4}\epsilon_3 x^4 \ \Rightarrow \ \textbf{비조화진동}$$

**운동방정식**

$$m\frac{d^2x}{dt^2} = -kx + \epsilon_3 x^3 \ \text{또는}\ \frac{d^2x}{dt^2} + \omega_0^2 x = \lambda x^3 \ \left(\omega_0^2 = \frac{k}{m},\ \lambda = \frac{\epsilon_3}{m}\right) \qquad (5.135)$$

연이은 어림법

일차 시행함수 $x = A\sin(\omega t + \delta)$ (5.136)

이차 시행함수(일차 어림풀이)

$$x = A\sin(\omega t + \delta) + B\sin 3(\omega t + \delta) + C$$

$$\text{또는}\ x = A\sin(\omega t + \delta) + \lambda\frac{A^3}{32\omega_0^2}\sin 3(\omega t + \delta) \ : \ \omega^2 = \omega_0^2 - \lambda\frac{3A^2}{4} \qquad (5.140)$$

삼차 시행함수(이차 어림풀이)

. . . . . . . . . . . . . . . . . .

. . . . . . . . . . . . . . . . . .

진동 모드

각진동수 $\omega$ : **기본진동** 또는 **제1(첫째)조화진동**

. . . . . . . .

$3\omega$ : **제3(셋째)조화진동**

. . . . . . . . .

(비조화진동)=(기본진동 및 배진동의 선형중첩)

**주의**

진동방식(모드) : 제1조화진동(기본모드), 제2조화진동, 제3조화진동, ……
또는 기본진동수/원음, 배음(overtone), 제2배음, ……

공명진동수(기준진동수 normal frequency)라고 모두 조화(harmonics)라 하지 않는다. 공명진동수 스펙트럼의 각진동수가 가장 낮은 진동수(기본진동수)의 정수배일 때만 그들을 "조화 harmonics"라 한다. 원음, 제1배음, 제2배음…은 음악에서 유래한 용어이다.

## 5.5 결합진동

결합진동 두 진동자가 서로 상호작용하는 경우 나타나는 운동

기준진동수 두 단조화진동의 결합진동에서의 두 고유진동수

기준진동 결합진동자의 기준진동수에 해당하는 진동

기준진동방식
- 반대칭적 : 기준진동수 높다
- 대칭적 : 기준진동수 낮다

## 연습문제

### 5.1 단조화진동

**5-1 원운동과 단조화진동**

반지름 0.150 m의 원궤도를 3.00초 마다 한 바퀴씩 도는 입자 $P_0$가 있다. 처음($t=0$)에 입자는 $x$축상에 있었다.

(가) 입자 $P_0$의 선속도 $v_0$ 및 각속도 $\omega_0$는 각각 얼마인가?

(나) 입자 $P_0$의 $x$축 및 $y$축에 내린 그림자 $P_0^{(x)}$ 및 $P_0^{(y)}$의 원점 O로부터 변위 $x(t)$ 및 $y(t)$를 각각 구하라.

(다) 지름($x$축 또는 $y$축) 위에 내린 그림자($P_0^{(x)}$ 또는 $P_0^{(y)}$)의 진동수, 초기 위상은 각각 얼마인가?

**풀이|** $R=0.150\text{ m}$, $T=3.00\text{ s}$

(가) 입자 $P_0$의 선속도 및 각속도는?

선속도 $v_0$, 가속도 $\omega_0$ 및 반지름 $R$ 사이의 관계식 $v_0=\dfrac{2\pi R}{T}=\omega_0 R$에서

$$\text{선속도 } v_0=\frac{2\pi R}{T} \ : \ R=0.150\text{ m},\ T=3.00\text{ s} \qquad \therefore\ v_0=0.100\pi\text{ m/s}=\underline{0.314\text{ m/s}}.$$

$$\text{각속도 } \omega_0=\frac{2\pi}{T} \ : \ T=3.00\text{ s} \qquad \therefore\ \omega_0=\frac{2\pi}{3}\text{ rad/s}=2.093\text{ rad/s}=\underline{2.09\text{ rad/s}}.$$

(나) 입자 $P_0$의 그림자 $P_0^{(x)}$ 및 $P_0^{(y)}$의 원점 O로부터 변위 $x(t)$ 및 $y(t)$는?

반지름 $\overline{OP_0}$의 $x$축에 내린 그림자의 길이 $x=\overline{OP_0^{(x)}}=R\cos\omega_0 t$

$$\therefore\ x(t)=(0.150\text{ m})\cos\left[\left(\frac{2\pi}{3}\text{ rad/s}\right)t\right].$$

반지름 $\overline{OP_0}$의 $y$축에 내린 그림자의 길이 $y=\overline{OP_0^{(y)}}=R\sin\omega_0 t$

$$\therefore\ y(t)=(0.150\text{ m})\sin\left[\left(\frac{2\pi}{3}\text{ rad/s}\right)t\right].$$

(다) 그림자 $P_0^{(x)}$ 또는 $P_0^{(y)}$의 진동수 $f_0$ 및 초기 위상 $\delta$는?

$$\omega_0=2\pi f_0 \qquad \therefore\ f_0=\frac{\omega_0}{2\pi}=\frac{1}{3}\text{ Hz}=0.333\text{ Hz},\ \delta=0$$

**답|** (가) $v_0 = 0.100\pi\ \text{m/s} = 0.314\,\text{m/s}$, $\omega_0 = \dfrac{2\pi}{3}\ \text{rad/s} = 2.09\ \text{rad/s}$

(나) $x(t) = (0.150\,\text{m})\ \cos\left[\left(\dfrac{2\pi}{3}\ \text{rad/s}\right)t\right]$, $y(t) = (0.150\,\text{m})\ \sin\left[\left(\dfrac{2\pi}{3}\ \text{rad/s}\right)t\right]$

(다) $f = \dfrac{1}{3}\ \text{Hz} = 0.333\,\text{Hz}$, $\delta = 0$

### 5-2 질점의 위치함수

질점이 $x$축상에서 단조화진동을 하고 있다. 처음에 평형점에서 양의 $x$축 방향으로 출발하여 4.00 cm 떨어진 두 점 사이를 진동수 1.50 Hz로 왕복한다.

(가) 이 진동의 각진동수, 진폭은 각각 얼마인가?

(나) 평형점으로부터 질점의 변위 $x(t)$를 구하라.

(다) 질점의 최대 속력 및 최대 가속도는 각각 얼마인가? 출발한 지 각각 몇 초 후에 처음으로 질점은 최대 속력 및 최대 가속도에 이르게 되는가?

(라) 처음 1.00초 동안에 질점이 이동한 거리는 얼마인가?

**풀이|** $2A = 4.00\ \text{cm}$, $f = 1.50\ \text{Hz}$

(가) $\omega = 2\pi f = 3.00\pi\ \text{rad/s} = 9.42\ \text{rad/s}$, $A = 0.0200\ \text{m}$

(나) 평형점으로부터 변위는?

$$x(t) = A\sin(\omega t + \delta)\ :\ x(0) = 0 \Rightarrow x(0) = A\sin(0+\delta) = 0$$

$$\therefore\ \sin\delta = 0 \Rightarrow \delta = 0$$

$$\therefore\ x(t) = A\sin\omega t\ :\ A = 0.0200\ \text{m},\ \omega = 3.00\pi\ \text{rad/s}$$

$$\therefore\ x(t) = (0.0200\ \text{m})\sin\left[(3.00\pi\ \text{rad/s})t\right]$$

(다) 질점의 최대 속력 $v_{\max}$ 및 최대 가속도 $a_{\max}$는?

$$v(t) = \frac{dx(t)}{dt} = \omega A\cos\omega t$$

$$\therefore\ |\cos\omega t| = 1\text{일 때, } |v_{\max}| = \omega A\ :\ \omega = 3.00\pi\ \text{rad/s},\ A = 0.0200\ \text{m}$$

$$\therefore\ |v_{\max}| = 0.06\pi\ \text{m/s} = 0.188\ \text{m/s}$$

$$a(t) = \frac{dv(t)}{dt} = -\omega^2 A\sin\omega t$$

$$\therefore\ |\sin\omega t| = 1\text{일 때, } |a_{\max}| = \omega^2 A\ :\ \omega = 3.00\pi\ \text{rad/s},\ A = 0.0200\ \text{m}$$

$$\therefore\ |a_{\max}| = 0.180\pi^2\ \text{m/s}^2 = 1.77\ \text{m/s}^2$$

처음으로 질점이 최대 속력 및 최대 가속도에 이르는 시각 $t_{v_{\max}}$, $t_{a_{\max}}$는?

$$|\cos\omega t_{v_{\max}}| = 1 \Rightarrow \omega t_{v_{\max}} = n\pi\ \ (n = 0, 1, 2, 3\cdots)$$

$$\therefore\ t_{v_{\max}} = \frac{n\pi}{\omega} \qquad \therefore\ t_{v_{\max}} = \frac{\pi}{\omega} = \frac{1}{3}\ \text{s}\ \ (n=1)$$

$|\sin\omega t_{a_{max}}| = 1 \Rightarrow \omega t_{a_{max}} = (2n+1)\dfrac{\pi}{2}$ $(n = 0, 1, 2, 3 \cdots)$ $\therefore\ t_{a_{max}} = \dfrac{(2n+1)\pi}{2\omega}$

$\therefore\ t_{a_{max}} = \dfrac{\pi}{2\omega} = \dfrac{1}{6}\,\text{s}\,(n=0)$

(라) 처음 1.00초 동안에 질점이 이동한 거리 $d$는?

$2A = 4.00\text{ cm}$, $f = 1.50\text{ Hz}$, $T = \dfrac{1}{f} = \dfrac{1}{1.50\text{ s}^{-1}} = \dfrac{2}{3}\text{ s}$ $\therefore\ \Delta t = 1.00\text{ s} = 1.5\,T = 6\left(\dfrac{T}{4}\right)$.

한편, 시간 $\dfrac{T}{4}$ 동안에 $A = 2.00\text{ cm}$ 이동한다.

$\therefore d = 6A = 6 \times 2.00\text{ cm} = \underline{12.0\text{ cm}}$.

**답 |** (가) $\omega = 3.00\pi\text{ rad/s}$, $A = 2.00\text{ cm}$ (나) $x(t) = (2.00\text{cm})\sin[(3.00\pi\text{ rad/s})t]$

(다) $|v_{max}| = 18.8\text{ cm/s}$, $t_{v_{max}} = \dfrac{1}{3}\text{s} = 0.333\text{ s}$ ; $|a_{max}| = 177\text{ cm/s}^2$, $t_{a_{max}} = \dfrac{1}{6}\text{ s} = 0.167\text{ s}$,

(라) $d = 12.0\text{ cm}$

## 5-3 수평 용수철에 달린 물체의 운동

매끄러운 수평면 위에 놓인 용수철 끝에 물체를 달아서, 처음에 평형점으로부터 0.100 m 만큼 당겨서 가만히 놓았다. 물체가 왕복운동을 하는 동안 연이은 두 되돌이점 사이의 시간이 0.500 초였다.

(가) 이 진동의 주기, 각속도를 구하라.

(나) 평형점으로부터 변위 $x(t)$를 구하라.

(다) 최대 속도는 얼마인가?

(라) 주기의 처음 $\dfrac{1}{8}$ 인 순간에서 위치, 속도, 가속도는 각각 얼마인가?

**풀이 |** $x_0 = 0.100\text{ m}$, $\dfrac{T}{2} = 0.500\text{ s}$.

(가) 진동의 주기 $T$, 각속도 $\omega$ : $T = 1.00\text{ s}$, $\omega = \dfrac{2\pi}{T} = 2.00\pi\text{ rad/s} = \underline{6.28\text{ rad/s}}$.

(나) 평형점으로부터 변위 $x(t)$ :

변위 $x(t) = A\cos(\omega t + \delta)$라 하면, 속도 $v(t) = \dfrac{dx(t)}{dt} = -\omega A\sin(\omega t + \delta)$.

초기 조건이 $x(0) = x_0 = 0.100\text{ m}$, $v(0) = 0$이므로

$x(0) = A\cos\delta = x_0$, $v(0) = -\omega A\sin\delta = 0$

$\therefore\ \delta = 0$, $A = x_0 = 0.100\text{ m}$ $\therefore\ x(t) = A\cos\omega t = (0.100\text{ m})\cos[(2.00\pi\text{ rad/s})\,t]$

(다) 최대 속도 : $v(t) = \dfrac{dx(t)}{dt} = -\omega A\sin\omega t$

$\therefore\ |v_{max}| = \omega A$ : $\omega = 2.00\pi\text{ rad/s}$, $A = 0.100\text{ m}$

$\therefore\ |v_{max}| = 0.200\pi\text{ m/s} = \underline{0.628\text{ m/s}}$.

(라) $t = T/8$인 순간에서 위치 $x(T/8)$, 속도 $v(T/8)$, 가속도 $a(T/8)$는?

$T = 1.00\text{ s}$ 이므로 $t = \dfrac{T}{8} = \dfrac{1}{8}\text{ s}$ 이다. 따라서

$$x(t) = (0.100\text{ m})\cos[(2.00\pi\text{ rad/s})\,t]$$

$$\Rightarrow x(T/8) = (0.100\text{ m})\cos\left[\frac{2.00\pi\text{ rad}}{8}\right] = \frac{0.100\text{ m}}{\sqrt{2}} = \underline{0.0707\text{ m}}$$

$$v(t) = -\omega A\sin\omega t = -(0.200\pi\text{ m/s})\sin[(2.00\pi\text{ rad/s})\,t]$$

$$\Rightarrow v(T/8) = -(0.200\pi\text{ m/s})\sin\left[\frac{2.00\pi\text{ rad}}{8}\right] = -\frac{0.200\pi\text{ m/s}}{\sqrt{2}} = \underline{-0.444\text{ m/s}}$$

$$a(t) = \frac{dv(t)}{dt} = -\omega^2 A\cos\omega t = -(0.400\pi^2\text{ m})\cos[(2.00\pi\text{ rad/s})\,t]$$

$$\Rightarrow a(T/8) = -(0.400\pi^2\text{ m})\cos\left[\frac{2.00\pi\text{ rad}}{8}\right] = -\frac{0.400\pi^2\text{ m}}{\sqrt{2}} = \underline{-2.79\text{ m/s}^2}$$

**답 |** (가) $T = 1.00\text{ s}$, $\omega = 2.00\pi\text{ rad/s} = 6.28\text{ rad/s}$

(나) $x(t) = (0.100\text{m})\cos[(2.00\pi\text{ rad/s})t]$

(다) $|v_{\max}| = 0.628\text{ m/s}$

(라) $x(1/8) = 0.0707\text{ m}$, $v(1/8) = -0.444\text{m/s}$, $a(1/8) = -2.79\text{m/s}^2$

## 5-4 용수철에 달린 추의 운동

힘상수가 $6.50\text{ N/m}$ 인 용수철에 달린 추가 진폭 $0.100\text{ m}$ 의 단조화진동을 하고 있다. 추가 평형점과 되돌이점 사이의 중점을 지날 때 속도가 $0.300\text{ m/s}$ 였다.

(가) 추의 질량, 이 진동의 주기를 각각 구하라.

(나) 추의 최대 속도 및 최대 가속도는 얼마인가?

**풀이 |** $k = 6.50\text{ N/m}$, $A = 0.100\text{ m}$, $v\left(\dfrac{A}{2}\right) = 0.300\text{ m/s}$.

(가) 추의 질량 $m$, 이 진동의 주기 $T$는?

에너지 보존 $\dfrac{1}{2}mv^2 + \dfrac{1}{2}kx^2 = \dfrac{1}{2}kA^2$ : $k = 6.50\text{ N/m}$, $A = 0.100\text{ m}$,

$$x = \frac{A}{2} = 0.0500\text{ m},\ v\left(\frac{A}{2}\right) = 0.300\text{ m/s}$$

$$\therefore\ m = \frac{k}{v^2}(A^2 - x^2) = 0.5417\text{ kg} = \underline{0.542\text{ kg}}$$

주기 $T = \dfrac{2\pi}{\omega} = 2\pi\sqrt{\dfrac{m}{k}}$ : $m = 0.5417\text{ kg}$, $k = 6.50\text{ N/m}$ $\quad\therefore\ T = 1.813\text{ s} = \underline{1.81\text{ s}}$

(나) 추의 최대 속도 $|v_{\max}|$ 및 최대 가속도 $|a_{\max}|$는?

$|v_{\max}| = \omega A = \dfrac{2\pi A}{T}$ : $A = 0.100\text{ m}$, $T = 1.813\text{ s}$ $\quad\therefore\ |v_{\max}| = 0.3464\text{ m/s} = \underline{0.346\text{ m/s}}$,

$|a_{\max}| = \omega^2 A = \left(\dfrac{2\pi}{T}\right)^2 A$ : $T = 1.813\text{ s}$, $A = 0.100\text{ m}$ $\quad\therefore\ |a_{\max}| = 1.200\text{m/s}^2 = \underline{1.20\text{ m/s}^2}$

**별해**

(가) $x(t)=A\cos\left(\frac{2\pi}{T}t+\delta\right)$ : $x\left(\frac{T}{8}\right)=\frac{A}{2}$, $A=0.100\ \mathrm{m}$, $t=\frac{T}{8}$

$\therefore\ \frac{A}{2}=A\cos\left(\frac{2\pi}{T}\times\frac{T}{8}+\delta\right)\ \Rightarrow\ \frac{\pi}{4}+\delta=\frac{\pi}{3}\qquad\therefore\ \delta=\frac{\pi}{12}=15^\circ$

$\therefore\ x(t)=A\cos\left(\frac{2\pi}{T}t+\frac{\pi}{12}\right)\ \Rightarrow\ v(t)=-\left(\frac{2\pi}{T}\right)A\sin\left(\frac{2\pi}{T}t+\frac{\pi}{12}\right)$

$|v(t)|=\left(\frac{2\pi}{T}\right)A\sin\left(\frac{2\pi}{T}t+\frac{\pi}{12}\right)$ : $A=0.100\ \mathrm{m}$, $t=\frac{T}{8}$, $v\left(\frac{T}{8}\right)=0.300\ \mathrm{m/s}$

$\therefore\ T=\frac{\pi}{\sqrt{3}}\ \mathrm{s}=1.813\ \mathrm{s}$

$T=\frac{2\pi}{\omega}=2\pi\sqrt{\frac{m}{k}}\qquad\therefore\ m=\left(\frac{T}{2\pi}\right)^2k$ : $T=\frac{\pi}{\sqrt{3}}\ \mathrm{s}$, $k=6.50\ \mathrm{N/m}$

$\therefore\ m=0.5417\ \mathrm{kg}$

(나) $v(t)=-\left(\frac{2\pi}{T}\right)A\sin\left(\frac{2\pi}{T}t+\frac{\pi}{12}\right)\ \Rightarrow\ |v_{\mathrm{max}}|=\left(\frac{2\pi}{T}\right)A$

$a(t)=-\left(\frac{2\pi}{T}\right)^2A\cos\left(\frac{2\pi}{T}t+\frac{\pi}{12}\right)\ \Rightarrow\ |a_{\mathrm{max}}|=\left(\frac{2\pi}{T}\right)^2A$

**답 |** (가) $m=0.542\,\mathrm{kg}$, $T=1.81\,\mathrm{s}$ (나) $|v_{\mathrm{max}}|=0.346\,\mathrm{m/s}$, $|a_{\mathrm{max}}|=1.20\,\mathrm{m/s^2}$

## 5-5 수평용수철에 달린 추의 운동

매끄러운 수평면에 놓여 있는 용수철 끝에 2.00 kg의 추를 달아 놓았다. 평형점($x=0$)으로부터 0.200 m까지 당기고 있다가 가만히 놓았더니 추는 단조화진동을 했다. 가만히 당기고 있을 때 2.00 N의 힘이 들었다.

(가) 용수철의 힘상수 및 추의 진동수를 구하라.

(나) 추의 속도가 최대일 때의 위치 및 그 빠르기를 구하라.

(다) 추의 가속도가 최대일 때의 위치 및 그 크기를 구하라.

(라) 평형점으로부터 변위가 최대 변위의 1/3인 점에서 가속도 및 속도는 얼마인가?

(마) 이 진동계의 총 에너지를 구하라.

**풀이 |** $m=2.00\ \mathrm{kg}$, $x_0=0.200\ \mathrm{m}=A$, $F^{(e)}(x_0)=2.00\ \mathrm{N}=-F(x_0)$.

(가) 용수철의 힘상수 $k$ 및 추의 진동수 $f$는?

힘의 법칙 $F=-kx$ : $x_0=0.200\ \mathrm{m}$, 외력 $F^{(e)}(x_0)=2.00\ \mathrm{N}=-F(x_0)$

$$\therefore\ k=-\frac{F(x_0)}{x_0}=10.0\ \mathrm{N/m}$$

각진동수 $\omega=\sqrt{\dfrac{k}{m}}$ : $\omega=2\pi f$, $m=2.00\text{ kg}$, $k=10.0\text{ N/m}$

$\therefore\ \omega=\sqrt{5}\text{ rad/s}=2.236\text{ rad/s}$,

$$\therefore\ f=\frac{\omega}{2\pi}=\frac{\sqrt{5}\text{ rad/s}}{2\pi\text{ rad}}=0.3561\text{ Hz}=\underline{0.356\text{ Hz}}.$$

(나) 추의 속도가 최대일 때의 위치 $x_{v_{\max}}$ 및 그 빠르기 $|v_{\max}|$는?

에너지 보존 $\frac{1}{2}mv^2+\frac{1}{2}kx^2=\frac{1}{2}kA^2 \Rightarrow x=0$일 때 $v=v_{\max}$.

$\therefore\ x_{v_{\max}}=0 \Rightarrow mv_{\max}^2=kA^2$

$\therefore\ |v_{\max}|=\sqrt{\dfrac{k}{m}}A$ : $m=2.00\text{ kg}$, $k=10.0\text{ N/m}$, $A=0.200\text{ m}$

$$\therefore\ |v_{\max}|=0.4472\text{ m/s}=\underline{0.447\text{ m/s}}.$$

(다) 추의 가속도가 최대일 때의 위치 $x_{a_{\max}}$ 및 그 크기 $|a_{\max}|$는?

$a=-\omega^2x \Rightarrow |a|=\omega^2x$ $\quad\therefore\ x=|x_{\max}|=A$일 때, $a=|a_{\max}|$

$\therefore\ x_{a_{\max}}=\pm A=\pm 0.200\text{ m}$,

$|a_{\max}|=\omega^2A=(2\pi f)^2A$ : $f=0.3561\text{ Hz}$, $A=0.200\text{ m}$ $\quad\therefore\ |a_{\max}|=1.00\text{ m/s}^2$

(라) 가속도 $a(x=A/3)$ 및 속도 $v(x=A/3)$는?

$a=-\omega^2x \Rightarrow a(A/3)=-\dfrac{\omega^2A}{3}=-\dfrac{4\pi^2f^2A}{3}$ : $A=0.200\text{ m}$, $f=0.3561\text{ Hz}$

$$\therefore\ a(A/3)=-0.3334\text{ m/s}^2=\underline{-0.333\text{ m/s}^2}.$$

$v=\pm\sqrt{\dfrac{k}{m}(A^2-x^2)} \Rightarrow v(A/3)=\pm\sqrt{\dfrac{k}{m}\left(A^2-\dfrac{A^2}{9}\right)}$ : $A=0.200\text{ m}$, $m=2.00\text{ kg}$, $k=10.0\text{ N/m}$.

$$\therefore\ v(A/3)=\pm 0.4216\text{ m/s}=\underline{\pm 0.422\text{ m/s}}.$$

**별해**

변위 : $x(t)=A\sin(\omega t+\delta)$, $v(t)=\dfrac{dx(t)}{dt}=\omega A\cos(\omega t+\delta)$.

초기 조건 : $x(0)\equiv x_0=0.200\text{ m}$, $v(0)\equiv v_0=0$.

$\therefore\ v(0)=\omega A\cos\delta=0 \Rightarrow \delta=90^\circ$ $\quad\therefore\ x(t)=A\cos\omega t$ : $x(0)=A=x_0=0.200\text{ m}$

$\therefore\ x(t)=(0.200\text{ m})\cos\left[(\sqrt{5}\text{ rad/s})t\right]$,

$v(t)=-\omega A\sin\omega t=-(0.2\sqrt{5}\text{ m/s})\sin\left[(\sqrt{5}\text{ rad/s})t\right]$.

(나) $v=|v_{\max}|$일 때의 위치 $x_{v_{\max}}$는?

$v=|v_{max}|=\omega A$일 때, $|\sin\omega t_{v_{max}}|=1 \Rightarrow \cos\omega t_{v_{max}}=0 \quad \therefore\ x_{v_{max}}=A\cos\omega t_{v_{max}}=0$

또는 $|\sin\omega t|=1 \Rightarrow \omega t=(2n+1)\dfrac{\pi}{2}$

$$\therefore\ t=\frac{(2n+1)\pi}{2\omega}=(2n+1)\left(\frac{T}{4}\right)\equiv t_{v_{max}} \quad (n=0,\ 1,\ 2,\ \cdots).$$

$$\therefore\ x_{v_{max}}=x(t_{v_{max}})=A\cos\omega t_{v_{max}}=A\cos\frac{(2n+1)\pi}{2}=0$$

$|v_{max}|=\omega A=0.2\sqrt{5}\ \text{m/s}=\underline{0.447\ \text{m/s}}$

(다) $a=|a_{max}|$때의 위치 $x_{a_{max}}$는?

$$a(t)=\frac{dv(t)}{dt}=-\omega^2 A\cos\omega t$$

$\therefore\ a(t)=|a_{max}|=\omega^2 A$ 일 때, $|\cos\omega t|=1 \Rightarrow \omega t=(2n)\dfrac{\pi}{2}$

$$\therefore\ t=\frac{n\pi}{\omega}=n\left(\frac{T}{2}\right)\equiv t_{a_{max}} \quad (n=0,\ 1,\ 2,\cdots).$$

$$\therefore\ x_{a_{max}}=x(t_{a_{max}})=A\cos\omega t_{a_{max}}=A\cos n\pi=(-1)^n A=(-1)^n 0.200\ \text{m}$$

$|a_{max}|=\omega^2 A=1.000\ \text{m/s}^2.$

(라) $x=\dfrac{A}{3}$인 점에서 가속도 $a(A/3)$ 및 속도 $v(A/3)$는?

$$x(t)=A\cos\omega t \Rightarrow \frac{1}{3}=\cos\omega t_{1/3}$$

$$\therefore\ v(t)=-\omega A\sin\omega t \Rightarrow v(A/3)=-\omega A\sin\omega t_{1/3}=\mp\omega A\sqrt{1-\cos^2\omega t_{1/3}}$$

$$=\mp\frac{2\sqrt{2}}{3}\omega A=\mp 0.4216\ \text{m/s}$$

$$\therefore\ a(t)=-\omega^2 A\cos\omega t \Rightarrow a(A/3)=-\omega^2 A\cos\omega t_{1/3}=-\frac{1}{3}\omega^2 A$$

$$=-\frac{1}{3}\ \text{m/s}^2=-0.333\ \text{m/s}^2$$

(마) 진동계의 총 에너지 $E$는? $E=\dfrac{1}{2}kA^2$ : $A=0.200\ \text{m}$, $k=10.0\ \text{N/m} \quad \therefore\ E=0.200\ \text{J}$

**답|** (가) $k=10.0\ \text{N/m}$, $f=0.356\ \text{Hz}$

(나) $|v_{max}|=0.447\ \text{m/s}$ @$x_{v_{max}}=0$

(다) $|a_{max}|=1.00\ \text{m/s}^2$ @$x_{a_{max}}=\pm A=\pm 0.200\ \text{m}$

(라) $v(A/3)=\pm 0.422\ \text{m/s}$, $a(A/3)=-0.333\ \text{m/s}^2$

(마) $E=0.200\ \text{J}$

## 5-6 연직 용수철에 달린 추의 운동

힘상수가 $1800\,\mathrm{N/m}$ 인 연직 용수철에 매달려 평형상태에 있는 추를 아래로 $0.0250\,\mathrm{m}$ 당겨서 가만히 놓았더니 진동수 $5.50\,\mathrm{Hz}$ 로 단조화진동을 했다.

(가) 추의 질량 및 용수철의 자연길이에서 평형점까지 늘어난 길이 $d$를 구하라.

(나) 추의 평형점으로부터 변위 $x(t)$, 속도 $v(t)$, 가속도 $a(t)$를 구하라.

**풀이 |** $k = 1800\ \mathrm{N/m}$, $x_0 = 0.0250\ \mathrm{m}$, $f = 5.50\ \mathrm{Hz} \Rightarrow \omega = 11.0\pi\ \mathrm{rad/s}$, $v(0) = 0$

(가) 추의 질량 $m$ 및 용수철의 자연길이에서 평형점까지 늘어난 길이 $d$는?

$$\omega = \sqrt{\frac{k}{m}} \Rightarrow m = \frac{k}{\omega^2} \ :\ k = 1800\ \mathrm{N/m},\ \omega = 11.0\pi\ \mathrm{rad/s}$$

$$\therefore\ m = 1.509\ \mathrm{kg} = \underline{1.51\ \mathrm{kg}}.$$

$$kd = mg \Rightarrow d = \frac{mg}{k} \ :\ k = 1800\ \mathrm{N/m},\ m = 1.509\ \mathrm{kg}$$

$$\therefore\ d = 0.008224\ \mathrm{m} = \underline{0.00822\ \mathrm{m}}.$$

(나) 추의 평형점으로부터 변위 $x(t)$, 속도 $v(t)$, 가속도 $a(t)$는?

연직하방을 $+x$축으로 하고, 변위를 $x(t) = A\sin(\omega t + \delta)$라 하면,

속도는 $v(t) = \dfrac{dx(t)}{dt} = \omega A\cos(\omega t + \delta)$이다.

초기 조건$(t=0)$ $x(0) = x_0 = +0.0250\,\mathrm{m}$, $v(0) = 0$에 의하여

$v(0) = \omega A\cos\delta = 0 \quad \therefore\ \delta = 90^\circ\ ;\ x(0) = A\sin 90^\circ = x_0 \quad \therefore\ A = x_0 = 0.0250\ \mathrm{m}$.

$\therefore\ x(t) = A\cos\omega t = (0.0250\ \mathrm{m})\cos[(11.0\pi\ \mathrm{rad/s})t]$ $(\because\ \omega = 2\pi f = 11.0\pi\ \mathrm{rad/s})$.

$$\begin{aligned} v(t) &= -\omega A\sin\omega t = -(0.275\pi\ \mathrm{m})\sin[(11.0\pi\ \mathrm{rad/s})t] \\ &= \underline{-(0.864\ \mathrm{m/s})\sin[(11.0\pi\ \mathrm{rad/s})t]}. \end{aligned}$$

$$\begin{aligned} a(t) &= \frac{dv(t)}{dt} = -\omega^2 x(t) = -121\pi^2 x(t) = -(3.025\pi^2\,\mathrm{m/s^2})\cos[(11.0\pi\ \mathrm{rad/s})t] \\ &= \underline{-(29.8\ \mathrm{m/s^2})\cos[(11.0\pi\ \mathrm{rad/s})t]}. \end{aligned}$$

**답 |** (가) $m = 1.51\,\mathrm{kg}$, $d = 8.22\times10^{-3}\ \mathrm{m}$

(나) $x(t) = (0.0250\,\mathrm{m})\cos[(11.0\pi\ \mathrm{rad/s})t]$, $v(t) = -(0.864\,\mathrm{m/s})\sin[(11.0\pi\ \mathrm{rad/s})t]$,
$a(t) = -(29.8\,\mathrm{m/s^2})\cos[(11.0\pi\ \mathrm{rad/s})t]$.

## 5-7 달에서 홑흔들이

중력가속도가 $g = 9.81\,\mathrm{m/s^2}$인 지점에서 주기가 5.00초인 홑흔들이가 있다.

(가) 이 홑흔들이의 길이는 얼마인가?

(나) 중력가속도가 지구의 $\frac{1}{6}$인 달표면에서 이 홑흔들이의 주기는 얼마일까?

(다) 지구상의 다른 지점에서 이 홑흔들이의 주기를 측정하였더니 5.02초였다. 그 지점에서 중력가속도 $g'$는 얼마인가?

**풀이 |** $g = 9.81\ \text{m/s}^2$, $T = 5.00\ \text{s}$.

(가) 이 홑흔들이의 길이 $L$은? $T = 2\pi\sqrt{\dfrac{L}{g}}$ : $g = 9.81\ \text{m/s}^2$, $T = 5.00\ \text{s}$

$$\therefore L = \left(\frac{T}{2\pi}\right)^2 g = 6.219\ \text{m} = \underline{6.22\ \text{m}}.$$

(나) 달표면에서 홑흔들이의 주기 $T_{달}$는?

$$T_{달} = 2\pi\sqrt{\frac{L}{g_{달}}} = T\sqrt{\frac{g}{g_{달}}}\ :\ g_{달} = \frac{g}{6},\ T = 5.00\ \text{s}$$

$$\therefore\ T_{달} = (5.00\ \text{s}) \times \sqrt{6} = 12.247\text{s} = \underline{12.2\text{s}}.$$

(다) 지구상에서 주기가 $T' = 5.02\ \text{s}$인 지점에서 중력가속도 $g'$은?

$$T' = 2\pi\sqrt{\frac{L}{g'}}\ \Rightarrow g' = L\left(\frac{2\pi}{T'}\right)^2\ :\ T' = 5.02\ \text{s},\ L = 6.219\ \text{m}$$

$$\therefore\ g' = 9.733\ \text{m/s}^2 = \underline{9.73\ \text{m/s}^2}$$

**답 |** (가) $L = 6.22\text{m}$　(나) $T_{달} = 12.2\text{s}$　(다) $g' = 9.73\ \text{m/s}^2$

### 5-8 홑흔들이 추의 속도

길이 $L$의 홑흔들이를 연직선과 각 $\theta_0$을 이루는 방향에서 가만히 놓아 진동하게 하였다.

(가) 단조화진동을 하는 경우, 각변위 $\theta(t)$를 구하고, 홑흔들이 추가 제일 낮은 위치를 지나는 순간의 속도를 구하라.

(나) 중력마당에서의 에너지 보존법칙을 이용하여 제일 낮은 점에서 정확한 속도를 구하고, 각변위 $\theta_0$가 매우 작을 때, (가), (나)의 결과는 서로 같음을 보여라.

(다) 실의 길이가 $1.0\text{m}$, 진폭이 $0.20\text{rad}$일 때, 두 결과의 차이를 구하라.

**풀이 |** (가) 단조화진동의 각변위 $\theta(t)$ 및 제일 낮은 위치에서 속도 $v(T/4)$는?

각변위를 $\theta(t) = A\sin(\omega_0 t + \delta)$라 하면 각속도는

$$\omega(t) = \frac{d\theta}{dt} = \omega_0 A\cos(\omega_0 t + \delta)\ :\ \omega_0 = \sqrt{\frac{g}{L}}.$$

초기 조건 $\omega(0) = 0 \Rightarrow \omega(0) = \omega_0 A\cos\delta = 0$　$\therefore\ \delta = \dfrac{\pi}{2}$　$\therefore\ \theta(t) = A\cos\omega_0 t$

초기 조건 $\theta(0) = \theta_0 \Rightarrow \theta(0) = A = \theta_0$　$\therefore\ \theta(t) = \theta_0\cos\omega_0 t$.

속도=선속도 : $v(t) = \omega(t)L = \dfrac{d\theta(t)}{dt}L = -\omega_0 L\theta_0\sin\omega_0 t\ \left(\omega_0 = \sqrt{\dfrac{g}{L}}\right)$

제일 낮은 점을 지나는 시각은 $t = \dfrac{T}{4} = \dfrac{1}{4}\left(\dfrac{2\pi}{\omega_0}\right) = \dfrac{\pi}{2\omega_0}$ 이므로, 이 점을 지나는 선속도는

$$v\left(\frac{T}{4}\right) = -\omega_0 L\theta_0\sin\left[\omega_0\left(\frac{\pi}{2\omega_0}\right)\right] = -\omega_0 L\theta_0 = -\sqrt{gL}\,\theta_0 \equiv v_{\text{SHO}}\left(\frac{T}{4}\right)$$

(나) 중력마당에서의 에너지 보존법칙을 이용한 제일 낮은 점($\theta=0$)에서 정확한 속도는?

제일 낮은 점을 중력위치에너지의 기준점으로 하면 $\theta=\theta_0$에서 에너지는 $E=U(\theta=\theta_0)$ $=mg(L-L\cos\theta_0)$이므로

$$E=\frac{1}{2}mv^2+U=mgL(1-\cos\theta_0) \;:\; U(\theta=0)=0,\; 1-\cos\theta_0=2\sin^2\frac{\theta_0}{2}$$

$$\therefore\; v(\theta=0)=\pm\sqrt{2gL(1-\cos\theta_0)}=\pm\sqrt{2gL\left(2\sin^2\frac{\theta_0}{2}\right)}=\pm 2\sqrt{gL}\,\sin\frac{\theta_0}{2}.$$

이 결과는 에너지 보존을 이용한 $t=\frac{T}{4}$인 순간의 속도 $v_{\text{EC}}(T/4)$이다. 곧

$$v_{\text{EC}}(T/4)=\pm\sqrt{gL}\,2\sin\frac{\theta_0}{2}.$$

각변위 $\theta_0$가 매우 작을 때, (가), (나)의 결과 비교 :

$\theta_0 \ll 1$이면 $\sin\theta_0 \cong \theta_0$이므로 $v_{\text{EC}}\left(\frac{T}{4}\right)\cong\pm\sqrt{gL}\,\theta_0.\quad \therefore \left|v_{\text{EC}}\left(\frac{T}{4}\right)\right|\cong\left|v_{\text{SHO}}\left(\frac{T}{4}\right)\right|$ 〔QED〕

(다) 두 결과의 차이는? $L=1.0\text{ m}$, $A\equiv\theta_0=0.20\text{ rad}$일 때,

$$\left|v_{\text{SHO}}\left(\frac{T}{4}\right)\right|=\sqrt{gL}\,\theta_0=\sqrt{(9.81\text{ m/s}^2)\times(1.0\text{ m})}\times(0.20\text{ rad})=0.62642\text{ m/s}$$

$$\left|v_{\text{EC}}\left(\frac{T}{4}\right)\right|=\sqrt{gL}\,2\sin\frac{\theta_0}{2}=0.62569\text{ m/s}\qquad(\because\;\theta_0=0.20\text{ rad}=11.465^\circ)$$

$$\Delta v=\left|v_{\text{SHO}}\left(\frac{T}{4}\right)\right|-\left|v_{\text{EC}}\left(\frac{T}{4}\right)\right|=0.62642\text{ m/s}-0.62569\text{ m/s}=0.00073\text{ m/s}$$

**답|** (가) $\theta(t)=\theta_0\cos\sqrt{\frac{g}{L}}\,t$, $v_{\text{SHO}}(T/4)=-\sqrt{gL}\,\theta_0$

(나) $v_{\text{EC}}=\pm\sqrt{2gL(1-\cos\theta_0)}$, $v_{\text{EC}}\cong\pm\sqrt{gL}\,\theta_0$ ($\sin\theta_0\cong\theta_0$)　(다) $\Delta v=0.00073\text{ m/s}$

## 5-9 가속된 흩흔들이

길이 $1.00\text{m}$의 흩흔들이가 가속도 $a_{\text{R}}=3.00\text{m/s}^2$로 직선운동하고 있는 화물자동차의 천장에 달려있다.

(가) 이 흩흔들이의 평형점이 연직선과 이루는 각 $\phi$는 얼마인가?

(나) 이 흩흔들이의 주기는 얼마인가?

**풀이|** $L=1.00\text{m}$, $a_{\text{R}}=3.00\text{m/s}^2$

추의 운동방정식 : 추에 작용하는 힘이 장력 $\vec{T}$, 중력 $m\vec{g}$이므로

〈관성계〉　$m\vec{a}_{\text{R}}=\vec{T}+m\vec{g}$ ($\because$ 화물차의 가속도 $\vec{a}=\vec{a}_{\text{R}}$)

〈비관성계〉　$0=\vec{T}+m\vec{g}-m\vec{a}_{\text{R}}$ ($\because$ 관성력 $\vec{\mathcal{F}}=-m\vec{a}_{\text{R}}$)

화물차의 운동 방향을 $x$축, 연직상방을 $y$축 방향으로 한다.

(가) 연직선과 이루는 각 $\phi$는? 이 흩흔들이의 운동방정식을 $x$ 및 $y$축 방향으로 분해하면

$x$축 방향 $m a_{\mathrm{R}} = T\sin\phi$ ; $y$축 방향 $0 = T\cos\phi - mg$

$$\therefore\ \tan\phi = \frac{m\,a_{\mathrm{R}}}{m\,g} = \frac{a_{\mathrm{R}}}{g}\ :\ a_{\mathrm{R}} = 3.00\,\mathrm{m/s^2},\ g = 9.81\,\mathrm{m/s^2}$$

$$\therefore\ \phi = \tan^{-1}\frac{a_{\mathrm{R}}}{g} = 17.0^{\circ}.$$

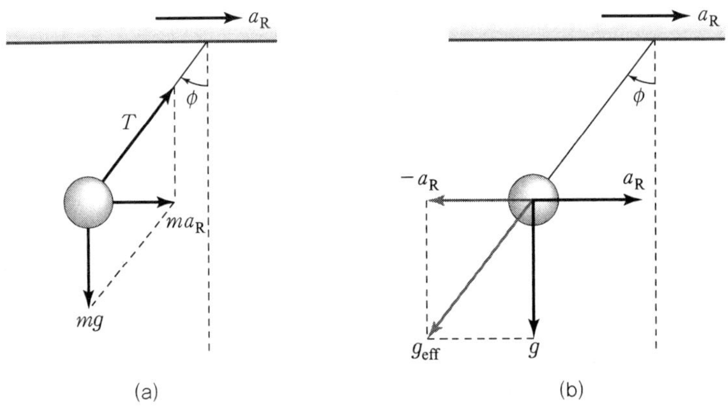


문5-9의 연습그림 : (a) 관성계 및 (b) 비관성계에서 본 가속도운동하는 화물자동차 안의 흩흔들이

(나) 이 흩흔들이의 주기 $T_{\mathrm{eff}}$는?

비관성계인 화물자동차에서 볼 때(문5-9의 연습그림 (b) 참조), 자유낙하하는 물체는 중력 $m\vec{g}$ 외에 관성력 $\vec{\mathcal{F}} = -m\vec{a}_{\mathrm{R}}$를 받는다. 따라서 화물차에서 본 중력가속도를 $\vec{g}_{\mathrm{eff}}$라 하면

$$m\vec{g}_{\mathrm{eff}} = m\vec{g} - m\vec{a}_{\mathrm{R}}\ \text{또는}\ \vec{g}_{\mathrm{eff}} = \vec{g} - \vec{a}_{\mathrm{R}}$$

를 얻는다(식1.90 참조). 곧, 가속도 $\vec{a}_{\mathrm{R}}$로 운동하는 화물자동차에서 본 자유낙하 운동은 중력가속도 $\vec{g}$ 대신에 $\vec{g}_{\mathrm{eff}} = \vec{g} - \vec{a}_{\mathrm{R}}$로 운동하는 경우와 동등하다(문5-9의 연습그림 참조/그림 2.33 참조). 그러므로 화물자동차 안에 달린 흩흔들이의 주기 $T_{\mathrm{eff}}$는 식(5.32)에 의하여

$$T_{\mathrm{eff}} = 2\pi\sqrt{\frac{L}{g_{\mathrm{eff}}}}\ :\ g_{\mathrm{eff}} = \sqrt{g^2 + (-a_{\mathrm{R}})^2} = 10.26\,\mathrm{m/s^2},\ a_{\mathrm{R}} = 3.00\,\mathrm{m/s^2},$$

$$g = 9.81\,\mathrm{m/s^2},\ L = 1.00\,\mathrm{m}$$

$$\therefore\ T_{\mathrm{eff}} = 2\pi\sqrt{\frac{L}{\sqrt{g^2 + a_{\mathrm{R}}^2}}} = 1.96\,\mathrm{s}.$$

**답 |** (가) $\phi = 17.0^{\circ}$　(나) $T_{\mathrm{eff}} = 1.96\,\mathrm{s}$

## 5-10 단조화진동의 처음 위치, 속도 그리고 가속도

각진동수가 $\omega$인 단조화진동자의 처음 위치, 속도 및 가속도가 각각 $x_0$, $v_0$, $a_0$라 한다.

(가) 단조화진동자의 위치함수는 $x(t) = x_0 \cos\omega t + \left(\frac{v_0}{\omega}\right)\sin\omega t$로 주어짐을 보여라.

(나) 이 진동자의 속도함수, 가속도함수를 각각 구하라.

(다) 이 진동자의 진폭 $A$를 구하고,

$$v^2 - ax = v_0^2 - a_0 x_0 = \omega^2 A^2$$

임을 보여라. 곧, 단조화진동에서 $v^2 - ax$는 불변이다.

**풀이 |** (가) 단조화진동자의 위치함수는? 단조화진동의 기초방정식

$$\frac{d^2x}{dt^2} = -\omega^2 x \text{ 또는 } \frac{d^2x}{dt^2} + \omega^2 x = 0$$

의 일반풀이를 $x(t) = C\sin\omega t + D\cos\omega t$이라 하면, 속도는

$$v(t) = \frac{dx(t)}{dt} = \omega C\cos\omega t - \omega D\sin\omega t$$

의 꼴이 된다. 초기 조건 $x(0) = x_0$, $v(0) = v_0$에 의하여

$$x(0) = 0 + D = x_0 \quad \therefore\ D = x_0\ ;\ v(0) = \omega C - 0 = v_0 \quad \therefore\ C = \frac{v_0}{\omega}.$$

$$\therefore\ x(t) = x_0\cos\omega t + \left(\frac{v_0}{\omega}\right)\sin\omega t. \text{ [QED]}$$

(나) 속도함수 $v(t)$, 가속도함수 $a(t)$는?

$$v(t) = \frac{dx}{dt} = \frac{d}{dt}\left(x_0\cos\omega t + \frac{v_0}{\omega}\sin\omega t\right) = -\omega x_0\sin\omega t + v_0\cos\omega t,$$

$$a(t) = \frac{dv}{dt} = \frac{d}{dt}(-\omega x_0\sin\omega t + v_0\cos\omega t) = -\omega^2\left(x_0\cos\omega t + \frac{v_0}{\omega}\sin\omega t\right) = -\omega^2 x(t).$$

(다) 진폭 $A$ 및 $v^2 - ax$의 불변성 :

진폭 : $x(t) = x_0\cos\omega t + \left(\frac{v_0}{\omega}\right)\sin\omega t = \sqrt{x_0^2 + \left(\frac{v_0}{\omega}\right)^2}\cos(\omega t - \delta)$ : $\delta = \tan^{-1}\left(\frac{v_0}{\omega x_0}\right)$

$$\therefore\ A = \sqrt{x_0^2 + \left(\frac{v_0}{\omega}\right)^2} \quad \text{(그림 5.10 참조)}$$

$$\begin{aligned}\therefore\ v^2 - ax &= (-\omega x_0\sin\omega t + v_0\cos\omega t)^2 - (-\omega^2 x)x \\ &= (-\omega x_0\sin\omega t + v_0\cos\omega t)^2 + (\omega x_0\cos\omega t + v_0\sin\omega t)^2 \\ &= (\omega^2 x_0)^2 + v_0^2 = -(-\omega^2 x_0)x_0 + v_0^2 = v_0^2 - a_0 x_0\end{aligned}$$

$$\therefore\ v^2 - ax = (\text{불변})$$

또, 더 나아가서 (가)의 결과로부터 $x(0) = x_0$, (나)의 결과로부터 $v(0) = v_0$,

$a(0)=-\omega^2 x_0$ 이므로

$$v_0^2-a_0x_0=\left\{-\omega\sqrt{x_0^2+\left(\frac{v_0}{\omega}\right)^2}\ \sin(-\delta)\right\}^2+\omega^2\left\{x_0^2+\left(\frac{v_0}{\omega}\right)^2\right\}\cos^2(-\delta)=\omega^2\left\{x_0^2+\left(\frac{v_0}{\omega}\right)^2\right\}$$

$$\therefore\ v^2-ax=v_0^2-\omega_0x_0=\omega^2\left\{x_0^2+\frac{v_0^2}{\omega^2}\right\}=\omega^2A^2.\ \text{〔QED〕}$$

**답 |** (나) $v(t)=-\omega x_0\sin\omega t+v_0\cos\omega t$, $a(t)=-\omega^2\left(x_0\cos\omega t+\left(\frac{v_0}{\omega}\right)\sin\omega t\right)=-\omega^2x(t)$

(다) $A=\sqrt{x_0^2+\left(\frac{v_0}{\omega}\right)^2}$

## 5-11 맥놀이수

두 소리굽쇠의 진동수가 각각 256 Hz, 260 Hz 이다. 두 소리굽쇠를 동시에 진동시켰을 때 나타나는 맥놀이수는 얼마인가?

**풀이 |** $f_1=256\,\text{Hz}$, $f_2=260\,\text{Hz}$ $\quad\therefore\ f_{\text{맥놀이}}\equiv\Delta f=|f_2-f_1|=4\ \text{Hz}$

**답 |** $f_{\text{맥놀이}}=4\,\text{Hz}$

## 5-12 기타 줄의 진동수

진동수 440 Hz 의 소리굽쇠를 진동시켜 진동수가 약간 맞지 않는 기타 줄에 가까이 대었더니 매초 3번의 맥놀이가 나타났다. 기타 줄의 장력이 클수록 진동수는 많아진다.

(가) 기타 줄을 약간 조여서 진동수를 높였더니 맥놀이가 매 초 6번 나타났다. 조인 후 기타 줄의 진동수는 얼마인가?

(나) 만일 기타 줄을 약간 풀었을 때 맥놀이수가 처음보다 적어졌다면 기타 줄의 처음 진동수는 얼마였을까?

**풀이 |** $f_0=440\,\text{Hz}$, $f_{\text{맥놀이}}=|f-f_0|\equiv\Delta f=3.00\ \text{Hz}$ $\quad\therefore\ f-f_0=\pm 3.00\ \text{Hz}\Rightarrow f=440\,\text{Hz}\pm3.00\ \text{Hz}$

따라서 기타 줄의 진동수는 $f=437\,\text{Hz}$ 또는 $443\ \text{Hz}$ 이다.

(가) 기타 줄을 약간 조인 후 $f_{\text{맥놀이}}=|f-f_0|\equiv\Delta f=6.00\ \text{Hz}$ 이므로, 조율 후 기타의 진동수는 $f_{\text{기타}}=446\,\text{Hz}$ 이다. 약간 조이면 진동수가 증가하기 때문이다.

(나) 기타 줄을 약간 풀어서 $f_{\text{맥놀이}}=|f-f_0|\equiv\Delta f<3.00\ \text{Hz}$ 인 경우에는 조율 전 기타의 진동수는 $f=443\ \text{Hz}$ 이다. 줄을 느슨하게 하면 진동수가 줄어들어 처음 진동수가 $f=437\,\text{Hz}$ 이었다면 맥놀이수가 처음보다 커지기 때문이다.

**답 |** (가) $f_{\text{기타}}=446\,\text{Hz}$ (나) $f_{\text{기타}}=443\,\text{Hz}$

## 5-13 나란한 두 단조화진동의 함성

$x$ 축상의 두 단조화운동

$$x_1=(6.00\,\text{m})\sin[(2.00\ \text{rad/s})t],\ x_2=(8.00\,\text{m})\sin[(2.00\ \text{rad/s})t+\delta]$$

의 합성운동을 기술하는 방정식을 $\delta=0$, $\delta=\dfrac{\pi}{2}$, $\delta=\pi$인 경우로 나누어서 구하라.

**풀이 |** ■ $\delta=0$ : $x_1=(6.00\,\mathrm{m})\sin[(2.00\,\mathrm{rad/s})t]$, $x_2=(8.00\,\mathrm{m})\sin[(2.00\,\mathrm{rad/s})t]$

$$\therefore\ x_{12}=x_1+x_2=\{(6.00\,\mathrm{m})+(8.00\,\mathrm{m})\}\sin[(2.00\,\mathrm{rad/s})t]=(14.0\,\mathrm{m})\sin[(2.00\,\mathrm{rad/s})t]$$

■ $\delta=\dfrac{\pi}{2}$ : $x_1=(6.00\,\mathrm{m})\sin[(2.00\,\mathrm{rad/s})t]$,

$$x_2=(8.00\,\mathrm{m})\sin\left[(2.00\,\mathrm{rad/s})t+\frac{\pi}{2}\right]=(8.00\,\mathrm{m})\cos[(2.00\,\mathrm{rad/s})t]$$

$$\therefore\ x_{12}(t)=x_1+x_2=C\sin[(2.00\,\mathrm{rad/s})t]+D\cos[(2.00\,\mathrm{rad/s})t]$$

의 꼴이다. 여기에 $C=6.00\,\mathrm{m}$, $D=8.00\,\mathrm{m}$이다. 지금,

$$\frac{C}{\sqrt{C^2+D^2}}\equiv\cos\phi,\qquad \frac{D}{\sqrt{C^2+D^2}}\equiv\sin\phi$$

라 두면(그림 5.10 참조),

$$\begin{aligned}x_{12}(t)=x_1+x_2&=\sqrt{C^2+D^2}\{\sin[(2.00\,\mathrm{rad/s})t]\cos\phi+\cos[(2.00\,\mathrm{rad/s})t]\sin\phi\}\\&=\sqrt{C^2+D^2}\sin[(2.00\,\mathrm{rad/s})t+\phi]\end{aligned}$$

가 된다. 삼각함수의 가법정리 $\sin(\alpha+\beta)=\sin\alpha\cos\beta+\cos\alpha\sin\beta$(부록 D.10-1 참조)를 이용하였다. 여기서

$$\sqrt{C^2+D^2}=\sqrt{(6.00\,\mathrm{m})^2+(8.00\,\mathrm{m})^2}=10.0\,\mathrm{m},$$

$$\phi=\tan^{-1}\frac{D}{C}=\tan^{-1}\left(\frac{8}{6}\right)=53.13^\circ=0.2951\pi\,\mathrm{rad}$$

$$\therefore\ x_{12}(t)=x_1+x_2=(10.0\,\mathrm{m})\sin[(2.00\,\mathrm{rad/s})t+0.295\pi]$$

이다.

■ $\delta=\pi$ : $x_1=(6.00\,\mathrm{m})\sin[(2.00\,\mathrm{rad/s})t]$,

$$x_2=(8.00\,\mathrm{m})\sin[(2.00\,\mathrm{rad/s})t+\pi]=-(8.00\,\mathrm{m})\sin[(2.00\,\mathrm{rad/s})t]$$

$$\therefore\ x_{12}(t)=x_1+x_2=-(2.00\,\mathrm{m})\sin[(2.00\,\mathrm{rad/s})t].$$

**별해**

$$x_1=(6.00\,\mathrm{m})\sin[(2.00\,\mathrm{rad/s})t],$$

$$\begin{aligned}x_2&=(8.00\,\mathrm{m})\sin[(2.00\,\mathrm{rad/s})t+\delta]\\&=(8.00\,\mathrm{m})\{\sin[(2.00\,\mathrm{rad/s})t]\cos\delta]+\cos[(2.00\,\mathrm{rad/s})t]\sin\delta\}\end{aligned}$$

$$\therefore\ x_{12}(t)=x_1+x_2=C\sin[(2.00\,\mathrm{rad/s})t]+D\cos[(2.00\,\mathrm{rad/s})t]$$

의 꼴이다. 여기에

$$C=(6.00\,\mathrm{m})+(8.00\,\mathrm{m})\cos\delta,\quad D=(8.00\,\mathrm{m})\sin\delta$$

라 두었다. 지금,

$$\frac{C}{\sqrt{C^2+D^2}}\equiv\cos\phi,\quad \frac{D}{\sqrt{C^2+D^2}}\equiv\sin\phi$$

라 두고(그림 5.10 참조), 삼각함수의 가법정리를 이용하면

$$\begin{aligned}x_{12}(t)=x_1+x_2&=\sqrt{C^2+D^2}\,\{\sin[(2.00\,\mathrm{rad/s})t]\cos\phi+\cos[(2.00\,\mathrm{rad/s})t]\sin\phi\}\\&=\sqrt{C^2+D^2}\sin[(2.00\,\mathrm{rad/s})t+\phi]\end{aligned}$$

가 된다. 여기서

$$\begin{aligned}\sqrt{C^2+D^2}&=\sqrt{\{(6.00\,\mathrm{m})+(8.00\,\mathrm{m})\cos\delta\}^2+\{(8.00\,\mathrm{m})\sin\delta\}^2}\\&=\sqrt{(100\,\mathrm{m})+(96.0\,\mathrm{m})\cos\delta}\end{aligned}$$

이다. 따라서

$$x_{12}(t)=x_1+x_2=\sqrt{C^2+D^2}\,\sin[(2.00\,\mathrm{rad/s})t+\phi].$$

여기서 $\phi$는

$$\phi=\tan^{-1}\left(\frac{D}{C}\right)$$

이다. 이 합성운동은 진폭 $\sqrt{C^2+D^2}=\sqrt{(100\,\mathrm{m})+(96.0\,\mathrm{m})\cos\delta}$,
각진동수 $\omega=2.00\,\mathrm{rad/s}$의 단조화진동이다. 특히,

■ $\delta=0$이면, $C=14.0\,\mathrm{m}$, $D=0$이므로 $\sqrt{C^2+D^2}=14.0\,\mathrm{m}$, $\phi=0$이다.

$$\therefore\ x_{12}(t)=x_1+x_2=(14.0\,\mathrm{m})\sin[(2.00\,\mathrm{rad/s})t].$$

■ $\delta=\frac{\pi}{2}$이면, $C=6.00\,\mathrm{m}$, $D=8.00\,\mathrm{m}$이므로, $\sqrt{C^2+D^2}=10.0\,\mathrm{m}$,

$\phi=\tan^{-1}\frac{D}{C}=\tan^{-1}\left(\frac{8}{6}\right)=53.13^\circ=0.2951\pi\,\mathrm{rad}$이다.

$$\therefore\ x_{12}=x_1+x_2=(10.0\,\mathrm{m})\sin[(2.00\,\mathrm{rad/s})t+0.2951\pi\,\mathrm{rad}].$$

■ $\delta=\pi$이면, $C=(6.00\,\mathrm{m})-(8.00\,\mathrm{m})=-2.00\,\mathrm{m}$, $D=0$이므로 $\sqrt{C^2+D^2}=2.00\,\mathrm{m}$,

$\phi=\tan^{-1}\frac{D}{C}=\tan^{-1}\left(\frac{0}{-2}\right)$이다.

따라서 $\phi$는 제3분면의 각이므로 $\phi=\pi$이다(부록 D.14-3 참조).

$$\therefore\ x_{12}=x_1+x_2=(2.00\,\mathrm{m})\sin[(2.00\,\mathrm{rad/s})t+\pi]=-(2.00\,\mathrm{m})\sin[(2.00\,\mathrm{rad/s})t]$$

**답|** $\delta=0$ : $x_{12}=(14.0\,\mathrm{m})\sin[(2.00\,\mathrm{rad/s})t]$, $\delta=\frac{\pi}{2}$ : $x_{12}=(10.0\,\mathrm{m})\sin[(2.00\,\mathrm{rad/s})t+0.295\pi]$.
$\delta=\pi$ : $x_{12}=-(2.00\,\mathrm{m})\sin[(2.00\,\mathrm{rad/s})t]$

## 5-14 2차원 등방성조화진동

서로 수직인 두 단조화진동 $x=4\sin\omega t$, $y=3\sin(\omega t+\delta)$를 중첩한 합성운동의 궤도방정식을 $\delta=0$, $\delta=\frac{\pi}{2}$, $\delta=\pi$인 경우로 나누어서 구하라.

**풀이 |** 매개변수 $t$를 소거하면 궤도방정식이 얻어진다.

■ $\delta=0$ : $x=4\sin\omega t$, $y=3\sin\omega t$ $\quad\therefore\ \frac{x}{4}=\frac{y}{3}$ 또는 $y=\frac{3}{4}x$ (직선)

■ $\delta=\frac{\pi}{2}$ : $x=4\sin\omega t$, $y=3\sin\left(\omega t+\frac{\pi}{2}\right)=3\cos\omega t$ $\quad\therefore\ \left(\frac{x}{4}\right)^2+\left(\frac{y}{3}\right)^2=1$ (타원)

■ $\delta=\pi$ : $x=4\sin\omega t$, $y=3\sin(\omega t+\pi)=-3\sin\omega t$ $\quad\therefore\ \frac{x}{4}=-\frac{y}{3}$ 또는 $y=-\frac{3}{4}x$ (직선)

**답 |** $\delta=0$ : $y=\frac{3}{4}x$, $\delta=\frac{\pi}{2}$ : $\left(\frac{x}{4}\right)^2+\left(\frac{y}{3}\right)^2=1$, $\delta=\pi$ : $y=-\frac{3}{4}x$

## 5-15 리사주곡선

서로 수직인 두 단조화진동 $x=4\cos\omega t$, $y=3\cos\left(\frac{\omega}{2}t+\delta\right)$를 중첩한 합성운동의 궤도방정식을 위상차가 $\delta=0$, $\delta=\frac{\pi}{4}$, $\delta=\frac{\pi}{2}$, $\delta=\frac{3\pi}{4}$, $\delta=\pi$인 경우 각각 구하라.

**풀이 |** 삼각함수의 공식 $\cos\theta=\sqrt{\frac{1+\cos 2\theta}{2}}$, $\sin\theta=\sqrt{\frac{1-\cos 2\theta}{2}}$, $\sin^2\theta+\cos^2\theta=1$ 등을 이용하여 매개변수 $t$를 소거하면 궤도방정식을 얻는다(그림 5.18의 가로 둘째 줄 참조)

■ $\delta=0$ : $x=4\cos\omega t \Rightarrow \frac{x}{4}=\cos\omega t$,

$$y=3\cos\left(\frac{\omega}{2}t\right)=3\sqrt{\frac{1+\cos\omega t}{2}} \Rightarrow 2\left(\frac{y}{3}\right)^2-\cos\omega t=1.$$

이 두 식에서 $\cos\omega t$를 소거하면

$$2\left(\frac{y}{3}\right)^2-\frac{x}{4}=1 \text{ 또는 } y^2=\frac{9}{8}(x+4) \text{ (}+x\text{축 방향으로 열린 포물선)}$$

를 얻는다.

■ $\delta=\frac{\pi}{4}$ : $x=4\cos\omega t \Rightarrow \frac{x}{4}=\cos\omega t$ 또는 $\left(\frac{x}{4}\right)^2=\cos^2\omega t=1-\sin^2\omega t$,

$$y=3\cos\left(\frac{\omega}{2}t+\frac{\pi}{4}\right)=3\left\{\cos\frac{\omega t}{2}\cos\frac{\pi}{4}-\sin\frac{\omega t}{2}\sin\frac{\pi}{4}\right\}=\frac{3}{\sqrt{2}}\left\{\cos\frac{\omega t}{2}-\sin\frac{\omega t}{2}\right\}$$

$$=\frac{3}{\sqrt{2}}\left\{\sqrt{\frac{1+\cos\omega t}{2}}-\sqrt{\frac{1-\cos\omega t}{2}}\right\}$$

$$\Rightarrow \frac{2y^2}{9}=\left\{\sqrt{\frac{1+\cos\omega t}{2}}-\sqrt{\frac{1-\cos\omega t}{2}}\right\}^2=1-\sin\omega t.$$

$$\therefore\ \left(\frac{x}{4}\right)^2+\left(1-\frac{2y^2}{9}\right)^2=1 \text{ 또는 } \left(\frac{x}{4}\right)^2+4\left(\frac{y}{3}\right)^4-4\left(\frac{y}{3}\right)^2=0.$$

■ $\delta=\frac{\pi}{2}$ : $x=4\cos\omega t \Rightarrow \frac{x}{4}=\cos\omega t$,

$$y=3\cos\left(\frac{\omega}{2}t+\frac{\pi}{2}\right)=-3\sin\frac{\omega t}{2}=-3\sqrt{\frac{1-\cos\omega t}{2}} \Rightarrow 2\left(\frac{y}{3}\right)^2+\cos\omega t=1.$$

$$\therefore\ 2\left(\frac{y}{3}\right)^2+\frac{x}{4}=1 \Rightarrow y^2=-\frac{9}{8}(x-4)\ (-x\text{축 방향으로 열린 포물선}).$$

■ $\delta=\frac{3\pi}{4}$ : $x=4\cos\omega t \Rightarrow \frac{x}{4}=\cos\omega t$ 또는 $\left(\frac{x}{4}\right)^2=\cos^2\omega t=1-\sin^2\omega t$,

$$y=3\cos\left(\frac{\omega}{2}t+\frac{3\pi}{4}\right)=3\left\{\cos\frac{\omega t}{2}\cos\frac{3\pi}{4}-\sin\frac{\omega t}{2}\sin\frac{3\pi}{4}\right\}=-\frac{3}{\sqrt{2}}\left\{\cos\frac{\omega t}{2}+\sin\frac{\omega t}{2}\right\}$$

$$=-\frac{3}{\sqrt{2}}\left\{\sqrt{\frac{1+\cos\omega t}{2}}+\sqrt{\frac{1-\cos\omega t}{2}}\right\}$$

$$\Rightarrow \frac{2y^2}{9}=\left\{\sqrt{\frac{1+\cos\omega t}{2}}+\sqrt{\frac{1-\cos\omega t}{2}}\right\}^2=1+\sin\omega t.$$

$$\therefore\ \left(\frac{x}{4}\right)^2+\left(\frac{2y^2}{9}-1\right)^2=1 \text{ 또는 } \left(\frac{x}{4}\right)^2+4\left(\frac{y}{3}\right)^4-4\left(\frac{y}{3}\right)^2=0.$$

■ $\delta=\pi$ : $x=4\cos\omega t \Rightarrow \frac{x}{4}=\cos\omega t$,

$$y=3\cos\left(\frac{\omega}{2}t+\pi\right)=-3\cos\left(\frac{\omega}{2}t\right)=-3\sqrt{\frac{1+\cos\omega t}{2}} \Rightarrow 2\left(\frac{y}{3}\right)^2-\cos\omega t=1.$$

$$\therefore\ 2\left(\frac{y}{3}\right)^2-\frac{x}{4}=1 \text{ 또는 } y^2=\frac{9}{8}(x+4)\ (+x\text{축 방향으로 열린 포물선}).$$

**답 |** $\delta=0$ : $y^2=\frac{9}{8}(x+4)$ ($+x$축 방향으로 열린 포물선),

$\delta=\frac{\pi}{4}$ : $\left(\frac{x}{4}\right)^2+4\left(\frac{y}{3}\right)^4-4\left(\frac{y}{3}\right)^2=0$,

$\delta=\frac{\pi}{2}$ : $y^2=-\frac{9}{8}(x-4)$ ($-x$축 방향으로 열린 포물선)

$\delta=\frac{3\pi}{4}$ : $\left(\frac{x}{4}\right)^2+4\left(\frac{y}{3}\right)^4-4\left(\frac{y}{3}\right)^2=0$

$\delta=\pi$ : $y^2=\frac{9}{8}(x+4)$ ($+x$축 방향으로 열린 포물선)

## 5-16 이차원 조화진동의 에너지

질량 2.00 kg의 질점이 $xy$ 평면에서 $\vec{F}=-\hat{i}\,(18x)-\hat{j}\,(50y)$의 힘을 받고 있다. 처음($t=0$)에 질점은 점(3.00, 4.00)에서 $x$축에 수직인 양

었다. 여기서 단위는 MKS단위이다.

(가) 질점의 $x$ 및 $y$축 방향의 각진동수를 구하라.

(나) 질점의 위치벡터 $\vec{r}(t)$를 구하라.

(다) 질점의 운동은 주기운동인가 또는 비주기운동인가? 만일 주기운동이면 그 주기를 구하라.

(라) 질점의 속도벡터를 구하고, 운동에너지 $K(t)$를 구하라.

(마) 이 진동계의 위치에너지 $U(t)$를 구하여, 총 에너지를 구하라.

**풀이 |** $m = 2.00\ \mathrm{kg}$, $\vec{F} = -\hat{i}(18x) - \hat{j}(50y) = (-18x,\ -50y)$,

초기 조건 : $x(0) = 3.00\,\mathrm{m}$, $y(0) = 4.00\,\mathrm{m}$ ; $v_x(0) = 0$, $v_y(0) = 10.0\,\mathrm{m/s}$

$x$ 및 $y$축 방향의 성분별로 생각하는 것이 편리하다.

(가) 질점의 $x$ 및 $y$축 방향의 각진동수 $\omega_x$, $\omega_y$는?

운동방정식 $m\dfrac{d^2x}{dt} = F_x$, $m\dfrac{d^2y}{dt} = F_y$에서 $F_i = -k_i x_i = -m\omega_i^2 x_i$ $(i = \{x,\ y\})$이다.

$$F_x = -18x,\ F_y = -50y \Rightarrow k_x = 18.0\ \mathrm{N/m},\ k_y = 50.0\ \mathrm{N/m}\ ;\ m = 2.00\ \mathrm{kg}$$

$$\therefore\ \omega_x = \sqrt{\frac{k_x}{m}} = 3.00\ \mathrm{rad/s},\ \omega_y = \sqrt{\frac{k_y}{m}} = 5.00\ \mathrm{rad/s}.$$

(나) 질점의 위치벡터 $\vec{r}(t)$는?

$\vec{r}(t) = \hat{i}\ x(t) + \hat{j}\ y(t)$ : $x(t) = A_x\cos\omega_x t + B_x\sin\omega_x t$, $y(t) = A_y\cos\omega_y t + B_y\sin\omega_y t$

라 하면,

$$v_x(t) = \frac{dx(t)}{dt} = \omega_x\{-A_x\sin\omega_x t + B_x\cos\omega_x t\},$$

$$v_y(t) = \frac{dy(t)}{dt} = \omega_y\{-A_y\sin\omega_y t + B_y\cos\omega_y t\}.$$

초기 조건 $\{x(0) = 3.00\,\mathrm{m},\ y(0) = 4.00\,\mathrm{m}\ ;\ v_x(0) = 0,\ v_y(0) = 10.0\,\mathrm{m/s}\}$에 의하여

$x(0) = A_x = 3.00\ \mathrm{m}$, $y(0) = A_y = 4.00\ \mathrm{m}$ ;

$v_x(0) = \omega_x B_x = 0$, $v_y(0) = \omega_y B_y = 10.0\ \mathrm{m/s}$ $\quad\therefore\ B_x = 0,\ B_y = \dfrac{v_y(0)}{\omega_y} = 2.00\ \mathrm{m}.$

$$\therefore\ x(t) = x(0)\cos\omega_x t = (3.00\ \mathrm{m})\cos[(3.00\ \mathrm{rad/s})t],$$

$$y(t) = y(0)\cos\omega_y t + \frac{v_y(0)}{\omega_y}\sin\omega_y t$$

$$= (4.00\ \mathrm{m})\cos[(5.00\ \mathrm{rad/s})t] + (2.00\ \mathrm{m})\sin[(5.00\ \mathrm{rad/s})t]$$

또는 $y(t) = (\sqrt{20}\ \mathrm{m})\sin[(5.00\ \mathrm{rad/s})t + \phi]$

$\left(\phi = 63.43^\circ = 0.352\pi\ \mathrm{rad}\quad \because\ \tan\phi = \dfrac{4.00\ \mathrm{m}}{2.00\ \mathrm{m}}\right)$ (그림 5.10 참조).

$$\therefore\ \vec{r}(t) = \hat{i}\ \{(3.00\ \mathrm{m})\cos[(3.00\ \mathrm{rad/s})t]\}$$
$$+\hat{j}\ \{(4.00\ \mathrm{m})\cos[(5.00\ \mathrm{rad/s})t] + (2.00\ \mathrm{m})\sin[(5.00\ \mathrm{rad/s})t]\}$$

또는

$$\vec{r}(t) = \hat{i}\ \{(3.00\ \mathrm{m})\cos[(3.00\ \mathrm{rad/s})t]\} + \hat{j}\ \{(2\sqrt{5}\ \mathrm{m})\ \sin[(5.00\ \mathrm{rad/s})t + 0.352\pi\ \mathrm{rad}]\}.$$

(다) 질점의 주기는?

$$T_x = \frac{2\pi}{\omega_x} = \frac{2\pi\ \mathrm{rad}}{3.00\ \mathrm{rad/s}},\quad T_y = \frac{2\pi}{\omega_y} = \frac{2\pi\ \mathrm{rad}}{5.00\ \mathrm{rad/s}}\qquad \therefore\ T = 3T_x = 5T_y = 2\pi\ [\mathrm{s}]$$

$\therefore$ 질점은 주기 $T = 2\pi\ [\mathrm{s}] = 6.28\ \mathrm{s}$ 의 주기운동을 한다.

(라) 질점의 속도벡터 $\vec{v}(x)$ 및 운동에너지 $K(t)$는?

속도

$$\vec{v}(t) = \frac{d\vec{r}(t)}{dt} = \hat{i}\{-(9.00\ \mathrm{m/s})\sin[(3.00\ \mathrm{rad/s})t]\}$$
$$+\hat{j}\{-(20.0\ \mathrm{m/s})\sin[(5.00\ \mathrm{rad/s})t] + (10.0\ \mathrm{m/s})\cos[(5.00\ \mathrm{rad/s})t]\}$$

또는

$$\vec{v}(t) = -\hat{i}\ \{(9.00\ \mathrm{m/s})\ \sin[(3.00\ \mathrm{rad/s})t]\}$$
$$+\hat{j}\ \{(10\sqrt{5}\ \mathrm{m/s})\cos[(5.00\ \mathrm{rad/s})t + 0.352\pi\ \mathrm{rad}]\}.$$

운동에너지

$$K(t) = \frac{1}{2}m\,\vec{v}(t)\cdot\vec{v}(t) = \frac{1}{2}m\left(v_x^2 + v_y^2\right)$$
$$= (1.00\ \mathrm{kg})\big(\{-(9.00\ \mathrm{m/s})\ \sin[(3.00\ \mathrm{rad/s})t]\}^2$$
$$+\{-(20.0\ \mathrm{m/s})\ \sin[(5.00\ \mathrm{rad/s})t] + (10.0\ \mathrm{m/s})\cos[(5.00\ \mathrm{rad/s})t]\}^2\big)$$
$$= (81.0\ \mathrm{J})\ \sin^2[(3.00\ \mathrm{rad/s})t] + (400\ \mathrm{J})\ \sin^2[(5.00\ \mathrm{rad/s})t]$$
$$+(100\ \mathrm{J})\cos^2[(5.00\ \mathrm{rad/s})t] - (400\ \mathrm{J})\sin[(5.00\ \mathrm{rad/s})t]\cos[(5.00\ \mathrm{rad/s})t]$$

또는

$$K(t) = (1.00\ \mathrm{kg})\big(\{(9.00\ \mathrm{m/s})\ \sin[(3.00\ \mathrm{rad/s})t]\}^2$$
$$+\{(10\sqrt{5}\ \mathrm{m/s})\cos[(5.00\ \mathrm{rad/s})t + 0.352\pi\ \mathrm{rad}]\}^2\big)$$
$$= (81.0\ \mathrm{J})\ \sin^2[(3.00\ \mathrm{rad/s})t] + (500\ \mathrm{J})\ \cos^2[(5.00\ \mathrm{rad/s})t + 0.352\pi\ \mathrm{rad}]$$

(마) 진동계의 위치에너지 $U(t)$ 및 총 에너지 $E$는?

위치에너지는 $k_x = 18.0\ \mathrm{N/m}$, $k_y = 50.0\ \mathrm{N/m}$ 이므로

$$U(t) = \frac{1}{2}k_x x^2 + \frac{1}{2}k_y y^2$$
$$= (9.00\ \mathrm{N/m})\{(3.00\ \mathrm{m})\cos[(3.00\ \mathrm{rad/s})t]\}^2$$
$$+(25.0\ \mathrm{N/m})\ \{(4.00\ \mathrm{m})\cos[(5.00\ \mathrm{rad/s})t] + (2.00\ \mathrm{m})\ \sin[(5.00\ \mathrm{rad/s})t]\}^2$$
$$= (81.0\ \mathrm{J})\ \cos^2[(3.00\ \mathrm{rad/s})t] + (400\ \mathrm{J})\ \cos^2[(5.00\ \mathrm{rad/s})t]$$
$$+(100\ \mathrm{J})\ \sin^2[(5.00\ \mathrm{rad/s})t] + (400\ \mathrm{J})\ \sin[(5.00\ \mathrm{rad/s})t]\cos[(5.00\ \mathrm{rad/s})t]$$

또는

$$U(t) = (9.00\ \mathrm{N/m})\ \{(3.00\ \mathrm{m})\cos[(3.00\ \mathrm{rad/s})t]\}^2$$
$$+(25.0\ \mathrm{N/m})\ \{(2\sqrt{5}\ \mathrm{m})\ \sin[(5.00\ \mathrm{rad/s})t + 0.352\pi\ \mathrm{rad}]\}^2$$
$$= (81.0\ \mathrm{J})\ \cos^2[(3.00\ \mathrm{rad/s})t] + (500\ \mathrm{J})\ \sin^2[(5.00\ \mathrm{rad/s})t + 0.352\pi\ \mathrm{rad}]$$

$$\therefore\ \ E = K(t) + U(t) = (81.0\ \text{J}) + (400\ \text{J}) + (100\ \text{J}) = 581\ \text{J}$$

**답 |** (가) $\omega_x = 3.00\ \text{rad/s}$, $\omega_y = 5.00\ \text{rad/s}$

(나) $$\vec{r}(t) = \hat{i}\ \{(3.00\ \text{m})\cos[(3.00\ \text{rad/s})t]\} + \hat{j}\ \{(4.00\ \text{m})\cos[(5.00\ \text{rad/s})t] + (2.00\ \text{m})\sin[(5.00\ \text{rad/s})t]\}$$

또는 $$\vec{r}(t) = \hat{i}\ \{(3.00\ \text{m})\cos[(3.00\ \text{rad/s})t]\} + \hat{j}\ \{(2\sqrt{5}\ \text{m})\sin[(5.00\ \text{rad/s})t + 0.352\pi\ \text{rad}]\}$$

(다) 주기 $T = 2\pi\,[\text{s}] = 6.28\ \text{s}$의 주기운동

(라) $$\vec{v}(t) = \hat{i}\ \{-(9.00\ \text{m/s})\sin[(3.00\ \text{rad/s})t]\} + \hat{j}\ \{-(20.0\ \text{m/s})\sin[(5.00\ \text{rad/s})t] + (10.0\ \text{m/s})\cos[(5.00\ \text{rad/s})t]\}$$

또는 $$\vec{v}(t) = -\hat{i}\ \{(9.00\ \text{m/s})\sin[(3.00\ \text{rad/s})t]\} + \hat{j}\ \{(10\sqrt{5}\ \text{m/s})\cos[(5.00\ \text{rad/s})t + 0.352\pi\ \text{rad}]\}$$

$$K(t) = (81.0\ \text{J})\sin^2[(3.00\ \text{rad/s})t] + (400\ \text{J})\sin^2[(5.00\ \text{rad/s})t] + (100\ \text{J})\cos^2[(5.00\ \text{rad/s})t] - (400\ \text{J})\sin[(5.00\ \text{rad/s})t]\cos[(5.00\ \text{rad/s})t]$$

또는 $$K(t) = (81.0\ \text{J})\sin^2[(3.00\ \text{rad/s})t] + (500\ \text{J})\cos^2[(5.00\ \text{rad/s})t + 0.352\pi\ \text{rad}]$$

(마) $$U(t) = (81.0\ \text{J})\cos^2[(3.00\ \text{rad/s})t] + (400\ \text{J})\cos^2[(5.00\ \text{rad/s})t] + (100\ \text{J})\sin^2[(5.00\ \text{rad/s})t] + (400\ \text{J})\sin[(5.00\ \text{rad/s})t]\cos[(5.00\ \text{rad/s})t]$$

또는 $U(t) = (81.0\ \text{J})\cos^2[(3.00\ \text{rad/s})t] + (500\ \text{J})\sin^2[(5.00\ \text{rad/s})t + 0.352\pi\ \text{rad}]$,
$E = 581\ \text{J}$

## 5-17 이차원 조화진동의 비주기운동

질량이 $1.00\ \text{kg}$인 이차원 조화진동자가 있다. 이 진동계의 위치에너지가 $U = 8(x^2 + 4y^2)$이다. 이 진동자의 처음($t = 0$) 위치 및 속도가 각각 $\vec{r}(0) = 2\hat{i} - \hat{j}$, $\vec{v}(0) = 4\hat{i} + 8\hat{j}$이었다. 단위는 MKS단위이다.

(가) 각 성분별 각진동수를 구하라.

(나) $t > 0$인 어떤 순간의 위치벡터 및 속도벡터를 구하라.

(다) 이 진동계의 역학적 에너지는 얼마인가?

(라) 이 진동자의 주기는 얼마인가?

(마) 만일 이 진동계의 위치에너지가 $U = 8(x^2 + 2y^2)$이라면 이 운동은 주기운동인가?

**풀이 |** $m = 1.00\ \text{kg}$, $U = 8(x^2 + 4y^2)$, $\vec{r}(0) = 2\hat{i} - \hat{j}$, $\vec{v}(0) = 4\hat{i} + 8\hat{j}$

(가) 각 성분별 각진동수 $\omega_i\,(i = \{x,\ y\})$는?

$$F_x = -\frac{\partial U}{\partial x} = -k_x x = -16x,\ F_y = -\frac{\partial U}{\partial y} = -k_y y = -64y \ \Rightarrow\ k_x = 16.0\ \text{N/m},\ k_y = 64.0\ \text{N/m}$$

$$\therefore\ \omega_x = \sqrt{\frac{k_x}{m}} = 4.00\ \text{rad/s}\,,\ \ \omega_y = \sqrt{\frac{k_y}{m}} = 8.00\ \text{rad/s}\,.$$

(나) $t > 0$인 어떤 순간의 위치벡터 $\vec{r}(t>0)$ 및 속도벡터 $\vec{v}(t>0)$는?

위치벡터를 $\vec{r}(t>0) = \hat{i}x(t) + \hat{j}y(t)$ : $x(t) = A_x\cos\omega_x t + B_x\sin\omega_x t$,

$y(t) = A_y\cos\omega_y t + B_y\sin\omega_y t$

라 하면 속도벡터는

$$\vec{v}\,(t>0) = \frac{d\vec{r}(t)}{dt} = \hat{i}v_x(t) + \hat{j}v_y(t)\ :\ v_x(t) = \frac{dx(t)}{dt} = \omega_x(-A_x\sin\omega_x t + B_x\cos\omega_x t),$$

$$v_y(t) = \frac{dy(t)}{dt} = \omega_y(-A_y\sin\omega_y t + B_y\cos\omega_y t).$$

초기 조건 $\{x(0)=2, v_x(0)=4\} \Rightarrow A_x = x(0) = 2,\ B_x = \dfrac{v_x(0)}{\omega_x} = 1$

$\{y(0)=-1, v_y(0)=8\} \Rightarrow A_y = y(0) = -1,\ B_y = \dfrac{v_y(0)}{\omega_y} = 1$

$$x(t) = x(0)\cos\omega_x t + \frac{v_x(0)}{\omega_x}\sin\omega_x t\ = 2\cos 4t + \sin 4t,$$

$$y(t) = y(0)\cos\omega_y t + \frac{v_y(0)}{\omega_y}\sin\omega_y t\ = -\cos 8t + \sin 8t.$$

$$\therefore\ \vec{r}(t>0) = \hat{i}(2\cos 4t + \sin 4t) + \hat{j}(-\cos 8t + \sin 8t)$$

$$\therefore\ \vec{v}\,(t>0) = \frac{d\vec{r}(t)}{dt} = \hat{i}(-8\sin 4t + 4\cos 4t) + \hat{j}(8\sin 8t + 8\cos 8t)$$

(다) 이 진동계의 역학적 에너지 $E$는? 에너지 보존에 의하여

$E = K(t) + U(t) = K(0) + U(0)$ :

$$K(0) = \frac{1}{2}m\vec{v}(0)\cdot\vec{v}(0) = \frac{1}{2}m(v_x(0)^2 + v_y(0)^2)\ = \frac{1}{2}(16+64) = 40.0\ \text{J},$$

$$U(0) = \frac{1}{2}k_x\,x(0)^2 + \frac{1}{2}k_y\,y(0)^2 = \frac{1}{2}(64+64) = 64.0\ \text{J}.$$

$\therefore\ E = 104\ \text{J}$

(라) 이 진동자의 주기 $T$는?

$$T_x = \frac{2\pi}{\omega_x} = \frac{\pi}{2}\ [\text{s}],\ \ T_y = \frac{2\pi}{\omega_y} = \frac{\pi}{4}\ [\text{s}] \qquad \therefore\ T = T_x = 2T_y = \frac{\pi}{2}\ [\text{s}] = 1.57\ \text{s}$$

(마) 만일 이 진동계의 위치에너지가 $U = 8(x^2 + 2y^2)$일 때 주기는?

$$F_x = -\frac{\partial U}{\partial x} = -16x,\ \ F_y = -\frac{\partial U}{\partial y} = -32y$$

$$\therefore\ T_x = 2\pi\sqrt{\frac{m}{k_x}} = \frac{\pi}{2}\,[\mathrm{s}],\ \ T_y = 2\pi\sqrt{\frac{m}{k_y}} = \frac{\pi}{2\sqrt{2}}\,[\mathrm{s}]$$

$$\therefore\ \frac{T_x}{T_y} = \sqrt{2} \neq \frac{n_x}{n_y}\ \text{ 또는 }\ \frac{\omega_x}{\omega_y} = \sqrt{2} \neq \frac{n_y}{n_x}\quad (\{n_x,\ n_y\} = \text{자연수})$$

∴ 주기를 구할 수 없고, 따라서 주기운동이 아니다.

**답 |** (가) $\omega_x = 4.00\ \mathrm{rad/s}$, $\omega_y = 8.00\ \mathrm{rad/s}$

(나) $\vec{r}(t>0) = \hat{i}(2\cos 4t + \sin 4t) + \hat{j}(-\cos 8t + \sin 8t)$,

$\vec{v}\,(t>0) = \hat{i}(-8\sin 4t + 4\cos 4t) + \hat{j}(8\sin 8t + 8\cos 8t)$

(다) $E = 104\ \mathrm{J}$ (라) $T = \frac{\pi}{2}\,[\mathrm{s}] = 1.57\ \mathrm{s}$ (마) 아니다.

## 5.2 감쇠진동

### 5-18 흔들이의 감쇠인자

흔들이의 각진폭이 처음에는 $15.0^\circ$이었는데, 1,000초 뒤에는 마찰 때문에 $5.50^\circ$로 작아졌다. 이 흔들이의 감쇠인자 $\beta$는 얼마인가?

**풀이 |** $A(t) = A_0\, e^{-\beta t} \Rightarrow \beta = \frac{1}{t}\ln\left(\frac{A_0}{A(t)}\right)$ : $A_0 = \theta_0 = 15.0^\circ$, $A(t) = \theta(t) = 5.50^\circ\ @\ t = 10^3\ \mathrm{s}$

$$\therefore\ \beta = \frac{1}{t}\ln\left(\frac{\theta_0}{\theta(t)}\right)\Bigg|_{t=1000\ \mathrm{s}} = \frac{1}{1000\ \mathrm{s}}\ln\left(\frac{15.0^\circ}{5.50^\circ}\right) = 1.003\times10^{-3}\ \mathrm{s}^{-1} = \underline{1.00\times10^{-3}\ \mathrm{s}^{-1}}.$$

**답 |** $\beta = 1.00\times10^{-3}\ \mathrm{s}^{-1}$

### 5-19 감쇠진동자의 에너지 감쇠 및 $Q$, 감쇠인자

힘상수 $400\ \mathrm{N/m}$의 용수철에 달린 질량 $2.00\ \mathrm{kg}$의 추가 처음에 진폭 $3.00\ \mathrm{cm}$의 진동을 하고 있는 데, 한 주기 동안에 $1.00\%$의 에너지가 감소했다.

(가) 자연각진동수 $\omega_0$을 구하라.

(나) 이 감쇠진동의 $Q$값 및 감쇠인자 $\beta$를 구하라.

(다) 감쇠진동자의 각진동수 $\omega_\mathrm{d}$를 구하라.

**풀이 |** $k = 400\ \mathrm{N/m}$, $m = 2.00\ \mathrm{kg}$, $A_0 = 3.00\ \mathrm{cm}$, $\left.\frac{|\Delta E|}{E}\right|_{\Delta t = T_\mathrm{d}} = 1.00\%\ (\Delta E < 0)$

(가) 자연각진동수 $\omega_0 = \sqrt{\frac{k}{m}}$ : $k = 400\ \mathrm{N/m}$, $m = 2.00\ \mathrm{kg}$

$$\therefore\ \omega_0 = \sqrt{\frac{k}{m}} = 10\sqrt{2}\ \mathrm{rad/s} = \underline{14.1\ \mathrm{rad/s}}.$$

(나) 이 감쇠진동의 $Q$값 및 감쇠인자 $\beta$는? 식(5.91)에 의하여

$Q$ 값 : $Q = 2\pi \dfrac{E}{|\Delta E|_{주기}}$ : $\left.\dfrac{|\Delta E|}{E}\right|_{\Delta t = T_d} = 1.00\%\,(\Delta E < 0)$ $\quad \therefore\ Q = 200\pi = \underline{628}$.

감쇠인자 $\beta$ : 식(5.93)에 의하여 $Q = \dfrac{\omega_d}{2\beta}$ : $\omega_d = \sqrt{\omega_0^2 - \beta^2} \Rightarrow Q = \dfrac{\sqrt{\omega_0^2 - \beta^2}}{2\beta}$

$\therefore\ \beta = \dfrac{\omega_0}{\sqrt{1 + 4Q^2}}$ : $\omega_0 = 10\sqrt{2}$ rad/s, $Q = 200\pi$ $\quad \therefore\ \beta = 0.01126\ \mathrm{s}^{-1} = \underline{0.0113\ \mathrm{s}^{-1}}$

**별해**

$$E(t) = E_0\, e^{-2\beta t} \Rightarrow E(t + T_d) = E_0\, e^{-2\beta(t + T_d)} = (E_0 e^{-2\beta t})e^{-2\beta T_d} = E(t)e^{-2\beta T_d}$$

$$\therefore\ \left.\frac{\Delta E}{E}\right|_{\Delta t = T_d} = \frac{E(t + T_d) - E(t)}{E(t)} = e^{-2\beta T_d} - 1 \ \therefore\ \beta = -\frac{1}{2T_d}\ln\left(1 + \left.\frac{\Delta E}{E}\right|_{\Delta t = T_d}\right) :$$

$$\left.\frac{\Delta E}{E}\right|_{\Delta t = T_d} = -\frac{1}{100},\quad T_d = \frac{2\pi}{\omega_d} \approx \frac{2\pi}{\omega_0} = \frac{2\pi\ \mathrm{rad}}{10\sqrt{2}\ \mathrm{rad/s}} = \frac{\sqrt{2}\,\pi}{10}\ \mathrm{s}$$

$$\therefore\ \beta \cong -\frac{10}{2\sqrt{2}\,\pi\,[\mathrm{s}]}\ln\left(\frac{99}{100}\right) = 0.01132\ \mathrm{s}^{-1} = \underline{0.0113\ \mathrm{s}^{-1}}$$

(다) 감쇠진동자의 각진동수 $\omega_d$ :

$$\omega_d = \sqrt{\omega_0^2 - \beta^2} = \sqrt{(10\sqrt{2}\ \mathrm{rad/s})^2 - (0.01126\ \mathrm{s}^{-1})^2} = 14.14\ \mathrm{rad/s} = \underline{14.1\ \mathrm{rad/s}}.$$

**답 |** (가) $\omega_0 = 14.1$ rad/s (나) $Q = 200\pi = 628$, $\beta = 0.0113\ \mathrm{s}^{-1}$ (다) $\omega_d = 14.1$ rad/s

### 5-20 감쇠인자 및 $Q$

주기가 3.00초인 진동자의 진폭이 한 주기 동안에 5.00%씩 감소한다.

(가) 이 진동자의 감쇠인자를 구하라.

(나) 이 진동자의 시간상수 $\tau$는 얼마인가?

(다) 이 진동자의 $Q$ 값은 얼마인가?

**풀이 |** $T_d = 3.00$ s, $\dfrac{[\Delta A]_{T_d}}{A} = \dfrac{A(t + T_d) - A(t)}{A(t)} = -\dfrac{5}{100} = -5.00\%$, $A(t) = A_0 e^{-\beta t}$

(가) 진동자의 감쇠인자 $\beta$는? 식(5.88)에 의하여

$$A(t) = A_0 e^{-\beta t} \Rightarrow A(t + T_d) = A_0 e^{-\beta(t + T_d)} = \left(A_0 e^{-\beta t}\right)e^{-\beta T_d} = A(t)\ e^{-\beta T_d}$$

$$\frac{[\Delta A]_{T_d}}{A} = \frac{A(t + T_d) - A(t)}{A(t)} = e^{-\beta T_d} - 1 \qquad \therefore\ \frac{[\Delta A]_{T_d}}{A} + 1 = e^{-\beta T_d}$$

$$\therefore\ \beta = -\frac{1}{T_d}\ln\left(\frac{[\Delta A]_{T_d}}{A} + 1\right) \ :\ T_d = 3.00\ \mathrm{s},\ \frac{[\Delta A]_{T_d}}{A} = -\frac{5}{100}$$

$$\therefore\ \beta = 0.01710\ \text{s}^{-1} = \underline{0.0171\ \text{s}^{-1}}$$

(나) 진동자의 시간상수 $\tau = \dfrac{1}{2\beta} = \dfrac{1}{2 \times (0.01710\ \text{s}^{-1})} = 29.24\ \text{s} = \underline{29.2\ \text{s}}$

(다) 진동자의 $Q$ 값 $Q = \dfrac{\omega_\text{d}}{2\beta}$ : $\omega_\text{d} = \dfrac{2\pi}{T_\text{d}}$ $\quad\therefore\ Q = \dfrac{1}{2\beta}\dfrac{2\pi}{T_\text{d}} = 2\pi\left(\dfrac{\tau}{T_\text{d}}\right) = 6.28 \times \left(\dfrac{29.24\ \text{s}}{3.00\ \text{s}}\right) = \underline{61.2}$

**답|** (가) $\beta = 0.0171\,\text{s}^{-1}$ (나) $\tau = 29.2\,\text{s}$ (다) $Q = 61.2$

## 5-21 용수철흔들이의 감쇠현상

시간상수가 2.00초인 용수철흔들이가 있다. 이 진동계의 처음($t = 0$)의 진폭 및 에너지가 각각 6.00 cm, 60.0 J이다.

(가) 시각 $t = 2.00\,\text{s}$ 및 $t = 4.00\,\text{s}$에서 진폭을 각각 구하라.

(나) 이 진동계의 처음 2초 및 그 다음 2초 동안에 감소하는 에너지는 각각 얼마인가?

**풀이|** $\tau = 2.00\ \text{s}$, $A_0 = 6.00\ \text{cm}$, $E_0 = 60.0\ \text{J}$.

(가) 진폭은? $A(t) = A_0 e^{-\beta t}$: $\tau = \dfrac{1}{2\beta} \Rightarrow A(t) = A_0 e^{-\frac{t}{2\tau}}$ : $A_0 = 6.00\ \text{cm}$, $\tau = 2.00\ \text{s}$

$$\therefore\ A(2\ \text{s}) = 3.639\ \text{cm} = \underline{3.64\ \text{cm}},\ A(4\ \text{s}) = 2.207\ \text{cm} = \underline{2.21\ \text{cm}}$$

(나) 에너지 감소 $\Delta E$는? $E(t) = E_0\, e^{-2\beta t}$ : $\tau = \dfrac{1}{2\beta} \Rightarrow E(t) = E_0\, e^{-\frac{t}{\tau}} = E_0\, e^{-\frac{t}{2}}$

$$\therefore\ \Delta E(0 \sim 2\ \text{s}) = E(2\ \text{s}) - E(0) = E(0)\left(e^{-1} - 1\right)\ :\ E_0 = 60.0\ \text{J}$$

$$\therefore\ \Delta E(0 \sim 2\ \text{s}) = -37.93\ \text{J} = \underline{-37.9\ \text{J}}$$

$$\Delta E(2 \sim 4\ \text{s}) = E(4\ \text{s}) - E(2\ \text{s}) = E_0\left(e^{-2} - e^{-1}\right)\ :\ E_0 = 60.0\ \text{J}$$

$$\therefore\ \Delta E(2 \sim 4\ \text{s}) = -13.95\ \text{J} = \underline{-14.0\ \text{J}}$$

**답|** (가) $A(2\ \text{s}) = 3.64\,\text{cm}$, $A(4\ \text{s}) = 2.21\ \text{cm}$

(나) $|\Delta E(0 \sim 2\text{s})| = 37.9\,\text{J}$, $|\Delta E(2 \sim 4\text{s})| = 14.0\,\text{J}$

## 5-22 물속에서의 진동체

그림 5.19와 같이 연직 용수철흔들이의 추 아래에 달린 매우 가벼운 원판을 물속에 잠기게 하면, 추가 진동을 할 때 잠수된 원판이 물속에서 받는 저항 때문에 진폭이 점점 작아진다. 추의 질량은 1.50 kg, 용수철의 힘상수는 8.00 N/m이고, 물속에서 받는 저항은 속도에 비례하는데, 그 비례상수는 230 g/s이다. 처음($t = 0$)에 추를 아래로 12.0 cm 아래로 당겼다가 가만히 놓았다.

(가) 진폭이 처음의 1/3이 되는 데 걸린 시간은 얼마인가?

(나) 그 때까지 추는 몇 번 진동했는가?

**풀이|** $m = 1.50\ \text{kg}$, $k = 8.00\ \text{N/m}$, $b = 230\ \text{g/s}$, $A_0 = 12.0\ \text{cm}$.

(가) 진폭의 처음의 1/3이 되는 데 걸린 시간 $t_{1/3}$는? 식(5.88)에 의하여

$$A(t) = A_0 e^{-\beta t} \quad \therefore \ t = \frac{1}{\beta}\ln\left(\frac{A_0}{A(t)}\right) \ : \ \beta = \frac{b}{2m} \quad \therefore \ t = \frac{2m}{b}\ln\left(\frac{A_0}{A}\right) \ :$$

$$A = \frac{A_0}{3} \Rightarrow t_{1/3} = \frac{2m}{b}\ln\left(\frac{A_0}{A_0/3}\right) \ : \ b = 230\,\text{g/s}\,,\ m = 1.50\ \text{kg}$$

$$\therefore \ t_{1/3} = 14.330\ \text{s} = \underline{14.3\ \text{s}}$$

(나) $t_{1/3}$ 동안 추의 진동수 $f_{1/3}$는?

$$f_{1/3} = \frac{t_{1/3}}{T_\text{d}} \ : \ T_\text{d} = \frac{2\pi}{\omega_\text{d}},\ \omega_\text{d} = \sqrt{\omega_0^2 - \beta^2} \Rightarrow f_{1/3} = \frac{\sqrt{\omega_0^2-\beta^2}\,t_{1/3}}{2\pi}$$

$$\therefore \ f_{1/3} = \frac{\sqrt{\omega_0^2-\beta^2}\ t_{1/3}}{2\pi} = \frac{\sqrt{\dfrac{k}{m} - \dfrac{b^2}{4m^2}}\ t_{1/3}}{2\pi} \ : \ m = 1.50\ \text{kg},\ k = 8.00\ \text{N/m}\,,$$

$$b = 230\times 10^{-3}\ \text{kg/s}\,,\ t_{1/3} = 14.330\ \text{s}$$

$$\therefore \ f_{1/3} = 5.27\ \text{Hz}$$

**답 |** (가) $t = 14.3\text{s}$ (나) $f_{1/3} = 5.27\ \text{Hz}$

### 5-23 공기 중에서 흘흔들이의 운동

힘상수가 400 N/m 인 용수철에 달린 질량 3.00 kg의 공 모양의 추가 공기 중에서 진동하고 있다. 그 처음($t=0$) 진폭이 20.0 cm 이었다. 이 추가 공기 중에서 낙하할 때 종단속도가 25.0 m/s 였다. 이때 공기로부터 받는 저항은 속도에 비례한다고 한다.

(가) 이 진동계의 시간상수는 얼마인가?

(나) 이 진동계의 진폭이 언제 10.0 cm가 되는가? 이때 감소된 에너지는 얼마인가?

**풀이 |** $k = 400\ \text{N/m}\,,\ m = 3.00\ \text{kg},\ A_0 = 20.0\ \text{cm}\,,\ v_\text{t} = 25.0\ \text{m/s}$. 추가 공기 중에서 받는 힘은 중력 $mg$ 및 공기의 저항 $f = -bv$인데, $mg = bv_\text{t}$(**예제 2.19** 참조)의 관계가 있다.

(가) 시간상수 $\tau = \dfrac{1}{2\beta}$ : $\beta = \dfrac{b}{2m}$, $mg = bv_\text{t} \Rightarrow \tau = \dfrac{v_\text{t}}{g}$ : $v_\text{t} = 25.0\ \text{m/s}$

$$\therefore \ \tau = 2.548\ \text{s} = \underline{2.55\ \text{s}}$$

(나) 진폭이 10 cm 되는 시각 $t_{10}$ 및 감소 에너지 $\Delta E(t_{10})$는?

$$A(t) = A_0\,e^{-\frac{t}{2\tau}} \Rightarrow \frac{A_0}{A(t)} = e^{\frac{t}{2\tau}} \quad \therefore \ t = 2\tau\ln\left(\frac{A_0}{A(t)}\right) \ : \ A(t_{10}) = 0.100\ \text{m}\,,\ A_0 = 0.200\ \text{m}\,,$$

$$\tau = 2.548\ \text{s}$$

$$\therefore \ t_{10} = 2\times(2.548\ \text{s})\times 0.6931 = 3.532\ \text{s} = \underline{3.53\ \text{s}}\,.$$

그 때 감소된 에너지 $\Delta E(t_{10})$는? $\dfrac{E(t)}{E_0} = \left(\dfrac{A(t)}{A_0}\right)^2 \quad \therefore \ E(t_{10}) = \dfrac{E_0}{4}$

$$\therefore \ \Delta E(t_{10}) = E(t_{10}) - E_0 = -\frac{3}{4}E_0 \ : \ E_0 = \frac{1}{2}kA_0^2$$

$$\Rightarrow \Delta E(t_{10}) = -\frac{3}{8}kA_0^2 \ : \ k = 400 \text{ N/m}, \ A_0 = 0.200 \text{ m}$$

$$\therefore \ \Delta E(t_{10}) = -6.00 \text{ J}$$

**답 |** (가) $\tau = 2.55\,\text{s}$ (나) $t_{10} = 3.53\,\text{s}$, $|\Delta E| = 6.00\,\text{J}$

## 5.3 강제진동

### 5-24 감쇠진동자의 공명현상의 반치폭

한 주기 동안에 2.00%의 에너지를 잃는 감쇠진동자가 있다.

(가) 이 감쇠진동의 $Q$값은 얼마인가?

(나) 공명진동수가 300 Hz이다. 이 강제진동자의 반치폭은 얼마인가?

**풀이 |** $\dfrac{|\Delta E|_{\text{주기}}}{E} = 2.00\% = \dfrac{2}{100}$ $(\Delta E < 0)$

(가) 감쇠진동의 $Q$ 값은? 식(5.91)에 의하여 $Q = 2\pi \dfrac{E}{|\Delta E|_{\text{주기}}} = 100\pi = \underline{314}$.

(나) 반치폭 $\Gamma$는? $\Gamma \simeq 2\beta$ $(\omega_0^2 \gg \beta)$ : $Q = \dfrac{\omega_d}{2\beta} \cong \dfrac{\omega_0}{2\beta} \Rightarrow \Gamma \simeq \dfrac{\omega_0}{Q} = \dfrac{2\pi f_0}{Q}$ : $Q = 100\pi$,

$$f_0 = 300 \text{ Hz} \ (\because \ \omega_{\text{E}} = \omega_0) \qquad \therefore \ \Gamma \simeq \frac{2\pi f_0}{Q} = \underline{6.00 \text{ rad/s}}$$

**답 |** (가) $Q = 314$ (나) $\Gamma = 6.00\,\text{rad/s}$

### 5-25 조화힘을 받는 용수철흔들이

힘상수가 20.0 N/m인 용수철에 질량 2.00 kg의 추가 달려서 마찰 없이 단조화진동을 하고 있다. 이 진동계에 조화힘 $F = (3.00\,\text{N})\sin[(2.00\pi \text{ rad/s})t]$의 외력이 작용하고 있다.

(가) 진동계의 주기 및 자연각진동수를 구하라.

(나) 진폭은 얼마인가?

**풀이 |** $k = 20.0\,\text{N/m}$, $m = 2.00\,\text{kg}$, $\beta = 0$, $F = (3.00\,\text{N})\sin 2.00\pi t$

(가) 진동계의 주기 $T$ 및 자연각진동수 $\omega_0$는? $T = \dfrac{2\pi}{\omega}$ : $\omega = 2.00\pi\,\text{rad/s}$ $\quad \therefore \ T = 1.00\,\text{s}$.

자연각진동수 $\omega_0 = \sqrt{\dfrac{k}{m}}$ : $k = 20.0\,\text{N/m}$, $m = 2.00\,\text{kg}$

$$\therefore \ \omega_0 = \sqrt{10} \text{ rad/s} = \underline{3.16 \text{ rad/s}}.$$

(나) 진폭은? 식(5.126)에 의하여 $A = \dfrac{F_0/m}{\sqrt{(\omega_0^2 - \omega^2)^2 + (2\beta\omega)^2}}$ : $\beta = 0$, $F_0 = 3.00\,\text{N}$,

$$\omega_0 = \sqrt{10} \text{ rad/s}, \ \omega = 2.00\pi \text{ rad/s}, \ m = 2.00 \text{ kg} \qquad \therefore \ A = 0.05095 \text{ m} = \underline{0.0510 \text{ m}}.$$

**답 |** (가) $T = 1.00\,\mathrm{s}$, $\omega_0 = \sqrt{10}\ \mathrm{rad/s} = 3.16\,\mathrm{rad/s}$ (나) $A = 0.0510\,\mathrm{m}$

## 5-26 용수철흔들이의 감쇠진동

질량 2.00 kg의 추와 힘상수 400 N/m의 용수철로 된 용수철흔들이의 감쇠상수가 2.00 kg/s이었다. 이 진동계에 최댓값이 10.0N이고, 각진동수가 10.0 rad/s인 조화힘이 작용하였다.

(가) 이 강제진동자의 자연각진동수 및 진폭을 구하라.

(나) 구동력의 진동수를 변화시킬 때 몇 Hz에서 공명이 일어나는가?

(다) 공명이 일어날 때 진동자의 진폭은 얼마인가?

(라) 공명곡선의 반치폭은 얼마인가?

**풀이 |** $m = 2.00\,\mathrm{kg}$, $k = 400\,\mathrm{N/m}$, $b = 2.00\,\mathrm{kg/s}$, $F_0 = 10.0\,\mathrm{N}$, $\omega = 10.0\,\mathrm{rad/s}$

(가) 자연각진동수는? $\omega_0 = \sqrt{\dfrac{k}{m}}$ : $m = 2.00\,\mathrm{kg}$, $k = 400\,\mathrm{N/m}$

$$\therefore\ \omega_0 = 10\sqrt{2}\ \mathrm{rad/s} = \underline{14.1\ \mathrm{rad/s}},$$

진폭은? 식(5.126)에 의하여

$$A(\omega) = \frac{F_0/m}{\sqrt{(\omega_0^2-\omega^2)^2+(2\beta\omega)^2}}\ :\ F_0 = 10.0\,\mathrm{N},\ m = 2.00\,\mathrm{kg},\ \omega_0 = 10\sqrt{2}\ \mathrm{rad/s},$$

$$\omega = 10.0\ \mathrm{rad/s},\ \beta = \frac{b}{2m} = 0.500\ \mathrm{s}^{-1}\quad \therefore\ A(\omega) = 0.04978\ \mathrm{m} = \underline{0.0498\ \mathrm{m}}.$$

(나) 공명진동수 $f_{\mathrm{R}}$는? 진폭 $A(\omega) = \dfrac{F_0/m}{\sqrt{(\omega_0^2-\omega^2)^2+(2\beta\omega)^2}}$에서

분모 $\sqrt{(\omega_0^2-\omega^2)^2+(2\beta\omega)^2} = \sqrt{\omega^4+2(2\beta^2-\omega_0^2)\omega^2+\omega_0^4}$

$$= \sqrt{\left(\omega^2+(2\beta^2-\omega_0^2)\right)^2+\omega_0^4-(2\beta^2-\omega_0^2)^2}$$

$$\therefore\ \omega^2+(2\beta^2-\omega_0^2) = 0\ \text{또는}\ \omega = \pm\sqrt{\omega_0^2-2\beta^2}$$

일 때 분모가 최소이고, 진폭은 최대이다. 따라서 공명진동수는

$$\omega_{\mathrm{R}} = \sqrt{\omega_0^2-2\beta^2} \cong \omega_0\left(1-\frac{\beta^2}{\omega_0^2}\right) \approx \omega_0\ \text{이다}\left(\because\ \beta = \frac{b}{2m} = 0.500\ \mathrm{s}^{-1} \ll 10\sqrt{2}\ \mathrm{s}^{-1} = \omega_0\right).$$

$$\therefore\ \omega_{\mathrm{R}} \approx \omega_0 = 10\sqrt{2}\ \mathrm{rad/s}\qquad \therefore\ f_{\mathrm{R}} = \frac{10\sqrt{2}\ \mathrm{rad/s}}{2\pi\ \mathrm{rad}} = 2.252\ \mathrm{Hz} = \underline{2.25\ \mathrm{Hz}}.$$

(다) 공명진폭 $A(\omega_{\mathrm{R}})$는? $A(\omega_{\mathrm{R}}) = \dfrac{F_0/m}{\sqrt{\omega_0^4-(2\beta^2-\omega_0^2)^2}} = \dfrac{F_0/m}{2\beta\omega_0\sqrt{1-\dfrac{\beta^2}{\omega_0^2}}}$ @$\omega_{\mathrm{R}} = \sqrt{\omega_0^2-2\beta^2}$

$$\Rightarrow A(\omega_R) = \frac{F_0/m}{2\beta\omega_0\sqrt{1-\frac{\beta^2}{\omega_0^2}}} \cong \frac{F_0/m}{2\beta\omega_0}\left(1+\frac{\beta^2}{2\omega_0^2}\right) \approx \frac{F_0/m}{2\beta\omega_0}$$

$$\left(A(\omega_R) \cong A(\omega_0) = \frac{F_0/m}{2\beta\omega_0} \quad @\omega_R \approx \omega_0\right) : F_0 = 10.0\,\mathrm{N},\ m = 2.00\,\mathrm{kg},\ \omega_0 = 14.14\,\mathrm{rad/s},$$

$$\beta = 0.500\,\mathrm{s}^{-1} \quad \therefore A(\omega_R) \cong A(\omega_0) = 0.3536\,\mathrm{m} = \underline{0.354\,\mathrm{m}}.$$

(라) 반치폭은? $\Gamma \cong 2\beta = 1.00\,\mathrm{rad/s}$ ( $\because\ \beta = \frac{b}{2m} = 0.500\,\mathrm{s}^{-1}$ )

**답 |** (가) $\omega_0 = 14.1\,\mathrm{rad/s}$, $A(\omega) = 0.0498\,\mathrm{m}$ (나) $f_R = 2.25\,\mathrm{Hz}$

(다) $A(\omega_R) = 0.354\,\mathrm{m}$ (라) $\Gamma = 1.00\,\mathrm{rad/s}$

### 5-27 감쇠진동자의 에너지 감소율

한 주기 동안에 3.50%의 에너지를 잃는 감쇠진동자가 있다.

(가) 이 진동계의 $Q$는 얼마인가?

(나) 몇 주기 만에 에너지가 처음의 반이 될까?

(다) 이 진동계의 자연진동수가 100 Hz이면, 강제진동자의 반치폭은 얼마인가?

**풀이 |** $\frac{|\Delta E|_{\text{주기}}}{E} = 3.50\% = \frac{3.5}{100}$ $(\Delta E < 0)$

(가) 진동계의 $Q$는? $Q = 2\pi\frac{E}{|\Delta E|_{\text{주기}}} = \frac{200\pi}{3.5} = 179.4 = \underline{179}$.

(나) 에너지가 처음의 반이 되는 시각 $t_{1/2} = n_{1/2}T_d$는?

$$E(t) = E_0\,e^{-\frac{t}{\tau}},\ E(t+T_d) = E_0\,e^{-\frac{(t+T_d)}{\tau}} = E(t)\,e^{-\frac{T_d}{\tau}} \Rightarrow E(t+nT_d) = E(t)\,e^{-\frac{nT_d}{\tau}}$$

$$\therefore\ n = \frac{\tau}{T_d}\ln\left(\frac{E(t)}{E(t+nT_d)}\right),\ \frac{\tau}{T_d} = \frac{E}{|\Delta E|_{\text{주기}}} = \frac{Q}{2\pi} \ (\text{식(5.92) 참조})$$

$$\therefore\ n = \frac{Q}{2\pi}\ln\left(\frac{E(t)}{E(t+nT_d)}\right) \Rightarrow n_{1/2} = \frac{Q}{2\pi}\ln\left(\frac{E(t)}{E(t+n_{1/2}T_d)}\right) : E(t+n_{1/2}T_d) = \frac{E(t)}{2},$$

$$Q = \frac{200\pi}{3.5}$$

$$\therefore\ n_{1/2} = \frac{Q}{2\pi}\ln 2 = \underline{19.8}.$$

(다) $f_0 = 100\,\mathrm{Hz}$일 때 반치폭 $\Gamma$은? 식(5.132)에 의하여

$$Q = \frac{\omega_0}{2\beta} = \frac{\omega_0}{\Gamma}\ (\omega_0 \gg \beta) \Rightarrow \Gamma = \frac{\omega_0}{Q} : \omega_0 = 2\pi f_0 = 200\pi\,\mathrm{rad/s},\ Q = \frac{200\pi}{3.5}$$

$$\therefore\ \Gamma = 3.50\,\mathrm{rad/s}.$$

**답 |** (가) $Q = 179$ (나) $n_{1/2} = 19.8$주기 (다) $\Gamma = 3.50\,\mathrm{rad/s}$

## 5.4 비조화진동

### 5-28 홑흔들이 시계

홑흔들이로 된 두 시계 A, B가 있다. 두 시계의 홑흔들이의 길이는 다 같지만, 진폭이 서로 다르다. 시계 A는 진폭이 $10^\circ$이고, 시계 B는 진폭이 $5.0^\circ$이다. 두 시계를 비교할 때, 아래 사항 중에서 어느 것이 옳을까?

(가) 시계 A가 시계 B보다 더 느리게 간다. (나) 시계 A가 시계 B보다 더 빠르게 간다.
(다) 두 시계가 똑같이 간다. (라) 주어진 정보로는 알 수 없다.

**풀이 |** 홑흔들이 시계의 주기는 $T=2\pi\sqrt{\frac{L}{g}}\left(1+\frac{\theta_0^2}{16}+0(\theta_0^4)\right)$로 주어진다(**예제 5.14** 참조). 여기서 각진폭이 $\theta_0(A)>\theta_0(B)$이면 $T_A > T_B$이다. 따라서 시계 A가 더 느리다.

**답 |** (가)

### 5-29 홑흔들이 시계의 각진폭 조정

홑흔들이 시계의 홑흔들이의 진폭이 $8.40^\circ$일 때, 시계가 하루에 48.0초 씩 느리게 갔다. 홑흔들이 시계의 시간이 정확하게 가자면 진폭은 얼마이어야 하는가?

**풀이 |** 시계추의 정확한 주기를 $T_0=2\pi\sqrt{\frac{L}{g}}\left(1+\frac{\theta_0^2}{16}+0(\theta_0^4)\right)$(**예제 5.14** 참조), 느린 시계추의 주기를 $T'=2\pi\sqrt{\frac{L}{g}}\left(1+\frac{\theta_0'^2}{16}+0(\theta_0^4)\right)=T_0+\Delta T$라 하면

$$\frac{T_0}{T_0+\Delta T}=\frac{1+\frac{\theta_0^2}{16}}{1+\frac{\theta_0'^2}{16}}=\frac{16+\theta_0^2}{16+\theta_0'^2} \qquad \therefore\ \theta_0=\sqrt{\frac{T_0(16+\theta_0'^2)}{T_0+\Delta T}-16}\ \ :\ T_0=1\text{일}=86400\ \mathrm{s},$$

$$\Delta T=48.0\ \mathrm{s},\ \theta_0'=8.40^\circ=\frac{8.40^\circ}{180^\circ}\times 3.14\ \mathrm{rad}=0.1465\ \mathrm{rad}$$

$$\therefore\ \theta_0=0.1121\ \mathrm{rad}=\frac{0.1121\ \mathrm{rad}}{3.14\ \mathrm{rad}}\times 180^\circ=6.426^\circ=\underline{6.43^\circ}$$

**답 |** $\theta_0=0.1121\,\mathrm{rad}=6.43^\circ$

### 5-30 홑흔들이 시계의 진폭

홑흔들이 시계의 흔들이 진폭을 매우 작게 하니 매일 5.00분씩 빨라졌다. 정확한 시간을 유지하려면 진폭을 얼마로 해야 하는가?

**풀이 |** 시계추의 주기는 $T=2\pi\sqrt{\frac{L}{g}}\left(1+\frac{\theta_0^2}{16}+0(\theta_0^4)\right)$로 주어진다(**예제 5.14** 참조). $\theta_0\approx 0$일 때 시계추의 주기는 $T'=T_0-\Delta T\cong 2\pi\sqrt{\frac{L}{g}}$, 시계추의 정확한 주기는 $T_0=2\pi\sqrt{\frac{L}{g}}\left(1+\frac{\theta_0^2}{16}\right)$이다.

$$\therefore\ \frac{T_0}{T'}=1+\frac{\theta_0^2}{16}$$

$$\therefore\ \theta_0=\sqrt{\frac{16(T_0-T')}{T'}}=\sqrt{\frac{16\Delta T}{T_0-\Delta T}}\ :\ T_0=1\text{일}=1440\,\mathrm{min},\ \Delta T=5.00\,\mathrm{min}$$

$$\therefore\ \theta_0=0.2361\,\mathrm{rad}=\underline{13.5^\circ}$$

**답|** $\theta_0=0.2361\,\mathrm{rad}=13.5^\circ$

## 5.5 결합진동

**5-31 용수철로 연결된 두 질점의 진동**

질량이 각각 $m_1$, $m_2$인 두 질점이 힘상수 $k$의 용수철로 연결되어 매끄러운 수평면 위에서 자유로이 진동할 수 있는 진동계가 있다.

(가) 두 질점의 상대운동방정식을 세워라.

(나) 이 진동계의 각진동수를 구하라.

**풀이|** (가) 두 질점의 상대운동방정식은? 각 질점의 변위를 $x_1$, $x_2$라 하면, 상대변위는 $x_1-x_2=x$라 할 수 있다.

각 질점이 받는 힘 : $F_1=-k(x_1-x_2)$, $F_2=-k(x_2-x_1)$.

따라서 각 질점의 운동방정식 : $m_1\dfrac{d^2x_1}{dt^2}=-k(x_1-x_2)$, $m_2\dfrac{d^2x_2}{dt^2}=-k(x_2-x_1)$.

첫째 및 둘째 식에 각각 $m_2$ 및 $m_1$을 곱하여 서로 빼기하면

$$m_1m_2\frac{d^2(x_1-x_2)}{dt^2}=-m_2k(x_1-x_2)+m_1k(x_2-x_1)=-(m_1+m_2)k(x_1-x_2)$$

가 된다. $x_1-x_2=x$임을 고려하면

$$\frac{m_1m_2}{m_1+m_2}\frac{d^2x}{dt^2}=-kx\ \text{ 또는 }\ \mu\frac{d^2x}{dt^2}=-kx\ :\ \mu\equiv\frac{m_1m_2}{m_1+m_2}$$

를 얻는다. 이것은 변위가 $x_1-x_2=x$(상대 변위)이고, 질량이 $\mu$(환산질량)인 질점의 운동방정식, 곧 상대운동방정식이다.

(나) 이 진동계의 각진동수는?

$$\frac{d^2x}{dt^2}=-\frac{k}{\mu}x\qquad\therefore\ \omega=\sqrt{\frac{k}{\mu}}=\sqrt{\left(\frac{1}{m_1}+\frac{1}{m_2}\right)k}.$$

**답|** (가) $\mu\dfrac{d^2x}{dt^2}=-kx\ :\ \mu=\dfrac{m_1m_2}{m_1+m_2}$ (나) $\omega=\sqrt{\dfrac{k}{\mu}}=\sqrt{\left(\dfrac{1}{m_1}+\dfrac{1}{m_2}\right)k}$

**5-32 직렬, 병렬로 연결된 용수철 진동계**

힘상수가 $k_1$, $k_2$인 두 용수철을 (가) 직렬 및 (나) 병렬로 연결하여 그 끝에 추를 달아 놓았다. 이 각 진동계의 각진동수를 구하라.

**풀이 |** 각 용수철에 달린 추의 변위를 각각 $x_1$, $x_2$라 하면, 각 용수철에 작용하는 힘들은 $F_1=-k_1x_1$, $F_2=-k_2x_2$로 주어진다.

(가) 직렬연결 : 합변위 $x=x_1+x_2$, 힘 $F_1=F_2=F$

$$\therefore\ \ F=-k_1x_1,\ F=-k_2x_2 \Rightarrow x_1+x_2=-\left(\frac{1}{k_1}+\frac{1}{k_2}\right)F \text{ 또는 } F=-\frac{k_1k_2}{k_1+k_2}x$$

$$\therefore\ k_{\text{직}}=\frac{k_1k_2}{k_1+k_2}\ \left(\text{또는 } \frac{1}{k_{\text{직}}}=\frac{1}{k_1}+\frac{1}{k_2}\right)\quad \therefore\ \omega_{\text{직}}=\sqrt{\frac{k_{\text{직}}}{m}}=\sqrt{\frac{1}{m}\left(\frac{k_1k_2}{k_1+k_2}\right)}.$$

(나) 병렬연결 : 합력 $F=F_1+F_2$, 변위 $x_1=x_2=x$

$$\therefore\ F_1=-k_1x,\ F_2=-k_2x \Rightarrow F_1+F_2=-(k_1+k_2)x \text{ 또는 } F=-(k_1+k_2)x$$

$$\therefore\ k_{\text{병}}=k_1+k_2 \quad \therefore\ \omega_{\text{병}}=\sqrt{\frac{k_{\text{병}}}{m}}=\sqrt{\frac{k_1+k_2}{m}}.$$

**답 |** (가) $\omega_{\text{직}}=\sqrt{\frac{1}{m}\left(\frac{k_1k_2}{k_1+k_2}\right)}$ (나) $\omega_{\text{병}}=\sqrt{\frac{k_1+k_2}{m}}$

# 6장 중력과 중심력마당

## 중요 사항 정리

## 6.1 케플러의 행성 운동법칙과 뉴턴의 만유인력법칙

항성(또는 붙박이별) 위치가 거의 변하지 않는 별

행성(또는 떠돌이별) 태양 주위를 돌면서 그들의 상대적 위치가 변하는 별들

### 6.1.1 케플러의 행성 운동법칙

**천동설과 지동설** : 행성의 운동궤도를 기술하는 곡선에 대한 플라톤의 문제 제기

천동설(또는 지구중심설) 프톨레마이오스 주장

지동설(또는 태양중심설) 코페르니쿠스 주장

**티코 브라헤의 관측과 케플러의 운동법칙**

티코 브라헤 개량된 지구중심설, 관측의 명수

케플러 수학에 탁월한 티코 브라헤의 제자

케플러의 운동법칙

Ⅰ. 타원궤도의 법칙(1609년)

Ⅱ. 면적속도 일정의 법칙(1609년) : $\frac{dA}{dr}=\frac{1}{2}rv\sin\theta=\frac{1}{2}r_{\perp}v=\frac{1}{2}rv_{\perp}=(\text{일정})$

Ⅲ. 주기의 법칙(1619년) : $\frac{a^3}{T^2}=k(\text{상수})$ (6.1)

타원궤도

**근일점** : 해에 가장 가까운 점

**원일점** : 해로부터 가장 먼 점

**타원의 축** : **긴 축**(장축 또는 주축, $a$), **짧은 축**(단축 또는 부축, $b$)

**(긴 반지름)=(평균궤도반지름)**

1[AU](천문단위)=(지구의 평균공전궤도 반지름 ; 긴 반지름)

$$1\text{AU} = 1.495\,978\,707 \times 10^{11}\,\text{m}$$

### 6.1.2 뉴턴의 만유인력법칙

**만유인력**

힘의 역제곱법칙 $F = 4\pi^2 k \dfrac{m}{r^2}$ (6.2)

뉴턴의 만유인력법칙(또는 중력의 법칙)

$$\vec{F} = -G\frac{Mm}{r^2}\hat{r} \quad (\vec{r} : M\text{에 대한 } m\text{의 상대위치벡터}) \tag{6.5}$$

**만유인력상수** : $G = 6.6742 \times 10^{-11}\,\text{N}\cdot\text{m}^2/\text{kg}^2$

만유인력은 **중심력**이다.

$$(\text{중심력}) \rightleftarrows \left\{\begin{array}{l}\text{방향 : 작용선이 두 물체를 잇는 직선과 일치}\\ \text{크기 : 두 물체 사이의 거리만의 함수}\end{array}\right\}$$

### 6.1.3 지구상의 중력

중력 지구상에 있는 모든 물체가 지구로부터 받는 힘

$$\vec{w} = m\vec{g}\,[\text{N}] \tag{6.14}$$

**지구 표면에서 만유인력의 세기** $F = G\dfrac{Mm}{R^2}\,[\text{N}]$ (6.15)

지구의 반지름 $R = 6.378\,140 \times 10^6\,\text{m}$

**지구 자전의 영향**

**연직선** : 실제 중력의 작용선

**지구의 자전각속도** $\omega = \dfrac{2\pi}{T} = 7.2722 \times 10^{-5}\ \mathrm{rad/s}$

**원심력** $\mathcal{F} = m\omega^2 R\cos\lambda$ (6.17)

**중력** $w = |\vec{F} + \vec{\mathcal{F}}| = \sqrt{F^2 + \mathcal{F}^2 - 2F\mathcal{F}\cos\lambda}$ ($\lambda$ : 위도) (6.19)

**원심력이 없을 때의 지구표면에서 중력가속도**

$$g_0 = \frac{F}{m} = G\frac{M}{R^2}\ ;\ g_0 = 9.806\,85\ \mathrm{m/s^2} \cong 9.81\ \mathrm{m/s^2}(\text{표준})$$

중력가속도 : $g(r) = G\dfrac{M}{r^2}$ ($r = R + h$, $h$ : 지상 연직 높이) (6.21)

**위도와 중력가속도**

$$g = \frac{w}{m} = \frac{|\vec{F} + \vec{\mathcal{F}}|}{m} \cong g_0\left(1 - \frac{\omega^2 R}{g_0}\cos^2\lambda\right) + 0(\omega^3) \quad (6.22)$$

벗어나는 각 $\beta$ : $\beta \approx \dfrac{\omega^2 R\sin 2\lambda}{2g_0} + 0(\omega^3)[\mathrm{rad}]$ (그림 6.13 참조) (6.23)

**만유인력의 법칙과 행성의 운동**

**만유인력의 법칙 ⇒ 케플러의 운동법칙**

### 6.1.4 인공위성

인공위성 지구 주위를 회전하는 물체

인공천체 지구의 중력권을 벗어나 우주공간으로 날아가버리는 물체

정지위성 지구상에 있는 관측자가 볼 때 정지해 있는 것처럼 보이는 위성

**인공위성의 운동방정식** : $m\dfrac{v^2}{R+h} = G\dfrac{Mm}{(R+h)^2}$ ($R$ : 지구의 반지름) (6.24)

**인공위성 속도** : $v = \sqrt{\dfrac{GM}{R+h}} = \sqrt{\dfrac{gR^2}{R+h}}$ (6.25)

통신위성 지구상의 두 지점 사이의 통신을 가능케 하는 정지위성

## 6.2 중력위치에너지와 행성의 운동

### 6.2.1 중력위치에너지

**● 만유인력은 중심력이고, 따라서 보존력이다.**

위치에너지 $U(r) = -\int_{\vec{r}_0 = 기준점}^{\vec{r}} \vec{F} \cdot d\vec{r}$ (6.27)

만유인력의 위치에너지 $U(r) = -G\frac{Mm}{r}$ (기준점 $r_0 = \infty$) (6.29)

역학적 에너지 $E = \frac{1}{2}mv^2 - G\frac{Mm}{r}$ (6.30)

지구 표면에서 탈출속도(제2우주속도) $v_{e/E} = \sqrt{2gR} \cong 11.2 \times 10^3 \text{ m/s}$

중력과 중력위치에너지 $dU = -\vec{F} \cdot d\vec{r} = -F_s\, ds$; $F_s = -\frac{dU}{ds}$ (6.31); (6.32)

### 6.2.2 역학적 에너지와 행성의 운동 모양

행성의 속도 $\vec{v} = \hat{r}\, v_r + \hat{\phi} v_\phi$

지름 성분 $v_r = \frac{dr}{dt}$, 가로 성분 $v_\perp = v_\phi = r\frac{d\phi}{dt}$

에너지 $E = \frac{1}{2}mv^2 - G\frac{Mm}{r} = \frac{1}{2}m\left(v_r^2 + v_\phi^2\right) - \frac{k}{r}$

$$= \frac{1}{2}mv_r^2 + \frac{\ell^2}{2mr^2} - \frac{k}{r} \qquad (k \equiv GMm)$$

각운동량 $L = rmv_\perp \equiv \ell \quad \therefore v_\perp \equiv v_\phi = \frac{\ell}{mr}$

유효위치에너지(그림 6.17 참조)

$$V(r) \equiv \frac{\ell^2}{2mr^2} - \frac{k}{r} \Rightarrow \frac{1}{2}mv_r^2 + V(r) = E(\text{일정}) \qquad (6.34)\ (6.33)$$

**역학적 에너지와 행성의 운동모양**(그림 6.17, 그림 6.18 참조)

(a) $E = E_0 \equiv V_{\min} < 0$ : 행성은 반지름 $r = r_0$의 **원운동**을 한다.

$$V_{\min} = -\frac{mk^2}{2\ell^2} \quad @r = \frac{\ell^2}{mk} \equiv r_0$$

(b) $E = E_1 (V_{\min} < E_1 < 0)$ : 행성은 해 주위로 짧은 반지름 $r = r_1$, 긴 반지름 $r = r_1'$의 **타원궤도운동**을 한다. **되돌이점**$\{r_1,\ r_1'\}$

(c) $E = E_2 = 0$ : 행성은 해의 인력권으로부터 벗어나서, 무한원점에서 정지한다(**포물선궤도**). **되돌이점**$\{r_2,\ \infty\}$

(d) $E = E_3 > 0$ : 행성은 해의 인력권으로부터 벗어나서, 무한원점에서 정지하지 않고, 일정한 속도로 운동한다(**쌍곡선궤도**). **되돌이점**$\{r_3,\ \infty\}$

표 6.2-1 행성의 역학적 에너지 및 속도에 의한 행성궤도의 분류

| 에너지 $E$ | 속도비 $\gamma = v/v_0$ | 궤도 | 비고 |
|---|---|---|---|
| $E = V_{\min} < 0$ | $\gamma = 1$ | 원 | $E < 0$ : 닫힌 궤도 |
| $V_{\min} < E < 0$ | $1 < \gamma < \sqrt{2}$ | 타원 | |
| $E = 0$ | $\gamma = \sqrt{2}$ | 포물선 | $E \geq 0$ : 열린 궤도 |
| $E > 0$ | $\gamma > \sqrt{2}$ | 쌍곡선 | |

## 6.3 중력마당

중력마당 지구 주위에 지구의 중력이 미칠 수 있는 공간으로, "힘 나르게(force carrier)"의 역할을 한다.

### 6.3.1 중력마당벡터와 중력퍼텐셜

중력마당벡터 $\vec{g} = \frac{\vec{w}}{m}$ [N/kg] 또는 $\vec{g} = \frac{\vec{F}}{m}$ [N/kg] (6.38)

($\vec{F}$ : 힘샘(힘의 근원 물체)으로부터 받는 힘)

**중력마당의 힘샘으로부터 $\vec{r}$의 위치에서 중력마당** $\vec{g}(r) = -G\dfrac{M}{r^2}\hat{r}$ (6.39)

**중력선(중력마당의 힘선)**

$\vec{F} = m\vec{g}$의 중력을 받아서 질점이 이동하는 경로를 나타내는 곡선

i〉 중력마당의 한 점에서 중력선의 밀도는 중력마당의 세기에 비례한다.

ii〉 중력선의 접선 방향은 중력마당의 방향이다.

위와 같이 약속하면 중력선으로 중력마당을 시각적으로 기술할 수 있다.

**중력퍼텐셜** $\Phi$

$$\Phi = \frac{U}{m} \tag{6.43}$$

$$d\Phi = -\vec{g}\cdot d\vec{r} \ \Rightarrow g_s = -\frac{d\Phi(s)}{ds},\ \Phi(\vec{r}) = -\int_{\vec{r}_0 = \text{기준점}}^{\vec{r}} \vec{g}\cdot d\vec{r} \quad (6.42), (6.45), (6.46)$$

**힘샘으로부터 거리가** $r$**인 점의 중력퍼텐셜** $\Phi(r) = -G\dfrac{M}{r}$ (기준점 $r_0 = \infty$) (6.47)

**중력마당이 단위질량에 한 일은 중력퍼텐셜의 감소와 같다.** $\dfrac{W}{m} = -\Delta\Phi$ (6.48)

**등퍼텐셜면**

중력퍼텐셜 $\Phi$가 일정한 곡면, 곧 중력퍼텐셜이 같은 점들로 된 곡면

**등퍼텐셜면** $\Phi(x, y, z) = (\text{일정}) \quad \therefore\ d\Phi = \vec{g}\cdot d\vec{r} = 0$ (6.49)

곧, 중력마당벡터 $\vec{g}$는 등퍼텐셜면에 수직이다.

## 6.3.2 부피가 있는 물체에 의한 중력마당

**부피가 있는 물체의 중력마당**

$$\vec{g} = -\int_V G\frac{dM}{r^2}\hat{r} \ \text{또는}\ d\vec{g} = -G\frac{dM}{r^2}\hat{r} \quad (6.53)\ \text{또는}\ (6.54)$$

무한소 질량소 $dM$

삼차원 공간 $dM = \rho\, dV$, 이차원 공간 $dM = \rho\, dS$, 일차원 공간 $dM = \lambda\, ds$
($\rho$ 부피밀도, $\sigma$ 면밀도, $\lambda$ 선밀도; $dV$ 체적소, $dS$ 면적소, $ds$ 선소)

균질인 가락지 중심축상 거리 $z$인 점 P에서(그림 6.25 참조)

**중력마당**

$$\vec{g}(z) = \hat{k}\, g_{\parallel} = -\hat{k}\,\frac{GMz}{s^3} = -\hat{k}\,\frac{GMz}{\left(\sqrt{R^2+z^2}\right)^3} \quad (R : \text{반지름},\ M : \text{질량}) \tag{6.61}$$

**중력퍼텐셜** $\Phi(z) = -G\dfrac{M}{s} = -\dfrac{GM}{\sqrt{R^2+z^2}}$

균질인 원판 중심축상 거리$z$인 점 P에서(그림 6.25 참조)

**중력마당** $\vec{g}(z) = \hat{k} g_{\parallel} = -\hat{k}\displaystyle\int_0^M \frac{Gz\,dM}{s^3} = -\hat{k}Gz\int_0^a \frac{\sigma 2\pi R dR}{\left(\sqrt{R^2+z^2}\right)^3}$

$$= -\hat{k}\,G\frac{2M}{a^2}\left[\frac{z}{|z|} - \frac{z}{\sqrt{z^2+a^2}}\right] \tag{6.62}$$

**중력퍼텐셜** $\Phi(z) = -G\displaystyle\int_0^M \frac{dM}{s} = -G\int_0^a \frac{\sigma 2\pi R dR}{\sqrt{R^2+z^2}} = -G\frac{2M}{a}\left(\sqrt{1+\left(\frac{z}{a}\right)^2} - \left|\frac{z}{a}\right|\right)$

### 6.3.3 대칭성이 있는 물체에 의한 중력마당

**균질의 공껍질(속 빈 공)**

구면대칭(점대칭) 중심에서 어느 방향으로 보아도 구별이 되지 않고 일정하다.

**● 균질인 공껍질의 중력선의 모양**

i〉 공의 중심에 모이는 것처럼 바깥에서 껍질 쪽으로 간다.

ii〉 공 껍질의 표면에서 중력선의 밀도는 어느 점에서나 같다.

iii〉 공 껍질의 안쪽에는 중력선이 없다.

$$\therefore\ \vec{g}(r) = \begin{cases} -G\dfrac{M}{r^2}\hat{r} & (r > R) \quad (6.63) \\ 0 & (r < R) \quad (6.64) \end{cases}$$

**균질의 속 찬 공**

$$\vec{g}(r) = \begin{cases} -G\dfrac{M}{r^2}\hat{r} & (r > R) \\ -\dfrac{GM}{R^3}\vec{r} & (r < R) \end{cases} \tag{6.69}$$

**중력마당의 가우스법칙** 임의의 폐곡면을 관통하여 들어가는 중력선의 총 수(**중력선다발** $\Phi_M$)는 폐곡면 안에 있는 총 질량 $M$의 $4\pi G$배이다.

$$\Phi_M = \sum_{\text{폐곡면}} \vec{g} \cdot \Delta\vec{S} = -4\pi GM \ [\text{N} \cdot \text{m}^2/\text{kg}] \tag{6.74}$$

또는

$$\Phi_M = \oint_{S\,;\,\text{폐곡면}} \vec{g} \cdot d\vec{S} = -4\pi GM \tag{6.75}$$

여기서 폐곡면 $S$를 **가우스면**이라 한다.

**● 무한히 가늘고 긴 곧은 막대에서 수직거리 $r$인 점**

$$\vec{g} = \hat{r}g_r = -G\frac{2\lambda}{r}\hat{r} \quad (\vec{r}\ :\ \text{지름벡터})$$

### 6.3.4 적분법에 의한 중력마당의 계산

**균질의 공껍질**(그림 6.37 참조)

질량소(반지름 $R\sin\theta$, 폭 $Rd\theta$의 띠 모양의 질량) $dM$에 의한 중력마당

$$dg_r = -G\frac{dM}{s^2}\cos\alpha\ :\ dM = \sigma\, dS,\ dS = (2\pi R\sin\theta)(Rd\theta) = 2\pi R^2\sin\theta\, d\theta$$

변수 $\{s,\ \theta\}$의 관계 $s^2 = r^2 + R^2 - 2rR\cos\theta$,

변수 $\{s,\ \alpha\}$의 관계 $R^2 = r^2 + s^2 - 2rs\cos\alpha$

$$\therefore\ dg_r = -G\frac{\sigma\pi R}{r^2}\left(1 + \frac{r^2 - R^2}{s^2}\right)ds$$

$$\therefore\ g_r = -G\frac{\sigma\pi R}{r^2}\int_{s_A}^{s_B}\left(1 + \frac{r^2 - R^2}{s^2}\right)ds \tag{6.78}$$

적분한계

점 P가 공 껍질의 바깥에 있는 경우($r > R$) $s_A = r - R$, $s_B = r + R$

점 P가 공 껍질 안쪽에 있으면($r < R$) $s_A = R - r$, $s_B = R + r$ (6.79)

적분결과〉〉

$$\vec{g}(r) = g_r\,\hat{r} = -G\frac{M}{r^2}\hat{r} \quad (r > R) \tag{6.80}$$

$$\vec{g}(r) = 0 \quad (r < R)$$

**균질의 속 빈 공**(그림 6.39 참조)

### (A) 중력마당

질량소(반지름이 $R(b \le R \le a)$, 두께가 $dR$인 공껍질의 질량) $dM$에 의한 중력마당

$$dg_r = -G\frac{dM}{r^2} \ :\ dM = \rho\,(4\pi R^2\,dR) \qquad \therefore\ dg_r = -G\frac{\rho\,(4\pi R^2\,dR)}{r^2} \tag{6.83}$$

적분한계

공의 바깥에 있는 경우($r \ge a$) : $b \le R \le a$

공의 내부에 있는 경우($b < r < a$) : $b < R < r$

적분결과〉〉

$$g_r = -G\frac{M}{r^2} \qquad (r \ge a)$$

$$g_r = -\frac{GM}{a^3 - b^3}\frac{r^3 - b^3}{r^2} \quad (b < r < a)$$

$$g_r = 0 \qquad (r \le b)$$

### (B) 중력퍼텐셜

질량소(반지름이 $R\sin\theta$, 폭(너비)이 $R\,d\theta$, 두께가 $dR$인 띠 모양 가락지의 질량) $dM$에 의한 중력퍼텐셜

$$d\Phi = -G\frac{dM}{s} \;:\; dM = \rho\, dV,\;\; dV = (2\pi R\sin\theta)(Rd\theta)(dR) = 2\pi R^2 dR\sin\theta\, d\theta$$

$$\therefore\; d\Phi = -G\frac{\rho\, 2\pi R^2 dR\sin\theta\, d\theta}{s} \tag{6.85}$$

변수 $\{s,\ \theta\}$의 관계 $s^2 = r^2 + R^2 - 2rR\cos\theta$

$$\therefore\; d\Phi = -\frac{G2\pi\rho}{r}(RdR)(ds) \qquad \therefore\; \Phi = -\frac{G2\pi\rho}{r}\int_{R_{min}}^{R_{max}} R\,dR\int_{s_A}^{s_B} ds \tag{6.86}$$

적분한계

① 점 P가 공 바깥에 있는 경우($r \geq a$) :

$$s_A = r - R,\;\; s_B = r + R;\;\; R_{min} = b,\;\; R_{max} = a \tag{6.87}$$

② 점 P가 공의 빈 공간에 있는 경우($r \leq b$) :

$$s_A = R - r,\;\; s_B = R + r;\;\; R_{min} = b,\;\; R_{max} = a \tag{6.88}$$

③ 점 P가 공 내부에 있는 이 경우($b < r < a$) :

(가) $r < R < a$인 공 껍질의 부분

$$s_A = R - r,\;\; s_B = R + r;\;\; R_{min} = r,\;\; R_{max} = a \tag{6.90}$$

(나) $b < R < r$인 공 껍질의 부분

$$s_A = r - R,\;\; s_B = r + R;\;\; R_{min} = b,\;\; R_{max} = r \tag{6.91}$$

적분결과〉〉

① $r \geq a$의 경우 : $\Phi = -G\frac{M}{r}$ (6.93)

② $r \leq b$의 경우 : $\Phi = -\frac{3}{2}GM\frac{a^2 - b^2}{a^3 - b^3} = (일정)$ (6.94)

③ $b < r < a$의 경우 : $\Phi = -\frac{GM}{a^3 - b^3}\left(\frac{3a^2}{2} - \frac{b^3}{r} - \frac{r^2}{2}\right)$ (6.95)

## 6.4 관성질량과 중력질량

관성질량 운동방정식 $m\vec{a}=\vec{F}$에 의하여 결정되는 질량

$$\frac{m_{\mathrm{B}}}{m_{\mathrm{A}}}=\frac{a_{\mathrm{A}}}{a_{\mathrm{B}}} \qquad \therefore\ m_{\mathrm{B}}=\left(\frac{a_{\mathrm{A}}}{a_{\mathrm{B}}}\right)\times m_{\mathrm{A}}=\frac{a_{\mathrm{A}}}{a_{\mathrm{B}}}\ [\mathrm{kg}]\ \ (m_{\mathrm{A}}=1\ \mathrm{kg})$$

중력질량 중력의 법칙에 의하여 결정되는 질량

$$G\frac{Mm_{\mathrm{G}}}{R^2}=F \qquad \therefore\ m_{\mathrm{G}}=\frac{F}{(GM/R^2)}$$

중력질량과 관성질량 $\dfrac{m_{\mathrm{A}}}{m_{\mathrm{A;G}}}=\dfrac{m_{\mathrm{B}}}{m_{\mathrm{B;G}}}=K(\text{일정})\ \ (K\equiv 1)$

검정실험 뉴턴의 홀흔들이, 웨트뵈슈의 실험, 디케의 실험.

### 등가원리

이 원리에 의하면 **물리법칙은 균일한 중력마당에서나 균일하게 가속된 기준틀에서나 모두 똑같게 기술되어야 한다.** 곧, 관측자는 균일한 중력마당 $\vec{g}$ 속에 있는지, 가속도 $-\vec{g}$로 균일하게 가속된 기준틀 속에 있는지를 구별할 수 없다.

# 연습문제

## 6.1 케플러의 행성 운동법칙과 뉴턴의 만유인력법칙

### 6-1 목성의 주기

목성은 해로부터 5.20 AU 거리에 있다. 목성의 주기는 얼마인가?

**풀이|** 케플러의 제3법칙(주기의 법칙)

$$\frac{r_E^3}{T_E^2}=\frac{r_J^3}{T_J^2} \Rightarrow T_J=\sqrt{\frac{r_J^3}{r_E^3}}\,T_E \ :\ T_E=1.00\text{ y},\ r_J=5.20\text{ AU},\ r_E=1.00\text{ AU}$$

$$\therefore\ T_J=\sqrt{\frac{r_J^3}{r_E^3}}\,T_E=11.9\text{ y}$$

**답|** $T_J=11.9\text{ y}$

### 6-2 헬리 살별의 운동

공전 주기가 75.6 y인 헬리 살별은 해로부터 0.570 AU의 거리까지 접근한다. 이 살별은 해로부터 얼마나 멀리 떨어진 점까지 갔다가 다시 되돌아오는가?

**풀이|** $T_H=75.6\text{ y},\ r_{H;min}=0.570\text{AU} \Rightarrow r_{H;max}=?$

케플러의 제3법칙(주기의 법칙) $\dfrac{r_E^3}{T_E^2}=\dfrac{r_H^3}{T_H^2} \Rightarrow r_H=r_E\left(\dfrac{T_H}{T_E}\right)^{\frac{2}{3}}$. 그런데, $2r_H=r_{H;max}+r_{H;min}$

$$\therefore\ r_{H;max}=2r_H-r_{H;min}=2r_E\left(\frac{T_H}{T_E}\right)^{\frac{2}{3}}-r_{H;min}\ :\ T_E=1.00\text{ y},\ T_H=75.6\text{ y},$$

$$r_E=1.00\text{ AU},\ r_{H;min}=0.570\text{AU}$$

$$\therefore\ r_{H;max}=35.2\text{ AU}$$

**답|** $r_{H;max}=35.2\text{ AU}$

### 6-3 행성의 선속도

한 행성이 거대한 해 주위를 일정한 면적속도로 공전하고 있다. 거리가 $1.0\times10^{11}$ m인 근일점에서 선속도가 $5.0\times10^4$ m/s라 하면 거리가 $2.2\times10^{11}$ m인 원일점을 지날 때 행성의 선속도는 얼마인가?

**풀이|** 케플러의 제2법칙(면적속도 일정의 법칙)에 의하여 $vr\sin\theta=$(일정). 따라서 원일점(A) 및 근

일점(P)에서 이 값은 서로 같다$(vr\sin\theta)_{\rm A}=(vr\sin\theta)_{\rm P}$. 이 두 점에서 위치벡터와 속도는 서로 수직이므로 $\sin\theta=1$이다. 따라서 $(r\,v)_{\rm A}=(r\,v)_{\rm P}$ 또는 $r_{\rm A}v_{\rm A}=r_{\rm P}v_{\rm P}$이다.

$$\therefore\ v_{\rm A}=\frac{r_{\rm P}}{r_{\rm A}}v_{\rm P}\ :\ r_{\rm P}=1.0\times10^{11}\,{\rm m},\ v_{\rm P}=5.0\times10^{4}\,{\rm m/s},\ r_{\rm A}=2.2\times10^{11}\,{\rm m}$$

$$\therefore\ v_{\rm A}=2.3\times10^{4}\,{\rm m/s}.$$

**답 |** $v_{\rm A}=2.3\times10^{4}\,{\rm m/s}$

### 6-4 궤도반지름과 주기

별과 그 행성 사이의 상호작용 인력이 거리에 따라 아래와 같이 변하는 경우 행성의 주기와 원궤도 반지름 사이에는 어떤 관계가 있는가?

(가) 거리에 반비례 (나) 거리에 비례

**풀이 |** 행성의 운동방정식 $\dfrac{mv^2}{r}=F(r)$ : (가) $F(r)=\dfrac{K}{r}$, (나) $F(r)=Kr$

(가) $F(r)=\dfrac{K}{r}$인 경우 : 운동방정식 $\dfrac{mv^2}{r}=\dfrac{K}{r}\Rightarrow\left(\dfrac{2\pi r}{T}\right)^2=\dfrac{K}{m}$

$$\therefore\ T=\left(2\pi\sqrt{\frac{m}{K}}\right)r\qquad\therefore\ T\propto r(\text{정비례})$$

(나) $F(r)=Kr$인 경우 : 운동방정식 $\dfrac{mv^2}{r}=Kr\Rightarrow\left(\dfrac{2\pi r}{T}\right)^2=\dfrac{K}{m}r^2$

$$\therefore\ T=\left(2\pi\sqrt{\frac{m}{K}}\right)\qquad\therefore\ T=(\text{일정})$$

**답 |** (가) 정비례 (나) 서로 독립

### 6-5 천왕성의 질량

천왕성의 한 위성의 평균 공전궤도가 $2.67\times10^{8}\,{\rm m}$이고 주기는 $3.58\times10^{5}\,{\rm s}$이다. 다른 위성 오베론의 평균 공전궤도 반지름이 $5.86\times10^{8}\,{\rm m}$이다. $G=6.67\times10^{-11}\,{\rm N\cdot m^2/kg^2}$이다.

(가) 오베론의 주기를 구하라.

(나) 천왕성의 질량은 얼마인가?

**풀이 |** $r=2.67\times10^{8}{\rm m}$, $T=3.58\times10^{5}\,{\rm s}$, $r_{\rm O}=5.86\times10^{8}\,{\rm m}$

(가) 오베론의 주기 $T_{\rm O}$는? 케플러의 제3법칙(주기의 법칙)

$$\frac{r^3}{T^2}=\frac{r_{\rm O}^3}{T_{\rm O}^2}\Rightarrow T_{\rm O}=\sqrt{\frac{r_{\rm O}^3}{r^3}}\,T\ :\ r=2.67\times10^{8}\,{\rm m},\ T=3.58\times10^{5}\,{\rm s},\ r_{\rm O}=5.86\times10^{8}\,{\rm m}$$

$$\therefore\ T_{\rm O}=\sqrt{\frac{r_{\rm O}^3}{r^3}}\,T=11.64\times10^{5}\,{\rm s}=\underline{11.6\times10^{5}\,{\rm s}}$$

(나) 천왕성의 질량 $M_U$는? 식(6.13)에 의하여 $\frac{r^3}{T^2} = \frac{GM_U}{4\pi^2}$

$$\therefore\ M_U = \left(\frac{4\pi^2}{G}\right)\frac{r^3}{T^2}\ :\ r = 2.67\times10^8\ \text{m},\ T = 3.58\times10^5\ \text{s},\ G = 6.67\times10^{-11}\ \text{N}\cdot\text{m}^2/\text{kg}^2$$

$$\therefore\ M_U = \left(\frac{4\pi^2}{G}\right)\frac{r^3}{T^2} = 8.78\times10^{25}\ \text{kg}.$$

**답 |** (가) $T_O = 1.16\times10^6\ \text{s}$　(나) $M_U = 8.78\times10^{25}\ \text{kg}$

### 6-6 짝별

질량이 각각 $M_1$, $M_2$인 두 별이 그들 사이의 만유인력에 의하여 그들의 질량중심 주위로 각각 원궤도 운동을 한다. 그들의 궤도반지름은 각각 $R_1$, $R_2$이다. 두 질점의 질량중심의 위치벡터 $\vec{r}_{CM}$은, 두 질점의 위치벡터를 각각 $\vec{r}_1$, $\vec{r}_2$라 하면, $\vec{r}_{CM} = \frac{M_1\vec{r}_1 + M_2\vec{r}_2}{M_1 + M_2}$로 주어진다.

(가) 그들의 질량과 반지름은 서로 반비례함을 보여라.

(나) 그들의 주기는 서로 같음을 보이고, 그들의 질량을 그 주기 $T$ 및 $R_1$, $R_2$로 표현하고, 그 주기를 구하라.

(다) 그 두 별의 원궤도상에서 선속도가 각각 $v_1$, $v_2$이고, 주기가 $T$라 하면, 그 두 별의 질량은 어떻게 주어지는가?

(라) 만일 그들의 질량 $M_1$, $M_2$ 및 주기 $T$가 주어졌을 때, 각각의 반지름 및 속도를 구하라.

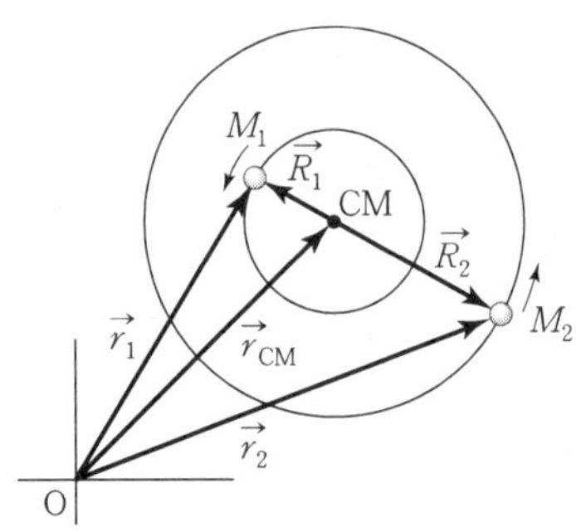


문6-6의 연습그림 : 짝별의 운동

**풀이 |** (가) 두 별의 질량중심에 대한 상대위치벡터를 각각 $\vec{R}_1$, $\vec{R}_2$라 하면 $|\vec{R}_1| = R_1$, $|\vec{R}_2| = R_2$이다. 질량중심 CM의 위치벡터는 $\vec{r}_{CM} = \frac{M_1\vec{r}_1 + M_2\vec{r}_2}{M_1 + M_2}$으로 주어지는데, 질량중심은 두 물체를 잇는 직선상에 있다(문6-6의 연습그림 참조). 따라서

$$\vec{R}_1 = \vec{r}_1 - \vec{r}_{CM} = \frac{M_2}{M_1 + M_2}(\vec{r}_1 - \vec{r}_2),\quad \vec{R}_2 = \vec{r}_2 - \vec{r}_{CM} = \frac{M_1}{M_1 + M_2}(\vec{r}_2 - \vec{r}_1)$$

$$\Rightarrow R_1 = \frac{M_2}{M_1+M_2}|\vec{r}_1 - \vec{r}_2|,\ R_2 = \frac{M_1}{M_1+M_2}|\vec{r}_2 - \vec{r}_1|,\quad |\vec{r}_1 - \vec{r}_2| = |\vec{r}_2 - \vec{r}_1|$$

$$\therefore\ \frac{R_1}{R_2} = \frac{M_2}{M_1} \quad \text{또는} \quad M_1 R_1 = M_2 R_2 \tag{1}$$

곧, 질량중심이 있는 점은 질량의 반비로 내분하는 점이다. 〔QED〕

(나) **주기** : 짝별의 두 성분별의 질량중심은 항상 두 별을 잇는 직선상에 있어야 하고, 질량의 반비로 내분하는 점이므로 위치벡터 $\vec{R}_1$, $\vec{R}_2$가 두 별을 잇는 직선상에 항상 있어야 한다. 따라서 두 별의 주기는 서로 같아야 한다. 두 별에 작용하는 힘은 서로 작용–반작용의 관계에 있으므로 그들의 운동방정식은, $v = \omega R = \left(\frac{2\pi}{T}\right)R$임을 고려하면, 각각

$$M_1\left(\frac{2\pi}{T_1}\right)^2 R_1 = \frac{GM_1M_2}{(R_1+R_2)^2},\quad M_2\left(\frac{2\pi}{T_2}\right)^2 R_2 = \frac{GM_1M_2}{(R_1+R_2)^2} \tag{2}$$

$$\therefore\ M_1\left(\frac{2\pi}{T_1}\right)^2 R_1 = M_2\left(\frac{2\pi}{T_2}\right)^2 R_2\ :\ M_1R_1 = M_2R_2\ \text{((가)의 결과)}$$

$$\therefore\ T_1 = T_2 \equiv T\quad \text{〔QED〕}$$

운동방정식(2)로부터

$$M_2 = \left(\frac{2\pi}{T}\right)^2 \frac{R_1}{G}(R_1+R_2)^2,\quad M_1 = \left(\frac{2\pi}{T}\right)^2 \frac{R_2}{G}(R_1+R_2)^2 \tag{3}$$

를 얻는다. 이들의 두 식을 변변끼리 더하면

$$M_1 + M_2 = \left(\frac{2\pi}{T}\right)^2 \frac{(R_1+R_2)^3}{G} \qquad \therefore\ T = 2\pi\sqrt{\frac{(R_1+R_2)^3}{G(M_1+M_2)}} \tag{4}$$

(다) 두 별의 질량 $M_1$, $M_2$는? 두 별의 원궤도상에서 선속도는 각각

$$v_1 = \frac{2\pi R_1}{T},\ v_2 = \frac{2\pi R_2}{T} \tag{5}$$

임을 이용하여 식(3)으로부터 $R_1$, $R_2$를 소거하면

$$M_1 = \left(\frac{T}{2\pi}\right)\frac{v_2}{G}(v_1+v_2)^2,\ M_2 = \left(\frac{T}{2\pi}\right)\frac{v_1}{G}(v_1+v_2)^2 \tag{6}$$

를 얻는다.

(라) **반지름** : 식(4)의 첫째 식 및 식(1)을 연립하면

$$R_1 = M_2\ \sqrt[3]{\left(\frac{T}{2\pi}\right)^2 \frac{G}{(M_1+M_2)^2}},\ R_2 = M_1\ \sqrt[3]{\left(\frac{T}{2\pi}\right)^2 \frac{G}{(M_1+M_2)^2}}.$$

**속도** : 식(6)의 두 식을 변변끼리 나누기 및 더하기하면

$$\frac{M_1}{M_2}=\frac{v_2}{v_1},\ M_1+M_2=\left(\frac{T}{2\pi}\right)\frac{(v_1+v_2)^3}{G}$$

를 얻는다. 이 두 식을 연립하여 풀면

$$v_1=M_2\sqrt[3]{\frac{2\pi G}{T(M_1+M_2)^2}},\ v_2=M_1\sqrt[3]{\frac{2\pi G}{T(M_1+M_2)^2}}.$$

를 얻는다.

**답|** (나) $M_1=\left(\frac{2\pi}{T}\right)^2\frac{R_2(R_1+R_2)^2}{G},\ M_2=\left(\frac{2\pi}{T}\right)^2\frac{R_1(R_1+R_2)^2}{G},\ T=2\pi\sqrt{\frac{(R_1+R_2)^3}{G(M_1+M_2)}}.$

(다) $M_1=\left(\frac{T}{2\pi}\right)\frac{v_2}{G}(v_1+v_2)^2,\ M_2=\left(\frac{T}{2\pi}\right)\frac{v_1}{G}(v_1+v_2)^2$

(라) $R_1=M_2\sqrt[3]{\left(\frac{T}{2\pi}\right)^2\frac{G}{(M_1+M_2)^2}},\ R_2=M_1\sqrt[3]{\left(\frac{T}{2\pi}\right)^2\frac{G}{(M_1+M_2)^2}};$

$v_1=M_2\sqrt[3]{\left(\frac{2\pi}{T}\right)\frac{G}{(M_1+M_2)^2}},\ v_2=M_1\sqrt[3]{\left(\frac{2\pi}{T}\right)\frac{G}{(M_1+M_2)^2}}$

## 6-7 행성의 각속도

두 행성 A, B가 한 항성 주위로 시계 반대 방향으로 다 같이 원궤도운동을 하고 있다. 그들의 반지름은 3:1이다. 두 행성이 한 지름 위에 한 줄로 정렬한 뒤 5년이 지났을 때 행성 A는 반의 반 바퀴 돌았다. 행성 B의 각속도는 행성 A의 몇 배인가? 또, 행성 B는 몇 바퀴 돌았는가?

**풀이|** $r_A=3r_B,\ \Delta t=5\ \mathrm{y},\ \theta_A=\frac{1}{4}\ \mathrm{rev}$

**각속도** : 케플러의 제3법칙 $\frac{r_A^3}{T_A^2}=\frac{r_B^3}{T_B^2}\Rightarrow\omega_A^2r_A^3=\omega_B^2r_B^3\ (\because\ \omega=\frac{2\pi}{T})$

$$\therefore\ \frac{\omega_B}{\omega_A}=\sqrt{\left(\frac{r_A}{r_B}\right)^3}=3^{\frac{3}{2}}=5.196=5.2.$$

**회전수** : $\frac{\theta_B}{\theta_A}=\frac{\omega_B\,\Delta t}{\omega_A\,\Delta t}=\left(\sqrt{\frac{r_A}{r_B}}\right)^3\quad\therefore\ \theta_B=\left(\sqrt{\frac{r_A}{r_B}}\right)^3\theta_A=3^{\frac{3}{2}}\times\frac{1}{4}\ \mathrm{rev}=1.3\ \mathrm{rev}$

**답|** 5.2배, 1.3바퀴

## 6-8 낙하가속도

지구 표면으로부터 지구의 반지름과 같은 거리의 높이에서 물체를 떨어뜨리는 순간의 물체의 가속도는 지구 표면에서 중력가속도의 몇 배인가?

**풀이|** $mg_h=G\frac{Mm}{(R+h)^2}\Rightarrow g_h=\frac{GM}{(R+h)^2}\ :\ h=R,\ GM=gR^2$

$$\therefore\ g_h = \frac{GM}{(R+h)^2} = g\frac{R^2}{(R+R)^2} = \frac{g}{4}$$

**답 |** 0.25배

## 6-9 외계에서 물체의 무게

지구와 밀도는 같으나 반지름이 지구의 10배나 되는 태양계의 다른 행성에서 물체의 무게는 지구상에서 무게의 몇 배나 되는가?

**풀이 |** 무게 $w_P = m\,g_P = \dfrac{GM_P m}{R_P^2}$ : $M_P = 10^3 M_E$, $R_P = 10R_E$

$$\therefore\ w_P = \frac{10^3 GM_E m}{10^2 R_E^2} = 10\,\frac{GM_E m}{R_E^2} = 10w$$

**답 |** 10배

## 6-10 중력가속도

지구가 반지름 $6.38\times10^6$ m의 공 모양으로 질량이 골고루 분포되어 있으며, 북극에서 중력가속도는 $g_{극} = 9.81\ \mathrm{m/s^2}$이라 한다.

(가) 적도에서 중력가속도는 얼마인가?

(나) 적도상에 있는 60.0 kg의 사람이 받는 자전에 의한 원심력은 몇 N인가? 이것은 만유인력의 몇 %인가?

(다) 지구의 질량은 얼마인가? 지구의 자전의 영향을 무시하고, 만유인력상수는 $G = 6.67\times10^{-11}\ \mathrm{N\cdot m^2/kg^2}$이다.

**풀이 |** $R = 6.38\times10^6$ m, $g_{극} = 9.81\ \mathrm{m/s^2}$, $m = 60.0$ kg,

(가) 적도상에서 중력가속도는? 식(6.22) $g \cong g_0 - \omega^2 R\cos^2\lambda$에

$$g_0 = g_{극} = 9.81\ \mathrm{m/s^2},\ R = 6.38\times10^6\ \mathrm{m},\ \lambda = 0^\circ,$$

$$\omega = \frac{2\pi}{T} = \frac{2\pi}{(24\ \mathrm{h})\times\left(\dfrac{3600\ \mathrm{s}}{1\ \mathrm{h}}\right)} = 7.269\times10^{-5}\ \mathrm{rad/s}$$

를 대입하여 정리하면 $g_{적} \cong 9.776\ \mathrm{m/s^2} = \underline{9.78\ \mathrm{m/s^2}}$이다.

(나) 적도상에서 원심력은? 식(6.17) $\mathcal{F} = m\omega^2 R\cos\lambda$에 $m = 60.0$ kg, $\omega = 7.269\times10^{-5}$ rad/s, $R = 6.38\times10^6$ m, $\lambda = 0^\circ$를 대입하여 정리하면 $\mathcal{F}_{적} = m\omega^2 R = 2.023\ \mathrm{N} = \underline{2.02\ \mathrm{N}}$이다.

만유인력 $F = G\dfrac{M_E m}{R^2} = mg$ : $m = 60.0$ kg, $g = g_{극} = 9.81\ \mathrm{m/s^2}$ $\quad\therefore\ F = 588.6$ N

$$\therefore\ \frac{\mathcal{F}_{적}}{F} = \frac{2.023\ \mathrm{N}}{588.6\ \mathrm{N}} = 0.00344 = 0.344\%$$

(다) 지구의 질량 $M_E$은?

$$g = \frac{GM_E}{R^2} \ : \ g_{극} = 9.81 \text{ m/s}^2, \ R = 6.38 \times 10^6 \text{ m}, \ G = 6.67 \times 10^{-11} \text{ N} \cdot \text{m}^2/\text{kg}^2$$

$$\therefore \ M_E = \frac{gR^2}{G} = 5.99 \times 10^{24} \text{ kg}.$$

**답 |** (가) $g_{적} = 9.78 \text{ m/s}^2$ (나) $\mathcal{F}_{적} = 2.02 \text{ N}$, $0.344\%$ (다) $M_E = 5.99 \times 10^{24} \text{kg}$

### 6-11 달의 공전 궤도반지름

달의 공전 주기는 27.3일이다. 달과 지구 사이의 거리를 구하라. 지구의 반지름은 6,378 km 이고 $g = 9.81 \text{ m/s}^2$이다.

**풀이 |** $T_M = 27.3 \text{ d}$, $R_E = 6.378 \times 10^6 \text{ m}$

달의 운동방정식 $\dfrac{m_M v_M^2}{r_M} = \dfrac{GM_E m_M}{r_M^2} \ : \ v_M = \dfrac{2\pi r_M}{T_M} \Rightarrow r_M^3 = \dfrac{GM_E}{4\pi^2} T_M^2 = g\dfrac{R_E^2}{4\pi^2} T_M^2$ 을 얻는다.

(이것은 식(6.13)에 의하여 $\dfrac{r_M^3}{T_M^2} = \dfrac{GM_E}{4\pi^2}$에 $gR_E^2 = GM_E$를 고려하면 바로 얻을 수도 있다.)

여기에

$$T_M = 27.3 \text{ d} \times \left(\frac{24 \text{ h}}{1 \text{ d}}\right) \times \left(\frac{3600 \text{ s}}{1 \text{ h}}\right) = 2.359 \times 10^6 \text{ s}, \ g = 9.81 \text{m/s}^2, \ R_E = 6.378 \times 10^6 \text{ m}$$

를 대입하면 $r_M = 3.83 \times 10^8 \text{ m}$를 얻는다.

**답 |** $r_M = 3.83 \times 10^8 \text{ m}$

### 6-12 달에서 중력가속도

달의 질량은 지구의 약 1/81이고, 달의 반지름은 지구의 약 3/11이다. 달 표면에서 중력가속도의 크기는 지구 표면에서 크기의 약 몇 배인가?

**풀이 |** 달 표면에서 중력가속도 $g_M = \dfrac{GM_M}{R_M^2} \ : \ M_M = \dfrac{1}{81} M_E$, $R_M = \dfrac{3}{11} R_E$

$$\therefore \ g_M = \frac{GM_M}{R_M^2} = G\left(\frac{M_E}{81}\right) \times \left(\frac{11}{3R_E}\right)^2 = \left(\frac{121}{729}\right)\left(\frac{GM_E}{R_E^2}\right) = \left(\frac{121}{729}\right) g = 0.166 g \approx \underline{\frac{1}{6} g}$$

**답 |** 약 $\dfrac{1}{6}$배

### 6-13 목성의 "정지위성"

목성은 질량이 지구의 320배, 부피는 1,320배이고, 목성의 "하루"는 9시간 50분이다. 목성에서 본 "정지위성"의 고도는 얼마인가? 지구의 반지름은 $R_E = 6.38 \times 10^6 \text{ m}$이고, $g = 9.81 \text{ m/s}^2$이다.

**풀이 |** $M_J = 320M_E$, $V_J = 1320V_E$, $T_J = 9\text{ h }50\text{ min} = 590\text{ min}$, $R_E = 6.38\times10^6\text{ m}$, $g = 9.81\text{ m/s}^2$

위성의 운동방정식 $m\left(\frac{2\pi}{T}\right)^2(R_J+h) = G\frac{M_J m}{(R_J+h)^2}$

: $T$=(위성의 주기)=(목성의 하루)=$T_J$(∵ 정지위성)

$$\therefore \text{ 정지위성의 높이 } h = \sqrt[3]{\frac{GM_J}{4\pi^2}T_J^2} - R_J \ : \ M_J = 320M_E,\ R_J^3 = R_E^3\times1320$$

$$\therefore\ h = \sqrt[3]{\frac{320g}{4\pi^2}R_E^2T_J^2} - \sqrt[3]{1320}\,R_E \ (\because GM_E = gR_E^2) :$$

$$T_J = (9\text{ h})\times(3600\text{ s/h}) + (50\text{ min})\times(60\text{ s/min}) = 35400\text{ s},\ R_E = 6.38\times10^6\text{ m}$$

$$\therefore\ h = 89.5\times10^6\text{ m}$$

**답 |** $h = 89.5\times10^6\text{ m}$

### 6-14 달 주위의 인공위성

달의 평균밀도는 $3.340\times10^3\text{ kg/m}^3$이다. 달은 공 모양이라 한다. 달 주위를 선회하는 우주선의 최소 주기를 구하라. $G = 6.67\times10^{-11}\text{ N}\cdot\text{m}^2/\text{kg}^2$이다.

**풀이 |** 우주선의 운동방정식 $\frac{mv^2}{r} = G\frac{Mm}{r^2}$ : $v = \frac{2\pi r}{T}$, $M_M = \frac{4\pi R_M^3}{3}\rho$ $\quad\therefore\ \frac{r^3}{T^2} = \frac{G}{3\pi}\left(R_M^3\rho\right)$

따라서 $r$이 최소일 때 $T$도 최소이므로, $r = R_M$일 때, 곧 우주선이 달 표면을 선회할 때 주기가 최소가 된다.

$$\therefore\ T_{min} = \left[\sqrt{\frac{3\pi}{G\rho}\frac{r^3}{R_M^3}}\right]_{r=R_M} = \sqrt{\frac{3\pi}{G\rho}} \ : \ G = 6.67\times10^{-11}\text{N}\cdot\text{m}^2/\text{kg}^2,\ \rho = 3.340\times10^3\text{ kg/m}^3$$

$$\therefore\ T_{min} = \sqrt{\frac{3\pi}{G\rho}} = 6.50\times10^3\text{ s}$$

**답 |** $T_{min} = 6.50\times10^3\text{ s}$

## 6.2 중력위치에너지와 행성의 운동

### 6-15 위치에너지

질량 100 kg의 인공위성이 지상 $2.00\times10^6$ m 상공에서 지구 주위의 원궤도를 선회하고 있다. 지구의 반지름은 $6.38\times10^6$ m 이다.

(가) 인공위성-지구의 위치에너지는 얼마인가?

(나) 이 인공위성이 지구로부터 받는 중력은 얼마인가?

**풀이 |** $m = 100\text{ kg}$, $h = 2.00\times10^6\text{ m}$, $R = 6.38\times10^6\text{ m}$

(가) 만유인력의 위치에너지는? 식(6.29)에 의하여 $U=-\frac{GMm}{r}$ : $r=R+h$, $gR^2=GM$

$$\therefore\ U=-\frac{mgR^2}{R+h}\ :\ m=100\ \text{kg},\ h=2.00\times10^6\ \text{m},\ R=6.38\times10^6\ \text{m},\quad g=9.81\ \text{m/s}^2$$

$$\therefore\ U=-\frac{mgR^2}{R+h}=4.765\times10^9\ \text{J}=\underline{4.77\times10^9\ \text{J}}.$$

(나) $F=-\frac{GMm}{(R+h)^2}=-\left(\frac{R^2}{(R+h)^2}\right)mg=568.6\ \text{N}$ : $m=100\ \text{kg}$, $h=2.00\times10^6\ \text{m}$,

$R=6.38\times10^6\ \text{m}$, $g=9.81\ \text{m/s}^2$

$$\therefore\ F=-\left(\frac{R^2}{(R+h)^2}\right)mg=568.6\ \text{N}=\underline{569\ \text{N}}.$$

**답 |** (가) $U=4.77\times10^9\ \text{J}$ (나) $F=569\ \text{N}$

## 6-16 정지위성궤도

우주왕복선이 지상 280 km 상공에서 선회하면서 470 kg의 통신위성을 발사하여, 정지위성궤도에 진입시켰다. 인공위성에 로켓 엔진으로 더 공급해야 할 에너지는 얼마인가? 지구의 반지름은 $6.38\times10^6$ m이다.

**풀이 |** $h_i=280\ \text{km}$, $m=470\ \text{kg}$, $R=6.38\times10^6\ \text{m}$

원궤도를 선회하는 인공위성의 에너지는

$$E=\frac{1}{2}mv^2-\frac{GMm}{r}=-\frac{GMm}{2r}\quad (r\ :\ \text{지구중심으로부터 위성까지 거리}).$$

$$\therefore\ E_i=-\frac{GMm}{2r_i}\ :\ r_i=R+h_i\ ;\ E_f=-\frac{GMm}{2r_f}\ :\ r_f=R+h_f.$$

더 공급해야 할 에너지

$$\therefore\ \Delta E=E_f-E_i=-\frac{GMm}{2}\left(\frac{1}{r_f}-\frac{1}{r_i}\right)=\frac{GMm}{2}\left(\frac{r_f-r_i}{r_f r_i}\right)=\frac{GMm}{2}\left(\frac{h_f-h_i}{(R+h_f)(R+h_f)}\right).$$

정지위성궤도의 지상높이 $h_f$ : 정지위성의 운동방정식 $m\frac{v^2}{R+h_f}=G\frac{Mm}{(R+h_f)^2}$

$$\therefore\ h_f=\sqrt[3]{\left(\frac{T}{2\pi}\right)^2GM}-R=\sqrt[3]{\left(\frac{T}{2\pi}\right)^2gR^2}-R\quad (\text{예제 6.10 참조})$$

: $R=6.38\times10^6\ \text{m}$, $T=(24\ \text{h})\times(3600\ \text{s/h})=8.6400\times10^4\ \text{s}$

$$\therefore\ h_f=35.900\times10^6\ \text{m}.$$

$$\therefore\ \Delta E=E_f-E_i=\frac{mgR^2}{2}\left(\frac{h_f-h_i}{(R+h_f)(R+h_f)}\right)\ :\ g=9.81\ \text{m/s}^2,\ R=6.38\times10^6\ \text{m},$$

$m=470\ \text{kg}$, $h_f=35.900\times10^6\ \text{m}$, $h_i=0.280\times10^6\ \text{m}$

$$\therefore\ \Delta E=11.9\times10^9\ \text{J}$$

**답 |** $\Delta E=11.9\times10^9\ \text{J}$

## 6-17 인공위성 발사

질량 200 kg의 인공위성이 지상 200 km 상공에서 지구 주위를 원궤도로 선회하도록 지상에서 발사하려고 한다. 지구의 반지름은 $R = 6.38 \times 10^6$ m 이고, $g = 9.81\ \mathrm{m/s^2}$이다.

(가) 이 인공위성의 속도는 얼마인가?

(나) 이 인공위성을 지상에서 쏘아 올리자면 적어도 얼마의 에너지가 더 필요한가? 공기의 저항은 무시하나 지구의 자전 영향은 고려하라.

(다) 이 에너지를 최소화 하려면 지구상 어디에서 어느 방향으로 발사하는 것이 좋을까? 그 이유는 무엇인가?

**풀이 |** $m = 200$ kg, $h = 200$ km, $R = 6.38 \times 10^6$ m

(가) 인공위성의 속도 $v$는? 인공위성의 운동방정식 $\dfrac{mv^2}{R+h} = \dfrac{GMm}{(R+h)^2}$

$\therefore\ v = \sqrt{\dfrac{GM}{R+h}}$ : $GM = gR^2$, $g = 9.81\ \mathrm{m/s^2}$, $R = 6.38 \times 10^6$ m, $h = 0.200 \times 10^6$ m

$\therefore\ v = 7.790 \times 10^3$ m $= \underline{7.79 \times 10^3\ \mathrm{m}}$.

(나) 위성에 더 공급해야 할 에너지는? 지상에서 발사할 때 더 필요한 에너지

$$\Delta E = E_{상공} - E_{지상}\ :\ E_{상공} = \frac{1}{2}mv^2 - \frac{GMm}{R+h} = -\frac{1}{2}\frac{GMm}{R+h},\ E_{지상} = \frac{1}{2}mv_{자전}^2 - \frac{GMm}{R}$$

$$\therefore\ \Delta E = E_{상공} - E_{지상} = \frac{GMm}{2R}\left(2 - \frac{R}{R+h}\right) - \frac{1}{2}mv_{자전}^2\ :\ GM = gR^2,\ v_{자전} = \frac{2\pi R}{T}$$

$$\therefore\ \Delta E = \frac{mgR}{2}\left(2 - \frac{R}{R+h}\right) - \frac{1}{2}m\left(\frac{2\pi R}{T}\right)^2\ :\ T = (24\ \mathrm{h}) \times (3600\ \mathrm{s/h}) = 86400\ \mathrm{s},$$

$R = 6.38 \times 10^6$ m, $h = 0.200 \times 10^6$ m, $m = 200$ kg $\quad\therefore\ \Delta E = 6.43 \times 10^9$ J.

(다) 발사 방향은? 지구가 서에서 동으로 자전한다. 적도상에서 자전에 의한 선속도가 최대이다. 따라서 적도상에서 서에서 동으로 발사할 때, 자전에 의한 운동에너지 $\dfrac{1}{2}mv_{자전}^2$가 최대가 된다. 이 경우 에너지가 최소이다.

**답 |** (가) $v = 7.79$ km/s (나) $\Delta E = 6.43 \times 10^9$ J (다) 적도상, 서쪽에서 동쪽으로

## 6-18 지구의 태양계 탈출

지구는 해 주위로 반지름이 1 AU $= 1.496 \times 10^{11}$m 인 거의 원에 가까운 공전운동을 한다. 해의 질량은 $M_S = 1.988 \times 10^{30}$ kg이고, $G = 6.673 \times 10^{-11}\ \mathrm{N \cdot m^2/kg^2}$이다.

(가) 지구의 공전운동속도는 얼마인가?

(나) 지구의 해로부터 탈출속도는 얼마인가?

**풀이 |** 1 AU $= 1.496 \times 10^{11}$ m, $M_S = 1.988 \times 10^{30}$ kg, $G = 6.673 \times 10^{-11}\ \mathrm{N \cdot m^2/kg^2}$

(가) 지구의 공전 속도 $v_C$는? 지구의 역학적 에너지 $\dfrac{1}{2}M_E v_C^2 - \dfrac{GM_S M_E}{R_{E-S}} = -\dfrac{GM_S M_E}{2R_{E-S}}$

($v_C$ : 원궤도의 공전운동 속도, $R_{E-S}$ : 지구와 해 사이 거리)

$$\therefore\ v_C = \sqrt{\frac{GM_S}{R_{E-S}}}\ :\ G = 6.673 \times 10^{-11}\ \mathrm{N \cdot m^2/kg^2},\ M_S = 1.988 \times 10^{30}\ \mathrm{kg},$$

$$R_{E-S} = 1\ \mathrm{AU} = 1.496 \times 10^{11}\ \mathrm{m}$$

$$\therefore\ v_C = 2.9779 \times 10^4\ \mathrm{m/s} = \underline{2.978 \times 10^4\ \mathrm{m/s}}.$$

또는 $v_C = \dfrac{2\pi R_{E-S}}{T}$ 에

$$R_{E-S} = 1\ \mathrm{AU} = 1.496 \times 10^{11}\ \mathrm{m},\ T = (365\ \mathrm{d}) \times (24\ \mathrm{h/d}) \times (3600\ \mathrm{s/h}) = 31.536 \times 10^6\ \mathrm{s}$$

를 대입하여 얻을 수도 있다.

(나) 탈출속도는? 탈출은 무한원점까지 날아가는 것이다. 에너지 보존법칙에 의하여 출발점 및 무한원점에서 에너지는 서로 같다. 그런데 무한원점에서 위치에너지는 0이다. 따라서 지구가 해로부터 탈출하려면 그 에너지는 적어도

$$\frac{1}{2}M_E v_{e/S}^2 - \frac{GM_S M_E}{R_{E-S}} = 0\ \ (v_{e/S}\ :\ \text{해로부터 탈출속도})$$

라야 한다.

$$\therefore\ v_{e/S} = \sqrt{\frac{2GM_S}{R_{E-S}}} = \sqrt{2}\,v_C = 4.211 \times 10^4\ \mathrm{m/s}.$$

**답|** (가) $v_C = 2.978 \times 10^4\ \mathrm{m/s}$ (나) $v_{e/S} = 4.211 \times 10^4\ \mathrm{m/s}$

### 6-19 태양계 탈출

지구상에 있는 물체를 태양계에서 탈출시키려고 한다.
지구는 해 주위로 반지름 $1\ \mathrm{AU} = 1.496 \times 10^{11}\ \mathrm{m}$ 의 원궤도운동을 한다.
해의 질량은 $M_S = 1.988 \times 10^{30}\ \mathrm{kg}$이고, 지구의 질량 및 반지름은 각각 $M_E = 5.975 \times 10^{24}\ \mathrm{kg}$, $R_E = 6.378 \times 10^6\ \mathrm{m}$이다. 또, $G = 6.673 \times 10^{-11}\ \mathrm{N \cdot m^2/kg^2}$이다.

(가) 지구의 인력을 무시할 때 태양계를 탈출하는 데 필요한 물체의 탈출속도는 얼마이어야 하는가?

(나) 지구의 인력까지 고려하면 탈출속도는 얼마이어야 하는가?

**풀이|** $1\ \mathrm{AU} = 1.496 \times 10^{11}\ \mathrm{m}$, $M_S = 1.988 \times 10^{30}\ \mathrm{kg}$, $M_E = 5.975 \times 10^{24}\ \mathrm{kg}$, $R_E = 6.378 \times 10^6\ \mathrm{m}$, $G = 6.673 \times 10^{-11}\ \mathrm{N \cdot m^2/kg^2}$,

(가) **(지구의 인력을 무시할 때)** 지구상에서 질량이 $m$인 물체의 태양계로부터 탈출속도 $v_{e/S}$는? 물체가 탈출한다는 것은 무한원점에 이르게 된다는 것이다. 위치에너지는 지구의 인력을 무시하므로, 해에 의한 위치에너지만 고려하면 된다. 무한원점을 중력위치에너지의 기준점($U=0$)으로 택하면 무한원점에서 역학적 에너지는 0이다. 따라서 이 물체의 에너지

는 $\frac{1}{2}mv_{e/S}^2 - \frac{GM_S m}{R_{E-S}} = 0$,

$$\therefore\ v_{e/S} = \sqrt{\frac{2GM_S}{R_{E-S}}} \quad : R_{E-S} = 1\ \text{AU} = 1.496\times10^{11}\text{m},\ M_S = 1.988\times10^{30}\ \text{kg},$$

$$G = 6.673\times10^{-11}\ \text{N}\cdot\text{m}^2/\text{kg}^2$$

$$\therefore\ v_{e/S} = \sqrt{\frac{2GM_S}{R_{E-S}}} = 42.113\ \text{km/s} = \underline{42.11\ \text{km/s}}$$

이다.

(나) **(지구의 인력을 고려할 때)** 지구상에서 질량이 $m$인 물체의 태양계로부터 탈출속도 $v_e$는? 지구의 인력권을 탈출하려면 그 인력에 의한 퍼텐셜(위치에너지)장벽을 극복해야한다. 곧, 운동에너지가 지구의 인력에 의한 위치에너지보다 적지 않아야 한다. 따라서 지구의 인력까지 고려했을 때 태양계를 탈출하려면

지구의 인력권의 위치에너지 장벽 $|U_E| = \frac{GM_E m}{R_E}$ 및

태양계 인력권의 위치에너지 장벽 $|U_{E-S}| = \frac{GM_S m}{R_{E-S}}$

을 모두 극복해야 한다. 각 인력권에서 탈출속도를 각각 $v_{e/E}$, $v_{e/S}$라 하면

$$\frac{1}{2}mv_{e/E}^2 = |U_E|,\ \frac{1}{2}mv_{e/S}^2 = |U_S|$$

이다. 따라서 지구상의 물체가 지구의 인력권 및 태양계의 인력권을 탈출하려면 두 위치에너지장벽을 모두 극복해야 하므로 그 탈출에너지(운동에너지)는

$$\frac{1}{2}m\,v_e^2 = \frac{1}{2}m\,v_{e/E}^2 + \frac{1}{2}m\,v_{e/S}^2.\ (v_e\ :\ \text{탈출속도}) \qquad \therefore\ v_e^2 = v_{e/E}^2 + v_{e/S}^2.$$

여기서 $v_{e/E}$는

$$\frac{1}{2}m\,v_{e/E}^2 - \frac{GM_E m}{R_E} = 0 \qquad \therefore\ v_{e/E} = \sqrt{\frac{2GM_E}{R_E}} = 11.182\ \text{km/s}$$

$$\therefore\ v_e = \sqrt{v_{e/E}^2 + v_{e/S}^2} = \sqrt{(11.182\ \text{km/s})^2 + (42.113\ \text{km/s})^2} = 43.57\ \text{km/s}.$$

**별해**

$$\frac{1}{2}mv_e^2 - \frac{GM_E m}{R_E} - \frac{GM_S m}{R_{E-S}} = 0 \qquad \therefore\ v_e = \sqrt{\frac{2GM_E}{R_E} + \frac{2GM_S}{R_{E-S}}} = \sqrt{v_{e/E}^2 + v_{e/S}^2}$$

**답 |** (가) $v_{e/S} = 42.11\ \text{km/s}$ (나) $v_e = 43.57\ \text{km/s}$

## 6-20 포사체의 운동

지구 표면에서 포사체가 연직상방으로 발사된다. 공기의 저항 및 지구자전의 영향을 무시한다. 지구의 반지름은 $R = 6.38 \times 10^6$ m 이다.

(가) 속도 10.0 km/s 로 발사된 포사체가 도달하는 지상 높이는 지구의 반지름의 몇 배인가?

(나) 만일 포사체가 지구표면에서 속도 15.0 km/s 로 발사되었다면 최종 도달 지점에서 속도는 얼마인가?

(다) 지구 표면에서 똑바로 위로 발사된 포사체의 지상 최고 높이는 $\dfrac{Rh_0}{R-h_0}$ 로 주어짐을 보여라. $h_0$는 중력마당이 일정하다고 가정했을 때 최고 높이다.

**풀이 |** (가) 지상 도달 높이 $h$는? 속도 10.0 km/s 는 지구 인력권 탈출속도 $v_{e/E} = 11.2$ km/s (**예제 6.12** 참조)보다 작으므로 최고점까지 올라갔다가 다시 지상에 낙하하게 된다. 이 경우 포사체의 역학적 에너지가 보존되므로 처음 발사순간의 에너지와 최고점에서 에너지가 서로 같다. 곧

$$\frac{1}{2}mv_R^2 - \frac{GMm}{R} = 0 - \frac{GMm}{R+h} \quad : \quad GM = gR^2$$

($v_R$ : 지구 표면에서 발사속도, $h$ : 최고점까지 연직 높이)

$$\therefore \ h = \left(\frac{v_R^2}{2gR - v_R^2}\right)R \ : \ v_R = 10.0 \text{ km/s},\ R = 6.38\times 10^6 \text{ m} \qquad \therefore \ h = 3.97R$$

(나) 최종 도달 지점에서 속도는? 발사속도 $v_R = 15.0$ km/s 는 지구 인력권 탈출속도 ($v_{e/E} = 11.2$ km/s : **예제 6.12** 참조)보다 크므로 물체는 지구의 인력권을 탈출한다. 탈출 후 무한원점에서 속도를 $v_\infty$라 하면 에너지 보존법칙에 의하여

$$\frac{1}{2}mv_R^2 - \frac{GMm}{R} = \frac{1}{2}mv_\infty^2 - 0$$

$$\therefore \ v_\infty = \sqrt{v_R^2 - 2gR} \ : \ v_R = 10.0 \text{ km/s},\ R = 6.38\times 10^6 \text{ m}$$

$$\therefore \ v_\infty = \sqrt{v_R^2 - 2gR} = 9.99 \text{ km/s}.$$

(다) (가)의 결과에서 $h = \left(\dfrac{v_R^2}{2gR - v_R^2}\right)R = \left(\dfrac{\dfrac{v_R^2}{2g}}{R - \dfrac{v_R^2}{2g}}\right)R.$

여기서 $\dfrac{v_R^2}{2g}$ 는 중력마당이 일정할 때, 곧 중력가속도 $g$가 일정한 경우 지구표면에서 연직상방으로 속도 $v_R$로 발사할 때 최고 도달 높이를 나타낸다. 이를 $h_0$라 하면 $h = \left(\dfrac{h_0}{R-h_0}\right)R$ 이다. 〔QED〕

**별해**

$$\frac{1}{2}mv_R^2 - \frac{GMm}{R} = -\frac{GMm}{R+h} \;:\; \frac{1}{2}mv_R^2 = mgh_0,\; GM = gR^2$$

$$\therefore\; h_0 - R = -\frac{R^2}{R+h} \qquad \therefore\; h = \left(\frac{h_0}{R-h_0}\right)R\;.$$

**답 |** (가) 3.97배 (나) $v_\infty = 9.99\ \mathrm{km/s}$

## 6-21 달에서 포사체

달의 표면 가까이에서 달 주위를 원궤도로 선회하는 인공위성이 있다. 이 위성과 같은 속도로 달 표면에서 물체를 연직상방으로 발사하였다. 그 포사체의 도달 최고 높이를 구하라. 달의 반지름은 $1.74 \times 10^6$ m 이다.

**풀이 |** $R_M = 1.74 \times 10^6$ m

달 주위 원궤도의 운동방정식 : $\frac{mv^2}{R_M} = \frac{GM_M m}{R_M^2} \Rightarrow \frac{1}{2}mv^2 = \frac{1}{2}\frac{GM_M m}{R_M}$.

달 표면에서 역학적 에너지 : $E_i = \frac{1}{2}mv^2 - \frac{GM_M m}{R_M} \qquad \therefore\; E_i = -\frac{GM_M m}{2R_M}$

최고점에서 역학적 에너지 : $E_f = 0 - \frac{GM_M m}{R_M + h}$.

역학적 에너지 보존법칙 $E_i = E_f$에 의하여 $\frac{GM_M m}{2R_M} = \frac{GM_M m}{R_M + h} \qquad \therefore\; h = R_M = 1.74 \times 10^6$ m

**답 |** $h = 1.74 \times 10^6$ m

## 6-22 자유낙체의 운동

(가) 지구중심으로부터 거리 $r$의 점에서 자유낙하하는 물체가 지상에 도달하는 순간의 속도를 구하라. 중력가속도, 지구의 반지름을 각각 $g$, $R(r > R)$라 한다.

(나) 또, 물체가 지구로부터 매우 먼 곳($R \ll r$)에서 낙하하는 경우의 속도를 지구중력마당으로부터 탈출속도 $v_{e/E}$와 비교하라.

**풀이 |** (가) 지상에 도달하는 순간의 속도 $v_R$는? 에너지 보존법칙에 의하여

$$0 - \frac{GMm}{r} = \frac{1}{2}mv_R^2 - \frac{GMm}{R} \;:\; GM = gR^2$$

$$\therefore\; v_R(r) = \sqrt{2GM\left(\frac{1}{R} - \frac{1}{r}\right)} = \sqrt{2gR\left(1 - \frac{R}{r}\right)}\;.$$

(나) 탈출속도를 $v_{e/E}$라 하면 에너지 보존법칙에 의하여

$$0 = \frac{1}{2}mv_{e/E}^2 - \frac{GMm}{R} \qquad \therefore\; v_{e/E} = \sqrt{\frac{2GM}{R}} = \sqrt{2gR}\;.$$

$$\therefore\ v_R(r)=\sqrt{2gR\left(1-\frac{R}{r}\right)}=v_{e/E}\sqrt{1-\frac{R}{r}}\qquad \therefore\ v_R(r\gg R)\cong v_{e/E}\left(1-\frac{R}{2r}\right)$$

**답 |** (가) $v_R(r)=\sqrt{2gR\left(1-\frac{R}{r}\right)}$ (나) $v_R(r\gg R)\cong v_{e/E}\left(1-\frac{R}{2r}\right)$

### 6-23 우주선의 탈출

우주선이 지구의 공전궤도상에서 출발하여 태양계를 여행한다. 해의 질량은 $1.99\times10^{30}\ \mathrm{kg}$이고, $G=6.67\times10^{-11}\ \mathrm{N\cdot m^2/kg^2}$, $1\ \mathrm{AU}=1.496\times10^{11}\ \mathrm{m}$이다.

(가) 우주선이 태양계를 탈출하려면 속도가 적어도 얼마이어야 하는가?

(나) 목성을 향하여 날아가는 우주선이 최고 $34.7\ \mathrm{km/s}$까지 속도를 낼 수 있다면, 이 속도로 태양계를 탈출할 수 있는 거리는 해로부터 적어도 얼마 이상이어야 하는가?

**풀이 |** $M_S=1.99\times10^{30}\ \mathrm{kg}$, $G=6.67\times10^{-11}\ \mathrm{N\cdot m^2/kg^2}$, $1\ \mathrm{AU}=1.496\times10^{11}\ \mathrm{m}$

(가) 우주선의 태양계 탈출 (해에 대한) 속도 $v$는?

에너지 보존 : $\frac{1}{2}mv^2-\frac{GM_S m}{r_{E-S}}=\frac{1}{2}mv_\infty^2\ge0$

$$\therefore\ v\ge\sqrt{\frac{2GM_S}{r_{E-S}}}\ :\ M_S=1.99\times10^{30}\ \mathrm{kg},\ G=6.67\times10^{-11}\ \mathrm{N\cdot m^2/kg^2},$$

$$r_{E-S}=1\ \mathrm{AU}=1.496\times10^{11}\ \mathrm{m}$$

$$\therefore\ v\ge v_{e/S}=\sqrt{\frac{2GM_S}{r_{E-S}}}=42.1\ \mathrm{km/s}$$

(나) $\frac{1}{2}mv^2-\frac{GM_S m}{r}=\frac{1}{2}mv_\infty^2>0$, $r=\frac{2GM_S}{v^2-v_\infty^2}$ $\quad\therefore\ r\ge\frac{2GM_S}{v^2}\ :\ v=34.7\ \mathrm{km/s}$

$$\therefore\ r_{min}=\frac{2GM_S}{v^2}=2.20\times10^{11}\ \mathrm{m}$$

**답 |** (가) $v_{min}=42.1\ \mathrm{km/s}$ (나) $r_{min}=2.20\times10^{11}\mathrm{m}$

### 6-24 공기저항의 영향

지상 $200\ \mathrm{km}$ 상공에서 지구 주위로 원궤도를 선회하고 있는 질량 $100\ \mathrm{kg}$의 인공위성이 미약한 공기저항 때문에 지상 $100\ \mathrm{km}$의 원궤도로 떨어지게 된다. 지구의 반지름은 $R=6.38\times10^6\ \mathrm{m}$이고, $g=9.81\ \mathrm{m/s^2}$이다.

(가) 처음 및 나중 원궤도에서 속도를 각각 구하라.

(나) 인공위성-지구의 역학적 에너지가 감소함을 보이고, 그 감소량을 구하라.

(다) (가)에서 속도의 증가를 설명하여라.

**풀이 |** $R=6.38\times10^6\ \mathrm{m}$, $g=9.81\ \mathrm{m/s^2}$, $h_i=0.200\times10^6\ \mathrm{m}$, $h_f=0.100\times10^6\ \mathrm{m}$

(가) 원궤도에서 속도는? 인공위성의 에너지 $E=\frac{1}{2}mv^2-\frac{GMm}{(R+h)}=-\frac{GMm}{2(R+h)}$

$\therefore\ \frac{1}{2}mv^2 = \frac{GMm}{2(R+h)}$ : $GM = gR^2$

$\therefore\ v = \sqrt{\frac{GM}{R+h}} = R\sqrt{\frac{g}{R+h}}$ : $R = 6.38\times10^6$ m, $h_i = 0.200\times10^6$ m,

$h_f = 0.100\times10^6$ m, $g = 9.81$ m/s$^2$

$\therefore\ v_i = 7790.0$ m/s $= \underline{7.79\times10^3 \text{ m/s}}$, $v_f = 7850.0$ m/s $= \underline{7.85\times10^3 \text{ m/s}}$

(나) $E_i = -\frac{GMm}{2(R+h_i)} = -\frac{mgR^2}{2(R+h_i)} = -3.03427\times10^9$ J,

$E_f = -\frac{GMm}{2(R+h_f)} = -\frac{mgR^2}{2(R+h_f)} = -3.08110\times10^9$ J

$\therefore\ \Delta E = E_f - E_i = -0.0468\times10^9$ J

**답 |** (가) $v_i = 7.79\times10^3$ m/s, $v_f = 7.85\times10^3$ m/s　　(나) $|\Delta E| = 0.468\times10^8$ J,

(다) $v_i < v_f$ : 중력과 공기저항의 합력 방향의 가속도 때문에 속도벡터가 변하고, 그 방향이 중력에 수직하지 않게 되어 중력의 한 성분이 속도의 크기를 증가시키게 되기 때문이다.

## 6-25 가락지에 의한 중력위치에너지

질량이 $M = 2.36\times10^{20}$ kg, 반지름이 $a = 1.00\times10^8$ m인 균질의 가락지 모양의 물질이 있다. 이 가락지의 중심(점 C)으로부터 $z = 2.00\times10^8$ m 떨어진 축상의 한 점 P에 질량 $m = 1.00\times10^3$ kg의 물체를 가만히 놓았다. $G = 6.67\times10^{-11}$ N·m$^2$/kg$^2$이다.

(가) 점 P 및 점 C에서 물체-가락지 역학계의 중력위치에너지를 각각 구하라.

(나) 물체가 가락지의 축을 따라서 가락지의 중심 C를 지나는 순간의 속도를 구하라.

(다) 점 P 및 점 C에서 중력을 구하라.

(라) 이 가락지의 중력이 최대인 점을 구하고 그 값을 구하라.

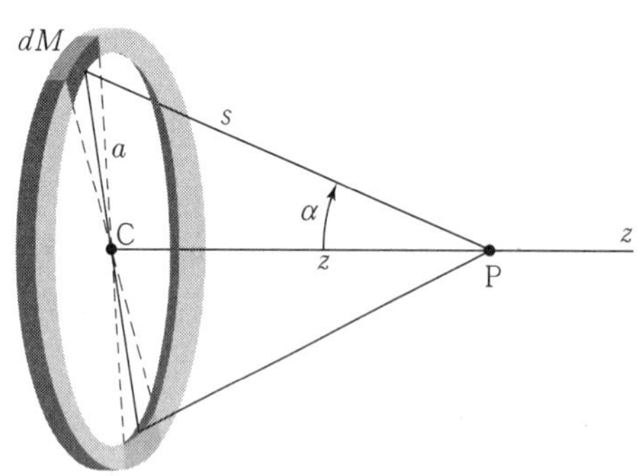


문6-25의 연습그림 : 균질의 가락지와 그 중심축

**풀이 |** $M = 2.36\times10^{20}$ kg, $a = 1.00\times10^8$ m, $m = 1.00\times10^3$ kg, $G = 6.67\times10^{-11}$ N·m$^2$/kg$^2$,

$z = 2.00\times10^8$ m

(가) 가락지축상에서 위치에너지 $U(z)$는? 가락지의 질량소 $dM$에 의한 점 P에서 중력위치에너지 $dU$는 식(6.29)에 의하여

$$dU(z) = -\frac{Gm\,dM}{s} = -\frac{Gm}{\sqrt{a^2+z^2}}dM$$

로 주어진다. 여기서 $s$는 $dM$으로부터 점 P까지 거리인데 $s=\sqrt{a^2+z^2}$ 으로 주어진다(문 6-25의 연습그림 참조). 따라서

$$U(z) = -\frac{Gm}{\sqrt{a^2+z^2}}\int_0^M dM = -\frac{GMm}{\sqrt{a^2+z^2}}$$

이다. 여기서 질량소 $dM$이 (위치가) 변하더라도 $s=\sqrt{a^2+z^2}$ 는 변하지 않는다는 것을 고려하였다.

이 식에서 $G = 6.67\times10^{-11}\ \mathrm{N\cdot m^2/kg^2}$, $M = 2.36\times10^{20}\ \mathrm{kg}$, $m = 1.00\times10^3\ \mathrm{kg}$,
$a = 1.00\times10^8\ \mathrm{m}$, $z = 2.00\times10^8\ \mathrm{m}$

$$\therefore\ U(\mathrm{P}) = -\frac{GMm}{\sqrt{a^2+z^2}}\bigg|_{z=2.00\times10^8\ \mathrm{m}} = -7.040\times10^4\ \mathrm{J} = \underline{-7.04\times10^4\ \mathrm{J}},$$

$$U(\mathrm{C}) = -\frac{GMm}{\sqrt{a^2+z^2}}\bigg|_{z=0} = -15.74\times10^4\ \mathrm{J} = \underline{-15.7\times10^4\ \mathrm{J}}.$$

(나) 중심 C를 지나는 순간의 속도 $v_\mathrm{C}$는? 에너지 보존법칙에 의하여 $E(\mathrm{P}) = E(\mathrm{C})$인데,

점 P에서 에너지는 $E(\mathrm{P}) = 0 - \dfrac{GMm}{\sqrt{a^2+z^2}} = U(\mathrm{P})$,

점 C에서 에너지는 $E(\mathrm{C}) = \dfrac{1}{2}mv_\mathrm{C}^2 - \dfrac{GMm}{a} = \dfrac{1}{2}mv_\mathrm{C}^2 - U(\mathrm{C})$

$U(\mathrm{P}) = \dfrac{1}{2}mv_\mathrm{C}^2 + U(\mathrm{C})$

$$\therefore\ v_\mathrm{C} = \sqrt{\frac{2}{m}(U(\mathrm{P})-U(\mathrm{C}))}\ :\ U(\mathrm{P}) = -7.040\times10^4\ \mathrm{J},\ U(\mathrm{C}) = -15.74\times10^4\ \mathrm{J}$$

$$\therefore\ v_\mathrm{C} = \sqrt{\left(\frac{2}{1.00\times10^3\ \mathrm{kg}}\right)\times(15.74\times10^4\ \mathrm{J} - 7.040\times10^4\ \mathrm{J})}$$

$$= 13.19\ \mathrm{m/s} = \underline{13.2\ \mathrm{m/s}}.$$

(다) 점 P 및 점 C에서 중력 $F_z(z)$는? 점 P 및 점 C에서 작용하는 중력은 대칭성에 의하여 $z$축 성분뿐이다. 식(6.32)에 의하여

$$F_z(z) = -\frac{\partial U(z)}{\partial z} = -\frac{\partial}{\partial z}\left(-\frac{GMm}{\sqrt{a^2+z^2}}\right) = -GMm\left(\frac{z}{(\sqrt{a^2+z^2})^3}\right)$$

$$= -\frac{GMm}{a^3}\left(\frac{z}{\left(\sqrt{1+\left(\frac{z}{a}\right)^2}\right)^3}\right).$$

**별해**

가락지의 질량소 $dM$에 의한 점 P에서 중력 $d\vec{F}$의 크기 $dF$는 식(6.5)에 의하여

$$dF = -G\frac{m\,dM}{s^2} \quad (s = \sqrt{a^2+z^2})$$

로 주어진다. 가락지는 그 중심을 지나는 가락지면에 수직인 직선(가락지 축)에 대해서 대칭이므로, 중심 C에 대해서 질량소 $dM$과 대칭인 위치에 다른 질량소 $dM$이 존재한다. 이 두 질량소에 의한 중력을 축에 나란한 성분($z$ 성분) 및 수직 성분으로 분해하면 나란한 성분은 방향이 같지만 수직 성분은 방향이 서로 반대이다. 따라서 가락지의 모든 질량소에 대한 중력들을 합성한 알짜 중력은 축에 나란한 성분뿐이다.

그래서 중력은 $z$ 성분 $dF_z = dF\cos\theta = \left(\frac{z}{s}\right)dF$ 뿐이다. 따라서

$$dF_z = \left(\frac{z}{\sqrt{a^2+z^2}}\right)dF = -\frac{Gmz}{(\sqrt{a^2+z^2})^3}dM$$

$$\therefore F_z(z) = -\frac{Gmz}{(\sqrt{a^2+z^2})^3}\int_0^M dM = -GMm\left(\frac{z}{(\sqrt{a^2+z^2})^3}\right)$$

를 얻는다.

$$\therefore \quad F_z(P) = -\frac{GMm}{a^3}\left(\frac{z}{\left(\sqrt{1+\left(\frac{z}{a}\right)^2}\right)^3}\right)_{z=2.00\times10^8\ \text{m}} = -2.816\times10^{-4}\ \text{N}$$

$$= \underline{-2.82\times10^{-4}\ \text{N}},$$

$$F_z(\text{C}) = -\frac{\partial U(z)}{\partial z}\bigg|_{z=0} = -GMm\left(\frac{z}{(\sqrt{a^2+z^2})^3}\right)\bigg|_{z=0} = 0$$

(라) 중력이 최대인 점은?

$$0 = \frac{\partial F_z}{\partial z} = GMm\frac{\partial}{\partial z}\left(\frac{z}{(\sqrt{a^2+z^2})^3}\right) = GMm\left(\frac{1}{(\sqrt{a^2+z^2})^3} - \frac{3}{2}\frac{(2z^2)}{(\sqrt{a^2+z^2})^5}\right)$$

$$= GMm\left(\frac{a^2-(2z^2)}{(\sqrt{a^2+z^2})^5}\right)$$

$$\therefore \quad z = \pm\frac{a}{\sqrt{2}}$$

를 얻는다. 이 점이 최대점인지, 최소점인지 판정하자.

$$\frac{\partial^2 F_z}{\partial z^2}\bigg|_{z=\pm\frac{a}{\sqrt{2}}} = GMm\frac{\partial}{\partial z}\left(\frac{a^2-(2z^2)}{(\sqrt{a^2+z^2})^5}\right)\bigg|_{z=\pm\frac{a}{\sqrt{2}}} = \frac{3(2z^2-3a^2)}{(a^2+z^3)^{7/2}}\bigg|_{z=\pm\frac{a}{\sqrt{2}}} < 0$$

그러므로 점 $z=\pm\dfrac{a}{\sqrt{2}}$에서 $F_z$의 크기는 최대이다. 그 최대값은

$$F_z\left(\pm\frac{a}{\sqrt{2}}\right)=-GMm\left(\frac{\pm a/\sqrt{2}}{\left(\sqrt{\frac{3}{2}a^2}\right)^3}\right)=\mp\frac{GMm}{a^2}\left(\frac{2}{3\sqrt{3}}\right)=\mp 6.059\times10^{-4}\,\text{N}$$

$$=\underline{\mp 6.06\times10^{-4}\,\text{N}}.$$

**답|** (가) $U(\text{P})=-7.04\times10^4\,\text{J}$, $U(\text{C})=-15.7\times10^4\,\text{J}$ (나) $v_\text{C}=13.2\,\text{m/s}$

(다) $F_z(\text{P})=-2.82\times10^{-4}\,\text{N}$, $F_z(\text{C})=0$ (라) $z=\pm\dfrac{a}{\sqrt{2}}$에서 $|F_z|_\text{max}=6.06\times10^{-4}\,\text{N}$

## 6.3 중력마당

### 6-26 정사각형 모서리에 있는 물체의 중력마당

한 변의 길이가 $a$인 정사각형의 세 모서리에 질량 $m$의 똑같은 입자가 놓여 있다. 나머지 한 모서리에서 이들 세 입자에 의한 중력마당을 구하라.

**풀이|** 정사각형의 인접한 두 변을 $x$축, $y$축이라 하고 $x$축상의 모서리, 맞모금상의 모서리, $y$축상의 모서리를 차례로 A, B, C라 한다. 원점 O에서 각 모서리에 있는 질점에 의한 중력마당은 각각

$$\vec{g}_\text{OA}=\hat{i}\left(\frac{Gm}{a^2}\right),\ \vec{g}_\text{OB}=\left(\frac{Gm}{2a^2}\right)\left(\hat{i}\frac{1}{\sqrt{2}}+\hat{j}\frac{1}{\sqrt{2}}\right),\ \vec{g}_\text{OC}=\hat{j}\left(\frac{Gm}{a^2}\right)$$

$$\therefore\ \vec{g}=\vec{g}_\text{OA}+\vec{g}_\text{OB}+\vec{g}_\text{OC}=\left(\frac{Gm}{a^2}\right)\left(1+\frac{\sqrt{2}}{4}\right)(\hat{i}+\hat{j})$$

**답|** 크기 $|\vec{g}|=\dfrac{Gm}{a^2}\left(\sqrt{2}+\dfrac{1}{2}\right)$, 맞모금 방향

### 6-27 반원 둘레에 띄엄띄엄 있는 물체의 중력마당

질량 10 kg의 똑같은 물체 다섯 개를 반지름 10 cm의 반원의 둘레에 같은 간격으로 두었다. 이들 물체에 의한 반원의 곡률중심에서 중력마당을 구하라. $G=6.67\times10^{-11}\,\text{N}\cdot\text{m}^2/\text{kg}^2$이다.

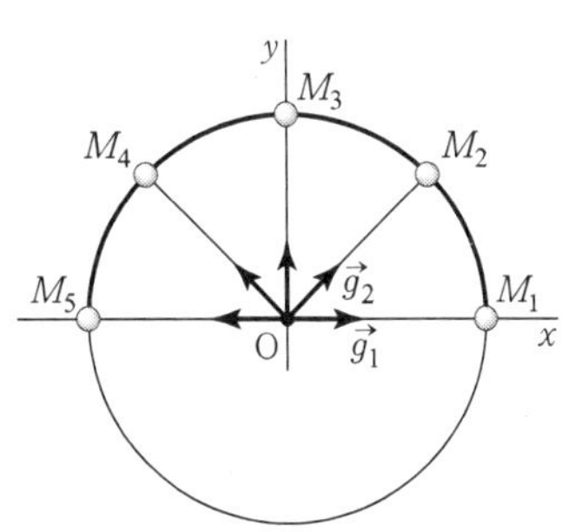


문6-27의 연습그림

**풀이 |** $M=10\text{ kg}$, $R=10\text{ cm}$, $G=6.67\times10^{-11}\text{ N}\cdot\text{m}^2/\text{kg}^2$

반원의 원둘레의 중점과 중심을 잇는 직선을 $y$축, 이에 수직이고 중심을 지나는 직선을 $x$축이라 한다. $x$축을 기준으로 했을 때, 첫째 질점의 각위치를 $\theta_1=0$라 하면, 둘째 질점의 각위치는 $\theta_2=\frac{\pi}{4}$, 각 질점의 각위치는 차례로 $\theta_3=\frac{\pi}{2}$, $\theta_4=\frac{3\pi}{4}$, $\theta_5=\pi$이다.

대칭성에 의하여 첫째와 다섯째 질점의 중력마당은 서로 상쇄되고, 둘째와 넷째의 $x$성분도 서로 상쇄된다. 따라서 중심에서 중력마당은 이들의 $y$성분과 셋째 질점에 의한 중력마당의 합과 같다. 곧

$$\vec{g}_1=\hat{i}\left(\frac{GM}{R^2}\right),\ \vec{g}_2=\hat{i}\left(\frac{GM}{R^2}\cos\frac{\pi}{4}\right)+\hat{j}\left(\frac{GM}{R^2}\sin\frac{\pi}{4}\right),\ \vec{g}_3=\hat{j}\left(\frac{GM}{R^2}\right),$$

$$\vec{g}_4=-\hat{i}\left(\frac{GM}{R^2}\cos\frac{\pi}{4}\right)+\hat{j}\left(\frac{GM}{R^2}\sin\frac{\pi}{4}\right),\ \vec{g}_5=-\hat{i}\left(\frac{GM}{R^2}\right).$$

$$\therefore\ \vec{g}=\vec{g}_1+\vec{g}_2+\vec{g}_3+\vec{g}_4+\vec{g}_5=\hat{j}\left(2\frac{GM}{R^2}\sin\frac{\pi}{4}+\frac{GM}{R^2}\right)=\hat{j}\frac{GM}{R^2}\left(2\sin\frac{\pi}{4}+1\right)$$

$$=\hat{j}(1.61\times10^{-7}\text{ N/kg})$$

**답 |** 크기 : $|\vec{g}|=1.61\times10^{-7}\text{ N/kg}$, 방향 : 곡률중심에서 반원의 중점 방향

### 6-28 우주선 양단의 가속도 차이

길이 100 m, 총 질량 1,000 kg의 원기둥 모양의 우주선이 해의 100배 질량의 검은 구멍(black hole)을 향해서 똑바로 날아가고 있다. 우주선의 앞끝이 검은 구멍을 똑바로 향하여 검은 구멍의 중심으로부터 10 km의 거리에 있다. 해의 질량은 $1.99\times10^{30}$ kg이다.

(가) 우주선의 중앙에서 검은 구멍에 의한 중력마당 $g$는 얼마인가?

(나) 우주선의 양단(검은 구멍으로부터 제일 먼 점 및 제일 가까운 점) 사이의 중력마당의 차 $\Delta g$는 거리의 세제곱에 반비례함을 보이고 그 값을 구하라. 이 가속도의 차이는 검은 구멍에 가까워질수록 매우 빠르게 증가하므로 그 양단에 걸리는 인장력이 급격히 증가하여 우주선이 찢어지는 일이 초래된다.

**풀이 |** $M_S=1.99\times10^{30}\text{ kg}$, $r=10\text{ km}$ $L=100\text{ m}$, $m=1000\text{ kg}$. $M_{BH}=100M_S=1.99\times10^{32}\text{ kg}$

(가) 우주선의 중앙에서 중력마당 $g$는? 검은 구멍에서 우주선 머리까지의 거리를 $r$, 머리에서 우주선의 한 점까지 거리를 $x$라 하자. 검은 구멍에 의한 우주선의 한 점에서 중력마당의 크기는

$$|g(x)|=\frac{GM_{BH}}{(r+x)^2}=\frac{GM_{BH}}{r^2}\frac{1}{\left(1+\frac{x}{r}\right)^2}\cong\frac{GM_{BH}}{r^2}\left(1-\frac{2x}{r}\right)$$

로 주어진다. 따라서 우주선의 중앙$\left(x=\frac{L}{2}\right)$에서 중력마당의 크기는

$$\left|g\left(\frac{L}{2}\right)\right|\cong\frac{GM_{BH}}{r^2}\left(1-\frac{L}{r}\right)\ :\ G=6.67\times10^{-11}\text{ N}\cdot\text{m}^2/\text{kg}^2,\ M_{BH}=1.99\times10^{32}\text{ kg},$$

$$r = 1.00 \times 10^4 \text{ m}, \; L = 100 \text{ m}$$

$$\therefore \; \left| g\left(\frac{L}{2}\right) \right| = 1.314 \times 10^{14} \text{ N/kg} = \underline{1.31 \times 10^{14} \text{ N/kg}}$$

(나) 우주선의 양단 사이의 중력마당의 차 $\Delta g$는?

$$|g(x)| \cong \frac{GM_{\rm BH}}{r^2}\left(1 - \frac{2x}{r}\right) \rightarrow |\Delta g(x)| \cong \frac{GM_{\rm BH}}{r^2}\left(\frac{2\Delta x}{r}\right) = \frac{2GM_{\rm BH}}{r^3}\Delta x$$

$$\therefore \; \Delta g = |g(0)| - |g(L)| \cong \frac{2GM_{\rm BH}L}{r^3} = 2.655 \times 10^{12} \text{ N/kg} = \underline{2.65 \times 10^{12} \text{ N/kg}}$$

**답 |** (가) $|g(L/2)| = 1.31 \times 10^{14}$ N/kg (나) $\Delta g \cong 2.65 \times 10^{12}$ N/kg

## 6-29 기조력

지구상의 달에 가장 가까운 점 및 가장 먼 점에서 달에 의한 중력마당 크기의 차 $\Delta g$를 구하라. 이것이 지구상에서 밀물-썰물이 일어나는 주요 원인이기 때문에 질량이 $m$인 물체에 작용하는 힘 $\Delta F = m\,\Delta g$를 **기조력**(tidal force)이라 한다. $G = 6.673 \times 10^{-11}$ N · m$^2$/kg$^2$이고, 지구의 반지름은 $R_{지} = 6.378 \times 10^6$ m, 지구와 달의 거리는 $r_{지-달} = 3.844 \times 10^8$ m, 달의 질량은 $M_{달} = 7.36 \times 10^{22}$ kg이다.

**풀이 |** 지구상에서 달에 의한 중력마당의 크기는 $|g| = \dfrac{GM_{달}}{r^2_{지-달}}$ 이므로

가장 먼 점에서 중력마당 $|g_+| = \dfrac{GM_{달}}{(r_{지-달} + R_{지})^2}$,

가장 가까운 점에서 중력마당 $|g_-| = \dfrac{GM_{달}}{(r_{지-달} - R_{지})^2}$

$$\therefore \; \Delta g = |g_-| - |g_+| = \frac{GM_{달}}{(r_{지-달} - R_{지})^2} - \frac{GM_{달}}{(r_{지-달} + R_{지})^2}$$

$$= \frac{GM_{달}}{r^2_{지-달}}\left(\frac{1}{(1-x)^2} - \frac{1}{(1+x)^2}\right) \; : \; \frac{R_{지}}{r_{지-달}} \equiv x$$

$$= \frac{GM_{달}}{r^3_{지-달}} \frac{4R_{지}}{(1-x^2)^2} \cong \frac{GM_{달}}{r^3_{지-달}}(4R_{지})(1+2x^2)$$

$$\therefore \; \Delta g \cong \frac{GM_{달}}{r^3_{지-달}}(4R_{지})\left(1 + 2\left(\frac{R_{지}}{r_{지-달}}\right)^2\right) = 2.2062 \times 10^{-6} \text{ N/kg} = \underline{2.21 \times 10^{-6} \text{ N/kg}}$$

**답 |** $\Delta g = 2.21 \times 10^{-6}$ N/kg

## 6-30 달 및 해가 썰물-밀물에 미치는 영향

해 및 달이 다 같이 지구의 해양에 미치는 중력 때문에 밀물-썰물이 생긴다(문6-29, 문6-28 참

조). 해 및 달의 질량은 각각 $M_{해} = 1.988 \times 10^{30}$ kg, $M_{달} = 7.36 \times 10^{22}$ kg이고, 지구로부터 해 및 달까지 거리는 각각 $r_{지-해} = 1\ \mathrm{AU} = 1.496 \times 10^{11}$ m, $r_{지-달} = 3.844 \times 10^{8}$ m이다.

(가) 해 및 달로부터 해양이 받는 중력의 비 $\gamma \equiv \dfrac{F_{지-해}}{F_{지-달}}$를 구하라.

(나) 지구가 한 바퀴 자전함으로서 해양으로부터 해 및 달까지 거리에 변화가 일어난다. 이 거리의 변화 $\Delta r$ 때문에 생기는 만유인력의 경우 변화의 비율 $\dfrac{\Delta F}{F}$를 구하라.

(다) 거리의 변화 때문에 생기는 중력 변화의 비 $\Delta\gamma \equiv \dfrac{\Delta F_{지-해}}{\Delta F_{지-달}}$를 구하라.

**풀이 |** $M_{해} = 1.988 \times 10^{30}$ kg, $M_{달} = 7.36 \times 10^{22}$ kg, $r_{지-해} = 1\ \mathrm{AU} = 1.496 \times 10^{11}$ m, $r_{지-달} = 3.844 \times 10^{8}$ m.

(가) 해 및 달로부터 해양이 받는 중력의 비 $\gamma \equiv \dfrac{F_{지-해}}{F_{지-달}} = ?$

해로부터 받는 중력 $F_{지-해} = -\dfrac{GM_{해}M_{지}}{r^2_{지-해}}$,

달로부터 받는 중력 $F_{지-달} = -\dfrac{GM_{달}M_{지}}{r^2_{지-달}}$

$$\therefore\ \gamma \equiv \frac{F_{지-해}}{F_{지-달}} = \frac{M_{해}}{M_{달}}\frac{r^2_{지-달}}{r^2_{지-해}} \ :\ M_{해} = 1.988 \times 10^{30}\ \mathrm{kg},\ M_{달} = 7.36 \times 10^{22}\ \mathrm{kg},$$

$$r_{지-해} = 1\ \mathrm{AU} = 1.496 \times 10^{11}\ \mathrm{m},\ r_{지-달} = 3.844 \times 10^{8}\ \mathrm{m}$$

$$\therefore\ \gamma = \frac{F_{지-해}}{F_{지-달}} = 178.34 = \underline{178}$$

(나) 거리의 변화 $\Delta r$에 의한 $\dfrac{\Delta F}{F} = ?$

거리의 변화 $\Delta r$에 의한 힘 $F(r)$의 변화 $\Delta F$는 일반적으로 $\Delta F = \left(\dfrac{dF}{dr}\right)\Delta r$로 주어진다(식 (4.6) 참조).

중력 $F = -\dfrac{GMm}{r^2}$의 거리의 변화 $\Delta r$에 의한 힘의 변화 $\Delta F$는

$$\Delta F = \left(\frac{dF}{dr}\right)\Delta r = \left(\frac{2GMm}{r^3}\right)\Delta r = -F(r)\frac{2\Delta r}{r} \qquad \therefore\ \frac{\Delta F}{F} = -\frac{2}{r}\Delta r$$

(다) 거리의 변화 때문에 생기는 중력 변화의 비 $\Delta\gamma \equiv \dfrac{\Delta F_{지-해}}{\Delta F_{지-달}} = ?$

$$\Delta\gamma \equiv \frac{\Delta F_{지-해}}{\Delta F_{지-달}} = \frac{\left(-\dfrac{2}{r}F\right)_{지-해}\Delta r}{\left(-\dfrac{2}{r}F\right)_{지-달}\Delta r} = \left(\frac{F_{지-해}}{F_{지-달}}\right)\left(\frac{r_{지-달}}{r_{지-해}}\right) = \frac{M_{해}}{M_{달}}\frac{r^3_{지-달}}{r^3_{지-해}} \ :$$

$$M_{해} = 1.988\times10^{30}\ \mathrm{kg},\ M_{달} = 7.36\times10^{22}\ \mathrm{kg},\ r_{지-해} = 1\ \mathrm{AU} = 1.496\times10^{11}\ \mathrm{m},$$

$$r_{지-달} = 3.844\times10^{8}\ \mathrm{m} \qquad \therefore\ \Delta\gamma = 0.458.$$

곧, 거리의 변화 때문에 생기는 중력의 변화는 달의 경우가 해의 경우 보다 더 크다. 따라서 밀물-썰물에 미치는 영향은 달의 경우가 더 크다.

**답 |** (가) $\gamma = 178$ (나) $\dfrac{\Delta F}{F} = -\dfrac{2}{r}\Delta r$ (다) $\Delta\gamma = 0.458$

### 6-31 균질의 막대에 의한 중력퍼텐셜

길이 $L$, 질량 $M$의 균질의 가는 막대가 $x$축상에 놓여 있다. 그 한쪽 끝을 원점으로 한다.

(가) $x$축상의 한 점 $x\,(x \geq L)$에서 중력퍼텐셜을 구하라.

(나) 중력마당과 중력퍼텐셜 사이의 관계식 $d\Phi = -\vec{g}\cdot d\vec{r}$를 확인하라.

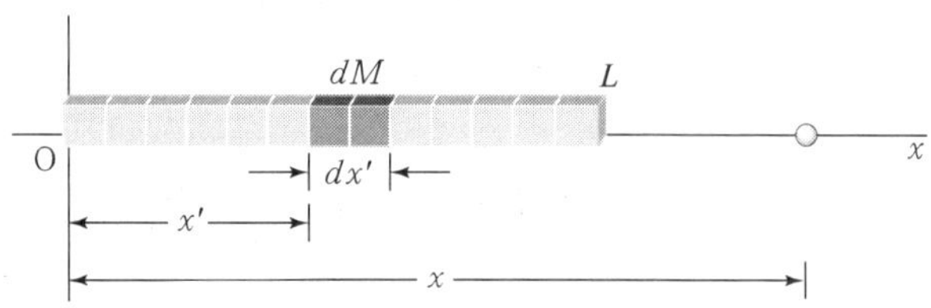


문6-31의 연습그림 : 균질의 가는 막대

**풀이 |** (가) 위치 $x'\,(0 \leq x' \leq L)$에 있는 질량소 $dM$에 의한 중력퍼텐셜이

$$d\Phi = -G\frac{dM}{r} \ :\ r = x - x',\ dM = \lambda\, dx' = \frac{M}{L}dx'$$

이므로 막대에 의한 중력퍼텐셜은

$$\Phi(x) = -\int_0^M G\frac{dM}{r} = -\frac{GM}{L}\int_0^L \frac{dx'}{x-x'} = -\frac{GM}{L}[-\ln(x-x')]_0^L = -\frac{GM}{L}\ln\left(\frac{x}{x-L}\right).$$

적분에서 $\displaystyle\int \frac{dx'}{x-x'} = -\ln(x-x')$ (*)임을 이용하였다.

(나) **관계식 $d\Phi = -\vec{g}\cdot d\vec{r}$의 확인** : 위치 $x'\,(0 \leq x' \leq L)$에 있는 질량소 $dM$에 의한 중력마당은 원점을 향하고, $dg = -G\dfrac{dM}{r^2}$ $(r = x - x',\ dM = \lambda\, dx' = \dfrac{M}{L}dx')$이므로 막대에 의한 중력마당은 ($x$ 성분뿐이므로)

$$g_x = -\int_0^L G\frac{dM}{r^2} = -\frac{GM}{L}\int_0^L \frac{dx'}{(x-x')^2} = -\frac{GM}{L}\left[\frac{1}{x-x'}\right]_0^L$$

$$= -\frac{GM}{L}\left[\frac{1}{x-L} - \frac{1}{x}\right] = -\frac{GM}{x(x-L)}$$

이다. 여기서 $\int \frac{dx'}{(x-x')^2} = \frac{1}{x-x'}$ (**)임을 이용하였다. 그러므로

$$-\vec{g}\cdot d\vec{r} = -g_x\, dx = \frac{GM}{x(x-L)}dx$$

이다. 한편,

$$d\Phi(x) = \frac{d\Phi(x)}{dx}dx = \frac{d}{dx}\left(\frac{GM}{L}\ln\left(\frac{x-L}{x}\right)\right)dx = \frac{GM}{L}\frac{d}{dx}\left(\ln\frac{x-L}{x}\right)dx$$
$$= \frac{GM}{L}\left(\frac{L}{x(x-L)}\right)dx$$

이다. 여기서 $\frac{d}{dx}\left(\ln\frac{x-L}{x}\right) = \frac{L}{x(x-L)}$ (***)임을 이용하였다. 따라서 $d\Phi = -\vec{g}\cdot d\vec{r}$ 임이 확인된다.

또는 아래 (A), (B)와 같은 방법으로 확인할 수도 있다.

(A) $d\Phi = -\vec{g}\cdot d\vec{r} \Rightarrow -\frac{\partial\Phi}{\partial x} = g_x$를 확인하자.

$$-\frac{\partial\Phi}{\partial x} = -\frac{\partial}{\partial x}\left(\frac{GM}{L}\ln\frac{x-L}{x}\right) = -\frac{GM}{x(x-L)} = g_x$$

(B) $d\Phi = -\vec{g}\cdot d\vec{r} \Rightarrow \Phi = -\int \vec{g}\cdot d\vec{r} + C$를 확인하자.

$$\Phi(x) = -\frac{GM}{L}\int_0^L \frac{dx'}{x-x'} = \frac{GM}{L}[\ln(x-x')]_0^L = \frac{GM}{L}\ln\left(\frac{x-L}{x}\right)$$

$$\Phi = -\int g_x\, dx + C = \int \frac{GM}{x(x-L)}dx + C$$
$$= \frac{GM}{L}\int\left[\frac{1}{x-L} - \frac{1}{x}\right]dx + C = \frac{GM}{L}(\ln(x-L) - \ln x) + C$$
$$= \frac{GM}{L}\ln\left(\frac{x-L}{x}\right) + C$$

여기서 기준점을 $x=\infty$로 하면

$$\Phi(\infty) = \frac{GM}{L}\lim_{x\to\infty}\ln\left(\frac{x-L}{x}\right) + C = 0$$

인데, $\lim_{x\to\infty}\ln\frac{x}{x-L} = 0$이므로 $C=0$이다. 따라서

$$\Phi(x) = \frac{GM}{L}\ln\left(\frac{x-L}{x}\right)$$

이다.

⟨⟨ (*) $x - x' \equiv z$라 두면 $-dx' \equiv dz$이므로

$$\int \frac{dx'}{x-x'} = \int \frac{-dz}{z} = -\ln z = -\ln(x-x')\ \text{(부록 D.18-6b 참조)}.$$

(**) $x-x' \equiv z$라 두면 $-dx' \equiv dz$이므로

$$\int \frac{dx'}{(x-x')^2} = \int \frac{-dz}{z^2} = \frac{1}{z} = \frac{1}{x-x'} \quad \text{(부록 D.18-2b 참조)}.$$

(***) $\frac{x-L}{x} \equiv z(x)$라 두면

$$\frac{d}{dx}\left(\ln\frac{x-L}{x}\right) = \frac{d}{dx}(\ln z(x)) = \frac{dz}{dx}\frac{d}{dz}(\ln z) \quad \text{(부록 D.16-4 참조)}$$

가 되는데, 여기에

$$\frac{dz(x)}{dx} = \frac{d}{dx}\left(\frac{x-L}{x}\right) = \frac{d}{dx}((x-L)x^{-1}) = \left(\frac{d}{dx}(x-L)\right)x^{-1} + (x-L)\frac{d}{dx}(x^{-1})$$

$$= \frac{1}{x} - \frac{x-L}{x^2} = \frac{L}{x^2} \quad \text{(부록 D.16-5, D.18-2a 참조)},$$

$\frac{d}{dz}(\ln z) = \frac{1}{z} = \frac{x}{x-L}$ 임을 고려하면 (부록 D.18-6a 참조)

$$\frac{d}{dx}\left(\ln\frac{x-L}{x}\right) = \frac{L}{x(x-L)}.$$

이 된다. 〉〉

**답 |** (가) $\Phi = -\frac{GM}{L}\ln\frac{x}{x-L}$

## 6-32 반원형 균질의 고리

질량이 20 kg, 길이가 5.0 m 인 균질의 가는 막대를 반원형으로 굽혔다. 이 반원형 막대의 곡률 중심에서 중력마당을 구하라. $G = 6.67 \times 10^{-11}\ \mathrm{N \cdot m^2/kg^2}$이다.

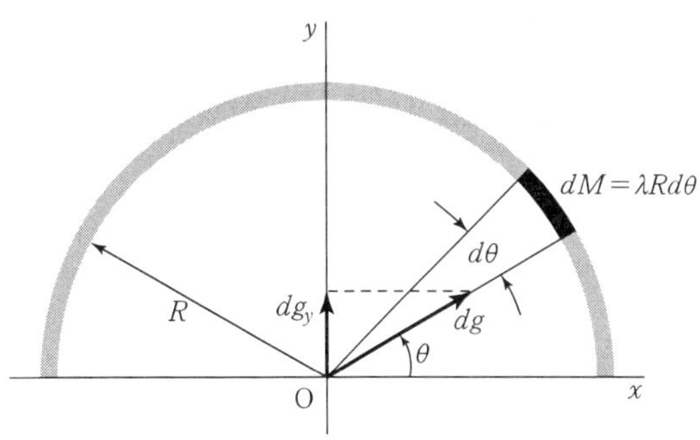


문6-32의 연습그림 : 반원형 균질의 고리

**풀이 |** $M = 20$ kg, $L = 5.0$ m

반원 둘레의 중점과 곡률중심을 잇는 직선을 $y$축으로, 이에 수직인 곡률중심을 지나는 가로를

$x$축으로 하면 대칭성에 의하여 중력마당은 $y$성분뿐이다(문6-27 참조). 곧, $\vec{g}=\hat{j}\,g_y$이다. $x$축을 기준선으로 할 때 질량소 $dM$의 각위치를 $\theta$라 하면

$$dg_y=\frac{G\,dM}{R^2}\sin\theta\ :\ dM=\lambda\,ds=\left(\frac{M}{L}\right)(R\,d\theta),\ R=\frac{L}{\pi}\qquad \therefore\ dg_y=\frac{GM}{L^2}\pi\sin\theta\,d\theta$$

$$\therefore\ g_y=\frac{GM}{L^2}\pi\int_0^{\pi}\sin\theta\,d\theta=2\pi\frac{GM}{L^2}\ :\ M=20\,\mathrm{kg},\ L=5.0\,\mathrm{m},\ G=6.67\times10^{-11}\,\mathrm{N\cdot m^2/kg^2}$$

$$\therefore\ g_y=3.35\times10^{-10}\,\mathrm{N/kg}\ \text{또는}\ \vec{g}=\hat{j}\,(3.35\times10^{-10}\,\mathrm{N/kg})$$

**답|** $g=3.35\times10^{-10}\,\mathrm{N/kg}$, 곡률중심에서 반원 둘레의 중점을 향한다.

## 6-33 비균질의 원판에 의한 중력마당

반지름 $a$, 질량 $M$의 비균질의 얇은 원판의 질량 면밀도가 반지름만의 함수라 한다.

(가) 질량 면밀도가 반지름에 반비례한다. 그 비례상수를 구하라.

(나) 원판의 중심으로부터 거리 $z$에 있는 중심축상의 한 점 P에서 중력퍼텐셜 및 중력마당을 구하라.

**풀이|** 반지름이 $r$, 너비가 $dr$인 가락지의 질량을 질량소 $dM$이라 하면 $dM=\sigma 2\pi r\,dr$이다.

(가) 비례상수 $K$는? 질량 면밀도를 $\sigma(r)=\dfrac{K}{r}$라 하면, 질량 $M$은

$$M=\int_0^a\sigma(r)2\pi r\,dr=\int_0^a\left(\frac{K}{r}\right)2\pi r\,dr=2\pi K\int_0^a dr=2\pi Ka\qquad\therefore\ K=\frac{M}{2\pi a}.$$

(나) 중심축상에서 중력퍼텐셜 $\Phi$ 및 중력마당 $\vec{g}$는? 중력퍼텐셜은 반지름이 $r$인 가락지 모양의 질량소 $dM$으로부터 점 P까지 거리를 $s$라 하면 식(6.47)에 의하여

$$d\Phi=-\frac{GdM}{s}\ :\ s=\sqrt{z^2+r^2},\ dM=\sigma(r)\,2\pi r\,dr,\ \sigma(r)=\left(\frac{M}{2\pi a}\right)\frac{1}{r}$$

$$\therefore\ d\Phi=-\frac{GdM}{s}=-\left(\frac{GM}{a}\right)\frac{dr}{\sqrt{z^2+r^2}}$$

이다. 따라서 점 P에서 중력퍼텐셜은

$$\therefore\ \Phi=-\int_0^M\frac{G\,dM}{s}=-\left(\frac{GM}{a}\right)\int_0^a\frac{dr}{\sqrt{z^2+r^2}}$$

이다. 여기서 $\displaystyle\int\frac{dr}{\sqrt{z^2+r^2}}=\ln\left|\,r+\sqrt{z^2+r^2}\,\right|$ (*)임을 고려하면

$$\Phi=-\frac{GM}{a}\ln\left(\frac{a+\sqrt{z^2+a^2}}{z}\right).$$

이다.

중력마당은

$$g_z = -\frac{\partial \Phi}{\partial z} = \frac{GM}{a}\frac{d}{dz}\ln\left(\frac{a+\sqrt{z^2+a^2}}{z}\right)$$

$$= \frac{GM}{a}\cdot\left(\frac{1}{\sqrt{z^2+a^2}} - \frac{a+\sqrt{z^2+a^2}}{z^2}\right)\cdot\left(\frac{z}{a+\sqrt{z^2+a^2}}\right) = -\frac{GM}{z\sqrt{z^2+a^2}}.$$

$$\therefore\ \vec{g} = \hat{k}g_z = -\hat{k}\left(\frac{GM}{z\sqrt{z^2+a^2}}\right)$$

**별해**

식(6.61)에 의하여, 가락지 모양의 질량소 $dM$에 의한 중력마당 $dg_z$($d\vec{g}$는 축에 나란한 성분뿐이므로)는

$$dg_z = dg_{\parallel} = -G\frac{z\,dM}{s^3} = -G\frac{z\,dM}{\left(\sqrt{r^2+z^2}\right)^3} \quad : \ dM = \sigma 2\pi r\,dr = \frac{M}{a}dr$$

$$\therefore\ dg_z = -\frac{GMz}{a}\frac{dr}{\left(\sqrt{r^2+z^2}\right)^3}$$

$$\therefore\ g_z(z) = -\frac{GMz}{a}\int_0^a \frac{dr}{\left(\sqrt{r^2+z^2}\right)^3} = -\frac{GMz}{a}\left[\frac{1}{z^2}\frac{r}{\sqrt{r^2+z^2}}\right]_0^a = -\frac{GM}{z\sqrt{a^2+z^2}}.$$

여기서 적분공식 $\int \frac{dr}{\left(\sqrt{r^2+z^2}\right)^3} = \frac{1}{z^2}\frac{r}{\sqrt{r^2+z^2}}$ (**)을 이용하였다.

**답 |** (가) $K = \frac{M}{2\pi a}$

(나) $\Phi = -\frac{GM}{a}\ln\left(\frac{a+\sqrt{z^2+a^2}}{z}\right)$, $g_z = -\frac{GM}{z\sqrt{z^2+a^2}}$, 원판 중심으로 향한다.

《 (*) $\sqrt{x^2+a^2} \equiv t - x \Rightarrow x = \frac{t^2-a^2}{2t}$, $dx = \frac{t^2+a^2}{2t^2}dt$

$$\therefore\ \frac{dx}{\sqrt{x^2+a^2}} = \frac{(t^2+a^2)dt}{2t^2}\left(\frac{1}{t-x}\right) = \frac{(t^2+a^2)dt}{2t^2}\left(\frac{2t}{t^2+a^2}\right) = \frac{dt}{t}$$

$$\therefore\ \int\frac{dx}{\sqrt{x^2+a^2}} = \int\frac{dt}{t} = \ln|t| = \ln\left|x+\sqrt{x^2+a^2}\right|$$

(**) 적분 $\int\frac{dr}{\left(\sqrt{r^2+z^2}\right)^3}$ 에서 $r = z\tan\theta$라 두면 $dr = z\sec^2\theta\,d\theta$, $\sqrt{r^2+z^2} = z\sec\theta$이므로

$$\int\frac{dr}{\left(\sqrt{r^2+z^2}\right)^3} = \frac{1}{z^2}\int\cos\theta d\theta = \frac{\sin\theta}{z^2} \quad : \ \sin\theta = \frac{r}{\sqrt{r^2+z^2}}$$

$$\therefore \int \frac{dr}{\left(\sqrt{r^2+z^2}\right)^3} = \frac{1}{z^2}\frac{r}{\sqrt{r^2+z^2}}.$$

이다. 〉〉

### 6-34 공껍질의 중력마당

질량 300 kg, 반지름 2.00 m 의 공껍질이 있다. 그 중심을 원점으로 한다.

$G = 6.673\times10^{-11}\ \mathrm{N\cdot m^2/kg^2}$이다.

(가) 원점으로부터 1.90 m, 2.50 m 인 점에서 중력마당을 구하라.

(나) 이 공껍질 안에 질량 150 kg, 반지름 1.00 m 의 다른 공껍질을 그 중심이 축상 0.60 m 인 점에 오도록 놓았다. 이 두 공껍질 사이에 작용하는 만유인력은 얼마인가?

**풀이 |** $M = 300\ \mathrm{kg}$, $R = 2.00\ \mathrm{m}$, $G = 6.673\times10^{-11}\ \mathrm{N\cdot m^2/kg^2}$

(가) 중력마당은? $r = 1.90\ \mathrm{m}$ 인 경우, $r < R$이므로 $g_r = 0$,

$r = 2.50\ \mathrm{m}$ 인 경우, $g_r(r \geq 2) = -G\dfrac{M}{r^2}$ : $M = 300\ \mathrm{kg}$, $r = 2.50\ \mathrm{m}$,

$$G = 6.673\times10^{-11}\ \mathrm{N\cdot m^2/kg^2}$$

$$\therefore\ g_r(r = 2.50) = -G\frac{M}{r^2} = -320.3\times10^{-11}\ \mathrm{N/kg} = \underline{-3.20\times10^{-9}\ \mathrm{N/kg}}.$$

(나) 두 공껍질 사이의 만유인력은? 반지름 2 m 짜리 큰 공껍질의 안쪽에는 중력마당이 형성되지 않으므로 작은 공껍질에 작용하는 만유인력이 없다. 따라서 작용–반작용의 법칙에 의하여 작은 공껍질이 큰 공껍질에 미치는 힘도 없다.

**답 |** (가) $g_r(r = 1.90) = 0$, $g_r(r = 2.50) = -3.20\times10^{-9}\ \mathrm{N/kg}$(공의 중심 방향) (나) $F = 0$

### 6-35 자전하는 행성 속의 터널

고정축 주위로 각속도 $\omega$로 자전하는 밀도가 $\rho_0$인 균질의 공 모양 행성의 자전축에 수직으로 지나는 직선형의 터널이 뚫려 있다. 매끄러운 이 터널 속에서 운동하는 물체가 터널에 대해서 등속도운동을 하게하는 자전각속도 $\omega$를 구하라.

**풀이 |** 물체가 중심으로부터 거리 $r$에 있을 때 물체에 작용하는 중력의 크는

$$F_g = -\frac{GMm}{r^2} = -\frac{Gm}{r^2}\left(\frac{4\pi r^3}{3}\rho_0\right)$$

이고, 중심을 향한다. 터널에 나란한 성분(또는 회전축에 수직 성분)은 물체의 "위도"가 $\lambda$라면

$$F_{g;\perp} = F_g\cos\lambda = -\frac{Gm}{r^2}\left(\frac{4\pi r^3}{3}\rho_0\right)\cos\lambda$$

이고, 회전축을 향한다. 한편, 회전축 주위의 회전운동으로 인한 관성력이 작용한다. 그 관성력은 $\mathcal{J} = m\omega^2 r\cos\lambda$이다. 이 힘이 $F_{g;\perp}$와 비길 때 물체는 터널 속에서 등속도운동을 한다. 이때

각가속도는

$$\frac{Gm}{r^2}\left(\frac{4\pi r^3}{3}\rho_0\right)\cos\lambda = m\,\omega^2\,r\cos\lambda \qquad \therefore\ \omega=\sqrt{G\left(\frac{4\pi}{3}\rho_0\right)}$$

이다.

**답 |** $\omega=\sqrt{G\dfrac{4\pi\,\rho_0}{3}}$

## 6-36 공동이 있는 속 찬 공

중심을 원점에 둔 반지름 $R$, 밀도가 $\rho$인 균질의 공이 있다. 이 공 속에 반지름이 $R/2$인 공모양의 빈 공동이 있다. 이 공동의 중심이 $x=R/2$인 점에 있다. $x$ 축상의 한 점 $x(|x|>R)$에서 중력마당을 구하라.

**풀이 |** 공동이 없는 공의 중력마당 : $g_x''(|x|>R)=-\dfrac{GM}{x^2}$ : $M=\dfrac{4\pi R^3}{3}\rho$

공동부분의 질량 $M'$에 의한 중력마당 : $g_x'(|x|>R)=-\dfrac{GM'}{\left(x-\dfrac{R}{2}\right)^2}$ : $M'=\dfrac{4\pi}{3}\left(\dfrac{R}{2}\right)^3\rho$.

공동이 없는 속 찬 공의 중력마당 $g_x''$는 공동이 있는 공의 중력마당 $g_x$과 공동부분의 질량 $M'$에 의한 중력마당 $g_x'$의 중첩 $g_x''=g_x+g_x'$이다. 그러므로

$$g_x=g_x''-g_x'=-\frac{GM}{x^2}\left(1-\frac{M'}{M}\frac{x^2}{\left(x-\dfrac{R}{2}\right)^2}\right)=G\left(\frac{4\pi R^3\rho}{3x^2}\right)\left(1-\frac{1}{8\left(1-\dfrac{R}{2x}\right)^2}\right).$$

**답 |** $g_x(x)=-G\left(\dfrac{4\pi R^3\rho}{3}\right)\dfrac{1}{x^2}\left(1-\dfrac{1}{8\left(1-\dfrac{R}{2x}\right)^2}\right)$

## 6-37 비균질의 속 찬 공

반지름 $R=5.00\ \mathrm{m}$, 질량 $M=1{,}011\ \mathrm{kg}$의 비균질의 속 찬 공이 있다. 밀도는 반지름만의 함수로 반지름에 반비례한다. $G=6.67\times10^{-11}\ \mathrm{N\cdot m^2/kg^2}$이다.

(가) 밀도의 비례상수를 구하라.

(나) 이 공에 의한 중력마당을 구하라.

(다) 이 공의 지름을 따라서 표면으로부터 $2.00\ \mathrm{m}$ 깊이까지 구멍을 뚫어서 작은 물체를 표면에서 자유낙하시켰다. 가속도를 구하고, 바닥에 닿는 순간의 속도를 구하라.

**풀이 |** $R=5.00\ \mathrm{m}$, $M=1011\ \mathrm{kg}$, $\rho(r)=\dfrac{K}{r}$, $G=6.67\times10^{-11}\ \mathrm{N\cdot m^2/kg^2}$

(가) 비례상수 $K$는? (문6-33의 (가) 참조)

$$M=\int_0^R\rho\,4\pi r^2\,dr=\int_0^R\left(\frac{K}{r}\right)4\pi r^2\,dr=2\pi KR^2$$

$$\therefore\ K=\frac{M}{2\pi R^2}\ :\ M=1011\text{ kg};\ R=5.00\text{ m}\qquad \therefore\ K=6.439\text{ kg/m}^2=\underline{6.44\text{ kg/m}^2}$$

(나) 중력마당은? 질량의 분포가 점대칭이므로 중력마당은 중심을 향한다. 곧, $\vec{g}=\hat{r}g$이다.

$r>R$의 경우 : $g(r>R)=-G\frac{M}{r^2}=-\frac{6.743\times10^{-8}}{r^2}\text{ N/kg}=\underline{-\frac{6.74\times10^{-8}}{r^2}\text{ N/kg}}.$

$r<R$의 경우 : 질량소(반지름 $r'$, 두께 $dr'$의 공 껍질 질량) $dM=\rho\,4\pi r'^2dr'$에 의한 중력마당은 $dg(r<R)=-G\frac{dM}{r^2}=-\frac{G}{r^2}\left(\frac{K}{r'}\right)4\pi r'^2dr'=-\frac{4\pi KG}{r^2}r'dr'$

$$\therefore\ g(r<R)=-\frac{4\pi KG}{r^2}\int_0^r r'dr'=-\frac{4\pi KG}{r^2}\left(\frac{r^2}{2}\right)=-2\pi KG$$

$$=-2.697\times10^{-9}\text{ N/kg}=\underline{-2.70\times10^{-9}\text{ N/kg}}.$$

(다) 구멍 속으로 자유낙하 가속도 및 바닥에 닿는 순간의 속도는?

운동법칙에 의하여 가속도는 $ma=F$ : $F=mg(r<R)$

$$\therefore\ a=g(r<R)=-2\pi KG=-2.697\times10^{-9}\text{ m/s}^2=\underline{-2.70\times10^{-9}\text{ m/s}^2}.$$

따라서 이 운동은 등가속도운동이다. 속도는 등가속도운동에서 가속도, 속도, 변위 사이의 관계식

$$2ar_0=v^2-v_0^2\ :\ v_0=0,\ r_0=2.00\text{ m}\qquad\therefore\ v=1.039\times10^{-4}=\underline{0.104\text{ mm/s}}$$

**답 |** (가) $K=6.44\text{ kg/m}^2$

(나) $g(r>R)=-\frac{6.74\times10^{-8}}{r^2}\text{ N/kg}$, $g(r<R)=-2.70\times10^{-9}\text{ N/kg}$(중심 방향)

(다) $a=g(r<R)=-2.70\times10^{-9}\text{ m/s}^2$, $v=0.104\text{ mm/s}$

## 6-38 공과 막대의 상호작용

균질의 질량 $M$, 반지름 $a$의 속 찬 공이 원점에 놓여 있다. 질량이 $m$인 길이 $L$의 균질의 가는 막대가 $x$축상에 놓여 있다. 공에 가까운 쪽 막대의 끝은 원점으로부터 거리 $x$ ($x\ge a$)에 있다.

(가) 상호작용하는 힘을 구하라.

(나) 공-막대의 상호작용 퍼텐셜에너지를 구하라.

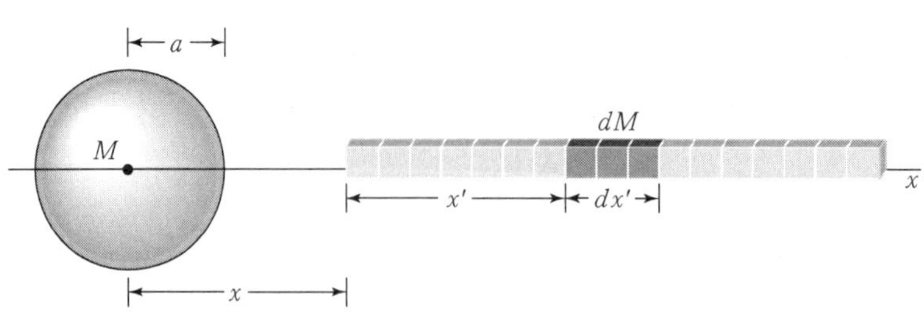


문6-38의 연습그림 : 공과 막대의 상호작용

**풀이 |** (가) 상호작용의 힘은? 막대의 질량소(공쪽의 끝점으로부터 $x'$의 거리에 있는 선소 $dx'$의 질량) $dm$이 공으로부터 받는 중력은 $dF(x)=-\frac{GMdm}{(x+x')^2}$ : $dm=\frac{m}{L}dx'$, $0 \le x' \le L$

$$\therefore\ F(x)=-G\int_0^m \frac{Mdm}{(x+x')^2}=-G\frac{Mm}{L}\int_0^L \frac{dx'}{(x+x')^2}.$$

여기서 $\int \frac{dx'}{(x+x')^2}=-\frac{1}{x+x'}$ (문6-31의 〈참고〉(**) 참조)를 고려하면

$$F(x)=G\frac{Mm}{L}\left[\frac{1}{x+x'}\right]_0^L=G\frac{Mm}{L}\left[\frac{1}{x+L}-\frac{1}{x}\right]=-\frac{GMm}{x(x+L)}$$

이다. 이 힘은 $x$축 상에서 공의 중심을 향한다.

(나) 공-막대의 상호작용 퍼텐셜에너지 $U(x)$는?

막대의 질량소 $dm$과 공 사이의 중력 퍼텐셜에너지는 $dU(x)=-\frac{GMdm}{x+x'}$이므로

$$U(x)=-GM\int_0^m \frac{dm}{x+x'}=-G\frac{Mm}{L}\int_0^L \frac{dx'}{x+x'}$$
$$=-G\frac{Mm}{L}\left[\ln(x+x')\right]_0^L=-G\frac{Mm}{L}\ln\left(\frac{x+L}{x}\right)\ (\text{기준점 } x=\infty)$$

여기서 $\int \frac{dx'}{x+x'}=\ln(x+x')$ (문6-31의 〈참고〉(*) 참조)임을 이용하였다.

**답 |** (가) $\vec{F}=-\hat{i}\frac{GMm}{x(x+L)}$ (나) $U(x)=-\frac{GMm}{L}\ln\left(1+\frac{L}{x}\right)$

**6-39 균질의 속 찬 공의 중력마당과 가우스법칙**

질량 $M$, 반지름 $a$의 균질인 속 찬 공의 중심으로부터 거리가 $r$인 점 P에서 중력마당을 가우스 법칙을 이용하여 구하라.

**풀이 |** 가우스 면을 반지름 $r$의 공심 구면으로 하면 균질의 속 찬 공의 중심에 대한 점대칭성에 의하여 구면상의 모든 점에서 중력마당의 크기는 같고 방향은 반지름 방향이다. 중력마당 $\vec{g}$의 가우스 법칙 $\oint_{S;\ \text{폐곡면}} \vec{g}\cdot d\vec{S}=-4\pi GM$ ($\vec{g}\cdot d\vec{S}=g_r\,dS$ : $g_r=\vec{g}$의 $r$성분)을 적용하면

$r>a$의 경우 $\oint_{S;\ \text{폐곡면}} \vec{g}\cdot d\vec{S}=g_r\oint_{S;\ \text{구면}} dS=g_r(4\pi r^2) \Rightarrow g_r(4\pi r^2)=-4\pi GM$

$$\therefore\ g_r=-\frac{GM}{r^2}$$

$r<a$의 경우 $g_r(4\pi r^2)=-4\pi GM'$ : $M'=\frac{r^3}{a^3}M$ ($M'$ : 반지름이 $r'$인 공의 질량)

$$\therefore\ g_r=-\frac{GM'}{r^2}=-\frac{GM}{a^3}r$$

**답 |** $g_r(r>a)=-\frac{GM}{r^2}$, $g_r(r<a)=-\frac{GM}{a^3}r$

## 6-40 균질의 굵은 원기둥의 중력마당과 가우스법칙

밀도가 $\rho$인 균질의 반지름 $a$의 굵은 곧은 원기둥의 축으로부터 거리 $r$의 점 P에서 아래와 같은 경우 중력마당을 구하라.

(가) $r>a$ (나) $r<a$

**풀이 |** 원기둥의 축을 축으로 하는 반지름 $r$, 길이 $\ell$의 원통면 및 그 축에 수직인 원통면의 양쪽 끝면으로 된 폐곡면을 가우스면으로 택한다. 중력마당은 대칭성에 의하여 원기둥 축에 수직이다. 따라서 원통면상에서는 반지름 방향이나 원통의 양쪽 면에서는 면에 나란하다. 따라서 가우스법칙

$$\oint_{S;\text{ 폐곡면}} \vec{g}\cdot d\vec{S}=-4\pi GM$$

의 왼편 적분

$$\oint_{S;\text{ 폐곡면}} \vec{g}\cdot d\vec{S}=\int_{S;\text{ 원통면}} \vec{g}\cdot d\vec{S}+\int_{S;\text{ 양쪽면}} \vec{g}\cdot d\vec{S}$$

의 첫째 항의 피적분함수는 $\vec{g}\cdot d\vec{S}=g_r\,dS$, 둘째 항에서는 $\vec{g}\cdot d\vec{S}=0$이므로

$$\oint_{S;\text{ 폐곡면}} \vec{g}\cdot d\vec{S}=\int_{S;\text{ 원통면}} g_r\,dS=g_r\int_{S;\text{ 원통면}} dS=g_r(2\pi r\ell)$$

이다. 원통면의 옆면적이 $S=(2\pi r)\ell$임을 이용하였다.

(가) $r>a$ : 가우스법칙에 의하여

$$g_r(2\pi r\ell)=-4\pi GM \quad \therefore\ g_r=-\frac{4\pi GM}{(2\pi r\ell)}=-G\frac{2(M/\ell)}{r}.$$

여기서 $M$은 가우스면 안에 있는 모든 질량이다. 따라서 $M=\rho(\pi a^2)\ell$이므로

$$\therefore\ g_r=-G\frac{2(M/\ell)}{r}=-G\frac{2\rho(\pi a^2)}{r}.$$

(나) $r<a$ : 이 경우 가우스 면은 원통 안에 있다. 가우스 법칙의 왼편 적분은

$$\oint_{S;\text{ 폐곡면}} \vec{g}\cdot d\vec{S}=g_r(2\pi r\ell)\ \ (r<a)$$

인데 질량 $M$은 가우스면 안에 있는 질량을 나타낸다. 그래서 이를 $M'$이라 하면, 가우스법칙에 의하여

$$g_r(2\pi r\ell)=-4\pi GM' \quad \therefore\ g_r=-\frac{4\pi GM'}{(2\pi r\ell)}=-G\frac{2(M'/\ell)}{r}$$

이다. 여기서 $M'$은 가우스 면안에 있는 질량이므로 $M'=\rho(\pi r^2)\ell$이다.
따라서 $g_r=-G(2\pi\rho)r$이다.

**답 |** (가) $g_r=-G\frac{2\rho(\pi a^2)}{r}$ (나) $g_r=-G2\pi\rho r$

## 6.4 관성질량과 중력질량

### 6-41 연직선의 방향

관성질량과 중력질량이 같지 않다면, 지구와 지구상의 물체 사이의 중력의 작용선(또는 연직선)이 지구의 자전에 의한 원심력 때문에 지구중심으로부터 빗나가는 각 $\beta$는 어떻게 어림될까? 물체가 지구상에 위치한 점의 위도는 $\lambda$, 지구의 반지름을 $R$, 지구의 자전각속도를 $\omega$라 한다(그림 6.12 및 그림 6.13 참조).

**풀이|** 그림 6.13에서 사인법칙(부록 D.12 참조)에 의하여

$$\frac{\sin\beta}{\mathcal{F}}=\frac{\sin\lambda}{w} \quad \text{또는} \quad \sin\beta=\frac{\mathcal{F}}{w}\sin\lambda$$

인데, 여기서 $|\mathcal{F}|=m\omega^2R\cos\lambda$, $w=m_{\rm G}g=|\vec{F}+\vec{\mathcal{F}}|=\sqrt{F^2+\mathcal{F}^2-2F\mathcal{F}\cos\lambda}$ 인데,

$|F|=\dfrac{GMm_{\rm G}}{R^2}\equiv m_{\rm G}\,g_0$이므로

$$\begin{aligned} w=m_{\rm G}\,g&=\sqrt{(m_{\rm G}\,g_0)^2+(m\omega^2R\cos\lambda)^2-2(m_{\rm G}\,g_0)(m\omega^2R\cos\lambda)\cos\lambda} \\ &\cong m_{\rm G}\,g_0-m\omega^2R\cos^2\lambda+0(\omega^3) \end{aligned}$$

이다(부록 D.13 및 D.15-2a 참조). $\sin\beta\approx\beta$임을 고려하면

$$\begin{aligned} \beta\approx\sin\beta&=\frac{\mathcal{F}}{w}\sin\lambda=\frac{m\omega^2R\sin\lambda\cos\lambda}{m_{\rm G}\,g_0-m\omega^2R\cos^2\lambda+0(\omega^3)} \\ &\cong\frac{m\omega^2R\sin\lambda\cos\lambda}{m_{\rm G}\,g_0}\left(1+\frac{m\omega^2R\cos^2\lambda+0(\omega^3)}{m_{\rm G}\,g_0}\right)\cong\underline{\left(\frac{m}{m_{\rm G}}\right)\frac{\omega^2R\sin2\lambda}{2g_0}+0(\omega^3)} \end{aligned}$$

**답|** $\beta\approx\left(\dfrac{m}{m_{\rm G}}\right)\dfrac{\omega^2R\sin2\lambda}{2g}+0(\omega^3)$

### 6-42 물체의 질량 정하기

(가) 질량이 정확하게 1 kg이라고 정의된 표준 물체에 힘이 작용하여 $2.6587\ {\rm m/s^2}$의 가속도가 생겼다. 다른 물체에 같은 힘을 작용하니 $1.1705\ {\rm m/s^2}$의 가속도가 생겼다. 물체의 질량은 얼마인가?

(나) 질량이 정확하게 1 kg이라고 정의된 표준 물체의 무게가 9.81 N으로 측정되었다. 같은 실험실에서 다른 물체의 무게가 56.6 N으로 측정되었다. 물체의 질량은 얼마인가?

(다) (가), (나)에서 측정된 질량은 중력질량인가, 관성질량인가?

**풀이|** (가) $m_1a_1=m_2a_2\Rightarrow m_2=\dfrac{a_1}{a_2}m_1$ : $m_1=1\ {\rm kg}$, $a_1=2.6587{\rm m/s^2}$, $a_2=1.1705\ {\rm m/s^2}$

$\therefore\ m_2=2.2714\ {\rm kg}$

(나) $w_A = m_{A;G}\, g$, $w_B = m_{B;G}\, g \Rightarrow \dfrac{w_B}{w_A} = \dfrac{m_{B;G}\, g}{m_{A;G}\, g}$

$$\therefore\ m_{B;G} = \left(\frac{w_B}{w_A}\right) m_{A;G} \ :\ w_A = 9.81\ \text{N},\ w_B = 56.6\ \text{N},\ m_{A;G} = 1\ \text{kg}$$

$$\therefore\ m_{B;G} = 5.7696\ \text{kg}$$

**답 |** (가) 2.2714kg　(나) 5.77 kg　(다) (가) : 관성질량, (나) : 중력질량

# 7장 질점계의 운동

## 중요 사항 정리

# 7.1 질점계의 운동 기술

## 7.1.1 질량중심

질량중심(CM) 질점계의 모든 질량이 모여 있는 것처럼 보이고, 바깥으로부터 작용하는 힘이 오직 이 점에만 작용하는 것처럼 보이는, 뭇질점들을 "대표"하는 특별한 점(등가질점)

**위 치** $x_{\mathrm{CM}} = \dfrac{m_1 x_1 + m_2 x_2 + \cdots}{m_1 + m_2 + \cdots}$ (7.10)

**속 도** $v_{\mathrm{CM}} = \dfrac{m_1 v_1 + m_2 v_2 + \cdots}{m_1 + m_2 + \cdots}$ (7.6)

**운동량** $Mv_{\mathrm{CM}} = m_1 v_1 + m_2 v_2 + \cdots \quad (M = m_1 + m_2 + \cdots)$ (7.5)

(질량중심의 운동량)=(질점계의 총 운동량)

**뭇질점의 질량중심의 위치벡터** $\vec{r}_{\mathrm{CM}} = \dfrac{1}{M}\sum_{i=1}^{N} m_i \vec{r}_i$ (7.12)

성분 $x_{\mathrm{CM}} = \dfrac{1}{M}\sum_{i=1}^{N} m_i x_i,\ y_{\mathrm{CM}} = \dfrac{1}{M}\sum_{i=1}^{N} m_i y_i,\ z_{\mathrm{CM}} = \dfrac{1}{M}\sum_{i=1}^{N} m_i z_i$ (7.11)

## 7.1.2 부피가 있는 물체의 질량중심

**CM의 위치벡터** $\vec{r}_{\mathrm{CM}} = \dfrac{1}{M}\int_V \vec{r}\, dm$;

성분 $x_{\mathrm{CM}} = \dfrac{1}{M}\int_V x\, dm,\ y_{\mathrm{CM}} = \dfrac{1}{M}\int_V y\, dm,\ z_{\mathrm{CM}} = \dfrac{1}{M}\int_V z\, dm$ (7.20)

**무한소 질량소** $dm$

삼차원 공간 : $dm = \rho\, dV$ ($\rho$ 부피밀도; $dV$ 체적소) (7.16)

이차원 공간 : $dm = \rho\, dS$ ($\sigma$ 면밀도; $dS$ 면적소) (7.17)

일차원 공간 : $dm = \lambda\, ds$ ($\lambda$ 선밀도; $ds$ 선소) (7.18)

### 7.1.3 질량중심 찾기

**질점계의 중력위치에너지**

$$U = Mgy_{\mathrm{CM}} \tag{7.24}$$

**질량중심(CM) = 무게중심(CG)**

**질량중심 찾기**

1〉 질량이 대칭적으로 분포되어 있으면 그 대칭선 상에 질량중심이 있다.

2〉 질량분포에 대칭성이 있으면 두 대칭선이 만나는 점에 질량중심이 있다.

3〉 물체(균질인 얇은 판자)의 다른 두 회전점을 각각 지나는 두 연직선의 만나는 점에 질량중심이 있다.

## 7.2 질점계의 운동방정식

### 7.2.1 질점계의 운동량

$$\vec{P} = \vec{p}_1 + \vec{p}_2 + \cdots + \vec{p}_N = m_1\vec{v}_1 + m_2\vec{v}_2 + \cdots + m_N\vec{v}_N \tag{7.25}$$

$$\vec{P} = M\vec{v}_{\mathrm{CM}} = \vec{p}_{\mathrm{CM}} \tag{7.27}$$

### 7.2.2 질점계에 작용하는 힘

질점계의 경우, 각 질점에 작용하는 힘은 **외력**, **내력**으로 나눌 수 있다.

내력(또는 속힘) 질점계의 뭇질점들 사이에 서로 작용하는 힘.

(질점계의 내력의 합력)=0 :

$$\sum_{i=1}^{N}\vec{f}_i = \sum_{i=1}^{N}\left(\sum_{\substack{j=1\\(j\neq i)}}^{N}\vec{f}_{ij}\right) = \sum_{i=1}^{N}\left(\sum_{\substack{j=1\\(i<j)}}^{N}(\vec{f}_{ij}+\vec{f}_{ji})\right) = 0 \tag{7.37}$$

외력(또는 바깥힘) 질점계 바깥의 힘샘으로부터 질점계가 받는 힘.

(질점계의 알짜힘)=(알짜 외력) :

$$\vec{F}_{\text{알짜}} = \sum_{i=1}^{N}\vec{F}_i = \sum_{i=1}^{N}\left(\vec{F}_i^{(e)} + \vec{f}_i\right) = \sum_{i=1}^{N}\vec{F}_i^{(e)} = \vec{F}^{(e)}_{\text{알짜}} \tag{7.38}$$

질량중심의 운동방정식

$$M\frac{d\vec{v}_{\text{CM}}}{dt} = \vec{F}^{(e)}_{\text{알짜}},\quad \frac{d\vec{p}_{\text{CM}}}{dt} = \vec{F}^{(e)}_{\text{알짜}}\ \ (\vec{p}_{\text{CM}} = \vec{P}),\quad M\vec{a}_{\text{CM}} = \vec{F}^{(e)}_{\text{알짜}} \qquad (7.39)\sim(7.41)$$

질량중심은 질점계에 작용하는 알짜 외력에 의해서 질점계의 총 질량과 같은 질량의 홑질점처럼 운동한다.

### 7.2.3 질점계의 운동량 보존

운동량 보존법칙 $\vec{F}^{(e)}_{\text{알짜}} = 0 \rightleftarrows \vec{P} = M\vec{v}_{\text{CM}} = (\text{일정});$ (7.48)

$$\vec{F}^{(e)}_{\text{알짜}} \cdot \Delta\vec{s} = 0 \rightleftarrows \frac{dP_s}{dt} = 0 \qquad \therefore P_s = (\text{일정})$$

외력의 $\vec{s}$ 방향 성분이 없으면 $\vec{s}$ 방향의 운동량 성분($P_s$)이 보존된다.

## 7.3 가변질량 역학계의 운동

### 7.3.1 나르개 띠

나르개 띠의 운동방정식(또는 운동량 정리)

$$\frac{dP}{dt} = (M_0 + M(t))\frac{dv}{dt} + \left|\frac{dM(t)}{dt}\right|v = F^{(e)} \tag{7.49}$$

($M_0$ : 나르개 띠의 질량, $M(t)$ : 모래의 질량)

**나르개 띠의 속도가 일정한 경우**($v$ : 일정) $\left|\frac{dM}{dt}\right|v = F^{(e)}$

공급해야 할 일률 $F^{(e)} \cdot v = 2\frac{dK}{dt}$ ($v$ : 일정)

### 7.3.2 로켓 방정식

로켓의 총 질량(자체질량 $M_0$ + 연료질량 $M$) $m(t)$, 로켓에 대한 상대분사속도 $v_e{}'$

**로켓 방정식**

$$\frac{dP}{dt} = m(t)\frac{dv}{dt} - v_e{}'\left|\frac{dm(t)}{dt}\right| = F^{(e)} \text{ 또는 } m(t)\frac{dv}{dt} = v_e{}'\left|\frac{dm(t)}{dt}\right| + F^{(e)} \qquad (7.50)$$

**추진력** $F_{th} = v_e{}'\left|\frac{dm(t)}{dt}\right| \quad \left(\frac{dm(t)}{dt} < 0\right) \qquad (7.51)$

**로켓의 속도** $v(t) = v_0 + v_e{}' \ln\frac{m_0}{m(t)}$ (자유공간 : $\vec{F}^{(e)} = 0$) $\qquad (7.53)$

$$v(t) = v_0 + v_e{}' \ln\frac{m_0}{m(t)} - gt \text{ (중력마당 : } F^{(e)} = -mg) \qquad (7.55)$$

## 연습문제

### 7.1 질점계의 운동 기술

**7-1 물 분자의 질량중심**

물 분자는 하나의 산소원자와 두 개의 수소원자로 되어 있다.

두 수소원자가 산소원자와 이루는 각이 106°이고, 수소 및 산소원자의 질량은 각각 1.008 u, 15.999 u (원자질량단위 1u = 1.660 538 7 × $10^{27}$ kg)이다. 산소원자로부터 수소원자 사이의 거리는 0.100 nm이다. 물분자의 질량중심을 구하라.

**풀이 |** 두 수소분자가 산소원자와 이루는 각의 이등분선에 대해서 대칭의 위치에 있다. 질량중심은 이 대칭선상에 있다. 이등분선을 $x$축, 산소원자를 원점으로 하면, 두 수소원자의 좌표는 각각 ((0.100 nm)cos53°, (0.100 nm)sin53°), ((0.100 nm)cos53°, −(0.100 nm)sin53°)이다. 따라서

$$x_{\mathrm{CM}} = \frac{(15.999\ \mathrm{u}) \times 0 + 2 \times (1.008\ \mathrm{u}) \times (0.100\ \mathrm{nm})\cos 53^\circ}{15.999\ \mathrm{u} + 2 \times 1.008\ \mathrm{u}} = 0.00673\ \mathrm{nm}.$$

$$y_{\mathrm{CM}} = \frac{(15.999\ \mathrm{u}) \times 0 + (1.008\ \mathrm{u}) \times (0.100\ \mathrm{nm})\sin 53^\circ + (1.008\ \mathrm{u}) \times (-0.100\ \mathrm{nm})\sin 53^\circ}{15.999\ \mathrm{u} + 2 \times 1.008\ \mathrm{u}} = 0$$

**답 |** $x_{\mathrm{CM}} = 0.00673\ \mathrm{nm}$, $y_{\mathrm{CM}} = 0$ (사이각의 이등분선상 산소원자로부터 0.00673 nm의 점)

**7-2 타일의 질량중심**

한 변의 길이가 10 cm, 균질인 정사각형의 타일 6개(가~바)를 가벼운 판 위에 아래 그림과 같이 배열해 놓았다. 이 전체 타일의 질량중심을 구하라.

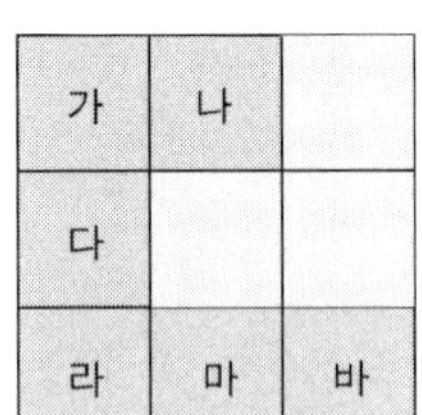


문7-2의 그림 : 타일의 배열

**풀이 |** 타일 '라'의 왼쪽 아래 모서리를 원점으로 한 가로를 $x$축, 세로를 $y$축으로 택하면 각 타일의 CM의 위치는 각각

가(5 cm, 25 cm), 나(15 cm, 25 cm), 다(5 cm, 15 cm),
라(5 cm, 5 cm), 마(15 cm, 5 cm), 바(25 cm, 5 cm)

이다. 따라서 식(7.11)에 의하여

$$x_{\mathrm{CM}} = \frac{3\times(5\ \mathrm{cm})+2\times(15\ \mathrm{cm})+1\times(25\ \mathrm{cm})}{6} = 11.7\ \mathrm{cm},$$

$$y_{\mathrm{CM}} = \frac{3\times(5\ \mathrm{cm})+1\times(15\ \mathrm{cm})+2\times(25\ \mathrm{cm})}{6} = 13.3\ \mathrm{cm}$$

이다.

**답 |** $x_{\mathrm{CM}} = 11.7\ \mathrm{cm}$, $y_{\mathrm{CM}} = 13.3\ \mathrm{cm}$

### 7-3 야구방망이의 질량중심

길이 $L$의 야구방망이의 질량이 손잡이로부터 길이($x$)에 따라서 그 선밀도가 $\lambda(x) = \lambda_0\left(1+\frac{x^2}{L^2}\right)$의 모양으로 변한다고 한다. 야구방망이의 질량중심을 구하라.

**풀이 |** 질량소를 $dm = \lambda(x)\,dx$라 하면 질량중심의 위치는 식(7.20)에 의하여

$$x_{\mathrm{CM}} = \frac{1}{M}\int_V x\,dm = \frac{1}{M}\int_0^L x\,\lambda(x)\,dx = \frac{1}{M}\frac{\lambda_0}{L^2}\int_0^L (L^2x+x^3)\,dx$$

$$= \frac{1}{M}\frac{\lambda_0}{L^2}\left[\frac{L^2x^2}{2}+\frac{x^4}{4}\right]_0^L = \frac{3}{4}\frac{L^2\lambda_0}{M}$$

인데, 야구방망이의 질량이

$$M = \int_0^L \lambda(x)\,dx = \frac{\lambda_0}{L^2}\int_0^L (L^2+x^2)\,dx = \frac{\lambda_0}{L^2}\left[L^2x+\frac{x^3}{3}\right]_0^L = \frac{4}{3}L\lambda_0$$

이므로 $x_{\mathrm{CM}} = \frac{9}{16}L$이다.

**답 |** $x_{\mathrm{CM}} = \frac{9}{16}L$

### 7-4 이등변삼각형의 질량중심

아랫변의 길이가 $a$, 높이가 $b$인 이등변삼각형의 질량중심을 구하라.

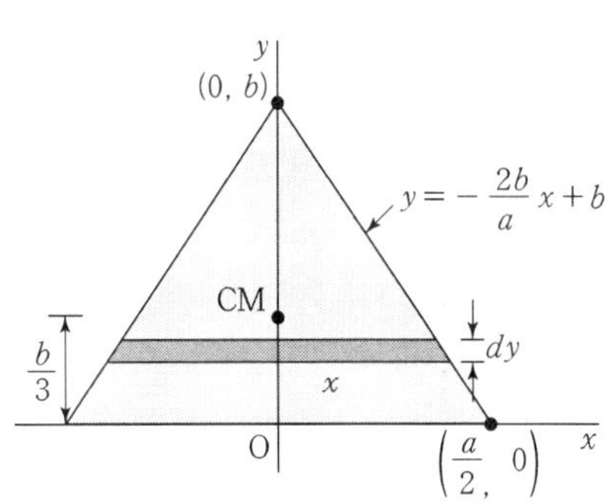


문7-4의 연습그림 : 이등변삼각형 및 그 질량소

**풀이|** 아랫변을 $x$축, 아랫변의 수직이등분선을 $y$축으로 하면, $y$축은 대칭선이다(문7-4의 연습그림 참조). 따라서 질량중심은 $y$축 상에 있다. 곧, $x_{\rm CM}=0$이고, $y_{\rm CM}$만 구하면 된다. 식(7.20)에 의하여 주어진다. 질량소 $dm$은, 면밀도를 $\sigma$, 면적소를 $dS$라 하면 $dm=\sigma\, dS$인데, 면적소 $dS$를 $x$축에 나란하고 너비가 $dy$인 띠로 택하면 $dS=2x\,dy$이므로 $dm=\sigma(2x\,dy)$가 된다. 변수 $x$, $y$ 사이에는

$$y(x)=-\frac{2b}{a}x+b \text{ 또는 } x(y)=-\frac{a}{2b}y+\frac{a}{2}$$

의 관계가 성립한다. 제1분면에 있는 빗면의 직선은 기울기가 $-\frac{2b}{a}$, 절편이 $b$이기 때문이다. 따라서

$$y_{\rm CM}=\frac{1}{M}\int_V y\,dm=\frac{1}{M}\int_0^b y(\sigma 2x(y)\,dy)=\frac{\sigma}{M}\int_0^b\left(-\frac{a}{b}y^2+ay\right)dy=\frac{2}{ab}\left(-\frac{ab^2}{3}+\frac{ab^2}{2}\right)=\frac{b}{3}$$

이다. 여기서 $M=\sigma\left(\frac{1}{2}ab\right)$임을 이용하였다.

**별해**

$dm=\sigma\,dx\,dy$; (1분면) $x=-\frac{a}{2b}y+\frac{a}{2}$; (2분면) $x=\frac{a}{2b}y-\frac{a}{2}$

$$y_{\rm CM}=\frac{1}{M}\int_V y\,dm=\frac{1}{M}\int_{(x,y)} y(\sigma\,dx\,dy)=\frac{\sigma}{M}\int_0^b y\,dy\int_{\frac{a}{2b}y-\frac{a}{2}}^{-\frac{a}{2b}y+\frac{a}{2}}dx$$
$$=\frac{\sigma}{M}\int_0^b y\left(-\frac{a}{b}y+a\right)dy=\frac{2}{ab}\left(-\frac{ab^2}{3}+\frac{ab^2}{2}\right)=\frac{b}{3}$$

**답|** $x_{\rm CM}=0$, $y_{\rm CM}=\frac{b}{3}$ (아랫변의 수직이등분선상 $\frac{b}{3}$인 점)

### 7-5 직각삼각형의 질량중심

균질의 직각을 낀 두 변의 길이가 각각 $a$, $b$인 직각삼각형의 질량중심을 구하라.

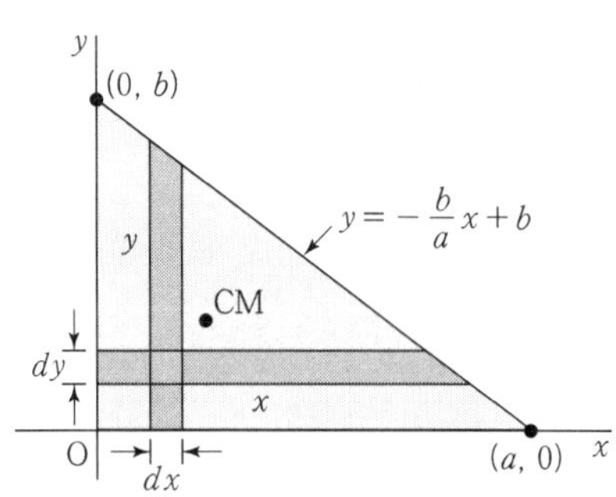


문7-5의 연습그림 : 직각삼각형 및 그 질량소

**풀이 |** 직각을 낀 두 변을 각각 $x$축, $y$축으로 한다(문7-5의 연습그림 참조). 식(7.20)에 의하여

$$x_{\mathrm{CM}} = \frac{1}{M}\int_V x\,dm \;:\; dm(x) = \sigma y(x)\,dx,\; y(x) = -\frac{b}{a}x + b,\; \sigma\left(\frac{1}{2}ab\right) = M$$

$$\therefore\; x_{\mathrm{CM}} = \frac{1}{M}\int_0^a x(\sigma y(x)dx) = \frac{2}{ab}\int_0^a\left(-\frac{b}{a}x^2 + bx\right)dx = \frac{2}{ab}\left(-\frac{a^2b}{3} + \frac{a^2b}{2}\right) = \frac{a}{3},$$

$$y_{\mathrm{CM}} = \frac{1}{M}\int_V y\,dm \;:\; dm(y) = \sigma x(y)\,dy,\; x(y) = -\frac{a}{b}y + a,\; \sigma\left(\frac{1}{2}ab\right) = M$$

$$\therefore\; y_{\mathrm{CM}} = \frac{1}{M}\int_0^b y(\sigma x(y)\,dy) = \frac{2}{ab}\int_0^b\left(-\frac{a}{b}y^2 + ay\right)dy = \frac{2}{ab}\left(-\frac{ab^2}{3} + \frac{ab^2}{2}\right) = \frac{b}{3}$$

《**참고** CM이 위치하는 점$\left(\frac{a}{3},\ \frac{b}{3}\right)$는 각 꼭짓점에서 맞 보는 변의 중점을 이은 직선(중심선)이 만나는 점이다. 》

**별해**

$$dm = \sigma\,dx\,dy \;:\; y = -\frac{b}{a}x + b$$

$$\therefore\; x_{\mathrm{CM}} = \frac{1}{M}\int_V x\,dm = \frac{1}{M}\int_{(x,y)} x(\sigma dx\,dy) = \frac{\sigma}{M}\int_0^a x\,dx\int_0^{-\frac{b}{a}x+b} dy$$

$$= \frac{2}{ab}\int_0^a x\,dx\left(-\frac{b}{a}x + b\right) = \frac{2}{ab}\int_0^a\left(-\frac{b}{a}x^2 + bx\right)dx = \frac{a}{3}$$

$$y_{\mathrm{CM}} = \frac{1}{M}\int_V y\,dm = \frac{1}{M}\int_{(x,y)} y(\sigma dx\,dy) = \frac{\sigma}{M}\int_0^a dx\int_0^{-\frac{b}{a}x+b} y\,dy$$

$$= \frac{2}{ab}\int_0^a dx\frac{1}{2}\left(-\frac{b}{a}x + b\right)^2 = \frac{1}{ab}\int_0^a\left(\frac{b^2}{a^2}x^2 - \frac{2b^2}{a}x + b^2\right)dx = \frac{b}{3}$$

**답 |** 직각을 낀 변으로부터 각변의 $\frac{1}{3}$ 떨어진 점 : 점$\left(\frac{a}{3},\ \frac{b}{3}\right)$(직각을 낀 두변을 좌표축으로)

## 7-6 질량중심

아래와 같은 균질인 물체의 질량중심을 구하라.

(가) 반지름 $R$의 얇은 반원판

(나) 반지름 $R$의 얇은 반구형의 공껍질

(다) 반지름 $R$의 속 찬 반구형의 공

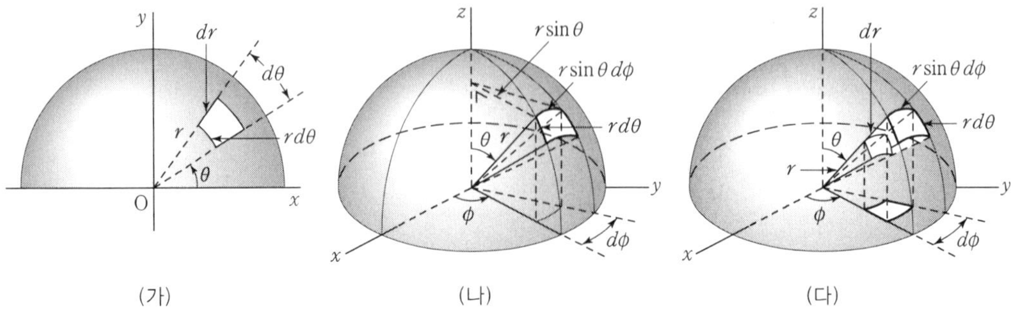


문7-6의 연습그림 : (가) 평면극좌표(반원판)의 면적소,
(나) 구면좌표(반구면)의 면적소, (다) 반구(구면좌표)의 체적소

**풀이 |** (가) 반원판의 중심과 둘레의 중점을 잇는 직선이 좌우 대칭선이다. 따라서 이 대칭선상에 질량 중심이 있다. 이 대칭선을 $y$축, 이에 수직이고 중심을 지나는 선을 $x$축으로 한다. 식(7.20)에 의하여

$$y_{\mathrm{CM}}=\frac{1}{M}\int_S y\,dm \ :\ dm=\sigma\,dS,\ dS=(r\,d\theta)(dr),$$

$$y=r\sin\theta\ (\theta\ :\ x\text{축과 이루는 각}),\ M=\sigma\left(\frac{\pi R^2}{2}\right)$$

$$\therefore\ y_{\mathrm{CM}}=\frac{1}{M}\int_S y\,\sigma\,dS=\frac{1}{M}\int_0^R \sigma\,r^2\,dr\int_0^{\pi}\sin\theta\,d\theta=\left(\frac{2}{\pi R^2}\right)\left(\frac{2R^3}{3}\right)=\frac{4}{3\pi}R.$$

(나) 반구면의 꼭짓점과 반구형의 중심을 잇는 선이 대칭선이다. 이를 $z$축, 이에 수직이고 중심을 지나는 면을 $xy$평면으로 한다. 질량중심은 대칭축인 $z$축 상에 있다. 식(7.20)에 의하여

$$z_{\mathrm{CM}}=\frac{1}{M}\int_S z\,dm \ :\ dm=\sigma\,dS,\ dS=(R\,d\theta)(R\sin\theta\,d\phi),\ z=R\cos\theta.$$

$$M=\sigma\,(2\pi R^2)$$

$$\therefore\ z_{\mathrm{CM}}=\frac{1}{M}\int_S z\,dm=\frac{\sigma R^3}{M}\int_0^{\frac{\pi}{2}}\cos\theta\sin\theta\,d\theta\int_0^{2\pi}d\phi$$

$$=\frac{R^3}{2\pi R^2}\left[-\frac{\cos^2\theta}{2}\right]_0^{\frac{\pi}{2}}\times[2\pi]=\frac{R}{2}.$$

(다) 반구의 꼭짓점과 반구 단면의 중심을 잇는 선이 대칭선이다. 이를 $z$축, 이에 수직이고 중심을 지나는 면을 $xy$평면으로 한다. 질량중심은 대칭축인 $z$축상에 있다. 식(7.20)에 의하여

$$z_{\mathrm{CM}}=\frac{1}{M}\int_V z\,dm \ :\ dm=\rho\,dV,\ dV=(r\,d\theta)(r\sin\theta\,d\phi)(dr),\ z=r\cos\theta,$$

$$M=\frac{1}{2}\left(\frac{4\pi R^3}{3}\right)\rho$$

$$\therefore\ z_{CM}=\frac{1}{M}\int_V z\,dm=\frac{\rho}{M}\int_0^R r^3\,dr\int_0^{\frac{\pi}{2}}\sin\theta\cos\theta\,d\theta\int_0^{2\pi}d\phi$$

$$=\left(\frac{3}{2\pi R^3}\right)\left[\frac{R^4}{4}\right]\times\left[\frac{\sin^2\theta}{2}\right]_0^{\frac{\pi}{2}}\times[2\pi]=\frac{3}{8}R$$

**답 |** (가) $y_{CM}=\dfrac{4}{3\pi}R$(반원의 중심선상)　(나) $z_{CM}=\dfrac{R}{2}$(반구의 중심선상)

(다) $z_{CM}=\dfrac{3}{8}R$(반구의 중심선상)

## 7.2 질점계의 운동방정식

### 7-7 연발 구슬총알에 의한 힘

질량이 $m$인 작은 유리구슬을 수평 방향으로 연속적으로 매 초 $n$개씩 발사하는 구슬총이 있다. 발사된 구슬이 연직 높이 $h$만큼 낙하하여 저울접시에 충돌하여 같은 높이만큼 다시 튕겨 오른다. 저울의 눈금은 얼마를 가리키는가?

**풀이 |** 저울접시에 충돌한 후 같은 높이만큼 튕겨 올라가므로 탄성충돌이다. 따라서 구슬 하나의 운동량 변화는 $\Delta p_y=2mv_y$ ($v_y$ : 충돌 순간의 낙하속도)이므로 $\Delta t$초 동안 총 운동량 변화는 $\Delta P=(2mv_y)(n\Delta t)$이고, 단위시간의 변화, 곧 알짜힘은

$$\frac{\Delta P}{\Delta t}=2nmv_y\ :\ v_y=\sqrt{2gh}\qquad\therefore\ F_{\text{알짜}}=\frac{\Delta P}{\Delta t}=2nm\sqrt{2gh}\ [\mathrm{N}]$$

이다. 따라서 저울의 눈금은 $\dfrac{F_{\text{알짜}}\,[\mathrm{N}]}{g\,[\mathrm{m/s^2}]}=2nm\sqrt{\dfrac{2h}{g}}\ [\mathrm{kg}]$이다.

**답 |** $2nm\sqrt{\dfrac{2h}{g}}\ [\mathrm{kg}]$

### 7-8 질점계의 총 운동량

질량이 2.00 kg, 3.00 kg인 두 입자 A, B의 속도가 각각 $\vec{v}_A=\hat{i}(2.00\ \mathrm{m/s})-\hat{j}(3.00\ \mathrm{m/s})$, $\vec{v}_B=\hat{i}(1.00\ \mathrm{m/s})+\hat{j}(6.00\ \mathrm{m/s})$이다. 다음을 구하라.

(가) 질량중심의 속도　(나) 질점계의 총 운동량

**풀이 |** (가) $\vec{v}_{CM}=\dfrac{m_A\vec{v}_A+m_B\vec{v}_B}{m_A+m_B}$ : $m_A=2.00\ \mathrm{kg}$, $m_B=3.00\ \mathrm{kg}$, $\vec{v}_A=\hat{i}(2.00\ \mathrm{m/s})-\hat{j}(3.00\ \mathrm{m/s})$,

$\vec{v}_B=\hat{i}(1.00\ \mathrm{m/s})+\hat{j}(6.00\ \mathrm{m/s})$　$\therefore\ \vec{v}_{CM}=\hat{i}(1.40\ \mathrm{m/s})+\hat{j}(2.40\ \mathrm{m/s})$.

(나) $\vec{p}_A=m_A\vec{v}_A$ : $m_A=2.00\ \mathrm{kg}$, $\vec{v}_A=\hat{i}(2.00\ \mathrm{m/s})-\hat{j}(3.00\ \mathrm{m/s})$

$\therefore\ \vec{p}_A=\hat{i}(4.00\ \mathrm{kg\cdot m/s})-\hat{j}(6.00\ \mathrm{kg\cdot m/s})$

$$\vec{p}_B = m_B \vec{v}_B \ : \ m_B = 3.00\ \text{kg},\ \vec{v}_B = \hat{i}(1.00\ \text{m/s}) + \hat{j}(6.00\ \text{m/s})$$

$$\therefore\ \vec{p}_B = \hat{i}(3.00\ \text{kg}\cdot\text{m/s}) + \hat{j}(18.0\ \text{kg}\cdot\text{m/s})$$

$$\therefore\ \vec{P} = \vec{p}_A + \vec{p}_B = \hat{i}(7.00\ \text{kg}\cdot\text{m/s}) + \hat{j}(12.0\ \text{kg}\cdot\text{m/s})$$

또는 $\vec{P} = \vec{p}_{CM} = M\vec{v}_{CM}\ :\ M = m_A + m_B = 5.00\ \text{kg},\ \vec{v}_{CM} = \hat{i}(1.40\ \text{m/s}) + \hat{j}(2.40\ \text{m/s})$

$$\therefore\ \vec{P} = \vec{p}_{CM} = \hat{i}(7.00\ \text{kg}\cdot\text{m/s}) + \hat{j}(12.0\ \text{kg}\cdot\text{m/s}).$$

**답 |** (가) $\vec{v}_{CM} = \hat{i}(1.40\ \text{m/s}) + \hat{j}(2.40\ \text{m/s})$ (나) $\vec{P} = \hat{i}(7.00\ \text{kg}\cdot\text{m/s}) + \hat{j}(12.0\ \text{kg}\cdot\text{m/s})$

### 7-9 질량중심의 속도

1,500 kg의 승용차가 동쪽으로 20.0 m/s의 속도로 달리고 있고, 3,000 kg의 트럭이 남쪽으로 16.0 m/s의 속도로 달리고 있다. 이 역학계{승용차, 트럭}의 질량중심의 속도를 구하라.

**풀이 |** 동쪽을 $x$축, 북쪽을 $y$축으로 택한다.

$$\vec{v}_{CM} = \frac{m_A\vec{v}_A + m_B\vec{v}_B}{m_A + m_B}\ :\ m_A = 1500\ \text{kg},\ \vec{v}_A = \hat{i}(20.0\ \text{m/s});\ m_B = 3000\ \text{kg},$$

$$\vec{v}_B = -\hat{j}(16.0\ \text{m/s})$$

$$\vec{v}_{CM} = \frac{\hat{i}(30000\ \text{kg}\cdot\text{m/s}) - \hat{j}(48000\ \text{kg}\cdot\text{m/s})}{4500\ \text{kg}} = \frac{1}{3}\left\{\hat{i}(20\ \text{m/s}) - \hat{j}(32\ \text{m/s})\right\}.$$

$$v_{CM} = \sqrt{\left(\frac{20}{3}\text{m/s}\right)^2 + \left(-\frac{32}{3}\text{m/s}\right)^2} = 12.58\ \text{m/s} = \underline{12.6\ \text{m/s}},$$

$$\tan\theta = -\frac{32}{20} \qquad \therefore\ \theta = -57.99^\circ = \underline{-58.0^\circ}$$

**답 |** $\vec{v}_{CM} = \hat{i}\left(\frac{20}{3}\text{m/s}\right) - \hat{j}\left(\frac{32}{3}\text{m/s}\right)$ 또는

$v_{CM} = 12.6\ \text{m/s}$ (동에서 $58.0^\circ$ 남쪽 또는 남에서 $32.0^\circ$ 동쪽: S $32.0^\circ$ E)

### 7-10 움직이는 비탈면을 미끄러지는 물체

질량 $m$의 물체가 매끄러운 수평면 위에 정지해 있는 질량 $2m$의 쐐기의 비탈면을 마찰없이 미끄러져 내려와서 수평면에 연착하여 수평으로 운동하게 된다. 물체가 처음에 수평면으로부터 연직 높이 $h$에 정지해 있었다. 물체가 비탈을 떠나는 순간 비탈의 속도를 구하라.

**풀이 |** 비탈을 떠나는 순간 물체의 속도는 수평 방향이고, 그 속도를 $v$, 비탈의 속도를 $V$라 하면 이들은 모두 수평 방향으로 서로 반대 방향이다.

운동량 보존 $2mV = mv \qquad \therefore\ V = \frac{v}{2}$

역학적 에너지 보존 $mgh = \frac{1}{2}mv^2 \Rightarrow v = \sqrt{2gh} \qquad \therefore\ V = \sqrt{\frac{gh}{2}}$

**답 |** $V = \sqrt{\frac{gh}{2}}$

## 7-11 고립계의 질량중심

조용한 호수 위에 정지해 있는 뱃머리에 앉아 있는 줄리엣을 위하여 로미오는 배 뒤 좌석에 앉아서 기타를 치면서 달콤한 세레나데를 부르고 있었다. 세레나데에 매혹된 줄리엣은 조용히 걸어서 로미오에게 다가가서 키스를 해 주었다. 이때 80.0 kg의 이 배는 앞으로 얼마나 이동하는가? 배의 길이는 2.70 m이고, 로미오와 줄리엣은 각각 77.0 kg, 55.0 kg이다.

**풀이 |** 이 역학계는 고립계이고, 알짜 외력이 0이므로 질량중심이 이동하지 않는다. 배 뒤를 $x$축의 원점으로 한다. 배의 질량중심은 배의 중앙$\left(\frac{2.70\ \mathrm{m}}{2}=1.35\ \mathrm{m}\right)$에 있다고 본다. 식(7.11)에 의하여

처음 질량중심의 위치

$$x_{\mathrm{CM}}=\frac{(77.0\ \mathrm{kg})\times 0+(80.0\ \mathrm{kg})\times(1.35\ \mathrm{m})+(55.0\ \mathrm{kg})\times(2.70\ \mathrm{m})}{(77.0\ \mathrm{kg})+(80.0\ \mathrm{kg})+(55.0\ \mathrm{kg})}=\frac{256.5\ \mathrm{kg}\cdot\mathrm{m}}{212\ \mathrm{kg}}$$

나중 질량중심의 위치

$$x_{\mathrm{CM}}'=\frac{(77.0\ \mathrm{kg})\times 0+(80.0\ \mathrm{kg})\times(1.35\ \mathrm{m})+(55.0\ \mathrm{kg})\times 0}{77.0\ \mathrm{kg}+80.0\ \mathrm{kg}+55.0\ \mathrm{kg}}=\frac{108\ \mathrm{kg}\cdot\mathrm{m}}{212\ \mathrm{kg}}$$

이다. 따라서 배는

$$\Delta x_{\mathrm{CM}}=x_{\mathrm{CM}}-x_{\mathrm{CM}}'=\frac{256.5\ \mathrm{kg}\cdot\mathrm{m}-108\ \mathrm{kg}\cdot\mathrm{m}}{212\ \mathrm{kg}}=0.700\ \mathrm{m}$$

만큼 뱃머리 쪽으로 이동해야한다.

**답 |** $\Delta x_{\mathrm{CM}}=0.700\ \mathrm{m}$ (뱃머리 쪽으로)

## 7-12 판자에 고정된 권총과 목침

매끄럽고 수평인 실험대 위에 놓여 있는 길이 $L$의 가벼운 판자의 양단에 권총 및 목침이 각각 고정되어 있다. 권총에서 발사된 총알이 직선으로 날아가서 정확하게 목침에 박혔다. 총알이 들어간 깊이는 매우 얕았다. 권총, 목침 및 총알의 질량은 각각 $m$, $M$, $m_0$이고, 처음 발사 순간 실험대에 대한 총알의 속도는 $v_0$라 한다. 다음을 구하라.

(가) 총알이 권총에서 발사되는 순간 및 총알이 목침에 박힌 순간 판자의 속도를 각각 구하라.

(나) 총알이 발사되어 목침에 박히는 순간까지 판자가 이동한 거리를 구하라.

**풀이 |** 역학계{권총, 총알, 목침, 판자}는 고립계이므로, 총 운동량이 보존되고, 질량중심(CM)이 이동하지 않거나 등속도운동을 한다. 총알의 방향을 양(+)으로 한다.

(가) 발사 순간 판자의 속도 $v_{판자}$는?

$$\text{운동량 보존 } m_0v_0+(m+M)\,v_{판자}=0 \qquad \therefore\ v_{판자}=-\frac{m_0}{m+M}v_0.$$

총알이 박힌 순간 판자의 속도 $v_{판자}'$은 CM의 속도와 같다. 따라서

$$v_{\mathrm{CM}}=\frac{m_0v_0+(m+M)v_{판자}}{m_0+m+M}=0 \qquad \therefore\ v_{판자}'=v_{\mathrm{CM}}=0$$

(나) 판자가 이동한 거리 $d$는, 총알이 발사되어 박힐 때까지 시간을 $t$라 하면, $d = v_{판자} t$인데, 총알의 판자에 대한 상대속도는

$$v_{0/판} = v_0 - v_{판자} = \left(\frac{m_0 + m + M}{m + M}\right) v_0 \qquad \therefore\ t = \frac{L}{v_{0/판}} = \frac{L}{v_0}\left(\frac{m + M}{m_0 + m + M}\right).$$

$$\therefore\ d = v_{판자}\, t = -\left(\frac{m_0 v_0}{m + M}\right)\left(\frac{m + M}{m_0 + m + M}\right)\frac{L}{v_0} = -\frac{m_0}{m_0 + m + M} L$$

**답 |** (가) $v_{판자} = \dfrac{m_0}{m + M} v_0$ (총알과 반대 방향), $v_{판자}{}' = 0$

(나) $d = \dfrac{m_0}{m + m_0 + M} L$ (총알과 반대 방향)

## 7-13 두 입자의 충돌

1.50 m/s로 직선상을 운동하고 있는 질량 0.200 kg의 입자에 질량 0.300 kg의 입자가 0.400 m/s의 속도로 달려와서 서로 정면 탄성충돌하였다.

(가) 충돌 후 각 입자의 속도를 구하라.

(나) 충돌 전, 후의 질량중심의 속도를 구하라.

**풀이 |** $m_A = 0.200$ kg, $u_A = 1.50$ m/s ; $m_B = 0.300$ kg, $u_B = -0.400$m/s. 질점 A(0.200 kg)의 처음 운동 방향을 양(+)으로 한다.

(가) 탄성충돌이므로 충돌 전 후의 상대속도의 크기가 서로 같다. 식(4.38)에 의하여

$$\text{탄성충돌 : } v_B - v_A = -(u_B - u_A) \ \Rightarrow\ -v_A + v_B = 1.90 \text{ m/s}$$

$$\text{운동량 보존 : } m_A u_A + m_B u_B = m_A v_A + m_B v_B$$
$$\Rightarrow (0.200 \text{ kg}) v_A + (0.300 \text{ kg}) v_B = 0.180 \text{ kg}\cdot\text{m/s}$$

위의 두 식을 연립하여 풀면 $v_A = -0.780$ m/s, $v_B = 1.12$ m/s를 얻는다.

(나) 운동량 보존법칙에 의하여 질량중심의 속도는 불변이다. 따라서 충돌 전 질량중심의 속도는

$$u_{CM} = \frac{m_A u_A + m_B u_B}{m_A + v_B} = \frac{0.180 \text{ kg}\cdot\text{m/s}}{0.500 \text{ kg}} = 0.360 \text{ m/s} = v_{CM}.$$

**답 |** (가) $v_A = -0.780$ m/s, $v_B = 1.12$ m/s　　(나) $u_{CM} = v_{CM} = 0.360$ m/s

## 7-14 질량중심의 가속도

질량 $M$의 속 빈 상자의 천정에 가벼운 용수철을 매어 달고 그 끝에 질량 $m$의 추를 달아놓았다. 이 상자를 저울 위에 얹어 놓았다.

(가) 저울의 눈금은 얼마일까?

(나) 만일 용수철이 끊어졌다면 그 순간 저울의 눈금은 어떻게 될까? 이유를 설명하라.

(다) 용수철이 끊어져서 추가 가속도 $g$로 자유낙하한다고 할 때, 이 계의 질량중심의 가속도를

구하라.

(라) (다)의 결과를 이용하여 용수철이 끊어졌을 때 저울의 눈금을 구하여, (나)의 결과와 비교하여라.

**풀이 |** (가) 저울 눈금은 저울이 계를 떠받는 수직항력($N$)과 같다. 용수철의 탄성력은 내력(속힘)이다. 연직 하방을 양(+)으로 택하면 상자의 운동방정식은

$$Ma_{상} = Mg + kx - N : a_{상} = 0,\ kx = mg \quad \therefore\ w = N = (M+m)g$$

(나) 추가 자유낙하하고 저울과 상호작용이 없다. 그러므로 $kx = 0 \quad \therefore\ w = N = Mg$

(다) $a_{CM} = \dfrac{m_1 a_1 + m_2 a_2}{m_1 + m_2} : m_1 = m,\ a_1 = g;\ m_2 = M,\ a_2 = 0 \quad \therefore\ a_{CM} = \dfrac{mg}{M+m}$

(라) 질량중심의 운동방정식 $(M+m)a_{CM} = F^{(e)}_{알짜} : F^{(e)}_{알짜} = (Mg+mg) - N,\ a_{CM} = \dfrac{mg}{M+m}$

$$\therefore\ mg = (Mg+mg) - N \quad \therefore\ N = Mg \ \text{((나)와 일치함)}$$

**답 |** (가) $w = (M+m)g$ (나) 변한다($\because\ w = Mg$) (다) $a_{CM} = \dfrac{mg}{M+m}$

(라) $w = Mg$ ((나)와 일치함)

### 7-15 폭발물

3.0 kg의 수류탄이 매끄러운 수평면을 6.0 m/s의 속도로 미끄러지다가 폭발하여 두 조각으로 떨어져 나갔다. 그중 한 조각은 1.0 kg으로 그 속도는 수류탄의 처음 방향과 수직 방향으로 4.0 m/s이었다.

(가) 다른 한 조각의 속도를 구하라.

(나) 폭발 후 질량중심의 속도를 구하라.

**풀이 |** 처음 운동 방향을 $x$축으로 한다.

$$m = 3.0\ \text{kg},\ \vec{u} = \hat{i}(6.0\ \text{m/s});\ m_1 = 1.0\ \text{kg},\ \vec{v}_1 = \hat{j}(4.0\ \text{m/s});\ m_2 = 2.0\ \text{kg},\ \vec{v}_2 = ?$$

폭발물은 고립계이므로 운동량이 보존된다.

(가) 운동량 보존 $\vec{p} = \vec{q}_1 + \vec{q}_2 : \vec{p} = \hat{i}(3.0\ \text{kg}) \times (6.0\ \text{m/s}) = \hat{i}(18.0\ \text{kg}\cdot\text{m/s})$,

$$\vec{q}_1 = \hat{j}(1.0\ \text{kg}) \times (4.0\ \text{m/s}) = \hat{j}(4.0\ \text{kg}\cdot\text{m/s})$$

$$\therefore\ \vec{q}_2 = \vec{p} - \vec{q}_1 = \hat{i}(18.0\ \text{kg}\cdot\text{m/s}) - \hat{j}(4.0\ \text{kg}\cdot\text{m/s})$$

$$\therefore\ \vec{v}_2 = \frac{\vec{q}_2}{m_2} = \frac{\hat{i}(18.0\ \text{kg}\cdot\text{m/s}) - \hat{j}(4.0\ \text{kg}\cdot\text{m/s})}{(2.0\ \text{kg})} = \hat{i}(9.0\ \text{m/s}) - \hat{j}(2.0\ \text{m/s})$$

(나) $\vec{v}_{CM} = \dfrac{\vec{q}_1 + \vec{q}_2}{M} = \dfrac{\vec{p}}{M} = \dfrac{\hat{i}(18.0\ \text{kg}\cdot\text{m/s})}{3.0\ \text{kg}} = \hat{i}(6.0\ \text{m/s})$

**답 |** (가) $\vec{v} = \hat{i}(9.0\ \text{m/s}) - \hat{j}(2.0\ \text{m/s})$ (나) $\vec{v}_{CM} = \hat{i}(6.0\ \text{m/s})$

## 7.3 가변질량 역학계의 운동

### 7-16 나르게 띠

트럭이 일정한 속도 $90.0\ \mathrm{km/h}$로 달리고 있다. 비가 내려서 $1{,}000\ \mathrm{m}$를 가는 동안에 $50.0\ \mathrm{kg}$의 빗물이 짐실이에 고였다.

(가) 트럭이 일정한 속도를 유지하려면 얼마의 힘이 필요한가?

(나) 또, 얼마의 일률이 필요한가?

**풀이 |** (가) 운동량의 정리 $\dfrac{dp}{dt}=\dfrac{d}{dt}(mv)=\dfrac{dm}{dt}v+m\dfrac{dv}{dt}=F^{(\mathrm{e})}$ : $v=$(일정) (식(7.49) 참조)

$$\Rightarrow F^{(\mathrm{e})}=\frac{dm}{dt}v \ :\ v=90.0\ \mathrm{km/h}=25\ \mathrm{m/s},\ \frac{dm}{dt}=\frac{50.0\ \mathrm{kg}}{\left(\dfrac{1000\ \mathrm{m}}{25\ \mathrm{m/s}}\right)}=1.250\ \mathrm{kg/s}$$

$$\therefore\ F^{(\mathrm{e})}=31.250\ \mathrm{N}=31.3\ \mathrm{N}$$

(나) 공급해야 할 일률

$$P=F^{(\mathrm{e})}v \qquad \therefore\ P=(31.250\ \mathrm{N})\times(25.0\ \mathrm{m/s})=781\ \mathrm{W}$$

**답 |** (가) $F^{(\mathrm{e})}=31.3\ \mathrm{N}$  (나) $P=781\ \mathrm{W}$

### 7-17 쇠사슬의 낙하운동

길이가 $L$, 질량이 $M$인 균질의 쇠사슬의 아래 끝이 수평인 바닥에 살짝 닿을 정도로 위 끝을 쥐고 있다가 가만히 놓았다. 위 끝이 길이 $y$만큼 떨어졌다.

(가) 그 순간으로부터 시간 $\Delta t$초 동안 쇠사슬의 운동량의 변화를 구하라.

(나) 그 순간 바닥이 쇠사슬에 미치는 힘을 구하라.

**풀이 |** (가) 운동량 변화 $\Delta p$는? 쇠사슬이 처음에 바닥에 닿아 있는 순간부터 $\Delta t$초 동안 운동량의 변화를 구하려고 한다. 바닥에 닿는 순간부터 $\Delta t$초 동안 이동한 쇠사슬의 길이 $\Delta y$에 해당하는 미소질량 $\Delta m$은 바닥에 정지하게 된다. 이 질량은 닿는 순간의 속도 $v$에서 0으로 변한다. 따라서 $\Delta p=v\,\Delta m$ 이다. 여기서

$$\Delta m=\lambda\,\Delta y=\frac{M}{L}(v\ \Delta t) \qquad \therefore\ \Delta p=\Delta m\ v=\left(\frac{M}{L}v^2\right)\Delta t.$$

닿는 순간이 쇠사슬의 위 끝이 길이 $y$만큼 내려온 순간이라면 속도 $v$는 $v=\sqrt{2gy}$ 이므로 운동량의 변화는 $\Delta p=\Delta m\ v=\left(\dfrac{M}{L}2gy\right)\Delta t$이다.

(나) 바닥이 쇠사슬에 미치는 힘 $N$은? 이 힘은 두 가지이다.

(a) 그 하나는 쇠사슬의 바닥과의 충돌로 인한 힘, 곧 낙하하는 쇠사슬을 멈추게 하는 충격력 $F=\dfrac{dp}{dt}$와 같다.

(b) 그 둘째는 바닥 위에 이미 놓여 있는 쇠사슬을 떠받는 힘이다. 이것은 바닥에 놓인 쇠사슬의 무게 $F_g = m'g$와 같다.

따라서 바닥이 쇠사슬에 미치는 힘 $N$은 $N = F + F_g$이다. 여기서

$$F_g = m'g \ : \ m' = \frac{M}{L}y \text{(바닥에 이미 놓여 있는 질량)} \quad \therefore \ F_g = \left(\frac{M}{L}\right) gy.$$

$$F = \frac{dp}{dt} = \frac{M}{L}2gy \ (\because \ \text{(가)의 결과 : 운동량 변화 } \Delta p = \Delta m \, v = \left(\frac{M}{L}2gy\right)\Delta t)$$

$$\therefore \ N = F + F_g = \left(\frac{M}{L}2gy\right) + \frac{M}{L}gy = \left(\frac{3Mg}{L}\right)y.$$

**답 |** (가) $\Delta p = \left(\frac{M}{L}\right)(2gy)\,\Delta t$ (나) $N = \frac{3Mg}{L}y$

### 7-18 구름 속의 물방울

대기 중에서 중력에 의하여 낙하하는 물방울은 공 모양이다. 물방울이 구름 속을 낙하할 때 질량이 증가한다. 물방울은 처음에 구름 속에 정지해 있었다.

(가) 물방울의 질량은 물방울이 구름 속을 낙하한 거리 $x$에 비례하고($m = kx$), 물방울에 작용하는 외력은 중력뿐이라 한다. 운동방정식을 세워라.

(나) 이 방정식의 풀이가 $\frac{dx}{dt} = at$ ($a$ : 일정한 상수)의 꼴이라 할 때 상수 $a$를 구하라.

(다) $k = 2.00 \text{ g/m}$라 하면 3초 후 물방울의 질량은 얼마인가?

**풀이 |** (가) 물방울의 운동방정식은? $\frac{dp}{dt} = F^{(e)}$ : $p = mv$, $\frac{dp}{dt} = \frac{d}{dt}(m\,v) = m\frac{dv}{dt} + \frac{dm}{dt}v$

$$\Rightarrow m(x)\frac{dv}{dt} + \frac{dm(x)}{dt}v = F^{(e)} \ : \ m(x) = kx, \ F^{(e)} = m(x)\,g, \ v = \frac{dx}{dt}, \ \frac{dm}{dt} = k\frac{dx}{dt}$$

$$\therefore \ x\frac{d^2x}{dt^2} + \left(\frac{dx}{dt}\right)^2 = x\,g$$

(나) $\frac{dx}{dt} = at$의 $a$는? $\frac{dx}{dt} = at \Rightarrow \frac{d^2x}{dt^2} = a$, $x = \frac{1}{2}at^2$

「$\because \ x = \int at\,dt = \frac{1}{2}at^2 + C_x$ : 처음 조건 $x(0) = 0$(출발점을 원점으로 한다) $\therefore \ C_x = 0$」

$$\therefore \ x\frac{d^2x}{dt^2} + \left(\frac{dx}{dt}\right)^2 = x\,g \Rightarrow \frac{1}{2}a^2t^2 + a^2t^2 = \frac{1}{2}at^2 g \quad \therefore \ a = \frac{g}{3} = 3.27 \text{ m/s}^2 \text{ 또는 } a = 0$$

여기서 $a = 0$는 답이 될 수 없다(따라서 $x = \frac{1}{6}gt^2$, $v = \frac{dx}{dt} = \frac{1}{3}gt$이다).

(다) 3초 후 물방울의 질량($k = 2.00 \text{ g/m}$)은?

$$m = kx = k\left(\frac{1}{2}at^2\right) \ : \ k = 2.00 \text{ g/m}, \ a = \frac{g}{3} = 3.27 \text{ m/s}^2, \ t = 3.00 \text{ s}$$

$$\therefore \ m(3\text{ s}) = 3g\,[\text{g}] = 29.4 \text{ g}$$

**답 |** (가) $x\frac{d^2x}{dt^2}+\left(\frac{dx}{dt}\right)^2=xg$ (나) $a=\frac{g}{3}=3.27\ \mathrm{m/s^2}$ (다) $m=3g[\mathrm{g}]=29.4\ \mathrm{g}$

### 7-19 로켓의 추진력

연소율이 200 kg/s 이고, 분사속도가 6.00 km/s 인 로켓의 추진력은 얼마인가?

**풀이 |** 추진력은 식(7.51)에 의하여 $F_{\mathrm{th}}=v_{\mathrm{e}}'\left|\frac{dm}{dt}\right|=(6.00\ \mathrm{km/s})\times(200\ \mathrm{kg/s})=1.20\times10^6\ \mathrm{N}$.

**답 |** $F_{\mathrm{th}}=1.20\times10^6\ \mathrm{N}$

### 7-20 로켓의 속도

총 질량의 5%가 로켓 자체의 질량이고 나머지는 연료이다. 자유공간에 있는 로켓이 정지상태에서 출발하였다. 분사속도가 5.00 km/s 라면 나중 속도는 얼마인가?

**풀이 |** 나중 속도는 식(7.53)에 의하여

$$v(t)=v_0+v_{\mathrm{e}}'\ln\frac{m_0}{m(t)}\ (\because\ F^{(\mathrm{e})}=0)\ :\ m(\tau)=M_0=0.05m_0,\ v_{\mathrm{e}}'=5.00\times10^3\ \mathrm{m/s},\ v_0=0$$

$$\therefore\ v(\tau)=15.0\times10^3\ \mathrm{m/s}$$

**답 |** $v(\tau)=15.0\times10^3\ \mathrm{m/s}$

### 7-21 중력마당에서 로켓의 운동

로켓의 처음 질량이 30,000 kg 인데 그 20%가 로켓 자체 질량이다. 연료의 연소율은 200 kg/s 이고 분사속도는 1.80 km/s 이다.

(가) 로켓의 추진력 및 연료가 모두 연소하는 데 걸리는 시간 $\tau$를 구하라.

(나) 지구 표면 가까이에서 연직상방으로 발사된 로켓이 균일한 중력마당($g$ : 일정)에서 운동하고 있다. 나중 속도를 구하라.

**풀이 |** $F^{(0)}=-mg,\ m(0)\equiv m_0=M_0+M=30000\ \mathrm{kg},\ M_0=0.2m_0,\ \left|\frac{dm}{dt}\right|=200\ \mathrm{kg/s}$,

$v_{\mathrm{e}}'=1.80\times10^3\ \mathrm{m/s}$

(가) 추진력은? 식(7.51)에 의하여 $F_{\mathrm{th}}=v_{\mathrm{e}}'\left|\frac{dm}{dt}\right|:v_{\mathrm{e}}'=1.80\times10^3\ \mathrm{m/s},\ \left|\frac{dm}{dt}\right|=200\ \mathrm{kg/s}$

$$\therefore\ F_{\mathrm{th}}=3.60\times10^5\ \mathrm{N}$$

연소시간 $\tau$ : $\tau=\frac{M}{\left|\frac{dm}{dt}\right|}=\frac{0.8\times(30000\ \mathrm{kg})}{(200\ \mathrm{kg/s})}=120\ \mathrm{s}$

(나) 나중 속도는? 식(7.55)에 의하여

$$v(t)=v(0)+v_{\mathrm{e}}'\ln\frac{m(0)}{m(t)}-gt\ :\ t=\tau=120\ \mathrm{s},\ m(\tau)=0.20m(0),\ v(0)=0$$

$$\therefore\ v(\tau) = 1.72 \times 10^3\ \mathrm{m/s}$$

**답 |** (가) $F_{\mathrm{th}} = 3.60 \times 10^5\ \mathrm{N}$, $\tau = 120\ \mathrm{s}$ (나) $v(\tau) = 1.72\ \mathrm{km/s}$

### 7-22 로켓 엔진의 분사속도와 연료

먼 우주 공간에서 사용할 로켓 엔진은 3.00톤 정도의 총 하중을 10,000 m/s의 속도까지 추진시킬 수 있어야 한다.

(가) 2,000 m/s의 분사속도를 낼 수 있도록 설계된 로켓 엔진의 연료는 얼마이어야 하는가?

(나) 만일 5,000 m/s의 분사속도를 낼 수 있는 다른 엔진이라면 연료는 얼마이어야 하는가?

**풀이 |** (가) 연료는? 식(7.53)에 의하여

$$v(\tau) = v_e{}' \ln\frac{m(0)}{m(\tau)} \quad (\because\ F^{(0)} = 0,\ v_0 = 0) \qquad \therefore\ \frac{m(0)}{m(\tau)} = \exp\left\{\frac{v(\tau)}{v_e{}'}\right\}$$

$$\therefore\ M = m(0) - m(\tau) = m(\tau)\left(\exp\left\{\frac{v(\tau)}{v_e{}'}\right\} - 1\right) \ :\ m(\tau) = 3.00 \times 10^3\ \mathrm{kg},$$

$$v(\tau) = 10{,}000\ \mathrm{m/s},\ v_e{}' = 2000\ \mathrm{m/s}$$

$$\therefore\ M = 442 \times 10^3\ \mathrm{kg}$$

(나) $v_e{}' = 5000\ \mathrm{m/s} \Rightarrow M = 19.2 \times 10^3\ \mathrm{kg}$.

**답 |** (가) $M = 4.42 \times 10^5\ \mathrm{kg}$ (나) $M = 0.192 \times 10^5\ \mathrm{kg}$

### 7-23 로켓 엔진의 연소율

중력을 무시할 수 있는 먼 우주 공간에서 처음 질량이 6,000 kg, 분사속도가 2,000 m/s인 우주 로켓이 발사되었다. 처음 가속도가 25.0 m/s²이었다면 그 순간 1초 동안에 분사된 기체는 얼마이어야 하는가?

**풀이 |** 로켓 방정식은 식(7.52)에 의하여 $m\dfrac{dv}{dt} = v_e{}'\left|\dfrac{dm}{dt}\right|$ $(\because\ F^{(0)} = 0)$

$$\therefore\ \left|\frac{dm}{dt}\right| = \frac{m}{v_e{}'}\frac{dv}{dt} \ :\ m = 6000\ \mathrm{kg},\ v_e{}' = 2000\ \mathrm{m/s},\ \frac{dv}{dt} = 25.0\ \mathrm{m/s^2}$$

$$\therefore\ \left|\frac{dm}{dt}\right| = 75.0\ \mathrm{kg/s}$$

처음 1초 동안의 질량 $m(1\mathrm{s}) = \left|\dfrac{dm}{dt}\right| \times (1\ \mathrm{s}) = 75.0\ \mathrm{kg}$

**답 |** $m(1\ \mathrm{s}) = 75.0\ \mathrm{kg}$

### 7-24 로켓 엔진의 분사속도

중력이 무시될 수 있는 먼 우주 공간에서 로켓이 발사되었다. 발사 순간 처음 1초 동안에 로켓의 총 질량의 $\dfrac{1}{160}$에 해당하는 연료가 연소된 기체를 분사하여 15.0 m/s²의 가속도가 생겼다. 로켓에 대한 분사속도는 얼마인가?

**풀이 |** $\left|\dfrac{dm}{dt}\right| = \dfrac{1}{160}m$, $\dfrac{dv}{dt} = 15.0\ \mathrm{m/s^2}$

식(7.52)에 의하여 로켓의 운동방정식은 $m\dfrac{dv}{dt} = v_e{}'\left|\dfrac{dm}{dt}\right|$ $(\because\ F^{(0)} = 0)$

$$\therefore\ v_e{}' = \frac{m}{\left|\dfrac{dm}{dt}\right|}\frac{dv}{dt}\ :\ \left|\frac{dm}{dt}\right| = \frac{1}{160}m,\ \frac{dv}{dt} = 15.0\ \mathrm{m/s^2}$$

$$\therefore\ v_e{}' = 2.40 \times 10^3\ \mathrm{m/s}$$

**답 |** $v_e{}' = 2.40 \times 10^3\ \mathrm{m/s}$

# 8장 강체의 운동

## - 회전운동, 각운동량(벡터곱)

## 중요 사항 정리

### 8.1 강체운동과 그 기술

강체 물체를 구성하고 있는 뭇질점들의 상대적 위치가 어떤 경우에도 변하지 않는 질점계

병진운동 강체를 구성하는 뭇질점들이 다 같이 나란한 경로를 따라서 나란하게 옮겨지는 운동상태

회전운동 특정한 직선(회전축) 주위로 모든 질점들이 원궤도를 그리는 운동상태

**강체의 운동은 병진운동과 회전운동의 복합적 운동현상이다.**

**고정 회전축 주위의 회전운동**

각위치 $\theta$ 회전중심 O에서 점 $P_i$를 지나는 반지름이 기준선과 이루는 각

각변위 $\Delta\theta$ 회전중심에서 점 $P_i$를 지나는 반지름이 $\Delta t$초 동안 회전한 각

**점 $P_i$의 선속도** $\dfrac{ds_i}{dt} = v_i$, **점 $P_i$의 각속도** $\dfrac{d\theta}{dt} = \omega$, **각가속도** $\dfrac{d^2\theta}{dt^2} = \dfrac{d\omega}{dt} = \alpha$

**선속도와 각속도** $v_i = \omega\, r_i \ (\overline{\mathrm{OP}}_i \equiv r_i)$ (8.3)

**접선가속도와 각가속도** $a_{i;\tau} = \alpha\, r_i$ (8.4)

**법선가속도와 선속도, 각속도** $a_{i;n} = \dfrac{v_i^2}{r_i} = \omega^2\, r_i$

등각가속도운동

$$\omega = \omega_0 + \alpha\, t,\ \theta - \theta_0 = \omega_0 t + \frac{1}{2}\alpha\, t^2,\ 2\alpha(\theta - \theta_0) = \omega^2 - \omega_0^2 \qquad (8.5),\ (8.6)$$

## 8.2 힘이 강체에 주는 회전운동 효과 - 돌림힘

강체의 병진운동은 질량중심의 운동방정식에 의하여 기술된다.

$$\text{질량중심의 운동방정식} \quad M\frac{d\vec{v}_{\mathrm{CM}}}{dt} = \vec{F}^{(\mathrm{e})}_{\text{알짜}} \ (\text{병진운동}) \tag{8.7}$$

### 8.2.1 돌림힘

작용점의 위치벡터가 $\vec{r}$인 힘 $\vec{F}$의 점 O에 대한 돌림힘

**크기** $\tau = r_{\perp} F = r F_{\perp} = r F \sin\phi$ : $r_{\perp} = r\sin\phi$, $F_{\perp} = F\sin\phi$ (8.8)

$r_{\perp}$ : 위치벡터 $\vec{r}$의 힘 $\vec{F}$에 수직인 성분(지레팔 또는 팔),

$F_{\perp}$ : 힘 $\vec{F}$의 위치벡터 $\vec{r}$에 수직인 성분,

$\phi$ : 위치벡터 $\vec{r}$와 힘 $\vec{F}$의 사이각

**방향** 돌림힘에 의한 강체의 회전 방향

돌림힘의 단위 [N · m]

(돌림힘의 차원)=(거리)×(힘)의 차원

$[\tau] = [r_{\perp}][F] = [\mathrm{L}][\mathrm{MLT}^{-2}] = [\mathrm{ML}^2\mathrm{T}^{-2}]$

### 8.2.2 강체에 작용하는 힘의 합성

**강체에 작용하는 힘의 작용점을 작용선상의 어느 점에 옮겨 놓아도 그 힘이 강체에 미치는 운동효과에는 변함이 없다.**

#### 나란한 힘의 합성

힘이 강체에 미치는 병진운동 효과에 의하여 합력의 크기 및 방향이 결정되고, 그 작용점은 회전운동 효과에 의하여 결정된다.

병진운동 효과 ⇒ 합력의 크기 $F_{12} = F_1 + F_2$

회전운동 효과 ⇒ 합력의 작용점 $x_C = \dfrac{x_1 F_1 + x_2 F_2}{F_1 + F_2}$ (8.10)

### 공간에서 나란한 뭇힘들의 합성

**크기** $F = F_1 + F_2 + F_3 + \cdots = \sum_i F_i$

**작용점** $x_C = \dfrac{\sum_i x_i F_i}{\sum_i F_i}$, $y_C = \dfrac{\sum_i y_i F_i}{\sum_i F_i}$, $z_C = \dfrac{\sum_i z_i F_i}{\sum_i F_i}$

**합력의 작용점**$(x_C,\ y_C,\ z_C)$=(**나란한 힘의 중심**)

**짝힘** $(\vec{F}_1,\ \vec{F}_2) \rightleftarrows \{F_1 = F_2\ \&\ \vec{F}_1 = -\vec{F}_2\}$

**짝힘의 지레팔(짝힘의 팔)** : 두 힘의 작용선 사이의 수직거리 $\ell = x_2 - x_1$

**짝힘의 돌림힘** $\tau = \ell F$ (8.12)

1〉 짝힘은 힘의 크기 및 지레팔이 같으면 짝힘이 있는 평면 내의 임의의 점에 옮겨도 좋다.

2〉 짝힘은 같은 평면 내에서 돌림힘이 같은 다른 짝힘으로 바꾸어 놓아도 좋다.

3〉 짝힘은 그 평면에 나란한 다른 임의의 평면에 옮겨 놓아도 좋다.

### 일반적인 힘의 합성

강체에 작용하는 한 힘 $\vec{F}_1$은 임의의 한 점 G에 나란히 옮겨 놓은 그 힘 $\vec{F}_a \equiv \vec{F}_1$ 및 하나의 짝힘$(\vec{F}_1,\ -\vec{F}_a)$과 등가이다.

$$\vec{F}_1 \Leftrightarrow \{\vec{F}_a @\mathrm{G}\,(\text{작용점})\ \&\ (\vec{F}_1,\ -\vec{F}_a)\}$$

$$\therefore\ \{\vec{F}_1,\ \vec{F}_2,\ \vec{F}_3,\ \cdots\}$$

$$\Leftrightarrow \{\vec{F}_a + \vec{F}_b + \vec{F}_c + \cdots \equiv \vec{F} @\mathrm{G}\ \&(\vec{F}_1,\ -\vec{F}_a),\ (\vec{F}_2,\ -\vec{F}_b),\ (\vec{F}_3,\ -\vec{F}_c),\ \cdots\}$$

**강체에 작용하는 뭇힘들은 일반적으로 임의의 한 점을 지나는 하나의 힘(A)과 뭇힘들과 같은 회전효과를 주는 하나의 짝힘(B)으로 합성된다.**

## 연습문제

### 8.1 강체운동과 그 기술

**8-1 흔들이문의 운동**

흔들이문(swinging door)의 각위치가 $\theta(t) = 5.00 + 10.0t + 2.00t^2$으로 주어진다고 한다. 여기서 각위치는 〔rad〕, 시간은 〔s〕로 표현된다. 시각 $t = 0$, $t = 3.00\,\mathrm{s}$에서 흔들이문의 다음을 구하라.

(가) 각위치 (나) 각속도 (다) 각가속도

**풀이 |** (가) $\theta(0) = 5.00 + 10.0 \times 0 + 2.00 \times 0^2 = 5.00\,[\mathrm{rad}]$,

$\theta(3) = 5.00 + 10.0 \times 3 + 2.00 \times 3^2 = 53.0\,[\mathrm{rad}]$

(나) 각속도는 $\omega = \dfrac{d\theta(t)}{dt} = 10.0 + 4.00t$

$\therefore\ \omega(0) = 10.0 + 4.00 \times 0 = 10.0\,[\mathrm{rad/s}]$, $\omega(3) = 10.0 + 4.00 \times 3 = 22.0\,[\mathrm{rad/s}]$

(다) 각가속도는 $\alpha = \dfrac{d\omega}{dt} = 4.00\,[\mathrm{rad/s^2}]$이다.

**답 |** (가) $\theta(0) = 5.00\,\mathrm{rad}$, $\theta(3) = 53.0\,\mathrm{rad}$ (나) $\omega(0) = 10.0\,\mathrm{rad/s}$, $\omega(3) = 22.0\,\mathrm{rad/s}$

(다) $\alpha(0) = \alpha(3) = 4.00\,\mathrm{rad/s^2}$

**8-2 회전반**

회전반이 처음에 $65.0\,\mathrm{rad/s}$의 각속도로 회전하던 것이 그 후 각가속도가 $\alpha(t) = -(10.0\,\mathrm{rad/s^2}) - (5.00\,\mathrm{rad/s^3})\,t$로 주어졌다.

(가) 3초 지난 뒤 각속도는 얼마인가?

(나) 3초 지난 뒤 얼마나 회전하는가?

**풀이 |** $\omega(0) = 65.0\,\mathrm{rad/s}$

(가) 각속도 $\omega = \int \alpha(t)\,dt = \int \{-10.0\,\mathrm{rad/s^2} - (5.00\,\mathrm{rad/s^3})\,t\}dt$

$= -(10.0\,\mathrm{rad/s^2})t - (2.50\,\mathrm{rad/s^3})t^2 + C_\omega \ :\ \omega(0) = 65.0\,\mathrm{rad/s}$

$\therefore\ C_\omega = 65.0\,\mathrm{rad/s}$ $\quad\therefore\ \omega(t) = -(10.0\,\mathrm{rad/s^2})t - (2.50\,\mathrm{rad/s^3})t^2 + 65.0\,\mathrm{rad/s}$

$\therefore\ \omega(3) = 12.5\,\mathrm{rad/s}$

(나) 각변위

$$\theta(t) = \int \omega(t)dt = (65.0\,\mathrm{rad/s})\,t - (5.00\,\mathrm{rad/s^2})t^2 - \left(\frac{2.50\,\mathrm{rad/s^3}}{3}\right)t^3 + C_\theta \ :\ C_\theta = \theta(0)$$

$$\therefore\ \Delta\theta = \theta(t) - \theta(0) = (65.0\ \text{rad/s})\ t - (5.00\,\text{rad/s}^2)t^2 - \left(\frac{2.50\ \text{rad/s}^3}{3}\right)t^3.$$

$$\therefore\ \Delta\theta = \theta(3) - \theta(0) = 127.5\ \text{rad} \Rightarrow \text{회전수}\ n = \frac{127.5\ \text{rad}}{2\pi\ \text{rad/rev}} = 20.30\ \text{rev} = \underline{20.3\ \text{rev}}$$

**답 |** (가) $\omega(3) = 12.5\ \text{rad/s}$ (나) $n = 20.3\ \text{rev}$

### 8-3 원판의 회전

회전원판이 정지상태에서 회전하기 시작하여 일정한 비율로 점점 빨라져서 10회전하여 각속도 $\omega$가 되었다. 같은 비율로 회전이 빨라져서 각속도가 $2\omega$가 되자면 추가로 몇 회전을 더 해야 하는가?

**풀이 |** 회전원판은 등각가속도 회전운동을 한다. 운동의 각가속도, 각속도, 각변위 사이의 관계는 $2\alpha(\theta - \theta_0) = \omega^2 - \omega_0^2$로 주어진다. 여기서 $\theta_0 = 0$, $\omega_0 = 0$이다. 그러므로

$$2\alpha\theta_1 = \omega^2\ :\ \theta_1 = 10\ \text{rev}$$

$$2\alpha\theta_2 = (2\omega)^2 \quad \therefore\ \frac{\theta_2}{\theta_1} = 4 \Rightarrow \theta_2 = 4\theta_1 = 40\ \text{rev} \quad \therefore\ \Delta\theta = \theta_2 - \theta_1 = 30\ \text{rev}$$

$\therefore$ 회전수는 $n = 30\ \text{rev}$

**답 |** $n = 30\ \text{rev}$

### 8-4 전기세탁기

전기세탁기의 회전하는 빨래통이 정지상태에서 회전하기 시작하여 일정한 비율로 회전속도가 커져서 8.00초 만에 매 초 5.00회전하였다. 이때 뚜껑을 열고 안전스위치를 껐더니 점점 느려져서 12.0초 만에 회전빨래통이 정지하였다. 이 회전빨래통의 총 회전수는 얼마인가?

**풀이 |** 빨래통은 등각가속도운동을 한다. 따라서 등각가속도운동의 식(8.5), 식(8.6)을 만족한다. 전반 가속부분(A) 및 후반 감속부분(B)으로 나누어 생각하는 것이 편리하다.

(A) 가속부분

$$\omega_A = \omega_0 + \alpha_A t\ :\ \omega_0 = 0,\ t = 8.00\ \text{s},\ \omega_A = (5.00\ \text{rev/s}) \times \left(\frac{2\pi\ \text{rad}}{1\ \text{rev}}\right) = 10.0\pi\ \text{rad/s}$$

$$\therefore\ \alpha_A = \frac{\omega_A - \omega_0}{t} = \frac{10\pi\ \text{rad/s}}{8.00\ \text{s}} = 1.25\pi\ \text{rad/s}^2$$

$$\therefore\ \theta_A = \theta_0 + \omega_0 t + \frac{1}{2}\alpha_A t^2 = 0 + 0 + \frac{1}{2} \times (1.25\pi\ \text{rad/s}^2) \times (8.00\ \text{s})^2 = 40.0\pi\ \text{rad}$$

(B) 감속부분 $\omega_B = \omega_0 + \alpha_B t\ :\ \omega_B = 0;\ \omega_0 = \omega_A = 10.0\pi\ \text{rad/s}$

$$\therefore\ \alpha_B = -\frac{\omega_A}{t} = -\frac{10\pi\ \text{rad/s}}{12.0\ \text{s}} = -\frac{5\pi}{6}\ \text{rad/s}^2,$$

$$\Delta\theta_B = \omega_A t + \frac{1}{2}\alpha_B t^2 = (10.0\pi\ \text{rad/s}) \times (12.0\ \text{s}) + \frac{1}{2} \times \left(-\frac{5\pi}{6}\ \text{rad/s}^2\right) \times (12.0\ \text{s})^2$$

$$= 60.0\pi\ \text{rad}$$

$$\therefore\ \theta = \theta_A + \Delta\theta_B = (40.0\pi \text{ rad}) + (60.0\pi \text{ rad}) = 100\pi \text{ rad}$$

$$\Rightarrow \text{총 회전수 } n = \frac{100\pi \text{ rad}}{2\pi \text{ rad}} = 50.0 \text{ rev}$$

**별해**

$\omega_A = \omega_0 + \alpha_A t$ : $\omega_0 = 0$, $t = 8.00$ s, $\omega_A = 5.00$ rev/s

$$\therefore\ \alpha_A = \frac{\omega_A - \omega_0}{t} = \frac{5.00 \text{ rev/s}}{8.00 \text{ s}} = \frac{5}{8} \text{ rev/s}^2$$

$$\therefore\ \theta_A = \theta_0 + \omega_0 t + \frac{1}{2}\alpha_A t^2 = 0 + 0 + \frac{1}{2} \times \left(\frac{5}{8} \text{ rev/s}^2\right) \times (8.00 \text{ s})^2 = 20.0 \text{ rev}$$

$\omega_B = \omega_0 + \alpha_B t$ : $\omega_B = 0$, $\omega_0 = \omega_A = 5.00$ rev/s

$$\therefore\ \alpha_B = -\frac{\omega_A}{t} = -\frac{5.00 \text{ rev/s}}{12.0 \text{ s}} = -\frac{5}{12} \text{ rev/s}^2,$$

$$\Delta\theta_B = \omega_A t + \frac{1}{2}\alpha_B t^2 = (5.00 \text{ rev/s}) \times (12.0 \text{ s}) + \frac{1}{2} \times \left(-\frac{5}{12} \text{ rev/s}^2\right) \times (12.0 \text{ s})^2 = 30.0 \text{ rev}$$

$$\therefore\ \theta = \theta_A + \Delta\theta_B = 20.0 \text{ rev} + 30.0 \text{ rev} = 50.0 \text{ rev} \Rightarrow \text{총 회전수 } n = 50.0 \text{ rev}$$

**답 |** $n = 50.0$ rev

## 8-5 비디오 테이프 감개의 회전

표준 VHS 비디오 테이프의 길이는 246 m이고, 시간은 2.00시간이다. 테이프가 모두 감개(reel) A에 감겨 있다가 풀리면서 다른 감개 B에 감긴다. 테이프가 풀리기 전 감개 A의 바깥 반지름은 $R = 45.0$ mm이고, 테이프가 다 풀렸을 때 반지름(감개의 안 반지름)은 $a = 12.0$ mm이다.

(가) 테이프가 헤드를 지나가는 선속도는 얼마인가?

(나) 감개 A의 바깥 반지름이 $r_A$인 순간, 감개 B의 바깥 반지름 $r_B$를 구하라.

(다) 두 감개 A, B의 회전 각속도가 같아지는 순간이 있다. 이 순간 감개의 회전속도는 얼마인가?

**풀이 |** 테이프가 풀리는 동안 헤드를 지나는 속도는 일정하다. 또, 두 감개에 감긴 테이프의 총 길이가 일정하므로 테이프의 총 옆 단면적도 일정하다.

(가) 선속도 : $v = \dfrac{L}{t} = \dfrac{246 \text{ m}}{(2.00 \text{ h}) \times (3600 \text{ s/h})} = 34.17 \times 10^{-3} \text{ m/s} = 3.42 \text{ cm/s}$

(나) 테이프가 두 감개에 감긴 옆넓이의 합은 항상 일정하므로, A의 감소한 옆넓이 $|\Delta S_A|$는 B의 증가한 옆넓이 $|\Delta S_B|$와 같아야 한다. 곧

$$|\Delta S_A| = \pi R^2 - \pi r_A^2,\ |\Delta S_B| = \pi r_B^2 - \pi a^2 \Rightarrow \pi R^2 - \pi r_A^2 = \pi r_B^2 - \pi a^2 \quad \therefore\ r_B = \sqrt{R^2 + a^2 - r_A^2}.$$

(다) 두 감개에 감긴 옆넓이가 같을 때 두 감개의 회전속도가 같다. 옆넓이가 같을 때의 반지름을 $r_{RMS}$라 하면 $r_B = r_A = r_{RMS}$ $\quad \therefore\ r_{RMS} = \sqrt{R^2 + a^2 - r_{RMS}^2}$

$$\therefore\ r_{RMS} = \sqrt{\frac{R^2 + a^2}{2}} = \sqrt{\frac{(45.0\,\text{mm})^2 + (12.0\,\text{mm})^2}{2}} = 32.93\,\text{mm}$$

$$\text{각속도}:\ \omega = \frac{v}{r_{RMS}} = \frac{34.17 \times 10^{-3}\,\text{m/s}}{32.93 \times 10^{-3}\,\text{m}} = 1.038\,\text{rad/s} = 9.917\,\text{rev/min} = \underline{9.92\,\text{rev/min}}$$

**답 |** (가) $v = 3.42\,\text{cm/s}$ (나) $r_B = \sqrt{R^2 + a^2 - r_A^2}$ (다) $\omega = 9.92\,\text{rev/min}$

## 8.2 힘이 강체에 주는 회전운동효과 - 돌림힘

### 8-6 동축 도르래에 걸린 알짜 돌림힘

반지름이 각각 10.0 cm, 25.0 cm인 동축 도르래가 수평 방향의 회전축 주위로 자유로이 회전할 수 있다. 큰 도르래에는 시계 방향으로 감긴 줄로, 수평 방향으로 $F_1 = 10.0\,\text{N}$의 힘이, 또 연직 아래로 $F_2 = 9.00\,\text{N}$의 힘이 각각 작용하고 있다. 작은 도르래에는 시계 반대 방향으로 감긴 줄로 수평 아래 30° 방향으로 $F_3 = 12.0\,\text{N}$의 힘이 작용한다. 회전축에 대한 동축 도르래에 작용하는 이들 힘의 알짜 돌림힘을 구하라.

**풀이 |** 시계 반대 방향을 양(+)으로 한다.

$$\tau_{\text{알짜}} = \sum_i R_i F_i = (0.100\,\text{m}) \times (12.0\,\text{N}) - (0.25\,\text{m}) \times (10.0\,\text{N} + 9.00\,\text{N}) = -3.55\,\text{N} \cdot \text{m}$$

**답 |** $\tau_{\text{알짜}} = -3.55\,\text{N} \cdot \text{m}$

### 8-7 나사돌리기

나사를 푸는데 43.2 N · m의 돌림힘이 필요한 나사못(bolt)을 렌치(wrench)를 사용하여 303 N의 힘으로 풀려고 한다. 힘의 작용점은 나사못으로부터 21.5 cm 떨어진 점이다. 이 힘의 방향을 구하라.

**풀이 |** $\tau = r F_\perp = r F \sin\phi \quad \therefore\ \phi = \sin^{-1}\left(\frac{\tau}{r F}\right)$ : $\tau = 43.2\,\text{N} \cdot \text{m}$, $F = 303\,\text{N}$, $r = 21.5\,\text{cm}$

$\therefore\ \phi = 41.5^\circ$

**답 |** $\phi = 41.5^\circ$

### 8-8 자동차 바퀴에 걸리는 돌림힘

1.5톤 자동차 타이어의 지름은 0.600 m이고 노면과의 정지 및 운동 마찰계수는 각각 0.800, 0.600이라 한다. 자동차의 무게가 네 바퀴에 골고루 걸린다고 가정한다.

(가) 자동차가 공회전이 없이 처음 출발할 때 엔진이 구동바퀴에 주는 최대 돌림힘을 구하라.

(나) 이 자동차를 정지시키는 데 원판 모양의 회전판과 정지받침(break pad) 사이의 마찰을 이용한다. 이들의 접촉점은 회전축으로부터 22.0 cm인 점이고, 정지 및 운동마찰계수는 각각 0.600, 0.500이라 한다. 정지받침이 회전판을 수직으로 누르는 힘은 얼마라야 가능한 빨리 자동차를 정지시킬 수 있을까?

**풀이 |** (가) 최대 구동 돌림힘은 최대 정지마찰력이 작용할 때의 돌림힘이다. 그러므로

$$\tau_{\max} = r\, f_{s;\max} \ : \ f_{s;\max} = \mu_s \frac{Mg}{4} \quad (M : \text{자동차 질량})$$

$$\therefore \ \tau_{\max} = r\, \frac{\mu_s Mg}{4} \ : \ r = \frac{0.600\text{ m}}{2},\ \mu_s = 0.800,\ M = 1.5\times 10^3\text{ kg}$$

$$\therefore \ \tau_{\max} = (0.300\text{ m}) \times \left\{ 0.800 \times \left( \frac{1.50\times 10^3\text{kg}}{4} \right) \times (9.81\text{ m/s}^2) \right\}$$

$$= 882.9\text{ N}\cdot\text{m} = \underline{883\text{ N}\cdot\text{m}}$$

(나) 회전원판에 주어지는 돌림힘이 최대구동 돌림힘과 같게 될 때 가장 빨리 자동차를 정지시킬 수 있다. 곧

$$\tau_{\text{원판}} = r\, f_k = r\,(\mu_k N) \qquad \therefore \ N = \frac{\tau_{\text{원판}}}{r\mu_k} \ : \ \tau_{\text{원판}} = \tau_{\max} = 882.9\text{ N}\cdot\text{m},$$

$$r = 22.0\text{ cm},\ \mu_k = 0.500$$

$$\therefore \ N = \frac{\tau_{\text{원판}}}{r\mu_k} = \frac{882.9\text{ N}\cdot\text{m}}{(22.0\times 10^{-2}\text{ m})\times 0.500} = 8.026\times 10^3\text{ N} = \underline{8.03\times 10^3\text{ N}}.$$

**답 |** (가) $\tau_{\max} = 883\text{ N}\cdot\text{m}$ (나) $N = 8.03\times 10^3\text{ N}$

## 8-9 몸의 무게중심

사람의 무게중심의 위치는 매우 가벼운 판자 위에 누웠을 때 머리 및 발 바로 밑에 바쳐 놓은 각 저울의 눈금을 읽어서 정할 수 있다. 키가 188 cm인 사람의 경우, 두 저울의 눈금이 각각 45.3 kg, 40.7 kg이었다. 이 사람이 똑바로 섰을 때 무게중심의 높이는 얼마인가?

**풀이 |** 무게중심은 두 중력(나란한 두 힘)의 합력의 작용점이다. 그 점 $x_{CG}$는, 발의 위치를 원점으로 하면, 식(8.10)에 의하여

$$x_{CG} = \frac{x_1 F_1 + x_2 F_2}{F_1 + F_2} = \frac{(188\text{ cm})\times(45.3\text{ kgf}) + 0\times(40.7\text{ kgf})}{(45.3\text{ kgf}) + (40.7\text{ kgf})} = 99.0\text{ cm}$$

**별해**

무게중심은 질량중심과 일치한다. 두 질점의 질량중심은 두 질점 사이를 질량의 역비로 내분하는 점이다. 그러므로

$$(188\text{ cm} - x_{CG}) \times (45.3\text{ kgf}) = x_{CG} \times (40.7\text{ kgf}) \quad \therefore \ x_{CG} = 99.028\text{ cm}$$

**답 |** $x_{CG} = 99.0\text{ cm}$

## 8-10 구멍 있는 판자의 무게중심

가로, 세로의 길이가 각각 $a$, $b(a>b)$인 균질의 얇은 판자가 $xy$평면에 놓여 있다. 가로를 $x$축, 세로를 $y$축으로 한다. 이 판자로부터, 중심을 점$(a-R,\ \frac{b}{2})$에 둔 반지름 $R(R<b)$의 원 모양을 오려냈다. 이 판자의 무게중심을 구하라.

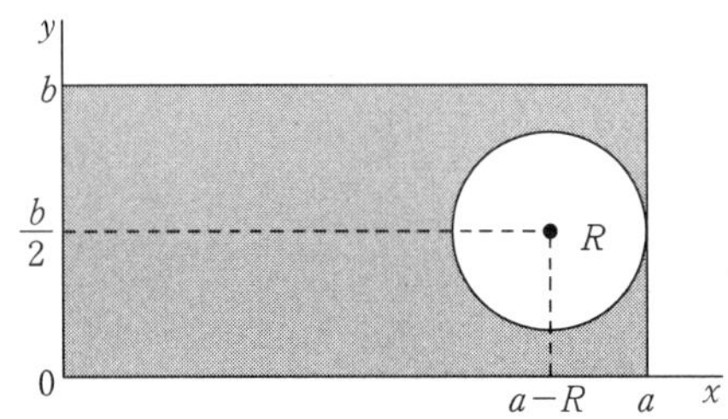


문8-10의 연습 그림 : 둥근 구멍이 있는 판자

**풀이 |** 오려낸 원판과 오려진 판자를 중첩한 것의 무게중심이 원래 판자의 무게중심과 일치한다. 구멍 난 판자의 무게중심을 $G(x_{CG},\ y_{CG})$, 면밀도를 $\sigma$라 하면,

판자의 질량 및 무게중심 $M=ab\,\sigma$, $G\left(\frac{a}{2},\ \frac{b}{2}\right)$;

오려낸 원판의 질량 및 무세중심 $m=\pi R^2\sigma$, $G\left(a-R,\ \frac{b}{2}\right)$;

구멍 난 판자의 질량 및 무게중심 $M'=(ab-\pi R^2)\,\sigma$, $G\left(x_{CG},\ \frac{b}{2}\right)$.

$$\therefore\ \frac{a}{2}=\frac{M'g\,x_{CG}+mg\,(a-R)}{M'g+mg}=\frac{(ab-\pi R^2)\,\sigma x_{CG}+(a-R)\pi R^2\sigma}{ab\sigma}$$

$$\therefore\ x_{CG}=\left\{\frac{a}{2}-\frac{\pi R^2}{ab}(a-R)\right\}\left(\frac{ab}{ab-\pi R^2}\right).$$

구멍 난 판자가 직선 $y=\frac{b}{2}$에 대해서 대칭이므로 $y_{CG}$는 $y_{CG}=\frac{b}{2}$이다.

**답 |** $x_{CG}=\left\{\frac{a}{2}-\frac{\pi R^2}{ab}(a-R)\right\}\left(\frac{ab}{ab-\pi R^2}\right)$, $y_{CG}=\frac{b}{2}$

## 8-11 주사위 기울이기

거친 수평면 위에 주사위가 놓여 있다. 주사위의 윗면을 따라서 힘 $F$가 작용했지만 주사위를 밀어내지도 못하고 기울이지도 못했다. 주사위의 질량은 $M$이다.

(가) 주사위에 작용하는 힘들을 찾아내고, 그 중에서 짝힘을 찾아내어라.

(나) 힘 $F$의 가능한 최댓값을 구하라.

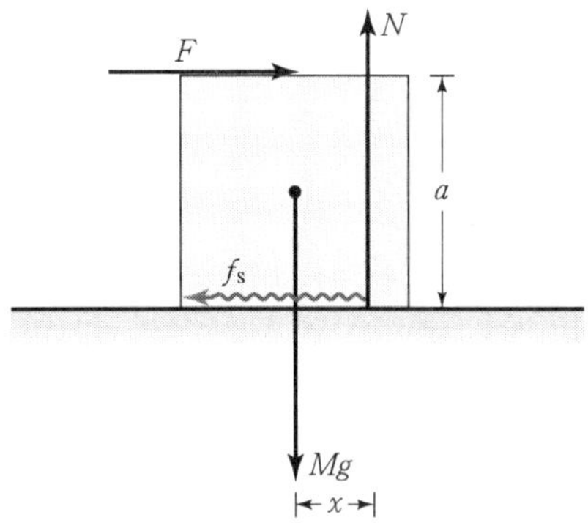


문8-11의 연습그림 : 평면 위의 주사위

**풀이|** (가) 주사위가 받는 힘은 힘 $F$ 외에 정지마찰력 $f_s$, 중력 $w = Mg$, 수평면으로부터 받는 수직항력 $N$ 등이다. 이들은 서로 비기고 있다. 힘 $F$ 및 정지마찰력 $f_s$는 서로 크기가 같고, 각각 윗면 및 아랫면에서 서로 반대 방향으로 작용한다. 따라서 이들은 짝힘$(F,\ f_s)$을 이룬다. 다른 두 힘, 중력 $w = Mg$ 및 수직항력 $N$은 서로 크기가 같고, 방향은 각각 연직하방 및 연직상방이다. 따라서 이들은 짝힘$(w,\ N)$을 이룬다(*).

(나) 주사위에 이들 힘이 작용하는 데, 정지해 있으므로 이들 힘의 합력이 0일 뿐 아니라, 이들 힘에 의한 회전운동 효과도 없어야 한다. 회전운동 효과는 두 짝힘에 의하여 이루어진다. 따라서 이 두 짝힘의 돌림힘이 서로 비겨야 한다. 곧, 크기는 같고 방향은 서로 반대라야 한다. 짝힘$(F,\ f_s)$의 돌림힘 $\tau_F$는, 한 변의 길이를 $a$라 하면 그 팔의 길이도 $a$이므로, 크기는 $\tau_F = aF$이다. 짝힘$(w,\ N)$의 팔의 길이는 $\frac{a}{2}$보다 클 수 없으므로(*) 그 돌림힘 $\tau_w$의 크기는 $\tau_w \le \frac{a}{2}w = \left(\frac{a}{2}\right)Mg$이다. 이 두 돌림힘이 서로 비기므로,

$$\tau_F = \tau_w \qquad \therefore\ aF \le \left(\frac{a}{2}\right)Mg \qquad \therefore\ F \le \frac{Mg}{2} \qquad \therefore\ F_{max} = \frac{Mg}{2}$$

**(*) 주의**

주사위의 윗면을 따라서 힘 $F$를 작용하여도 주사위가 평형상태에 있게 되면 짝힘$(F,\ f_s)$의 돌림힘 $\tau_F$와 짝힘$(w,\ N)$의 돌림힘 $\tau_w$가 서로 비겨야한다. 힘 $F$가 작용하지 않을 때는 수직항력 $N$, 중력 $w$의 작용선이 일치하나, 힘 $F$가 작용할 때는 그렇지 않다. 두 돌림힘이 비기기 때문이다. 힘 $w$의 작용선은 항상 무게중심을 지나나, 힘 $N$의 작용선은 그렇지 않다. 힘 $N$의 작용선이 중력 $w$의 작용선으로부터 거리를 $x$이라 하면 $\tau_w = xN = xMg$인데, 주사위가 평형상태에 있으므로,

$$\tau_F = \tau_w \qquad \therefore\ x = \frac{aF}{w} = \left(\frac{F}{Mg}\right)a$$

로 주어진다. 곧, 윗면을 따라서 작용하는 힘$F$에 의하여 무게 $w = Mg$의 작용선과 수직항력 $N$의 작용선 사이의 수직거리 $x$가 결정된다. 그런데 $x \le \frac{a}{2}$이다.

**답 |** (가) $(F, f_s)$, $(w, N)$ (나) $F_{max} = \dfrac{Mg}{2}$

## 8.3 뉴턴의 운동법칙과 회전운동

### 8-12 두질점의 관성모멘트

질량이 각각 $M$, $m$인 두 입자를 길이 $L$의 가벼운 막대의 양쪽 끝에 고정해 놓았다.

(가) 질량 $M$의 입자로부터 거리 $x$인 점에서 막대에 수직인 축 주위의 관성모멘트를 $x$의 함수로 구하라.

(나) 이 질점계의 관성모멘트가 최소일 때의 회전축의 위치 $x$ 및 관성모멘트의 최솟값을 각각 구하라.

**풀이 |** (가) $I(x) = Mx^2 + m(L-x)^2 = (M+m)x^2 - 2mLx + mL^2$

(나) $\dfrac{dI(x)}{dx} = \dfrac{d}{dx}\{(M+m)x^2 - 2mLx + mL^2\} = 2(M+m)x - 2mL$,

$$\frac{d^2I(x)}{dx^2} = \frac{d^2}{dx^2}\{(M+m)x^2 - 2mLx + mL^2\} = \frac{d}{dx}\{2(M+m)x - 2mL\} = 2(M+m) > 0$$

$$\therefore \ \frac{dI(x)}{dx} = 0 \Rightarrow 2(M+m)x_{min} - 2mL = 0 \qquad \therefore \ x_{min} = \frac{mL}{(M+m)}$$

$$\therefore \ I_{min} = Mx_{min}^2 + m(L - x_{min})^2 = \frac{Mm}{M+m}L^2$$

**답 |** (가) $I(x) = (M+m)x^2 - 2mLx + mL^2$ (나) $x_{min} = \dfrac{mL}{M+m}$, $I_{min} = \dfrac{Mm}{M+m}L^2$

### 8-13 직각으로 용접된 세 막대

균질의 똑같은 세 개의 가는 막대가 서로 직교하도록 그들의 중점을 용접하여 놓았다. 한 막대의 끝점을 지나고 다른 한 막대에 나란한 회전축에 대한 이 구조물의 관성모멘트를 구하라. 가는 막대의 질량 및 길이는 각각 $m$, $L$이다.

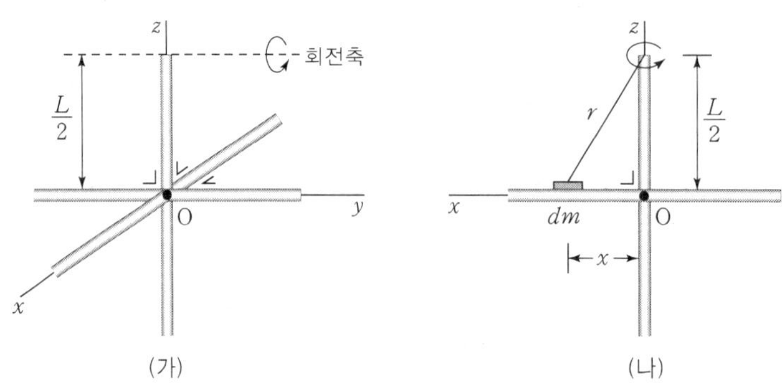


문8-13의 연습그림 : (가) 직각으로 용접된 세 막대, (나) $+y$축 방향에서 본 질량소

**풀이 |** 접합점을 원점으로 하고, 각 막대의 방향을 각각 $x$, $y$, $z$축으로, $z$축에 놓인 막대의 끝을 지나고 $y$축에 나란한 회전축을 생각한다(문8-13의 연습그림(가) 참조).

$$z\text{축에 놓인 막대의 관성모먼트는 } I(z\text{축 막대}) = \frac{1}{3}mL^2\text{이고,}$$

$$y\text{축에 놓인 막대의 관성모먼트는 } I(y\text{축 막대}) = m\left(\frac{L}{2}\right)^2\text{이다.}$$

한편, $x$축상에 놓인 막대는 회전축에 수직으로 $\frac{L}{2}$의 거리에 놓여 있다. 원점으로부터 거리 $x$에 있는 질량소 $dm$의 회전축으로부터 팔의 길이는 $r = \sqrt{\left(\frac{L}{2}\right)^2 + x^2}$ 이다(문8-13의 연습그림(나) 참조). 따라서 질량소 $dm$의 관성모먼트는 $dI(x\text{축 막대}) = r^2\,dm = \left(x^2 + \frac{L^2}{4}\right)\lambda\,dx \quad \left(\lambda = \frac{m}{L}\right)$

$$\therefore\ I(x\text{축 막대}) = \int_V r^2\,dm = \int_{-\frac{L}{2}}^{\frac{L}{2}}\left(x^2 + \frac{L^2}{4}\right)\lambda\,dx = \left(\frac{m}{L}\right)\left[\frac{x^3}{3} + \frac{L^2}{4}x\right]_{-\frac{L}{2}}^{\frac{L}{2}} = \frac{1}{3}mL^2$$

이다. 따라서 이 구조물의 관성모먼트는

$$I_{\text{tot}} = I(z\text{축 막대}) + I(y\text{축 막대}) + I(x\text{축 막대}) = \frac{1}{3}mL^2 + \frac{1}{4}mL^2 + \frac{1}{3}mL^2 = \frac{11}{12}mL^2$$

이다.

**답 |** $I_{\text{tot}} = \frac{11}{12}mL^2$

### 8-14 직각삼각형 판

질량이 $M$, 밑변이 $L$, 높이가 $h$인 균질의 얇은 직각삼각형 판이 있다. 직각삼각형의 밑변을 $x$축, 빗변과 밑변이 만나는 꼭짓점을 원점으로 한다. 다음을 구하라.

(가) $y$축 주위의 관성모먼트

(나) 질량중심을 지나고 $y$축에 나란한 축 주위의 관성모먼트

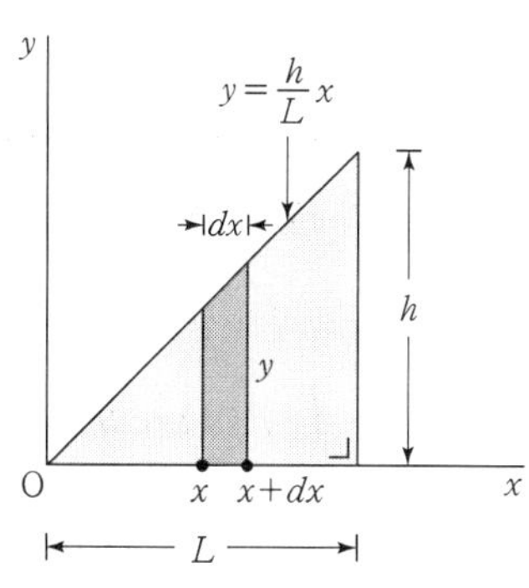


문8-14의 연습그림 : 직각삼각형 판

**풀이 |** (가) $y$축에 나란한 폭이 $dx$인 가느다란 직사각형의 질량소 $dm$의 관성모멘트는

$$dI_y = x^2\,dm \ : \ dm = \sigma y(x)\,dx,\ \sigma\left(\frac{hL}{2}\right) = M,\ y(x) = \frac{h}{L}x \ (\text{빗변의 방정식})$$

$$\therefore\ dI_y = \frac{h\sigma}{L}x^3\,dx$$

$$\therefore\ I_y = \int_0^L \frac{h\sigma}{L}x^3\,dx = \frac{1}{4}hL^3\sigma = \frac{1}{2}ML^2.$$

(나) 질량중심은 $x_{\text{CM}} = \frac{2}{3}L,\ y_{\text{CM}} = \frac{h}{3}$이다(문제 7-5 참조). 관성모멘트의 평행축 정리에 의하여

$$I_y = Mr_{\text{CM}}^2 + I_{\text{CM};y} \ : \ r_{\text{CM}} = x_{\text{CM}} = \frac{2}{3}L,\ I_y = \frac{1}{2}ML^2$$

$$\therefore I_{\text{CM};y} = I_y - Mr_{\text{CM}}^2 = \frac{1}{2}ML^2 - M\left(\frac{2L}{3}\right)^2 = \frac{1}{18}ML^2.$$

**답 |** (가) $I = \frac{1}{2}ML^2$ (나) $I_{\text{CM}} = \frac{1}{18}ML^2$

## 8-15 속 빈 원기둥

바깥 반지름이 $R_1$, 안 반지름이 $R_2(R_1 > R_2)$, 질량이 $M$인 균질의 두꺼운 껍질의 속 빈 원기둥이 있다. 이 원기둥의 관성모멘트를 아래 물음에 차례로 답한 후 구하라.

(가) 반지름이 $R$인 얇은 동전에 반지름 $a$의 동심의 원형 구멍이 뚫려 있다. 이 동전의 질량을 $M$이라 하면 중심축 주위의 관성모민트는

$$I = \frac{1}{2}M(R^2 + a^2)$$

임을 보이고, 이를 이용하여 속 빈 원기둥의 중심축 주위의 관성모멘트를 구하라.

(나) (가)의 구멍난 동전의 지름 주위의 관성모멘트를 구하고, 이를 이용하여 속 빈 원기둥의 길이가 $L$일 때, 질량중심을 지나고 원기둥에 수직인 축 주위의 관성모멘트는

$$I_{\text{CM};\perp} = \frac{1}{12}ML^2 + \frac{1}{4}M(R_1^2 + R_2^2)$$

임을 보여라.

**풀이 |** (가) • **구멍난 동전의 중심축($z$축) 주위의 관성모멘트**(문8-15의 연습그림(a) 참조) : 질량소(반지름이 $r(a < r < R)$, 폭이 $dr$인 가락지의 질량)$dm$의 관성모멘트는

$$dI_z(\text{동전}) = r^2dm \ : \ dm = \sigma 2\pi r\,dr,\ M = \sigma(\pi R^2 - \pi a^2)$$

$$\therefore\ I_z(\text{동전}) = \int_V r^2dm = \int_a^R r^2(\sigma 2\pi r\,dr) = 2\pi\sigma\left[\frac{r^4}{4}\right]_a^R = 2\pi\sigma\left(\frac{R^4 - a^4}{4}\right)$$

$$= \frac{2M}{R^2 - a^2}\left(\frac{R^4 - a^4}{4}\right) = \frac{1}{2}M(R^2 + a^2) \quad \text{〔QED〕}$$

• **속 빈 원기둥의 중심축($z$축) 주위의 관성모멘트**(문8-15의 연습그림(b) 참조) : 속

빈 원기둥은 구멍 뚫린 동전모양의 얇은 원판을 쌓아 놓은 것과 같다. 이 얇은 원판(두께 $dz$)의 질량을 질량소로 택할 수 있다. 질량소 $dM$의 관성모멘트는, 위의 결과에 의하여

$$dI_z = \frac{1}{2}(R_1^2 + R_2^2)\, dM \;:\; dM = \rho\, dV,\; dV = \pi(R_1^2 - R_2^2)\, dz$$

$$\Rightarrow dI_z = \frac{\rho\pi}{2}(R_1^4 - R_2^4)\, dz = \frac{M}{2L}(R_1^2 + R_2^2)\, dz \;\; (\because\;\; M = \rho\pi(R_1^2 - R_2^2)\, L)$$

$$\therefore\;\; I_z = \frac{M}{2L}(R_1^2 + R_2^2)\int_0^L dz = \frac{1}{2}M(R_1^2 + R_2^2)$$

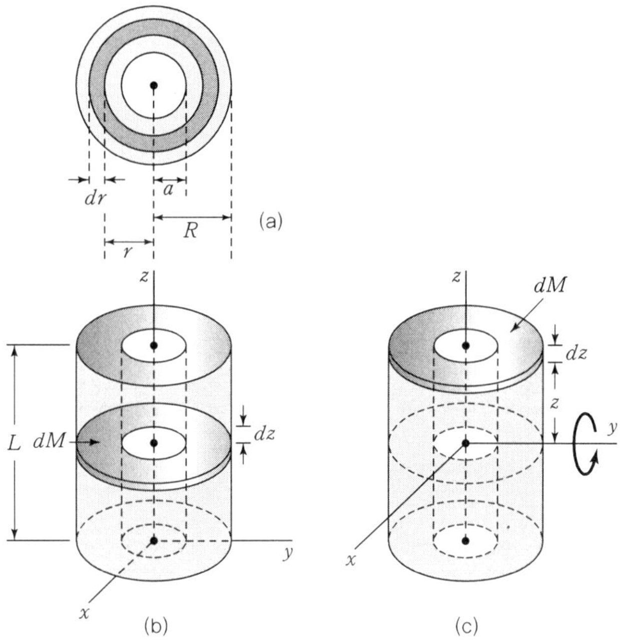


문8-15의 연습그림 : 속 빈 원기둥의 질량소

(나) • **구멍난 동전의 지름 주위의 관성모멘트** : 동전의 중심축을 $z$축이라고 하면 수직축 정리(식(8.22) $I_z = I_x + I_y$)에 의하여

$$\frac{1}{2}M(R^2 + a^2) = I_x + I_y = 2I_x \qquad \therefore\;\; I_x = I_y = \frac{1}{4}M(R^2 + a^2).$$

• **속 빈 원기둥의 질량중심을 지나고 원기둥에 수직인 축 주위의 관성모멘트** $I_{\mathrm{CM};\perp}$ (문8-15의 연습그림(c) 참조) : 질량중심을 원점으로 했을 때, 원점으로부터 거리 $z$에 있는 질량소(구멍난 동전모양의 두께 $dz$의 원판 질량) $dM$의 원점을 지나는 회전축(예를 들면 $y$축) 주위의 관성모멘트는 평행축 정리 식(8.21) $I = Mr_{\mathrm{CM}}^2 + I_{\mathrm{CM}}$에서 $Mr_{\mathrm{CM}}^2 \rightarrow z^2\, dM$이고, $I_{\mathrm{CM}}$

은 구멍난 동전의 지름 주위의 관성모먼트에 해당하므로 $I_{CM} \to I_x = I_y = \frac{1}{4}dM(R_1^2 + R_2^2)$이다. 따라서 질량소 $dM$의 원점을 지나는 회전축 주위의 관성모먼트 $dI_{CM;\perp}$는

$$dI_{CM;\perp} = z^2\,dM + \frac{1}{4}(R_1^2 + R_2^2)dM \;:\; dM = \lambda\,dz,\ \lambda = \frac{M}{L}$$

$$\therefore\ I_{CM;\perp} = \lambda\int_{-\frac{L}{2}}^{\frac{L}{2}} z^2\,dz + \frac{\lambda}{4}(R_1^2 + R_2^2)\int_{-\frac{L}{2}}^{\frac{L}{2}} dz = \frac{M}{L}\left[\frac{z^3}{3}\right]_{-\frac{L}{2}}^{\frac{L}{2}} + \frac{M}{4L}\left(R_1^2 + R_2^2\right)[z]_{-\frac{L}{2}}^{\frac{L}{2}}$$

$$= \left(\frac{M}{L}\right)\frac{L^3}{12} + \left(\frac{M}{4L}\right)(R_1^2 + R_2^2)\,L = \frac{1}{12}ML^2 + \frac{1}{4}M(R_1^2 + R_2^2) \quad \text{〔QED〕}$$

**답 |** (가) $I_z = \frac{1}{2}M(R_1^2 + R_2^2)$ (나) $I_x = \frac{1}{4}M(R^2 + a^2)$

## 8-16 얇은 껍질의 속 빈 공

반지름이 $R$, 질량이 $M$인 균질의 얇은 껍질의 속 빈 공의 지름 주위의 관성모먼트를 구하라.

**풀이 |** 얇은 껍질의 속 빈 공은 지름($z$축) 주위의 무수히 많은 띠모양의 가락지들의 모임이라 볼 수 있다(그림 6.37 참조). 이 띠모양 가락지의 질량 $dm$을 질량소로 택할 수 있다. 공의 중심을 원점, $z$축을 회전축으로 하고, 가락지와 중심을 잇는 공의 반지름이 $z$축과 이루는 각을 $\theta$, 가락지의 폭을 $Rd\theta$, 가락지의 반지름을 $r_\perp$라 하면, 질량소 $dm$의 $z$축 주위의 관성모먼트는

$$dI = r_\perp^2\,dm \;:\; dm = \sigma\,dS,\ dS = 2\pi r_\perp R d\theta,\ r_\perp = R\sin\theta,\ 4\pi R^2\sigma = M$$

$$\therefore\ dI = r_\perp^2(\sigma 2\pi r_\perp R d\theta) = \sigma 2\pi R^4\sin^3\theta\,d\theta = \frac{MR^2}{2}\sin^3\theta\,d\theta$$

$$\therefore\ I = \frac{MR^2}{2}\int_0^\pi \sin^3\theta\,d\theta = \frac{MR^2}{2}\int_0^\pi \sin^2\theta(\sin\theta d\theta) = -\frac{MR^2}{2}\int_0^\pi (1-\cos^2\theta)\,d(\cos\theta)$$

$$= -\frac{MR^2}{2}\left[\cos\theta - \frac{\cos^3\theta}{3}\right]_0^\pi = \frac{2}{3}MR^2$$

**별해**

속 찬 공의 관성모먼트는 껍질이 매우 얇은 공껍질의 관성모먼트를 무한히 많이 모은 것, 곧 $I(\text{속 찬 공}) = \int_0^R dI(\text{공껍질})$임을 고려하면 속 찬 공의 관성모먼트 $I = \frac{2}{5}MR^2 = \rho\frac{8}{15}\pi R^5$ (**예제 8.17** 참조)의 반지름의 변화 $dR$에 대한 변화 $dI = \frac{\partial I}{\partial R}dR = \left(\rho\frac{8}{3}\pi R^4\right)dR$가 반지름 $R$, 껍질 두께가 $dR$인 얇은 공껍질의 관성모먼트이다. 이것은 두께가 $dR$인 얇은 공껍질의 질량 $dm$이 $dm = \rho 4\pi R^2 dR$임을 고려하면 얻어지는 $dI = \frac{\partial I}{\partial R}dR = \frac{2}{3}(\rho 4\pi R^2 dR)R^2 = \frac{2}{3}(dm)R^2$에 의하여 확인된다. 곧, 질량이 $M$인 공껍질의 관성모먼트는 $I_{\text{공껍질}} = \frac{2}{3}MR^2$이다.

**답 |** $I = \dfrac{2}{3}MR^2$

## 8-17 속 찬 원뿔

질량 $M$, 높이 $h$, 밑면의 반지름 $R$의 균질인 원뿔의 대칭축(밑면의 중심과 꼭짓점을 지나는 축)에 대한 관성모멘트를 구하라.

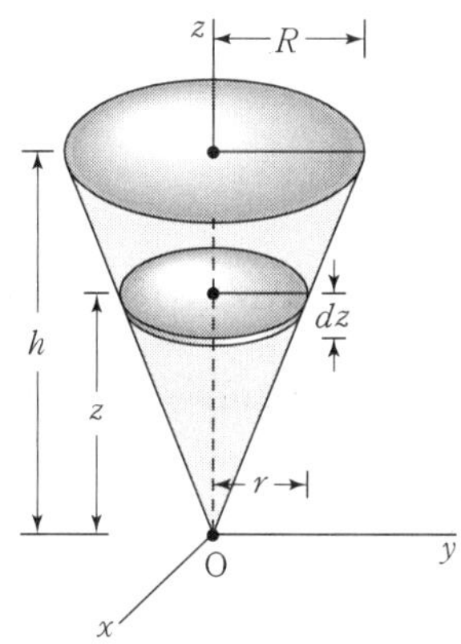


문8-17의 연습그림 : 속 찬 원뿔

**풀이 |** 꼭짓점을 원점, 대칭축을 $z$축으로 한 거꾸로 선 원뿔을 생각한다. 축에 수직인 반지름 $r(r<R)$, 두께 $dz$의 얇은 원판 모양의 질량소 $dm$의 관성모멘트는 **예제** 8.15의 식(3) $I=\dfrac{1}{2}MR^2$에 의하여

$$dI_z = \frac{1}{2}r^2\,dm \;:\quad dm = \rho\,\pi r^2 dz,\ \frac{r}{z} = \frac{R}{h} \qquad \therefore\ dI_z = \frac{\rho\,\pi}{2}r^4 dz = \frac{\rho\pi}{2}\left(\frac{R}{h}\right)^4 z^4 dz$$

$$\therefore\ I_z = \frac{1}{2}\frac{\rho\,\pi R^4}{h^4}\int_0^h z^4 dz = \frac{1}{2}\frac{\rho\,\pi R^4}{h^4}\left(\frac{h^5}{5}\right),\quad M = \frac{1}{3}\rho(\pi R^2)h$$

$$\{\because\ (\text{원뿔의 부피}) = \frac{1}{3}(\text{밑면})\times(\text{높이})\}$$

$$\therefore\ I_z = \frac{3}{10}MR^2$$

이다.

**답 |** $I_z = \dfrac{3}{10}MR^2$

## 8-18 속 빈 원뿔

균질의 얇은 판자로 만든 질량 $M$, 높이 $h$, 밑면의 반지름 $R$의 속 빈 원뿔(고깔모양)의 대칭축(밑면의 중심과 꼭짓점을 지나는 축)에 대한 관성모멘트를 구하라.

**풀이 |** 꼭짓점을 원점, 대칭축을 $z$축으로 한 거꾸로 선 고깔을 생각한다. 축에 수직인 반지름 $r(r<R)$, 너비 $ds$($s$ : 옆모서리의 길이)의 가락지 모양의 질량소 $dm$의 관성모먼트는

$$dI_z = r^2\,dm \ :\ dm = \sigma\,2\pi r\,ds,\ \ s=\sqrt{z^2+r^2},\ \ r=\frac{R}{h}z,\ \ ds=\sqrt{1+\left(\frac{R}{h}\right)^2}\,dz$$

$$\therefore\ dI_z = \sigma\,2\pi r^3 ds = \sigma\,2\pi\left(\frac{R}{h}\right)^3\sqrt{1+\left(\frac{R}{h}\right)^2}\ z^3dz$$

$$\therefore\ I_z = \sigma\,2\pi\left(\frac{R}{h}\right)^3\sqrt{1+\left(\frac{R}{h}\right)^2}\int_0^h z^3dz = \sigma\,2\pi\left(\frac{R}{h}\right)^3\sqrt{1+\left(\frac{R}{h}\right)^2}\left(\frac{h^4}{4}\right)$$

$$=\sigma\,2\pi R^3\sqrt{h^2+R^2}\left(\frac{1}{4}\right).$$

여기서 고깔의 옆넓이가 (옆넓이)=1/2(밑면의 둘레)×(옆모서리 길이)로 주어지므로 그 질량은

$$(\text{고깔의 질량})=(\text{면밀도})\times(\text{옆넓이})\ :\ M=\sigma\frac{1}{2}(2\pi R)s=\sigma\pi R\sqrt{h^2+R^2}$$

이고, 따라서 $I_z=\frac{1}{2}MR^2$이다.

**답 |** $I_z=\frac{1}{2}MR^2$

## 8-19 굴뚝의 무너짐

**예제** 8.19의 결과로부터 아래 현상을 설명하라.

(가) **예제** 8.19의 막대 끝에 얹혀 있는 동전이 막대가 낙하할 때 막대에 붙어 있지 않는다.

(나) 높이 쌓아 놓은 어린이 장난감 나무토막이나 높은 굴뚝이 넘어질 때 똑바로 통째로 넘어지지 않고 바닥에 닿기 전에 중간 부분이 부러져서 넘어지는 수가 있다.

**풀이 |** (가) **예제** 8.19의 식(8.32), 식(8.33) : $\alpha=\frac{\tau_{\text{알짜}}}{I}=\frac{3}{2}\left(\frac{g}{L}\right)$, $a_\tau(r)=\alpha\,r=\frac{3}{2}\left(\frac{g}{L}\right)r$에 의하여 막대 끝점의 가속도는 $a_\tau(L)=1.5g$인데, 동전의 가속도는 자유낙하할 때의 중력가속도 $g$이기 때문이다.

(나) 접선가속도는 $a_\tau(r)\propto r$이므로 회전축으로부터 거리에 비례하므로, 굴뚝의 윗부분의 접선가속도가 아랫부분보다 더 크다. 이로 인하여 각 부분 사이에 (중력 외에) 서로 크기가 다른 힘이 작용하게 된다. 이 힘은 층밀리기 힘(shearing force)으로 나타난다. 이 층밀리기 힘을 굴뚝이 이기지 못하면 금이 가서 부러지게 된다.

**답 |** (가) $r=L$인 경우 $a_\tau>g$이기 때문이다.

(나) 접선가속도가 높이에 비례하므로 각 부분에서 중력 외에 다른 힘이 각 부분 사이의 층밀리기 힘으로 나타나기 때문이다.

## 8-20 회전하는 바퀴

고정축 주위로 회전하는 바퀴에 작용하는 외력 및 마찰력에 의한 총 돌림힘이 36.0 N · m이다.

외력은 6.00 s 동안 작용하였는데, 이 시간 동안에 바퀴는 정지 상태에서 출발하여 회전속도가 10.0 rad/s에 이르렀다. 그러고는 외력을 거두었더니 바퀴가 60.0 s만에 정지했다. 다음을 구하라.
(가) 바퀴의 관성모먼트 (나) 마찰력에 의한 돌림힘 (다) 바퀴가 정지할 때까지 총 회전수

**풀이 |** 강체의 회전운동 방정식(8.18)에서 가속될 때나, 감속될 때 모두 등각가속도운동이다. 가속될 때는 총 돌림힘이 $\sum_i \tau_i = 36.0\ \mathrm{N \cdot m}$로 일정하고, 감속될 때는 마찰력에 의한 돌림힘이 일정하기 때문이다.

(가) 강체의 회전운동 방정식(8.18)에 의하여

$$I\alpha = \sum_i \tau_i \ :\ \alpha = \frac{\Delta\omega}{\Delta t} = \frac{(10.0\ \mathrm{rad/s}) - 0}{6.00\ \mathrm{s}} = \frac{5}{3}\ \mathrm{rad/s^2},\ \sum_i \tau_i = 36.0\ \mathrm{N \cdot m}$$

$$\therefore\ I = \frac{\sum_i \tau_i}{\alpha} = \frac{36.0\ \mathrm{N \cdot m}}{\frac{5}{3}\ \mathrm{rad/s^2}} = 21.60\ \mathrm{kg \cdot m^2} = \underline{21.6\ \mathrm{kg \cdot m^2}}.$$

(나) 마찰력에 의한 돌림힘은 일정하므로 감속될 때에도 등각가속도운동이다. 식(8.18)에 의하여

$$\tau_f = I\alpha_f \ :\ \omega = \omega_0 + \alpha_f t$$

$$\therefore\ \tau_f = I\alpha_f = I\left(\frac{\omega - \omega_0}{t}\right) \ :\ I = 21.60\ \mathrm{kg \cdot m^2},\ \omega_0 = 10.0\ \mathrm{rad/s},\ \omega = 0$$

$$\therefore\ \tau_f = (21.60\ \mathrm{kg \cdot m^2}) \times \left(\frac{-10.0\ \mathrm{rad/s}}{60.0\ \mathrm{s}}\right) = -3.600\ \mathrm{N \cdot m} = \underline{-3.60\ \mathrm{N \cdot m}}$$

(다) 바퀴는 등각가속도운동을 하므로 각가속도, 각속도, 각변위 사이의 관계식 $2\alpha\theta = \omega^2 - \omega_0^2$에 의하여

$$\text{가속되는 경우}\quad \theta = \frac{\omega^2}{2\alpha} = \frac{(10.0\ \mathrm{rad/s})^2}{2 \times \frac{5}{3}\ \mathrm{rad/s^2}} = 30.0\ \mathrm{rad},$$

$$\text{감속되는 경우}\quad \theta_f = -\frac{\omega^2}{2\alpha_f} = -\frac{(10.0\ \mathrm{rad/s})^2}{2 \times \left(-\frac{1}{6}\ \mathrm{rad/s^2}\right)} = 300\ \mathrm{rad}.$$

$$\therefore\ \theta_{\mathrm{tot}} = \theta + \theta_f = (30.0\ \mathrm{rad}) + (300\ \mathrm{rad}) = 330\ \mathrm{rad}$$

이다. 따라서 총 회전수는

$$n = (330\ \mathrm{rad}) \times \left(\frac{1\ \mathrm{rev}}{2\pi\ \mathrm{rad}}\right) = 52.5\ \mathrm{rev}$$

이다.

**답 |** (가) $I = 21.6\ \mathrm{kg \cdot m^2}$ (나) $\tau_f = -3.60\ \mathrm{N \cdot m}$ (다) $n = 52.5\ \mathrm{rev}$

### 8-21 자전거 쇠사슬의 윗부분에 걸린 힘

자전거가 일정한 속도로 오르막을 오르고 있다. 자전거바퀴와 길바닥 사이의 정지마찰력은 $f_s = 3.8\ \mathrm{N}$이다. 뒷바퀴의 반지름은 뒷사슬톱니바퀴 반지름의 6.0배이다. 자전거의 페달을 밟으

면 앞 및 뒷사슬톱니바퀴의 톱니를 물고 있는 쇠사슬의 팽팽한 윗부분에 힘이 걸린다. 이 힘을 구하라. 쇠사슬의 아랫부분은 느슨하다.

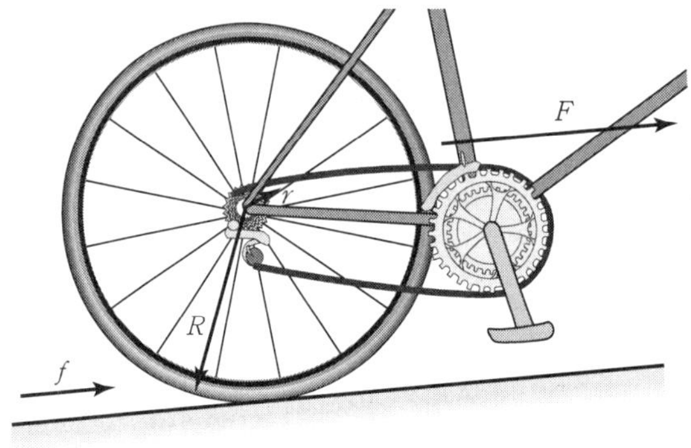


문8-21의 연습그림 : 자전거 뒷바퀴

**풀이 |** 바퀴에 작용하는 돌림힘은 사슬이 당기는 힘 $F$에 의한 것($\tau_F$) 및 자전거바퀴와 길바닥 사이의 정지마찰력 $f_s$에 의한 것($\tau_f$)이다. 이들의 방향은 서로 반대이고, 크기는 뒷사슬톱니바퀴 및 뒷바퀴의 반지름을 각각 $r$, $R$라 하면, $\tau_F = rF$, $\tau_f = Rf_s$이다. 자전거가 일정한 속도(각속도)로 올라가고 있으므로

$$\tau_F = \tau_f \quad \therefore\ rF = Rf_s \quad \therefore\ F = \frac{R}{r} f_s = 6.0 \times (3.8\ \mathrm{N}) = 23\ \mathrm{N}.$$

**답 |** $F = 23\ \mathrm{N}$

## 8-22 자전거 쇠사슬의 아랫부분에 걸린 힘

자전거의 쇠사슬의 팽팽한 윗부분에 걸린 힘이 $18.0\ \mathrm{N}$이었고, 이 순간 뒷바퀴의 각가속도가 $3.60\ \mathrm{rad/s^2}$로 측정되었다. 뒷바퀴 및 그 회전축에 고정된 사슬톱니바퀴의 반지름은 각각 $35.0\ \mathrm{cm}$, $7.00\ \mathrm{cm}$이고, 뒷바퀴의 질량은 $2.40\ \mathrm{kg}$이다. 사슬톱니바퀴 및 바퀴살의 질량은 무시할 수 있어서 모든 질량은 바퀴의 테에 골고루 분포되어 있다. 쇠사슬의 아랫(느슨한)부분의 장력은 얼마라고 할 수 있을까?

**풀이 |** (문8-21의 연습그림 참조)바퀴에 작용하는 돌림힘 $\tau_{바퀴}$는 페달을 밟을 때 생기는 사슬의 장력의 돌림힘 $\tau_{사슬}$과 같다. 곧, $\tau_{사슬} = \tau_{바퀴}$이다. 여기서
바퀴에 작용하는 돌림힘은

$$\tau_{바퀴} = I_{바퀴}\,\alpha \ :\ I_{바퀴} = MR^2 = (2.40\ \mathrm{kg}) \times (35.0 \times 10^{-2}\ \mathrm{m})^2 = 0.2940\ \mathrm{kg \cdot m^2}$$

$$\therefore\ \tau_{바퀴} = -(0.2940\ \mathrm{kg \cdot m^2}) \times (3.60\ \mathrm{rad/s^2}) = -1.0584\ \mathrm{N \cdot m} \ \ (\because\ \tau_{바퀴}\ :\ 시계\ 방향),$$

사슬에 의한 돌림힘은

$$\tau_{사슬} = (r\,T)_{위} + (r\,T)_{아래} = -(7.00 \times 10^{-2}\,\mathrm{m}) \times (18.0\,\mathrm{N}) + (7.00 \times 10^{-2}\,\mathrm{m}) \times T$$

이므로 $\tau_{사슬} = \tau_{바퀴}$에 의하여

$$-(7.00 \times 10^{-2}\,\mathrm{m}) \times (18.0\,\mathrm{N}) + (7.00 \times 10^{-2}\,\mathrm{m}) \times T = -1.0584\,\mathrm{N \cdot m}$$

$$\therefore\ T = \frac{-1.0584\,\mathrm{N \cdot m} + 1.260\,\mathrm{N \cdot m}}{7.00 \times 10^{-2}\,\mathrm{m}} = 2.88\,\mathrm{N}$$

**답 |** $T = 2.88\,\mathrm{N}$

### 8-23 공 모양 도르래

질량이 $M$, 반지름이 $R$인 균질의 속 찬 공의 중심을 지나는 수평인 회전축 주위로 자유로이 회전하는 공 모양 도르래가 있다. 이 도르래 둘레에 늘어나지 않는 가벼운 실을 감고 그 끝에 질량 $m$의 추를 연직으로 매달아 가만히 놓았다. 추의 가속도 및 실의 장력을 구하라.

**풀이 |** 물리계의 각 부분의 운동방정식을 세우는 것이 편리하다. 추에 작용하는 힘은 {$mg$, 실의 장력 $T$}, 도르래에 작용하는 힘은 {실의 장력 $T$}.

추의 운동방정식 $ma = mg - T$.

도르래의 운동방정식 $I\alpha = \tau$ : $\tau = RT$

(구속조건) 실이 미끄러지지 않을 조건 $a = \alpha R$.

$T$ : 실의 장력, $I$ : 도르래의 CM 주위의 관성모먼트, $\tau$ : 도르래 주위의 돌림힘,
$\alpha$ : 도르래의 각가속도, $a$ : 추의 가속도

위의 둘째 방정식에서 $\alpha$, $\tau$를 소거하면 $\dfrac{I}{R^2}a = T$.

첫째 및 넷째 방정식에서 장력 $T$를 소거하면

$$ma = mg - \frac{I}{R^2}a \quad \therefore \left(m + \frac{I}{R^2}\right)a = mg \quad \therefore\ a = \frac{g}{1 + \dfrac{I}{mR^2}} \quad \therefore\ T = \frac{I}{R^2}a = \frac{mg}{1 + \dfrac{mR^2}{I}}.$$

여기에 공의 관성모먼트 $I = \dfrac{2}{5}MR^2$ 를 고려하면

$$a = \frac{g}{1 + \dfrac{2}{5}\dfrac{M}{m}},\quad T = \frac{mg}{1 + \dfrac{5}{2}\dfrac{m}{M}}.$$

**답 |** $a = \left(\dfrac{5m}{5m + 2M}\right)g$, $T = \left(\dfrac{2M}{5m + 2M}\right)mg$

### 8-24 요요

질량 $M$, 반지름 $R$의 균질의 원판 둘레에 실을 감아서 그 실 끝을 잡고 원판을 가만히 놓으면 원판이 아래로 낙하한다. 이것은 간단한 요요의 일종이다.

(가) 원판의 낙하가속도 및 실의 장력을 구하라.

(나) 실 끝을 잡고 있는 손을 원판의 질량중심이 움직이지 않도록 연직상방으로 가속시킬 때 실의 장력, 원판의 각가속도, 손의 가속도를 구하라.

**풀이 |** (가) 원판은 질량중심의 병진운동과 질량중심(CM) 주위의 회전운동의 복합적 운동을 한다.

$a_{CM}$ : 원판의 CM의 가속도, $T$ : 실의 장력, $I_{CM}$ : 원판의 CM 주위의 관성모멘트,
$\alpha$ : 원판의 각가속도, $\tau_{CM}$ : 원판에 작용하는 CM 주위의 돌림힘

CM의 병진운동 방정식 $Ma_{CM} = Mg - T$,
CM 주위의 회전운동 방정식 $I_{CM}\,\alpha = \tau_{CM}$ : $\tau_{CM} = RT$
(구속조건) 실이 미끄러지지 않을 조건 $a_{CM} = \alpha R$
둘째 식에서 $\alpha$, $\tau_{CM}$을 소거하면 $\frac{I_{CM}}{R^2}a_{CM} = T$.
첫째 및 넷째 식에서 실의 장력 $T$를 소거하면 $\left(M + \frac{I_{CM}}{R^2}\right)a_{CM} = Mg$

$$\therefore\ a_{CM} = \frac{g}{1 + \frac{I_{CM}}{MR^2}},\quad T = \frac{Mg}{1 + \frac{MR^2}{I_{CM}}}$$

이다. 여기에 원판의 질량중심을 지나는 축에 대한 관성모멘트 $I_{CM} = \frac{1}{2}MR^2$을 고려하면 $a_{CM} = \frac{2}{3}g$(아래로), $T = \frac{1}{3}Mg$(위로)이다.

(나) CM의 병진운동 방정식 $Ma_{CM} = Mg - T'$ : $a_{CM} = 0$

CM 주위의 회전운동 방정식 $I_{CM}\,\alpha' = \tau_{CM}$ : $\tau_{CM} = RT'$, $I_{CM} = \frac{1}{2}MR^2$,

첫째 방정식에서 $a_{CM} = 0$이므로 실의 장력은

$$T' = Mg$$

이다. 둘째 방정식에서

$$\alpha' = \frac{RT'}{I_{CM}} = \frac{MgR}{\frac{1}{2}MR^2} = \frac{2g}{R},$$

손의 가속도 $a_{손}$은 접선가속도이므로 식(1.70)에 의하여

$$a_{손} = \alpha' R = \left(\frac{2g}{R}\right)R = 2g$$

이다.

**답 |** (가) $a_{CM} = \frac{2}{3}g$, $T = \frac{1}{3}Mg$ (나) $T' = Mg$, $\alpha' = \frac{2g}{R}$, $a_{손} = 2g$

### 8-25 관성모멘트 측정장치

반지름 $R = 10.0\ \mathrm{cm}$의 원기둥을 수평인 실험대 위에 연직축 주위로 자유로이 회전할 수 있도록 설치하고, 이 원기둥 둘레에 늘어나지 않는 가벼운 실을 감아서, 실험대 가장자리에 고정된 자

유로이 회전하는 가벼운 도르래에 걸쳐서 그 실끝에 질량 $M=2.50\ \text{kg}$의 추를 달아 늘어뜨려 놓았다. 추를 정지상태에서 가만히 놓았더니 추가 $d=1.80\text{m}$ 낙하하는 데 $t_0=4.20\ \text{s}$ 걸렸다.

(가) 이 장치의 원기둥, 도르래 등의 총 관성모멘트는 얼마인가?

(나) 실을 다시 처음과 같이 감아서, 원기둥의 수평인 위 단면에 관성모멘트를 측정하려는 물체를 얹어놓고, 처음과 같이 추가 같은 거리를 낙하하는데 걸리는 시간을 측정하였더니 $t=6.80\ \text{s}$ 걸렸다. 물체의 관성모멘트는 얼마인가?

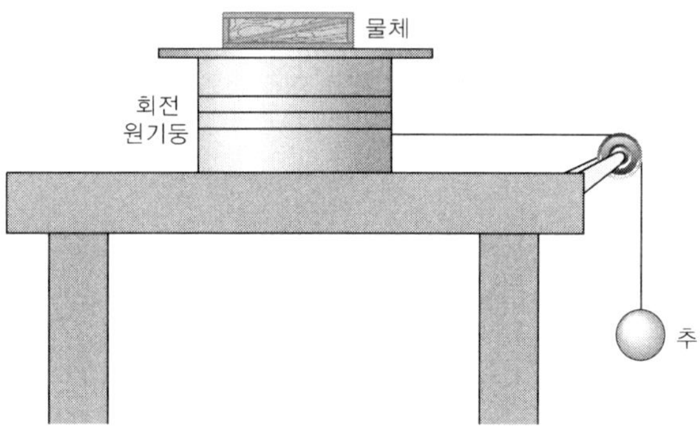


문8-25의 연습그림 : 관성모멘트 측정 장치

**풀이 |** (가) 추의 병진운동 방정식 $Ma=Mg-T$,

회전장치의 운동 방정식 $I\alpha=RT$

(구속조건) 실이 미끄러지지 않을 조건 $a=\alpha R$.

이들 방정식으로부터 $\alpha$, $T$를 소거하면 추의 가속도는

$$a=\left(\frac{MR^2}{MR^2+I}\right)g$$

이고, 추의 낙하거리는

$$d=\frac{1}{2}at^2=\frac{1}{2}\left(\frac{MR^2}{MR^2+I}\right)gt^2$$

$$\therefore\ I=\left(\frac{gt^2}{2d}-1\right)MR^2\ :\ d=1.80\ \text{m},\ M=2.50\ \text{kg},\ R=10.0\ \text{cm},\ t=t_0=4.20\ \text{s}$$

$$\therefore\ I(t_0)=1.177\ \text{kg}\cdot\text{m}^2=\underline{1.18\ \text{kg}\cdot\text{m}^2}.$$

(나) $t=6.80\ \text{s}$인 경우

관성모멘트 $I=\left(\frac{gt^2}{2d}-1\right)MR^2\ :\ d=1.80\ \text{m},\ M=2.50\ \text{kg},\ R=10.0\ \text{cm},\ t=6.80\ \text{s}$

$$\therefore\ I(t)=3.125\ \text{kg}\cdot\text{m}^2.$$

따라서 물체의 관성모멘트는

$$I_{물체} = I(t) - I(t_0) = 1.95\ \mathrm{kg \cdot m^2}$$

이다.

**답|** (가) $I(t_0) = 1.18\ \mathrm{kg \cdot m^2}$ (나) $I_{물체} = 1.95\ \mathrm{kg \cdot m^2}$

### 8-26 실감개의 운동

질량이 $M$, 반지름이 $R$인 원기둥 모양의 균질의 실감개에 실이 감겨 수평면에 놓여 있다. 실을 수평으로 실감개의 축에 수직으로 일정한 힘 $F$로 당겨서 실감개가 미끄러짐이 없이 정지상태에서 출발하여 구르게 하였다. 다음을 구하라.

(가) 질량중심의 가속도 (나) 마찰력 (다) 거리 $d$만큼 이동했을 때 질량중심의 속도

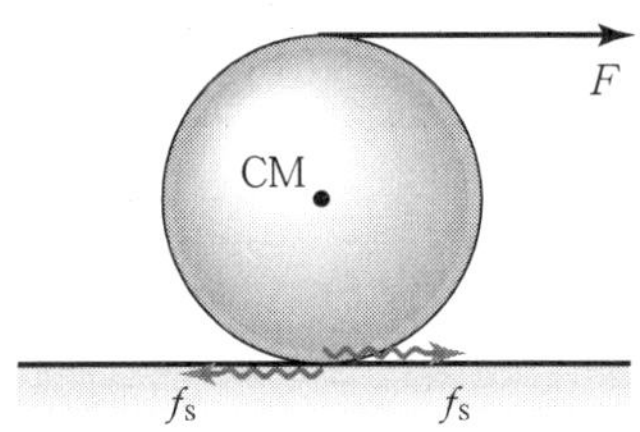


문8-26의 연습그림 : 실감개

**풀이|** 실감개가 받는 힘 : 외력 $F$, 마찰력$f$

실감개의 병진운동 방정식 : $Ma_{\mathrm{CM}} = F + f$,

실감개의 회전운동 방정식 : $I_{\mathrm{CM}}\,\alpha = RF - Rf$ ($\alpha$의 방향을 양(+)으로 택한다)

(구속조건) 미끄러지지 않을 조건 : $a_{\mathrm{CM}} = \alpha R$

둘째 식에서 $\alpha$를 소거하면 $\dfrac{I_{\mathrm{CM}}}{R^2}a_{\mathrm{CM}} = F - f$

(가) 첫째 및 넷째 식에서 $f$를 소거하면 $\left(M + \dfrac{I_{\mathrm{CM}}}{R^2}\right)a_{\mathrm{CM}} = 2F \quad \therefore\ a_{\mathrm{CM}} = \dfrac{2F}{M + \dfrac{I_{\mathrm{CM}}}{R^2}}$.

여기에 원기둥의 관성모멘트 $I_{\mathrm{CM}} = \dfrac{1}{2}MR^2$을 고려하면 $a_{\mathrm{CM}} = \dfrac{4}{3}\left(\dfrac{F}{M}\right)$이다.

(나) 첫째 식에서 $f = Ma_{\mathrm{CM}} - F = \dfrac{4}{3}F - F = \dfrac{F}{3}$.

(다) 질량중심은 등가속도 직선운동을 하므로

$$v^2 - v_0^2 = 2ax\ :\ v_0 = 0,\ a = a_{\mathrm{CM}} = \frac{4}{3}\left(\frac{F}{M}\right),\ x = d \quad \therefore\ v = \sqrt{\frac{8}{3}\frac{Fd}{M}}.$$

**답|** (가) $a_{\mathrm{CM}} = \dfrac{4}{3}\left(\dfrac{F}{M}\right)$ (나) $f = \dfrac{F}{3}$ (다) $v_{\mathrm{CM}} = \sqrt{\dfrac{8}{3}\left(\dfrac{Fd}{M}\right)}$

### 8-27 물리흔들이의 최소 주기

한 고정점 O 주위로 중력마당의 연직면 내에서 미소진동하는 질량이 $M$인 강체의 주기는 $I_{\rm CM}=ML_{\rm C}^2$일 때 최소가 됨을 보여라. $I_{\rm CM}$은 고정 축에 나란하고 질량중심 G를 지나는 축에 대한 관성모먼트이고, $L_{\rm C}$는 고정점 O에서 질량중심 G까지 거리이다.

**풀이 |** 물리흔들이의 운동방정식 : $I_{\rm O}\dfrac{d^2\theta}{dt^2}=-MgL_{\rm C}\sin\theta$ : $\sin\theta\cong\theta$ ($I_{\rm O}$ : 점 O 주위의 관성모먼트)

$$\Rightarrow\ \frac{d^2\theta}{dt^2}=-\frac{MgL_{\rm C}}{I_{\rm O}}\theta\qquad\therefore\ \omega=\sqrt{\frac{MgL_{\rm C}}{I_{\rm O}}}\qquad\therefore\ T=\frac{2\pi}{\omega}=2\pi\sqrt{\frac{I_{\rm O}}{MgL_{\rm C}}}$$

여기서 평행축 정리 식(8.21)에 의하여 $I_{\rm O}=Mr_{\rm CM}^2+I_{\rm CM}$ $(r_{\rm CM}=L_{\rm C})\Rightarrow I_{\rm O}=ML_{\rm C}^2+I_{\rm CM}$

$$\therefore\ T=2\pi\sqrt{\frac{ML_{\rm C}^2+I_{\rm CM}}{MgL_{\rm C}}}.$$

$$\frac{\partial T}{\partial L_{\rm C}}=\frac{\partial}{\partial L_{\rm C}}\left(2\pi\sqrt{\frac{ML_{\rm C}^2+I_{\rm CM}}{MgL_{\rm C}}}\right)=\pi\sqrt{\frac{MgL_{\rm C}}{ML_{\rm C}^2+I_{\rm CM}}}\left(\frac{ML_{\rm C}^2-I_{\rm CM}}{MgL_{\rm C}^2}\right)=0\qquad\therefore\ I_{\rm CM}=ML_{\rm C}^2$$

$$\left.\frac{\partial^2T}{\partial L_{\rm C}^2}\right|_{I_{\rm CM}=ML_{\rm C}^2}=\left.\frac{\partial}{\partial L_{\rm C}}\left\{\pi\sqrt{\frac{MgL_{\rm C}}{ML_{\rm C}^2+I_{\rm CM}}}\left(\frac{ML_{\rm C}^2-I_{\rm CM}}{MgL_{\rm C}^2}\right)\right\}\right|_{I_{\rm CM}=ML_{\rm C}^2}>0$$

그러므로 $I_{\rm CM}=ML_{\rm C}^2$일 때 주기 $T$는 최소이다. [QED]

### 8-28 실 끝에 달린 큰 추의 진동

반지름이 $r$, 질량이 $M$인 공모양의 추를 늘어나지 않는 가벼운 실 끝에 달아서, 중력마당에서 진동하는 물리흔들이를 만들었다. 고정점으로부터 추의 중심까지 거리가 $L$이다.

(가) 이 물리흔들이가 미소 진동할 때, 주기를 구하고, $r\ll L$인 경우 주기는

$T\cong T_0\left(1+\dfrac{1}{5}\dfrac{r^2}{L^2}\right)$ $\left(T_0\equiv2\pi\sqrt{\dfrac{L}{g}}\right)$로 어림됨을 보여라.

(나) 만일 $L=1.00\ {\rm m}$, $r=2.00\ {\rm cm}$일 때, 이 흔들이의 주기를 $T_0$로 어림하면 오차는 얼마나 되는가? 또, 오차가 1%이라면 추의 반지름은 얼마인 경우인가?

**풀이 |** (가) 물리흔들이의 운동방정식 : $I\dfrac{d^2\theta}{dt^2}\cong-MgL_{\rm C}\theta$ $(\sin\theta\approx\theta)$

$$\therefore\ T=2\pi\sqrt{\frac{I}{MgL_{\rm C}}}\ :\ I=ML^2+I_{\rm CM}=ML^2+\frac{2}{5}Mr^2\ (\because\ L_{\rm C}=L)$$

$$\therefore\ T=2\pi\sqrt{\frac{ML^2+\frac{2}{5}Mr^2}{MgL}}=2\pi\sqrt{\frac{L}{g}}\sqrt{1+\frac{2}{5}\left(\frac{r}{L}\right)^2}\cong T_0\left(1+\frac{1}{5}\frac{r^2}{L^2}\right).$$

여기서 어림셈 $\sqrt{1+x}\cong1+\dfrac{x}{2}$ (부록 D.15-2a 참조)를 이용하였다. [QED]

(나) 오차 : $\dfrac{T}{T_0} \cong 1+\dfrac{1}{5}\left(\dfrac{r}{L}\right)^2$ : $L=1.00\text{ m}$, $r=2.00\text{ cm}$ $\therefore\ \dfrac{T}{T_0}=1.00008000$

$$\therefore\ \frac{\Delta T}{T_0}=\frac{T-T_0}{T_0}=\frac{T}{T_0}-1\cong\frac{1}{5}\left(\frac{r}{L}\right)^2=0.008\%$$

1% 오차의 경우 : $\dfrac{\Delta T}{T_0}\cong\dfrac{1}{5}\left(\dfrac{r}{L}\right)^2=0.2\times\left(\dfrac{r}{1.00\text{ m}}\right)^2=0.01$

$$\therefore\ r=\sqrt{\frac{0.01}{0.2}}\times 1.00\text{ m}=22.4\text{ cm}$$

**답 |** (나) $\dfrac{\Delta T}{T_0}=0.008\%$, $r=22.4\text{ cm}$

## 8-29 관성모멘트 구하기

질량 2.20 kg의 두꺼운 판자가 질량중심으로부터 0.350 m 떨어진 점을 지나고 판자에 수직인 회전축 주위로 중력마당의 연직면 내에서 미소 진동을 하고 있다. 이때 진동수가 0.450 Hz였다. 판자의 회전축 및 질량중심 주위의 관성모멘트를 각각 구하라.

**풀이 |** $T=2\pi\sqrt{\dfrac{I}{MgL_C}}$ : $f=\dfrac{1}{T}$

$$\therefore\ I=\frac{MgL_C}{(2\pi f)^2}=\frac{(2.20\text{ kg})\times(9.81\text{ m/s}^2)\times(0.350\text{ m})}{(2\times3.14\times0.450\text{ s}^{-1})^2}=0.9458\text{ kg}\cdot\text{m}^2=\underline{0.946\text{ kg}\cdot\text{m}^2}.$$

질량중심 주위의 관성모멘트는 $I=Mr_{CM}^2+I_{CM}$

$$\therefore\ I_{CM}=I-Mr_{CM}^2=0.9458\text{ kg}\cdot\text{m}^2-(2.20\text{ kg})\times(0.350\text{ m})^2$$
$$=\underline{0.676\text{ kg}\cdot\text{m}^2}$$

**답 |** $I=0.946\text{ kg}\cdot\text{m}^2$, $I_{CM}=0.676\text{ kg}\cdot\text{m}^2$

## 8-30 추가 달린 무거운 막대의 진동

질량이 $M$, 길이가 $L$인 균질의 가는 막대가 한쪽 끝점 O를 고정점으로 하여 자유로이 회전할 수 있도록 연직으로 매달려 정지해 있다. 다른 끝에 질량 $M$의 작은 공(질점)을 붙여놓았다.

(가) 막대가 연직으로 정지해 있을 때 고정점 O 및 고정점으로부터 거리 $y\,(y<L)$인 점 P에서 막대에 작용하는 장력을 각각 구하라.

(나) 이 막대의 평형점 주위의 미소 진동의 주기를 구하라.

**풀이 |** (가) 점 O에 작용하는 장력은 그 점에서 아래로 작용하는 중력과 같다. 그러므로 장력은 $F_O=2Mg$이고, 같은 방법으로 점 P에 작용하는 장력은 $F_P=Mg+\dfrac{Mg}{L}\times(L-y)=Mg\left(2-\dfrac{y}{L}\right)$이다.

(나) 운동방정식 : $I\dfrac{d^2\theta}{dt^2}\cong-2MgL_C\,\theta$ $(\sin\theta\approx\theta)$

$$\therefore\ T=2\pi\sqrt{\frac{I}{2MgL_C}}\ :\ I=I_{막대}+I_{공}=\frac{1}{3}ML^2+ML^2=\frac{4}{3}ML^2,\ L_C=\frac{\frac{L}{2}+L}{2}=\frac{3}{4}L$$

$$\therefore\ T=2\pi\sqrt{\frac{I}{2MgL_C}}=2\pi\sqrt{\frac{8}{9}\left(\frac{L}{g}\right)}.$$

**답 |** (가) $F_O=2Mg,\ F_P=\left(2-\frac{y}{L}\right)Mg$ (나) $T=2\pi\sqrt{\frac{8}{9}\left(\frac{L}{g}\right)}$

### 8-31 평면강체의 질량중심 주위의 관성모멘트 측정

질량이 3.20 kg의 불규칙한 모양의 평면도형의 강체가 가변 길이의 가벼운 가는 연결막대 끝에 붙어있다. 이 연결막대의 다른 끝을 고정점으로 하여 중력마당에서 평면 강체가 강체평면 내에서 자유로이 미소 진동을 하고 있다. 연결 막대의 길이가 1.00 m, 0.800 m일 때 주기는 각각 2.60초, 2.50초였다.

(가) 이 평면 강체의 질량중심의 위치 및 질량중심 주위의 관성모멘트를 구하라.

(나) 연결 막대의 길이가 0.50 m일 때 주기는 얼마인가?

**풀이 |** $M=3.20\text{ kg},\ \ell_1=1.00\text{ m},\ \ell_2=0.800\text{ m},\ T_1=2.60\text{ s},\ T_2=2.50\text{ s}$

(가) 식(8.55)에 의하여 강체의 주기는 $T=2\pi\sqrt{\frac{ML_C^2+I_{CM}}{MgL_C}}\ :\ L_C=\ell+x$

($\ell$ : 막대의 길이, $x$ : 연결점에서 CM까지 거리)

$$\therefore\ T=2\pi\sqrt{\frac{M(\ell+x)^2+I_{CM}}{Mg(\ell+x)}}$$

$$\therefore\ \frac{Mg}{4\pi^2}T_1^2(\ell_1+x)=M(\ell_1+x)^2+I_{CM},\ \frac{Mg}{4\pi^2}T_2^2(\ell_2+x)=M(\ell_2+x)^2+I_{CM}$$

이 두 방정식을 연립하면 $x$ 및 $I_{CM}$를 구할 수 있다. 먼저 $I_{CM}$를 소거하면 $x$, 곧 CM의 위치를 구할 수 있다.

$$\left(\frac{g}{4\pi^2}\right)\left(T_1^2(\ell_1+x)-T_2^2(\ell_2+x)\right)=(\ell_1+x)^2-(\ell_2+x)^2$$

$$\therefore\ \left\{\left(\frac{g}{4\pi^2}\right)(T_1^2-T_2^2)-2(\ell_1-\ell_2)\right\}x=(\ell_1^2-\ell_2^2)-\left(\frac{g}{4\pi^2}\right)(T_1^2\ell_1-T_2^2\ell_2)$$

$$\therefore\ x=\frac{(\ell_1^2-\ell_2^2)-\left(\frac{g}{4\pi^2}\right)(T_1^2\ell_1-T_2^2\ell_2)}{\left(\frac{g}{4\pi^2}\right)(T_1^2-T_2^2)-2(\ell_1-\ell_2)}\ :\ \ell_1=1.00\text{ m},\ \ell_2=0.800\text{ m},$$

$$T_1=2.60\text{ s},\ T_2=2.50\text{ s}$$

$$\therefore\ x=0.2848\text{ m}.$$

곧, CM의 위치는 연결점으로부터 $x=0.285\text{m}$ 떨어진 점이다.

위의 첫째 방정식으로부터 CM 주위의 관성모멘트는

$$I_{\mathrm{CM}}=\frac{Mg}{4\pi^2}T_1^2(\ell_1+x)-M(\ell_1+x)^2 \;:\; \ell_1=1.00\ \mathrm{m},\ M=3.20\ \mathrm{kg},\ T_1=2.60\ \mathrm{s},$$

$$x=0.2848\ \mathrm{m}$$

$$\therefore\ I_{\mathrm{CM}}=1.6310\ \mathrm{kg\cdot m^2}=\underline{1.63\ \mathrm{kg\cdot m^2}}.$$

(나) 주기는 $T=2\pi\sqrt{\dfrac{M(\ell+x)^2+I_{\mathrm{CM}}}{Mg(\ell+x)}}$ : $M=3.20\ \mathrm{kg}$, $\ell=0.50\ \mathrm{m}$, $x=0.2848\ \mathrm{m}$,

$$I_{\mathrm{CM}}=1.6310\ \mathrm{kg\cdot m^2}\quad \therefore\ T=2.40\ \mathrm{s}.$$

**답 |** (가) $x=0.285\ \mathrm{m}$, $I_{\mathrm{CM}}=1.63\ \mathrm{kg\cdot m^2}$ (나) $T=2.40\ \mathrm{s}$

### 8-32 원판의 진동중심

질량이 6.00 kg, 반지름이 80.0 cm 인 균질의 원판이 한 고정점 P 주위로 중력마당에서 원판의 면내에서 미소진동한다.

(가) 주기가 2.50초일 때 질량중심으로부터 고정점 P까지 거리 및 진동중심을 구하라.

(나) 질량중심으로부터 고정점 P까지의 거리가 얼마일 때 주기가 최소인가? 그 주기는 얼마인가?

**풀이 |** $M=6.00\ \mathrm{kg}$, $R=80.0\ \mathrm{cm}$

(가) 식(8.55)에 의하여 $T=2\pi\sqrt{\dfrac{ML_{\mathrm{C}}^2+I_{\mathrm{CM}}}{MgL_{\mathrm{C}}}}$ : $I_{\mathrm{CM}}=\dfrac{1}{2}MR^2$

$$\therefore\ L_{\mathrm{C}}^2-\left(\frac{T}{2\pi}\right)^2 gL_{\mathrm{C}}+\frac{R^2}{2}=0\quad \therefore\ L_{\mathrm{C}}=\frac{1}{2}\left(\left(\frac{T}{2\pi}\right)^2 g\pm\sqrt{\left(\frac{T}{2\pi}\right)^4 g^2-2R^2}\right).$$

여기에 $T=2.50\ \mathrm{s}$, $R=0.800\ \mathrm{m}$를 대입하여 정리하면 $L_{\mathrm{C}}=1.31\ \mathrm{m}$ 또는 $0.244\ \mathrm{m}$를 얻는다. 여기서 $L_{\mathrm{C}}=1.31\ \mathrm{m}$는 원판의 반지름 보다 크다. 그러므로 고정점 P까지 거리는 $L_{\mathrm{C}}=0.244\ \mathrm{m}$이고, 진동중심은 점 P와 질량중심을 잇는 직선상 점 P의 반대쪽 1.31 m의 거리에 있다. 식(8.57)을 이용하여 이를 확인할 수도 있다.

(나) 최소 주기(문8-12, 문8-27 참조)

$$\frac{\partial T}{\partial L_{\mathrm{C}}}=\frac{\partial}{\partial L_{\mathrm{C}}}\left(2\pi\sqrt{\frac{ML_{\mathrm{C}}^2+I_{\mathrm{CM}}}{MgL_{\mathrm{C}}}}\right)=\frac{2\pi}{\sqrt{Mg}}\frac{\partial}{\partial L_{\mathrm{C}}}\left(\sqrt{\frac{ML_{\mathrm{C}}^2+I_{\mathrm{CM}}}{L_{\mathrm{C}}}}\right)$$

$$\therefore\ \left[\frac{2\pi}{\sqrt{Mg}}\left(\frac{1}{2}\sqrt{\frac{L_{\mathrm{C}}}{ML_{\mathrm{C}}^2+I_{\mathrm{CM}}}}\right)\left(\frac{ML_{\mathrm{C}}^2-I_{\mathrm{CM}}}{L_{\mathrm{C}}^2}\right)\right]_{L_{\mathrm{C;min}}}=0$$

$$\therefore\ ML_{\mathrm{C;min}}^2=I_{\mathrm{CM}}\;:\; I_{\mathrm{CM}}=\frac{1}{2}MR^2$$

$$\therefore\ L_{\mathrm{C;min}}=\frac{R}{\sqrt{2}}=\frac{0.800\ \mathrm{m}}{\sqrt{2}}=0.566\ \mathrm{m}.$$

최소 주기는 $T = 2\pi\sqrt{\dfrac{ML_C^2 + I_{CM}}{MgL_C}}$ : $L_C = L_{C;min}$, $I_{CM} = ML_{C;min}^2$

$$\therefore \ T_{min} = 2\pi\sqrt{\frac{2L_{C;min}}{g}} = 2.13\ \text{s}.$$

**답 |** (가) 고정점 $L_C = 0.244\,\text{m}$, 진동중심 $L_C{}' = 1.31\ \text{m}$ (나) $L_{C;min} = 0.566\ \text{m}$, $T_{min} = 2.13\ \text{s}$

## 8-33 충격중심

질량이 $M$, 길이가 $L$인 균질의 가는 막대가 한쪽 끝점 O를 고정점으로 하여 자유로이 회전할 수 있도록 연직으로 매달려 정지해 있다. 막대와 수직으로 $F_0$의 충격력(또는 힘)을 갑자기 작용하였다.

(가) 충격력 $F_0$가 막대의 맨 아래 끝점에 작용하였을 때, 질량중심의 가속도를 구하고, 충격력 $F_0$를 받는 순간 고정점 O에서 막대가 받는 충격력(또는 힘) $F$를 구하라.

(나) 충격력 $F_0$가 막대의 중점에 작용했을 때, 충격력 $F$를 구하라.

(다) 충격력 $F_0$가 어느 점에 작용하면 충격력 $F$가 0이 되는가?

**풀이 |** 병진운동 방정식 $Ma_{CM} = F_0 + F$; 회전운동 방정식 $I\alpha = \tau$ : $a_{CM} = \alpha\, r_{CM}$

(가) 이 경우 $\tau = LF_0$이므로, 위의 회전운동 방정식으로부터

$$a_{CM} = \frac{\tau}{I} r_{CM} \ : \ \tau = LF_0,\ I = \frac{1}{3}ML^2,\ r_{CM} = \frac{L}{2} \qquad \therefore\ a_{CM} = \frac{3}{2}\left(\frac{F_0}{M}\right).$$

이 결과를 위의 병진운동 방정식에 대입하면 충격력 $F$는

$$F = Ma_{CM} - F_0 = M \cdot \frac{3}{2}\left(\frac{F_0}{M}\right) - F_0 = \frac{F_0}{2}.$$

곧, 막대는 고정점 O로부터 충격력 $F_0$와 같은 방향으로 $F = \dfrac{F_0}{2}$의 충격력을 받는다.

(나) 이 경우 $\tau = \dfrac{L}{2}F_0$이므로, $a_{CM} = \dfrac{\tau}{I} r_{CM} = \dfrac{\frac{L}{2}F_0}{\frac{1}{3}ML^2}\left(\dfrac{L}{2}\right) = \dfrac{3}{4}\left(\dfrac{F_0}{M}\right)$

$$\therefore\ F = Ma_{CM} - F_0 = M \cdot \frac{3}{4}\left(\frac{F_0}{M}\right) - F_0 = -\frac{F_0}{4}.$$

곧, 막대는 고정점 O로부터 충격력 $F_0$와 반대 방향으로 $\dfrac{F_0}{4}$의 충격력을 받는다.

〈〈**참고** 충격력 $F_0$이 막대 끝에 작용할 때 $F_0$과 같은 방향으로 충격력 $F$를 받고, 막대 중간에 작용할 때는 $F_0$과 반대 방향으로 $F$를 받으니, 그 두 점 사이에 충격력 $F$가 0이 되는 점(충격중심)이 있을 것으로 예견된다. 〉〉

(다) 충격력 $F_0$의 작용점과 고정점 O 사이의 거리가 $x$라면 $\tau = xF_0$이므로

$$a_{\text{CM}}=\frac{\tau}{I}r_{\text{CM}}=\frac{xF_0}{\frac{1}{3}ML^2}\left(\frac{L}{2}\right)=\frac{3}{2}\left(\frac{xF_0}{ML}\right)$$

$$\therefore\ F=Ma_{\text{CM}}-F_0=\frac{3}{2}\left(\frac{xF_0}{L}\right)-F_0=0 \qquad \therefore\ x=\frac{2}{3}L.$$

곧, 충격력 $F_0$가 고정점으로부터 거리 $x=\frac{2}{3}L$인 점에 작용하면 고정점에 충격이 없다.

**답 |** (가) $a_{\text{CM}}=\frac{3}{2}\left(\frac{F_0}{M}\right)$, $F=\frac{F_0}{2}$ (처음 충격력과 같은 방향)

(나) $F=\frac{F_0}{4}$ (처음 충격력과 반대 방향) (다) 고정점 O로부터 $x=\frac{2}{3}L$

### 8-34 미터자의 비틀림흔들이

질량 2.00 kg의 미터자의 한가운데를 철사로 묶어서 다른 끝을 천장에 고정하고 미터자가 수평면 내에서 미소진동을 하게 하였다. 그 흔들이의 주기가 3.00분이라면 철사의 비틀림상수는 얼마인가?

**풀이 |** 운동방정식 : $I\frac{d^2\theta}{d\theta^2}=\tau$ : $\tau=-\kappa\,\theta \quad \therefore\ T=2\pi\sqrt{\frac{I}{\kappa}}$ : $I=\frac{1}{12}ML^2$

$$\therefore\ \kappa=\frac{4\pi^2}{T^2}I=\frac{4\pi^2}{T^2}\left(\frac{ML^2}{12}\right)\ :\ T=180\text{ s},\ M=2.00\text{ kg},\ L=1.00\text{ m}$$

$$\therefore\ \kappa=0.203\times10^{-3}\text{ N}\cdot\text{m/rad}$$

**답 |** $\kappa=0.203\times10^{-3}\text{ N}\cdot\text{m/rad}$

## 8.4 회전운동에서 일과 에너지

### 8-35 도르래에 걸린 벨트가 한 일

자동차 에어컨의 압축기에 달린 도르래에 감긴 벨트의 당기는 힘으로 도르래를 시계 반대 방향으로 회전시켜 에어컨을 작동한다. 벨트의 당기는 쪽의 장력이 45.0 N이고, 그 반대편의 느슨한 벨트의 장력은 27.0 N이었다. 도르래의 반지름은 7.30 cm이다. 도르래가 한 바퀴 도는 동안 벨트를 통하여 작용한 힘이 도르래에 한 일은 얼마인가?

**풀이 |** 벨트가 작용한 돌림힘 (당기는 쪽)$\tau_+=(0.0730\text{ m})\times(45.0\text{ N})=3.265\text{ N}\cdot\text{m}$,

(느슨한 쪽)$\tau_-=-(0.0730\text{ m})\times(27.0\text{ N})=-1.971\text{ N}\cdot\text{m}$

$$\therefore\ \tau=\tau_++\tau_-=1.314\text{ N}\cdot\text{m}$$

돌림힘이 한 일은 $W=\sum_i\tau_i\,\Delta\theta_i=(1.314\text{ N}\cdot\text{m})\times(2\pi\text{ rad})=8.25\text{ J}$.

**답 |** $W=8.25\text{ J}$

### 8-36 관성바퀴에 돌림힘이 한 일

무거운 관성바퀴가 정지상태에서 일정한 비율로 가속되어 30.0초만에 매 분 120회의 각속도로 회전하게 되었다. 관성바퀴의 질량은 162 kg인데, 반지름이 62.0 cm인 원둘레에 집중적으로 질량이 분포되어 있다.

(가) 이 관성바퀴를 회전시키는 데 작용한 돌림힘은 얼마인가?

(나) 이 관성바퀴가 이 30.0초 동안에 회전한 각변위는 얼마인가?

(다) 이 30.0초 동안에 관성바퀴에 한 일은 얼마인가?

**풀이 |** $\omega_0 = 0$, $\omega(t=30\text{ s}) = 120\text{ rev/min} = \dfrac{(120\text{ rev})\times(2\pi\text{ rad/rev})}{(60\text{ s})} = 4\pi\text{ rad/s}$, $M = 162\text{ kg}$

$R = 62.0\text{ cm} = 0.620\text{ m}$

(가) 돌림힘은? 회전운동 방정식 (8.30)에 의하여

$$\tau = I\alpha \;:\; I = MR^2 = (162\text{ kg})\times(0.620\text{ m})^2 = 62.27\text{ kg}\cdot\text{m}^2,$$

$$\alpha = \frac{\omega - \omega_0}{t} = \frac{4\pi\text{ rad}}{30.0\text{ s}} = 0.4187\text{ rad/s}^2$$

$$\therefore\; \tau = I\alpha = (62.27\text{ kg}\cdot\text{m}^2)\times(0.4187\text{ rad/s}^2) = 26.07\text{ N}\cdot\text{m} = \underline{26.1\text{ N}\cdot\text{m}}.$$

(나) 각변위는? 관성바퀴는 등각가속도운동을 하므로 식(8.6)에 의하여 각변위는

$$\Delta\theta = \omega_0 t + \frac{1}{2}\alpha t^2 \;:\; \omega_0 = 0,\; \alpha = 0.4187\text{ rad/s}^2,\; t = 30.0\text{ s}$$

$$\therefore\; \Delta\theta = 188.4\text{ rad} = \underline{188\text{ rad}}.$$

(다) 관성바퀴에 한 일은? 식(8.74)에 의하여

$$W = \tau\,\Delta\theta = (26.07\text{ N}\cdot\text{m})\times(188.4\text{ rad}) = 4910\text{ J}.$$

**답 |** (가) $\tau = 26.1\text{ N}\cdot\text{m}$ (나) $\Delta\theta = 188\text{ rad}$ (다) $W = 4.91\times10^3\text{ J}$

### 8-37 띄엄띄엄 있는 뭇입자의 회전운동

질량이 2.00 kg인 네 개의 입자가 가로, 세로가 각각 3.00 m, 2.00 m인 직사각형의 각 꼭짓점에 놓여 있다. 이 직사각형에 수직이고 한 꼭짓점을 지나는 축 주위로 이 질점계가 회전한다.

(가) 이 계의 관성모멘트를 구하라.

(나) 이 계의 회전운동에너지가 124 J이라면 이 계는 1분에 몇 회전하는가?

**풀이 |** 회전축이 지나는 꼭짓점을 A, 다른 꼭짓점을 시계 반대 반향으로 돌아가면서 차례로 B, C, D라 하고, 두 점 A, B 사이를 3.00 m라 하면, 회전축으로부터 각 입자까지의 거리는 각각 $r_A = 0$, $r_B = 3.00\text{ m}$, $r_D = 2.00\text{ m}$, $r_C = \sqrt{r_B^2 + r_D^2} = \sqrt{(3.00\text{ m})^2 + (2.00\text{ m})^2}$ 이다.

(가) 관성모멘트는? 식(8.17)에 의하여

$$I = \sum_i m_i r_i^2 = 2.00\text{ kg}\{(3.00\text{ m})^2 + [(3.00\text{ m})^2 + (2.00\text{ m})^2] + (2.00\text{ m})^2\} = 52.00\text{ kg}\cdot\text{m}^2.$$

(나) 각속도는? 회전운동에너지가 식(8.79)로 주어지므로

$$K_{\text{rot}}=\frac{1}{2}I\omega^2 \quad \therefore \quad \omega=\sqrt{\frac{2K_{\text{rot}}}{I}} \quad : K_{\text{rot}}=124\ \text{J},\ I=52.00\ \text{kg}\cdot\text{m}^2 \qquad \therefore \quad \omega=2.184\ \text{rad/s}$$

$$\therefore \quad \omega=(2.184\ \text{rad/s})\times\left(\frac{60\ \text{s}}{1\ \text{min}}\right)\times\left(\frac{1\ \text{rev}}{2\pi\ \text{rad}}\right)=20.9\ \text{rev/min}.$$

**답 |** (가) $I=52.0\ \text{kg}\cdot\text{m}^2$ (나) $\omega=20.9\ \text{rev/min}$

## 8-38 속 찬 공의 회전

질량 15 kg, 반지름 7.5 cm의 속 찬 균질의 공이 지름 주위로 1분에 70회 회전하고 있다.

(가) 이 공의 회전운동에너지는 얼마인가?

(나) 이 회전운동에너지에 2.0 J의 에너지가 더 추가되었다면 공은 1분에 몇 회전하는가?

**풀이 |** $M=15\ \text{kg},\ \omega=70\ \text{rev/min}=(70\ \text{rev/min})\times\left(\frac{2\pi\ \text{rad}}{1\ \text{rev}}\right)\times\left(\frac{1\ \text{min}}{60\ \text{s}}\right)=\frac{7\pi}{3}\ \text{rad/s}$,

$R=7.5\ \text{cm}=0.075\ \text{m}$.

(가) 회전운동에너지는? 식(8.79)에 의하여

$$K_{\text{rot}}=\frac{1}{2}I\omega^2 \ :\ I=\frac{2}{5}MR^2=0.0338\ \text{kg}\cdot\text{m}^2,\ \omega=\frac{7\pi}{3}\ \text{rad/s}$$

$$\therefore \quad K_{\text{rot}}=0.906\ \text{J}=\underline{0.91\ \text{J}}.$$

(나) 회전속도는? 식(8.79)에 의하여

$$K_{\text{rot}}=\frac{1}{2}I\omega^2 \quad \therefore \quad \omega=\sqrt{\frac{2K_{\text{rot}}}{I}} \quad : K_{\text{rot}}=0.906\ \text{J}+2.0\ \text{J},\ I=0.0338\ \text{kg}\cdot\text{m}^2$$

$$\therefore \quad \omega=13.1\ \text{rad/s}$$

$$\therefore \quad \omega=(13.1\ \text{rad/s})\times\left(\frac{60\ \text{s}}{1\ \text{min}}\right)\times\left(\frac{1\ \text{rev}}{2\pi\ \text{rad}}\right)=125\ \text{rev/min}=\underline{1.3\times10^2\ \text{rev/min}}$$

($\because$ 유효숫자 2자리).

**답 |** (가) $K_{\text{rot}}=0.91\ \text{J}$ (나) $\omega=130\ \text{rev/min}$

## 8-39 굴렁쇠의 회전

반지름이 75.0 cm인 굴렁쇠가 중력마당에서 굴렁쇠 면에 수직인 수평 축에 걸려서, 축에 수직인 연직면 내에서 자유로이 회전할 수 있다.

(가) 처음에 굴렁쇠의 받침점과 중심을 잇는 직선이 수평인 정지상태에서 굴렁쇠를 가만히 놓았다. 굴렁쇠의 최대 각속도는 얼마인가?

(나) 굴렁쇠가 완전히 한 바퀴 돌게 하려면 처음 각속도는 적어도 얼마이어야 하는가?

**풀이 |** (그림 8.36 참조)

(가) 굴렁쇠에 작용하는 힘은 중력뿐이므로 역학적 에너지가 보존된다. 곧, $E=K+U=$(일정). 따라서 위치에너지가 최소일 때 운동에너지가 최대이다. 위치에너지가 최소인 점은 연직면

내에서 제일 아래 점이다. 그 점에서 운동에너지(회전운동에너지)가 최대이다. 처음 출발점을 중력위치에너지의 기준으로 택하면 처음 에너지는

$$K=0,\ U=0 \quad \therefore\ E_i = K_i + U_i = 0$$

이다.

맨 아래 점 B에서 에너지는

$$K_B = \frac{1}{2} I\omega_{max}^2,\ U_B = -MgR \quad \therefore\ E_B = K_B + U_B = \frac{1}{2} I\omega_{max}^2 - MgR$$

이다. 역학적 에너지 보존에 의하여 $E_B = E_i = 0$

$$\therefore\ \frac{1}{2} I\omega_{max}^2 - MgR = 0 \quad \therefore\ \omega_{max} = \sqrt{\frac{2MgR}{I}}\ .$$

여기서 고정점 주위의 관성모먼트 $I$는 평행축 정리에 의하여

$$I = MR_{CM}^2 + I_{CM} \ :\ R_{CM} = R,\ I_{CM} = MR^2 \quad \therefore\ I = 2MR^2$$

$$\therefore\ \omega_{max} = \sqrt{\frac{g}{R}} = \sqrt{\frac{9.81\ \mathrm{m/s^2}}{0.75\ \mathrm{m}}} = 3.617\ \mathrm{rad/s} = \underline{3.62\ \mathrm{rad/s}}\ .$$

(나) 굴렁쇠가 한 바퀴 돌게 하려면, 굴렁쇠의 중심이 고정점의 바로 연직 위에 오는 경우로 이 점에서 역학적 에너지는 적어도 $E_{top} = K_{top} + U_{top} = MgR$라야 한다. 이 경우, 처음 출발점에서 각속도를 $\omega_i$라 하면 처음 역학적 에너지는 $E_i = K_i + U_i = \frac{1}{2} I\omega_i^2$ ($\because$ 출발점에서 $U_i = 0$)이다. 역학적 에너지 보존에 의하여

$$E_{top} = E_i \quad \therefore\ \frac{1}{2} I\omega_i^2 = MgR \quad \therefore\ \omega_i = \sqrt{\frac{2MgR}{I}} \ :\ I = 2MR^2$$

$$\therefore\ \omega_i = \sqrt{\frac{g}{R}} = 3.62\ \mathrm{rad/s}\ .$$

**답|** (가) $\omega_{max} = 3.62\ \mathrm{rad/s}$ (나) $\omega_i = 3.62\ \mathrm{rad/s}$

### 8-40 막대의 넘어짐

수평인 매끄러운 회전축 주위로 자유로이 회전할 수 있는 길이 $L$, 질량 $M$의 긴 균질의 막대가 연직으로 서 있다가 회전축 주위로 회전한다. 막대가 수평 방향이 되는 순간 다음을 구하라.

(가) 질량중심의 각속도 (나) 질량중심의 각가속도

(다) 질량중심의 가속도 (라) 회전축으로부터 받는 힘

(마) 처음에 막대의 꼭대기에 질량 $m$의 구슬이 붙어 있는 경우, 막대가 수평 방향이 되는 순간의 각속도 및 구슬의 선속도

**풀이|** 작용하는 힘이 중력뿐이므로 역학적 에너지가 보존된다. 회전점을 중력위치에너지의 기준점으로 한다. 처음 역학적 에너지는, 처음 CM의 위치에너지 및 운동에너지가 각각

$$U_i = Mg\left(\frac{L}{2}\right),\ K_i = 0 \quad \therefore\ E_i = K_i + U_i = Mg\left(\frac{L}{2}\right).$$

(가) 막대가 수평인 순간 질량중심 CM의 각속도는? 나중(수평 방향) 에너지는

$$E_f = \frac{1}{2}I\omega^2 \ (\because\ K_f = \frac{1}{2}I\omega^2,\ U_f = 0)$$

이므로 에너지 보존에 의하여

$$E_i = E_f \quad \therefore\ Mg\left(\frac{L}{2}\right) = \frac{1}{2}I\omega^2 \ :\ I = \frac{1}{3}ML^2 (\text{막대의 관성모먼트})$$

$$\therefore\ \omega = \sqrt{\frac{MgL}{\frac{1}{3}ML^2}} = \sqrt{\frac{3g}{L}}\ .$$

(나) 막대가 수평인 순간 CM의 각가속도는? 막대의 회전운동 방정식 (8.18)에 의하여

$$I\alpha = \tau \Rightarrow \alpha = \frac{\tau}{I} \ :\ \tau = Mg\left(\frac{L}{2}\right),\ I = \frac{1}{3}ML^2 \quad \therefore\ \alpha = \frac{Mg\frac{L}{2}}{\frac{1}{3}ML^2} = \frac{3}{2}\left(\frac{g}{L}\right).$$

(다) 막대가 수평인 순간 CM의 가속도는? 가속도의 법선 성분(법선가속도 $a_n$) 및 접선 성분(접선가속도 $a_\tau$)로 나누어 생각하는 것이 편리하다(식(1.70), 식(1.71) 참조).

$$\text{법선가속도}\ a_n = \omega^2 r \ :\ \omega = \sqrt{\frac{3g}{L}}\ ,\ r = \frac{L}{2} \quad \therefore\ a_n = \frac{3}{2}g$$

$$\text{접선가속도}\ a_\tau = \alpha\, r \ :\ \alpha = \frac{3}{2}\left(\frac{g}{L}\right),\ r = \frac{L}{2} \quad \therefore\ a_\tau = \frac{3}{4}g$$

$$\therefore\ \text{크기}\ a = \sqrt{a_n^2 + a_\tau^2} = \frac{3\sqrt{5}}{4}g = 5.031g = 16.45\ \mathrm{m/s^2},\ \text{방향}\ \tan\phi = \left(\frac{a_n}{a_\tau}\right) = 2$$

$$\therefore\ \phi = 63.43^\circ$$

곧, 가속도는 접선 방향에서 안쪽으로 $\phi = 63.4^\circ$의 방향으로 $a = \frac{3\sqrt{5}}{4}g = 16.5\ \mathrm{m/s^2}$이다.

(라) 막대가 회전축으로부터 받는 힘은? 막대가 받는 힘은 CM이 받는 힘과 같다. 회전축으로부터 받는 힘 $\vec{F} = \hat{n}F_n + \hat{\tau}F_\tau$ 및 중력 $\vec{w} = M\vec{g} = \hat{\tau}Mg$(막대가 수평인 순간)이라 하면, 운동 방정식은 $m\vec{a} = \vec{F} + M\vec{g}$이고, 여기서

$$\text{법선 성분}\ Ma_n = F_n \quad \therefore\ F_n = Ma_n = \frac{3}{2}Mg,$$

$$\text{접선 성분}\ Ma_\tau = F_\tau + Mg \quad \therefore F_\tau = Ma_\tau - Mg = \frac{3}{4}Mg - Mg = -\frac{1}{4}Mg$$

이다. 따라서 $\vec{F} = \hat{n}\left(\frac{3}{2}Mg\right) + \hat{\tau}\left(-\frac{1}{4}Mg\right)$.

또는 수평 방향을 $x$축, 연직상방을 $y$축이라 하면 $\vec{F}=\hat{i}\left(-\frac{3}{2}Mg\right)+\hat{j}\left(\frac{1}{4}Mg\right)$이다.

(마) 막대 끝에 구슬이 붙어 있는 경우, 처음 및 나중 에너지는 각각

$$\text{처음 } E_i = K_i + U_i = Mg\left(\frac{L}{2}\right)+mgL \ (\because\ K_i=0,\ U_i = Mg\left(\frac{L}{2}\right)+mgL);$$

$$\text{나중(수평 방향) } E_f=\frac{1}{2}I\omega^2 \ (\because\ K_f=\frac{1}{2}I\omega^2,\ U_f=0)$$

이다. 에너지 보존에 의하여

$$E_i = E_f \quad \therefore\ Mg\left(\frac{L}{2}\right)+mgL=\frac{1}{2}I\omega^2\ :\ I=\frac{1}{3}ML^2+mL^2$$

$$\therefore\ \omega=\sqrt{\frac{3(M+2m)}{M+3m}\left(\frac{g}{L}\right)}.$$

질점 $m$의 선속도는 $v=\omega r$로 주어지므로

$$v=\left(\sqrt{\frac{3(M+2m)}{M+3m}\left(\frac{g}{L}\right)}\right)\times L=\sqrt{\frac{3(M+2m)}{M+3m}(gL)}$$

이다.

**답 |** (가) $\omega=\sqrt{\frac{3g}{L}}$ (나) $\alpha=\frac{3g}{2L}$ (다) $\vec{a}=\hat{n}\left(\frac{3}{2}g\right)+\hat{\tau}\left(\frac{3}{4}g\right)$

(라) $\vec{F}=\hat{n}\left(\frac{3}{2}Mg\right)+\hat{\tau}\left(-\frac{1}{4}Mg\right)$ (마) $\omega=\sqrt{\frac{3(M+2m)}{M+3m}\left(\frac{g}{L}\right)}$, $v=\sqrt{\frac{3(M+2m)}{M+3m}gL}$

### 8-41 도르래의 각속도

질량이 각각 15.0 kg, 10.0 kg인 두 추를, 회전축 주위로 자유로이 회전할 수 있는 도르래에 걸쳐 놓은 가볍고, 늘어나지 않는 실의 양단에 달아 놓았다. 도르래는 반지름 10.0 cm, 질량 3.00 kg의 균질의 원기둥 모양이고, 실은 도르래에 미끄러지지 않는다. 두 추의 연직 높이 차이가 3.00 m인 정지상태에서 움직이기 시작하였다. 두 추가 서로 스치고 지나가는 순간의 추의 속도 및 도르래의 각속도를 구하라.

**풀이 |** $m_1=15.0\text{ kg}$, $m_2=10.0\text{ kg}$; $y_1(0)=0$, $y_2(0)=-d=-3.00\text{ m}$;

$R_{도}=10.0\text{ cm}$, $M_{도}=3.00\text{ kg}$.

도르래에 마찰력이 작용하지 않고, 이 계에 중력만이 작용하므로 역학적 에너지가 보존된다. 곧, $E=K+U=(\text{일정})$이다.

$$\text{처음 : } K_{1i}=K_{2i}=K_{도;i}=0,\ U_{1i}=0,\ U_{2i}=-m_2gd\ (\because\ y_1(0)=0,\ y_2(0)=-d)$$

$$\therefore\ E_i=-m_2gd$$

$$\text{나중 : } K_{1f}=\frac{1}{2}m_1v^2,\ K_{2f}=\frac{1}{2}m_2v^2,\ K_{도;f}=\frac{1}{2}I\omega^2=\frac{1}{2}\left(\frac{I}{R_{도}^2}\right)v^2\ (\because\ v=\omega R_{도}),$$

$$U_{1f}=-m_1g\left(\frac{d}{2}\right),\ U_{2f}=-m_2g\left(\frac{d}{2}\right)\ (\because\ \text{두 추의 높이가 같다})$$

$$\therefore\ E_{\mathrm{f}} = K_{1\mathrm{f}} + K_{2\mathrm{f}} + K_{\text{도};\mathrm{f}} + U_{1\mathrm{f}} + U_{1\mathrm{f}} = \frac{1}{2}m_1v^2 + \frac{1}{2}m_2v^2 + \frac{1}{2}\left(\frac{I}{R_{\text{도}}^2}\right)v^2 - (m_1 + m_2)\,g\left(\frac{d}{2}\right)$$

$$\therefore\ E_{\mathrm{i}} = E_{\mathrm{f}} \Rightarrow -m_2gd = \frac{1}{2}m_1v^2 + \frac{1}{2}m_2v^2 + \frac{1}{2}\left(\frac{I}{R_{\text{도}}^2}\right)v^2 - (m_1 + m_2)\,g\left(\frac{d}{2}\right)$$

$$\therefore\ \frac{1}{2}\left(m_1 + m_2 + \frac{I}{R_{\text{도}}^2}\right)v^2 = (m_1 - m_2)\,g\left(\frac{d}{2}\right)$$

$$\therefore\ v = \sqrt{\frac{(m_1 - m_2)\,gd}{\left(m_1 + m_2 + \dfrac{I}{R_{\text{도}}^2}\right)}} = \sqrt{\frac{(m_1 - m_2)\,gd}{\left(m_1 + m_2 + \dfrac{M_{\text{도}}}{2}\right)}} \quad \left(\because\ I = \frac{1}{2}M_{\text{도}}R_{\text{도}}^2\right)\ :$$

$m_1 = 15.0\ \mathrm{kg}$, $m_2 = 10.0\ \mathrm{kg}$, $d = 3.00\ \mathrm{m}$, $M_{\text{도}} = 3.00\ \mathrm{kg}$, $R_{\text{도}} = 0.10\ \mathrm{m}$

$\therefore\ v = 2.356\ \mathrm{m/s} = \underline{2.36\ \mathrm{m/s}}$.

도르래의 각속도 : $v = \omega R_{\text{도}}$ $\quad \therefore\ \omega = \dfrac{v}{R_{\text{도}}} = \dfrac{2.356\ \mathrm{m/s}}{0.10\ \mathrm{m}} = 23.6\ \mathrm{rad/s}$

**별해**

추의 운동방정식 $m_1a = m_1g - T_1$, $m_2a = T_2 - m_2g$

도르래의 운동방정식 $I\alpha = \tau$ : $I = \frac{1}{2}M_{\text{도}}R_{\text{도}}^2$, $\tau = R_{\text{도}}(T_1 - T_2)$ $(m_1 > m_2)$

(구속조건)실이 미끄러지지 않을 조건 : $a = \alpha R$

첫째 두 식을 서로 더하기 하면 $(m_1 + m_2)a - (m_1 - m_2)g = (T_1 - T_2)$.

둘째 및 셋째 식으로부터 $\dfrac{I}{R_{\text{도}}^2}a = (T_1 - T_2)$.

넷째 및 다섯째 식에서 $T_1 - T_2$를 소거하면 $\left(m_1 + m_2 + \dfrac{I}{R_{\text{도}}^2}\right)a = (m_1 - m_2)g$

$$\therefore\ a = \frac{(m_1 - m_2)g}{m_1 + m_2 + \dfrac{I}{R_{\text{도}}^2}}.$$

등가속도운동이므로 속도, 가속도, 변위 사이에는 $v^2 - v_0^2 = 2ay$의 관계식이 성립하므로, 두 물체의 높이가 같은 순간의 속도는 $\left(v_0 = 0,\ y = \dfrac{d}{2}\right)$

$$v = \sqrt{2a\left(\frac{d}{2}\right)} = \sqrt{\frac{(m_1 - m_2)gd}{m_1 + m_2 + \dfrac{I}{R_{\text{도}}^2}}}\ :\ m_1 = 15.0\ \mathrm{kg},\ m_2 = 10.0\ \mathrm{kg},\ d = 3.00\ \mathrm{m},$$

$$I = \frac{1}{2}M_{\text{도}}R_{\text{도}}^2\ (M_{\text{도}} = 3.00\ \mathrm{kg};\ R_{\text{도}} = 0.10\ \mathrm{m}) \qquad \therefore\ v = 2.356\ \mathrm{m/s} = 2.36\ \mathrm{m/s}$$

**답 |** $v = 2.36\ \mathrm{m/s}$, $\omega = 23.6\ \mathrm{rad/s}$

### 8-42 원판의 회전

질량 $M$, 반지름 $R$의 균질인 원판이, 그 중심을 원판에 수직으로 지나는 수평인 축 주위로, 중력마당에서 자유로이 회전할 수 있다. 이 원판의 회전축의 연직상방 원판 둘레에 질량 $m$의 작은 질점을 붙여놓고 살짝 변위시켜서 원판이 회전하게 하였다.

(가) 질점이 최하위에 올 순간 원판의 각속도를 구하라.

(나) 이 위치에서 질점이 원판에 계속 붙어 있게 되려면 원판이 질점에 작용해야 할 힘을 구하라.

**풀이|** (가) 중력마당에서 자유로이 운동하므로, 역학적 에너지가 보존된다. 곧, $E=K+U=$(일정)이다. 중력위치에너지의 기준점을 원판의 중심으로 한다.

처음 $K_{\rm i}=0$, $U_{\rm i}=mgR$ ; 나중(질점이 최하위에 있을 때) $K_{\rm f}=\frac{1}{2}I\omega^2$, $U_{\rm f}=-mgR$

$$\therefore\ K_{\rm f}+U_{\rm f}=K_{\rm i}+U_{\rm i} \Rightarrow \frac{1}{2}I\omega^2-mgR=mgR$$

$$\therefore\ \omega=\sqrt{\frac{4mgR}{I}}\ ;\ I=\frac{1}{2}MR^2+mR^2 \quad \therefore\ \omega=\sqrt{\frac{8mg}{R(M+2m)}}.$$

(나) 맨 아래 점에서 질점에 작용하는 힘은 연직하방으로 작용하는 중력 $mg$ 및 붙어 있게 하는 접착력 $F$이다. 질점의 운동방정식은, 구심가속도를 $a$라 하면,

$$ma=F-mg\ ;\ a=\omega^2R \quad \therefore\ F=ma+mg=mg\left(\frac{\omega^2R}{g}+1\right)\ ;\ \omega=\sqrt{\frac{8mg}{R(M+2m)}}$$

$$\therefore F=mg\left(\frac{M+10m}{M+2m}\right).$$

**답|** (가) $\omega=\sqrt{\frac{8mg}{R(M+2m)}}$ (나) $F=mg\left(\frac{M+10m}{M+2m}\right)$

### 8-43 관성바퀴의 회전

질량이 100 kg인 균질의 원기둥모양의 관성바퀴가 1 km마다 평균 $2.00\times10^6$ J의 일을 하고, 최대 각속도를 400 rev/s로 하여 에너지의 재충전 없이 300 km를 이동할 수 있게 설계하려고 한다. 관성바퀴의 반지름을 얼마로 해야 하는가?

**풀이|** 관성바퀴를 각속도 $\omega$까지 회전시켜서 가만히 놓으면 각속도가 감속하여 각속도가 0이 될 때 까지 회전하는 관성바퀴가 외부에 일을 할 수 있다. 그 일은 관성바퀴의 회전운동에너지 $K_{\rm rot}=\frac{1}{2}I\omega^2$과 같다. 곧, $W=\frac{1}{2}I\omega^2$ $\left(I=\frac{1}{2}MR^2\right)$이다.

$$\therefore\ W=\frac{1}{4}MR^2\omega^2$$

$$\therefore\ R=\frac{1}{\omega}\sqrt{\frac{4W}{M}}\ ;\ M=100\ {\rm kg},\ W=(2.00\times10^6\ {\rm J/km})\times(300\ {\rm km})=6.00\times10^8\ {\rm J},$$

$$\omega=(400\ {\rm rev/s})\times\left(\frac{2\pi\ {\rm rad}}{1\ {\rm rev}}\right)=800\pi\ {\rm rad/s}$$

$$\therefore\ R=1.95\ {\rm m}$$

**답|** $R=1.95$ m

## 8.5 각운동량과 회전충격량

### 8-44 원판의 회전

질량 3.00 kg, 반지름 0.200 m 의 균질인 원판이 그 면에 수직인 아래와 같은 고정축 주위로 각속도 6.00 rad/s 로 회전한다. 각 고정축 주위의 각운동량을 구하라.

(가) 질량중심 축　(나) 반지름의 중점을 지나는 축

**풀이 |** (가) 질량중심 축 주위의 각운동량은 식(8.91)에 의하여

$$L_{CM} = I_{CM}\,\omega \;:\; I_{CM} = \frac{1}{2}MR^2$$

$$\therefore\; L_{CM} = \frac{1}{2}MR^2\omega \;:\; M = 3.00\text{ kg},\; R = 0.200\text{ m},\; \omega = 6.00\text{ rad/s}$$

$$\therefore\; L_{CM} = 0.360\text{ J}\cdot\text{s}.$$

(나) 반지름의 중점 P를 지나는 축 주위의 각운동량은 식(8.91) 및 평행축 정리 식(8.21)에 의하여

$$L_P = I_P\,\omega \;:\; I_P = I_{CM} + Mr_{CM}^2 = \frac{1}{2}MR^2 + M\left(\frac{R}{2}\right)^2 = \frac{3}{4}MR^2$$

$$\therefore\; L_P = \frac{3}{4}MR^2\omega \;:\; M = 3.00\text{ kg},\; R = 0.200\text{ m},\; \omega = 6.00\text{ rad/s}$$

$$\therefore\; L_P = 0.540\text{ J}\cdot\text{s}$$

**답 |** (가) $L_{CM} = 0.360\text{ J}\cdot\text{s}$　(나) $L_P = 0.540\text{ J}\cdot\text{s}$

### 8-45 오토바이

오토바이의 두 바퀴의 중심거리가 $\ell = 155$ cm 이고, 사람을 포함한 질량중심은 지면으로부터 $h = 88.0$ cm 높이에 두 바퀴의 중간 지점에 있다. 바퀴의 질량은 차체에 비교하여 무시할 수 있다. 구동력이 뒷바퀴에만 걸린다. 급작스런 가속도를 주면 앞바퀴가 살짝 들린다. 수평 방향의 가속도가 적어도 얼마이어야 하는가?

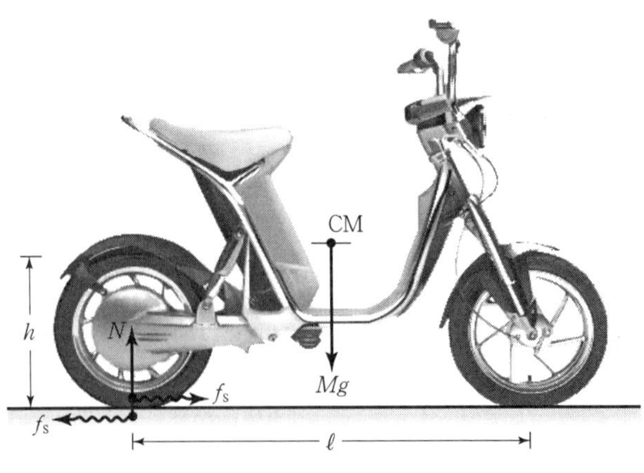


문8-45의 연습그림 : 오토바이

**풀이 |** 오토바이에 작용하는 힘은 중력 $w = Mg$(@CM), 수직항력 $N$(@뒷바퀴와 바닥의 접촉점), 정지마찰력 $f_s$(@뒷바퀴와 바닥의 접촉점)이다(문8-11 **'주사위 기울이기'**의 (*) 주의 참조). 마찰력으로 바닥을 뒤로 밀면 그 반작용으로 오토바이 바퀴를 앞으로 민다. 이로 인하여 오토바이에 가속도가 생긴다. 구동력(정지마찰력)이 뒷바퀴에만 걸리고 그때 가속도가 $a$일 때 앞바퀴가 살짝 들린다고 하자. 그러면 수직항력 $N$ 및 정지마찰력 $f_s$는 뒷바퀴와 바닥의 접촉점에만 작용한다. 따라서 질량중심 주위의 돌림힘이

$$\sum \tau_{CM} = \tau_w^{(CM)} + \tau_f^{(CM)} + \tau_N^{(CM)} = 0 + hf_s - \left(\frac{\ell}{2}\right)N \geq 0$$

이면 앞바퀴가 들린다(앞바퀴가 CM 주위로 들리는 방향의 돌림힘을 양(+)으로 한다). 여기서 오토바이의 병진운동방정식 $Ma = f_s$ 및 $Mg = N$에 의하여

$$\sum \tau_{CM} = hf_s - \frac{\ell}{2}N = h(Ma) - \frac{\ell}{2}(Mg) \geq 0 \ : \ \ell = 155 \text{ cm}, \ h = 88.0 \text{ cm}$$

$$\therefore \ a \geq \left(\frac{\ell}{2h}\right)g = 8.64 \text{ m/s}^2.$$

**답 |** $a = 8.64 \text{ m/s}^2$

### 8-46 원운동하는 홑입자의 각운동량

질량 2.00 kg의 입자가 반지름 4.00 m의 원궤도를 3.50 m/s의 속도로 돌고 있다.

(가) 입자의 각속도는 얼마인가?

(나) 원의 중심에 대한 입자의 관성모먼트를 구하라.

(다) 입자의 원의 중심에 대한 각운동량은 얼마인가?

(라) 위의 결과로부터 $L = r_\perp p = r p_\perp = r p \sin\phi$임을 확인하라.

**풀이 |** (가) $v = \omega r \quad \therefore \ \omega = \dfrac{v}{R} = \dfrac{3.50 \text{ m/s}}{4.00 \text{ m}} = 0.8750 \text{ rad/s} = \underline{0.875 \text{ rad/s}}$.

(나) $I = \sum m r^2 \Rightarrow I = mR^2 = (2.00 \text{ kg}) \times (4.00 \text{ m})^2 = 32.00 \text{ kg}\cdot\text{m}^2 = \underline{32.0 \text{ kg}\cdot\text{m}^2}$.

(다) $L = I\omega \ : \ I = 32.00 \text{ kg}\cdot\text{m}^2, \ \omega = 0.8750 \text{ rad/s} \quad \therefore \ L = 28.0 \text{ kg}\cdot\text{m}^2/\text{s}$

(라) $L = r_\perp p \ : \ r_\perp = R = 4.00 \text{ m} \ (\because \ \phi = 90^\circ)$,

$p = mv = (2.00 \text{ kg}) \times (3.50 \text{ m/s}) = 7.00 \text{ kg}\cdot\text{m/s}^2$

$\therefore \ L = r_\perp p = 28.0 \text{ kg}\cdot\text{m}^2/\text{s}$

$L = r p_\perp \ : \ r = R = 4.00 \text{ m}, \ v_\perp = v \ (\because \ \phi = 90^\circ)$,

$p_\perp = m v_\perp = mv = (2.00 \text{ kg}) \times (3.50 \text{ m/s}) = 7.00 \text{ kg}\cdot\text{m/s}^2$

$\therefore \ L = r p_\perp = 28.0 \text{ kg}\cdot\text{m}^2/\text{s}$.

$L = r p \sin\phi \ : \ r = R = 4.00 \text{ m}, \ p = mv = (2.00 \text{ kg}) \times (3.50 \text{ m/s}) = 7.00 \text{ kg}\cdot\text{m/s}^2$,

$\sin\phi = \sin 90^\circ = 1 \quad \therefore \ L \equiv r p \sin\phi = 28.0 \text{ kg}\cdot\text{m}^2/\text{s}$

**답 |** (가) $\omega = 0.875 \text{ rad/s}$ (나) $I = 32.0 \text{ kg}\cdot\text{m}^2$ (다) $L = 28.0 \text{ kg}\cdot\text{m}^2/\text{s}$ (또는 J·s)

## 8-47 직선운동하는 입자의 각운동량

질량 $m=2.00\,\text{kg}$의 입자가 일정한 속도 $v=4.50\,\text{m/s}$로 직선을 따라서 운동하고 있다.

(가) 그 직선으로부터 $b=6.00\,\text{m}$ 떨어진 점 O에 대한 입자의 각운동량을 구하라. 시간에 따라 변하는가?

(나) 점 O와 입자를 잇는 직선(지름)이 단위시간에 스치고 지나가는 넓이는 시간에 따라 변하는가? 그 넓이를 구하라. 각운동량과 어떤 관계가 있는가?

(다) 점 O에 대한 입자의 각속도(점 O와 입자를 잇는 지름이 단위시간에 회전하는 각)는 시간에 따라서 어떻게 변하는가?

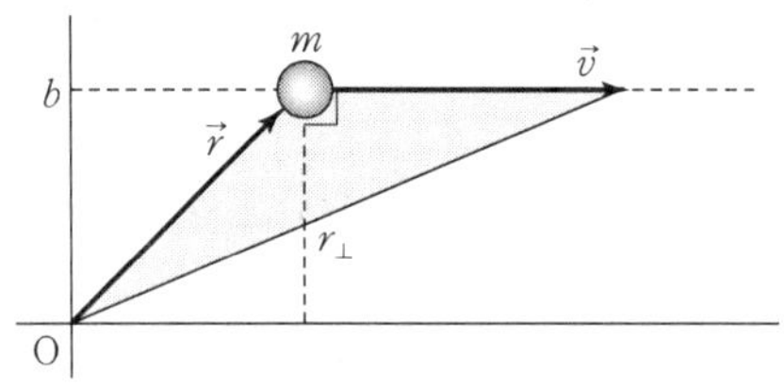


문8-47의 연습그림 : 직선운동을 하는 입자

**풀이 |** $m=2.00\,\text{kg}$, $v=4.50\,\text{m/s}$

(가) **각운동량** $L=r_\perp p=r_\perp mv$ : $r_\perp=b=6.00\,\text{m}$, $m=2.00\,\text{kg}$, $v=4.50\,\text{m/s}$

$\therefore\ L=r_\perp mv=54.0\,\text{kg}\cdot\text{m}^2/\text{s}$. 시간에 따라 불변이다.

(나) **$\vec{r}$가 스치고 지나가는 넓이** : $\Delta t$초 동안에 입자가 지나간 거리는 $\Delta r=v\,\Delta t$이고, 이때 지름벡터(또는 위치벡터) $\vec{r}$가 스치고 지나가는 넓이(문8-47의 연습그림의 그늘진 부분)는 $\frac{1}{2}$(밑변)×(높이)로 주어지는데

$$(\text{밑변})=\Delta r=v\,\Delta t,\ (\text{높이})=r_\perp$$

이므로 그 넓이 $\Delta A$는

$$\Delta A=\frac{1}{2}r_\perp(v\,\Delta t)\qquad\therefore\ \frac{\Delta A}{\Delta t}=\frac{1}{2}r_\perp v\ :\ r_\perp=b=6.00\,\text{m},\ v=4.50\,\text{m/s}$$

$$\therefore\ \frac{\Delta A}{\Delta t}=13.5\,[\text{m}^2/\text{s}]$$

곧, 단위시간에 스치고 지나가는 넓이는 일정하다.

각운동량과의 관계 : $\dfrac{\Delta A}{\Delta t}=\dfrac{1}{2}\dfrac{r_\perp mv}{m}=\dfrac{L}{2m}$ 곧, 각운동량에 비례한다.

(다) 점 O에 대한 입자의 각속도 : 한 시각 $t$에서 짧은 시간 $\Delta t$ 동안에 입자의 변위의 크기는 $\Delta r=v\,\Delta t$이다. 이 시간동안 입자가 점 O에 대해서 회전한 각은 지름벡터 $\vec{r}(t)$와 지름벡터 $\vec{r}(t+\Delta t)$ 사이 각 $\Delta\theta$와 같다. 따라서 시각 $t$에서 입자의 회전각속도 $\omega(t)$는 $\Delta\theta=\omega(t)\,\Delta t$로 주어진다. 지름벡터 $\vec{r}(t)$의 끝점이 그리는 호의 길이 $\Delta s(t)$는

$$\Delta s(t) = r(t)\,\Delta\theta = r(t)\,(\omega(t)\,\Delta t) \qquad \therefore\ \omega(t) = \lim_{\Delta t \to 0}\frac{\Delta s(t)}{\Delta t}\,\frac{1}{r(t)}.$$

여기서

$$\lim_{\Delta t \to 0}\frac{\Delta s(t)}{\Delta t} = \frac{ds}{dt} = |v(t)| = v\ \ (\because\ \ \Delta s \cong \Delta r,\ \ \Delta r = v\,\Delta t),\ \ |\vec{r}(t)| = r(t) = \sqrt{r_{\perp}^2 + (vt)^2}$$

이므로

$$\omega(t) = \frac{v}{r(t)} = \frac{v}{\sqrt{r_{\perp}^2 + (v\,t)^2}}$$

이다. 입자가 등속도운동($v(t) =$(일정))을 하므로, $r(t)$가 최소일 때($t=0$), $\omega$가 최대이고, 시간에 따라 감소한다.

**답 |** (가) $L = 54.0\ \mathrm{kg\cdot m^2/s}$ (나) $\dfrac{dA}{dt} =$ (일정), $\dfrac{dA}{dt} = 13.5\ \mathrm{m^2/s}$, $\dfrac{dA}{dt} = \dfrac{L}{2m}$

(다) 지름이 가장 짧은 지점($t=0$)에서 최대이고 시간이 지남에 따라 감소한다.

### 8-48 아령 모양 강체의 각운동량

길이 1.00 m의 가볍고 단단한 가는 막대 양단에 질량이 각각 3.00 kg, 4.00 kg인 두 물체(질점)를 달아 놓았다. 이 강체가 막대의 중점을 수직으로 지나는 회전축 주위로 회전하고 있다. 각 물체의 선속도가 5.00 m/s이다. 이 강체의 각운동량은 얼마인가?

**풀이 |** 각운동량은 식(8.91)에 의하여

$$L = \sum r_{\perp}\, m\,v = (0.500\ \mathrm{m}) \times (3.00\ \mathrm{kg}) \times (5.00\ \mathrm{m/s}) + (0.500\ \mathrm{m}) \times (4.00\ \mathrm{kg}) \times (5.00\ \mathrm{m/s})$$
$$= (7.50\ \mathrm{kg\cdot m^2/s}) + (10.0\ \mathrm{kg\cdot m^2/s}) = 17.5\ \mathrm{kg\cdot m^2/s}$$

**답 |** $L = 17.5\ \mathrm{kg\cdot m/s}$

### 8-49 포사체의 각운동량

지구 표면 가까이에서 속도 $v_0$로 수평 방향에서 위로 각 $\theta$의 방향으로 질량이 $m$인 물체가 던져졌다.

(가) 출발점(원점) 및 최고점, 땅에 다시 닿는 지점에서 출발점(원점)에 대한 물체의 각운동량을 구하라.

(나) 위의 각 지점에서 물체가 중력마당으로부터 받는 원점에 대한 돌림힘은 각각 얼마인가?

**풀이 |** (가) 각운동량 $L = r_{\perp}\, p = r\, p_{\perp}$, 최고점의 높이 $h = \dfrac{v_0^2 \sin^2\theta}{2g}$, 수평도달 거리 $R = \dfrac{v_0^2 \sin 2\theta}{g}$

처음 속도 $v_{0x} = v_0 \cos\theta$, $v_{0y} = v_0 \sin\theta$.

원점 : $L = r_{\perp}\, p$ : $r_{\perp} = 0$ $\therefore$ $L_{\mathrm{O}} = 0$

최고점 : 최고점에서 속도 또는 운동량벡터는 수평 성분뿐이다. 그러므로

$$L = r_{\perp}\, p\ :\ r_{\perp} = h = \frac{v_0^2 \sin^2\theta}{2g},\quad p = mv_{0x} = mv_0 \cos\theta$$

$$\therefore \ L_{\rm h}=\frac{mv_0^3\sin2\theta\sin\theta}{4g}$$ (각 $\theta$와 반대 방향).

착지점 : 포사체의 궤도는 최고점에 대해서 좌우 대칭이므로 착지점에서 연직 방향의 속도 성분은 처음 연직 방향의 속도 성분과 크기는 같고 방향이 반대이다. 그러므로

$$L=rp_{\perp} : r=R=\frac{v_0^2\sin2\theta}{g},\ p_{\perp}=mv_{\perp}=mv_0\sin\theta$$

$$\therefore \ L_{\rm R}=\frac{mv_0^3\sin2\theta\sin\theta}{g}$$ (각 $\theta$와 반대 방향).

(나) 돌림힘 $\tau=r_{\perp}F$ : $F=mg$

원점 : $\tau=r_{\perp}F$ : $r_{\perp}=0$ $\therefore \ \tau_{\rm O}=0$

최고점 : $\tau=r_{\perp}F$ : $r_{\perp}=\dfrac{R}{2}=\dfrac{v_0^2\sin2\theta}{2g}$, $F=mg$

$$\therefore \ \tau_{\rm h}=\frac{mv_0^2\sin2\theta}{2}$$ (각 $\theta$와 반대 방향).

착지점 : $\tau=r_{\perp}F$ : $r=R=\dfrac{v_0^2\sin2\theta}{g}$, $F=mg$

$\therefore \ \tau_{\rm R}=mv_0^2\sin2\theta$ (각 $\theta$와 반대 방향)

**별해**

(가) **각운동량벡터** $\vec{L}=\vec{r}\times\vec{p}$

원점 : $\vec{r}_0=0$, $\vec{v}_0=\hat{i}v_{0x}+\hat{j}v_{0y}$ $\quad\therefore \ \vec{L}_{\rm O}=0$

최고점 : $\vec{r}_{\rm h}=\hat{i}\left(\dfrac{R}{2}\right)+\hat{j}h$, $\vec{v}_{\rm h}=\hat{i}v_{0x}$, $\vec{L}_{\rm h}=\vec{r}_{\rm h}\times\vec{p}_{\rm h}=\vec{r}_{\rm h}\times(m\vec{v}_{\rm h})=-\hat{k}(h\,mv_{0x})$

착지점 : $\vec{r}_{\rm R}=\hat{i}R$, $\vec{v}_{\rm R}=-\hat{j}v_{0y}$, $\vec{L}_{\rm R}=\vec{r}_{\rm R}\times\vec{p}_{\rm R}=\vec{r}_{\rm R}\times(m\vec{v}_{\rm R})=-\hat{k}(R\,mv_{0y})$

(나) 돌림힘벡터 $\vec{\tau}=\vec{r}\times\vec{F}_{\rm g}$ : 중력 $m\vec{g}=-\hat{j}mg$

원점 : $\vec{r}_0=0$ $\quad\therefore \ \vec{\tau}_{\rm O}=0$

최고점 : $\vec{r}_{\rm h}=\hat{i}\left(\dfrac{R}{2}\right)+\hat{j}h$, $\vec{\tau}_{\rm h}=\vec{r}_{\rm h}\times m\vec{g}=\left(\hat{i}\left(\dfrac{R}{2}\right)+\hat{j}h\right)\times(-\hat{j}mg)=-\hat{k}\left(\dfrac{R}{2}mg\right)$

착지점 : $\vec{r}_{\rm R}=\hat{i}R$, $\vec{\tau}_{\rm R}=\vec{r}_{\rm R}\times m\vec{g}=(\hat{i}R)\times(-\hat{j}mg)=-\hat{k}(Rmg)$

**답|** (가) $L_{\rm O}=0$, $L_{\rm h}=\dfrac{mv_0^3\sin2\theta\sin\theta}{4g}$ (각 $\theta$와 반대 방향),

$L_{\rm R}=\dfrac{mv_0^3\sin2\theta\sin\theta}{g}$ (각 $\theta$와 반대 방향)

(나) $\tau_O = 0$, $\tau_h = \dfrac{m v_0^2 \sin 2\theta}{2}$ (각 $\theta$와 반대 방향), $\tau_R = m v_0^2 \sin 2\theta$ (각 $\theta$와 반대 방향)

**8-50 실 및 도르래로 연결된 두 물체의 운동**

비탈각이 $\theta$인 비탈의 꼭대기에 고정된 도르래에 걸친 가볍고 늘어나지 않는 실의 한쪽 끝에 매끄러운 비탈면에 놓여 있는 질량 $m_2$의 물체를 매어 달고, 다른쪽 끝에는 질량 $m_1$의 추를 연직으로 매달아 놓았다. 고정도르래는 관성모멘트가 $I$, 반지름이 $R$인 원기둥 모양의 도르래로 회전축 주위로 자유로이 회전한다.

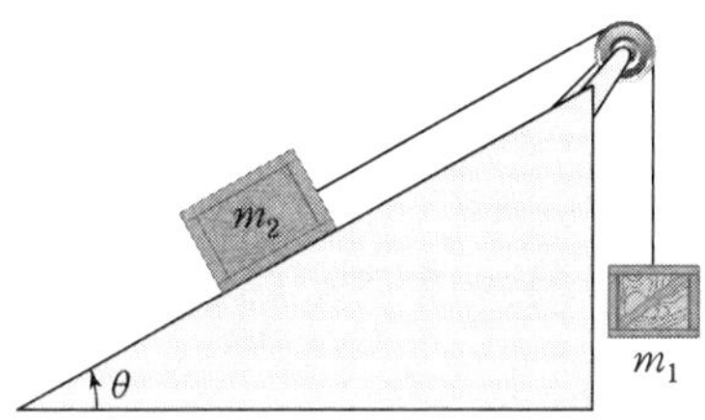


문8-50의 연습그림 : 비탈면 위에 있는 목침

(가) 도르래의 중심에 대한 알짜 돌림힘을 구하라.

(나) 추가 아래로 속도 $v$로 운동할 때, 이 계의 도르래의 중심에 대한 총 각운동량을 구하라.

(다) 위의 결과로부터 추의 가속도를 구하라.

**풀이 |** 도르래가 돌아가는 방향(시계 방향)을 양(+)으로 택한다. 이 계에 작용하는 외력은 추의 무게 $m_1 g$ 및 비탈면 위의 물체의 무게 $m_2 g$, 수직항력 $N$인데, 이 $N$은 $m_2 g$의 비탈에 수직인 성분 $m_2 g\cos\theta$와 비기고, 나란한 성분 $m_2 g\sin\theta$는 실을 따라서 도르래에 작용한다. 곧, $m_1 g$, $m_2 g\sin\theta$만 생각해도 좋다. 이들은 실의 장력으로 도르래에 작용한다(문8-50의 연습그림 참조).

(가) 도르래 중심 주위의 알짜 돌림힘

$$\tau_{알짜} = \sum r_\perp F = R m_1 g - R m_2 g \sin\theta = R(m_1 - m_2 \sin\theta)\, g.$$

(나) 도르래 중심 주위의 총 각운동량 $L(v) = L_1 + L_2 + L_도$ :

$m_1$의 도르래 중심 주위의 각운동량 $L_1 = R m_1 v$,

$m_2$의 도르래 중심 주위의 각운동량 $L_1 = R m_2 v$,

도르래의 중심 주위의 각운동량 $L_도 = I\omega$ : $v = \omega R$

$$\therefore\ L(v) = L_1 + L_2 + L_도 = R m_1 v + R m_2 v + I\frac{v}{R} = R\left(m_1 + m_2 + \frac{I}{R^2}\right) v.$$

(다) 추의 가속도

$$\tau_{알짜} = \frac{dL(v)}{dt} = \frac{dL}{dv}\frac{dv}{dt} = R\left(m_1 + m_2 + \frac{I}{R^2}\right)\frac{dv}{dt}$$

$$\therefore\ a = \frac{dv}{dt} = \frac{\tau_{알짜}}{R\left(m_1 + m_2 + \dfrac{I}{R^2}\right)} = \frac{(m_1 - m_2 \sin\theta)}{m_1 + m_2 + \dfrac{I}{R^2}} g.$$

**답 |** (가) $\tau_{알짜} = (m_1 - m_2 \sin\theta) g R$ (나) $L = R\left(m_1 + m_2 + \dfrac{I}{R^2}\right) v$ (다) $a = \left(\dfrac{m_1 - m_2 \sin\theta}{m_1 + m_2 + \dfrac{I}{R^2}}\right) g$

### 8-51 무거운 도르래에 감긴 줄에 달린 추의 운동

반지름 $R$, 질량 $M$의 균질인 도르래가 수평인 회전축 주위로 자유로이 회전할 수 있다. 도르래에 늘어나지 않는 가벼운 줄을 감아서 다른 끝에 질량 $m$의 추를 달아 놓았다(**그림** 8.28 및 **예제** 8.20 참조). 줄이 미끄러지지 않는다.

(가) 추가 속도 $v$로 낙하할 때 이 역학계의 총 각운동량을 구하라.

(나) 각운동량 정리 식(8.92)를 이용하여 추의 가속도를 구하라.

**풀이 |** (가) 총 각운동량 $L = L_{추} + L_{도}$ : $L_{추} = R m v$, $L_{도} = I\omega = I\dfrac{v}{R}$ $\left(v = \omega R,\quad I = \dfrac{1}{2} M R^2\right)$

$$\therefore L = Rmv + \frac{I}{R} v = Rmv\left(1 + \frac{M}{2m}\right).$$

(나) 추의 가속도

각운동량 정리 $\dfrac{dL}{dt} = \tau_{알짜}$ : $\tau_{알짜} = m g R$, $\dfrac{dL}{dt} = Rm\left(1 + \dfrac{M}{2m}\right)\dfrac{dv}{dt}$

$$\therefore\ mgR = Rm\left(1 + \frac{M}{2m}\right)a \qquad \therefore\ a = \frac{g}{1 + \dfrac{M}{2m}}.$$

**답 |** (가) $L = Rmv\left(1 + \dfrac{M}{2m}\right)$ (나) $a = \dfrac{g}{1 + \dfrac{M}{2m}}$

### 8-52 원기둥의 운동

대칭축 주위로 자유로이 회전할 수 있는 질량 80.0 kg, 반지름 40.0 cm의 균질의 원기둥이 그 둘레에 걸어 놓은 구동 벨트에 의한 일정한 돌림힘을 받아서 회전한다. 처음 정지상태에서 출발하여 25.0초인 순간에 1분에 500회전하였다.

(가) 이 순간에 각운동량은 얼마인가?

(나) 각운동량이 증가하는 비율은 얼마인가? 또, 원기둥에 작용하는 돌림힘은 얼마인가?

(다) 구동 벨트를 통해서 원기둥 둘레의 접선 방향으로 작용한 힘은 얼마인가?

(라) 계속 구동 벨트가 작용하여 1분에 1250회전하게 하는 데 시간이 얼마나 더 걸리는가?

**풀이 |** (가) 각운동량 $L = I\omega$ : 원기둥의 관성모멘트 $I = \dfrac{1}{2} M R^2$

$$\therefore\ L=\frac{1}{2}MR^2\omega\ :\ M=80.0\ \text{kg},\ R=0.400\ \text{m},\ \omega=500\times\frac{2\pi\ \text{rad}}{60\ \text{s}}=52.33\ \text{rad/s}$$

$$\therefore\ L=I\omega=334.9\ \text{kg}\cdot\text{m}^2/\text{s}=\underline{335\ \text{kg}\cdot\text{m}^2/\text{s}}\ (\text{또는 J}\cdot\text{s.})$$

(나) 각운동량의 증가비율 $\frac{\Delta L}{\Delta t}=\frac{334.9\ \text{kg}\cdot\text{m}^2/\text{s}}{25.0\ \text{s}}=13.40\text{N}\cdot\text{m}=\underline{13.4\ \text{N}\cdot\text{m}}$,

돌림힘 $\tau=\frac{\Delta L}{\Delta t}=13.40\ \text{N}\cdot\text{m}=\underline{13.4\text{N}\cdot\text{m}}$.

(다) 접선 방향으로 작용한 힘을 $F$라 하면 $\tau=RF$

$$\therefore\ F=\frac{\tau}{R}=\frac{13.40\ \text{N}\cdot\text{m}}{0.40\ \text{m}}=33.50\text{N}=\underline{33.5\ \text{N}}.$$

(라) 나중 각운동량

$$L'=\frac{1}{2}MR^2\omega'\ :\ M=80.0\ \text{kg},\ R=0.400\ \text{m},\ \omega'=1250\times\frac{2\pi\ \text{rad}}{60\ \text{s}}=130.8\ \text{rad/s}$$

$$\therefore\ L'=837.3\ \text{kg}\cdot\text{m}^2/\text{s}$$

$$\therefore\ \Delta L=L'-L=(837.3\ \text{kg}\cdot\text{m}^2/\text{s})-(334.9\ \text{kg}\cdot\text{m}^2/\text{s})=502.4\ \text{kg}\cdot\text{m}^2/\text{s}.$$

회전충격량-각운동량 정리 $\Delta L=\tau\,\Delta t$에 의하여

$$\Delta t=\frac{\Delta L}{\tau}=\frac{502.4\ \text{J}\cdot\text{s}}{13.40\text{N}\cdot\text{m}}=37.49\ \text{s}=\underline{37.5\ \text{s}}.$$

**별해**

일정한 돌림힘이 작용하므로 등각가속도운동이다.

$$\omega'=\omega+\alpha\,\Delta t$$

$$\therefore\ \Delta t=\frac{\omega'-\omega}{\alpha}\ :\ \omega'=1250\times\frac{2\pi\ \text{rad}}{60\ \text{s}}=130.8\ \text{rad/s},$$

$$\omega=500\times\frac{2\pi\ \text{rad}}{60\ \text{s}}=52.33\ \text{rad/s},$$

$$\alpha=\frac{\tau}{I}=\frac{2\tau}{MR^2}=\frac{2\times(13.40\ \text{N}\cdot\text{m})}{(80.0\ \text{kg})\times(0.400\ \text{m})^2}=2.094\ \text{rad/s}^2$$

$$\therefore\ \Delta t=\frac{\omega'-\omega}{\alpha}=37.47\ \text{s}=37.5\ \text{s}.$$

**답 |** (가) $L=335\ \text{J}\cdot\text{s}$ (나) $\frac{\Delta L}{\Delta t}=13.4\ \text{N}\cdot\text{m}$, $\tau=13.4\ \text{N}\cdot\text{m}$

(다) $F=33.5\ \text{N}$ (라) $\Delta t=37.5\ \text{s}$

### 8-53 두 회전원판의 겹침

질량은 서로 같고 반지름이 서로 다른 두 회전원판이 같은 굴대 주위로 같은 각속도 $\omega_0$로 자유로이 서로 반대 방향으로 회전하고 있는데, 서로 살짝 겹쳐져서 그들 사이의 마찰 때문에 마침

내 한 덩어리가 되어 회전하게 되었다. 그들의 반지름의 비는 1 : 2이다. 한 덩어리가 된 후의 각속도를 구하라.

**풀이 |** 바깥 돌림힘이 없으므로 각운동량이 보존된다.

$$L_i = L_A + L_B \ : \ L_A = -I_A\omega_0, \ L_B = I_B\omega_0 = 4I_A\omega_0 (\because \ I \propto R^2 \Rightarrow I_B = 4I_A) \quad \therefore \ L_i = 3I_A\omega_0,$$

$$L_f = (I_A + I_B)\omega_f = (I_A + 4I_A)\omega_f = 5I_A\omega_f$$

각운동량 보존 $L_i = L_f$에 의하여 $5I_A\omega_f = 3I_A\omega_0 \quad \therefore \ \omega_f = \frac{3}{5}\omega_0 = \underline{0.6\ \omega_0}$.

**답 |** $\omega_f = 0.6\ \omega_0$

## 8-54 회전원판에 올라탄 어린이

반지름이 2.00 m이고, 회전축 주위의 관성모먼트가 250 kg · m$^2$인 회전목마가 회전축 주위로 10.0 rev/min의 각속도로 자유로이 회전하고 있다. 25.0 kg의 어린이가 회전축을 향하여 펄쩍 뛰어 올라 회전목마의 회전원판의 언저리에 앉았다. 회전목마의 나중 각속도는 얼마인가?

**풀이 |** 바깥 돌림힘이 없으므로 각운동량이 보존된다. 그러므로 $I_i\,\omega_i = I_f\,\omega_f$

$$\therefore \ \omega_f = \frac{I_i}{I_f}\omega_i \ : \ I_i = 250\ \text{kg}\cdot\text{m}^2, \ \omega_i = 10.0\ \text{rev/min},$$

$$I_f = I_i + mR^2 = 250\ \text{kg}\cdot\text{m}^2 + (25.0\ \text{kg}) \times (2.00\ \text{m})^2 = 350\ \text{kg}\cdot\text{m}^2$$

$$\therefore \ \omega_f = \left(\frac{250\ \text{kg}\cdot\text{m}^2}{350\ \text{kg}\cdot\text{m}^2}\right) \times 10.0\ \text{rev/min} = 7.14\ \text{rev/min}$$

**답 |** $\omega_f = 7.14$ rev/min

## 8-55 아령을 든 학생의 운동

두 손에 질량이 3.00 kg인 아령을 각각 쥐고 자유로이 회전할 수 있는 회전의자에 학생이 앉아 있다. 학생과 회전의자의 관성모먼트는 3.00 kg · m$^2$이다. 양팔을 수평으로 쭉 폈을 때, 아령은 회전축으로부터 1.00 m 거리에 있게 된다. 양팔을 쭉 편 채로 연직회전축 주위로 0.750 rad/s의 각속도로 회전하다가 팔을 수평으로 오므려서 회전축으로부터 거리가 0.300 m 되게 하였다.

(가) 학생의 나중 회전 각속도는 얼마인가?

(나) 이 역학계의 처음 및 나중 회전운동에너지는 각각 얼마인가?

**풀이 |** 바깥에서 작용하는 돌림힘이 없으므로 각운동량이 보존된다.

(가) 각운동량 보존 : $I_i\,\omega_i = I_f\,\omega_f \quad \therefore \ \omega_f = \frac{I_i}{I_f}\omega_i \ : \ \omega_i = 0.750\ \text{rad/s}$,

$$I_i = (3.00\ \text{kg}\cdot\text{m}^2) + 2(3.00\ \text{kg}) \times (1.00\ \text{m})^2 = 9.00\ \text{kg}\cdot\text{m}^2,$$

$$I_f = (3.00\ \text{kg}\cdot\text{m}^2) + 2(3.00\ \text{kg}) \times (0.300\ \text{m})^2 = 3.54\ \text{kg}\cdot\text{m}^2$$

$$\therefore \ \omega_f = 1.907\ \text{rad/s} = \underline{1.91\ \text{rad/s}}$$

(나) $K_i = \frac{1}{2} I_i \omega_i^2 = 2.53 \text{ J}$, $K_f = \frac{1}{2} I_f \omega_f^2 = 6.44 \text{ J}$

**답 |** (가) $\omega_f = 1.91 \text{ rad/s}$ (나) $K_i = 2.53 \text{ J}$, $K_f = 6.44 \text{ J}$

## 8-56 회전원판 위에서 걷기

회전축 주위로 자유로이 회전할 수 있는 수평인 회전원판의 언저리에 60.0 kg의 여인이 서 있다가 언저리를 따라서 조용히 땅에 대해서 1.50 m/s의 일정한 속도로 시계 반대 방향으로 걷기 시작하였다. 회전원판의 관성모멘트는 500 kg · m$^2$이고, 반지름은 2.00 m이다.

(가) 회전원판은 어느 방향으로 얼마의 빠르기로 회전하는가?

(나) 이 여인이 한 일은 얼마인가?

**풀이 |** 바깥에서 작용하는 돌림힘이 없으므로 각운동량이 보존된다.

(가) 각운동량 보존 : $L = L_{여} + L_{원} = Rmv + I_{원}\omega_{원} = 0$

$$\therefore\ \omega_{원} = -\frac{Rmv}{I_{원}}\ :\ m = 60.0 \text{ kg},\ v = 1.50 \text{ m/s},\ R = 2.00 \text{ m},\ I_{원} = 500 \text{ kg} \cdot \text{m}^2$$

$$\therefore\ \omega_{원} = -\frac{Rmv}{I_{원}} = -0.360 \text{ rad/s (시계 방향)}$$

(나) $\Delta K_{tot} = W$ : $\Delta K_{tot} = \sum K_f - \sum K_i$, $\sum K_i = 0$,

$$\sum K_f = \frac{1}{2}mv^2 + \frac{1}{2}I_f\omega_f^2 = 67.50 \text{ J} + 32.40 \text{ J} = 99.90 \text{ J}$$

$$(\because\ m = 60.0 \text{ kg},\ v = 1.50 \text{ m/s},\ I_f = I_{원} = 500 \text{ kg} \cdot \text{m}^2,\ \omega_f = \omega_{원} = -0.360 \text{ rad/s})$$

$$\therefore\ W = \Delta K_{tot} = \sum K_f = 99.9 \text{ J}.$$

**답 |** (가) $\omega_{원} = 0.360 \text{ rad/s}$ (시계 방향) (나) $W = 99.9 \text{ J}$

## 8-57 실 끝에 달린 구슬의 원운동

매끄러운 수평인 판자 위에 있는 질량 $m$의 구슬에 실을 달아서 다른 끝을 그 판자에 뚫린 구멍을 통하여 그 끝에 추를 달아 놓고, 구슬을 일정한 속도 $v_0$로 반지름 $r_0$의 원운동을 시켰다. 연직으로 매달린 추의 질량을 조금씩 증가시켜 반지름이 감소하여 $r$가 되었다.

(가) 이때 구슬의 속도 및 실의 장력을 구하라.

(나) 반지름이 $r_0$에서 $r$로 되는 동안 구슬이 받은 일을 구하라.

**풀이 |** 바깥에서 작용하는 돌림힘이 없으므로 각운동량이 보존된다.

(가) $\tau = r_\perp F = r F_\perp = 0$ $\quad\therefore\ L_i = L_f$ : $L_i = r_0 m v_0$, $L_f = rmv$ $\quad\therefore\ v = \left(\frac{r_0}{r}\right)v_0$.

실의 장력 $T$는 구심력의 역할을 하므로 $T = \frac{mv^2}{r} = \left(\frac{r_0}{r}\right)^3 \frac{mv_0^2}{r_0}$.

(나) 일-에너지 정리에 의하여 $W = \Delta K = \frac{1}{2}mv^2 - \frac{1}{2}mv_0^2 = \frac{1}{2}mv_0^2\left\{\left(\frac{r_0}{r}\right)^2 - 1\right\}$

**답 |** (가) $v=\left(\frac{r_0}{r}\right)v_0$, $T=\left(\frac{r_0}{r}\right)^3\frac{mv_0^2}{r_0}$ (나) $W=\frac{1}{2}mv_0^2\left\{\left(\frac{r_0}{r}\right)^2-1\right\}$

## 8-58 공과 막대의 충돌

질량이 $m$인 공이 속도 $v_0$로 달려와서, 질량중심을 지나는 회전축 주위로 자유로이 회전할 수 있는 정지해 있는 균질인 가는 막대에 수직으로 막대 끝 점에 완전비탄성충돌하였다. 막대의 질량은 $M$, 길이는 $\ell$이다.

(가) 충돌 직후 이 계의 각속도를 구하라.

(나) 충돌로 인한 역학적 에너지 감소의 처음 에너지 대한 비를 구하라.

**풀이 |** 각운동량 보존에 의하여 $L_i=L_f$ :

처음 각운동량(공의 각운동량) $L_i=\frac{\ell}{2}mv_0$,

나중 각운동량 : $L_f=I\omega$ : $I=I_{막대}+I_{공}$, $I_{막대}=\frac{1}{12}M\ell^2$, $I_{공}=m\left(\frac{\ell}{2}\right)^2$

$$\therefore\ I=\frac{1}{12}M\ell^2+m\left(\frac{\ell}{2}\right)^2=\frac{(M+3m)\ell^2}{12}\qquad \therefore\ L_f=I\omega=\left(\frac{(M+3m)\ell^2}{12}\right)\omega.$$

각운동량 보존 $L_i=L_f\ \Rightarrow\ \frac{\ell}{2}mv_0=\left(\frac{(M+3m)\ell^2}{12}\right)\omega \qquad \therefore\ \omega=\frac{6mv_0}{(M+3m)\ell}$.

(나) $\Delta K=K_f-K_i$ : $K_i=\frac{1}{2}mv_0^2$,

$$K_f=\frac{1}{2}I\omega^2=\frac{1}{2}\left\{\frac{(M+3m)\ell^2}{12}\right\}\times\left\{\frac{6mv_0}{(M+3m)\ell}\right\}^2=\frac{1}{2}mv_0^2\left(\frac{3m}{M+3m}\right)$$

$$\therefore\ \Delta K=\frac{1}{2}mv_0^2\left(\frac{3m}{M+3m}\right)-\frac{1}{2}mv_0^2=-K_i\left(\frac{M}{M+3m}\right)\qquad \therefore\ \frac{\Delta K}{K_i}=-\left(\frac{M}{M+3m}\right).$$

**답 |** (가) $\omega=\frac{6mv_0}{(M+3m)\ell}$ (나) $\left|\frac{\Delta K}{K_i}\right|=\frac{M}{M+3m}$

## 8-59 공과 막대의 완전탄성충돌

매끄러운 수평면 위에 놓여 있는 질량 $M$, 길이 $\ell$의 가는 균질의 막대에, 질량 $m$의 작은 공이 속도 $v_0$로 달려와서 막대에 수직으로, 막대의 질량중심 CM으로부터 $d$만큼 떨어진 지점에 완전탄성충돌하였다. 막대는 병진운동을 하면서 시계 반대 방향으로 회전한다.

(가) 충돌 후 공의 속도 $v$를 구하라.

(나) 충돌 후 공이 정지해 있으려면 $d$는 얼마이어야 하는가?

**풀이 |** 병진운동 : 운동량 보존 $mv_0=Mv_{막}+mv\ \Rightarrow\ v_{막}=\frac{m(v_0-v)}{M}$

회전운동 : 각운동량 보존 $mv_0d=I_{CM}\,\omega+mvd\ \Rightarrow\ \omega=\frac{md(v_0-v)}{I_{CM}}$

탄성충돌 ⇒ 운동에너지 보존 $\frac{1}{2}mv_0^2=\frac{1}{2}I_{CM}\,\omega^2+\frac{1}{2}Mv_{막}^2+\frac{1}{2}mv^2$

위의 세 관계식은 기본식이다.

(가) 위의 셋째 식에서 $v_{막}$, $\omega$를 소거하면

$$v^2 + \left(\frac{md^2}{I_{CM}} + \frac{m}{M}\right)(v_0 - v)^2 - v_0^2 = 0$$

$$\therefore \left(\frac{md^2}{I_{CM}} + \frac{m}{M} + 1\right)v^2 - 2\left(\frac{md^2}{I_{CM}} + \frac{m}{M}\right)v_0 v + \left(\frac{md^2}{I_{CM}} + \frac{m}{M} - 1\right)v_0^2 = 0.$$

이 방정식의 근을 근의 공식(부록 D.2-1 참조)을 이용하여 구하면

$$v = \frac{\left(\frac{md^2}{I_{CM}} + \frac{m}{M}\right)v_0 \pm v_0}{\frac{md^2}{I_{CM}} + \frac{m}{M} + 1} = \left(\frac{\frac{md^2}{I_{CM}} + \frac{m}{M} - 1}{\frac{md^2}{I_{CM}} + \frac{m}{M} + 1}\right)v_0 \quad \text{또는 } v = v_0.$$

여기서 $v = v_0$는 물리적으로 불가능하다. 이 식에 $I_{CM} = \frac{1}{12}M\ell^2$를 고려하면

$$v = \left(\frac{\frac{12md^2}{M\ell^2} + \frac{m}{M} - 1}{\frac{12md^2}{M\ell^2} + \frac{m}{M} + 1}\right)v_0$$

이다.

(나) $$v = \left(\frac{\frac{12md^2}{M\ell^2} + \frac{m}{M} - 1}{\frac{12md^2}{M\ell^2} + \frac{m}{M} + 1}\right)v_0 = 0 \qquad \therefore\ d = \ell\sqrt{\frac{1}{12}\left(\frac{M}{m} - 1\right)}$$

**답 |** (가) $v = \left(\frac{\frac{12md^2}{M\ell^2} + \frac{m}{M} - 1}{\frac{12md^2}{M\ell^2} + \frac{m}{M} + 1}\right)v_0$ (나) $d = \ell\sqrt{\frac{1}{12}\left(\frac{M}{m} - 1\right)}$

## 8.6 강체의 굴림운동

### 8-60 비탈을 오르는 공

균질의 속 찬 공이 비탈각이 $\theta$인 비탈면을 미끄러짐이 없이 굴러 올라간다.

(가) 힘의 화살표 그림을 그리고, 운동방정식을 세워라.

(나) 질량중심의 가속도를 구하라.

(다) 미끄러짐이 없이 구르기 위해서 정지마찰계수는 적어도 얼마이어야 하는가?

**풀이 |** 공에 작용하는 힘들은 $Mg$, $N$, $f$(마찰력은 미끄러지는 것을 방해하므로 위로 작용)이다. 공의 운동은 질량중심 CM의 병진운동 및 CM 주위의 회전운동으로 나누어 생각한다. 공의 질량, 반지름을 각각 $M$, $R$라 한다.

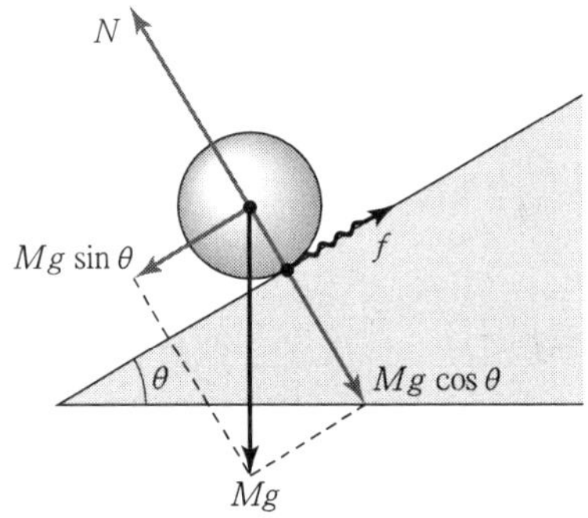


문8-60의 연습그림 : 비탈을 오르는 공

(가) 운동방정식은?

병진운동 방정식

비탈에 나란한 방향 : $Ma_{\rm CM} = Mg\sin\theta - f$ (비탈을 따라서 아랫방향을 양)

비탈에 수직인 방향 : $Ma_{\rm CM;\perp} = N - Mg\cos\theta$ ($a_{\rm CM;\perp} = 0$)

회전운동 방정식 : $I_{\rm CM}\alpha = \tau_{\rm CM}$ : $\tau_{\rm CM} = \tau_f + \tau_N$ : $\tau_f = Rf$ (시계 반대 방향을 양(+)), $\tau_N = 0$ ($\because$ $N$이 CM을 지난다)

(구속조건) 미끄러짐이 없을 조건 : $a_{\rm CM} = \alpha R$

(나) CM의 가속도는? 위의 셋째 및 넷째 식에서 $\alpha$를 소거하면 $\dfrac{I_{\rm CM}}{R^2}a_{\rm CM} = f$.

이 식을 이용하여 첫째 식으로부터 $f$를 소거하면

$$\left(M + \frac{I_{\rm CM}}{R^2}\right)a_{\rm CM} = Mg\sin\theta \qquad \therefore\ a_{\rm CM} = \frac{Mg\sin\theta}{M + \dfrac{I_{\rm CM}}{R^2}} = \frac{g\sin\theta}{1 + \dfrac{I_{\rm CM}}{MR^2}}$$

이다. 여기에 공의 CM에 대한 관성모멘트 $I_{\rm CM} = \dfrac{2}{5}MR^2$을 고려하면 $a_{\rm CM} = \dfrac{5}{7}g\sin\theta$이다.

(다) 정지마찰계수는? (가)의 둘째 식에서 $N = Mg\cos\theta$이므로 (나)의 첫째 식으로부터

$$\frac{I_{\rm CM}}{R^2}a_{\rm CM} = f \ :\ f \le \mu_{\rm s}N = \mu_{\rm s}Mg\cos\theta \ \Rightarrow\ \frac{I_{\rm CM}}{R^2}a_{\rm CM} \le \mu_{\rm s}Mg\cos\theta$$

$$\therefore\ \mu_{\rm s} \ge \frac{I_{\rm CM}}{MgR^2\cos\theta}a_{\rm CM} \ :\ I_{\rm CM} = \frac{2}{5}MR^2,\ a_{\rm CM} = \frac{5}{7}g\sin\theta \qquad \therefore\ \mu_{\rm s} \ge \frac{2}{7}\tan\theta.$$

**답 |** (가) $Ma_{\rm CM} = Mg\sin\theta - f$, $I_{\rm CM}\alpha = Rf$ (나) $a_{\rm CM} = \dfrac{5}{7}g\sin\theta$ (다) $\mu_{\rm s;min} = \dfrac{2}{7}\tan\theta$

**8-61 굴림운동을 하는 물체의 운동에너지**

질량 및 반지름이 같은 균질의 다음 물체들이 미끄러짐이 없이 구를 때, 회전운동에너지의 총 운동에너지에 대한 비율은 몇 %인가?

(가) 공 (나) 원기둥 (다) 가락지

**풀이 |** 강체의 운동은 병진운동 및 회전운동의 복합적인 운동이다. 따라서 총 운동에너지는

$$K_{tot} = K_{병진} + K_{회전} \ : \ K_{병진} = \frac{1}{2}Mv_{CM}^2, \ K_{회전} = \frac{1}{2}I_{CM}\omega^2$$

$$\therefore \ K_{회전} = \frac{1}{2}\left(\frac{I_{CM}}{R^2}\right)v_{CM}^2 = \frac{1}{2}Mv_{CM}^2\left(\frac{I_{CM}}{MR^2}\right) \ (\because \text{ 미끄러지지 않을 조건 } v_{CM} = \omega R)$$

$$\therefore \ K_{tot} = \frac{1}{2}Mv_{CM}^2\left(1 + \frac{I_{CM}}{MR^2}\right) \quad \therefore \ \frac{K_{회전}}{K_{tot}} = \frac{\frac{I_{CM}}{MR^2}}{1 + \frac{I_{CM}}{MR^2}}$$

(가) 공 $I_{CM} = \frac{2}{5}MR^2 \quad \therefore \ \frac{K_{회전}}{K_{tot}} = \frac{2}{7} = \underline{28.6\%}$

(나) 원기둥 $I_{CM} = \frac{1}{2}MR^2 \quad \therefore \ \frac{K_{회전}}{K_{tot}} = \frac{1}{3} = \underline{33.3\%}$

(다) 가락지 $I_{CM} = MR^2 \quad \therefore \ \frac{K_{회전}}{K_{tot}} = \frac{1}{2} = \underline{50.0\%}$

**답 |** (가) 공 28.6% (나) 원기둥 33.3% (다) 가락지 50.0%

### 8-62 볼링공의 운동에너지

질량 $M$, 반지름 $R$의 볼링공이 정지상태에서 출발하여 미끄러짐이 없이 굴러 질량중심의 속도가 $v$이었다. 이 순간까지 볼링공이 받은 일을 구하라.

**풀이 |** 일-에너지 정리에서 $W = \Delta K_{tot} = K_f - K_i \ : \ K_i = 0 \quad \therefore \ W = K_f$.

$$K_f = (K_{병진} + K_{회전})_f = \frac{1}{2}Mv_{CM}^2 + \frac{1}{2}I_{CM}\omega^2 \ : \ v_{CM} = v, \ v = \omega R (\text{미끄러지지 않을 조건})$$

$$\therefore \ K_f = \frac{1}{2}Mv^2 + \frac{1}{2}\frac{I_{CM}}{R^2}v^2 = \frac{1}{2}Mv^2\left(1 + \frac{I_{CM}}{MR^2}\right) \ : \ I_{CM} = \frac{2}{5}MR^2 (\text{공의 CM에 대한 것})$$

$$\therefore \ K_f = \frac{7}{10}Mv^2 \quad \therefore \ W = \frac{7}{10}Mv^2.$$

**답 |** $W = \frac{7}{10}Mv^2$

### 8-63 비탈면을 구르는 원기둥의 관성모먼트

비탈각이 25.0°인 3.00 m 길이의 비탈면 꼭대기에 가만히 눕혀 놓은 원기둥 모양의 깡통이 똑바로 굴러 내려왔다. 깡통의 질량은 215 g, 반지름은 3.19 cm인데, 깡통에는 고체음식물이 꽉 차 있다. 깡통이 꼭대기에서 미끄러짐이 없이 밑바닥까지 굴러 내려오는데 1.50초 걸렸다. 이 깡통의 관성모먼트를 구하라.

**풀이 |** $\theta = 25.0°, \ \ell = 3.00 \text{ m}, \ M = 215 \text{ g} = 0.215 \text{ kg}, \ R = 3.19 \text{ cm} = 0.0319 \text{ m}, \ t = 1.50 \text{ s}$

원기둥(질량중심 CM)의 병진운동 방정식 : $Ma_{\text{CM}} = Mg\sin\theta - f$ (비탈에 나란한 방향)

원기둥의 회전운동 방정식 : $I_{\text{CM}}\alpha = Rf$

(구속조건) 미끄러짐이 없을 조건 : $a_{\text{CM}} = \alpha R \quad \therefore \ \dfrac{I_{\text{CM}}}{R^2} a_{\text{CM}} = f$

위의 첫째 식으로부터 $f$를 소거하면

$$\left(M + \frac{I_{\text{CM}}}{R^2}\right) a_{\text{CM}} = Mg\sin\theta \qquad \therefore \ a_{\text{CM}} = \frac{g\sin\theta}{1 + \dfrac{I_{\text{CM}}}{MR^2}}.$$

그러므로 원기둥은 등가속도운동을 하므로 식(1.9) $x = x_0 + v_0 t + \frac{1}{2}at^2$에 의하여

$$\ell = \frac{1}{2}a_{\text{CM}}t^2 \Rightarrow \ell = \frac{1}{2}\left(\frac{g\sin\theta}{1 + \dfrac{I_{\text{CM}}}{MR^2}}\right)t^2$$

$$\therefore \ I_{\text{CM}} = \left(\frac{gt^2\sin\theta}{2\ell} - 1\right)MR^2 \ : \ \theta = 25.0^\circ,\ \ell = 3.00\text{ m},\ t = 1.50\text{ s},\ M = 0.215\text{ kg},$$

$$R = 0.0319\text{ m}$$

$$\therefore \ I_{\text{CM}} = 1.214 \times 10^{-4}\text{ kg}\cdot\text{m}^2 = \underline{1.21 \times 10^{-4}\text{ kg}\cdot\text{m}^2}.$$

**답 |** $I_{\text{CM}} = 1.21 \times 10^{-4}\text{ kg}\cdot\text{m}^2$

### 8-64 비탈면을 오르는 굴렁쇠

비탈각이 30°이 비탈면을 향하여, 균질인 굴렁쇠가 미끄러짐이 없이 15.0 m/s의 속도로 굴러와서 비탈면을 미끄러짐이 없이 굴러 올라간다. 비탈면을 따라서 얼마나 올라갈까?

**풀이 |** $\theta = 30^\circ$ $v = 15.0\text{ m/s}$. 중력위치에너지의 기준은 비탈의 바닥으로 한다. 역학적 에너지가 보존된다. 곧, $E = K + U = $(일정) : $K = K_{\text{병진}} + K_{\text{회전}}$

처음 $K_{\text{병진}} = \dfrac{1}{2}mv^2$,

$K_{\text{회전}} = \dfrac{1}{2}I_{\text{CM}}\omega^2$ : $I_{\text{CM}} = mR^2$, $v = \omega R$(미끄러지지 않을 조건)

$$\Rightarrow K_{\text{회전}} = \frac{1}{2}(mR^2)\left(\frac{v^2}{R^2}\right),$$

$U = 0 \quad \therefore \ E_{\text{i}} = mv^2$

나중 $K = K_{\text{병진}} + K_{\text{회전}} = 0$, $U = mgh = mg\ell\sin\theta$ ($\ell$ : 비탈면을 따라 올라간 거리)

$\therefore \ E_{\text{f}} = mg\ell\sin\theta$

역학적 에너지가 보존 $E_{\text{i}} = E_{\text{f}}$에 의하여

$$mv^2 = mg\ell\sin\theta \quad \therefore \ \ell = \frac{v^2}{g\sin\theta} \ : \ v = 15.0\text{ m/s},\ \theta = 30^\circ \quad \therefore \ \ell = 45.9\text{ m}$$

**별해**

일-에너지 정리 $W=\Delta K$ : $\Delta K=K_f-K_i$, $K_f=0$,

$$K_i=K_{병진}+K_{회전}=\frac{1}{2}mv^2+\frac{1}{2}I_{CM}\omega^2=mv^2$$

$$(\because\ I_{CM}=mR^2,\ v=\omega R(\text{미끄러지지 않을 조건}))$$

$$W=-mgh=-mg\ell\sin\theta$$

$$W=\Delta K \Rightarrow -mg\ell\sin\theta=-mv^2 \quad \therefore\ \ell=\frac{v^2}{g\sin\theta}$$

**답 |** $\ell=45.9\text{ m}$

## 8-65 비탈면을 굴러 내려오는 공

비탈각이 $\theta$인 비탈면을 속 찬 질량이 $M$인 균질의 공이 미끄러짐이 없이 굴러 내려오고 있다.

(가) 공과 비탈면 사이의 정지마찰력을 구하라.

(나) 정지마찰계수가 $\mu_s$이라면 공이 미끄러짐이 없이 굴러 내려오는 최대 비탈각은 얼마인가?

**풀이 |** 공의 운동은 질량중심 CM의 병진운동 및 CM 주위의 회전운동의 복합적인 운동이다. 공에 작용하는 힘은 중력 $w=Mg$, 수직항력 $N$ 및 정지마찰력 $f_s$이다. 공의 병진운동은 비탈면에 수직 및 나란한 방향으로 나누어 생각하는 것이 좋다.

공의 병진운동 방정식

나란한 방향 : $Ma_{CM}=Mg\sin\theta-f_s$

수직 방향 : $Ma_{CM;\perp}=N-Mg\cos\theta$ $(a_{CM;\perp}=0)$

공의 회전운동방정식 : $I_{CM}\alpha=\tau_{CM}$ : $\tau_{CM}=Rf_s$(문8-60의 풀이 (가) 참조),

구속조건 (미끄러지지 않을 조건) $a_{CM}=\alpha R$,

위의 셋째 및 넷째 식에서 $\alpha$를 소거하면 $\frac{I_{CM}}{R^2}a_{CM}=f_s$.

(가) 정지마찰력은? 위의 첫째 및 다섯째 방정식에서 $a_{CM}$을 소거하면

$$\frac{MR^2}{I_{CM}}f_s=Mg\sin\theta-f_s \quad \therefore\ f_s=\frac{Mg\sin\theta}{1+\frac{MR^2}{I_{CM}}} \ :\ I_{CM}=\frac{2}{5}MR^2 \quad \therefore\ f_s=\frac{2}{7}Mg\sin\theta.$$

(나) 최대 비탈각은? 정지마찰력은 $f_s\le\mu_s N=\mu_s Mg\cos\theta$ ($\because$ 둘째 식에서 $N=Mg\cos\theta$)

$$\therefore\ \mu_s Mg\cos\theta\ge\frac{2}{7}Mg\sin\theta \quad \therefore\ \tan\theta\le\frac{7}{2}\mu_s \quad \therefore\ \theta\le\tan^{-1}\left(\frac{7}{2}\mu_s\right)$$

**답 |** (가) $f_s=\frac{2}{7}Mg\sin\theta$ (나) $\theta_{max}=\tan^{-1}\left(\frac{7}{2}\mu_s\right)$

## 8-66 당구공의 운동

수평면 위에 정지해 있는 당구공에 당구채로 매우 짧은 시간 $\Delta t$ 동안 충격력 $F_0$를 수평면으로부터 연직 높이 $h$에서 수평 방향으로 주었다(그림 8.54 참조). 당구공의 처음 각속도 $\omega_0$는 질량중심의 처음 속도 $v_0$와 $\omega_0=\frac{5}{2}\left(\frac{h}{R}-1\right)\frac{v_0}{R}$의 관계식을 만족함을 보여라. $v_0$는 충격을 받는 순간 당구공의 속도이고, $R$는 균질인 당구공의 반지름이다.

**풀이** | 충격량-운동량 정리 $F_0\Delta t=\Delta p$ : $\Delta p=p=Mv_0$ $\quad\therefore\ F_0\Delta t=Mv_0$

회전충격량-각운동량 정리 $\tau_{\rm CM}\Delta t=\Delta L_{\rm CM}$ : $\Delta L_{\rm CM}=L_{\rm CM}=I_{\rm CM}\omega_0$ (질량중심 CM에 대한 것)

$$\therefore\ \omega_0=\frac{\tau_{\rm CM}\Delta t}{I_{\rm CM}}\ :\ \tau_{\rm CM}=(h-R)F_0,\ I_{\rm CM}=\frac{2}{5}MR^2,$$

$$\therefore\ \omega_0=\frac{(h-R)F_0\Delta t}{\frac{2}{5}MR^2}=\frac{5}{2}\frac{(h-R)Mv_0}{MR^2}=\frac{5}{2}\left(\frac{h}{R}-1\right)\frac{v_0}{R}\quad \text{[QED]}$$

## 8-67 회전하던 원기둥의 수평면에서 굴림운동

질량 $M$, 반지름 $R$의 균질인 원기둥이 축 주위로 자유로이 회전할 수 있다. 회전축을 수평으로 하여 각속도 $\omega_0$로 회전하고 있는 원기둥을 수평면 위에 살며시 내려놓았다. 마찰력 때문에 원기둥이 미끄러지면서 구르다가 마침내 미끄러짐이 없이 구르게 된다. 원기둥과 수평면 사이의 마찰계수는 $\mu_{\rm k}$이다.

(가) 질량중심의 가속도 및 원기둥의 각가속도를 각각 구하라.

(나) 원기둥이 미끄러지다가 미끄러짐이 없이 구를 때까지 걸린 시간 및 이동한 거리를 각각 구하라.

**풀이** | 원기둥의 운동은 질량중심 CM의 병진운동 및 CM 주위의 회전운동의 복합적 운동이다. 원기둥에 작용하는 힘은 중력 $Mg$, 운동마찰력 $f_{\rm k}$ 및 수직항력 $N$인데, 수직 방향의 가속도는 $a_{{\rm CM};\perp}=0$이므로 이 방향의 병진운동 방정식 $Ma_{{\rm CM};\perp}=N-Mg=0$에 의하여 $N=Mg$이다. 따라서 수평 방향의 병진운동만 생각해도 좋다.

(가) 병진운동 방정식(수평 방향) $Ma_{\rm CM}=f_{\rm k}$ : $f_{\rm k}=\mu_{\rm k}Mg$ $\quad\therefore\ a_{\rm CM}=\mu_{\rm k}g$.

회전운동 방정식 $I_{\rm CM}\alpha=\tau_{\rm CM}$ : $\tau_{\rm CM}=-Rf_{\rm k}$(문8-60의 풀이(가) 참조), $I_{\rm CM}=\frac{1}{2}MR^2$

$$\therefore\ \alpha=-\frac{2\mu_{\rm k}g}{R}.$$

곧, 선속도는 증가하고 각속도는 감소한다.

(나) 미끄러짐이 없이 구를 조건 $v_{\rm R}=\omega_{\rm R}R$ : $v_{\rm R}=v_0+a_{\rm CM}t_{\rm R}$ $(v_0=0)$, $\omega_{\rm R}=\omega_0+\alpha t_{\rm R}$

($v_{\rm R}$, $\omega_{\rm R}$, $t_{\rm R}$ : 미끄러짐이 없이 구르는 순간의 선속도, 각속도, 그 순간까지 걸린 시간)

$$\therefore a_{\rm CM}t_{\rm R}=\omega_0R+\alpha Rt_{\rm R}\qquad\therefore\ t_{\rm R}=\frac{\omega_0R}{a_{\rm CM}-\alpha R}=\frac{1}{3}\left(\frac{\omega_0R}{\mu_{\rm k}g}\right)$$

$$\therefore \text{ 미끄러진 거리 } x_{\mathrm{R}}=\frac{1}{2}a_{\mathrm{CM}}\,t_{\mathrm{R}}^2=\frac{1}{18}\frac{(\omega_0 R)^2}{\mu_{\mathrm{k}}g}$$

**답 |** (가) $a_{\mathrm{CM}}=\mu_{\mathrm{k}}g$, $\alpha=\dfrac{2\mu_{\mathrm{k}}g}{R}$ (회전 방향과 반대)

(나) $t_{\mathrm{R}}=\dfrac{1}{3}\left(\dfrac{\omega_0 R}{\mu_{\mathrm{k}}g}\right)$, $x_{\mathrm{R}}=\dfrac{1}{18}\left(\dfrac{\omega_0^2 R^2}{\mu_{\mathrm{k}}g}\right)$

### 8-68 볼링공 굴리기

반지름 $R$의 볼링공을 마룻바닥에 던져서 바닥에 닿는 순간, 속도 $v_0$ 및 전방으로 굴러가게 $\omega_0=\dfrac{3v_0}{R}$의 각속도를 주었다. 미끄러짐이 없이 구르기 시작할 때까지

(가) 걸린 시간, 이동한 거리를 구하라.

(나) 그 순간의 속도를 구하라.

**풀이 |** 초기 조건 $\omega_0=\dfrac{3v_0}{R}$ $@t=0$. 볼링공에 작용하는 힘은 중력 $Mg$, 운동마찰력 $f_{\mathrm{k}}$ 및 수직항력 $N$ 이다(문8-67의 풀이 참조).

(가) 병진운동 방정식 $Ma_{\mathrm{CM}}=f_{\mathrm{k}}$, $f_{\mathrm{k}}=\mu_{\mathrm{k}}Mg$ $\quad\therefore\ a_{\mathrm{CM}}=\mu_{\mathrm{k}}g$

회전운동 방정식 $I_{\mathrm{CM}}\alpha=-Rf_{\mathrm{k}}$ : $I_{\mathrm{CM}}=\dfrac{2}{5}MR^2$ $\quad\therefore\ \alpha=-\dfrac{5}{2}\left(\dfrac{\mu_{\mathrm{k}}g}{R}\right)$

미끄러짐이 없이 구를 조건 $v_{\mathrm{R}}=\omega_{\mathrm{R}}R$ : $v_{\mathrm{R}}=v_0+a_{\mathrm{CM}}t_{\mathrm{R}}$, $\omega_{\mathrm{R}}=\omega_0+\alpha t_{\mathrm{R}}\left(\omega_0=\dfrac{3v_0}{R}\right)$

($v_{\mathrm{R}}$, $\omega_{\mathrm{R}}$, $t_{\mathrm{R}}$ : 미끄러짐이 없이 구르는 순간의 선속도, 각속도, 그 순간까지 걸린 시간)

$$\therefore\ v_{\mathrm{R}}=\omega_{\mathrm{R}}R \Rightarrow v_0+a_{\mathrm{CM}}t_{\mathrm{R}}=\omega_0 R+\alpha R t_{\mathrm{R}}$$

$$\therefore\ t_{\mathrm{R}}=\frac{\omega_0 R-v_0}{a_{\mathrm{CM}}-\alpha R}=\frac{2}{7}\left(\frac{3v_0-v_0}{\mu_{\mathrm{k}}g}\right)=\frac{4}{7}\left(\frac{v_0}{\mu_{\mathrm{k}}g}\right)$$

$$\therefore \text{ 미끄러진 거리 } x_{\mathrm{R}}=v_0 t_{\mathrm{R}}+\frac{1}{2}a_{\mathrm{CM}}\,t_{\mathrm{R}}^2=\frac{4}{7}\frac{v_0^2}{\mu_{\mathrm{k}}g}+\frac{8}{49}\frac{v_0^2}{\mu_{\mathrm{k}}g}=\frac{36}{49}\left(\frac{v_0^2}{\mu_{\mathrm{k}}g}\right).$$

(나) 속도 $v_{\mathrm{R}}=v_0+a_{\mathrm{CM}}t_{\mathrm{R}}=v_0+\mu_{\mathrm{k}}g\left(\dfrac{4}{7}\dfrac{v_0}{\mu_{\mathrm{k}}g}\right)=\dfrac{11}{7}v_0$.

**답 |** (가) $t_{\mathrm{R}}=\dfrac{4}{7}\left(\dfrac{v_0}{\mu_{\mathrm{k}}g}\right)$, $x_{\mathrm{R}}=\dfrac{36}{49}\left(\dfrac{v_0^2}{\mu_{\mathrm{k}}g}\right)$ $\quad$ (나) $v_{\mathrm{R}}=\dfrac{11}{7}v_0$

### 8-69 구면에서 구르는 구슬

반지름 $r=1.00\ \mathrm{cm}$의 구슬이 반지름 $R=80.0\ \mathrm{cm}$의 매우 무거운 공의 맨 꼭짓점에 정지해있다가 구면을 따라서 미끄러짐이 없이 굴러 내려온다. 구슬이 구면으로부터 떨어져 나오는 지점의 반지름이 맨 꼭짓점을 지나는 반지름과 이루는 각을 구하라.

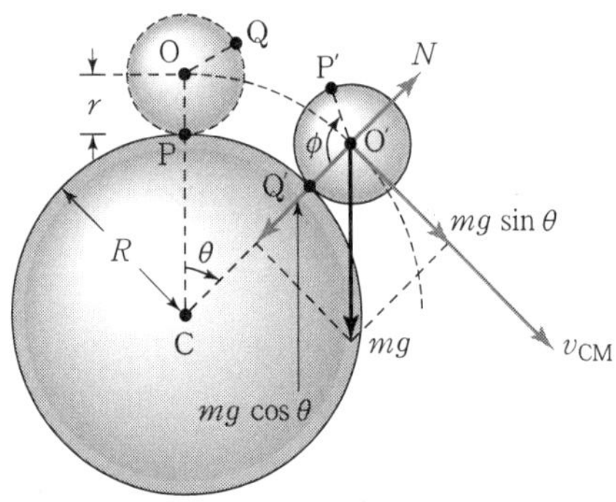


문8-69의 연습그림 : 구면에서 구르는 구슬

**풀이 |** 반지름이 $R$인 구면의 꼭짓점에 있는 반지름 $r$의 구슬이 구면을 따라 굴러 내려와서, 구슬의 구면과의 처음 접점 P가 점 Q′에 이르렀다고 하자(문8-69 연습그림 참조). 이 경우 구슬의 입장에서 보면 점 P가 점 P′까지, 점 Q가 점 Q′까지 각각 이동한 셈이다. 이 경우 미끄러짐이 없었다고 하면 호 $\widehat{PQ'}$과 호 $\widehat{P'Q'}$이 서로 같게 된다($\widehat{PQ'}=\widehat{P'Q'}$). 한편 회전한 각은 구면 및 구슬에서 본 것이 서로 같지 않다. 반지름이 서로 같지 않기 때문이다. 곧, 구면의 반지름 $\overline{CP}$가 회전한 각 $\theta$와 구슬의 반지름 $\overline{OP}$가 회전한 각 $\phi$는 서로 같지 않다.

구슬이 안 미끄러질 조건은

$$\widehat{PQ'}=\widehat{P'Q'} \Rightarrow R\theta=r\phi \tag{1a}$$

가 된다. 한편, 구슬의 질량중심 CM(점 O)의 선속도는, 점 O가 회전한 호의 길이가 $\Delta s=(R+r)\Delta\theta$이므로

$$v_{CM}=(R+r)\frac{d\theta}{dt} \text{ 또는 } v_{CM}=r\frac{d}{dt}(\phi+\theta) \quad (\because\ R\theta=r\phi \Rightarrow R\frac{d\theta}{dt}=r\frac{d\phi}{dt}).$$

여기서 $\frac{d\theta}{dt}\equiv\Omega$, $\frac{d}{dt}(\phi+\theta)\equiv\omega$라 하면, 이들은 각각 구면에서 본 각속도, 작은 구슬에서 본 각속도이다. 문8-69 연습그림에서 보는 바와 같이 큰 공에서 보면 구면을 따라 각 $\theta$만큼 회전하는데, 구슬에서 보면 $\phi+\theta$만큼 회전한다. 평면이 아닌 볼록한 구면상에서 구르기 때문이다. 만일 오목한 구면상에서 구르는 경우에는 $\phi-\theta$만큼 회전한다(고재걸 역학연습 p.146 참조). 따라서 안 미끄러질 조건 식(1a)는

$$v_{CM}=\Omega(R+r) \text{ 또는 } v_{CM}=\omega r \quad (\Omega=\frac{d\theta}{dt},\ \omega=\frac{d}{dt}(\phi+\theta)) \tag{1b}$$

로 바꾸어 쓸 수 있다.

이제 운동방정식을 세우자.

구슬의 질량중심 CM의 (원)운동방정식(법선 방향의 운동방정식) :

$$\frac{m v_{CM}^2}{R+r}=m g\cos\theta-N \tag{2}$$

역학적 에너지 보존 $E=\sum K+U=$(일정) 또는 $E_{\mathrm{i}}=E_{\mathrm{f}}$

처음 $\sum K=0$, $U=mg(R+r)$(구면의 중심 C를 기준으로 한다) $\quad\therefore\; E_{\mathrm{i}}=mg(R+r)$

나중 $\sum K=\dfrac{1}{2}mv_{\mathrm{CM}}^2+\dfrac{1}{2}I_{\mathrm{CM}}\omega^2$, $U=mg(R+r)\cos\theta$(구면의 중심을 기준으로 한다)

$$\therefore\; E_{\mathrm{f}}=\frac{1}{2}mv_{\mathrm{CM}}^2+\frac{1}{2}I_{\mathrm{CM}}\omega^2+mg(R+r)\cos\theta$$

$$\therefore\; E_{\mathrm{i}}=E_{\mathrm{f}}\Rightarrow mg(R+r)=\frac{1}{2}mv_{\mathrm{CM}}^2+\frac{1}{2}I_{\mathrm{CM}}\omega^2+mg(R+r)\cos\theta. \tag{3}$$

위의 방정식 (1a)~(3)은 이 문제의 바탕이 되는 방정식이다. 지금 식(3)에서 식(1b)의 둘째 식을 이용하여 $\omega$를 소거하고, 또 식(2)를 이용하여 $v_{\mathrm{CM}}$을 소거하면

$$\frac{1}{2}mv_{\mathrm{CM}}^2\left(1+\frac{I_{\mathrm{CM}}}{mr^2}\right)=mg(R+r)(1-\cos\theta)$$

$$\Rightarrow\; \frac{1}{2}(mg\cos\theta-N)(R+r)\left(1+\frac{I_{\mathrm{CM}}}{mr^2}\right)=mg(R+r)(1-\cos\theta)$$

$$\therefore\; (mg\cos\theta-N)\left(1+\frac{I_{\mathrm{CM}}}{mr^2}\right)=2mg(1-\cos\theta) \tag{4}$$

을 얻는다. 식(2)에서 $N=0$이면 구슬이 구면상에 있지 않음을 알 수 있다. 곧, $N=0$은 구슬이 구면으로부터 떨어져 나갈 조건이다. 이 순간 $\theta=\theta_0$라면 식(4)로부터

$$\left(1+\frac{I_{\mathrm{CM}}}{mr^2}\right)=2\left(\frac{1}{\cos\theta_0}-1\right)\qquad\therefore\; \cos\theta_0=\frac{2}{\left(3+\dfrac{I_{\mathrm{CM}}}{mr^2}\right)} \tag{5}$$

를 얻는다. 여기에 $I_{\mathrm{CM}}=\dfrac{2}{5}mr^2$을 고려하면 $\cos\theta_0=\dfrac{10}{17}\quad\therefore\theta_0=54.0^\circ$이다.

**답 |** $\theta_0=\cos^{-1}\dfrac{10}{17}=54.0^\circ$

## 8.7 회전운동의 벡터적 성질

### 8-70 벡터곱

벡터곱에 대한 다음 물음에 답하라.

(가) 두 벡터 $\vec{A}=2\hat{i}+3\hat{j}$, $\vec{B}=-3\hat{i}+2\hat{j}$의 벡터곱 $\vec{A}\times\vec{B}$를 구하라.

(나) $\vec{P}\times\vec{Q}$와 $\vec{P}\cdot\vec{Q}$의 크기가 서로 같을 조건을 구하라.

(다) $\vec{C}\times\vec{X}=12\hat{k}$에서, $\vec{C}=4\hat{i}$, $|\vec{X}|=5$, $X_z=0$일 때, $\vec{X}$를 구하라.

(라) $\vec{D}\times\vec{X}=9\hat{i}$에서 $\vec{D}=3\hat{j}$, $\vec{D}\cdot\vec{X}=12$일 때, $\vec{X}$를 구하라.

**풀이 |** (가) $\vec{A}\times\vec{B}=(2\hat{i}+3\hat{j})\times(-3\hat{i}+2\hat{j})=\hat{i}(0-0)+\hat{j}(0-0)+\hat{k}(4-(-9))=13\,\hat{k}$

(나) $|\vec{P}\times\vec{Q}|=|\vec{P}\cdot\vec{Q}|$ : $|\vec{P}\times\vec{Q}|=PQ|\sin\theta_{PQ}|$, $|\vec{P}\cdot\vec{Q}|=PQ|\cos\theta_{PQ}|$

$\therefore\ |\sin\theta_{PQ}|=|\cos\theta_{PQ}|\quad\therefore\ \theta_{PQ}=\pm 45^\circ$

(다) $\vec{C}\times\vec{X}=12\hat{k}$ : $\vec{C}=4\hat{i}$, $\vec{X}=x\hat{i}+y\hat{j}\,(\because\ X_z=0)$

$\therefore\ (4\hat{i})\times(x\hat{i}+y\hat{j})=12\hat{k}\quad\therefore\ \hat{i}(0)+\hat{j}(0)+\hat{k}(4y-0)=12\hat{k}\quad\therefore\ y=3.$

한편, $\sqrt{x^2+y^2}=5\quad\therefore\ \sqrt{x^2+3^2}=5\quad\therefore\ x=\pm 4\quad\therefore\ \vec{X}=\pm 4\hat{i}+3\hat{j}.$

(라) $\vec{D}\times\vec{X}=9\hat{i}$ : $\vec{D}=3\hat{j}$, $\vec{X}=x\hat{i}+y\hat{j}+z\hat{k}\quad\therefore\ (3\hat{j})\times(x\hat{i}+y\hat{j}+z\hat{k})=9\hat{i}$

$\therefore\ \hat{i}(3z-0)+\hat{j}(0)+\hat{k}(0-3x)=9\hat{i}\quad\therefore\ z=3,\ x=0$

한편, $\vec{D}\cdot\vec{X}=12$

$\therefore\ (3\hat{j})\cdot(x\hat{i}+y\hat{j}+z\hat{k})=12\quad\therefore\ 3y=12\quad\therefore\ y=4\quad\therefore\ \vec{X}=4\hat{j}+3\hat{k}$

**답 |** (가) $\vec{A}\times\vec{B}=13\hat{k}$ (나) $\theta_{PQ}=\pm 45^\circ$ (다) $\vec{X}=\pm 4\hat{i}+3\hat{j}$ (라) $\vec{X}=4\hat{j}+3\hat{k}$

## 8-71 삼각함수의 사인법칙

두 벡터 $\vec{a}$, $\vec{b}$의 꼬리를 한 점으로 하고, 이 두 벡터를 인접한 두 변으로 하는 삼각형의 넓이는 두 벡터곱의 크기의 반임을 이용하여

$$\frac{\sin\theta_{ab}}{c}=\frac{\sin\theta_{bc}}{a}=\frac{\sin\theta_{ca}}{b}$$

임을 보여라. 여기서 $\vec{c}=\vec{a}-\vec{b}$이고, $\theta_{ab}$는 두 벡터 $\vec{a}$, $\vec{b}$의 사이각이다.

**풀이 |** (삼각형의 넓이)$=\frac{1}{2}|\vec{a}\times\vec{b}|=\frac{1}{2}|\vec{b}\times\vec{c}|=\frac{1}{2}|\vec{c}\times\vec{a}|\quad\therefore\ ab\sin\theta_{ab}=bc\sin\theta_{bc}=ca\sin\theta_{ca}$

이를 $abc$로 나누면 $\frac{\sin\theta_{ab}}{c}=\frac{\sin\theta_{bc}}{a}=\frac{\sin\theta_{ca}}{b}$를 얻는다. [QED]

## 8-72 돌림힘

위치벡터가 $\vec{r}=\hat{i}\,(1\text{ m})+\hat{j}\,(3\text{ m})$인 점에 입자에 $\vec{F}=\hat{i}\,(3\text{ N})+\hat{j}\,(2\text{ N})$의 힘이 작용하였다. 아래 점에 대한 돌림힘을 구하라.

(가) 원점 (나) 점 P(0, 6 m)

**풀이 |** (가) $\vec{\tau}=\vec{r}\times\vec{F}=\{\hat{i}\,(1\text{ m})+\hat{j}\,(3\text{ m})\}\times\{\hat{i}\,(3\text{ N})+\hat{j}\,(2\text{ N})\}$

$=\hat{i}(0)+\hat{j}(0)+\hat{k}(2\text{N}\cdot\text{m}-9\text{ N}\cdot\text{m})=\hat{k}(-7\text{ N}\cdot\text{m})$

(나) $\vec{\tau}_P=(\vec{r}-\vec{r}_P)\times\vec{F}$ : 점 P(0, 6 m)의 위치벡터 $\vec{r}_P=\hat{j}\,(6\text{ m})$

$\therefore\ \vec{\tau}_P=\{\hat{i}\,(1\text{ m})+\hat{j}\,(3\text{ m})-\hat{j}\,(6\text{ m})\}\times\{\hat{i}\,(3\text{ N})+\hat{j}\,(2\text{ N})\}$

$=\{\hat{i}\,(1\text{ m})+\hat{j}\,(-3\text{ m})\}\times\{\hat{i}\,(3\text{ N})+\hat{j}\,(2\text{ N})\}$

$=\hat{i}(0)+\hat{j}(0)+\hat{k}(2\text{ N}\cdot\text{m}+9\text{ N}\cdot\text{m})=\hat{k}(11\text{ N}\cdot\text{m})$

**답 |** (가) $\vec{\tau}=\hat{k}(-7\text{ N}\cdot\text{m})$ (나) $\vec{\tau}_P=\hat{k}(11\text{ N}\cdot\text{m})$

## 8-73 병진운동의 각운동량

위치벡터가 $\vec{r}=\hat{i}\,(6.00\text{ m})+\hat{j}\,(5.00\text{ m/s})\,t$로 주어지는 질량이 2.00 kg인 입자의 원점에 대한 각운동량을 구하라.

**풀이 |** 식(8.159)에 의하여

$$\vec{L}=\vec{r}\times m\vec{v}\ :\ \vec{r}=\hat{i}\,(6.00\text{ m})+\hat{j}\,(5.00\text{ m/s})\,t,\ \ \vec{v}=\frac{d\vec{r}}{dt}=\hat{j}\,(5.00\text{ m/s})$$

$$\therefore \vec{L}=\{\hat{i}\,(6.00\text{ m})+\hat{j}\,(5.00\text{ m/s})\,t\}\times\{\hat{j}\,(2.00\text{ kg})\times(5.00\text{ m/s})\}$$
$$=\hat{i}(0)+\hat{j}(0)+\hat{k}(60.0\text{ kg}\cdot\text{m}^2/\text{s})=\hat{k}(60.0\text{ kg}\cdot\text{m}^2/\text{s})$$

**답 |** $\vec{L}=\hat{k}\,(60.0\text{ J}\cdot\text{s})$

## 8-74 각운동량

질량 $m$의 입자가 일정한 빠르기 $v$로 원점을 중심으로 하는 반지름 $R$의 등속원운동을 하고 있다. 처음에 점 $Q(R,0)$에 있었다. 입자의 점 $P(-R,0)$에 대한 각운동량을 구하라.

**풀이 |** 식(8.159)에 의하여 $\vec{L}(t)=\vec{r}'(t)\times m\vec{v}(t)\ :\ \vec{r}'(t)=\vec{r}-\vec{r}_P,\ \vec{r}_P=\hat{i}(-R)$

$$\vec{r}(t)=\hat{i}\,(R\cos\omega t)+\hat{j}\,(R\sin\omega t)\ \left(\omega=\frac{v}{R}\right)$$

$$\therefore\ \vec{r}'(t)=\hat{i}\left(R+R\cos\frac{vt}{R}\right)+\hat{j}\left(R\sin\frac{vt}{R}\right)\ \text{(입자의 점 P에 대한 상대위치벡터)}$$

$$\vec{v}(t)=\frac{d\vec{r}(t)}{dt}=\hat{i}\left(-v\sin\frac{vt}{R}\right)+\hat{j}\left(v\cos\frac{vt}{R}\right)$$

$$\therefore\ \vec{L}(t)=\left\{\hat{i}\left(R+R\cos\frac{vt}{R}\right)+\hat{j}\left(R\sin\frac{vt}{R}\right)\right\}\times m\left\{\hat{i}\left(-v\sin\frac{vt}{R}\right)+\hat{j}\left(v\cos\frac{vt}{R}\right)\right\}$$
$$=\hat{k}\left\{\left(R+R\cos\frac{vt}{R}\right)\times\left(mv\cos\frac{vt}{R}\right)+\left(R\sin\frac{vt}{R}\right)\times\left(mv\sin\frac{vt}{R}\right)\right\}$$
$$=\hat{k}\left\{Rmv\cos\frac{vt}{R}+Rmv\right\}=\hat{k}\left\{1+\cos\left(\frac{v}{R}t\right)\right\}Rmv$$

**답 |** $\vec{L}=\hat{k}\left(1+\cos\frac{vt}{R}\right)Rmv$

## 8-75 위치벡터가 시간에 따라 변하는 입자의 각운동량 및 돌림힘

질량이 3.00 kg인 입자의 위치벡터가 시간에 따라 $\vec{r}=\hat{i}\,(4.00\text{ m})+\hat{j}\,(3.00\text{ m/s}^2)\,t^2$와 같이 변한다. 아래 점에 대한 입자의 각운동량 및 돌림힘을 구하라.

(가) 원점 (나) 점 $P(-2.00\text{ m},-3.00\text{ m},0)$

**풀이 |** (가) 각운동량은 식(8.159)에 의하여

$$\vec{L}=\vec{r}\times m\vec{v}\ :\ \vec{r}=\hat{i}\,(4.00\text{ m})+\hat{j}\,(3.00\text{ m/s}^2)\,t^2,\ \ m=3.00\text{ kg},\ \ \vec{v}=\frac{d\vec{r}}{dt}=\hat{j}\,(6.00\text{ m/s}^2)\,t$$

$$\therefore\ \vec{L}=\{\hat{i}\,(4.00\,\mathrm{m})+\hat{j}\,(3.00\,\mathrm{m/s^2})\,t^2\}\times\{\hat{j}(3.00\,\mathrm{kg})\times(6.00\,\mathrm{m/s^2})\,t\}$$
$$=\hat{k}(72.0\,\mathrm{kg\cdot m^2/s^2})\,t=\hat{k}(72.0\,\mathrm{N\cdot m})\,t.$$

돌림힘은 각운동량 정리 식(8.164)에 의하여 $\vec{\tau}=\dfrac{d\vec{L}}{dt}=\hat{k}(72.0\,\mathrm{N\cdot m})$.

(나) 점 P$(-2.00\,\mathrm{m},\ -3.00\,\mathrm{m},\ 0)$의 위치벡터는 $\vec{r}_{\mathrm{P}}=\hat{i}(-2.00\,\mathrm{m})+\hat{j}(-3.00\,\mathrm{m})$이므로 입자의 점 P에 대한 입자의 상대위치벡터는

$$\vec{r}'=\vec{r}-\vec{r}_{\mathrm{P}}=\hat{i}\,(6.00\,\mathrm{m})+\hat{j}\,\{(3.00\,\mathrm{m/s^2})\,t^2+(3.00\,\mathrm{m})\}$$

이므로 점 P에 대한 각운동량 벡터는 식(8.159)에 의하여

$$\vec{L}_{\mathrm{P}}=\vec{r}'\times m\vec{v}$$
$$=\{\hat{i}\,(6.00\,\mathrm{m})+\hat{j}\,[(3.00\,\mathrm{m/s^2})\,t^2+(3.00\,\mathrm{m})]\}\times\{\hat{j}\,(3.00\,\mathrm{kg})\times(6.00\,\mathrm{m/s^2})\,t\}$$
$$=\hat{k}(108\,\mathrm{kg\cdot m^2/s^2})\,t=\hat{k}(108\,\mathrm{N\cdot m})\,t$$

이고, 돌림힘은 각운동량 정리 식(8.164)에 의하여

$$\vec{\tau}_{\mathrm{P}}=\frac{d\vec{L}_{\mathrm{P}}}{dt}=\hat{k}(108\,\mathrm{N\cdot m}).$$

**답 |** (가) $\vec{L}=\hat{k}(72.0\,\mathrm{N\cdot m})\,t$, $\vec{\tau}=\hat{k}\,(72.0\,\mathrm{N\cdot m})$
(나) $\vec{L}_{\mathrm{P}}=\hat{k}\,(108\,\mathrm{N\cdot m})\,t$, $\vec{\tau}_{\mathrm{P}}=\hat{k}\,(108\,\mathrm{N\cdot m})$

### 8-76 각운동량 정리

한 입자가 두 돌림힘 $\vec{\tau}_1$, $\vec{\tau}_2$을 동시에 받고 있다. 이들의 크기는 각각 $2.0\,\mathrm{N\cdot m}$, $4.0\,\mathrm{N\cdot m}$이고, 방향은 각각 양(+)의 $x$축 방향, 음(-)의 $y$축 방향이다. 입자의 $\dfrac{d\vec{L}}{dt}$를 구하라. 여기서 $\vec{L}$은 입자의 원점에 대한 각운동량이다.

**풀이 |** 강체의 각운동량 정리 식(8.166)에 의하여

$$\frac{d\vec{L}}{dt}=\sum\vec{\tau}\ :\ \vec{\tau}_1=\hat{i}\,(2.0\,\mathrm{N\cdot m}),\ \vec{\tau}_2=-\hat{j}\,(4.0\,\mathrm{N\cdot m})$$

$$\therefore\ \frac{d\vec{L}}{dt}=\hat{i}\,(2.0\,\mathrm{N\cdot m})-\hat{j}\,(4.0\,\mathrm{N\cdot m})$$

또는 $\left|\dfrac{d\vec{L}}{dt}\right|=\sqrt{(2.0\,\mathrm{N\cdot m})^2+(-4.0\,\mathrm{N\cdot m})^2}=4.47\,\mathrm{N\cdot m}=4.5\,\mathrm{N\cdot m}$,

방향 $\theta=\tan^{-1}\left(-\dfrac{4}{2}\right)=-63.4^\circ=-63^\circ$

**답 |** $\dfrac{d\vec{L}}{dt}=\hat{i}\,(2.0\,\mathrm{N\cdot m})-\hat{j}\,(4.0\,\mathrm{N\cdot m})$ 또는 $\left|\dfrac{d\vec{L}}{dt}\right|=4.5\,\mathrm{N\cdot m}$, $\theta=-63^\circ$

### 8-77 구심가속도벡터

각속도벡터 $\vec{\omega}$로 반지름 $r$의 등속원운동을 하는 입자의 구심가속도벡터 $\vec{a}_C$는 $\vec{a}_C = \vec{\omega}\times(\vec{\omega}\times\vec{r})$임을 보여라. $\vec{r}$는 원의 중심을 원점으로 한 입자의 위치벡터이다.

**풀이 |** 선속도벡터, 각속도벡터 사이에는 식(8.160) $\vec{v}=\vec{\omega}\times\vec{r}$로 주어지므로 가속도벡터는

$$\vec{a}=\frac{d\vec{v}}{dt}=\frac{d}{dt}(\vec{\omega}\times\vec{r})=\frac{d\vec{\omega}}{dt}\times\vec{r}+\vec{\omega}\times\frac{d\vec{r}}{dt} \ : \ \frac{d\vec{\omega}}{dt}=0$$

($\because$ 등속원운동, 곧 $\vec{\omega}$의 크기 및 방향이 일정하다).

$$\therefore \ \vec{a}=\frac{d\vec{v}}{dt}=\vec{\omega}\times\frac{d\vec{r}}{dt}=\vec{\omega}\times\vec{v}=\vec{a}_C \qquad \therefore \ \vec{a}_C=\vec{\omega}\times(\vec{\omega}\times\vec{r}) \ \text{[QED]}$$

### 8-78 면적속도와 각운동량

질량 $m$의 입자가 속도 $\vec{v}$로 등속직선운동을 하고 있다. 위치벡터 $\vec{r}$가 매우 짧은 시간 $\Delta t$ 동안에 스치고 지나간 넓이를 $\Delta A$라 하면 $\frac{\Delta\vec{A}}{\Delta t}=\frac{\vec{L}}{2m}$임을 보여라.

**풀이 |** (문8-47의 풀이 참조) $\Delta A=\frac{1}{2}|\vec{r}\times\vec{v}\,\Delta t|=\frac{1}{2m}|\vec{r}\times(m\vec{v})|\Delta t \qquad \therefore \ \frac{\Delta A}{\Delta t}=\frac{1}{2m}|\vec{r}\times(m\vec{v})|$

여기에 $\vec{L}=\vec{r}\times m\vec{v}$임을 고려하면 $\frac{\Delta\vec{A}}{\Delta t}=\frac{\vec{L}}{2m}$이다. [QED]

### 8-79 속힘(내력)의 알짜 돌림힘

위치벡터가 각각 $\vec{r}_A$, $\vec{r}_B$인 점에 있는 질량이 각각 $m_A$, $m_B$인 입자 사이에 작용-반작용의 관계에 있는 힘 $\vec{f}_{AB}$, $\vec{f}_{BA}$이 작용하고 있다. 이 두 입자계에 작용하는 속힘의 총 돌림힘을 구하라.

**풀이 |** $\sum\vec{\tau}=\vec{\tau}_A+\vec{\tau}_B \ : \ \vec{\tau}_A=\vec{r}_A\times\vec{f}_{AB}, \ \vec{\tau}_B=\vec{r}_B\times\vec{f}_{BA}$

$\therefore \sum\vec{\tau}=\vec{r}_A\times\vec{f}_{AB}+\vec{r}_B\times\vec{f}_{BA} \ : \ \vec{f}_{BA}=-\vec{f}_{AB}$

$\therefore \sum\vec{\tau}=\vec{r}_A\times\vec{f}_{AB}+\vec{r}_B\times(-\vec{f}_{AB})=(\vec{r}_A-\vec{r}_B)\times\vec{f}_{AB}=0$ ($\because$ $(\vec{r}_A-\vec{r}_B)\upuparrows\vec{f}_{AB}$)

**답 |** $\sum\vec{\tau}=\vec{\tau}_A+\vec{\tau}_B=0$

## 8.8 대칭팽이의 운동 - 고정점 주위의 강체운동

### 8-80 자이로스코프의 옆돌기(축돌기) 각속도

자이로스코프가 연직축 주위로 옆돌기운동을 하고 있다. 다른 변수는 고정하고 아래 변수만을 배로 변화시키면 옆돌기 각속도는 어떻게 되는가?

(가) 관성바퀴의 자전각속도 (나) 총 무게 (다) 관성바퀴의 자전축 주위의 관성모멘트
(라) 회전점으로부터 질량중심까지 거리 (마) 위의 4변수 모두

**풀이 |** 옆돌기 각속도는 식(8.170) 또는 식(8.174) $\Omega \cong \dfrac{Mg\,r_{\rm CM}}{I_{\rm S}\,\omega_{\rm S}}$ 로 주어지므로

(가) $\Omega \propto \dfrac{1}{\omega_{\rm S}}$ (나) $\Omega \propto Mg$ (다) $\Omega \propto \dfrac{1}{I_{\rm S}}$ (라) $\Omega \propto r_{\rm CM}$ (마) $\Omega \cong \dfrac{(Mg)\,r_{\rm CM}}{I_{\rm S}\,\omega_{\rm S}}$

**답 |** (가) $\dfrac{1}{2}$배 (나) 2배 (다) $\dfrac{1}{2}$배 (라) 2배 (마) 불변

## 8-81 자이로스코프의 운동

자이로스코프 운동에 관한 아래 물음에 답하라.

(가) 자전하는 바퀴의 각운동량벡터가 굴대와 일치하며 동쪽을 향하고 있다. 각운동량벡터가 남쪽을 향하게 하려면 굴대의 동쪽 끝에 힘을 어느 쪽으로 작용해야 하는가?

(나) 가방의 전후로 놓여 있는 굴대에 장치된 자이로스코프가 있는 여행가방을 들고 여행자가 북쪽으로 걸어가고 있다. 자이로스코프의 각속도벡터가 북쪽을 향하고 있다. 여행자가 동쪽으로 걷기 시작하였다. 여행가방의 앞쪽은 어느 쪽으로 움직이려고 하는가?

(다) 자전거를 타고 똑바로 가다가 몸을 왼쪽으로 기울였다. 앞바퀴의 핸들은 어느 쪽으로 꺾이는가?

**풀이 |** 회전운동 방정식(8.166) $\dfrac{d\vec{L}}{dt} = \sum_i \vec{\tau}_i^{(\rm e)} = \vec{\tau}_{\text{알짜}}^{(\rm e)} \Rightarrow d\vec{L} = \vec{\tau}_{\text{알짜}}^{(\rm e)}\,dt \;:\; \vec{\tau}_{\text{알짜}}^{(\rm e)} = \sum_i \vec{r}_i \times \vec{F}_i^{(\rm e)}$

곧, 옆돌기운동의 회전방향은 알짜바깥돌림힘 $\vec{\tau}_{\text{알짜}}^{(\rm e)}$과 같고, $\vec{L}$은 $\vec{r}$의 방향과 일치한다(**그림 8.67** 참조).

(가) $d\vec{L} = \vec{\tau}^{(\rm e)}\,dt$에서 $d\vec{L}$이 남쪽을 향해야 하고 $\vec{\tau}^{(\rm e)} = \vec{r} \times \vec{F}^{(\rm e)}$에서 $\vec{\tau}^{(\rm e)}$가 남쪽을 향해야 하므로 $\vec{r}\,(\vec{L})$가 동쪽이면 $\vec{F}^{(\rm e)}$는 위쪽이여야 한다.

(나) $\vec{\tau}^{(\rm e)} = \vec{r} \times \vec{F}^{(\rm e)}$에서 $\vec{r}\,(\vec{L})$는 북쪽, $\vec{F}^{(\rm e)}$는 동쪽이므로 $\vec{\tau}^{(\rm e)}$는 아랫방향, 따라서 $d\vec{L} = \vec{\tau}^{(\rm e)}\,dt$에서 $d\vec{L}$이 아랫방향이므로 여행가방은 아래로 향한다.

(다) $\vec{\tau}^{(\rm e)} = \vec{r} \times \vec{F}^{(\rm e)}$에서 $\vec{r}\,(\vec{L})$는 왼쪽, $\vec{F}^{(\rm e)}$는 회전축의 왼쪽 끝 아랫방향이므로 $\vec{\tau}^{(\rm e)}$는 뒤로 향한다. 따라서 $d\vec{L} = \vec{\tau}^{(\rm e)}\,dt$에서 $d\vec{L}$이 뒤로 향하므로 핸들은 왼쪽으로 돈다.

**답 |** (가) 위쪽으로 (나) 아래로 기운다. (다) 핸들이 왼쪽으로 돈다.

## 8-82 프로펠러 비행기 기수의 운동

작은 프로펠러 비행기의 회전하는 프로펠러의 각운동량벡터가 앞을 향하고 있다.

(가) 비행기가 이륙할 때, 비행기는 기수를 쳐들게 된다. 이때 비행기의 기수가 돌아가게 된다. 어느 쪽으로 선회하는가?

(나) 비행기가 수평으로 날다가 갑자기 오른쪽으로 향하면, 기수는 어느 쪽으로 움직이려고 하는가?

**풀이 |** $\dfrac{d\vec{L}}{dt} = \vec{\tau}_{\text{알짜}}^{(\rm e)} \Rightarrow d\vec{L} = \vec{\tau}_{\text{알짜}}^{(\rm e)}\,dt \;:\; \vec{\tau}_{\text{알짜}}^{(\rm e)} = \sum_i \vec{r}_i \times \vec{F}_i^{(\rm e)}$

(가) $\vec{\tau}^{(e)} = \vec{r} \times \vec{F}^{(e)}$에서 $\vec{r}(\vec{L})$는 앞쪽, $\vec{F}^{(e)}$는 위쪽이므로 $\vec{\tau}^{(e)}$는 오른쪽을 향한다. 따라서 $d\vec{L} = \vec{\tau}^{(e)}\,dt$에서 $d\vec{L}$이 오른쪽을 향하므로 기수는 오른쪽으로 돈다.

(나) $\vec{\tau}^{(e)} = \vec{r} \times \vec{F}^{(e)}$에서 $\vec{r}(\vec{L})$는 앞쪽, $\vec{F}^{(e)}$는 오른쪽이므로 $\vec{\tau}^{(e)}$는 아래로 향한다. 따라서 $d\vec{L} = \vec{\tau}^{(e)}\,dt$에서 $d\vec{L}$이 아래로 향하므로 기수는 아래로 기울어진다.

**답 |** (가) 오른쪽으로 (나) 아래로

### 8-83 원판 자이로스코프의 운동

질량 2.50 kg, 반지름 6.40 cm의 균질의 원판이 길이 10.0 cm의 굴대의 중앙에 장치되어 매 분 700회전하게 하여, 굴대를 수평으로 하여 한쪽 끝을 회전점인 받침점 위에 얹어 놓았다. 굴대는 원판의 축과 일치한다. 다른 끝점이 수평면 내에서 옆돌기 하도록 처음 선속도를 주었다고 한다.

(가) 옆돌기운동의 각속도를 구하라.

(나) 옆돌기운동을 하는 동안 질량중심의 속력은 얼마인지 구하라.

(다) 질량중심의 가속도의 방향 및 크기를 구하라.

(라) 회전점(받침점)이 작용하는 힘의 수직 및 수평 성분을 구하라.

**풀이 |** $\omega_S = (700\ \text{rev/min}) \times \left(\dfrac{2\pi\ \text{rad/rev}}{60\ \text{s/min}}\right) = \dfrac{70\pi}{3}\ \text{rad/s}$, $M = 2.50\ \text{kg}$, $R = 0.0640\ \text{m}$, $\ell = 0.100\ \text{m}$.

(가) 식(8.174)에 의하여 옆돌기 각속도는

$$\Omega \cong \frac{Mg\,r_{CM}}{I_S\,\omega_S} \ :\ r_{CM} = \frac{\ell}{2} = 0.0500\ \text{m},\ M = 2.50\ \text{kg},\ \omega_S = \frac{70\pi}{3}\ \text{rad/s},$$

원판의 관성모멘트 $I_S = \dfrac{1}{2}MR^2 = \dfrac{1}{2} \times (2.50\ \text{kg}) \times (0.0640\ \text{m})^2 = 0.00512\ \text{kg} \cdot \text{m}^2$

$$\therefore\ \Omega = 3.269\ \text{rad/s} = \underline{3.27\ \text{rad/s}}.$$

(나) 질량중심 CM(원판의 중심)이 반지름 $r_{CM} = \dfrac{\ell}{2}$, 각속도 $\Omega$(옆돌기 각속도)로 원운동을 하므로 그 속도는 $v_{CM} = \Omega\, r_{CM}$ : $\Omega = 3.269\ \text{rad/s}$, $r_{CM} = \dfrac{\ell}{2} = 0.0500\ \text{m}$

$$\therefore\ v_{CM} = 0.1634\ \text{m/s} = \underline{0.163\ \text{m/s}}$$

(다) CM은 각속도 $\Omega$로 원운동을 하므로 그 가속도는 구심가속도이다. 곧,

$$a_{CM} = \frac{v_{CM}^2}{r_{CM}} = \Omega^2\, r_{CM} \ :\ \Omega = 3.269\ \text{rad/s},\quad r_{CM} = \frac{\ell}{2} = 0.0500\ \text{m}$$

$$\therefore\ a_{CM} = 0.5343\ \text{m/s}^2 = \underline{0.534\ \text{m/s}^2}\ \text{(받침점 쪽으로 향한다)}$$

(라) (힘의 수직 성분) = (떠받는 힘)

$\Rightarrow F_Z = Mg = (2.50\ \text{kg}) \times (9.81\ \text{m/s}^2) = 24.53\ \text{N} = \underline{24.5\ \text{N}}$(상방으로),

(힘의 수평 성분) = (구심력)

$\Rightarrow F_X = M a_{CM} = (2.50\ \text{kg}) \times (0.5343\ \text{m/s}^2) = 1.335\ \text{N} = \underline{1.34\ \text{N}}$(받침점 쪽으로)

**답 |** (가) $\Omega = 3.27\ \mathrm{rad/s}$ (나) $v_{CM} = 0.163\ \mathrm{m/s}$ (다) $a_{CM} = 0.534\ \mathrm{m/s^2}$(받침점 쪽으로)
(라) $F_Z = 24.5\ \mathrm{N}$(위쪽으로), $F_X = 1.34\ \mathrm{N}$(받침점 쪽으로)

### 8-84 자이로스코프 안정장치의 역할

매 초 15회전 하는 반지름이 2.0 m, 질량이 50톤인 균질의 원판으로 된 자이로스코프 안정장치를 해 놓은 10,000톤 급의 배가 있다. 최대 선폭이 20 m인데, 단면적의 유효반지름을 10 m라 보아도 된다.

(가) 안정장치의 각운동량은 얼마인지 구하라.

(나) 배가 옆으로 풍랑을 맞아서 안정장치가 가동하지 않을 때, 좌우로 $-20^\circ \sim +20^\circ$의 각도로 옆질(roll)하는 시간이 12초라 한다. 이로 인한 배의 각운동량은 얼마로 어림할 수 있는지 구하라.

(다) 배가 풍랑을 맞으면 돌림힘이 작용하여 회전충격을 배와 안정장치가 함께 받는다. 그 회전충격을 안정장치가 흡수하면 배는 그만큼 회전충격을 덜 받아서 옆질이 감소될 수 있다. 이 안정장치로 배의 각운동량의 변화를 얼마까지 줄일 수 있는지, 또 옆질 각을 얼마까지 줄일 수 있는지를 구하라. 풍랑이 오른쪽 뱃전을 치고, 그 순간 안정장치의 각운동량벡터는 배의 전면을 향하고 있었다고 한다. 옆질 각은 파도의 회전충격량에 비례한다.

**풀이 |** $\omega_S = \omega_{안정} = (15\ \mathrm{rev/s}) \times (2\pi\ \mathrm{rad/rev}) = 30\pi\ \mathrm{rad/s}$, $M = 50\ \mathrm{t} = 50 \times 10^3\ \mathrm{kg}$, $R_{안정} = 2.0\ \mathrm{m}$,
$m_{배} = 10000\ \mathrm{t} = 10000 \times 10^3\ \mathrm{kg}$, $< R_{배} >= 10\ \mathrm{m}$

(가) 안정장치(자이로스코프)의 각운동량 $L_{안정} = I_{안정}\omega_{안정}$ : $\omega_{안정} = 30\pi\ \ \mathrm{rad/s}$

$$I_{안정} = \frac{1}{2}M_{안정}R_{안정}^2 = \frac{1}{2} \times (50 \times 10^3\ \mathrm{kg}) \times (2.0\ \mathrm{m})^2 = 10.0 \times 10^4\ \mathrm{kg \cdot m^2}$$

$$\therefore\ L_{안정} = 9.42 \times 10^6\ \mathrm{J \cdot s} = \underline{9.4 \times 10^6\ \mathrm{J \cdot s}}.$$

(나) 배의 옆질(roll) 각진폭 $|\theta_{옆질}| = 20^\circ$, 옆질하는 시간 $t_{옆질} = 12\ \mathrm{s}$, 옆질하는 배의 각운동량은

$$L_{옆질} = I_{배}\ \omega_{옆질} :\ I_{배} = \frac{1}{2}M_{배}\ R_{배}^2 = \frac{1}{2} \times (10000 \times 10^3\ \mathrm{kg}) \times (10\ \mathrm{m})^2 = 0.50 \times 10^9\ \mathrm{kg \cdot m^2},$$

$$\omega_{옆질} = \frac{20^\circ - (-20^\circ)}{12\ \mathrm{s}} \times \frac{\pi\ \mathrm{rad}}{180^\circ} = \frac{\pi}{54}\ \mathrm{rad}$$

$$\therefore\ L_{옆질} = I_{배}\ \omega_{옆질} = 29.07 \times 10^6\ \mathrm{J \cdot s} = \underline{29.1 \times 10^6\ \mathrm{J \cdot s}}.$$

(다) 안정장치는 그 각운동량벡터의 방향이 (연직면 내에서) 배의 전방에서 연직상방을 거쳐서 후방으로 향할 수 있도록 장치되어 있다. 이 방향은 전동기로 작동하게 되어 있다.
만일 배의 오른쪽 뱃전에 치는 풍랑으로 인하여 배가 돌림힘을 받아서 옆질을 하게 된다면, 이때 $\tau_{옆질}\,\Delta t (= \Delta L_{\mathrm{tot}})$의 회전충격량을 받는다고 하자. 이것은 배 및 자이로스코프 안정장치 등의 역학계 전체 각운동량의 변화 $\Delta L_{\mathrm{tot}}$를 야기한다. 이 각운동량의 변화의 대부분이 안정장치에 전달되어 배에는 거의 주어지지 않도록 안정장치를 작동한다.

풍랑이 칠 때, 안정장치의 각운동량벡터의 처음 방향이 $\tau_{\text{옆질}}\,\Delta t(=\Delta L_{\text{tot}})$과 반대 방향이면, 안정장치를 작동하여 연직상방을 거쳐서 $\tau_{\text{옆질}}\,\Delta t(=\Delta L_{\text{tot}})$의 방향과 일치하게 하여 안정장치의 각운동량 변화가 $\Delta L_{\text{안정}}=2L_{\text{안정}}$가 되게 한다. 곧, 안정장치를 작동한 결과 배에 야기되는 각운동량 변화를 $\Delta L_{\text{배}}{}'$라 하면 $\tau_{\text{옆실}}\,\Delta t=\Delta L_{\text{tot}}=\Delta L_{\text{안정}}+\Delta L_{\text{배}}{}'$가 된다. 여기서 $\Delta L_{\text{tot}}$는 안정장치가 없으면 고스란히 배에 전달된다. 안정장치를 작동하면 배가 감당할 각운동량의 변화는

$$\Delta L_{\text{배}}{}'=\Delta L_{\text{tot}}-\Delta L_{\text{안정}}=\Delta L_{\text{tot}}-2L_{\text{안정}}$$

이다. 여기서 $\Delta L_{\text{tot}}=L_{\text{옆질}}=29.07\times10^6\ \text{J}\cdot\text{s}$, $L_{\text{안정}}=9.42\times10^6\ \text{J}\cdot\text{s}$이므로

$$\Delta L_{\text{배}}{}'=\Delta L_{\text{tot}}-2L_{\text{안정}}=29.07\times10^6\ \text{J}\cdot\text{s}-2\times(9.42\times10^6\ \text{J}\cdot\text{s})=10.23\times10^6\ \text{J}\cdot\text{s}$$

이다. 옆질 각은 회전충격량(또는 각운동량 변화)에 비례한다. 따라서 풍랑을 맞아 옆질할 때 운동량의 변화가 $\Delta L_{\text{배}}=L_{\text{옆질}}=29.07\times10^6\ \text{J}\cdot\text{s}$일 때 옆질하는 각진폭이 $|\theta_{\text{옆질}}|=20^\circ$였으므로, 안정장치를 작동한 결과 배에 야기되는 회전충격량(또는 각운동량 변화)이 $\Delta L_{\text{배}}{}'=10.23\times10^6\ \text{J}\cdot\text{s}$일 때 배가 옆질하는 각진폭은 $|\theta_{\text{옆질}}{}'|$은

$$|\theta_{\text{옆질}}{}'|=20^\circ\times\left(\frac{10.23\times10^6\ \text{J}\cdot\text{s}}{29.07\times10^6\ \text{J}\cdot\text{s}}\right)=7.038^\circ$$

가 된다. 곧, 옆질하는 각은 $-7.0^\circ\sim+7.0^\circ$ 정도이다.

**답 |** (가) $L_{\text{안정}}=9.4\times10^6\ \text{J}\cdot\text{s}$ (나) $L_{\text{옆질}}\cong29\times10^6\ \text{J}\cdot\text{s}$

(다) $\Delta L_{\text{배}}{}'\cong10\times10^6\ \text{J}\cdot\text{s}$, $\theta_{\text{옆질}}{}'\cong-7.0^\circ\sim+7.0^\circ$

## 8.9 강체의 평형

### 8-85 무게의 분포

길이 3.0 m의 단단한 매우 가벼운 널판자 양단을 저울로 받쳐 놓고, 6.0 kg의 물체를 왼쪽 끝으로부터 2.5 m의 거리에 얹어 놓았다.

(가) 각 저울의 눈금은 얼마로 나타나는가?

(나) 만일 널판자의 질량이 2.0 kg으로 골고루 분포되어 있다면 각 저울의 눈금은 얼마인가?

**풀이 |** 저울의 눈금은 수직항력을 표시한다. 왼쪽, 오른쪽 저울 눈금을 각각 $m_{\text{L}}$, $m_{\text{R}}$라 하면 $N_{\text{L}}=m_{\text{L}}g$, $N_{\text{R}}=m_{\text{R}}g$이다.

(가) 병진평형 조건 : $\sum_i F_i{}^{(\text{e})}=m_{\text{L}}g+m_{\text{R}}g-(6.0\ \text{kg})g=0$

왼쪽 끝점에 대한 회전평형 조건 : $\sum_i \tau_i{}^{(\text{e})}=(3.0\ \text{m})\times m_{\text{R}}g-(2.5\ \text{m})\times(6.0\ \text{kg})g=0$.

위의 두 평형 조건식을 연립하여 풀면 $m_{\text{R}}=5.0\ \text{kg}$, $m_{\text{L}}=1.0\ \text{kg}$를 얻는다.

(나) 병진평형 조건 : $\sum_i F_i^{(e)} = m_L g + m_R g - (6.0\text{ kg})g - (2.0\text{ kg})g = 0$,

왼쪽 끝점에 대한 회전평형 조건 :

$$\sum_i \tau_i^{(e)} = (3.0\text{ m}) \times m_R g - (2.5\text{ m}) \times (6.0\text{ kg})g - (1.5\text{ m}) \times (2.0\text{ kg})g = 0$$

$$\therefore\ m_R = 6.0\text{ kg},\ m_L = 2.0\text{ kg}.$$

**답 |** (가) $m_L = 1.0\text{ kg}$, $m_R = 5.0\text{ kg}$ (나) $m_L = 2.0\text{ kg}$, $m_R = 6.0\text{ kg}$

## 8-86 무거운 널판자

길이 $L = 6.00\text{ m}$, 질량 $M = 30.0\text{ kg}$의 균질의 두꺼운 널판자를 수평면 위에 서로 $4.50\text{ m}$ 떨어진 두 받침점 A, B 위에 걸쳐 놓았다. 널판자의 한쪽 끝은 받침점 B로부터 $1.50\text{ m}$ 튀어 나와 있다. 몸무게가 $w = 70.0\text{ kgf}$인 사람이 점 B로부터 얼마의 거리까지 안전하게 걸어 나올 수 있는가?

**풀이 |** 이 강체에 작용하는 힘은 두 받침점 A, B에서 위로 떠 바쳐 올리는 수직항력 $N_A$, $N_B$, 판자 및 사람의 무게 $w_{판자} = Mg = (30.0\text{ kg})g$, $w = mg = 70.0\text{ kgf} = (70.0\text{ kg})g$이다.

병진평형 조건 : $\sum_i F_i^{(e)} = N_A + N_B - Mg - mg = 0$,

회전평형 조건@B : $\sum_i \tau_i^{(e)} = -(4.50\text{ m}) \times N_A + 0 \times N_B + (1.50\text{ m}) \times Mg - x\,mg = 0$

$$\therefore\ (4.50\text{ m}) \times N_A = (1.50\text{ m}) \times (30.0\text{ kg})g - x(70.0\text{ kg})g.$$

여기서 $x > x_{안전}$(안전하게 걸어 나올 수 있는 최대거리)이면 $N_A = 0$, $x \le x_{안전}$이면 $N_A \ge 0$이므로

$$\therefore\ (1.50\text{ m}) \times (30.0\text{ kg}) - x(70.0\text{ kg}) \ge 0 \quad \therefore\ x \le 0.6429\text{ m} \quad \therefore\ \underline{x_{안전} = 0.643\text{ m}}$$

**답 |** $x_{안전} = 0.643\text{ m}$

## 8-87 돌쩌귀 달린 무거운 널판자

길이 $L = 3.00\text{ m}$, 질량 $M = 5.00\text{ kg}$의 균질의 두꺼운 널판자의 한쪽 끝에 돌쩌귀가 달려 있다. 이 널판자 위에 $60.0\text{ kg}$의 물체를 돌쩌귀로부터 $80.0\text{ cm}$ 거리에 얹어 놓고, 널판자의 다른 끝에 힘 $\vec{F}$를 주어 널판자가 수평과 $30^\circ$를 이루고 있다.

(가) 힘 $\vec{F}$가 연직상방으로 작용할 때 그 크기 및 돌쩌귀가 작용하는 힘 $\vec{R}$를 구하라.

(나) 힘 $\vec{F}$가 널판자에 수직으로 작용할 때, 그 크기 및 힘 $\vec{R}$를 구하라.

**풀이 |** 널판자에 작용하는 힘은 널판자의 중력 $w_M = Mg$, 물체의 중력 $w_m = mg$, 힘 $F$, 돌쩌귀가 작용하는 힘 $\vec{R}$이다. 널판자가 평형상태에 있으므로 평형 조건들은

$$\text{병진평형 조건 } \sum_i \vec{F}_i^{(e)} = M\vec{g} + m\vec{g} + \vec{F} + \vec{R} = 0 \tag{1}$$

회전평형 조건(돌쩌귀에 대한) $\sum_i \vec{\tau}_i^{(e)} = \vec{\tau}_M + \vec{\tau}_m + \vec{\tau}_F + \vec{\tau}_R = 0$ (2)

수평 방향(오른쪽)을 $x$축, 연직상방을 $y$축으로 한다.

(가) ($\vec{F} = \hat{j}F$) 힘 $\vec{F}$의 크기는? 위의 회전평형 조건식(2)에서

$$(\text{널판자})\ \vec{\tau}_M = -\hat{k}\{(1.50\ \mathrm{m})\cos 30^\circ \times (5.00\ \mathrm{kg})g\},$$

$$(\text{물체})\ \vec{\tau}_m = -\hat{k}\{(0.800\ \mathrm{m})\cos 30^\circ \times (60.0\ \mathrm{kg})g\},$$

$$(\text{힘 } F)\ \vec{\tau}_F = \hat{k}\{(3.00\ \mathrm{m})\cos 30^\circ\ F\},\ (\text{돌쩌귀})\ \vec{\tau}_R = 0$$

이므로

$$\sum_i \vec{\tau}_i^{(e)} = \hat{k}\{-(0.800\ \mathrm{m})\cos 30^\circ \times (60.0\ \mathrm{kg})g - (1.50\ \mathrm{m})\cos 30^\circ \times (5.00\ \mathrm{kg})g + (3.00\ \mathrm{m})\cos 30^\circ\ F\} = 0$$

$$\therefore\ -(0.800\ \mathrm{m}) \times (60.0\ \mathrm{kg})g - (1.50\ \mathrm{m}) \times (5.00\ \mathrm{kg})g + (3.00\ \mathrm{m})\ F = 0$$

$$\therefore\ F = \frac{(0.800\ \mathrm{m}) \times (60.0\ \mathrm{kg})g + (1.50\ \mathrm{m}) \times (5.00\ \mathrm{kg})g}{3.00\ \mathrm{m}} = (18.50\ \mathrm{kg})g.$$

$$\therefore\ \underline{F = 181\ \mathrm{N}}.$$

돌쩌귀가 작용하는 힘 $\vec{R}$는? 위의 병진평형 조건식(1)을 성분별로 나누어서 생각하면

$$x\ \text{성분}:\ \sum F_x^{(e)} = R_x = 0 \qquad \therefore\ R_x = 0$$

$$y\ \text{성분}:\ \sum F_y^{(e)} = -Mg - mg + F + R_y = 0$$

$$\therefore\ R_y = Mg + mg - F = (46.5\ \mathrm{kg})g \qquad \therefore\ \underline{\vec{R} = \hat{j}(456\ \mathrm{N})}$$

(나) $\vec{F} = \hat{i}F_x + \hat{j}F_y$ ($F_x = -F\sin 30^\circ$, $F_y = F\cos 30^\circ$), $F$는?

회전평형 조건식(2)에서 다른 돌림힘벡터는 (가)의 경우와 같으나 $\vec{\tau}_F$는 $\vec{F} = \hat{i}F_x + \hat{j}F_y$가 널판자와 직각이므로 $\vec{\tau}_F = \hat{k}\{(3.00\ \mathrm{m})F\}$이다.

$$\sum_i \vec{\tau}_i^{(e)} = \hat{k}\{-(0.800\ \mathrm{m})\cos 30^\circ \times (60.0\ \mathrm{kg})g - (1.50\ \mathrm{m})\cos 30^\circ \times (5.00\ \mathrm{kg})g + (3.00\ \mathrm{m})\ F\} = 0$$

$$\therefore\ F = \frac{\sqrt{3}}{2}(18.50\ \mathrm{kg})g = 157.2\ \mathrm{N} = \underline{157\ \mathrm{N}}$$

돌쩌귀가 작용하는 힘 $\vec{R}$는? 병진평형 조건식(1)에서

$$x\ \text{성분}:\ \sum F_x^{(e)} = R_x + F_x = 0$$

$$\therefore\ R_x = -F_x = -(-F\sin 30^\circ) = +\frac{\sqrt{3}}{4}(18.50\ \mathrm{kg})g = 78.59\ \mathrm{N}$$

$$y\ \text{성분}:\ \sum F_y^{(e)} = R_y - Mg - mg + F_y = 0$$

$$\therefore\ R_y = Mg + mg - F_y \ :\ F_y = \frac{\sqrt{3}}{2}(18.50\ \text{kg})g\ \cos 30^\circ$$

$$= \frac{3}{4}(18.50\ \text{kg})g = 136.1\ \text{N}$$

$$\therefore\ R_y = (65\ \text{kg} - \frac{3}{4} \times 18.50\ \text{kg})\ g = 501.54\ \text{N}.$$

$$\therefore\ \underline{\vec{R} = \hat{i}\ (78.6\ \text{N}) + \hat{j}\ (502\ \text{N})}$$

**답 |** (가) $F = 181\ \text{N}$, $\vec{R} = \hat{j}\,(456\ \text{N})$ (나) $F = 157\ \text{N}$, $\vec{R} = \hat{i}\ (78.6\ \text{N}) + \hat{j}\ (502\ \text{N})$

### 8-88 벽돌 쌓기

길이 $L$의 균질인 벽돌을 수평인 실험대의 가장자리에 쌓아올리는 데, 벽돌의 한쪽 끝이 바깥으로 튀어 나오게 한다.

(가) 두 개의 똑같은 벽돌을 쌓아 올려서 벽돌이 실험대 가장자리에서 최대로 튀어 나올 수 있는 거리는 얼마인가?

(나) 똑같은 벽돌을 세 개, 네 개를 위와 같이 쌓아 올릴 때 최대로 튀어 나올 수 있는 거리는 각각 얼마인가?

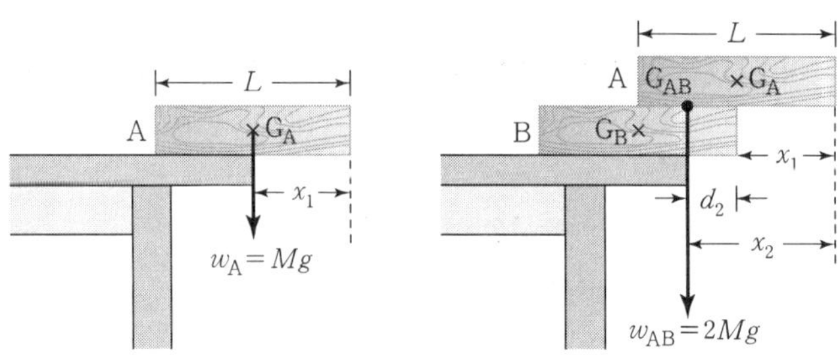


문8-88의 연습그림 : 벽돌 쌓기

**풀이 |** (가) 실험대 위에 한 개의 벽돌을 얹어 놓을 때 벽돌의 무게중심이 실험대 위에 있으면 벽돌이 바깥으로 튀어 나와도 안정하다. 따라서 벽돌이 실험대의 가장자리로부터 최대로 튀어 나올 수 있는 길이를 $x_1$이라하면

$$x_1 = \frac{L}{2}$$

이다(문8-88의 연습그림 참조).

벽돌 A를 다른 벽돌 B 위에 쌓을 때도 벽돌 A가 벽돌 B의 가장자리로부터 최대로 튀어나올 수 있는 거리는 벽돌 A의 무게중심이 아래 벽돌 B의 가장자리 바로 위에 올 때이다. 따라서 이 길이도 $x_1 = \frac{L}{2}$이다. 이렇게 쌓은 두 벽돌 전체의 무게중심 $G_{AB}$가 실험대의 가장자리 바로 위에 오게 쌓을 때 실험대 가장자리로부터 튀어 나온 거리가 최대로 된다. 이 길이를 $x_2$, 실험대의 가장자리로부터 벽돌 B가 튀어 나온 길이를 $d_2$라 하면 $x_2 = x_1 + d_2$가

된다. 여기서 $d_2$는 두 벽돌 A, B 전체의 무게중심 $G_{AB}$와 맨 아래 벽돌 B의 튀어 나온 끝 사이의 길이와 같다.

두 벽돌의 무게중심 $G_{AB}$에 대한 회전평형 조건 $\sum_i \tau_i^{(e)} = 0$을 적용하면

$$\left(\frac{L}{2} - d_2\right)Mg - d_2 Mg = 0 \qquad \therefore\ d_2 = \frac{1}{2}\left(\frac{L}{2}\right) = \frac{L}{4}$$

$$\therefore\ x_2 = x_1 + d_2\ :\ x_1 = \frac{L}{2} \qquad \therefore\ x_2 = \frac{L}{2} + \frac{L}{4} = \frac{3}{4}L$$

(나) 벽돌 세 개를 쌓는 경우, 처음 쌓아 놓은 두 벽돌 AB를 그의 무게중심 $G_{AB}$가 맨 아래 벽돌 C의 오른쪽(오른쪽으로 튀어 나오는 경우) 가장자리 위에 오게 쌓고, 이들 세 벽돌 AB, C 전체의 무게중심 $G_{ABC}$가 실험대의 가장자리 위에 오게 하면 최대로 튀어 나오게 된다. 이 길이를 $x_3$, 맨 아래 벽돌 C가 튀어 나온 길이를 $d_3$라 하면 $x_3 = x_2 + d_3$이다. 무게중심 $G_{ABC}$에 대한 회전평형조건 $\sum_i \tau_i^{(e)} = 0$을 적용하면

$$\left(\frac{L}{2} - d_3\right)Mg - d_3(2Mg) = 0 \qquad \therefore\ d_3 = \frac{1}{3}\left(\frac{L}{2}\right) = \frac{L}{6}$$

$$\therefore\ x_3 = x_2 + d_3 = \left(\frac{L}{2} + \frac{L}{4}\right) + \frac{L}{6} = \frac{11}{12}L$$

같은 방법으로 벽돌 네 개를 쌓는 경우, 무게중심 $G_{ABC}$가 맨 아래 벽돌 D의 가장자리 바로 위에 오게 하고, 그들의 무게중심 $G_{ABCD}$가 실험대의 가장자리 바로 위에 오게 하면 된다. 실험대 바깥으로 최대 튀어 나온 최대 길이 $x_4$는

$$x_4 = \left(\frac{L}{2} + \frac{L}{4} + \frac{L}{6}\right) + \frac{L}{8} = \frac{25}{24}L \Rightarrow x_4 = \left(\frac{1}{1} + \frac{1}{2} + \frac{1}{3} + \frac{1}{4}\right)\frac{L}{2}$$

이다.

**답 |** (가) $x_2 = \left(\frac{1}{2} + \frac{1}{4}\right)L = \frac{3}{4}L$

(나) $x_3 = \left(\frac{3}{4} + \frac{1}{6}\right)L = \frac{11}{12}L$, $x_4 = \left(\frac{11}{12} + \frac{1}{8}\right)L = \frac{25}{24}L$

《**참고** 위의 결과를 급수형식으로 표현할 수 있다.

$$x_1 = \left(\frac{1}{1}\right)\frac{L}{2},\ x_2 = \left(\frac{1}{1} + \frac{1}{2}\right)\frac{L}{2},\ x_3 = \left(\frac{1}{1} + \frac{1}{2} + \frac{1}{3}\right)\frac{L}{2},\ x_4 = \left(\frac{1}{1} + \frac{1}{2} + \frac{1}{3} + \frac{1}{4}\right)\frac{L}{2} \cdots$$ 》

### 8-89 천장에 양끝이 매달린 쇠사슬

총 무게가 40.0 N인 균질의 쇠사슬의 양끝을 수평인 천장에 서로 떨어져 있는 고리에 걸어 놓았더니 고리에서 쇠사슬의 접선이 천정과 42°를 이루었다.

(가) 천장의 각 고리에 걸리는 힘의 크기는 얼마인지 구하라.

(나) 쇠사슬의 한 가운데 점에서 쇠사슬의 장력은 얼마인지 구하라.

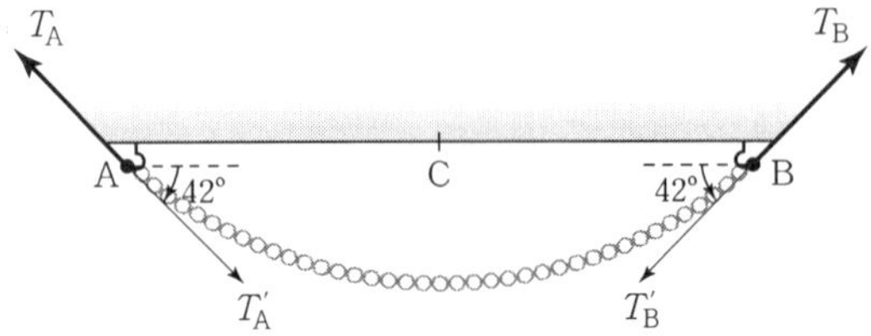


문8-89의 연습그림 : 천장에 매달린 쇠사슬

**풀이|** 쇠사슬에 작용하는 힘은 중력 $\vec{w}=m\vec{g}=-\hat{j}(40.0\text{ N})$ (연직상방을 $y$축, 수평 방향(오른쪽)을 $x$축으로 한다), 고리 A, B에서 고리가 쇠사슬에 작용하는 힘 $\vec{T}_A$, $\vec{T}_B$는 그 크기가 서로 같다 ($|\vec{T}_A|=|\vec{T}_B|\equiv T$ : 쇠사슬의 장력). 대칭성 때문이다. 따라서 병진평형 조건에 의하면

$$\sum_i \vec{F}_i^{(e)}=\vec{w}+\vec{T}_A+\vec{T}_B=0 \ : \ \vec{w}=-\hat{j}(mg)=-\hat{j}(40.0\text{ N}),\ \vec{T}_A=\hat{i}\,T_{A;x}+\hat{j}\,T_{A;y},$$

$$\vec{T}_B=\hat{i}\,T_{B;x}+\hat{j}\,T_{B;y}$$

$$\therefore\ \sum_i \vec{F}_i^{(e)}=\hat{i}\{0+T_{A;x}+T_{B;x}\}+\hat{j}\{-mg+T_{A;y}+T_{B;y}\}=0.$$

성분들 사이에는 대칭성 때문에

$$-T_{A;x}=T_{B;x}=T\cos 42^\circ,\ T_{A;y}=T_{B;y}=T\sin 42^\circ$$

(가) 고리에 작용하는 힘 $T_{고리}$는 힘 $\vec{T}_A$, $\vec{T}_B$의 반작용 $\vec{T}_A{}'$, $\vec{T}_B{}'$의 크기이다. 따라서

$$T_{고리}=|\vec{T}_A|=|\vec{T}_B|\equiv T$$

이다. 병진평형 조건식을 성분별로 표현하면

$$x\text{성분} : 0+T_{A;x}+T_{B;x}=0 \quad \therefore\ -T_{A;x}=T_{B;x}$$

$$y\text{성분} : -mg+T_{A;y}+T_{B;y}=0 \ : \ T_{A;y}=T_{B;y}=T\sin 42^\circ,\ mg=40.0\text{ N}$$

$$\therefore\ 2T\sin 42^\circ=40.0\text{ N} \quad \therefore\ T=\frac{40.0\text{ N}}{2\sin 42^\circ}=29.89\text{ N}=\underline{29.9\text{ N}=T_{고리}}.$$

(나) 병진평형 조건식의 $x$ 성분 식에서 $-T_{A;x}=T_{B;x}=T\cos 42^\circ$이다. 대칭성에서 명백하다. 이들 두 힘은 쇠사슬의 중점에서 장력 $T_{중점}$을 나타낸다. 따라서

$$T_{중점}=T\cos 42^\circ=29.89\text{ N}\times\cos 42^\circ=22.21\text{ N}=\underline{22.2\text{ N}}.$$

**답|** (가) $T_{고리}=29.9\text{ N}$ (나) $T_{중점}=22.2\text{ N}$

## 8-90 기대어 놓은 사다리

길이가 $L$인 매우 가벼운 사다리를 매끄러운 연직 벽에 기대어 놓았더니 수평인 마룻바닥과 각 $\alpha$를 이루었다. 사다리와 마룻바닥 사이의 정지마찰계수는 $\mu_s$이다. 사람이 사다리를 타고 올라

갈 수 있는 최대거리를 구하라.

**풀이|** 수평 방향을 $x$ 축, 연직상방을 $y$ 축으로 한다. 사다리에 작용하는 힘은 사람의 몸무게 $\vec{w}=-\hat{j}w$, 마룻바닥의 수직항력 $\vec{N}_{마}=\hat{j}N_{마}$, 벽의 수직항력 $\vec{N}_{벽}=\hat{i}N_{벽}$, 마룻바닥의 마찰력 $\vec{f}_s=-\hat{i}f_s$이다.

$$\text{병진평형 조건}\ \sum_i \vec{F}_i^{(e)}=\hat{i}\,(N_{벽}-f_s)+\hat{j}\,(N_{마}-w)=0$$

$$\therefore\ N_{벽}=f_s\le\mu_s N_{마},\ N_{마}=w=mg$$

사람이 사다리를 안전하게 올라갈 수 있는 거리 $s$는, 사다리와 바닥과의 접촉점에 대한 회전평형 조건에 의하여,

$$\sum_i \vec{\tau}_i^{(e)}=\hat{k}\{(s\cos\alpha)\,w-(L\sin\alpha)N_{벽}\}=0$$

$$\therefore\ s=\frac{(L\sin\alpha)N_{벽}}{w\cos\alpha}\le\frac{(L\sin\alpha)\times(\mu_s w)}{w\cos\alpha}=\mu_s\,L\tan\alpha$$

**답|** $s_{max}=\mu_s\,L\tan\alpha$

### 8-91 케이블의 버팀목

벽에 매어 놓은 케이블 끝에 무게 8.00 N의 추를 달아 놓고, 벽에 돌쩌귀로 붙여놓은 가벼운 버팀목 AB를 수평으로 벽과 케이블 사이에 넣어서 케이블을 받치고 있다. 벽에 달린 케이블은 수평인 버팀목과 30°를 이루고 있다(문8-91의 그림 참조). 이 버팀목에 작용하는 힘들을 말하고 그들을 구하라.

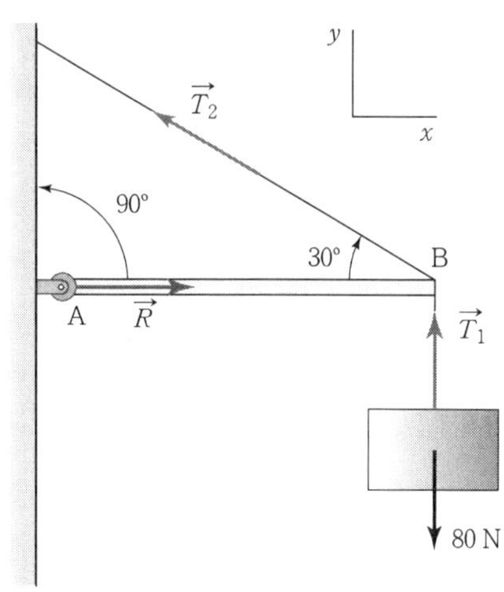


문8-91의 그림 : 버팀목

**풀이|** 버팀목에 작용하는 힘은 점 B에 작용하는 각 케이블의 장력, 곧 추가 달린 케이블의 $\vec{T}_1$, 벽에 달린 케이블의 장력 $\vec{T}_2$ 그리고 돌쩌귀로부터 받는 항력 $\vec{R}$이다. 수평 방향을 $x$ 축, 연직상방을

$y$축으로 하여 이 힘들을 성분별로 표현하면

$$\vec{T}_1 = -\hat{j}(80.0\,\mathrm{N}),$$

$$\vec{T}_2 = \hat{i}\,T_{2x} + \hat{j}\,T_{2y} \;:\; T_{2x} = -T_2\cos 30^\circ = -\frac{\sqrt{3}}{2}T_2,\;\; T_{2y} = T_2\sin 30^\circ = \frac{1}{2}T_2,$$

$$\vec{R} = \hat{i}\,R_x + \hat{j}\,R_y$$

이다. 따라서 구해야 할 미지수는 $\{T_2,\ R_x,\ R_y\}$이므로 방정식 3개가 필요하다.

병진평형 조건 $\sum_i \vec{F}_i^{(e)} = \vec{T}_1 + \vec{T}_2 + \vec{R} = 0$

$$(x\text{ 성분})\;\; T_{2x} + R_x = 0 \qquad \therefore\; R_x = -T_{2x} = \frac{\sqrt{3}}{2}T_2 \tag{1}$$

$$(y\text{ 성분})\;\; -T_1 + T_{2y} + R_y = 0 \qquad \therefore\; R_y = T_1 - T_{2y} = T_1 - \frac{1}{2}T_2 \tag{2}$$

회전평형 조건 @A $\sum_i \vec{\tau}_i^{(e)} = \vec{\tau}_1 + \vec{\tau}_2 + \vec{\tau}_R = 0$ :

$$\vec{\tau}_R = 0,$$

$$\vec{\tau}_1 = \vec{\ell}\times\vec{T}_1 = (\hat{i}\ell)\times(\hat{i}\,T_{1x} + \hat{j}\,T_{1y}) = \hat{k}(\ell\,T_{1y}),$$

$$\vec{\tau}_2 = \vec{\ell}\times\vec{T}_2 = (\hat{i}\ell)\times(\hat{i}\,T_{2x} + \hat{j}\,T_{2y}) = \hat{k}(\ell\,T_{2y}) \quad (\overrightarrow{\mathrm{AB}} \equiv \vec{\ell})$$

$$\therefore\; \sum_i \vec{\tau}_i^{(e)} = 0 + \hat{k}\,\ell(T_{1y} + T_{2y}) = 0 \;\Rightarrow\; \frac{1}{2}T_2 = T_1 \tag{3}$$

위의 방정식(1)~식(3)을 연립하여 풀면 미지수 $\{T_2,\ R_x,\ R_y\}$를 얻는다. 곧

$$\text{식(3)} \Rightarrow T_2 = 2T_1 \;:\; T_1 = 80.0\mathrm{N} \qquad \therefore\; T_2 = 160.0\,\mathrm{N},$$

$$\text{식(1)} \Rightarrow R_x = -\frac{\sqrt{3}}{2}T_2 = 139\,\mathrm{N},$$

$$\text{식(2)} \Rightarrow R_y = T_1 - \frac{1}{2}T_2 = 0$$

$$\therefore\; \vec{R} = \hat{i}(139\,\mathrm{N})$$

또, $T_{2x} = -\frac{\sqrt{3}}{2}T_2 = -138.6\,\mathrm{N} = \underline{-139\,\mathrm{N}}$, $T_{2y} = \frac{T_2}{2} = 80.0\,\mathrm{N}$

$$\therefore\; \vec{T}_2 = -\hat{i}\,(139\,\mathrm{N}) + \hat{j}\,(80.0\,\mathrm{N})$$

이다.

**답 |** $\vec{T}_1 = -\hat{j}(80.0\,\mathrm{N})$, $\vec{T}_2 = -\hat{i}\,(139\,\mathrm{N}) + \hat{j}\,(80.0\,\mathrm{N})$, $\vec{R} = \hat{i}(139\,\mathrm{N})$

## 8-92 휠체어의 보도 턱 올라가기

휠체어를 탄 사람이 도로에서 보도로 올라가려고 한다. 그러자면 휠체어의 큰 바퀴가 보도 턱을 굴러 올라가야 한다. 그러기 위하여 휠체어 큰 바퀴의 맨 꼭대기에서 손으로 바퀴에 수평 방향

으로 힘을 주어야 한다. 장애인 및 휠체어의 총 질량이 142.8 kg이고, 무게는 큰 바퀴 두 개에 고루 분포된다고 한다. 큰 바퀴의 반지름은 $r = 30.0\text{ cm}$, 보도 턱의 높이가 $h = 10.0\text{ cm}$이다.

(가) 보도 턱을 굴러 올라가자면 바퀴에 얼마만한 힘을 주어야 하는가?

(나) 이 경우, 보도 턱의 모서리가 바퀴에 가하는 항력 $\vec{R}$를 구하라.

**풀이 |** (그림 8.72 참조) 휠체어 바퀴에 작용하는 힘은 바퀴의 꼭대기 점에서 수평으로 작용하는 힘 $\vec{F}$, 보도턱의 모서리가 작용하는 항력 $\vec{R}$, 보도 바닥이 바퀴에 작용하는 수직항력 $\vec{N}$, 무게 $Mg$ 등이다. 수직항력 $\vec{N}$은 휠체어가 올라가는 순간 $\vec{N}=0$이고, 무게 $Mg$는 바퀴 하나에 걸리는 중력으로 $Mg = \dfrac{142.8 \times 9.81}{2}\text{ N} = 700.434\text{ N}$이다.

(가) 힘 $F$는? 보도 턱의 모서리에 대한 회전평형 조건 $\sum_i \vec{\tau}_i^{(e)} = 0$에 의하여

$$\sum_i \tau_i^{(e)} = Mgd - F(2r - h) = 0 \qquad \therefore\ F = \frac{d}{2r-h} Mg.$$

여기서 $d$는 도로면과 바퀴의 접촉점에서 보도 턱까지 거리로

$$r^2 = d^2 + (r-h)^2 \quad \therefore\ d = \sqrt{r^2 - (r-h)^2} = \sqrt{h(2r-h)}.$$

$$\therefore\ F = \sqrt{\frac{h}{2r-h}}\, Mg \ :\ h = 0.10\text{ m}\,;\ r = 0.300\text{ m}\,;\ Mg = 700.434\text{ N} \qquad \therefore\ F = 313.2\text{ N}.$$

(나) 항력 $\vec{R}$는? 병진평형 조건식 $\sum_i \vec{F}_i^{(e)} = 0$에 의하여 $\vec{F} + \vec{w} + \vec{R} = 0$ 또는 성분별 조건식

$x$축 방향 : $F + R_x = 0 \Rightarrow R_x = -F = -313.2\text{ N} = \underline{-313\text{ N}}$,

$y$축 방향 : $R_y - Mg = 0 \Rightarrow R_y = Mg = 700.434\text{ N} = \underline{700\text{ N}}$

$\therefore\ \vec{R} = -\hat{i}\,(313\text{ N}) + \hat{j}\,(700\text{ N})$ 또는 ($R = 767\text{ N}$, $\theta = 65.9^\circ$)

**답 |** (가) $F = 313\text{ N}$ (나) $\vec{R} = -\hat{i}\,(313\text{ N}) + \hat{j}\,(700\text{ N})$ 또는 ($R = 767\text{ N}$, $\theta = 65.9^\circ$)

### 8-93 V형 홈통에 있는 원기둥

수평면과 30°, 60°를 이루는 매끄러운 빗면으로 된 V꼴 홈통에 질량 $M$의 균질의 원기둥이 놓여 있다(문8-93의 그림 참조). 원기둥이 각 빗면으로부터 받는 힘을 구하라.

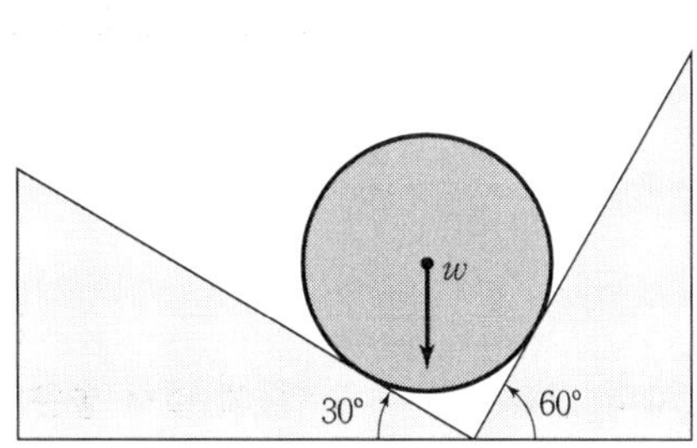


문8-93의 그림 : 원기둥이 V형 홈통에 놓여 있는 단면

**풀이 |** 원기둥에 작용하는 힘은 무게 $w = Mg$, 비탈각 $60^\circ$, $30^\circ$의 빗면으로부터 받는 수직항력 $N_{60}$, $N_{30}$ 등이다.

병진평형 조건 $\sum \vec{F}_i^{(e)} = 0$에 의하여

$$x\text{ 성분 } \sum F_x^{(e)} = 0 \Rightarrow -N_{60}\cos 30^\circ + N_{30}\cos 60^\circ = 0 \Rightarrow -\frac{\sqrt{3}}{2}N_{60} + \frac{1}{2}N_{30} = 0$$

$$y\text{ 성분 } \sum F_y^{(e)} = 0 \Rightarrow N_{60}\sin 30^\circ + N_{30}\sin 60^\circ = Mg \Rightarrow \frac{1}{2}N_{60} + \frac{\sqrt{3}}{2}N_{30} = Mg.$$

위의 두 식을 연립하여 풀면

$$N_{60} = \frac{Mg}{2},\ N_{30} = \frac{\sqrt{3}}{2}Mg$$

를 얻는다.

**답 |** $N_{60^\circ} = \frac{1}{2}Mg$, $N_{30^\circ} = \frac{\sqrt{3}}{2}Mg$

## 8-94 원기둥에 걸쳐 놓은 막대

길이 20.0 cm, 질량 5.00 kg의 균질의 막대를 수평인 바닥에 누워 있는 질량 8.00 kg, 반지름 4.00 cm의 원기둥에 수직으로 걸쳐 놓았다. 막대 및 원기둥이 바닥에 닿는 점은 서로 15.0 cm 거리에 있고, 막대의 기울기는 $30^\circ$이다. 막대와 원기둥 사이의 마찰은 무시한다.

(가) 막대 및 원기둥에 작용하는 힘을 구하라.

(나) 막대 및 원기둥과 바닥 사이의 마찰계수는 각각 적어도 얼마이어야 하는지 구하라.

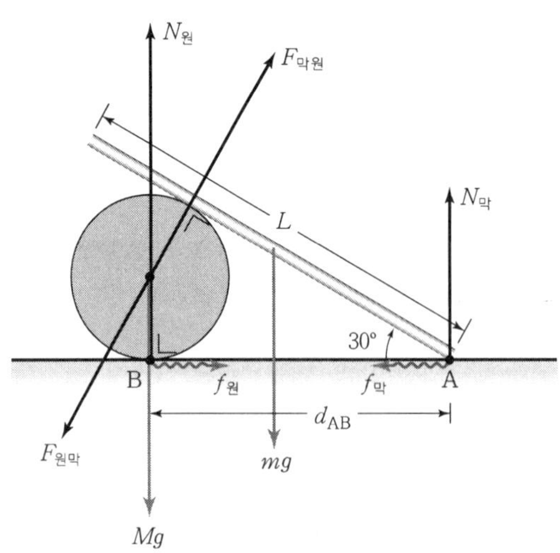


문8-94의 연습그림 : 원기둥에 걸쳐 놓은 막대

**풀이 |** 막대 및 원기둥이 바닥에 닿는 점을 각각 A, B라 하고 수평 방향(A쪽)을 $x$축, 연직상방을 $y$축

으로 한다.

(가) 〈막대〉에 작용하는 힘은 막대의 무게 $w_{막} = mg$,

바닥으로부터 받는 수직항력 $N_{막}$,

원기둥으로부터 받는 힘 $F_{막원}$,

막대가 바닥으로부터 받는 마찰력 $f_{막}$ 등이고,

미지수는 $\{N_{막},\ F_{막원},\ f_{막}\}$이다.

〈원기둥〉에 작용하는 힘은 원기둥의 무게 $w_{원} = Mg$,

바닥으로부터 받는 수직항력 $N_{원}$,

막대로부터 받는 힘 $F_{원막}$,

원기둥이 바닥으로부터 받는 마찰력 $f_{원}$

등이다(문8-94의 연습그림 참조), 이 중에서 미지수는 $\{N_{원},\ F_{원막},\ f_{원}\}$이다.

먼저 막대 및 원기둥에 대한 병진 및 회전평형 조건식을 세운다. 이 조건식들을 연립하여 문제의 미지수를 구한다.

〈막대〉 병진평형 조건

$$(x\ 성분)\quad \sum_i \vec{F}_{i;x}^{(e)} = -f_{막} + F_{막원}\sin 30^\circ = 0, \tag{1}$$

$$(y\ 성분)\quad \sum_i \vec{F}_{i;y}^{(e)} = N_{막} - mg + F_{막원}\cos 30^\circ = 0. \tag{2}$$

$$회전평형\ 조건@A\ : \sum \tau(\mathrm{A}) = mg\frac{L}{2}\cos 30^\circ - F_{막원}\, d_{\mathrm{AB}} = 0. \tag{3}$$

위의 3 방정식을 연립하여 풀면 미지수$\{N_{막},\ F_{막원},\ f_{막}\}$를 구할 수 있다. 곧

$$식(3) \Rightarrow F_{막원} = \frac{\frac{mgL}{2}\cos 30^\circ}{d_{\mathrm{AB}}}\ :\ m = 5.00\ \mathrm{kg},\ L = 0.200\ \mathrm{m},\ d_{\mathrm{AB}} = 0.150\ \mathrm{m}$$

$$\therefore\ F_{막원} = 28.32\ \mathrm{N} = \underline{28.3\ \mathrm{N}}.$$

이 결과를 식(1) 및 식(2)에 대입하면

$$식(1) \Rightarrow f_{막} = F_{막원}\sin 30^\circ\ :\ F_{막원} = 28.32\ \mathrm{N} \qquad \therefore\ f_{막} = 14.16\ \mathrm{N} = \underline{14.2\ \mathrm{N}}.$$

$$식(2) \Rightarrow N_{막} = mg - F_{막원}\cos 30^\circ\ :\ m = 5.00\ \mathrm{kg},\ F_{막원} = 28.32\ \mathrm{N}$$

$$\therefore\ N_{막} = 24.52\ \mathrm{N} = \underline{24.5\ \mathrm{N}}.$$

〈원기둥〉 원기둥에 작용하는 힘들 중 미지수는 $\{N_{원},\ F_{원막},\ f_{원}\}$인데, 여기서 $F_{원막}$는 $F_{막원}$의 반작용이므로 $F_{원막} = F_{막원} = 28.32\ \mathrm{N}$이다. 따라서 실제 미지수는 $\{N_{원},\ f_{원}\}$이다. 따라서 방정식 2개만 있으면 된다. 곧

병진평형 조건

$$(x\text{ 성분})\ \sum_i \overrightarrow{F}^{(e)}_{i;x} = f_{원} - F_{원막}\sin 30^\circ = 0 \tag{4}$$

$$(y\text{ 성분})\ \sum_i \overrightarrow{F}^{(e)}_{i;y} = N_{원} - Mg - F_{원막}\cos 30^\circ = 0 \tag{5}$$

의 두 방정식을 연립하여 풀면 $\{N_{원},\ f_{원}\}$를 얻는다. 곧

$$식(4) \Rightarrow f_{원} = F_{원막}\sin 30^\circ \ :\ F_{원막} = F_{막원} = 28.32\ \text{N}$$

$$\therefore\ f_{원} = 14.16\ \text{N} = \underline{14.2\ \text{N}}.$$

$$식(5) \Rightarrow N_{원} = Mg + F_{원막}\cos 30^\circ \ :\ M = 8.00\ \text{kg},\ F_{원막} = F_{막원} = 28.32\ \text{N}$$

$$\therefore\ N_{원} = 103.00\ \text{N} = \underline{103\ \text{N}}.$$

(나) 마찰계수는? 〈막대〉 $\mu_{s;막} \ge \dfrac{f_{막}}{N_{막}} = \dfrac{14.15\ \text{N}}{24.52\ \text{N}} = 0.5770 = \underline{0.577}$,

〈원기둥〉 $\mu_{s;원} \ge \dfrac{f_{원}}{N_{원}} = \dfrac{14.16\ \text{N}}{103.00\ \text{N N}} = 0.1374 = \underline{0.137}$

**답 |** (가) $F_{막원} = 28.3\ \text{N}$, $N_{막} = 24.5\ \text{N}$, $f_{막} = 14.2\ \text{N}$; $F_{원막} = 28.3\ \text{N}$, $N_{원} = 103\ \text{N}$, $f_{원} = 14.2\ \text{N}$

(나) $\mu_s$(막대 · 바닥) $= 0.577$, $\mu_s$(원기둥 · 바닥) $= 0.137$

### 8-95 비탈 위의 정육각형 연필

단면이 정육각형인 연필을 비탈면에 가로로 얹어 놓았다. 비탈의 기울기를 점점 증가시켜서 연필이 미끄러지지 않고 구르게 되는 정지마찰계수는 적어도 얼마이어야 하는가?

**풀이 |** 연필 무게의 작용선이 연필과 바탈면의 접촉면을 통과하면 안정한 평형이다. 정육각형의 각 모서리의 각은 60°이므로 문8-95의 연습그림에서 $\theta = 30^\circ$이고, 따라서 비탈각이 30°을 넘어서면 구르게 된다는 것을 알 수 있다. 이 경우 중력의 비탈에 나란한 성분힘과 최대 정지마찰력이 비긴다. 곧

$$Mg\sin 30^\circ \le \mu_s\, Mg\cos 30^\circ \quad \therefore\ \mu_s \le \frac{\sin 30^\circ}{\cos 30^\circ} = 0.577$$

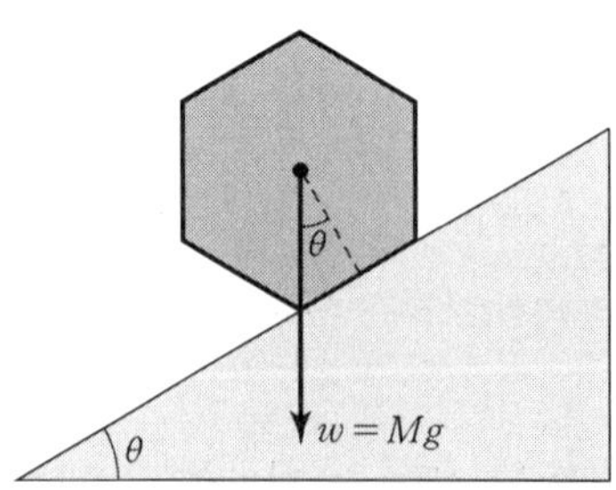


문8-95의 연습그림 : 비탈면 위의 정육각형 연필의 단면

**답 |** $\mu_s = 0.577$

**8-96 회전원판의 정적 비평형**

반지름 $0.30\ \mathrm{m}$, 질량 $5.0\ \mathrm{kg}$의 균질의 원판이 그 내칭축과 나란하고, $0.50\ \mathrm{cm}$ 떨어진 회전축 주위로 $10\ \mathrm{rad/s}$의 일정한 각속도로 회전하고 있다.

(가) 이 비평형 때문에 회전축에 걸리는 알짜 외력을 구하라.

(나) 이 비평형을 수정하려면 $0.10\ \mathrm{kg}$의 추가질량을 어디에 부착해야 하는가?

**풀이 |** $R = 0.30\ \mathrm{m}$, $M = 5.0\ \mathrm{kg}$, $h = 0.50\ \mathrm{cm} = 0.0050\ \mathrm{m}$, $\omega = 10\ \mathrm{rad/s}$

(가) 질량중심 CM가 회전축 주위로 원운동을 하므로 구심력이 필요하다. 이 힘은 회전축이 공급하게 되고, 따라서 회전축은 이와 같은 크기의 알짜 외력을 받는다. 곧

$$(\text{알짜 외력}) = (\text{CM에 작용하는 구심력})\ F_C = \frac{Mv_{CM}^2}{h} \ :\ v_{CM} = \omega h$$

$$\therefore\ F_C = M\omega^2 h = (5.0\ \mathrm{kg}) \times (10\ \mathrm{rad/s})^2 \times (0.0050\ \mathrm{m}) = 2.50\ \mathrm{N}.$$

(나) 추가질량을 부착하여 새로운 외력이 회전축에 작용하여 처음 외력과 상쇄될 수 있으면 이 비평형이 사라질 것이다. 회전축으로부터 $h'$의 거리에 추가질량을 부착한다면 회전축에 추가로 작용하는 힘은 $F_C' = m\omega^2 h'$인데 이것은 처음 외력 $F_C$와 비겨야 한다. 따라서 크기는 같고, 방향이 반대이어야 하므로

$$F_C = F_C' : M\omega^2 h = m\omega^2 h' \qquad \therefore\ h' = \frac{M}{m}h = \frac{5.0\ \mathrm{kg}}{0.10\ \mathrm{kg}} \times (0.50\ \mathrm{cm}) = 25\ \mathrm{cm}$$

이다. 곧, 회전축에 대해서 CM과 반대쪽으로 $25\ \mathrm{cm}$ 떨어진 지점에 $0.10\ \mathrm{kg}$의 작은 질량을 추가하면 비평형이 사라진다.

**답 |** (가) $F_C = 2.5\mathrm{N}$ (나) 회전축에 대해서 질량중심과 반대쪽으로 $h' = 25\ \mathrm{cm}$ 떨어진 점

# 9장 질점계의 역학

## 중요 사항 정리

### 9.1 질점계의 일과 에너지

질점계에 한 일(배위상태 $A$ ⇒ 배위상태 $B$)

$$W_{\mathrm{AB}}=\sum_i\int_A^B \vec{F}_i \cdot d\vec{r}_i=\int_A^B \vec{F}_1 \cdot d\vec{r}_1+\int_A^B \vec{F}_2 \cdot d\vec{r}_2+\cdots \qquad (9.1)$$

**질점계의 일** - 에너지 정리

$$W_{\mathrm{AB}}=K(B)-K(A) \qquad (9.4)$$

질점계에 한 일은 그로 인하여 생긴 질점계의 **배위상태** 변화에 따른 운동에너지의 변화와 같다.

**역학적 에너지의 보존**

$$K(A)+U(A)=K(B)+U(B) \text{ 또는 } K+U=E(\text{일정}) \qquad (9.13) \text{ 또는 } (9.14)$$

질점계에 작용하는 외력 및 내력이 모두 보존력이면 질점계의 역학적 에너지가 보존된다.

**(고유에너지)**=(질점계의 운동에너지)+(질점계 내력의 위치에너지)

$$K+\sum_i U_i^{(\mathrm{i})}=\overline{U}\,(\text{고유에너지})$$

### 9.2 질량중심 좌표계와 운동에너지

질량중심 좌표계(영운동량 좌표계) 질량중심(CM)에 원점을 둔 좌표계. 이에 대해서 원래의 좌표계를 **실험실(LAB) 좌표계**

### 9.2.1 질량중심 좌표계

$$\text{위치}\quad \vec{r}_i{}' = \vec{r}_i - \vec{r}_{\rm CM} \quad (i = 1,\ 2,\ \cdots) \tag{9.15}$$

$$\text{속도}\quad \vec{v}_i{}' = \vec{v}_i - \vec{v}_{\rm CM} \quad (i = 1,\ 2,\ \cdots) \tag{9.16}$$

$$\text{총 운동량}\quad \overrightarrow{P}{}' = \sum_i m_i \vec{v}_i{}' = \sum_i m_i(\vec{v}_i - \vec{v}_{\rm CM}) = 0$$

**CM 좌표계에서 볼 때 질점계의 총 운동량은 0이다.**

### 9.2.2 질점계의 총 운동에너지

$$K = K_{\rm CM} + K' = \frac{1}{2}Mv_{\rm CM}^2 + \sum_i \frac{1}{2}m_i\, v_i{}'^2 \tag{9.17}$$

(질점계 운동에너지)=(CM의 운동에너지)+(CM에서 본 운동에너지)

1〉 질량중심의 운동에너지 $K_{\rm CM}$은 기준틀에 따라 달라질 수 있으나, 질량중심에 대한 상대 운동에너지는 기준틀에 따라 달라지지 않는다.

2〉 외력이 없으면 $K_{\rm CM}$은 불변이나, 내력이 비보존력이면 역학적 에너지의 변화를 가져올 수 있다.

3〉 CM 좌표계에서 $K_{\rm CM} = 0$이고, 운동에너지는 CM에서 본 운동에너지 $K'$뿐이다.

질점계의 역학적 에너지

1〉 역학적 에너지의 변화는 LAB 좌표계나 CM 좌표계에서 계산한 결과는 모두 같다.

2〉 비탄성충돌 할 때, 에너지가 소모되더라도 질량중심의 운동에너지는 충돌 후에도 남는다.

3〉 일반적으로, CM 좌표계에서 본 처음 역학적 에너지는 충돌 또는 상호작용으로 일어난 현상에 모두 온전히 쓰이나, LAB 좌표계에서는 그렇지 않다.

## 9.3 질점계의 돌림힘 및 각운동량

### 9.3.1 질점계의 돌림힘

내력의 알짜 돌림힘(**알짜 속돌림힘**)은 0이다.

$$「\because\ \ \vec{\tau}^{(\mathrm{i})}=\sum_i\left(\sum_{\substack{j\\(j\neq i)}}\vec{r}_i\times\vec{f}_{ij}\right)=\sum_i\sum_{\substack{j\\(i<j)}}\left(\vec{r}_i\times\vec{f}_{ij}+\vec{r}_j\times\vec{f}_{ji}\right)$$

$$=\sum_i\sum_{\substack{j\\(i<j)}}\left(\vec{r}_i-\vec{r}_j\right)\times\vec{f}_{ij}=0\ 」\tag{9.24}$$

$\therefore$ **질점계의 알짜 돌림힘** $\vec{\tau}=\sum_i\vec{\tau}_i$ **은 알짜 바깥돌림힘** $\vec{\tau}^{(\mathrm{e})}_{\text{알짜}}=\sum_i\vec{\tau}_i^{(\mathrm{e})}$**과 같다.**

$$\vec{\tau}=\sum_i\vec{\tau}_i=\sum_i\vec{r}_i\times\vec{F}_i=\sum_i\vec{r}_i\times\vec{F}_i^{(\mathrm{e})}=\sum_i\vec{\tau}_i^{(\mathrm{e})}\equiv\vec{\tau}^{(\mathrm{e})}_{\text{알짜}}\tag{9.25}$$

### 9.3.2 질점계의 각운동량 정리

$$\frac{d\vec{L}}{dt}=\sum_i\vec{\tau}_i=\vec{\tau}^{(\mathrm{e})}_{\text{알짜}}\tag{9.27}$$

질점계의 총 각운동량의 시간에 대한 변화율은 알짜 바깥돌림힘과 같다.

질점계의 각운동량 보존법칙 $\vec{\tau}^{(\mathrm{e})}_{\text{알짜}}=0\rightleftarrows\vec{L}=\sum_i\vec{L}_i=(\text{일정})$.

질량중심이 아닌 점 $Q$에 대한 각운동량 정리

$$\frac{d\vec{L}^{(\mathrm{Q})}}{dt}=\vec{\tau}^{(\mathrm{Q})}-M(\vec{r}_{\mathrm{CM}}-\vec{r}_{\mathrm{Q}})\times\frac{d\vec{v}_{\mathrm{Q}}}{dt}\tag{9.29}$$

### 9.3.3 질점계의 내부 돌림힘 및 내부 각운동량

(질점계의 총 돌림힘)=(CM의 돌림힘)+(CM에서 본 돌림힘)

$$\vec{\tau}=\sum_i\vec{\tau}_i=\sum_i\vec{r}_i\times\vec{F}_i=\vec{\tau}^{(\mathrm{e})}_{\mathrm{CM}}+\vec{\tau}'\ :\ \vec{\tau}^{(\mathrm{e})}_{\mathrm{CM}}=\vec{r}_{\mathrm{CM}}\times\vec{F}^{(\mathrm{e})}_{\text{알짜}}=\sum_i\vec{r}_{\mathrm{CM}}\times\vec{F}_i,$$

$$\vec{\tau}'=\sum_i\vec{\tau}_i'=\sum_i\vec{r}_i'\times\vec{F}_i=\sum_i\left(\vec{r}_i-\vec{r}_{\mathrm{CM}}\right)\times\vec{F}_i$$

(질점계의 총 각운동량)=(CM의 각운동량)+(CM에서 본 각운동량)

$$\vec{L}=\sum_i \vec{L}_i=\sum_i \vec{r}_i\times\vec{p}_i=\vec{L}_{\rm CM}+\vec{L}' \ : \ \vec{L}_{\rm CM}=\vec{r}_{\rm CM}\times M\vec{v}_{\rm CM}=\sum_i m_i\vec{r}_{\rm CM}\times\vec{v}_{\rm CM},$$

$$\vec{L}'=\sum_i \vec{L}_i'=\sum_i \vec{r}_i'\times m_i\vec{v}_i'$$

CM에서 본 운동에너지, 돌림힘, 각운동량을 각각 **내부 운동에너지, 내부 돌림힘, 내부 각운동량**이라한다.

## 9.4 두질점계 문제 - 상대운동방정식

### 9.4.1 두질점계의 운동방정식

$$m_{\rm A}\frac{d\vec{v}_{\rm A}}{dt}=\vec{F}_{\rm A}^{\,(e)}+\vec{f}_{\rm AB} \ \text{또는}\ m_{\rm A}\frac{d^2\vec{r}_{\rm A}}{dt^2}=\vec{F}_{\rm A}^{\,(e)}+\vec{f}_{\rm AB} \quad (9.32)$$

$$m_{\rm B}\frac{d\vec{v}_{\rm B}}{dt}=\vec{F}_{\rm B}^{\,(e)}+\vec{f}_{\rm BA} \ \text{또는}\ m_{\rm B}\frac{d^2\vec{r}_{\rm B}}{dt^2}=\vec{F}_{\rm B}^{\,(e)}+\vec{f}_{\rm BA} \quad (9.33)$$

질량중심의 운동방정식

$$M\frac{d\vec{v}_{\rm CM}}{dt}=\vec{F}^{(e)} \ \text{또는}\ M\frac{d^2\vec{r}_{\rm CM}}{dt^2}=\vec{F}^{(e)} \ : \ \vec{r}_{\rm CM}=\frac{m_{\rm A}\vec{r}_{\rm A}+m_{\rm B}\vec{r}_{\rm B}}{M} \quad (9.36):(9.35)$$

### 9.4.2 상대운동방정식

$$\mu\frac{d\vec{v}_{\rm A/B}}{dt}=\vec{f}_{\rm AB}+\mu\left(\frac{\vec{F}_{\rm A}^{(e)}}{m_{\rm A}}-\frac{\vec{F}_{\rm B}^{(e)}}{m_{\rm B}}\right)$$

$$\text{또는}\ \mu\frac{d^2\vec{r}_{\rm A/B}}{dt^2}=\vec{f}_{\rm AB}+\mu\left(\frac{\vec{F}_{\rm A}^{(e)}}{m_{\rm A}}-\frac{\vec{F}_{\rm B}^{(e)}}{m_{\rm B}}\right) \quad (9.40)\ (9.41)$$

$$\mu\equiv\frac{m_{\rm A}m_{\rm B}}{m_{\rm A}+m_{\rm B}}\text{(환산질량)},\ \vec{v}_{\rm A/B}\equiv\vec{v}_{\rm A}-\vec{v}_{\rm B},\ \vec{r}_{\rm A/B}\equiv\vec{r}_{\rm A}-\vec{r}_{\rm B}$$

$$\mu\frac{d\vec{v}_{\rm A/B}}{dt}=\vec{f}_{\rm AB} \ \text{또는}\ \mu\frac{d^2\vec{r}_{\rm A/B}}{dt^2}=\vec{f}_{\rm AB} \quad (9.43)$$

$$(\vec{F}_A = \vec{F}_B = 0 \text{ 또는 } \frac{\vec{F}_A^{(e)}}{m_A} - \frac{\vec{F}_B^{(e)}}{m_B} = 0\text{인 경우}) \tag{9.42}$$

**질량중심 좌표계에서 운동방정식**

(상대운동방정식)≡(CM 좌표계에서 운동방정식)

$$\mu \frac{d^2 \vec{r}_{A/B}}{dt^2} = \vec{f}_{AB} \Rightarrow m_A \frac{d^2 \vec{r}_A{}'}{dt^2} = \vec{f}_{AB} \quad (\because\ m_A \vec{r}_A{}' + m_B \vec{r}_B{}' = 0)$$

**두질점 문제에서 운동방정식은 CM의 운동방정식 및 상대운동(또는 CM에 대한 운동)방정식으로 분리된다.**

$$\text{CM의 운동방정식} : M \frac{d\vec{v}_{CM}}{dt} = \vec{F}^{(e)} \text{ 또는 } M \frac{d^2 \vec{r}_{CM}}{dt^2} = \vec{F}^{(e)}$$

$$\text{상대운동방정식} : \mu \frac{d\vec{v}_{A/B}}{dt} = \vec{f}_{AB} \text{ 또는 } \mu \frac{d^2 \vec{r}_{A/B}}{dt^2} = \vec{f}_{AB}$$

**두 질점으로 된 역학계의 경우**

외력이 없거나 각 질점의 질량에 비례하는 외력이 작용하는 경우, 두질점 문제는 결국 상대운동(또는 CM에 대한 운동)만 고려하면 되어, 등가의 홑질점 문제로 귀착된다.

### 9.4.3 두질점계의 에너지 보존

**두질점 문제의 운동에너지** $K = \frac{1}{2} M v_{CM}{}^2 + \frac{1}{2} \mu v_{A/B}^2$

상호작용 위치에너지(interaction potential energy) : $U^{(i)}(r_{A/B})$

$$\frac{1}{2} \mu v_{A/B}^2 + U^{(i)}(r_{A/B}) = (\text{일정}) \text{ if } \vec{f}_{AB} = (\text{보존력})$$

## 9.5 질량중심좌표계와 충돌 문제

충돌 두 질점 사이의 접촉힘에 의하여 일어나는 상호작용

산란 두 질점이 서로 접촉함이 없이 그들 사이의 마당힘에 의한 상호작용

### 9.5.1 실험실 좌표계에서 본 충돌

탄성충돌

**운동량보존** $\vec{p}_{\mathrm{A}} = \vec{q}_{\mathrm{A}} + \vec{q}_{\mathrm{B}}$ ; $m_{\mathrm{A}} \vec{u}_{\mathrm{A}} = m_{\mathrm{A}} \vec{v}_{\mathrm{A}} + m_{\mathrm{B}} \vec{v}_{\mathrm{B}}$ $(\vec{u}_{\mathrm{B}} = 0)$ (9.51)

또는 **성분별 운동량 보존**$(\vec{p}_{\mathrm{A}} \equiv \hat{i} p_{\mathrm{A}},\ \hat{p}_{\mathrm{A}} \cdot \hat{q}_{\mathrm{A}} \equiv \cos\theta_{\mathrm{A}})$

$x$ 성분 : $p_{\mathrm{A}} = q_{\mathrm{A}} \cos\theta_{\mathrm{A}} + q_{\mathrm{B}} \cos\theta_{\mathrm{B}}$, (9.53)

$y$ 성분 : $0 = q_{\mathrm{A}} \sin\theta_{\mathrm{A}} - q_{\mathrm{B}} \sin\theta_{\mathrm{B}}$ (9.54)

**운동에너지보존** $\dfrac{p_{\mathrm{A}}^2}{2m_{\mathrm{A}}} = \dfrac{q_{\mathrm{A}}^2}{2m_{\mathrm{A}}} + \dfrac{q_{\mathrm{B}}^2}{2m_{\mathrm{B}}}$

또는 $\dfrac{1}{2} m_{\mathrm{A}} u_{\mathrm{A}}^2 = \dfrac{1}{2} m_{\mathrm{A}} v_{\mathrm{A}}^2 + \dfrac{1}{2} m_{\mathrm{B}} v_{\mathrm{B}}^2$ (9.52)

식(9.51)과 식(9.52) 또는 식(9.52)~(9.54)를 연립하여 풀면 원하는 답을 얻을 수 있다.

### 9.5.2 질량중심 좌표계에서 본 충돌 문제

$$\vec{v}_{\mathrm{CM}} = \frac{m_{\mathrm{A}} \vec{u}_{\mathrm{A}}}{m_{\mathrm{A}} + m_{\mathrm{B}}} = \frac{\vec{p}_{\mathrm{A}}}{m_{\mathrm{A}} + m_{\mathrm{B}}} \quad (\vec{u}_{\mathrm{B}} = 0) \tag{9.63}$$

$$\vec{u}_{\mathrm{A}}{}' = \vec{u}_{\mathrm{A}} - \vec{v}_{\mathrm{CM}},\ \vec{u}_{\mathrm{B}}{}' = -\vec{v}_{\mathrm{CM}};\ \vec{v}_{\mathrm{A}}{}' = \vec{v}_{\mathrm{A}} - \vec{v}_{\mathrm{CM}},\ \vec{v}_{\mathrm{B}}{}' = \vec{v}_{\mathrm{B}} - \vec{v}_{\mathrm{CM}} \quad (9.64)\ (9.65)$$

탄성충돌

**운동량 보존** $\vec{p}_{\mathrm{A}}{}' + \vec{p}_{\mathrm{B}}{}' = \vec{q}_{\mathrm{A}}{}' + \vec{q}_{\mathrm{B}}{}' = 0$ (9.66)

**운동에너지 보존** $\dfrac{p_{\mathrm{A}}{}'^2}{2m_{\mathrm{A}}} + \dfrac{p_{\mathrm{B}}{}'^2}{2m_{\mathrm{B}}} = \dfrac{q_{\mathrm{A}}{}'^2}{2m_{\mathrm{A}}} + \dfrac{q_{\mathrm{B}}{}'^2}{2m_{\mathrm{B}}}$ (9.67)

$$\therefore\ \text{운동량}:\ |\vec{p}_A{}'| = |\vec{p}_B{}'| = |\vec{q}_A{}'| = |\vec{q}_B{}'|$$

$$= \frac{m_B}{m_A + m_B}|\vec{p}_A| = \frac{m_A m_B}{m_A + m_B}|\vec{u}_A| = \mu\,|\vec{u}_A| \tag{9.70}$$

$$\text{속도}:\ |\vec{u}_A{}'| = |\vec{v}_A{}'| = \frac{m_B}{m_A}|\vec{v}_{CM}|,\ \ |\vec{u}_B{}'| = |\vec{v}_B{}'| = |\vec{v}_{CM}| \tag{9.71}$$

**LAB 및 CM 좌표계 사이의 변환**

$$\vec{v}_A{}' = \vec{v}_A - \vec{v}_{CM};\ \tan\theta_A = \frac{\sin\theta_A{}'}{\gamma + \cos\theta_A{}'}\ :\ \gamma \equiv \frac{v_{CM}}{v_A{}'} \qquad (9.72)\ (9.75)$$

$$\left(\gamma = \frac{m_A}{m_B};\ \text{탄성충돌}\right)$$

● **질량중심 좌표계에서 탄성충돌 분석** (그림 9.5 참조)

## 9.6 중심력마당에서 운동

### 9.6.1 중심력

중심력 작용선이 항상 어떤 고정점(**힘의 중심**)을 지나고, 크기는 고정점으로부터 거리만의 함수인 힘

중심력마당 중심력이 작용하는 힘마당

중심력의 중요한 성질

0〉 중심력은 $\vec{F} = \hat{r}\,F(r)$ 로 표현된다.

1〉 중심력은 보존력이다.

2〉 중심력의 위치에너지는 힘의 중심으로부터 지름거리 $r$만의 함수이다.

$$U(r) = -\int_{\text{기준점}}^{r} F(r)\,dr\ :\ dU(r) = -F(r)\,dr \tag{9.86}$$

3〉 중심력마당에서 힘의 중심에 대한 각운동량은 보존된다.

$$\vec{\tau} = \vec{r}\times\vec{F} = \vec{r}\times\hat{r}\,F(r) = 0 \qquad \therefore\ \vec{L} = \vec{r}\times\vec{p} = \vec{r}\times m\vec{v} = (\text{일정}) \tag{9.87}$$

### 9.6.2 중심력마당에서 질점의 운동

중심력에 의한 운동은 공간운동이더라도 각운동량벡터에 수직인 평면에서의 평면 운동이다.

**면적속도 일정의 법칙**

$$\frac{dA}{dt} = \lim_{\Delta t \to 0} \frac{\Delta A}{\Delta t} = \frac{1}{2m}|\vec{L}| = (\text{일정}) \tag{9.88}$$

**운동상수** : 에너지 $E$, 각운동량 $\ell$

**역학적 에너지**

$$\frac{1}{2}m v_r^2 + \frac{1}{2}m\, v_\theta^2 + U(r) = \frac{1}{2}m\left(\frac{dr}{dt}\right)^2 + \frac{\ell^2}{2mr^2} + U(r) = E(\text{일정}) \tag{9.95}$$

**각운동량벡터** $\vec{L} = \vec{r} \times \vec{p} = \vec{r} \times (\hat{r}\, mv_r + \hat{\theta}\, mv_\theta) = \vec{r} \times (\hat{\theta}\, mv_\theta) = \hat{L}(r\, mv_\theta)$

$$= \hat{L}\left(mr^2 \frac{d\theta}{dt}\right) = \hat{L}\,\ell(\text{일정})$$

**운동량벡터** $\vec{p} = m\vec{v} = m(\hat{r}\, v_r + \hat{\theta} v_\theta) = \hat{r}\left(m\frac{dr}{dt}\right) + \hat{\theta}\left(m r \frac{d\theta}{dt}\right)$

$$= \vec{p}_r + \vec{p}_\theta$$

**궤도미분방정식**

**에너지방정식** $\frac{1}{2}m\, v_r^2 + V(r) = E(\text{일정})$ (9.97)

**유효위치에너지** $V(r) \equiv \frac{\ell^2}{2mr^2} + U(r)$ (9.96)

**유효 힘** $F_{\text{eff}} = -\frac{\partial V(r)}{\partial r} = -\frac{dU(r)}{dr} + \frac{\ell^2}{mr^3}$

**지름 방향 운동방정식** $m\frac{d^2 r}{dt^2} = F(r) + \frac{\ell^2}{mr^3}$ (9.101)

궤도미분방정식 $\frac{\ell^2}{mr^2}\left[\frac{d^2}{d\theta^2}\left(\frac{1}{r}\right)+\frac{1}{r}\right]=-F(r)$ (9.106)

또는 $\frac{\ell^2}{m}u^2\left(\frac{d^2u}{d\theta^2}+u\right)=-F\left(\frac{1}{u}\right)\quad\left(u(\theta)=\frac{1}{r(\theta)}\right)$ (9.107)

**운동궤도의 일반적 모양**

궤도미분방정식 : 변환 $\theta \to -\theta$에 대해서 불변($\theta=0$에 대해서 대칭)

> **중심력 마당에서 운동궤도는 최대인 지름($r=r_{\max}$)이나 최소인 지름($r=r_{\min}$)에 대해서 대칭이다.**

궤도의 에너지방정식 $\frac{\ell^2}{2m}\left[\left(\frac{1}{r^2}\frac{dr}{d\theta}\right)^2+\frac{1}{r^2}\right]+U(r)=E$

또는 $\frac{\ell^2}{2m}\left[\left(\frac{du}{d\theta}\right)^2+u^2\right]+U\left(\frac{1}{u}\right)=E$ (9.108)

### 9.6.3 역제곱법칙의 힘마당에서 운동 - 케플러의 제1법칙

**역제곱법칙의 힘** $F=-\frac{k}{r^2}\quad(k>0)$ (9.112)

$$k=\begin{cases} GMm : \text{만유인력(중력)} \\ \pm k_e Qq : \text{쿨롱힘} \end{cases}$$

**궤도미분방정식** $\frac{d^2u}{d\theta^2}+u=\frac{mk}{\ell^2}\quad(k>0)$ (9.113)

여기서 $\mathrm{w}=u-\frac{mk}{\ell}$라 두면 $\frac{d^2\mathrm{w}}{d\theta^2}+\mathrm{w}=0$

$\therefore$ **풀이** $u=\mathrm{w}+\frac{mk}{\ell^2}=A\cos(\theta+\delta)+\frac{mk}{\ell^2}$ ($A$, $\delta$ : 적분상수)

또는 $r(\theta)=\cfrac{1}{A\cos\theta+\cfrac{mk}{\ell^2}}$ ($r(0)\equiv r_{\min}$ : $\theta$의 기준선) (9.114)

$$A = \sqrt{\left(\frac{mk}{\ell^2}\right)^2 + \frac{2mE}{\ell^2}}$$

궤도방정식(원뿔곡선)

$$\therefore \quad r = \frac{\dfrac{\ell^2}{mk}}{1 + \sqrt{1 + \dfrac{2\ell^2 E}{mk^2}}\ \cos\theta} \qquad (9.118)$$

**원뿔곡선**

주어진 점(**초점** F) 및 주어진 직선(**준선** $\mathcal{L}$)에 이르는 거리의 비(**이심률** $e$)가 일정한 점들의 궤적

**주축** 초점을 지나는 준선에 수직인 직선($x$축)

**원뿔곡선의 분류**

| | |
|---|---|
| $e=0$ | 원 |
| $0<e<1$ | 타원 |
| $e=1$ | 포물선 |
| $e>1$ | 쌍곡선 |

**원뿔곡선의 극방정식**

$$r = \frac{\alpha}{1+e\cos\theta} \ : \ \left\{\frac{\ell^2}{mk} \equiv \alpha,\ \sqrt{1+\frac{2\ell^2 E}{mk^2}} \equiv e\right\} \qquad (9.119) : (9.120)$$

$$\text{또는 } E = \frac{mk^2}{2\ell^2}\left(e^2-1\right) \qquad (9.121)$$

**에너지 $E$에 의한 분류**

$e=0$ : $E=-\dfrac{mk^2}{2\ell^2}<0$ 원 (닫힌 곡선)

$0<e<1$ : $-\dfrac{mk^2}{2\ell^2}<E<0$ 타원 (닫힌 곡선)

$e=1$ : $E=0$ 포물선 (열린 곡선)

$e>1$ : $E>0$ 쌍곡선 (열린 곡선)

**원궤도**$(e=0)$

**에너지** $E_0=-\dfrac{mk^2}{2\ell^2}=V_{\min}=V(r_0)$; **반지름** $r_0=\dfrac{\ell^2}{mk}$ (9.122); (9.124)

**극방정식** $r=r_0$(일정)

**타원궤도**$(0<e<1)$

**에너지** $-\dfrac{mk^2}{2\ell^2}<E<0$

**궤도의 극방정식** $r=\dfrac{\alpha}{1+e\cos\theta}$ $(0<e<1)$ (9.125)

**근점(근일점, 근지점)** $r_{\min}=\dfrac{\alpha}{1+e}$ $(\theta=0)$ (9.126)

**원점(원일점, 원지점)** $r_{\max}=\dfrac{\alpha}{1-e}$ $(\theta=\pi)$ (9.127)

**긴 축**(또는 **주축**) $r_{\min}+r_{\max}=2a$

**긴 반지름** $a=\dfrac{\alpha}{1-e^2}$

**짧은 축**(또는 **부축**) 타원의 중심을 지나고, 긴 축에 수직인 축

**짧은 반지름** $b=a\sqrt{1-e^2}$ (9.129)

$$a=\frac{\alpha}{1-e^2}=\frac{k}{-2E}=\frac{k}{2|E|} \quad (9.130)$$

$$b=\frac{\alpha}{\sqrt{1-e^2}}=\frac{\ell}{\sqrt{-2mE}}=\frac{\ell}{\sqrt{2m|E|}} \quad (9.131)$$

**타원궤도 운동의 주기**(케플러의 운동 제3법칙; 주기의 법칙)

$$T=\frac{\pi ab}{\left(\dfrac{\ell}{2m}\right)}=2\pi\sqrt{\frac{m}{k}}\,a^{\frac{3}{2}} \text{ 또는 } T^2=\frac{4\pi^2m}{k}a^3 \quad (9.133)$$

**포물선운동**$(e=1)$

**에너지** $E=0$

**궤도의 극방정식** $r=\dfrac{\alpha}{1+\cos\theta}\quad\left(\alpha=\dfrac{\ell^2}{mk}\right)$

$$r_{\min}=\frac{\alpha}{2}=\frac{\ell^2}{2mk}\ \ (\theta=0),\ \ r_{\max}\to\infty\ \ (\theta=\pi) \qquad (9.134)$$

**쌍곡선운동**$(e>1)$

**에너지** $E>0$

**궤도의 극방정식** $r=\dfrac{\alpha}{1+e\cos\theta}\quad\left(\alpha=\dfrac{\ell^2}{mk}\right)$

$$r_{\min}=\frac{\alpha}{1+e}<\frac{\alpha}{2}\ \ (\theta=0);\ \ r_{\max}\to\infty \qquad (9.135);\ (9.136)$$

$$\left(\cos\theta=-\frac{1}{e}<0,\ \ \frac{\pi}{2}<\theta<\frac{3\pi}{2}\right)$$

**쌍곡선의 긴반지름** $a=\dfrac{\alpha}{e^2-1}=\dfrac{k}{2E}\quad(E>0)$

**척력의 중심력**

**궤도미분방정식** $\dfrac{d^2u}{d\theta^2}+u=-\dfrac{m}{\ell^2}k\ \ (k>0)$ (9.139)

**궤도방정식** $r=\dfrac{\dfrac{\ell^2}{mk}}{-1+\sqrt{1+\dfrac{2\ell^2E}{mk^2}}\cos\theta}$ (9.140)

**원추곡선의 극방정식**

$$r=\frac{\alpha}{-1+e\cos\theta}\ :\ \left\{\alpha=\frac{\ell^2}{mk},\ \ e=\sqrt{1+\frac{2\ell^2E}{mk^2}}>1\right\} \qquad (9.141)\ :\ (9.142)$$

**척력의 경우** $r_{\min}=\dfrac{\alpha}{e-1}\ \ (\theta=0);\ \ r_{\max}\to\infty\ \ \left(\cos\theta=\dfrac{1}{e}>0,\ \ -\dfrac{\pi}{2}<\theta<\dfrac{\pi}{2}\right)$

$r_{\min}$(인력) $<$ $r_{\min}$(척력) (9.143)

### 9.6.4 중력마당에서 궤도바꾸기

타원연결궤도　두 행성의 궤도(반지름 $r_1$, $r_2$)를 연결하는 타원궤도

궤도를 바꾸는 두 단계

1° 로켓엔진의 분사로 우주선을 한 행성의 원궤도(반지름 $r_1$)에서 '타원연결궤도' (elliptical transfer orbit)에 진입시킨다.

2° 우주선이 '타원연결궤도'와 다른 행성의 원궤도(반지름 $r_2$)의 접점에 이르는 순간 두 번째 로켓엔진의 분사로 우주선을 다른 행성의 원궤도로 진입시킨다. 접점은 $r_1 < r_2$이면 원일점, $r_1 > r_2$이면 근일점이다.

행성1(지구)궤도

**에너지**　$E_1 = \frac{1}{2}mv_{01}^2 - \frac{k}{r_1} = -\frac{k}{2r_1}$　$(k = GMm)$

**속도**　$$v_{01} = \sqrt{\frac{k}{mr_1}} = \sqrt{\frac{GM}{r_1}} \tag{9.146}$$

행성2(화성)궤도

**에너지**　$$E_2 = \frac{1}{2}mv_{02}^2 - \frac{k}{r_2} = -\frac{k}{2r_2} \tag{9.147}$$

**속도**　$v_{02} = \sqrt{\frac{k}{mr_2}} = \sqrt{\frac{GM}{r_2}}$

타원연결궤도

**긴지름**　$2a = r_1 + r_2$

**에너지**　$E = -\frac{k}{2a} = -\frac{k}{r_1 + r_2}$　$(k = GMm)$

**근(일)점 P에서 속도**

$$E = \frac{1}{2}mv_P^2 - \frac{k}{r_1} = -\frac{k}{r_1 + r_2} \qquad \therefore\ v_P = \sqrt{\frac{2r_2}{r_1 + r_2}}\, v_{01} \tag{9.148}$$

**원(일)점 A에서 속도**

$$E=\frac{1}{2}mv_{\mathrm{A}}^{2}-\frac{k}{r_2}=-\frac{k}{r_1+r_2} \qquad \therefore\ v_{\mathrm{A}}=\sqrt{\frac{2r_1}{r_1+r_2}}\,v_{02} \tag{9.149}$$

**(궤도를 바꾸는 시간)=(타원연결궤도 주기의 반)**

$$\tau_{\mathrm{t}}=\frac{T_{\mathrm{t}}}{2}=\pi\sqrt{\frac{m}{k}}\,a^{\frac{3}{2}}\quad\left(a=\frac{r_1+r_2}{2},\ k=GMm\right) \tag{9.150}$$

## 9.7 뉴턴역학의 한계 및 보존법칙의 확장

넘원자 입자  원자보다 작은 원자핵이나 양성자, 중성자 및 전자 등의 소립자

### 9.7.1 뉴턴역학의 한계(표 9.1 참조)

광자(photon)  빛 알갱이(입자성 및 파동성)

플랑크 상수  $\hbar=1.054\,571\times10^{-34}\ \mathrm{J\cdot s}$

하이젠베르크의 **불확정성 관계식**

$\Delta x\cdot\Delta p\gtrsim\frac{\hbar}{2}$ ($\Delta x$, $\Delta p$ : 위치 및 운동량의 불확정도)

하이젠베르크의 **불확정성 원리** : 위치 및 운동량의 불확정도를 동시에 줄일 수 없다.

뉴턴역학의 한계

〈크　기〉 뉴턴역학은 플랑크 상수$\hbar$를 무시할 수 있는($\hbar\approx0$) 거시적 현상에는 적합하나 플랑크 상수$\hbar$를 무시할 수 없는($\hbar\not\approx0$) 미시적 현상에는 적합하지 않다(☞ **양자역학**).

〈**빠르기**〉 뉴턴역학은 물체의 속도가 작아서 빛의 속도에 비하여 무시할 수 있는 현상($v\ll c$)의 경우에는 적합하나, 속도가 매우 커서 빛의 속도에 비하여 무시할 수 없는 현상($v\lesssim c$)의 경우에는 적합하지 않다(☞ **상대론적 역학**).

표 9.1 역학의 네 영역

| 물체의 속도 ↓ 大 | $(\hbar \approx 0)$ 물체의 크기 → 小 | $(\hbar \not\approx 0)$ |
|---|---|---|
| $(v \ll c)$ | 뉴턴역학 | 양자역학 |
| $(v \lesssim c)$ | 상대론적 역학 | 상대론적 양자역학 |

### 9.7.2 보존법칙의 확장

**선운동량 보존법칙**, **에너지 보존법칙**, **각운동량 보존법칙** 등의 보존법칙은 힘마당의 도입으로 뉴턴역학의 범주 바깥 영역에까지 확장 된다. 보존법칙은 물리이론에서의 기본법칙이고, 기본가설이라고 볼 수 있으며, 물리학의 주춧돌이다.

넘원자 입자의 각운동량

**궤도각운동량** 위치벡터와 운동량벡터의 벡터곱

**스핀각운동량** (고유각운동량) 위치벡터로 표현되지 않음

# 연습문제

## 9.1 질점계의 일과 에너지

### 9-1 질점계의 운동에너지

질량이 각각 $m_A = 2.00\ \mathrm{kg}$, $m_B = 3.00\ \mathrm{kg}$, $m_C = 4.00\ \mathrm{kg}$인 세 입자 A, B, C의 위치벡터가 각각

$$\vec{r}_A = \hat{i}\,(2t^2) + \hat{j}\,(3t) + \hat{k}\,(4)\,,\ \vec{r}_B = \hat{i}\,(1+t^2) + \hat{j}\,(2+5t),\ \vec{r}_C = \hat{i}\,(1+2t^2+3t^3) + \hat{k}\,(3t+4t^2)$$

이다. 시각 $t = 10.0\ \mathrm{s}$에서 다음을 구하라. 단위는 MKS단위이다.

(가) 질점계의 질량중심의 위치벡터 (나) 질량중심의 속도벡터 (다) 계의 운동에너지

**풀이 |** (가) $m_A = 2.00\ \mathrm{kg}$, $m_B = 3.00\ \mathrm{kg}$, $m_C = 4.00\ \mathrm{kg}$, $M = m_A + m_B + m_C = 9.00\ \mathrm{kg}$

$$\vec{r}_{CM} = \frac{1}{M}\sum m_i \vec{r}_i = \frac{1}{9.00}\{\hat{i}(7+15t^2+12t^3) + \hat{j}(6+21t) + \hat{k}(8+12t+16t^2)\}\ :\ t = 10.0$$

$$\therefore\ \vec{r}_{CM}(10\ \mathrm{s}) = \underline{\hat{i}(1500\ \mathrm{m}) + \hat{j}(24.0\ \mathrm{m}) + \hat{k}(192\ \mathrm{m})}\,.$$

(나) $$\vec{v}_{CM}(10\ \mathrm{s}) = \frac{d\vec{r}_{CM}}{dt}\bigg|_{t=10\ \mathrm{s}} = \frac{\hat{i}(30t+36t^2) + \hat{j}(21) + \hat{k}(12+32t)}{9.00\ \mathrm{kg}}\bigg|_{t=10\ \mathrm{s}}$$

$$= \hat{i}(433.3\ \mathrm{m/s}) + \hat{j}(2.333\ \mathrm{m/s}) + \hat{k}(36.89\ \mathrm{m/s})$$

$$= \underline{\hat{i}(433\ \mathrm{m/s}) + \hat{j}(2.33\ \mathrm{m/s}) + \hat{k}(36.9\ \mathrm{m/s})}$$

(다) $$v_A(10\ \mathrm{s}) = \frac{d\vec{r}_A}{dt}\bigg|_{t=10\ \mathrm{s}} = \left[\hat{i}\,(4t\ \mathrm{m/s^2}) + \hat{j}\,(3\ \mathrm{m/s})\right]_{t=10\ \mathrm{s}}$$

$$= \hat{i}\,(40.0\ \mathrm{m/s}) + \hat{j}\,(3.00\ \mathrm{m/s}),$$

$$\vec{v}_B(10\ \mathrm{s}) = \frac{d\vec{r}_B}{dt}\bigg|_{t=10\ \mathrm{s}} = \hat{i}\,(20.0\ \mathrm{m/s}) + \hat{j}\,(5.00\ \mathrm{m/s}),$$

$$\vec{v}_C(10\ \mathrm{s}) = \frac{d\vec{r}_C}{dt}\bigg|_{t=10\ \mathrm{s}} = \hat{i}\,(940\ \mathrm{m/s}) + \hat{k}\,(83\ \mathrm{m/s})\,.$$

$$K_A = \frac{1}{2}m_A v_A^2 = \frac{1}{2}m_A \vec{v}_A \cdot \vec{v}_A$$

$$= \frac{1}{2}(2.00\ \mathrm{kg})\{\hat{i}\,(40.0\ \mathrm{m/s}) + \hat{j}\,(3.00\ \mathrm{m/s})\}\cdot\{\hat{i}\,(40.0\ \mathrm{m/s}) + \hat{j}\,(3.00\ \mathrm{m/s})\}$$

$$= \frac{1}{2}(2.00\ \mathrm{kg})\{(40.0\ \mathrm{m/s})^2 + (3.00\ \mathrm{m/s})^2\} = 1609\ \mathrm{J}$$

같은 방법으로, $K_B = \frac{1}{2}m_B v_B^2 = 637.5\ \mathrm{J}$, $K_C = \frac{1}{2}m_C v_C^2 = 1781000\ \mathrm{J} = 1.781\times 10^6$.

$$\therefore \ K = \sum_i \frac{1}{2} m_i v_i^2 = (1609 \text{ J}) + (637.5 \text{ J}) + (1781000 \text{ J}) = 1.78 \times 10^6 \text{ J}$$

**답 |** (가) $\vec{r}_{CM} = \hat{i}\,(1.50 \times 10^3 \text{ m}) + \hat{j}\,(24.0 \text{ m}) + \hat{k}\,(192 \text{ m})$

(나) $\vec{v}_{CM} = \hat{i}\,(433 \text{ m/s}) + \hat{j}\,(2.33 \text{ m/s}) + \hat{k}\,(36.9 \text{ m/s})$ (다) $K = 1.78 \times 10^6 \text{ J}$

### 9-2 밧줄 들어올리기

길이가 $L$, 질량이 $M$인 균질의 밧줄이 마룻바닥에 둥글게 코일 모양으로 놓여 있다. 그 한쪽 끝을 잡고 일정한 속도로 연직상방으로 당긴다.

(가) 한쪽 끝의 바닥으로부터 연직 높이가 $y(y < L)$만큼 되도록 잡고 있는 데 필요한 힘을 구하라.

(나) 한쪽 끝을 바닥으로부터 연직 높이 $\ell(\ell < L)$까지 들어 올리는 데 필요한 일을 구하라.

**풀이 |** (가) $F(y) = m(y)g \ : \ m(y) = \dfrac{M}{L}y \qquad \therefore \ F(y) = \dfrac{M}{L}gy.$

(나) $dW = F(y)\,dy \qquad \therefore \ W = \displaystyle\int_0^\ell F(y)\,dy = \int_0^\ell \frac{M}{L}gy\,dy = \left[\frac{M}{2L}gy^2\right]_0^\ell = \frac{Mg\ell^2}{2L}$

**답 |** (가) $F(y) = \dfrac{M}{L}gy$ (나) $W = \dfrac{Mg\ell^2}{2L}$

## 9.2 질량중심 좌표계와 운동에너지

### 9-3 두질점으로 된 질점계

**예제** 9.2에서

(가) 이 질점계의 총 운동에너지를 구하라.

(나) 질량중심의 속도를 구하라.

(다) 질량중심 좌표계에서 두질점의 속도를 구하라.

(라) 질량중심 좌표계에서 두질점의 운동에너지를 각각 구하라.

(마) 질량중심 좌표계에서 질점계의 총 운동에너지를 구하고, 결과를 (가)의 것과 비교하라.

**풀이 |** $m_A = 2.5 \text{ kg}$, $v_A = 10.0 \text{ m/s}$, $m_B = 3.5 \text{ kg}$, $v_B = -2.0 \text{ m/s}$

(가) $K = K_A + K_B \ : \ K_A = \dfrac{1}{2}m_A v_A^2 = \dfrac{1}{2} \times (2.50 \text{ kg}) \times (10.0 \text{ m/s})^2 = 125 \text{ J},$

같은 방법으로 $K_A = \dfrac{1}{2}m_B v_B^2 = 7.00 \text{ J} \qquad \therefore \ K = 125 \text{ J} + 7.00 \text{ J} = 132 \text{ J} = \underline{130 \text{ J}}.$

(나) $v_{CM} = \dfrac{1}{M}\displaystyle\sum_i m_i v_i = \frac{(2.5 \text{ kg}) \times (10.0 \text{ m}) - (3.5 \text{ kg}) \times (2.0 \text{ m})}{(2.5 \text{ kg}) + (3.5 \text{ kg})} = 3.0 \text{ m/s}.$

(다) CM 좌표계에서 속도 $v_i' = v_i - v_{CM}$ $(i = \{A, B\})$ :

$v_A' = (10.0 \text{ m/s}) - (3.00 \text{ m/s}) = 7.0 \text{ m/s}$, $v_B' = (-2.0 \text{ m/s}) - (3.00 \text{ m/s}) = -5.0 \text{ m/s}$

(라) CM 좌표계에서 운동에너지 $K_i' = \frac{1}{2}m_i v_i'^2$ $(i=\{A, B\})$ :

$$K_A' = \frac{1}{2}\times(2.5\ \text{kg})\times(7.0\ \text{m/s})^2 = 61.25\ \text{J} = \underline{61\ \text{J}}$$

$$K_B' = \frac{1}{2}\times(3.5\ \text{kg})\times(-5.0\ \text{m/s})^2 = 43.75\ \text{J} = \underline{44\ \text{J}}$$

(마) CM 좌표계에서 총 운동에너지 $K' = K_A' + K_B' = 61.25\ \text{J} + 43.75\ \text{J} = 105.0\ \text{J} = \underline{110\ \text{J}}$

$\Delta K = K - K' = 132\ \text{J} - 105\ \text{J} = 27.0\ \text{J}$;

$K_{CM} = \frac{1}{2}Mv_{CM}^2 = \frac{1}{2}\times(6.00\ \text{kg})\times(3.00\ \text{m/s})^2 = 27.0\ \text{J}$

$\therefore\ K - K' = K_{CM}$ 또는 $K = K_{CM} + K'$

곧, (CM의 운동에너지)+(CM 좌표계에서 운동에너지)이다.

**답 |** (가) $K = 130\ \text{J}$(유효숫자 2자리)　(나) $v_{CM} = 3.0\ \text{m/s}$

(다) $v_A' = 7.0\ \text{m/s}$, $v_B' = -5.0\ \text{m/s}$　(라) $K_A' = 61\ \text{J}$, $K_B' = 44\ \text{J}$

(마) $K' = 110\ \text{J}$, $\Delta K = K - K' = 27\ \text{J}$; $K_{CM} = 27\ \text{J}$(CM의 운동에너지만큼 차이가 난다)

### 9-4 용수철이 달린 목침과 충돌

질량이 2.0 kg인 목침 A가 매끄러운 수평인 실험대 위에서 10 m/s의 속도로 달려가서 같은 실험대 위에서 같은 방향으로 3.0 m/s로 운동하고 있는 질량 5.0 kg의 다른 목침 B에 달린 힘상수 1,120 N/m의 가벼운 용수철에 충돌한다.

(가) 목침 A가 용수철에 닿기 전에 이 역학계의 질량중심의 속도는 얼마인가?

(나) 충돌 전 총 운동에너지 및 이 계의 질량중심의 운동에너지는 각각 얼마인가?

(다) 충돌 후 용수철이 최대로 압축되었을 때 이 계의 운동에너지는 얼마인가? 이때 용수철이 압축된 길이는 얼마인가?

**풀이 |** $m_A = 2.0\ \text{kg}$, $u_A = 10\ \text{m/s}$, $m_B = 5.0\ \text{kg}$, $u_B = 3.0\ \text{m/s}$, $k = 1120\ \text{N/m}$

(가) $v_{CM} = \frac{\sum m_i u_i}{M} = \frac{(20.0\ \text{kg}\cdot\text{m/s}) + (15.0\ \text{kg}\cdot\text{m/s})}{7.0\ \text{kg}} = 5.00\ \text{m/s}$

(나) $K = \frac{1}{2}m_A u_A^2 + \frac{1}{2}m_B u_B^2 = 100\ \text{J} + 22.5\ \text{J} = 122.5\ \text{J} = \underline{120\ \text{J}}$,

$K_{CM} = \frac{1}{2}Mv_{CM}^2 = \frac{1}{2}\times(7.0\ \text{kg})\times(5.0\ \text{m/s})^2 = 87.5\ \text{J} = \underline{88\ \text{J}}$.

(다) 역학적 에너지가 보존된다. $K + U = T + V$ : $K = 122.5\ \text{J}$, $U = \frac{1}{2}kx_0^2 = 0$, $V = \frac{1}{2}kx^2$

운동량 보존 $m_A u_A + m_B u_B = m_A v_A + m_B v_B = Mv_{CM}$

$\therefore$ 충돌 전, 후의 CM의 속도는 서로 같다.

따라서 최대로 압축되었을 때 두 물체는 한 덩어리가 되어 있으므로 그들의 속도는 $v_{CM}$이다. 그러므로 최대로 압축되었을 때 계의 총 운동에너지는 $T(x_{max}) = K_{CM} = 87.5\ \text{J} = \underline{88\ \text{J}}$이다.

역학적 에너지 보존에 의하여

$$K+0=K_{CM}+\frac{1}{2}kx_{max}^2$$

$$\therefore\ x_{max}=\sqrt{\frac{2(K-K_{CM})}{k}}\ :K=122.5\ \mathrm{J},\ K_{CM}=87.5\ \mathrm{J},\ k=1120\ \mathrm{N/m}$$

$$\therefore\ x_{max}=0.250\ \mathrm{m}.$$

**답|** (가) $v_{CM}=5.0\ \mathrm{m/s}$ (나) $K=120\ \mathrm{J}$(유효숫자 2자리), $K_{CM}=88\ \mathrm{J}$

(다) $T(x_{max})=K_{CM}=88\ \mathrm{J}$, $x_{max}=0.25\ \mathrm{m}$

## 9.3 질점계의 돌림힘 및 각운동량

## 9.4 두질점계 문제 - 상대운동방정식

### 9-5 두 입자의 상대운동방정식

지구 표면 가까이 있는 두 입자 A, B가 그들 사이에 상호작용하는 힘이 $\vec{f}_{AB}$일 때, 이들의 상대운동방정식은 식(9.43)

$$\mu\frac{d\vec{v}_{A/B}}{dt}=\vec{f}_{AB}\ \text{또는}\ \mu\frac{d^2\vec{r}_{A/B}}{dt^2}=\vec{f}_{AB}$$

로 주어짐을 보여라.

**풀이|** 외력 $F_A^{(e)}=m_A g$, $F_B^{(e)}=m_B g$ $\quad\therefore\ m_A\frac{d\vec{v}_A}{dt}=m_A g+\vec{f}_{AB}$, $m_B\frac{d\vec{v}_B}{dt}=m_B g+\vec{f}_{BA}$.

첫째 운동방정식에는 $m_B$, 둘째 운동방정식에는 $m_A$를 각각 곱하여 서로 빼기를 하여 외력(중력)을 소거하면

$$m_A m_B\frac{d}{dt}(\vec{v}_A-\vec{v}_A)=m_B\vec{f}_{AB}-m_A\vec{f}_{BA}=(m_B+m_A)\vec{f}_{AB}\ \ (\because\ \vec{f}_{AB}=-\vec{f}_{BA})$$

$$\therefore\ \mu\frac{d\vec{v}_{A/B}}{dt}=\vec{f}_{AB}\ :\ \mu\equiv\frac{m_A m_B}{(m_B+m_A)},\ \vec{v}_{A/B}\equiv\vec{v}_A-\vec{v}_B\quad \text{[QED]}$$

### 9-6 이원자분자의 진동

질량이 각각 $m_A$, $m_B$인 두 원자 A, B로 된 이원자분자 AB의 위치에너지가 $U(r)=\frac{1}{2}k(r-r_0)^2$으로 주어진다. 여기서 $r$는 두 원자 사이의 거리이고, $r_0$은 평형상태에 있을 때 두 원자 사이의 거리이고, $r-r_0\ll r_0$라 한다. 이원자분자는 어떤 운동을 하는가?

**풀이|** 상대운동방정식 $\mu\frac{d^2\vec{r}_{A/B}}{dt^2}=\vec{f}_{AB}\ :\ \mu=\frac{m_A m_B}{m_A+m_B}$, $r_{A/B}\equiv r$

운동방정식의 $r$성분 : $\mu\frac{d^2r}{dt^2}=f_{AB}$.

두 원자 사이에 작용하는 힘 $f_{AB}$는 $f_{AB}=-\dfrac{\partial U}{\partial r}=\dfrac{\partial}{\partial r}\left(\dfrac{1}{2}k(r-r_0)^2\right)$로 주어진다.

여기서 $\rho=r-r_0$라 하면 $\rho$는 $r$의 함수이다. 곧, $\rho(r)$이다. 그래서

$$\frac{\partial}{\partial r}\left(\frac{1}{2}k(r-r_0)^2\right)=\frac{\partial}{\partial r}\left(\frac{1}{2}k\,\rho(r)^2\right)=\frac{\partial}{\partial \rho}\left(\frac{1}{2}k\,\rho(r)^2\right)\frac{\partial \rho}{\partial r}=k\,\rho(r)=k(r-r_0)$$

가 된다(부록 D16.5 참조). 따라서 운동방정식은

$$\mu\frac{d^2r}{dt^2}=-k(r-r_0) \qquad \therefore\ \mu\frac{d^2\rho}{dt^2}=-k\rho \quad \left(\because\ \frac{d^2r}{dt^2}=\frac{d^2\rho}{dt^2}\right)$$

의 꼴이 된다. 이것은 각진동수

$$\omega_0=\sqrt{\frac{k}{\mu}}=\sqrt{k\left(\frac{1}{m_A}+\frac{1}{m_B}\right)}$$

의 단조화진동의 운동방정식이다. 따라서 두 원자는 $\rho=0$, 곧 $r=r_0$근방에서

각진동수 $\omega_0=\sqrt{\dfrac{k}{\mu}}=\sqrt{k\left(\dfrac{1}{m_A}+\dfrac{1}{m_B}\right)}$ 또는 주기 $T_0=\dfrac{2\pi}{\omega_0}=2\pi\sqrt{\dfrac{\mu}{k}}=2\pi\sqrt{\dfrac{1}{k}\left(\dfrac{m_Am_B}{m_A+m_B}\right)}$

의 단조화진동을 한다.

**답 |** $r=r_0$ 주위로 각진동수 $\omega_0=\sqrt{\left(\dfrac{1}{m_A}+\dfrac{1}{m_B}\right)k}$의 단조화진동

## 9-7 이원자분자의 환산질량

이원자분자 HF, HCl의 기본진동수가 분광학적 측정에 의하면

$$\omega_0(\mathrm{HF})=7.55\times10^{14}\ \mathrm{rad/s},\ \omega_0(\mathrm{HCl})=5.47\times10^{14}\ \mathrm{rad/s}$$

라 한다. 각 원자의 질량은 $m_H=1.008\ \mathrm{u}$, $m_F=19.00\ \mathrm{u}$, $m_{Cl}=35.45\ \mathrm{u}$이다.

(가) 각 분자의 환산질량을 구하라.

(나) 각 분자의 단조화진동의 힘상수를 구하라.

**풀이 |** (가) 환산질량 $\mu=\dfrac{m_A\,m_B}{m_A+m_B}$ : $1\mathrm{u}=1.660\,538\times10^{-27}\ \mathrm{kg}\cong1.661\times10^{-27}\ \mathrm{kg}$,

$$\mu(\mathrm{HF})=\frac{(1.008\ \mathrm{u})\times(19.00\ \mathrm{u})}{(1.008\ \mathrm{u})+(19.00\ \mathrm{u})}=0.95722\ \mathrm{u}=0.95722\ \mathrm{u}\times\left(\frac{1.661\times10^{-27}\ \mathrm{kg}}{1\ \mathrm{u}}\right)$$

$$=1.5899\times10^{-27}\ \mathrm{kg}=\underline{1.590\times10^{-27}\ \mathrm{kg}}$$

$$\mu(\mathrm{HCl})=\frac{(1.008\ \mathrm{u})\times(35.45\ \mathrm{u})}{(1.008\ \mathrm{u})+(35.45\ \mathrm{u})}=0.98013\ \mathrm{u}=0.98013\ \mathrm{u}\times(1.661\times10^{-27}\ \mathrm{kg/u})$$

$$=1.6280\times10^{-27}\ \mathrm{kg}=\underline{1.63\times10^{-27}\ \mathrm{kg}}$$

(나) $\omega_0=\sqrt{\dfrac{k}{\mu}}$ $\quad\therefore\ k=\mu\,\omega_0^2\ [\mathrm{kg(m/s^2)/m}]$

$$\therefore\ k(\mathrm{HF})=(1.5899\times10^{-27}\ \mathrm{kg})\times(7.55\times10^{14}\ \mathrm{rad/s})^2=906\ \mathrm{N/m}$$

$$\therefore \ k(\mathrm{HCl}) = (1.6280 \times 10^{-27}\,\mathrm{kg}) \times (5.47 \times 10^{14}\,\mathrm{rad/m})^2 = 487\,\mathrm{N/m}$$

**답 |** (가) $\mu(\mathrm{HF}) = 0.957\,\mathrm{u} = 1.59 \times 10^{-27}\,\mathrm{kg}$, $\mu(\mathrm{HCl}) = 0.980\,\mathrm{u} = 1.63 \times 10^{-27}\,\mathrm{kg}$

(나) $k(\mathrm{HF}) = 906\,\mathrm{N/m}$, $k(\mathrm{HCl}) = 487\,\mathrm{N/m}$

## 9-8 두질점계의 돌림힘

두질점으로 된 역학계의 총 돌림힘은

$$\vec{\tau} = \vec{r}_{\mathrm{CM}} \times M \frac{d\vec{v}_{\mathrm{CM}}}{dt} + \vec{r}_{\mathrm{A/B}} \times \mu \frac{d\vec{v}_{\mathrm{A/B}}}{dt}$$

으로 주어지며, 둘째 항은 질량중심 좌표계에서 총 돌림힘임을 보여라.

**풀이 |** 질점의 질량, 위치벡터, 속도벡터, 돌림힘벡터를 각각 $m_i$, $\vec{r}_i$, $\vec{v}_i$, $\vec{\tau}_i$ $(i = \{\mathrm{A, B}\})$라 하면

$$\text{총 돌림힘 } \vec{\tau} = \vec{\tau}_{\mathrm{A}} + \vec{\tau}_{\mathrm{B}} = \vec{r}_{\mathrm{A}} \times m_{\mathrm{A}} \frac{d\vec{v}_{\mathrm{A}}}{dt} + \vec{r}_{\mathrm{B}} \times m_{\mathrm{B}} \frac{d\vec{v}_{\mathrm{B}}}{dt} \tag{1}$$

$$\left\{\vec{r}_{\mathrm{CM}} = \frac{m_{\mathrm{A}}\vec{r}_{\mathrm{A}} + m_{\mathrm{B}}\vec{r}_{\mathrm{B}}}{M},\ \vec{r}_{\mathrm{A/B}} = \vec{r}_{\mathrm{A}} - \vec{r}_{\mathrm{B}}\right\} \Rightarrow \left\{\vec{r}_{\mathrm{A}} = \vec{r}_{\mathrm{CM}} + \frac{m_{\mathrm{B}}}{M}\vec{r}_{\mathrm{A/B}},\ \vec{r}_{\mathrm{B}} = \vec{r}_{\mathrm{CM}} - \frac{m_{\mathrm{A}}}{M}\vec{r}_{\mathrm{A/B}}\right\} \tag{2}$$

$$\therefore\ \vec{v}_{\mathrm{A}} = \frac{d\vec{r}_{\mathrm{A}}}{dt} = \vec{v}_{\mathrm{CM}} + \frac{m_{\mathrm{B}}}{M}\vec{v}_{\mathrm{A/B}},\ \vec{v}_{\mathrm{B}} = \frac{d\vec{r}_{\mathrm{B}}}{dt} = \vec{v}_{\mathrm{CM}} - \frac{m_{\mathrm{A}}}{M}\vec{v}_{\mathrm{A/B}}\ :\ \left(\vec{v}_{\mathrm{A/B}} = \frac{d\vec{r}_{\mathrm{A/B}}}{dt} = v_{\mathrm{A}} - v_{\mathrm{B}}\right) \tag{3}$$

식(2) 및 식(3)을 식(1)에 대입하여 정리하면

$$\begin{aligned}
\vec{\tau} &= \left(\vec{r}_{\mathrm{CM}} + \frac{m_{\mathrm{B}}}{M}\vec{r}_{\mathrm{A/B}}\right) \times m_{\mathrm{A}} \frac{d}{dt}\left(\vec{v}_{\mathrm{CM}} + \frac{m_{\mathrm{B}}}{M}\vec{v}_{\mathrm{A/B}}\right) + \left(\vec{r}_{\mathrm{CM}} - \frac{m_{\mathrm{A}}}{M}\vec{r}_{\mathrm{A/B}}\right) \times m_{\mathrm{B}} \frac{d}{dt}\left(\vec{v}_{\mathrm{CM}} - \frac{m_{\mathrm{A}}}{M}\vec{v}_{\mathrm{A/B}}\right) \\
&= \vec{r}_{\mathrm{CM}} \times m_{\mathrm{A}} \frac{d\vec{v}_{\mathrm{CM}}}{dt} + \frac{m_{\mathrm{A}} m_{\mathrm{B}}^2}{M^2}\vec{r}_{\mathrm{A/B}} \times \frac{d\vec{v}_{\mathrm{A/B}}}{dt} + \vec{r}_{\mathrm{CM}} \times m_{\mathrm{B}} \frac{d\vec{v}_{\mathrm{CM}}}{dt} + \frac{m_{\mathrm{A}}^2 m_{\mathrm{B}}}{M^2}\vec{r}_{\mathrm{A/B}} \times \frac{d\vec{v}_{\mathrm{A/B}}}{dt} \\
&= \vec{r}_{\mathrm{CM}} \times M \frac{d\vec{v}_{\mathrm{CM}}}{dt} + \vec{r}_{\mathrm{A/B}} \times \left(\frac{m_{\mathrm{A}} m_{\mathrm{B}}}{M}\right) \frac{d\vec{v}_{\mathrm{A/B}}}{dt}.
\end{aligned}$$

여기서 $\dfrac{m_{\mathrm{A}} m_{\mathrm{B}}}{M} = \mu$(환산질량)임을 고려하면

$$\vec{\tau} = \vec{r}_{\mathrm{CM}} \times M \frac{d\vec{v}_{\mathrm{CM}}}{dt} + \vec{r}_{\mathrm{A/B}} \times \mu \frac{d\vec{v}_{\mathrm{A/B}}}{dt}$$

를 얻는다. [QED]

둘째 항은 $\vec{r}_{\mathrm{A/B}} = \vec{r}_{\mathrm{A}} - \vec{r}_{\mathrm{B}} = \vec{r}_{\mathrm{A}}{}' - \vec{r}_{\mathrm{B}}{}'$, $\vec{v}_{\mathrm{A/B}} = \vec{v}_{\mathrm{A}} - \vec{v}_{\mathrm{B}} = \vec{v}_{\mathrm{A}}{}' - \vec{v}_{\mathrm{B}}{}'$임을 고려하면

$$\begin{aligned}
\tau_{\mathrm{rel}} = \vec{r}_{\mathrm{A/B}} \times \mu \frac{d\vec{v}_{\mathrm{A/B}}}{dt} &= \left(\vec{r}_{\mathrm{A}}{}' - \vec{r}_{\mathrm{B}}{}'\right) \times \left(\frac{m_{\mathrm{A}} m_{\mathrm{B}}}{M}\right) \frac{d}{dt}\left(\vec{v}_{\mathrm{A}}{}' - \vec{v}_{\mathrm{B}}{}'\right) \\
&= \vec{r}_{\mathrm{A}}{}' \times \left(\frac{m_{\mathrm{A}} m_{\mathrm{B}}}{M}\right) \frac{d\vec{v}_{\mathrm{A}}{}'}{dt} + \vec{r}_{\mathrm{B}}{}' \times \left(\frac{m_{\mathrm{A}} m_{\mathrm{B}}}{M}\right) \frac{d\vec{v}_{\mathrm{B}}{}'}{dt} \\
&\quad - \vec{r}_{\mathrm{A}}{}' \times \left(\frac{m_{\mathrm{A}} m_{\mathrm{B}}}{M}\right) \frac{d\vec{v}_{\mathrm{B}}{}'}{dt} - \vec{r}_{\mathrm{B}}{}' \times \left(\frac{m_{\mathrm{A}} m_{\mathrm{B}}}{M}\right) \frac{d\vec{v}_{\mathrm{A}}{}'}{dt}.
\end{aligned}$$

여기서 질량중심 좌표계에서 관계식 $m_A\vec{r}_A{}' + m_B\vec{r}_B{}' = 0$, $m_A\vec{v}_A{}' + m_B\vec{v}_B{}' = 0$를 고려하면

$$\vec{r}_A{}' \times \left(\frac{m_A\,m_B}{M}\right)\frac{d\vec{v}_B{}'}{dt} = \vec{r}_A{}' \times \left(\frac{m_A}{M}\right)\frac{d(m_B\,\vec{v}_B{}')}{dt} = \vec{r}_A{}' \times \left(\frac{m_A}{M}\right)\frac{d(-m_A\,\vec{v}_A{}')}{dt}$$

$$= -\vec{r}_A{}' \times \left(\frac{m_A^2}{M}\right)\frac{d\vec{v}_A{}'}{dt}$$

$$\vec{r}_B{}' \times \left(\frac{m_A\,m_B}{M}\right)\frac{d\vec{v}_A{}'}{dt} = \vec{r}_B{}' \times \left(\frac{m_B}{M}\right)\frac{d(m_A\,\vec{v}_A{}')}{dt} = \vec{r}_B{}' \times \left(\frac{m_B}{M}\right)\frac{d(-m_B\,\vec{v}_B{}')}{dt}$$

$$= -\vec{r}_B{}' \times \left(\frac{m_B^2}{M}\right)\frac{d\vec{v}_B{}'}{dt}$$

$$\therefore \quad \vec{\tau}_{rel} = \vec{r}_{A/B} \times \mu\frac{d\vec{v}_{A/B}}{dt} = \vec{r}_A{}' \times m_A\frac{d\vec{v}_A{}'}{dt} + \vec{r}_B{}' \times m_B\frac{d\vec{v}_B{}'}{dt} = \vec{\tau}' \quad \text{(QED)}$$

## 9-9 두질점계의 각운동량

두질점으로 된 역학계의 총 각운동량은

$$\vec{L} = \vec{r}_{CM} \times M\vec{v}_{CM} + \vec{r}_{A/B} \times \mu\vec{v}_{A/B}$$

로 주어지며, 둘째 항은 질량중심 좌표계에서 총 각운동량임을 보여라.

**풀이 |** 총 각운동량 $\vec{L} = \vec{r}_A \times m_A\vec{v}_A + \vec{r}_B \times m_B\vec{v}_B$ (1)

$$\left\{\vec{r}_{CM} = \frac{m_A\vec{r}_A + m_B\vec{r}_B}{M},\ \vec{r}_{A/B} = \vec{r}_A - \vec{r}_B\right\} \Rightarrow \left\{\vec{r}_A = \vec{r}_{CM} + \frac{m_B}{M}\vec{r}_{A/B},\ \vec{r}_B = \vec{r}_{CM} - \frac{m_A}{M}\vec{r}_{A/B}\right\} \quad (2)$$

$$\therefore \quad \vec{v}_A = \vec{v}_{CM} + \frac{m_B}{M}\vec{v}_{A/B},\ \vec{v}_B = \vec{v}_{CM} - \frac{m_A}{M}\vec{v}_{A/B} \ :\ \left(\vec{v}_{A/B} = \frac{d\vec{r}_{A/B}}{dt} = v_A - v_B\right) \quad (3)$$

식(1)에 식(2) 및 식(3)을 대입하여 정리하면

$$\vec{L} = \left(\vec{r}_{CM} + \frac{m_B}{M}\vec{r}_{A/B}\right) \times m_A\left(\vec{v}_{CM} + \frac{m_B}{M}\vec{v}_{A/B}\right) + \left(\vec{r}_{CM} - \frac{m_A}{M}\vec{r}_{A/B}\right) \times m_B\left(\vec{v}_{CM} - \frac{m_A}{M}\vec{v}_{A/B}\right)$$

$$= \vec{r}_{CM} \times m_A\vec{v}_{CM} + \vec{r}_{CM} \times m_B\vec{v}_{CM} + \vec{r}_{A/B} \times \frac{m_A\,m_B^2}{M^2}\vec{v}_{A/B} + \vec{r}_{A/B} \times \frac{m_A^2\,m_B}{M^2}\vec{v}_{A/B}$$

$$= \vec{r}_{CM} \times M\vec{v}_{CM} + \vec{r}_{A/B} \times \left(\frac{m_A\,m_B}{M}\right)\vec{v}_{A/B} = \vec{r}_{CM} \times M\vec{v}_{CM} + \vec{r}_{AB} \times \mu\,\vec{v}_{AB}. \quad \text{(QED)}$$

또, 둘째 항은 $\vec{r}_{A/B} = \vec{r}_A - \vec{r}_B = \vec{r}_A{}' - \vec{r}_B{}'$, $\vec{v}_{A/B} = \vec{v}_A - \vec{v}_B = \vec{v}_A{}' - \vec{v}_B{}'$임을 고려하면

$$\vec{L}_{rel} = \vec{r}_{A/B} \times \mu\,\vec{v}_{A/B} = (\vec{r}_A{}' - \vec{r}_B{}') \times \left(\frac{m_A\,m_B}{M}\right)(\vec{v}_A{}' - \vec{v}_B{}')$$

$$= \vec{r}_A{}' \times \left(\frac{m_A\,m_B}{M}\right)\vec{v}_A{}' + \vec{r}_B{}' \times \left(\frac{m_A\,m_B}{M}\right)\vec{v}_B{}' - \vec{r}_A{}' \times \left(\frac{m_A\,m_B}{M}\right)\vec{v}_B{}' - \vec{r}_B{}' \times \left(\frac{m_A\,m_B}{M}\right)\vec{v}_A{}'$$

여기서 질량중심 좌표계에서 관계식 $m_A\vec{r}_A{}' + m_B\vec{r}_B{}' = 0$, $m_A\vec{v}_A{}' + m_B\vec{v}_B{}' = 0$을 고려하면

$$\vec{r}_A{}' \times \left(\frac{m_A m_B}{M}\right)\vec{v}_B{}' = \vec{r}_A{}' \times \left(\frac{m_A}{M}\right) m_B \vec{v}_B{}' = -\vec{r}_A{}' \times \left(\frac{m_A^2}{M}\right)\vec{v}_A{}'$$

$$\vec{r}_B{}' \times \left(\frac{m_A m_B}{M}\right)\vec{v}_A{}' = \vec{r}_B{}' \times \left(\frac{m_B}{M}\right) m_A \vec{v}_A{}' = -\vec{r}_B{}' \times \left(\frac{m_B^2}{M}\right)\vec{v}_B{}'$$

이므로

$$\vec{L}_{\text{rel}} = \vec{r}_A{}' \times m_A\vec{v}_A{}' + \vec{r}_B{}' \times m_B\vec{v}_B{}' = L'$$

이다. 〔QED〕

### 9-10 질량중심 좌표계에서 운동량

두질점 A, B로 된 역학계의 질량중심 좌표계에서 각 질점의 운동량의 크기는 $\mu|\vec{v}_{A/B}|$이고 방향은 서로 반대임을 보여라. $\mu$는 환산질량이고, $\vec{v}_{A/B}$는 질점 A의 질점 B에 대한 상대속도이다.

**풀이 |** $\vec{p}_A{}' = m_A\vec{v}_A{}'$, $\vec{p}_B{}' = m_B\vec{v}_B{}'$ ; $\vec{v}_A{}' = \vec{v}_A - \vec{v}_{CM}$, $\vec{v}_B{}' = \vec{v}_B - \vec{v}_{CM}$ ; $\vec{v}_{CM} = \dfrac{m_A\vec{v}_A + m_B\vec{v}_B}{M}$

$$\therefore\ \vec{p}_A{}' = m_A\vec{v}_A{}' = m_A(\vec{v}_A - \vec{v}_{CM}) = m_A\left(\frac{m_B\vec{v}_A - m_B\vec{v}_B}{M}\right) = \mu(\vec{v}_A - \vec{v}_B) = \mu\vec{v}_{A/B},$$

$$\therefore\ \vec{p}_B{}' = m_B\vec{v}_B{}' = m_B(\vec{v}_B - \vec{v}_{CM}) = m_B\left(\frac{m_A\vec{v}_B - m_A\vec{v}_A}{M}\right) = -\mu(\vec{v}_A - \vec{v}_B) = -\mu\vec{v}_{A/B}.\ \text{〔QED〕}$$

## 9.5 질량중심 좌표계와 충돌 문제

### 9-11 과녁입자의 산란 방향

입자 A가 속도 $u_A$로 달려와서 정지해 있는 과녁입자 B에 충돌하고 입사 방향과 $\theta_A$의 방향으로 속도 $v_A$로 산란되었다. 과녁입자의 산란각 $\theta_B$는

$$\tan\theta_B = \frac{v_A\sin\theta_A}{u_A - v_A\cos\theta_A}$$

로 주어짐을 보여라. 이는 탄성충돌이나 비탄성충돌의 어느 경우에도 성립함을 확인하라.

**풀이 |** 운동량 보존 $\vec{p}_A = \vec{q}_A + \vec{q}_B$ 또는 성분별 운동량 보존식은

입사 방향에 나란한 성분 : $m_A u_A = m_A v_A\cos\theta_A + m_B v_B\cos\theta_B$

또는 $m_A u_A - m_A v_A\cos\theta_A = m_B v_B\cos\theta_B$.

입사 방향에 수직 성분 : $m_A v_A\sin\theta_A = m_B v_B\sin\theta_B$.

나란한 성분 및 수직 성분을 각 변끼리 나누기하면

$$\frac{v_A \sin\theta_A}{u_A - v_A \cos\theta_A} = \tan\theta_B$$

를 얻는다. 이 관계식을 유도하는 데 운동량 보존만을 이용하였다. 따라서 탄성, 비탄성에는 관계없이 성립한다. 〔QED〕

## 9-12 두물체 역학계의 에너지

질량이 3.0 kg인 나무토막이 5.0 m/s의 속도로 오른쪽으로, 같은 질량의 다른 나무토막은 2.0 m/s의 속도로 왼쪽으로 운동하고 있다.

(가) 이 기준틀에서 두 나무토막의 총 운동에너지를 구하라.

(나) 이 역학계의 질량중심 속도를 구하라. 질량중심의 운동에너지를 구하라.

(다) 각 나무토막의 질량중심에 대한 상대속도를 각각 구하라.

(라) 두 나무토막의 질량중심에 대한 총 운동에너지를 구하고, (가)의 결과와 비교하여라.

**풀이 |** $m_1 = m_2 = 3.0\text{ kg}$, $\vec{v}_1 = \hat{i}(5.0\text{ m/s})$, $\vec{v}_2 = -\hat{i}(2.0\text{ m/s})$

(가) 총 운동에너지

$$K = \sum_i \frac{1}{2} m_i v_i^2 = \frac{1}{2} \times (3.0\text{ kg}) \times (5.0\text{ m/s})^2 + \frac{1}{2} \times (3.0\text{ kg}) \times (-2.0\text{ m/s})^2$$
$$= 43.5\text{ J} = \underline{44\text{ J}}$$

(나) $$\vec{v}_{CM} = \frac{\sum_i m_i \vec{v}_i}{\sum_i m_i} = \hat{i}\frac{(15\text{ kg}\cdot\text{m}) - (6.0\text{ kg}\cdot\text{m})}{6.0\text{ kg}} = \hat{i}(1.50\text{ m/s}) = \underline{\hat{i}(1.5\text{ m/s})},$$

$$K_{CM} = \frac{1}{2}\left(\sum_i m_i\right) v_{CM}^2 = \frac{1}{2} \times (6.0\text{ kg}) \times (1.5\text{ m/s})^2 = 6.75\text{ J} = \underline{6.8\text{ J}}$$

(다) $$\vec{v}_i{}' = \vec{v}_i - \vec{v}_{CM} \Rightarrow \vec{v}_1{}' = \hat{i}\{(5.0\text{ m/s}) - (1.5\text{ m/s})\} = \hat{i}(3.5\text{ m/s}),$$
$$\vec{v}_2{}' = \hat{i}\{(-2.0\text{ m/s}) - (1.5\text{ m/s})\} = -\hat{i}(3.5\text{ m/s})$$

(라) $$K' = \sum_i \frac{1}{2} m_i v_i'^2 = \frac{1}{2} \times (3.0\text{ kg}) \times (3.5\text{ m/s})^2 \times 2 = 36.75\text{ J} = \underline{37\text{ J}},$$

$$K - K' = (43.5\text{ J}) - (36.75\text{ J}) = 6.75 = K_{CM}$$

$\therefore\ K = K_{CM} + K'$가 확인된다.

**답 |** (가) $K = 44\text{ J}$ (나) $\vec{v}_{CM} = \hat{i}\,(1.5\text{ m/s})$, $K_{CM} = 6.8\text{ J}$

(다) $\vec{v}_1{}' = \hat{i}\,(3.5\text{ m/s})$, $\vec{v}_2{}' = -\hat{i}\,(3.5\text{ m/s})$ (라) $K' = 37\text{ J}$, $\Delta K = K - K' = K_{CM}$

## 9-13 입사입자의 에너지변화

질량 $m_A$의 입자 A가 운동량 $p_0$로 입사하여 정지해 있는 질량 $m_B$의 과녁입자 B에 정면 탄성충돌 하였다.

(가) 충돌 후 두 입자의 운동량 $q_A$, $q_B$를 각각 구하라.

(나) 충돌로 인한 입자 A의 운동에너지 감소는 처음의 $\dfrac{4\mu}{m_A+m_B}$배임을 보여라.

(다) 질량중심의 속도 $v_{CM}$을 구하고, 질량중심 좌표계에서 입자 A의 충돌 전 운동량 $p_A'$ 및 질량중심의 운동에너지 $K_{CM}$을 구하라.

(라) 질량중심 좌표계에서 충돌 후 두 입자의 운동에너지 $T_A'$, $T_B'$를 각각 구하라.

**풀이 |** (가) 운동량 $q_A$, $q_B$는?

운동량 보존 : $p_0 = q_A + q_B \Rightarrow p_0 - q_A = q_B$

(탄성충돌)운동에너지 : $\dfrac{p_0^2}{2m_A} = \dfrac{q_A^2}{2m_A} + \dfrac{q_B^2}{2m_B} \Rightarrow \dfrac{p_0^2}{2m_A} - \dfrac{q_A^2}{2m_A} = \dfrac{q_B^2}{2m_B}$

이 두 식에서 $q_B$를 소거하면

$$(m_A+m_B)q_A^2 - 2m_A p_0 q_A + (m_A - m_B)p_0^2 = 0 \qquad \therefore\ q_A = \left(\frac{m_A \pm m_B}{m_A+m_B}\right)p_0.$$

여기서 "+"인 경우는 불가능하므로

$$\therefore\ q_A = \left(\frac{m_A - m_B}{m_A+m_B}\right)p_0,\ q_B = p_0 - q_A = \left(\frac{2m_B}{m_A+m_B}\right)p_0$$

이다.

(나) 입자 A의 운동에너지 감소는?

$$\Delta K_A = \frac{q_A^2}{2m_A} - \frac{p_0^2}{2m_A} = \frac{p_0^2}{2m_A}\left\{\left(\frac{m_A - m_B}{m_A+m_B}\right)^2 - 1\right\} = \frac{p_0^2}{2m_A}\left\{\frac{-4m_A m_B}{(m_A+m_B)^2}\right\}$$

$$= \frac{p_0^2}{2m_A}\left(\frac{-4\mu}{m_A+m_B}\right) = -K_A\left(\frac{4\mu}{m_A+m_B}\right) \qquad \therefore\ \left|\frac{\Delta K_A}{K_A}\right| = \frac{4\mu}{m_A+m_B} \quad \text{〔QED〕}$$

(다) $v_{CM}=?$ $p_A'=?$ 및 $K_{CM}=?$

$$v_{CM} = \frac{m_A(p_0/m_A)+0}{m_A+m_B} = \frac{p_0}{m_A+m_B}.$$

CM 좌표계에서 운동량 $p_A' = p_0 - m_A v_{CM}$ : $v_{CM} = \dfrac{p_0}{m_A+m_B}$ $\quad \therefore\ p_A' = \dfrac{m_B}{m_A+m_B}p_0$

CM 좌표계에서 운동에너지 $K_{CM} = \dfrac{1}{2}(m_A+m_B) \times \left(\dfrac{p_0}{m_A+m_B}\right)^2 = \dfrac{p_0^2}{2(m_A+m_B)}$

(라) 질량중심 좌표계에서 운동에너지 $T_A'=?$, $T_B'=?$

식(9.66) 및 식(9.67)에 의하여 $p_A' = p_B' = q_A' = q_B'$.

$$\therefore\ T_A' = \frac{q_A^{2\prime}}{2m_A} = \frac{1}{2m_A}\left(\frac{m_B}{m_A+m_B}p_0\right)^2 = \frac{p_0^2}{2m_A}\left(\frac{m_B}{m_A+m_B}\right)^2,$$

$$T_B' = \frac{q_B^{2\prime}}{2m_B} = \frac{1}{2m_B}\left(\frac{m_B}{m_A+m_B}p_0\right)^2 = \frac{p_0^2}{2m_A}\left\{\frac{m_A m_B}{(m_A+m_B)^2}\right\}$$

**답 |** (가) $q_A=\left(\frac{m_A-m_B}{m_A+m_B}\right)p_0$, $q_B=\left(\frac{2m_B}{m_A+m_B}\right)p_0$

(다) $v_{CM}=\frac{p_0}{m_A+m_B}$, $p_A{}'=\frac{m_B}{m_A+m_B}p_0$, $K_{CM}=\frac{p_0^2}{2(m_A+m_B)}$

(라) $T_A{}'=\frac{p_0^2}{2m_A}\left(\frac{m_B}{m_A+m_B}\right)^2$, $T_B{}'=\frac{p_0^2}{2m_A}\left(\frac{m_A m_B}{(m_A+m_B)^2}\right)$

## 9-14 질량중심 좌표계에서 충돌

질량중심 좌표계에서 일차원운동을 하는 운동량 $p_1{}'$의 입자가 운동량이 $p_2{}'=-p_1{}'$인 과녁입자에 탄성충돌하였다. 이 입자계의 환산질량이 $\mu$이다.

(가) 충돌 후 입사입자의 운동량을 $q_1{}'$이라 할 때, 충돌 전 및 충돌 후 총 운동에너지를 각각 구하라.

(나) 충돌 후 입사입자의 운동량 $q_1{}'$은 $q_1{}'=\pm p_1{}'$임을 보이고, 분석하라.

**풀이 |** (가) 질량중심 좌표계에서

$$\text{충돌 전 : } K'=\sum_i K_i'=\frac{p_1'^2}{2m_1}+\frac{(-p_1')^2}{2m_2}=\frac{p_1'^2}{2\mu},$$

$$\text{충돌 후 : } T'=\sum_i T_i'=\frac{q_1'^2}{2m_1}+\frac{q_1'^2}{2m_2}=\frac{q_1'^2}{2\mu}\quad (\because\ q_2'=-q_1')$$

(나) 탄성충돌 $\Rightarrow K'=T'$ $\quad\therefore\ q_1'^2=p_1'^2$ $\quad\therefore\ q_1'=\pm p_1'$ 〔QED〕

$q_1'=+p_1'$은 일차원 충돌에서는 불가능하다. 따라서 $q_1'=-p_1'$이다.

**답 |** (가) $K'=\frac{p_1'^2}{2\mu}$, $T'=\frac{q_1'^2}{2\mu}$

(나) $q_1'=+p_1'$는 일차원의 경우에는 있을 수 없다. 따라서 일차원의 경우에는 $q_1'=-p_1'$이다.

## 9-15 질량중심 좌표계에서 실험실 좌표계에로 변환

질량 3.0 kg의 물체 A는 5.0 m/s의 속도로 오른쪽으로, 1.0 kg의 다른 물체 B는 3.0 m/s의 속도로 왼쪽으로 달려와서 충돌을 한다.

(가) 이 계의 질량중심의 속도 $v_{CM}$을 구하고, 각 물체의 질량중심 좌표계에서 속도를 구하라.

(나) 이 좌표계에서 탄성충돌 후 각 물체의 운동은 처음과 정 반대 방향이었다. 각 물체의 충돌 후 운동량 및 속도를 구하라.

(다) 원래의 실험실 좌표계에서 각 물체의 속도를 구하라. 원래 좌표계에서 처음 및 나중 총 운동에너지를 비교하여 위의 결과를 확인하여라.

**풀이 |** $m_A=3.0\text{ kg}$, $u_A=5.0\text{ m/s}$, $m_B=1.0\text{ kg}$, $u_B=-3.0\text{ m/s}$

(가) $v_{CM}=?$ $u_A{}'=?$ $u_B{}'=?$ $v_{CM}=\frac{\sum m_i v_i}{M}=\frac{(15.0\text{ kg}\cdot\text{m/s})-(3.0\text{ kg}\cdot\text{m/s})}{4.0\text{ kg}}=3.0\text{ m/s}$,

$$u_i{}' = u_i - v_{\mathrm{CM}} \Rightarrow u_{\mathrm{A}}{}' = (5.0\ \mathrm{m/s}) - (3.0\ \mathrm{m/s}) = 2.0\ \mathrm{m/s},$$

$$u_{\mathrm{B}}{}' = (-3.0\ \mathrm{m/s}) - (3.0\ \mathrm{m/s}) = -6.0\ \mathrm{m/s}$$

(나) $q_{\mathrm{A}}{}' = ?\ q_{\mathrm{B}}{}' = ?\ v_{\mathrm{A}}{}' = ?\ v_{\mathrm{B}}{}' = ?$ 탄성충돌 $\Rightarrow |p_{\mathrm{A}}{}'| = |p_{\mathrm{B}}{}'| = |q_{\mathrm{A}}{}'| = |q_{\mathrm{B}}{}'|$

$$\therefore\ q_{\mathrm{A}}{}' = -p_{\mathrm{A}}{}' = -(3.0\ \mathrm{kg}) \times (2.0\ \mathrm{m/s}) = -6.0\ \mathrm{kg \cdot m/s},\ q_{\mathrm{B}}{}' = -p_{\mathrm{B}}{}' = 6.0\ \mathrm{kg \cdot m/s}$$

$$v_{\mathrm{A}}{}' = \frac{q_{\mathrm{A}}{}'}{m_{\mathrm{A}}} = -\frac{6.0\ \mathrm{kg \cdot m/s}}{3.0\ \mathrm{kg}} = -2.0\ \mathrm{m/s},\ v_{\mathrm{B}}{}' = 6.0\ \mathrm{m/s}$$

(다) $v_{\mathrm{A}} = ?\ v_{\mathrm{B}} = ?\ K = ?\ T = ?$

$$v_i = v_i{}' + v_{\mathrm{CM}} \Rightarrow v_{\mathrm{A}} = (-2.0\ \mathrm{m/s}) + (3.0\ \mathrm{m/s}) = 1.0\ \mathrm{m/s},$$

$$v_{\mathrm{B}} = (6.0\ \mathrm{m/s}) + (3.0\ \mathrm{m/s}) = 9.0\ \mathrm{m/s}$$

운동에너지 : $K = \sum_i \frac{1}{2} m_i u_i^2 = \frac{1}{2} \times (3.0\ \mathrm{kg}) \times (5.0\ \mathrm{m/s})^2 + \frac{1}{2} \times (1.0\ \mathrm{kg}) \times (-3.0\ \mathrm{m/s})^2$

$= 42.0\ \mathrm{J}.$

$T = \sum_i \frac{1}{2} m_i v_i^2 = \frac{1}{2} \times (3.0\ \mathrm{kg}) \times (1.0\ \mathrm{m/s})^2 + \frac{1}{2} \times (1.0\ \mathrm{kg}) \times (9.0\ \mathrm{m/s})^2$

$= 42.0\ \mathrm{J}.$

**답 |** (가) $v_{\mathrm{CM}} = 3.0\ \mathrm{m/s},\ u_{\mathrm{A}}{}' = 2.0\ \mathrm{m/s},\ u_{\mathrm{B}}{}' = -6.0\ \mathrm{m/s}$

(나) $q_{\mathrm{A}}{}' = -6.0\ \mathrm{kg \cdot m/s},\ q_{\mathrm{B}}{}' = 6.0\ \mathrm{kg \cdot m/s},\ v_{\mathrm{A}}{}' = -2.0\ \mathrm{m/s},\ v_{\mathrm{B}}{}' = 6.0\ \mathrm{m/s}$

(다) $v_{\mathrm{A}} = 1.0\ \mathrm{m/s},\ v_{\mathrm{B}} = 9.0\ \mathrm{m/s},\ K = T = 42.0\ \mathrm{J}$

### 9-16 양성자와 헬륨원자의 충돌

정지해 있는 헬륨원자에 양성자가 $\vec{u}_{\mathrm{p}}$의 속도로 달려 와서 탄성충돌한 후 입사 방향에서 $45^\circ$의 방향으로 산란되었다. 헬륨원자의 질량은 양성자의 4배이다.

(가) 질량중심의 속도를 구하고, 질량중심 좌표계에서 충돌 후 각 입자의 속도의 크기를 구하라.

(나) 질량중심 좌표계에서 양성자의 산란각 $\theta_{\mathrm{p}}{}'$을 구하라.

(다) 실험실 좌표계에서 충돌 후 각 입자의 속도의 크기를 구하라.

(라) 실험실 좌표계에서 본 헬륨원자의 산란각 $\theta_{\mathrm{He}}$를 구하라.

**풀이 |** (가) CM의 속도 : $\vec{v}_{\mathrm{CM}} = \frac{1}{M} \sum_i m_i \vec{v}_i = \frac{m_{\mathrm{p}} \vec{u}_{\mathrm{p}}}{m_{\mathrm{p}} + 4m_{\mathrm{p}}} = \frac{1}{5} \vec{u}_{\mathrm{p}}$

CM 좌표계에서 충돌 후 속도는? 탄성충돌 $\Rightarrow |\vec{p}_{\mathrm{p}}{}'| = |\vec{p}_{\mathrm{He}}{}'| = |\vec{q}_{\mathrm{p}}{}'| = |\vec{q}_{\mathrm{He}}{}'|$

$$\vec{p}_{\mathrm{p}}{}' = m_{\mathrm{p}} \vec{u}_{\mathrm{p}}{}' = m_{\mathrm{p}} (\vec{u}_{\mathrm{p}} - \vec{v}_{\mathrm{CM}}) = \frac{4}{5} m_{\mathrm{p}} \vec{u}_{\mathrm{p}}$$

$$\therefore\ v_{\mathrm{p}}{}' = \frac{q_{\mathrm{p}}{}'}{m_{\mathrm{p}}} = \frac{p_{\mathrm{p}}{}'}{m_{\mathrm{p}}} = \frac{4}{5} u_{\mathrm{p}},\ v_{\mathrm{He}}{}' = \frac{q_{\mathrm{He}}{}'}{m_{\mathrm{He}}} = \frac{p_{\mathrm{p}}{}'}{m_{\mathrm{He}}} = \frac{1}{5} u_{\mathrm{p}}$$

(나) CM 좌표계에서 양성자의 산란각 $\theta_p'$?

$\vec{v}_p = \vec{v}_p' + \vec{v}_{CM} \Rightarrow x$ 성분 $v_p \cos\theta_p = v_{CM} + v_p' \cos\theta_p'$ ; $y$ 성분 $v_p \sin\theta_p = v_p' \sin\theta_p'$

$$\therefore \tan\theta_p = \frac{\sin\theta_p'}{\frac{v_{CM}}{v_p'} + \cos\theta_p'} \quad : \quad \frac{v_{CM}}{v_p'} = \frac{1}{4},\ \theta_p = 45^\circ$$

$$\therefore\ 1 + 4\cos\theta_p' = 4\sin\theta_p' \quad : \quad \sin\theta_p' = \sqrt{1 - \cos^2\theta_p'}$$

$$\therefore\ 32\cos^2\theta_p' + 8\cos\theta_p' - 15 = 0 \qquad \therefore\ \cos\theta_p' = \frac{-4 \pm 22.27}{32}$$

여기서 음(-)의 값은 불가능하므로( $\because\ \tan\theta_p' > 0$ )

$$\cos\theta_p' = \frac{-4 + 22.27}{32} = 0.5709 \qquad \therefore\ \theta_p' = 55.19^\circ = \underline{55^\circ}.$$

(다) 충돌 후 각 입자의 속도 $v_p$=? $v_{He}$=? 그림 9.5(c) 및 코사인법칙에 의하여

$$v_p^2 = v_{CM}^2 + v_p'^2 - 2v_{CM}\,v_p' \cos(180^\circ - \theta_p') \ :\ v_{CM} = \frac{1}{5}u_p,\ v_p' = \frac{4}{5}u_p,\ \theta_p' = 55.19^\circ$$

$$\therefore\ v_p = 0.9288\ u_p = \underline{0.93\ u_p}$$

$$v_{He}^2 = v_{CM}^2 + v_{He}'^2 - 2v_{CM}\,v_{He}' \cos\theta_p' \ :\ v_{CM} = \frac{1}{5}u_p,\ v_{He}' = \frac{1}{5}u_p,\ \theta_p = 55.19^\circ$$

$$\therefore\ v_{He} = 0.1853\ u_p = \underline{0.19\ u_p}.$$

(라) LAB 좌표계에서 본 헬륨원자의 산란각 $\theta_{He}$? 그림 9.5(c)에서

$$\theta_{He} = \frac{180^\circ - \theta_p'}{2} = 62.41^\circ = \underline{62^\circ}.$$

**답 |** (가) $\vec{v}_{CM} = \frac{1}{5}\vec{u}_p$, $v_p' = \frac{4}{5}u_p$, $v_{He}' = \frac{1}{5}u_p$

(나) $\theta_p' = 55^\circ$

(다) $v_p = 0.93\,u_p$, $v_{He} = 0.19\,u_p$ (라) $\theta_{He} = 62^\circ$

## 9.6 중심력마당에서 운동

### 9-17 위치에너지함수

아래 힘은 보존력이다. 위치에너지함수를 구하라.

(가) $\vec{F} = \hat{i}\ xy^2z + \hat{j}\ x^2yz + \hat{k}\frac{1}{2}x^2y^2$ (나) $\vec{F} = -k\vec{r}$

**풀이** | 적분경로의 방법 : 보존력의 경우, 적분경로에 따라 $dU=-\vec{F}\cdot d\vec{r}$의 적분결과는 변화가 없으므로 적분에 편리한 적분경로를 택한다.

적분경로 : $(x_0,\ y_0,\ z_0) \to (x,\ y_0,\ z_0) \to (x,\ y,\ z_0) \to (x,\ y,\ z)$를 따라서 적분한다.

(가) $U=-\int_{\vec{r}_0}^{\vec{r}} \vec{F}\cdot d\vec{r}=-\int_{\vec{r}_0}^{\vec{r}}\left(\hat{i}\ xy^2z+\hat{j}\ x^2yz+\hat{k}\ \frac{x^2y^2}{2}\right)\cdot d\vec{r}$

$$=-\left(\int_{(x_0,y_0,z_0)}^{(x,y_0,z_0)} xy^2z\ dx+\int_{(x,y_0,z_0)}^{(x,y,z_0)} x^2yz\ dy+\int_{(x,y,z_0)}^{(x,y,z)} \frac{x^2y^2}{2}\ dz\right)$$

$$=-\left[\frac{1}{2}x^2y^2z\right]_{(x_0,y_0,z_0)}^{(x,y_0,z_0)}-\left[\frac{1}{2}x^2y^2z\right]_{(x,y_0,z_0)}^{(x,y,z_0)}-\left[\frac{1}{2}x^2y^2z\right]_{(x,y,z_0)}^{(x,y,z)}$$

$$=-\frac{1}{2}x^2y^2z-\left(-\frac{1}{2}x_0^2y_0^2z_0\right)$$

$(x_0,\ y_0,\ z_0)=(0,\ 0,\ 0)$을 기준점으로 택하면 위치에너지함수는 $U=-\frac{1}{2}x^2y^2z$이다.

(나) $U=-\int_{\vec{r}_0}^{\vec{r}} \vec{F}\cdot d\vec{r}=\int_{\vec{r}_0}^{\vec{r}} k\vec{r}\cdot d\vec{r}$

$$=\int_{(x_0,y_0,z_0)}^{(x,y_0,z_0)} kx\ dx+\int_{(x,y_0,z_0)}^{(x,y,z_0)} ky\ dy+\int_{(x,y,z_0)}^{(x,y,z)} kz\ dz$$

$$=\left(\frac{1}{2}kx^2-\frac{1}{2}kx_0^2\right)+\left(\frac{1}{2}ky^2-\frac{1}{2}ky_0^2\right)+\left(\frac{1}{2}kz^2-\frac{1}{2}kz_0^2\right)$$

$$=\left(\frac{1}{2}kx^2+\frac{1}{2}ky^2+\frac{1}{2}kz^2\right)-\left(\frac{1}{2}kx_0^2+\frac{1}{2}ky_0^2+\frac{1}{2}kz_0^2\right)$$

$$=\frac{1}{2}kr^2-\frac{1}{2}kr_0^2$$

$\vec{r}_0=(x_0,\ y_0,\ z_0)=(0,\ 0,\ 0)$를 기준점으로 택하면 $U=\frac{1}{2}kr^2$이다.

**별해**

$F_x=-\frac{\partial U}{\partial x},\ F_y=-\frac{\partial U}{\partial y},\ F_z=-\frac{\partial U}{\partial z}$ 또는 $\vec{F}=-\nabla U$의 방법

(가) $\vec{F}=\hat{i}\ xy^2z+\hat{j}\ x^2yz+\hat{k}\ \frac{x^2y^2}{2}$ : $F_x=xy^2z,\ F_y=x^2yz,\ F_z=\frac{x^2y^2}{2}$

$$\frac{\partial U}{\partial x}=-F_x \Rightarrow \frac{\partial U}{\partial x}=-xy^2z \qquad \therefore U=-\int xy^2z\ dx=-\frac{1}{2}x^2y^2z+C_x$$

여기서 $C_x$는 $x$에 대한적분상수이나, 일반적으로 $y,\ z$의 함수일 수는 있다. $x$에 대한 편미분에서 0이 되는 상수이기 때문이다. 따라서

$$U=-\frac{1}{2}x^2y^2z+C_x(y,z).$$

여기에 $\dfrac{\partial U}{\partial y}=-F_y$를 적용하면

$$-x^2yz+\frac{\partial C_x(y,z)}{\partial y}=-x^2yz \qquad \therefore\ \frac{\partial C_x(y,z)}{\partial y}=0$$

$\therefore\ C_x(y,z)=C_{xy}(z)$ ($y$에 대해서도 상수이다).

$$\therefore\ U=-\frac{1}{2}x^2y^2z+C_{xy}(z).$$

여기에 $\dfrac{\partial U}{\partial z}=-F_z$를 적용하면

$$-\frac{1}{2}x^2y^2+\frac{\partial C_{xy}(z)}{\partial z}=-\frac{1}{2}x^2y^2 \qquad \therefore\ \frac{\partial C_{xy}(z)}{\partial z}=0$$

$\therefore\ C_{xy}(z)=C_{xyz}$ ($z$에 대해서도 상수이다)

$$\therefore\ U=-\frac{1}{2}x^2y^2z+C_{xyz}.$$

원점이 기준점이면 $U(0,0,0)=0$이므로 $0=0+C_{xyz}$ $\therefore\ C_{xyz}=0$이다. 따라서 원점을 기준점으로 하는 위치에너지함수는 $U=-\dfrac{1}{2}x^2y^2z$이 된다.

(나) $\vec{F}=-k\vec{r}=\hat{i}(-kx)+\hat{j}(-ky)+\hat{k}(-kz)$ : $F_x=-kx$, $F_y=-ky$, $F_z=-kz$

$$\frac{\partial U}{\partial x}=-F_x : F_x=-kx \quad \therefore U=\int kx\,dx=\frac{1}{2}kx^2+C_x \quad \therefore\ U=\frac{1}{2}kx^2+C_x(y,z).$$

$$\frac{\partial U}{\partial y}=-F_y : F_y=-ky \Rightarrow 0+\frac{\partial C_x(y,z)}{\partial y}=ky \quad \therefore\ C_x(y,z)=\frac{1}{2}ky^2+C_{xy}(z)$$

$$\therefore\ U=\frac{1}{2}kx^2+\frac{1}{2}ky^2+C_{xy}(z)$$

$$\frac{\partial U}{\partial z}=-F_z : F_z=-kz \Rightarrow 0+\frac{\partial C_{xy}(z)}{\partial z}=kz \quad \therefore\ C_{xy}(z)=\frac{1}{2}kz^2+C_{xyz}$$

$$\therefore\ U=\frac{1}{2}kx^2+\frac{1}{2}ky^2+\frac{1}{2}kz^2+C_{xyz}.$$

원점(0, 0, 0)을 기준점으로 하면 $U(0,0,0)=0$이므로 $C_{xyz}=0$이 되어 위치에너지함수는 $U=\dfrac{1}{2}kx^2+\dfrac{1}{2}ky^2+\dfrac{1}{2}kz^2=\dfrac{1}{2}kr^2$이 된다.

**답 |** (가) $U=-\dfrac{1}{2}x^2y^2z$ (기준점 : 원점) (나) $U=\dfrac{1}{2}kr^2$ (기준점 : 원점)

### 9-18 위치에너지와 힘

위치에너지함수가 아래와 같이 주어지는 힘마당의 힘을 구하라.

(가) $U=kxy^2z^3$ (나) $U=\dfrac{1}{2}\left(k_xx^2+k_yy^2+k_zz^2\right)$

**풀이 |** (가) $U=kxy^2z^3$ : $F_x=-\frac{\partial U}{\partial x}=-\frac{\partial}{\partial x}(kxy^2z^3)=-ky^2z^3$,

$$F_y=-\frac{\partial U}{\partial y}=-\frac{\partial}{\partial y}(kxy^2z^3)=-2kxyz^3,$$

$$F_z=-\frac{\partial U}{\partial z}=-\frac{\partial}{\partial z}(kxy^2z^3)=-3kxy^2z^2$$

$$\therefore\ \vec{F}=-k\{\hat{i}(y^2z^3)+\hat{j}(2xyz^3)+\hat{k}(3xy^2z^2)\}.$$

(나) $U=\frac{1}{2}(k_xx^2+k_yy^2+k_zz^2)$ : $F_x=-\frac{\partial U}{\partial x}=-\frac{\partial}{\partial x}\left(\frac{1}{2}k_xx^2+\frac{1}{2}k_yy^2+\frac{1}{2}k_zz^2\right)=-k_xx$,

$$F_y=-\frac{\partial U}{\partial y}=-\frac{\partial}{\partial y}\left(\frac{1}{2}k_xx^2+\frac{1}{2}k_yy^2+\frac{1}{2}k_zz^2\right)=-k_yy,$$

$$F_z=-\frac{\partial U}{\partial z}=-\frac{\partial}{\partial z}\left(\frac{1}{2}k_xx^2+\frac{1}{2}k_yy^2+\frac{1}{2}k_zz^2\right)=-k_zz$$

$$\therefore\ \vec{F}=\hat{i}(-k_xx)+\hat{j}(-k_yy)+\hat{k}(-k_yz)=-\vec{k}\cdot\vec{r}$$

**답 |** (가) $\vec{F}=-k\{\hat{i}(y^2z^3)+\hat{j}(2xyz^3)+\hat{k}(3xy^2z^2)\}$

(나) $\vec{F}=\hat{i}(-k_xx)+\hat{j}(-k_yy)+\hat{k}(-k_yz)=-\vec{k}\cdot\vec{r}$

### 9-19 중심력마당의 힘

입자가 힘의 중심을 지나는 반지름 $a$의 원궤도를 따라서 각운동량 $\ell$의 운동을 하고 있다.

(가) 궤도함수는 $r=2a\cos\theta$로 표현됨을 보여라.

(나) 입자에 작용하는 중심력 $F(r)$를 구하라.

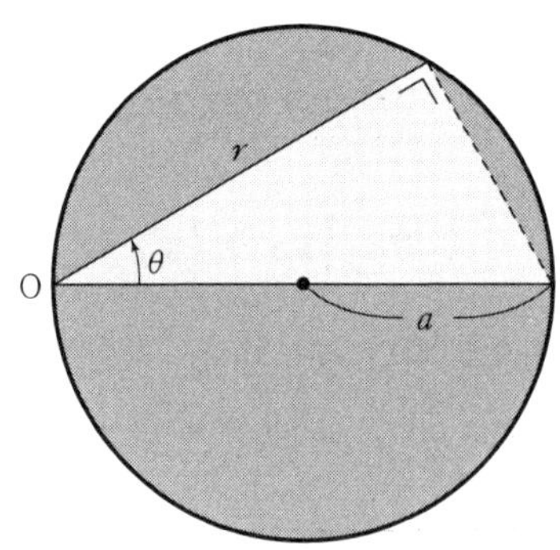


문9-19의 연습그림 : 힘의 중심을 지나는 원궤도

**풀이 |** (가) 궤도함수는? 힘의 중심 O를 지나는 지름을 각의 기준선으로 한다. 그러면 입자의 위치를 힘의 중심 O로부터 거리 $r$ 및 각 $\theta$, 곧 평면 극좌표$(r, \theta)$로 표현할 수 있다. 원의 지름은 $2a$이므로 입자의 위치는 $r=2a\cos\theta$이다(문9-19의 연습그림 참조). 〔QED〕

(나) 중심력 $F(r)$는? 궤도미분방정식(9.107) $\frac{\ell^2}{m}u^2\left(\frac{d^2u}{d\theta^2}+u\right)=-F\left(\frac{1}{u}\right)$ :

$$u=\frac{1}{r}=\frac{1}{2a}\frac{1}{\cos\theta}\ ;\ \frac{du}{d\theta}=\frac{1}{2a}\frac{d}{d\theta}\left(\frac{1}{\cos\theta}\right)=\frac{1}{2a}\left(-\frac{1}{\cos^2\theta}\right)\left(\frac{d}{d\theta}\cos\theta\right)=\frac{1}{2a}\frac{\sin\theta}{\cos^2\theta}(*);$$

$$\frac{d^2u}{d\theta^2}=\frac{1}{2a}\frac{d^2}{d\theta^2}\left(\frac{1}{\cos\theta}\right)=\frac{1}{2a}\frac{d}{d\theta}\left\{\frac{d}{d\theta}\left(\frac{1}{\cos\theta}\right)\right\}=\frac{1}{2a}\frac{d}{d\theta}\left(\frac{\sin\theta}{\cos^2\theta}\right)$$

$$=\frac{1}{2a}\left(\frac{1+\sin^2\theta}{\cos^3\theta}\right)=\frac{1}{2a}\left(\frac{2-\cos^2\theta}{\cos^3\theta}\right)=\frac{8a^2-r^2}{r^3}$$

$$\therefore\ F=-\frac{\ell^2}{m}u^2\left(\frac{d^2u}{d\theta^2}+u\right)=-\left(\frac{\ell^2}{m}\right)\frac{1}{r^2}\left(\frac{8a^2-r^2}{r^3}+\frac{1}{r}\right)=-\left(\frac{\ell^2}{m}\right)\left(\frac{8a^2}{r^5}\right).$$

《 (*) $\cos\theta=x$라 두면 $x$는 $\theta$의 함수이다. 따라서 함수의 함수 미분법(부록 D.16-5 참조)에 의하여

$$\frac{d}{d\theta}\left(\frac{1}{\cos\theta}\right)=\frac{d}{d\theta}\left\{\frac{1}{x(\theta)}\right\}=\frac{d}{dx}\left(\frac{1}{x}\right)\frac{dx}{d\theta}=\frac{d}{dx}\left(\frac{1}{x}\right)\frac{d}{d\theta}(\cos\theta)$$

$$=\left(-\frac{1}{x^2}\right)(-\sin\theta)=\frac{\sin\theta}{\cos^2\theta}$$ 》

**답|** (나) $F=-\left(\frac{8a^2\ell^2}{m}\right)\frac{1}{r^5}$

## 9-20 나선궤도

질량이 $m$인 입자의 궤도함수가 $r=a\,e^{\alpha\theta}$로 주어지는 나선 모양의 궤도를 따라 움직인다. 이 입자의 각운동량은 $\ell$이다.

(가) 입자에 작용하는 힘 $F(r)$를 구하라.

(나) 각변위 $\theta(t)$를 구하라. 처음($t=0$)에 $r=a$이었다.

**풀이|** (가) 힘 $F(r)$는? 궤도미분방정식(9.107) $\frac{\ell^2}{m}u^2\left(\frac{d^2u}{d\theta^2}+u\right)=-F\left(\frac{1}{u}\right)$에서

$$u=\frac{1}{r}=\frac{1}{a}e^{-\alpha\theta}\ ;\ \frac{d^2u}{d\theta^2}=\frac{\alpha^2}{a}e^{-\alpha\theta}=\frac{\alpha^2}{r}$$

$$\therefore F=-\frac{\ell^2}{m}\frac{1}{r^2}\left(\frac{\alpha^2}{r}+\frac{1}{r}\right)=-\left(\frac{\ell^2}{m}\right)\left(\frac{\alpha^2+1}{r^3}\right).$$

(나) 각변위 $\theta(t)$는? 각운동량 식(9.94)

$$\ell=mr^2\frac{d\theta}{dt}\ \Rightarrow\ \frac{d\theta}{dt}=\frac{\ell}{mr^2}\ :\ r=a\,e^{\alpha\theta}\qquad\therefore\ \frac{d\theta}{dt}=\frac{\ell}{ma^2}e^{-2\alpha\theta}.$$

이를 변수분리하면 $e^{2\alpha\theta}d\theta=\frac{\ell}{ma^2}dt.$

양변을 적분하면 $\frac{e^{2\alpha\theta}}{2\alpha}=\frac{\ell}{ma^2}t+C_\theta\qquad\therefore\ e^{2\alpha\theta}=\frac{2\alpha\,\ell}{ma^2}t+C_\theta\ :\ r=a\,e^{\alpha\theta}$

초기 조건 : $t=0$일 때 $r=a$

$$\therefore\ \theta(0)=0 \Rightarrow C_\theta=1 \qquad \therefore\ e^{2\alpha\theta}=\frac{2\alpha\ell}{ma^2}t+1 \qquad \therefore\ \theta=\frac{1}{2\alpha}\ln\left(\frac{2\alpha\ell}{ma^2}t+1\right).$$

**답 |** (가) $F(r)=-\left(\frac{\ell^2}{m}\right)\frac{\alpha^2+1}{r^3}$ (나) $\theta(t)=\frac{1}{2\alpha}\ln\left(\frac{2\alpha\ell}{ma^2}t+1\right)$

### 9-21 중심력마당의 위치에너지함수

문9-19 및 문9-20에서와 같은 힘마당의 위치에너지함수를 구하라.

**풀이 |** 문9-19 $F=-\left(\frac{8a^2\ell^2}{m}\right)\frac{1}{r^5}$ : $U(r)=-\int\left\{-\left(\frac{8a^2\ell^2}{m}\right)\frac{1}{r^5}\right\}dr=-\left(\frac{2a^2\ell^2}{m}\right)\frac{1}{r^4}+C_r$

기준점을 $r=\infty$에 두면 $U(\infty)=0$이므로 $C_r=0$. $\therefore\ U(r)=-\left(\frac{2a^2\ell^2}{m}\right)\frac{1}{r^4}$.

문9-20 $F(r)=-\left(\frac{\ell^2}{m}\right)\frac{\alpha^2+1}{r^3}$ : $U(r)=-\int\left\{-\left(\frac{\ell^2}{m}\right)\frac{\alpha^2+1}{r^3}\right\}dr=-\left(\frac{\ell^2}{2m}\right)\frac{\alpha^2+1}{r^2}+C_r$

기준점을 $r=\infty$로 하면 $C_r=0$ $\therefore\ U(r)=-\frac{\ell^2(\alpha^2+1)}{2m}\frac{1}{r^2}$.

**답 |** 문9-19 $U=-\left(\frac{2a^2\ell^2}{m}\right)\frac{1}{r^4}$ $(U(\infty)=0)$, 문9-20 $U(r)=-\frac{\ell^2(\alpha^2+1)}{2m}\frac{1}{r^2}$ $(U(\infty)=0)$

### 9-22 유가와 퍼텐셜

위치에너지함수가 유가와 퍼텐셜

$$U(r)=-k\frac{e^{-\alpha r}}{r} \quad (k,\ \alpha\ :\ \text{양의 상수})$$

로 주어지는 힘마당에서 질량 $m$의 입자가 운동하고 있다.

(가) 이 힘마당의 힘 $F(r)$를 구하라.

(나) 입자가 반지름 $r_0$의 원운동을 할 때, 주기 $T$, 에너지 $E$ 및 각운동량 $L$을 각각 구하라.

**풀이 |** (가) $F(r)=-\frac{d}{dr}U(r)=\frac{d}{dr}\left(k\frac{e^{-\alpha r}}{r}\right)=-k\frac{e^{-\alpha r}}{r^2}(\alpha r+1)$,

(나) 구심력 $|F(r_0)|=\frac{mv_0^2}{r_0}=m\left(\frac{2\pi}{T}\right)^2 r_0$ $\quad\therefore\ T=\sqrt{\frac{4\pi^2 m r_0}{|F(r_0)|}}=2\pi\sqrt{\frac{mr_0^3}{k(\alpha r_0+1)}}\ e^{\frac{\alpha r_0}{2}}$,

$$E=\frac{1}{2}mv_0^2+U(r_0)=\frac{r_0|F(r_0)|}{2}+U(r_0)=-k\frac{e^{-\alpha r_0}}{2r_0}(1-\alpha r_0).$$

$$L=r_0mv_0=r_0\sqrt{mr_0|F(r_0)|}\quad\left(\because\ \frac{m^2v_0^2}{mr_0}=|F(r_0)|\right)\quad\therefore\ L=\sqrt{mkr_0(\alpha r_0+1)}\,e^{-\frac{\alpha r_0}{2}}.$$

**답 |** (가) $F(r)=-k\frac{e^{-\alpha r}}{r^2}(\alpha r+1)$

(나) $T=2\pi\sqrt{\frac{mr_0^3}{k(\alpha r_0+1)}}\ e^{\frac{\alpha r_0}{2}}$, $E=-k\frac{e^{-\alpha r_0}}{2r_0}(1-\alpha r_0)$, $L=\sqrt{mkr_0(\alpha r_0+1)}\ e^{-\frac{\alpha r_0}{2}}$

### 9-23 지구 주위의 인공위성

질량 2,500 kg의 인공위성이 지구 주위의 타원궤도를 따라서 회전하고 있다. 원지점은 $d_A = 3600\text{ km}$, 근지점은 $d_P = 1100\text{ km}$이다. 지구의 반지름 및 질량 그리고 만유인력상수는 각각 $R_E = 6.37\times10^6\text{ m}$, $m_E = 5.98\times10^{24}\text{kg}$, $G = 6.67\times10^{-11}\text{m}^3/\text{s}^2\cdot\text{kg}$이다. 다음을 구하라.

(가) 인공위성의 에너지 $E$ (나) 근지점(P) 및 원지점(A)에서 속도 $v_P$ 및 $v_A$

(다) 각운동량 $\ell$

**풀이 |** (가) 타원궤도 운동의 에너지는? 식(9.130)에 의하여

$$E = -\frac{k}{2a} \ : \ k = Gm_E m = (6.67\times10^{-11}\text{m}^3/\text{s}^2\cdot\text{kg})\times(5.98\times10^{24}\text{ kg})\times(2500\text{ kg}),$$

$$= 9.972\times10^{17}\text{ N}\cdot\text{m}^2$$

$$2a = r_P + r_A = (d_P + R_E) + (d_A + R_E) = d_P + d_A + 2R_E$$

$$= (1.100\times10^6\text{ m}) + (3.600\times10^6\text{ m}) + 2(6.37\times10^6\text{ m}) = 17.44\times10^6\text{ m}$$

$$\therefore\ E = -\frac{k}{2a} = -\frac{9.972\times10^{17}\text{ N}\cdot\text{m}^2}{17.44\times10^6\text{ m}} = -5.718\times10^{10}\text{ J} = \underline{-5.72\times10^{10}\text{ J}}.$$

(나) 근지점(P) 및 원지점(A)에서 속도 $v_P$ 및 $v_A$는?

근지점 : $E = \frac{1}{2}mv_P^2 - \frac{k}{r_P} = -\frac{k}{r_P + r_A}$

$$\therefore\ v_P = \sqrt{\frac{2}{m}\left(\frac{k}{r_P} + E\right)} \ : \ m = 2.500\times10^3\text{ kg},\ r_P = 7.47\times10^6\text{ m},$$

$$k = 9.972\times10^{17}\text{ N}\cdot\text{m}^2,\ E = -5.718\times10^{10}\text{ J}$$

$$\therefore\ v_P = 7.814\times10^3\text{ m/s} = \underline{7.81\times10^3\text{ m/s}}$$

원지점 : 같은 방법으로,

$$v_A = \sqrt{\frac{2}{m}\left(\frac{k}{r_A} + E\right)} \ : \ m = 2.500\times10^3\text{ kg},\ r_A = 9.97\times10^6\text{ m},$$

$$k = 9.972\times10^{17}\text{ N}\cdot\text{m}^2,\ E = -5.718\times10^{10}\text{ J}$$

$$\therefore\ v_A = 5.854\times10^3\text{ m/s} = \underline{5.85\times10^3\text{ m/s}}\ (*)$$

**(*) 별해**

면적속도 일정의 법칙(각운동량의 보존)에 의하여

$$r_A v_A = r_P v_P$$

$$\therefore\ v_A = \frac{r_P}{r_A}v_P \ : \ r_P = 7.47\times10^6\text{ m},\ r_A = 9.97\times10^6\text{ m},\ v_P = 7.814\times10^3\text{ m/s}$$

$$\therefore\ v_A = 5.854\times10^3\text{ m/s}.$$

(다) 각운동량 $\ell$은?

$$\ell = m v_P r_P = m v_A r_A \ : \ m = 2.500\times10^3\ \text{kg},\ v_A = 5.8544\times10^3\ \text{m/s},$$
$$r_A = 9.97\times10^6\ \text{m}$$

$$\therefore\ \ell = m v_A r_A = 1.459\times10^{14}\ \text{J}\cdot\text{s} = \underline{1.46\times10^{14}\ \text{J}\cdot\text{s}}$$

**답|** (가) $E = -5.72\times10^{10}\ \text{J}$

(나) $v_P = 7.81\times10^3\ \text{m/s},\ v_A = 5.85\times10^3\ \text{m/s}$

(다) $\ell = 1.46\times10^{14}\ \text{J}\cdot\text{s}$

## 9-24 화성궤도에 올리기

지구에서 우주선을 발사하여 화성궤도에 올려 놓으려고 한다. 지구 및 화성의 궤도는 원궤도로 어림한다.

(가) 지구궤도에서 속도 $v_{0;E}$, 화성궤도에서 속도 $v_{0;M}$을 각각 구하라.

(나) 타원연결궤도의 원점 A 및 근점 P에서 우주선의 속도 $v_A$, $v_P$를 각각 구하라.

(다) 궤도를 바꾸는 데 걸리는 시간 $\tau_t$를 구하라.

지구 및 화성의 궤도반지름은 각각 $r_E = 1.50\times10^{11}\ \text{m}$, $r_M = 2.28\times10^{11}\ \text{m}$이고, 해의 질량 및 만유인력상수는 각각 $M = 1.99\times10^{30}\ \text{kg}$, $G = 6.67\times10^{-11}\ \text{m}^3/\text{s}^2\cdot\text{kg}$이다.

**풀이|** (가) $v_{0;E}$, $v_{0;M}$는?

지구 및 화성의 원궤도 : $$E = \frac{1}{2}m v_{0;\alpha}^2 - \frac{GMm}{r_\alpha} = -\frac{GMm}{2r_\alpha}\quad (\alpha = \{E,\ M\})$$

$$\therefore\ v_{0;\alpha} = \sqrt{\frac{GM}{r_\alpha}}\ .$$

지구 원궤도에서 속도 $$v_{0;E} = \sqrt{\frac{GM}{r_E}}\ :\ G = 6.67\times10^{-11}\ \text{m}^3/\text{s}^2\cdot\text{kg},\ M = 1.99\times10^{30}\ \text{kg},$$

$$r_E = 1.50\times10^{11}\ \text{m}\qquad \therefore\ v_{0;E} = 2.975\times10^4\ \text{m/s} = \underline{2.98\times10^4\ \text{m/s}}$$

화성 원궤도에서 속도 $$v_{0;M} = \sqrt{\frac{GM}{r_M}}\ :\ G = 6.67\times10^{-11}\ \text{m}^3/\text{s}^2\cdot\text{kg},\ M = 1.99\times10^{30}\ \text{kg},$$

$$r_M = 2.28\times10^{11}\ \text{m}\qquad \therefore\ v_{0;M} = 2.413\times10^4\ \text{m/s} = \underline{2.41\times10^4\ \text{m/s}}.$$

(나) 타원연결궤도에서 $v_A$, $v_P$는?

$$E = \frac{1}{2}m v_a^2 - \frac{GMm}{r_\alpha} = -\frac{GMm}{r_P + r_A}\quad (a = \{P,\ A\};\ r_P = r_E,\ r_A = r_M)$$

$$\therefore\ \frac{1}{2}m v_a^2 - \frac{GMm}{r_\alpha} = -\frac{GMm}{r_E + r_M}\qquad \therefore\ v_a = \sqrt{2GM\left(\frac{1}{r_\alpha} - \frac{1}{r_E + r_M}\right)}\quad (a = \{P,\ A\})$$

근점에서 속도 : $v_P = \sqrt{2GM\left(\frac{1}{r_E} - \frac{1}{r_E + r_M}\right)} = \sqrt{\frac{GM}{r_E}\left(\frac{2r_M}{r_E + r_M}\right)} = v_{0:E}\sqrt{\frac{2r_M}{r_E + r_M}}$ :

$v_{0:E} = 2.975 \times 10^4$ m/s , $r_M = 2.28 \times 10^{11}$ m , $r_E = 1.50 \times 10^{11}$ m

$\therefore\ v_P = 3.268 \times 10^4$ m/s $= \underline{3.27 \times 10^4 \text{ m/s}}$.

원점에서 속도 : $v_A = \sqrt{2GM\left(\frac{1}{r_M} - \frac{1}{r_E + r_M}\right)} = \sqrt{\frac{GM}{r_M}\left(\frac{2r_E}{r_E + r_M}\right)} = v_{0:M}\sqrt{\frac{2r_E}{r_E + r_M}}$ :

$v_{0:M} = 2.413 \times 10^4$ m/s , $r_M = 2.28 \times 10^{11}$ m , $r_E = 1.50 \times 10^{11}$ m

$\therefore\ v_A = 2.150 \times 10^4$ m/s $= \underline{2.15 \times 10^4 \text{ m/s}}$.

(다) 궤도를 바꾸는 시간 $\tau_t$는? 연결타원의 주기 $T_t = 2\pi\sqrt{\frac{m}{k}}\,a^{\frac{3}{2}}$ : $k = GMm$, $a = \frac{r_E + r_M}{2}$

$\therefore\ \tau_t = \frac{T_t}{2} = \pi\sqrt{\frac{1}{GM}}\left(\frac{r_E + r_M}{2}\right)^{\frac{3}{2}}$ : $G = 6.67 \times 10^{-11}\text{m}^3/\text{s}^2 \cdot \text{kg}$, $M = 1.99 \times 10^{30}$kg,

$r_E = 1.50 \times 10^{11}$ m , $r_M = 2.28 \times 10^{11}$ m

$\therefore\ \tau_t = 2.239 \times 10^7$ s $= \underline{2.24 \times 10^7 \text{ s}}$

**답 |** (가) $v_{0:E} = 2.98 \times 10^4$m/s , $v_{0:M} = 2.41 \times 10^4$m/s

(나) $v_P = 3.27 \times 10^4$ m/s , $v_A = 2.15 \times 10^4$ m/s

(다) $\tau_t = 2.24 \times 10^7$ s

## 9.7 뉴턴역학의 한계 및 보존법칙의 확장

### 9-25 시간의 상대성

일정한 속도 $\vec{v}_R$로 달리는 객차에 타고 있는 여성이 객차 천장에 수평으로 설치된 평면거울에 레이저 포인터로 빛을 연직상방으로 발사하여 거울에서 반사되어 온 빛을 포인터와 같은 위치에 있는 빛 수신기로 받았다. 포인터와 거울 사이의 거리는 $L$[m]이다. 빛을 '빛알갱이'로 보고, 그 속도는 빛의 속도 $c$[m/s]라고 한다. 이 빛의 속도는 어떤 관측자에게도 항상 일정하다.

(가) 빛이 발사된 현상(사건 A)과 빛이 평면거울에서 반사되어 수신기에 수신되는 현상(사건 B)사이의 시간 간격 $\Delta t_0$을 구하라.

(나) 플랫폼에 서 있는 남성이 볼 때, 두 사건 A, B 사이의 시간 간격은 어떻게 될까? 서로 같은가?

**풀이 |** 여성 및 남성이 본 '빛알갱이'의 운동모양은 문9.25의 연습그림(a) 및 (b)와 같다(**예제 1.36**의 그림 1.62 참조).

(가) '빛알갱이'가 이동한 거리는 $2L$[m]이고 빛알갱이의 속도가 $c$[m/s]이므로 빛알갱이가 이동하는 데 걸린 시간은 $\Delta t_0 = \frac{2L}{c}$[s]이다.

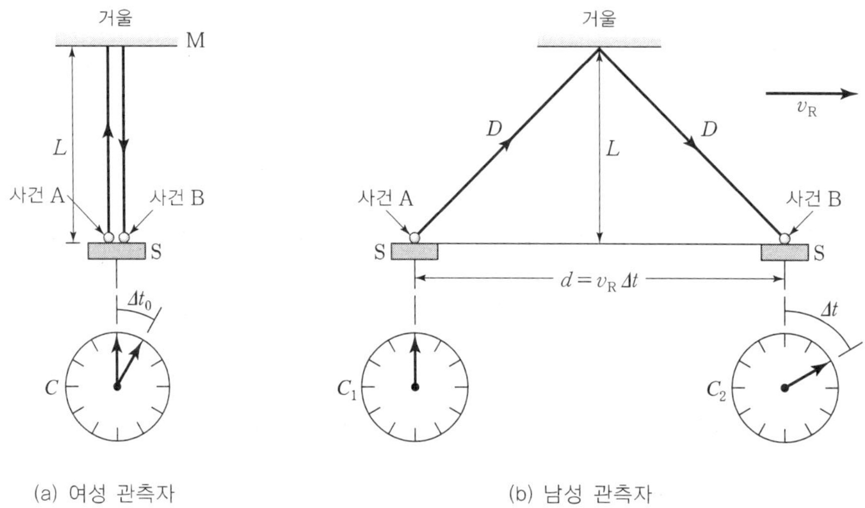


문9.25의 연습그림 : 두 관측자에 대한 '빛알갱이'의 운동 모양

(나) 남성이 볼 때 빛알갱이의 이동행로는 문9.25의 연습그림(b)와 같다. 그림에서 빛알갱이의 이동거리는 $2D$[m]이다. 빛알갱이의 속도는 $c$[m/s]이므로 걸린 시간 $\Delta t$는

$$\Delta t=\frac{2D}{c}[\mathrm{s}]$$

이다. 한편 객차가 이 시간 동안에 이동한 거리는 $d=v_R\Delta t$이고, 따라서 남성이 볼 때 빛알갱이가 이동한 거리는 $2D=2\sqrt{L^2+\left(\frac{d}{2}\right)^2}=2\sqrt{L^2+\left(\frac{v_R\Delta t}{2}\right)^2}$ 이므로

$$\Delta t=\frac{2D}{c}=\frac{2\sqrt{L^2+\left(\frac{v_R\Delta t}{2}\right)^2}}{c} \qquad \therefore\ \Delta t=\frac{2L}{\sqrt{c^2-v_R^2}}=\frac{2L}{c}\left(\frac{1}{\sqrt{1-\left(\frac{v_R}{c}\right)^2}}\right).$$

**답|** (가) $\Delta t_0=\dfrac{2L}{c}$ (나) $\Delta t=\dfrac{2L}{c}\left(\dfrac{1}{\sqrt{1-\left(\frac{v_R}{c}\right)^2}}\right)$, $\Delta t_0<\Delta t$(서로 같지 않다).

## 9-26 빛알갱이의 입자성과 파동성

빛알갱이의 운동량은 그 파장에 반비례한다고 알려져 있다. 파장이 500 nm 인 빛의 빛알갱이의 운동량이 $2.10\times10^{-28}$ N·s 이다. 파장 650 nm 의 붉은색의 빛알갱이의 운동량은 얼마인가?

**풀이|** 빛알갱이의 운동량 $p$와 파장 $\lambda$ 사이에는 $p\lambda=$(일정)의 관계가 있다.

그러므로 $(650\ \mathrm{nm})p=(500\ \mathrm{nm})\times(2.10\times10^{-28}\ \mathrm{N\cdot s})$

$$\therefore\ p=\left(\frac{500\text{ nm}}{650\text{ nm}}\right)\times(2.10\times10^{-28}\text{ N}\cdot\text{s})=1.615\times10^{-28}\text{ N}\cdot\text{s}=1.62\times10^{-28}\text{ N}\cdot\text{s}.$$

**답 |** $p=1.62\times10^{-28}\text{ N}\cdot\text{s}$

### 9-27 불확정성 원리

직선운동을 하는 전자의 속도가 $2.05\times10^6\text{ m/s}$로 관측되었다. 이것의 정밀도는 $0.50\%$라 한다. 전자의 위치를 동시에 측정할 때 가능한 최소 불확정도는 얼마일까?

**풀이 |** 전자의 질량이 $m_e=9.11\times10^{-31}\text{ kg}$이므로 그 운동량은

$$p=mv=(9.11\times10^{-31}\text{ kg})\times(2.05\times10^6\text{ m/s})=18.68\times10^{-25}\text{ kg}\cdot\text{m/s}$$

인데, 전자의 속도의 정밀도가 $0.50\%$이므로 운동량의 불확정도 $\Delta p$도 운동량의 $0.50\%$이다. 그러므로

$$\Delta p=\left(\frac{0.50}{100}\right)p=0.0050\times(18.68\times10^{-25}\text{ kg}\cdot\text{m/s})=0.934\times10^{-26}\text{ kg}\cdot\text{m/s}$$

이다. 불확정성 관계식 $\Delta x\cdot\Delta p\gtrsim\frac{\hbar}{2}\ (\hbar=1.05\times10^{-34}\text{ J}\cdot\text{s})$에 의하여

$$\Delta x\gtrsim\frac{\hbar}{2}\Big/\Delta p=\frac{0.5\times1.05\times10^{-34}\text{ J}\cdot\text{s}}{0.934\times10^{-26}\text{ kg}\cdot\text{m/s}}=0.5621\times10^{-8}\text{ m}=5.62\times10^{-9}\text{ m}.$$

이다. 최소 불확정도는 $\Delta x_{\min}=5.62\times10^{-9}\text{ m}$이다.

**답 |** $\Delta x_{\min}=5.62\times10^{-9}\text{ m}$

## 저자 약력

**고재걸**
경북대학교 사범대학 물리교육과 졸업(이학사, 1959년)
하와이대학교 대학원 물리학과 졸업(이학석사, 1970년)
로마대학교 대학원 물리학과 졸업(이학박사/이론물리학, 1978년)
경북대학교 사범대학 명예교수(2002년 이후)

**정해두**
경북대학교 사범대학 물리교육과 졸업(이학사, 1986년)
경북대학교 대학원 물리학과 졸업(이학석사, 1988년)
뉴욕주립대학교(버팔로) 대학원 물리학과 졸업(이학박사/반도체물리학, 2000년)
한밭대학교 교수(2003년 이후)

**윤지홍**
경북대학교 사범대학 물리교육과 졸업(이학사, 1973년)
경북대학교 대학원 물리학과 졸업(이학석사, 1980년)
경희대학교 대학원 물리학과 졸업(이학박사/고체물리실험, 1990년)
안동대학교 자연과학대학 교수(1989년 이후)

역학 연습

2009년 2월 6일 제1판 1쇄 발행
2017년 2월 5일 제1판 2쇄 발행

저 자 ◎ 고재걸·정해두·윤지홍
발행자 ◎ 조 승 식
발행처 ◎ (주) 도서출판 북스힐
서울시 강북구 한천로 153길 17
등 록 ◎ 제 22-457 호

TEL (02) 994-0071(代)
FAX (02) 994-0073
E-MAIL bookswin@unitel.co.kr
www.bookshill.com

값 15,000원



ISBN 978-89-5526-603-0